Public Garden Management

공공정원 운영관리

Public Garden Management
공공정원 운영관리

by John Wiley & Sons, Inc

공공정원 운영관리

Donald A. Rakow 도널드 A. 락코우
Sharon A. Lee 샤론 A. 리

도서출판 애드밴

"공공정원은 교육, 연구, 보존 및 공공 전시를 위해
식물을 수집, 유지하는 사명을 가지고 있는 기관으로 정의한다."

Donald A. Rakow

Contents

PART V

Long-Term Initiatives
장기 계획

Acknowledgments

감사의 말

본 도서의 저자들은 본서의 원문 내용을 개발하는 과정에서 관대하고 확고한 지원을 해주신 롱우드 가든 (Longwood Gardens)에 깊은 감사를 표하고자 합니다. 이 같은 지원은 전문 교육 프로그램의 진흥에 있어서 롱우드의 잘 확립된 리더십을 보여주는 것이라 하겠습니다. 1960년대에 롱우드 가든은 공공정원 관리 및 행정을 위한 공식적인 교육 프로그램의 필요성을 인식하고 델라웨어 대학과 공동으로 공공 원예학 (Public Horticulture)을 위한 롱우드 대학원 프로그램(Longwood Graduate Program)을 개설했습니다. 롱우드는 공공정원의 운영에 관한 첫 교과서인 '공공정원 운영관리'를 추천하고, 이러한 교과서가 공공정원 운영관리에 관한 전문 교육과정의 지속적인 발전에 중대한 영향을 준다는 점을 인식함으로써 그 리더십을 이어오고 있습니다.

본서의 해당 부분을 검토하는 데 있어 성실한 노력을 기울여주신 다음에 열거한 여러분께 깊은 감사의 말씀을 드립니다.

James M. Affolter, Professor and Director of Research, State Botanical Garden of Georgia
Eleanor Altman, Executive Director, Adkins Arboretum
David P. Barnett, President and CEO, Mount Auburn Cemetery
Jessica Blohm, Interpretive Specialist, New York Botanical Garden
Donald R. Buma, Executive Director, Norfolk Botanical Garden
Marnie Conley, Marketing Department Head, Longwood Gardens Inc.
Richard A. Colbert, Executive Director, Tyler Arboretum
N. Barbara Conolly, Public Garden Leadership Fellow, Department of Horticulture, Cornell University
Michael Dosmann, Curator of Living Collections, Arnold Arboretum of Harvard University
Holly Forbes, Curator, University of California Botanical Garden at Berkely
Charlotte A. Jones-Roe, Associate Director, North Carolina Botanical Garden
Jeremy Jungels, Public Garden Leadership Fellow, Department of Horticulture, Cornell University
Patrick S. Larkin, Executive Director, Rancho Santa Ana Botanic Garden
Carol Line, Executive Director, Fernwood Botanical Garden and Nature Preserve
Erin Marteal, Public Garden Leadership Fellow, Department of Horticulture, Cornell University
Scot Medbury, President, Brooklyn Botanic Garden
Scott Mehaffey, Landscape Architect
Bill Noble, Director of Preservation, The Garden Conservancy
Ken Schutz, Executive Director, Desert Botanical Garden
Adam Schwerner, Director, Department of Natural Resources, Chicago Park District
Holly H. Shimizu, Executive Director, U.S. Botanic Garden
Sonja M. Skelly, Director of Education, Cornell Plantations
Shane Smith, Director, Cheyenne Botanic Gardens
Frederick R. Spicer Jr., Executive Director, Birmingham Botanical Gardens
R. William Thomas, Executive Director, Chanticleer Foundation
Lisa K. Wagner, Education Director, South Carolina Botanical Garden
Ellen Weatherholt, Public Garden Leadership Fellow, Department of Horticulture, Cornell University

Peter White, Director, North Carolina Botanical Garden

도로테아 J. 콜맨(Dorothea J. Coleman)에게도 참고 문헌 연구 및 준비 작업을 위한 귀중한 도움에 감사드립니다. 워싱턴주 시애틀에 있는 포르티오 그룹, 건축가, 조경가, 해석 기획자 및 전시 디자이너분들에게 공공정원 계획의 이미지를 사용할 수 있도록 허가해 주신 데에 감사드리며, 다음 정원들의 일러스트 그림 사용권을 제공해 주신 것에도 감사의 말씀을 드립니다.:

버펄로 앤 에리 카운티 식물원(Buffalo and Erie County Botanical Gardens)

데칸소 가든(Descanso Gardens)

허슨 식물원(Hughson Botanical Garden)

루이지애나 주립대학교 Ag센터, 버든 센터(Burden Center)

포틀랜드 일본 정원(Portland Japanese Garden)

샌프란시스코 식물원(San Francisco Botanical Garden)

워싱턴 주립대학 수목원과 야생동물 보호센터(Washington State University Arboretum and Wildlife Conservation Center).

마지막으로, 부록 A, "캐나다 공공정원의 개발 및 관리 요소"를 위해 다음 분들의 도움과 지원받은 것에 대해 감사의 뜻을 표합니다.:

크리스 그레이험(Chris Graham), 왕립 식물원 원예 원장

도우그 흐베너(Doug Hevenor), 국제 평화 정원 원장

샤를린 J. 잉그램(Sharilyn J. lngram), 브록 대학교 조교수

해리 존 거든(Harry Jongerden), 밴두슨(VanDusen) 식물원 원장

미셸 라브렉큐(Michel Labrecque), 몬트리올 식물원 큐레이터

알렉산더 레포드(Alexander Reford), 레포드 가든/ 수정정원 원장

프리크 브루그트만(Freek Vrugtman), 왕립 식물원 명예 큐레이터

Foreword

격변하는 현대 세계에서, 질서정연하고 다양한 식물의 수집과 광범위한 교육 프로그램을 갖춘 공공정원은 우리 삶의 편의성뿐 아니라 우리의 미래를 생각하는 방식에 중요한 공헌을 할 수 있는 이상적인 위치에 있습니다. 미국 전역에 걸쳐, 새로운 공공정원을 설립하거나 방문객들을 유치하기 위해 더 나은 접근성, 문서화 그리고 교육 시설을 제공하기 위해 기존 정원의 수용 능력을 구축하는데 지대한 관심이 있습니다. 하지만 더 중요한 것은, 우리가 미래를 위해 함께 만들고자 하는 지속 가능하고, 풍요로우며, 아름다운 세계에 대한 안내자 역할을 하는 것입니다. 우리 중 많은 사람이 개인의 삶을 풍요롭게 하고, 일을 통해 표현할 수 있는 다양성과 아름다움의 보전에 이바지하는 방법으로, 공공 원예보다 더 보람 있는 직업이 없다는 것을 알게 되었습니다. 이 분야의 직업을 고려하는 많은 사람이 이 책을 길잡이로 삼고 영감의 원천으로 생각하기를 바랍니다.

모든 생명은 식물에 의지하고 있습니다. 식물은 직접 또는 간접적으로 모든 음식물을 제공하며, 우리가 소비하는 칼로리의 90%이상을 단지 100종이 겨우 넘는 식물들로부터 받습니다. 식물은 전 세계에서 사용되는 의약품뿐만 아니라 건축물과 기타 원재료들의 대부분을 제공하고 있으며, 아직 발견하거나 인식하지 못한 더 많고 다양한 제품들의 원료가 되어 줄 것입니다. 식물은 우리의 삶을 아름답게 하고 풍요롭게 하며 우리의 영혼에 평화를 전해 줍니다. 이 모든 것이, 식물을 즐기고 배우기 위한 전시공간으로서, 공공정원이 세월의 경과 그리고 현대 세계에서 우리가 직면하는 도전 과제에 따라, 왜 매우 중요하게 여기게 되었는지의 이유입니다.

세계 인구는 본인이 살아온 기간 동안 세배가 넘어섰고, 현재 수준은 70억 명을 넘어서고 있습니다. 향후 40년 동안 20억 명 이상의 인구가 늘어날 것으로 예상하며, GlobalFootprint.org에 따르면, 그 지속 가능한 역량의 150%를 이미 차지해 세계를 압박하는 전례 없는 수치가 될 것으로 예상합니다. 1인당 소비 수준은 인구수보다 훨씬 더 급격히 증가하고 있으며, 도심에 거주하는 사람들의 비율 또한 증가하고 있습니다. 이는 도시 거주자와 자연을 연결하는데 특별한 능력을 갖춘 공공정원의 필요성을 더 해 주고 있습니다. 세계에서 소비 비율이 가장 높은 미국은 세계 전체보다 훨씬 빠르게 성장하고 있습니다. 반세기 만에 3억1천만 명이 약 4억4천만 명으로 증가할 것이며, 이 성장으로 인해 환경에 엄청난 압박을 주게 될 것입니다. 안정된 시스템 안에서 지구상의 우리와 다른 모든 사람을 유지 보존할 수 있도록, 세계의 구성원으로서 살아갈 능력을 키우려면 공공정원과 환경에 대한 인식 필요합니다.

서식지에 대한 직접적인 압박뿐만 아니라, 특정 목적을 위한 개별 식물의 과도한 수확 그리고 침입성 외계 식물과 동물(예: 갈릭 머스타드 풀, 에메랄드 에쉬 보어러 벌레, 갑작스러운 참나무 죽음 등)의 만연한 확산은 미래 자연환경에 위협적입니다. 지난 20년간 미국 농무부(USDA)가 내한성 구역을 150마일 이상 북쪽으로 설정한 것과 같이, 지구 기후 변화는 가속화되고 있으며, 우리의 이에 대한 대처하는 능력은 제한적인 것으로 보입니다. 캘리포니아 고유 토종 식물의 최대 40%는 서식지가 없어져 향후 수십 년 안에 멸종될 것으로 예상합니다. 기후 변화에 관한 정부 간 협의 기구는 전 세계 식물의 20~40%가 지구 온난화와 강수량 수준과 분포로 인해 금세기 안에 자연에서 사라질 수 있다고 추정했습니다. 이것은 직접적인 보전 노력뿐만 아니라 교육 부분에서 공공정원의 역할을 더욱 중요하게 만들어 주고 있습니다.

다양한 환경에서 공공정원에서 수행하는 많고 다양한 기능은 본 서의 1장에 특히 잘 설명되어 있지만, 토착 식물과 토착 지역 공동체가 21세기에 직면하고 있는 도전 과제로 인해 환경 보존이 전면으로 부상하고 있습니다. 식물 보존 센터(Center for Plant Conservation)는 미국 전역의 식물원과 수목원이 참여하는 네트워크로, 자생 서식지, 공공정원과 종자 은행에서 우리 식물 종의 보전을 위해 협력하고 있습니다.

이러한 노력보다 미래를 위해 더 중요한 것은 없습니다. 우리 고유의 식물을 보존하는 것의 중요성을 넘어, 우리는 또한 모든 식물의 보존에 이바지해야 할 책임이 있습니다. 세계의 공공정원은 전 세계적으로 알려진 350,000종으로 추정되는 식물 중10 만개 이상을 보유하고 있는 것으로 예상합니다. 실제로 많은 양의 종은 유전적으로 적절한 표본을 구성하기에는 단일 개체 또는 너무 적은 개체로 대표되고 있습니다. 공공정원은 자체적으로 또는 대학 원예학과와 협력하여 전통 종의 유지 관리를 하는 주요한 장소이며, 새로운 품종의 개발과 보급을 담당하는 곳입니다. 이 모든 주제는 본 책자에서 잘 다루고 있습니다. 미국 공공정원협회(American Public Gardens Association)가 후원하는 북미 식물수집 컨소시엄(North American Plant Collections Consortium)은 이러한 우리의 활동을 조정하고 발전시켜 나아가는 강력한 노력을 나타내줍니다.

공공정원이 우리의 삶을 풍요롭게 하고, 그것을 배제하고 이룰 수 있는 것보다, 더 완전하고 풍요로운 미래를 마음속에 그릴 수 있도록 우리의 능력을 키울 수 있는 많은 다양한 방법들을 고려해보았습니다. 이 유용하고 독자들이 쉽게 접근할 수 있는 책자를 소개하게 된 것 또한 특별한 즐거움입니다. 유용한 자료를 모으고 흥미로운 내용을 함께 구상해 내어 훌륭한 작업을 이루어 낸 본서의 저자인 Don Rakow와 Sharon Lee에게 축하의 말씀을 먼저 드립니다.

다양한 정원이 수행하고 있는 기능과 각각의 지역사회에서 수행할 수 있는 기능을 검토함으로써, 이 책은 공공정원의 제안과 관리 그리고 새로운 정원의 설립에 관심이 있는 전문가와 자원봉사자들의 공동체에 큰 도움이 될 것입니다. 이 책은 개별 기관의 관리 책임을 맡은 사람들에게 공공정원으로 대표되는 매우 중요한 분야에서의 성공을 위한 많은 조언과 지침을 제공합니다.

우리가 관리하는 정원은 힘든 세상에서 우리의 영혼을 치유하고, 바쁜 삶과 현대 세계의 혼란스러운 요구 속에서 시간을 내지 못하는 이들에게, 더 크고 고귀한 미래를 구상할 수 있게 하는 능력이 있습니다.

미국 미주리주 세인트루이스
미주리식물원
피터 H 레이븐(Peter H. Raven) 원장

Recommendation

추천의 말

관련 분야 최고 전문가가 집필한
현장체험과 지식은 관련 종사자 모든 분들에게 유용

식물원, 수목원의 설립, 운영관리에 세계적인 지침서인 "Public Garden Management (공공정원 운영관리)"의 한글판 발행에 기쁨과 감사의 마음을 갖습니다.

이제 선진국으로 들어서는 우리나라는 급격한 도시개발에 따른 생활 속 자연과의 단절을 극복하고 깨끗한 환경과 수준 높은 삶의 질을 위한 녹색 공간에 대한 수요가 급증하는 시점입니다. 이에 맞추어 환경적, 경제적으로 지속 가능한 식물원, 수목원을 개발, 설립, 관리와 유지하는 방법을 명확하지 보여주는 "Public Garden Management(공공정원 운영관리)"의 한글판 발행으로 관련 단체와 학생들에게 널리 보급되어, 더욱 선진화된 식물원과 수목원이 되는 기초자료로 활용되기를 기대해 봅니다. 특히 관련 분야 최고 전문가가 집필한 현장체험과 지식은 관련 종사자 모든 분들에게 유용할 것입니다.

2019년은 뜻깊은 '한국의 수목원 100년'을 맞이하는 해입니다. 그동안 100년간 크고 작은 굴곡을 꿋꿋이 이겨내며, 이제는 세계적인 수목원을 보유하고 있는 산림 정원 선진국이 되었습니다. 지난 2013년 DMZ 지역의 산림생태계 국제연구기지인 DMZ 자생식물원과 2018년 아시아 최대규모의 국립백두대간수목원을 개원하고 2020년에는 국립세종식물원 개원을 앞두고 있습니다. 또한, 개인이나 단체가 운영하거나 개원을 준비하는 많은 식물원, 수목원이 있습니다. 이에 지속적이며 경제적인 식물원, 수목원의 운영과 관리는 아주 전문적인 지식과 경험이 필수적이라 하겠습니다. 수목원 설립에 기초가 되는 토지에 대한 파악, 직원구성과 배치, 예산 수립과 집행, 수집식물의 우선순위와 교육과 연구프로그램에 이르기까지 어느 것 하나 소홀히 할 수 없는 분야들입니다. 대표 저자인 미국 코넬대학교 식물원 전임원장인 도널드 락코우 교수를 비롯한 전문가 30분의 풍부한 경험과 지식은 독자분들에게 커다란 자산이 되리라 믿어 의심치 않습니다. 공공정원인 수목원, 식물원을 조성, 운영 관리하고자 하는 모든 분과 공부하는 학생들에게 소중한 자료로 활용될 수 있기를 기대해 봅니다.

끝으로 이번 책자가 발간될 수 있도록 번역과 감수에 기꺼이 수고해 주시고 협조를 아끼지 않으신 모든 분에게도 감사드립니다.

국립수목원
이 유 미 원장

Recommendation

"공공정원 운영관리" 한국어판 발행에 즈음하여

'공공정원 운영관리(Public Garden Management)' 한국어판 독자들께 감사의 인사를 전합니다. 이 책의 목적으로, 공공정원은 교육, 연구, 보존 및 공공 전시를 위해 식물을 수집, 유지하는 사명을 가지고 있는 기관으로 정의합니다. 그런데 식물원, 수목원, 온실, 역사적 경관 등 공공정원 분야를 구성하는 측면에서 각각 많은 차이가 있지만, 다음과 같은 몇 가지 근본적인 특성에 의해 전체적으로 묶을 수 있습니다: 이들 모두 식물 기록을 유지하기 위한 시스템을 보유하고 있으며, 이들이 수집한 식물과 프로그램의 관리를 위한 전문 인력을 보유하고 있습니다. 그리고 물론 이들 모두 일반 대중에게 공개되어야 합니다.

본서에서는 공공정원의 설립, 관리 및 확장에 대한 모든 구성 요소를 포함하며, 개발될 부지의 파악, 직원 구성 배치, 예산 수립, 식물수집 우선순위 확인, 교육 및 연구 프로그램의 개발에 이르기까지 전 분야를 살펴봅니다. 본문 전체에 걸쳐, 기관의 사명 선언문에 따라 수행되는 중요한 역할과 그 사명을 뒷받침하기 위한 모든 개발 측면의 방법들을 강조합니다. 본서에서 소개한 접근 방법은 새로운 공공정원의 설립을 고려하고 있는 그룹과 특정 부분의 개선을 원하거나 확장하려는 정원의 직원들 모두에게 모두 유용할 것입니다.

수백 년 동안, 공공정원은 다양하고 예술적으로 매력적인 식물 수집품을 전시하기 위한 중심지였습니다. 그러나 금세기에 들어, 공공정원이 하는 각종 역할은 우리 시대의 필요를 반영하도록 변화하고 있습니다. 생물 다양성의 급격한 감소에 대응하기 위해, 국지적으로 또 전 지구적으로 공공정원의 식물 보전에 대한 기여도가 증가하고 있습니다.

공공정원은 또한 지구 기후 변화의 심각한 영향에 적응하고, 완화할 수 있는 방법을 관람객에게 교육하기 위한 프로그램을 개발하고 있습니다. 그 중요성이 더해 가는 소중한 천연자원을 다루기 위해 정원은 지속 가능한 사업 모델르 주목받고 있습니다.

향후 몇 년 그리고 몇십 년 동안, 공공정원은 많은 도전 과제와 직면하게 될 것입니다. 많은 사람이 온난한 기온이나 기후 패턴의 변호에 따라 식물 팔레트를 변경해야 합니다. 또 다른 이들은 전통적인 수입원이 줄어들고, 수입을 벌어들일 수 있는 새로운 방법을 찾아야 한다는 것을 깨닫게 될 것입니다. 점점 더 인터넷으로 연계되어 가는 세계에서, 또 다른 이들은 사람들의 바쁜 시간을 할애하게 하고 공공정원으로 유치하는 일이 더 어려워지고 있음을 발견하게 될 것입니다.

그러나 이 시대는 또한 대단히 큰 기회를 제공합니다. 도시화가 진행됨에 따라 수백만 명이 생활 속에서 경험하는 소외감을 고려해보면, 공공정원은 자연과의 재결합과 더불어 안전하고 편안한 환경에서 사회적 교류를 할 기회를 제공합니다. 전 세계에 걸쳐, 도시 사람들은 다양한 질병으로 고통을 겪고 있으며, 공공정원은 지역사회의 웰빙에 이바지하기 위한 프로그램 또는 파트너십을 수립하고 있습니다. 그리고 과학적 발견들이 일상적으로 의문점을 가져오는 때에, 대부분의 사람은 공공정원이 어린이와 어른 모두 공유할 수 있는 식물 과학 지식의 객관적인 원천이라고 생각합니다.

이 책을 읽는 모든 사람은 이 분야에 신입이든 오랜 경험을 가진 사람이든, 공공정원을 보다 효과적이고 더 영향력 있게 만들고, 더 많은 성과를 가져올 수 있도록 영감을 얻을 수 있을 것입니다. 이렇게 함으로써, 여러분은 우리 모두를 위한 더 건강하고 아름다운 세상이 되도록 이바지하게 될 것입니다.

미국 코넬대학교 원예학과
도널드 A. 락코우 교수

Recommendation

추천의 말

이 세상에서 변화하지 않는 것은 아무것도 없다. 식물원이 이 세상에 나온 지는 피사대학이 약용 식물을 가르치기 위하여 1543년어 식물원을 만들었으니, 벌써 476년 전의 일이다. 이후 라이덴대학 식물원(1587년), 칼 마르크스대학 식물원(1592년), 옥스퍼드대학 식물원(1621년), 유트레이트대학 식물원(1639년), 왕립 에든버러 물원(1670년), 첼시 약용식물원(1673년), 왕립 큐우식물원(1840 년) 등을 설립하여 지금에 이르고 있다. 작년에 국제식물원협회(IABG: International Association of Botanic Gardens)가 발표한 ㅈ료에 따르면 현재 전 세계에는 164개국에 2,265개의 식물원과 수 목원이 있다. 처음 식물원이 지구상에 ㅁ그 모습을 드러낸 이후 식물원의 기능은 여러 단계를 거쳐 수집, 전시, 연구, 교육, 보전의 개념이 매우 중요하게 자리 잡았다. 더 나아가서 이제는 식물원과 수 목원의 울타리를 넘어 지역사회로 깊숙이 그 활동의 폭을 넓히고 있다.

생물다양성협약이 일반인의 삶에까지 큰 영향을 미치는 21세기에 사는 우리는 아직도 식물원 과 수목원 또는 정원의 차이만을 따지고 있는 사이에, 서구에서는 식물원과 수목원을 바라보는 급 격한 시각의 변화가 있었다. 특히, 1980년대 중반에 미국식물원·수목원협회(AABGA: American Association of Botanical Gardens and Aroreta)가 미국 공공정원협회(APGA: American Association of Public Gardens)로 변화한 배경을 눈여겨볼 필요가 있다. APGA가 정의하는 공공 정원은 "공공의 교육 및 즐거움 또는 이에 더하여 연구, 보전 및 고등학습의 목적으로 식물의 수집을 유지하는 기관이며, 특히 일반에 공개하고, 특정 분야에서 전문적으로 훈련받은 직원과 활동적인 식 물기록 시스템을 가진 기관으로 정의한 바 있다. 미국식물원·수목원협회가 미국 공공정원협회로 이 름을 바꾸면서 이러한 범주에 드는 기관은 식물원과 수목원뿐만 아니라 동물원, 수족관, 미술관 등도 회원으로 받아들이는 절대적인 기준이다. 거의 100년에 가까운 식물원의 역사를 가진 우리는 그 의 미를 곰곰이 되새김해야 할 때이다.

오늘날 전국 각지에 국가나 지방 자치단체 또는 민간이나 대학이 식물원이나 수목원을 설립하여 각기 설립 취지에 따라 크게 노력하고 있다. 특히 생물다양성협약과 나고야 선언으로 생물자원 보전 의 중요성이 그 어느 때보다 중시되는 현실에서 우리나라 식물원과 수목원의 중요성도 또한 증대하 고 있다.

식물원이나 수목원의 발전은 충분한 예산의 뒷받침만으로 쉬이 설립목표를 달성할 수 있을 것 같 지만, 가장 중요한 것은 식물원과 수목원 관리의 전문인력 확보이다. 이러한 중요성을 고려하여 산림 청과 국립수목원도 식물원과 수목원에서의 교육훈련 워크숍, 멸종위기에 처한 위협식물의 재도입을 위한 전문가 워크숍 또는 적색목록평가 훈련 워크숍 등을 통하여 관련 전문인력 양성을 적극적으로 지원하는 등 우리나라의 식물원과 수목원의 발전에 든든한 뒷받침이 되고 있다.

대표 저자인 도널드 라코우 교수는 코넬대학 식물원을 오래 경영하셨던 전임 원장으로, 전 세계의 공공정원 발전에 큰 기여를 해왔다. 이번에 우리말로 번역 출간하는 "공공정원의 운영관리(Public Garden Management)"는 세계적으로 널리 읽히는 식물원과 수목원 관리의 바이블이다. 이 책의 내용에서 보듯 앞으로는 이제는 식물원과 수목원의 차이 또는 구별이나 관리 당국이 어디냐를 따지는 의미 없는 일을 그만 멈추어야 한다. 그 대신 식물원과 수목원이 나가야 할 방향을 진정으로 고민해야 하는 관점에서 식물원과 수목원을 관리하는 분들에게 아주 유용한 지침서가 될 것으로 기대한다.

식물 다양성을 아주 체계적이고 합리적으로 이용해온 우리 한민족의 역사를 놓고 보면, 서구와 비교하여 조성역사가 이삼백 년의 격차를 보이는 우리나라의 식물원과 수목원은 서구의 여러 식물원과 수목원이 겪었던 시행착오를 과감히 정리하면서, 다가오는 시대에 맞서 식물원과 수목원의 도전과제를 함께 고민하는 계기가 되기를 기대한다.

이번에 번역에 참여하신 국립수목원, 국립백두대간수목원, 국립세종수목원과 천리포수목원 관계자분 들에게 감사의 뜻을 표하고자 한다.

천리포수목원
김 용 식 원장
영남대학교 조경학과 명예교수

PART I

Public Gardens and Their Significance

공공정원과 그 중요성

CHAPTER 1

What is a Public Garden?
공공정원이란 무엇인가?

DONALD A. RAKOW 도널드 A. 락코우

서론

공공정원이 공공의 즐거움을 위해 펼쳐진 공간이라면, 공공정원의 역사는 공간과 시간을 거슬러 중국 신농황제(BC 약 2800년)와 고대 이집트의 제18대 왕조 해트셉수트(Hatshepsut) 여왕(BC 1470년), 그리고 그리스 철학자 아리스토텔레스(BC 384~322년) 같은 정원 전문가까지 거슬러 올라갈 수 있다.

그러나 현대적인 맥락에서는 공공정원은 수집하여 잘 가꾸어진 식물들의 자산 그 이상을 의미한다. 공공정원은 수집식물과 건물 그리고 기반시설과 같은 물리적인 요소들을 관리하고 더 큰 미션을 위하여 사용하는 조직을 뜻한다.

"공공정원이란 무엇인가?"라는 질문에 대답하기 위하여, 이 장에서는 공공정원을 위한 필수적인 기준을 검토하고, 이런 기준을 만족하는 여러 기관의 예시를 제공하며, 공공정원을 조성한 개인과 기관을 찾아내어 무엇이 그들에게 동기를 부여하였는지를 확인해 보고자 한다.

필수 기준

공공정원은 본질에서 교육, 연구, 보전이나 혹은 공공전시의 목적을 위해 수집식물을 유지하는 임무에 기반을 둔 기관이다. 식물 기록을 유지하고 전문가들을 유지하는 시스템을 가지고 있어야 한다. 또한, 대중에게 공개하여야 하며 모든 사람이 접근할 수 있도록 편의시설을 제공하여야 한다.

이 정의는 또한 어떤 정원이 공공정원이 아닌지를 판단하는 데 유용하다. 공원에는 아름다운 관상식물이 있을 수 있으며 관

핵심 용어

큐레이션(Curation): 수집품을 선택, 정리하고 돌보는 행위

계통학: 분류와 명명법과 관련된 생물학의 한 분야, 또는 분류학

신착 품목(Accession): 박물관이나 도서관에 새로 추가된 신규 품목

신착(Accessioning): 수집품에 새 품목을 추가하는 행위

다년생 초본식물: 해마다 지상부의 성장 부분은 죽지만 뿌리나 다른 지하 부분은 생존하는 식물.

목본식물: 리그닌을 함유한 줄기나 가지를 가진 식물; 교목, 관목 및 덩굴류

민속 식물학(Ethnobotany): 식물의 의학적, 종교적, 농업적 사용과 관련된 전통 지식의 학술연구

수목학(Dendrology): 나무에 관한 학술연구

기초 연구: 과학자의 호기심이나 과학적 질문에 관한 관심으로 수행하는 연구. 주된 동기는 인간의 지식을 확장하는 것으로, 무언가를 창조하거나 발명하는 것이 목적은 아니다.

응용 연구: 지식을 위한 지식을 습득하기보다는 현대 세계의 실용적인 문제를 해결하기 위하여 고안된 연구

강령(Mission statement): 조직의 존재 이유, 조직의 주요 활동 및 조직의 기여를 정의하는 간결한 성명

리 직원이 이를 잘 유지관리 할 수도 있다. 마찬가지로 놀이공원이나 쇼핑몰, 심지어 호텔에서도 아름답고 다양한 정원을 가꿀 수가 있으며 식량 생산에 전념하는 지역사회 정원은 공공적 성격을 띠게 된다.

그러나 그러한 장소는 그들이 추구하는 노력에 대한 강령이 없고 보유한 식물을 적극적으로 큐레이팅하지 않는다면 즉, 살아있는 박물관 수집품의 일부인 개체로 보살펴지지 않는 한, 공공정원의 필수 기준을 만족시키지 못한다. 본문 20장은 공공정원에서 수집품을 관리하는 것과 관련된 모든 것을 심도 있게 다룬다.

강령

공공정원이나 사기업이든, 강령은 조직이 존재하는 이유와 주된 활동, 그리고 누구를 위해 봉사하는지를 정의한다. 공공정원의 강령은 수집품의 유형, 수집품의 사용 방법과 프로그램이나 연구의 방향, 그리고 누가 주된 관객이 될 것인지에 대하여 초점을 맞출 수 있다. 강령은 정원의 모든 결정과 계획을 위한 기초가 되어야 한다.

식물 수집

식물 수집은 관상만을 위한 전시와는 근본적으로 다르다. 수집은 분류학적으로(즉, 과 관계로), 지리적으로(세계 어느 지역에서 온 식물인지), 기능적으로(지피식물), 또는 식물의 필요에 따라(음지식물이나 건조한 토양에서 자라는 식물) 나눌 수 있다. 공공정원 관리자에게 가장 큰 과제 중 하나는 수집품을 정원의 미적 목표와 부합하도록 이런 방법들을 어떻게 병합시키는 가이다.

교육/연구/전시

어떤 특정의 공공정원이 교육, 연구, 및 장식용 전시와의 관련 정도는 정원의 미션에 따라 다를 수 있다. 관람객이 초등, 중등, 대학 또는 성인이든 관계없이 공공정원의 교육 프로그램은 식물의 가치를 더 알게 하고, 사회에 주는 가치를 증가시키는 데 있다. 프로그램에는 일반적으로 수업, 워크숍, 여행, 대외 확산, 전시회, 방문객 정보 및 특별 이벤트를 포함한다. 공공정원에서의 연구는 전통적으로 명명법 또는 식물 계통학과 식물 육종문제에 초점을 맞춘다. 그러나 점점 더 많은 정원이 오늘날 식물보전과 생물 다양성 연구에 중점을 두고 있다.

식물기록

모든 공공정원의 식물 큐레이션의 필수요소는 개별 식물의 도입기록과 기록삭제이다. 수집에 추가한 각 식물은 고유의 도입번호를 갖게 되며 수집에서 삭제한 각 식물은 삭제 이유와 함께 기록을 보관한다. 신생 정원은 식물기록 전문가를 고용할 여유

가 없을 수도 있다. 이 경우 정원사나 정원의 책임자가 이 업무를 담당할 수 있다. 누구에게 식물의 기록을 관리하는 책임이 있든지 또는 기록을 전자적이든 장부에 기록하든지 모든 공공정원은 장기간 보유할 가능성이 있는 모든 식물의 기록을 유지하는 것이 필수적이다

전문직 직원

공공정원에서 일하고자 하는 사람은 일반적인 관리직을 택하는 사람과는 다른 자질을 지닌다. 공공정원의 직원은 수집한 식물을 배열하여 미적인 아름다움을 나타내는 방법을 알고 있을 뿐만 아니라, 어떻게 이들 식물을 관리하여 정원의 교육적 및 연구적 미션을 발전시키는지에도 가치를 부여한다. 그러므로 수집된 식물을 실질적으로 관리할 직원은 식물 분류학 및 식물 명명법의 철저한 지식을 포함한 전문 큐레이터 훈련을 받은 사람이어야 한다. 일반적으로 그러한 사람은 원예, 식물학 또는 식물 분류학 전공자이며 현재 많은 공공정원이 수집품을 큐레이팅하는데 사용하는 컴퓨터 프로그램에 능숙한 사람이다.

일반인에게 개방 또는 접근 가능해야 한다.

공공정원이 되기 위해서는 정기적으로 게시한 시간에 여닫아야 하며, 장애가 있거나 이동이 제한이 있는 사람을 위하여 합당한 노력을 기울여야 한다. 이것은 모든 정원의 모든 구역이 휠체어를 타고도 접근할 수 있어야 한다는 것을 의미하지는 않는다. 그러나, 모든 방문객이 의미 있는 방법으로 정원을 경험할 수 있어야 한다는 것을 의미한다.

공공정원의 종류

서양에서 공공정원의 기원은 유럽의 경우 16세기로 거슬러 올라간다. 파도바(Padua), 피사(Pisa), 몽펠리에(Montpellier)의 의과대학은 의학적으로 좋다고 믿어지는 식물로 채운 좌우 대칭의 4각형 정원을 만들었다. 이들 약초 정원(hortus medicus)은 학교의 의학과 약학전공 학생을 가르치는 곳으로 활용하였고 그 이후로 여러 방향으로 발전하였지만, 모두 교육, 보전, 연구 또는 전시 프로그램이 있는 식물이 큐레이팅 된 살아있는 박물관이기도 하였다. 공공정원의 유형을 설명할 다음 장에서 이러한 유형 간의 구별이 흐려지고 있음을 인식하는 것이 중요하다. 수목원에는 점차 일부 초본 컬렉션이 늘어나게 되었고, 식물원에는 관목과 교목을 위한 지역이 증가하였으며, 또한 모든 수목원이나 정원에서 전시기능이 중요하게 되었다. 현재

북미에는 약 700개의 기관을 공공정원으로 간주한다.

식물원

식물원은 매우 다양한 초본식물과 목본식물 수집품, 모든 연령대를 위한 다양한 교육 프로그램 및 식물개량, 보전, 생태학 또는 기초 과학에 중점을 둔 연구 프로그램을 운영한다. 다음의 예에서 알 수 있듯이, 모든 식물원을 하나로 묶는 특성이 있다면, 그것은 식물원이 단순히 미관을 위한 식물 수집만이 아니라 이들이 식물학적으로 다양하다는 점이다.

| 브루클린식물원, 뉴욕 브루클린

이전의 도시 쓰레기 매립장이었던 자리에 1910년에 설립된 브루클린식물원(Brooklyn Botanic Garden, BBG)은 브루클린 중심부에 52에이커 면적에 체리 산책로(Cherry Esplanade), 크랜포드 장미정원(Cranford Rose Garden), 일본정원(Japanese Garden), 스타인하트온실(Steinhart Conservatory)등이 있고, 세계적인 규모의 수목을 보유하고 있다. 그러나 브루클린식물원의 프로그램과 영향력의 외연은 이 식물원의 교육과 대외 활동으로 잘 나타나고 있다. 이 정원은 북미지역 최초로 조성된 가장 오래된 어린이정원의 본산이며, 이곳의 교육 프로그램은 모든 연령층에 적용한다. 이 정원의 가장 혁신적인 프로젝트 중 하나는 프로스펙트 파크 및 뉴욕시 교육청과 함께 브루클린식물원이 공동으로 운영하는 과학 및 환경 브루클린 아카데미(Brooklyn Academy of Science and Environment)이다. 이 미니 고등학교는 정원과 공원의 자원을 토대로 자연과학 및 지구환경과 관련된 주제를 청소년에게 가르친다. 브루클린식물원은 또한 녹색 산업에서 전문직에 종사하고 싶어 하는 개인을 위하여 원예 자격증 집중 프로그램을 제공한다. 대외 활동으로는 브루클린 내 그린스트 블록과 브루클린 그린 브리지(Brooklyn GreenBridge), 가족 행사, 뉴욕 메트로폴리탄 도시권의 식물상 연구와 같은 지역 기반의 녹화 프로그램이 있다.

| 시카고식물원, 일리노이주 시카고

385에이커의 아름다운 자연과 9개의 섬에 23개의 전문 정원을 가진 시카고식물원(Chicago Botanic Garden, CBG)은 시카고식물원 학교를 통해서 어린이와 어른을 위한 다양한 교육 프로그램을 제공한다. 수집품 및 공공 프로그램 외에도 시카고식물원은 일반 방문자가 잘 보지 못하거나, 인지하지 못하는 부분의 심화 학습 활동을 개발하였다. 이곳은 유명한 과학자와 우수한 현장 시설을 보유하고 있으며, 보전학과 원예 연구 분야에서 선두주자로 알려져 있다. 공공원예 전문가를 대상으로 한 워크숍과 심포지엄뿐만 아니라, 시카고식물원은 노스웨스턴대학과 함께 식물 생물학 및 보전 전공의 석사과정을 제공하고 일리노이대학교 어바나 샴페인(University of Illinois at Urbana-Champaign)과 함께 원예학 학사학위를 제공한다. 시카고식물원은 대외 봉사부를 통하여 식물 기반의 정보를 널리 알리고 자기 집 정원을 가꾸는 사람이 관심이 있는 주제에 대하여 자문하고 있다.

| 미주리식물원, 미주리주 세인트루이스

미주리주 세인트루이스에 있는 미주리식물원(Missouri Botanical Garden, MOBOT)은 전 세계에 영향력을 미치는 보전과 연구 프로그램 업적은 매우 선도적이다. 미주리식물원은 자신의 모국인 영국의 위대한 정원을 재현하고자 했던 젊은 중장비 상인이 시작하였다. 헨리 쇼(Henry Shaw)가 40세인 1840년에 세인트루이스에서 중장비 사업을 정리한 뒤, 10년 동안 여행을 통해 식물학을 배우고, "쇼 씨의 정원(Mr. Shaw's garden)"이라고 불리게 된 미주리식물원의 기반작업을 오랜 기간 시작하게 된다. 미주리식물원은 디오데식 돔 모양의 대형유리온실(geodesic-dome-shaped Climatron)과 14에이커 규모의 일본식 정원, 그리고 캠퍼 홈 전시원(Kemper Home Demonstration Gardens)을 포함한 정말로 멋진 원예 소장품들을 가지고 있다. 하지만 다른 면에서 이 기관은 전통적인 식물원이라기보다 식물 기반의 대학에 더 가깝다고 할 수 있다. 이곳은 보전 및 분류연구의 선두 센터이며 세계적인 수준의 도서관, 식물표본실과 실험실을 갖추고 있다. 이곳은 '북미의 식물군' 및 '식물보전 센터'를 비롯하여 원예 분야의 많은 주요 활동을 지원한다. 또한, 대학 수준의 공인된 교육과정과 모든 연령대를 위한 교육 프로그램을 제공한다. 이곳이 이렇게 되기까지 오랫동안 이 식물원의 원장이었고 존경받는 식물학자이며 환경주의자였던 피터 레이븐(Peter Raven) 박사가 크게 이바지하였다.

| 뉴욕식물원, 뉴욕주 브롱크스

헨리 쇼가 유럽여행 후 그가 경험한 웅장한 경관(landscape)과 같은 식물원을 만들어야겠다고 자극받은 것처럼 유명한 컬럼비아대학의 식물학자 나다니엘 로드 브리튼(Nathaniel Lord Britton)과 그의 아내 엘리자베스는 큐(Kew)에 위치한 영국 왕립식물원(Royal Botanic Gardens)에 감명을 받아 뉴욕도 훌륭한 식물원을 가져야 한다고 결심했다. 브롱크스의 북부 지역에 있는 뛰어난 자연지형 지역을 선정하였고 이 장소는 인상적인 암석의 노두(광맥 암석의 노출부)와 강과 폭포, 언덕, 연못, 그리고 한때 이 지역을 뒤덮은 50에이커 넓이의 과거 산불 등으로 훼손되고 남은 숲을 포함하였다. 또한 "최고 수준의 공공식물원" 설립을 위해 뉴욕주 입법부가 뉴욕시를 위해 부지를 확보해 주었다. 앤드루 카네기, 코렐리우스 밴더빌트, J. 피어몬트 모간과 같은 유명한 지도자와 자본가가 뉴욕시가 제공하는 건물과 정원의 개발자금 지원에 동의했으며 이는 지금까지 이어져 오고 있는 공공, 민간 파트너십의 시작이었다. 뉴욕식물원(New York Botanical Garden, NYBG)은 1896년에 나다니엘 로드 브리튼(Nathaniel Lord Britton)을 초대 식물원장으로 임명하였으며, 오늘날 이 정원은 50개의 원예 수집품과 멋진 특별한 전시회를 제공하는 뉴욕의 최고 문화자원 중 하나이다. 또한, 이 뉴욕식물원 역시 지구의 광대한 생물 다양성 연구, 문서화, 그리고 보전하는 데 초점을 맞춘 국제식물과학센터(International Plant Science Center)의 연구원을 보유한 세계적인 학술기관이기도 하다.

| 페어차일드 열대식물원, 플로리다주 마이애미

앞서 설명한 식물원은 모두 다양한 지형 및 환경에서 자생하는 식물수집품을 보유하고 있지만, 페어차일드 열대식물원(Fairchild Tropical Botanic Garden, FTBG)은 세계의 열대 및 아열대 지역에서 자라는 종에 초점을 맞추고 있다. 이곳의 종려나무와 소철 수집품은 모든 공공정원 중에서 가장 우수하다. 또한, 이곳의 열대과일 수집품은 국제적으로 중요한 의미가 있다. 또한, 이 식물원은 국제적으로 알려진 청소년 식물과학 교육 프로그램인 페어차일드 챌린지를 개발하였다. 페어차일드 열대식물원을 돋보이게 하는 또 다른 노력은 방문객을 많이 유치하기 위하여 다양한 전시관을 활용하는 것이다. 예를 들어 전통적인 공공정원으로 습한 열대지방의 식물이 있는 16,428ft² 규모의 "열대의 창(Windows to the Tropics)" 온실과 유리로 만든 데일 치훌리(Dale Chihuly) 작품이나 로이 리첸스타인(Roy Lichtenstein)의 기념비적인 조각품 같은 단기적인 전시품은 공공정원의 일반적인 정의를 확장한 개념이다.

| 사막식물원, 애리조나주 피닉스

사막식물원(The Desert Botanical Garden, DBG)은 범지구적인 식물보다는 사막이라는 한 서식지 유형의 식물군을 강조한다. 특히 미국 남서부 지역에 중점을 두고 수집한 2만 그루 이상의 식물로 이루어진 식물원은 사막 조경, 원예, 식물 예술, 사진,

과학 및 건강한 사막 생활의 체험 행사를 제공하며, 극한의 사막 환경에서 식물의 생존과 보전, 생태 및 식물의 성장을 연구하는 사막식물원의 연구 프로그램에 주안점을 두고 있다.

클라이메트론

클라이메트론(Climatron)은 열대 및 비 내한성 식물을 전시하고 연구하기 위해 일반적으로 강철 및 유리로 만든 구조물이다. 알려진 가장 오래된 온실은 17세기까지 거슬러 올라간다. 이것은 단순한 돌 구조물이었고 빛을 허용하기 위하여 추가로 유리를 사용하였다. 그들은 영국의 과학 공동체, 귀족, 그리고 토지를 사사한 상류층이 유럽여행 중에 수집한 수목이 잉글랜드의 추운 기후에서도 자라도록 보호하기 위해 사용하였다. 영국에서 온실의 전성기는 유리 무게당 부과하던 세금이 철폐되고 철강생산 기술이 개선된 19세기였다. 그 뒤 조지프 팩스턴(Joseph Paxton)이 쳇스워스(Chatsworth)의 그레이트 온실(Great Conservatory)과 런던의 유명한 크리스털 팰리스를 디자인하였다.

이 크리스털 팰리스는 미국에서 19세기 후반에 건설된 위대한 온실의 디자인 모티브로 사용하였다. 가장 초기의 것은 샌프란시스코의 골든게이트 공원에 있는 꽃의 온실(Conservatory of Flowers)이었다. 이 웅장한 3돔 구조는 일년생 식물들로 뒤덮인 뒤편에 자리 잡고 있고 빅토리아 시대의 모습을 보여준다.

역시 인상적이지만 잘 알려지지 않은 온실은 버펄로 앤 에리(Buffalo and Erie) 카운티 식물원에 있는 온실이다. 이곳 역시 3돔 구조의 온실로 조경 건축의 아버지인 프레더릭 로우 옴스테드(Frederick Law Olmsted)가 계획한 버펄로 공원의 거대한 계획 일부이다. 이 구조물은 이 시기에 웅장한 온실을 많이 건축하였던 로드 앤 번햄(Lord and Burnham)사가 건축하였다. 뉴욕식물원의 애니드 호프트(Enid Haupt) 온실 역시 로드 앤 번햄이 디자인하였고 1902년에 완공하였다. 이것은 뉴욕이라는 왕관을 장식하는 보석 중 하나로 여겨진다.

이 모든 역사적인 구조물은 구식의 난방 시스템과 목재 및 강철 구조 요소에 습도가 차는 부정적인 영향과 기저부와 통로가 악화하는 상황 때문에 광범위한 수리가 필요하였다.

앞서 언급한 역사적인 온실을 재건하고 복원하기 위한 기념비적인 노력이 시작되었지만, 위스콘신주 밀워키에 있는 미첼공원(Mitchell Park)의 1898 클라이메트론은 1955년에 남겨질 수 없다는 결론에 이르게 되었지만, 디자인 경연대회에서 우승한 도널드 그리브가 설계한 벌집 모양의 3돔 구조의 온실은 독특한 기후에서 사는 식물을 수용하게 된다. 이 미첼 공원의 돔은

1960년에 개장한 클라이메트론 온실 디자인의 원조가 되었고 미주리식물원의 상징이 되었다. 이 디오네식 돔은 R. 버크민스터 풀러(Buckminster Fuller)의 디자인에서 영감을 받으며, 0.5에이커가 넘는 이 클라이메트론에는 자연적인 열대 환경에서 자라는 1,400종의 식물을 키우고 있다. 오늘날 북미에서 가장 진보적인 온실 중 하나는 핍스 온실식물원(Phipps Conservatory and Botanical Gardens)이다. 수동 냉각, 토양 튜브(Earth tubes), 이중 절연 지붕과 고체 산화물 연료 전지 열을 포함한 일련의 혁신적인 설계 및 엔지니어링 기법을 결합하여 이 열대림 온실을 세계에서 가장 연료 효율이 높은 온실로 만들었다.

수목원

식물원과는 대조적으로 수목원은 주로 교목과 관목 위주의 목본식물 연구와 전시에 중점을 둔다. 또한, 일반적으로 어린이, 학생과 성인을 위한 교육 프로그램을 제공한다. 수목원은 그 필요가 가장 잘 충족되도록 수집품을 식물의 분류에 따라 각각의 장소에 체계적으로 전시하거나 식물이 기능적으로 잘 충족되도록 필요에 따라 전시할 수 있다.

| 하버드대학교 아널드수목원, 매사추세츠주 케임브리지

1872년에 설립된 아널드수목원(Arnold Arboretum)은 미국에서 가장 오래된 수목원이다. 이곳의 초대 원장이었던 찰스 스프라그 서젠트(Charles Sprague Sargent)는 19세기의 탁월한 산림학자이자 식물학자였다. 서젠트는 54년 동안 원장으로 일하면서 수목원의 수집과 정책을 만드는데 최고의 조경전문가인 프레더릭 로우 옴스테드(Frederick Law Olmsted)와 작업을 하였다. 설립 당시부터 수목원 내 모든 식물에 표준화된 수집번호를 부여하여 각 식물의 이름과 기원을 추적할 수 있는 완벽한 기록 시스템을 유지하고 있다. 이 자세한 기록 시스템은 체계적으로 정리된 이 수목원 안에 있는 모든 수목 자료를 제공함으로써 연구자와 과학자의 연구를 지원하고 있다. 현재 이곳의 살아있는 수목은 분자 계통학, 식물 생리학 및 형태학, 목본식물의 영양번식, 새로운 목본 재배품종의 평가 및 선발을 포함한 다양한 주제의 연구에 사용한다.

| 펜실베이니아대학교 모리스수목원, 펜실베이니아주 필라델피아

다른 수목원과 차별화된 모리스수목원(Morris Arboretum)의 특성은 존과 리디아 모리스 남매가 이곳으로 옮겨 오면서 시작되었다. 토지관리, 우수한 원예와 다양한 수집을 위한 헌신,

미술과 조각품에 대한 사랑 그리고 교육을 중요시하였다.

오늘날 지구의 숲과 아름다운 경관을 조성하기 위한 이 수목원의 노력은 과학, 예술과 인문학의 다양한 연구와 연계되어 추구하고 있다. 공식적으로는 펜실베이니아대학교 소속기관이지만, 모리스수목원은 한편으로 펜실베이니아주의 공식 수목원이기도 하다.

| 모튼수목원, 일리노이주 리슬

모튼수목원(Morton Arboretum)은 강령에 "그리고 전 세계의 다른 식물"이라는 문구를 포함함으로 의도적으로 수목원의 정의를 확대하였다. 이 수목원은 부지 내에 광범위한 초본식물원이 있는데, 그중에는 사계 정원, 허브 정원, 향기 정원이 있다. 최근 모튼수목원은 이런 종류의 정원 중 미국에서 가장 크고 가장 다양한 정원 중의 하나이며 4에이커에 이르는 어린이정원을 증설하였다. 1,700에이커 규모의 수목원에는 4,000종류 이상의 교목과 관목이 있다.

그러면 모튼수목원은 여전히 수목원입니까? 라는 물음에 오랫동안 원장과 대표경영자(CEO)직을 맡고 있으며 수목원을 목본식물의 식재, 전시 및 연구를 강조하는 식물학적 기관으로 보는 제러드 T. 도넬리(Gerard T. Donnelly)박사의 마음에는 네, 그렇습니다. 이다. 이 정의에 따르면 초본식물을 배제하지 않지만, 교목이 중심이 된다.

| 노스캐롤라이나수목원, 노스캐롤라이나주 에쉬빌

"노스캐롤라이나수목원(North Carolina Arboretum)은 창조적인 표현을 통하여 사람과 식물의 연결을 이루어 낸다."라고 하는 강령의 첫 번째 구절에서 명확하게 밝혔듯이 노스캐롤라이나수목원은 독특한 기관이다. 남부 애팔래치아 산맥에서 이곳의 위치를 직접 나타냄으로써 이 수목원은 그것의 미션을 수행함에 이곳의 위치에 방점을 둔다는 것을 나타내고 있다. 따라서 헤리티지 정원(역주: 사회의 문화유산이나 전통 등에 주안점을 둔 정원, 때로는 지역의 토착 식물만을 심는 예도 있음)과 같은 소장품을 가지고 있으며 주말에 이 지역의 예술성을 선보이는 퀼트쇼와 전통공예와 같은 연례행사를 개최한다.

이 수목원은 부근의 빌트모어 저택에서 일했던 위대한 조경사였던 프레더릭 로우 옴스테드가 처음으로 마음에 그렸던 곳이다. 노스캐롤라이나주 입법부가 주립대학의 한 부분으로 1986년에 설립하였다. 따라서 이 수목원은 하나의 대학에 부속되거나 관리되는 다른 대학의 수목원과는 차이가 있다.

전시정원

전시정원은 미적으로 아름다운 식물 전시물을 개발하는데 일 년 내내 큰 노력을 기울인다. 때로는, 대형유리온실에 대규모 식재를 하거나 옥외전시를 한다.

이러한 정원은 전시목적을 위하여 새로운 관상용 재배품종 혹은 흔치 않은 열대식물을 전시하기도 한다. 그러나 공공정원으로 간주하기 위해서는 이들 기관은 앞에 설명한 바와 같이 수집품 큐레이팅의 조건을 준수해야 한다. 이들의 주된 관심사가 전시이기는 하지만, 이 정원 중 많은 수는 공공정원의 자격을 얻을 수 있을 만큼 활발히 교육 프로그램을 유지하며 잘 정리된 식물 수집품을 관리하고 활동을 할 수 있는 숙련된 직원을 보유하고 있다.

| 롱우드가든, 펜실베이니아주 캐네스 스퀘어

롱우드 가든(Longwood Gardens)은 세계 최고의 원예 전시장으로 알려져 있다. 롱우드는 예술적으로 옥외 및 대규모 온실 식물과 분수대, 통로, 전시물 및 조각품을 결합하여 진정한 시각적인 축제를 만들었다. 또한, 롱우드는 수업, 관광, 강의, 워크숍, 인턴십을 제공하는 공공정원이기도 하다. 이와 더불어 이 정원은 델라웨어주립대학과 공동으로 공공정원 지도자의 길을 걷고자 하는 사람을 위한 유명한 공공정원 행정 대학원 프로그램을 제공하고 있다.

| 챈티크리어, 펜실베이니아주 웨인

롱우드 가든과 부차트 가든(Butchart Gardens)처럼, 챈티크리어(Chanticleer)는 부유한 실업가인 아돌프 로젠가텐(Adolph Rosengarten)의 대장원이었다. 31에이커 면적의 개인재단으로 1993년에 일반인에게 공개하였다. 챈티크리어는 원예기술의 최고의 모범으로 이에 걸맞는 "즐거움의 정원"으로 불린다. 식물 수집에 집중하기보다는 이 정원은 절묘한 용기 식재, 독특한 구조와 색상 조합, 그리고 나뭇잎에 광범위하게 의지해서 실행되는 식물조합에 중점을 두고 있다. 이 정원의 교육은 주로 이웃 조직과의 협력을 통하여 이루어진다.

| 웨이브 힐, 뉴욕주 브롱크스

기관으로서 웨이브 힐(Wave Hill)은 전시정원과 역사적인 부동산 사이에 있다. 19세기 초에 처음 정착한 웨이브 힐은 오랜 역사 동안 테디 루스벨트, 마크 트웨인, 그리고 아르투로 토스카니니가 살았던 곳이다. 퍼킨스-프리만(Perkins-Freeman)가족은 1960년에 웨이브 힐을 뉴욕시에 양도했다. 웨이브 힐 주식회사는 1965년 비영리 법인으로 설립하였다. 오늘날 웨이브 힐은 33개의 도시가 소유한 문화기관 중 하나로서 평온한 휴식처를 제공하고 원예와 환경 교육, 수림지 관리, 그리고 시각 및 공연 예술 프로그램을 제공한다. 오랫동안 원예 관리자로 역임한 마르코 폴로 스투파노(Marco Polo Stufano)는 장식용 전시에 대하여 새롭고 더욱 표현력이 풍부한 방법으로 존경받는 선구자였다.

역사적인 경관들

모든 정원은 역사적이며 모든 경관은 계속 변화한다. 대중에게 공개된 대부분의 역사적인 장소는 특정 기간이나 스타일로 자신의 경관을 복원하거나 재창조를 시도하였다.

그런 경관의 정통성은 수종의 선택과 디자인을 제시할 수 있는 이용 가능한 기록문서의 수준에 달려 있다. 전시정원과 마찬가지로, 역사적인 경관은 만약 그들이 분명히 표현된 미션과 교육 및/또는 연구를 지원하기 위하여 사용하고 큐레이팅 되는 식물수집품을 가지고 있다면 공공정원으로 간주 될 수 있다.

| 펠스정원, 뉴햄프셔주 서나페 레이크

남북전쟁 당시 에이브러햄 링컨 대통령의 개인 비서인 존 밀턴 헤이(John Milton Hay)의 여름 별장이었던 펠스(The Fells)는 식민지 시대를 재현한 저택과 15에이커의 정원을 가진 역사적이고 디자인된 정원이며 문화적 경관이다. 이 정원의 조직구조는 역사적 저택을 관리하는 것이 얼마나 복잡한지를 잘 보여준다. 이 역사적인 정원은 164에이커에 이르는 존 헤이(John Hay) 야생동물보호 지역의 일부로 3대에 걸친 헤이 가문의 농업 활동과 산림 보호로 형성되었다. 일반적으로 펠스라고 불리는 64에이커의 보호구역은 현재 연방 자산 소유자인 미국 어류 및 야생동물관리국과 협력하여 비영리 단체인 존 헤이 국립 야생동물보호지구의 친구들(Friends of the John Hay National Wildlife Refuge)이 관리한다. 존 헤이 국립 야생동물보호지구의 친구들은 서나페(Sunapee) 호수 보호협회, 뉴햄프셔주 산림 보호학회, 그리고 가든 보호기구와 협력하여 교육 프로그램을 제공하고 자연자원을 보존하며 문화적인 경관을 보존한다.

| 스탄 하이윗 홀 정원, 오하이오주 애크런

이 저택은 1912년부터 1915년까지 굿이어(Goodyear Tire and Rubber Company)사의 창립자인 F. A. 자이벌링(F. A. Seiberling)이 조성하였다. 자이벌링은 이곳을 영국 고어로 "돌 채석장"이라는 뜻을 가진 "스탄 하이윗(Stan Hywet)"으로 이름

지었다. 이는 과거에 이곳이 무엇으로 사용되었는지를 나타낸다. 스탄 하이윗은 20세기 초 경관 디자인의 기술이 이루어 낸 높은 수준의 세련미를 보여준다. 원래 1,000에이커가 넘는 부지는 1911년에서부터 1915년까지 유명한 보스턴의 조경사인 워랜 H 매닝(Warren H. Manning)이 디자인하였으며, 현재 70에이커로 줄어들었지만, 아직도 그의 작품 중 가장 훌륭한 사례로 인정받고 있다. 영국 정원은 유명한 조경사 엘란 비들 쉽맨(Ellen Biddle Shipman)이 디자인했다. 이것은 쉽맨이 구체적으로 명시한 원래 식물 색상(plant palette)을 사용하여 1980년대 후반에 완전히 복원하였다. 1957년 자이벌링 일가는 스탄 하이윗의 보존을 위해 비영리 단체에 기부하였다. 스탄 하이윗이 역사적인 저택과 공공정원으로 자격을 갖는 것은 원래의 경관계획에 명시된 식물 종을 사용하고 교목, 관목, 장미, 다년생 식물의 기록을 세심하게 보관하는 데 모든 노력을 기울였기 때문이다.

| 손넨버그 정원, 뉴욕주 캐넌다이과

손넨버그는 불행한 격동의 역사를 지니고 있다. 이 부동산은 1930년대에 원래 소유주의 조카가 연방 정부에 팔았고, 정부는 그것을 새로운 재향 군인 병원 용지로 전환하였다. 1970년에 지역주민들이 이 거대한 저택을 원래의 훌륭한 모습으로 복원하려고 프란츠 오브 손넨버그를 조직했다. 초기의 성공에도 불구하고 1990년대 후반에 손넨버그 정원(Sonnenberg Gardens)은 재정적인 어려움을 극복하였지만, 최고 경영자가 횡령으로 체포와 유죄선고로 재정적인 어려움은 최고조에 달하였다. 이 저택이 압류를 당할 위험에 처했을 때인 2004년에 뉴욕주가 토지와 건물을 사들이고, 별도의 501(c)(3) 조직에 운영을 맡기면서 개선되었다.

이렇게 험난한 시기를 겪으면서도 손넨버그는 주요 정원들을 팔거나 양도하지 않고 유지하였다. 이 정원의 백미는 직원들이 매년 봄에 15,000개의 화단용 화초를 설치하는 이탈리아 정원이다. 다른 수집품으로는 장미정원, 바위정원, 달빛정원 및 일본정원이 있다.

| 바트람 정원, 펜실베이니아주 필라델피아

1728년에 존 바트람이 설립한 바트람 정원(Bartram's Garden)은 미국에서 현존하는 가장 역사 깊은 정원이다. 미국 최초의 위대한 식물학자로 인정받는 존과 그의 아들 윌리엄은 신세계의 식물군을 조사하기 위해 멀리까지 탐사를 다녔다. 조지 3세 왕은 존을 왕실 식물학자로 임명하였으며, 윌리엄의 많

은 그림이 실린 저널은 미국 자연사에 중대한 영향력을 끼친 초기의 저작물로 알려져 있다.

오늘날 존 바트람협회는 원래 조성되었던 당시 지역에 다수의 정원을 적극적으로 복원하고 있다. 다른 역사 깊은 공공정원과 마찬가지로 바트람의 직원은 신착식물의 기록을 유지 보관하고, 추가하는 식물들이 자리 잡도록 안내하는 정책을 따르고 있다.

동물원

동물학계가 우리 안에 있는 동물로부터 자연 서식지에 전시된 동물군으로 그 초점에 변화를 주면서, 원예사가 점차 중요한 역할을 담당하게 되었다. 일부 동물원은 훈련된 원예사에 의해 큐레이팅 된 수집식물을 개발하여 자연적인 동물의 서식지 모습을 재현하므로서 방문자에게 새로운 명소를 제공하는 두 가지 목적을 수행하게 된다. 동물원 원예사협회는 이 분야에서 개인의 전문적인 성장을 도모하고 있다.

| 애리조나–소노라 사막박물관, 애리조나주 투산

애리조나-소노라 사막박물관(Arizona-Sonora Desert Museum)은 세계적으로 유명한 동물원, 자연사 박물관과 식물원이 모두 이 한곳에 있다. 이곳은 생태학, 원예학 및 동물학을 아우르는 교육 프로그램을 제공하며, 소노라 사막의 생태와 보전의 연구를 수행하고 있다.

| 샌디에이고동물원, 캘리포니아주 샌디에이고

세계에서 가장 높게 평가받는 동물원 중 하나인 샌디에이고동물원(San Diego Zoo)은 진보적인 동물 전시, 동물 육종 및 보전, 동물원 환경에 수목원을 통합하는 분야의 선두주자이다. 교목, 관목 및 초본식물은 특정 서식지처럼 보이게 만들고, 동물원 내의 환경을 더 아름답게 만들며, 희귀 동물에게 먹이를 제공하는 데 사용한다. 예를 들어, 동물원은 중국에서 장기간 대여한 판다를 위해 40종의 대나무를 키우고, 코알라 먹이를 위해 18종의 유칼립투스 나무를 키운다. 영구전시의 한 부분인 식물은 동물이 없는 수목원에서와 마찬가지로 모두 적절한 표지판을 부착한다.

| 브룩그린 가든, 사우스캐롤라이나주 머렐 인렛

브룩그린 가든(Brookgreen Gardens)은 다면적인 문화조직의 훌륭한 예이다. 사우스캐롤라이나 저지대의 토착 동물군과 남부 지역에서 가축화된 동물을 전시한 동물원이다. 이곳은 또한 미국 조각센터와 1,200점이 넘는 조각 작품을 전시하고 있는

조각 공원이기도 하며, 이곳은 공공정원으로 간주되어야 한다. 살아있는 참나무, 층층나무, 야자나무 및 꽃 피는 다년생 식물까지 다양한 수집품들이 있는 공공정원이다. 브룩그린과 같은 기관은 조직을 분류하는데 너무 다양한 조직과 경계가 명확하지 않은 한계가 있다.

영리 목적의 관광지

일반적으로 공공정원으로 인식되지 않는 몇몇 장소도 운영상의 정의에 따라 공공정원의 자격을 가질 수 있다. 영리를 목적으로 하는 장소는 관광사업과 비영리 활동을 지원하는 영리법인 두 가지의 일반적인 범주로 분류된다.

| 관광사업

공공정원의 자격을 갖춘 여행 또는 휴양업소는 그 장소에 광범위하고 큐레이트된 식재를 포함한다. 영리를 목적으로 하는 공공정원은 사업의 이익 실현이 주요 동기이다. 그러므로 비영리 단체가 그들의 관람객의 교육이나 식물학의 연구에 초점을 맞출 때 영리단체의 식물 관리자는 기본적으로 원예를 통한 수익을 증대해야 한다.

월트 디즈니 월드

아름답고 잘 관리한 식물은 관광객의 수를 늘리거나 더 비싼 입장료를 정당화할 수 있다. 식재는 항상 디즈니 테마파크의 핵심 구성 요소였으며 월트 디즈니는 훌륭한 경관이 방문객에게 쉼터와 그늘을 제공하고 시각적 즐거움과 환경을 올바르게 만들어서 스토리텔링을 지원해야 한다고 생각했다. 장식적인 전정법의 광범위한 이용을 포함하여 테마파크의 원예에 대해 디즈니의 접근법은 너무나 잘 알려져서 디즈니는 이 분야의 다른 전문가들에게 이 주제에 대한 세미나를 제공하고 있다.

머홍크 마운틴 하우스

스마일리(Smiley) 일가는 1869년에 처음 설립된 후부터 지금까지 뉴욕주 뉴 팔츠(New Paltz)에 있는 머홍크 마운틴 하우스(Mohonk Mountain House)를 소유하고 있다. 정원은 자연 산책로, 호수, 온천 및 요리와 함께 주요 관광 명소 중 하나이다. 디자인은 빅토리아 시대에 크게 유행한(불규칙한 형태, 다양하고 대담한 구성, 장소의 울퉁불퉁한 특성에 부합하는) 고풍스러우며 그림 같고 로맨틱한 경관을 구현하려고 했다. 수천의 일년생 초본이 공식적으로 기록되지는 않았지만, 다년생 식물, 관목과 교목은 모두 전문 원예사 팀이 기록(신착)하고 돌보고 있다.

또한, 머홍크는 매년 유명한 연사를 초청하여 강연하거나, 시연하는 가든 테마 주말 행사를 후원하고 있다.

벨라지오

라스베이거스 게임호텔이 공공정원인가? 이 말이 어울리지 않아 보일 수도 있지만, 벨라지오(Bellagio)는 식물학적 수집품의 다양성, 전시 및 품질에 큰 자부심을 느끼고 있다. 직원 140명 이상의 원예사와 함께 벨라지오는 매년 전시품을 바꾸며, 연간 14,000명의 방문객을 효과적으로 수용하고 있다. 이 방문객의 숫자는 북미지역의 어떤 비영리 공공정원보다 훨씬 높은 수치이다.

| 비영리 단체를 지원하는 영리단체

두 번째 범주는 그들의 공공정원을 관리하는 비영리 주체에게 직접 자금을 지원하는 영리단체이다. 이런 종류의 대표적인 예는 캘러웨이 정원(Callaway Gardens)이다. 이 정원은 비영리 단체이며 카슨 캘러웨이재단(Ida Cason Callaway Foundation)이 소유하고 운영한다. 그러나 이 단체가 소유한 자회사인 캘러웨이 가든 리조트 주식회사는 캘러웨이 가든에서 레크리에이션, 숙박 및 소매 시설을 운영한다. 세후 수익금은 재단의 노력을 지원하기 위해 재단에 전달한다. 이러한 문제는 공공정원인 캘러웨이 정원이 공공정원의 한 종류로서, 캐슨 J. 캘러웨이와 그의 아내인 버지니아 핸드 캘러웨이의 소유였던 저택 부지에 있어, 역사 경관으로 취급해야 한다는 점에 있어 불분명한 상황으로 복잡하다. 영리법인이 공공정원을 지원하는 또 다른 한 예는 허쉬 가든(Hershey Gardens)으로 이곳은 허쉬(M. S. Hershey)재단이 운영하며 입학, 결혼 및 기타 임대로 소득을 창출한다. 그러나 이곳은 허쉬 법인이 광범위한 지원을 하고 있으며 이 법인의 창립자가 이 정원을 설립하였다.

누가 공공정원을 만드는가, 그리고 왜 만드는가?

공공정원은 초기 설립자의 영향을 크게 받는다. 설립자가 개인, 단체, 조직 혹은 정부 기관이든 각각의 주체는 공공정원에 그 표식을 남긴다. 대부분 공공정원은 비영리 교육기업이 시작하고 소유하지만, 개인 공공정원과 영리를 목적으로 하는 정원도 있다. 공공정원을 시작하는 단체 및 조직은 믿을 수 없을 만큼 다양하므로 다음에서 보여주는 것처럼 그들이 만든 정원이 똑같이 매우 다양하다는 것은 당연하다.

비영리 단체

그들의 이름이 암시하듯이, 이들은 이타적인 개인이 모여서 법적으로 법인화된 조직이다. 비영리 정원은 상업적 또는 수익적 동기 없이 활동한다. 그러한 조직은 결코 주식을 제공하지 않으며 이사회 구성원은 정원의 수익으로부터 직접적인 이익을 얻지 못한다. 다음의 예는 비영리 공공정원 조성의 뒤에 숨어있는 다양한 동기들을 보여준다.

| 풀뿌리 대중운동으로

샤이엔식물원(Cheyenne Botanic Gardens)은 1977년 와이오밍주 샤이엔(Shyenne)에서 커뮤니티 솔라 그린하우스 프로젝트(Community Solar Greenhouse Project)로 시작되었다. 설립 이래로, 경관의 지속가능성과 봉사 참여의 두 가지 목적에 전념해 왔다. 현재의 시설은 이 단체가 샤이엔 공원관리소에 통합된 1986년에 지은 것이다.

유급 직원이 4명밖에 되지 않는 샤이엔식물원은 노동력의 90% 이상은 자원봉사자가 제공한다. 이러한 무급노동자의 상당수는 노인, 장애인이나 비행 청소년이다. 따라서 정원은 이들에게 원예치료를 위한 장소를 제공하고 이와 동시에 이들은 식물을 심고 수집품을 관리하는 데 도움을 준다. 치료는 이 정원의 많은 교육 프로그램을 강화하였고 정원이 고원 평야의 식물을 사용하여 정원을 지속할 수 있게 하는 방법의 정보도 강화하였다. 이 정원은 이 풀뿌리 대중운동으로 두 번의 대통령 표창을 비롯하여 많은 상을 받았다.

| 조직의 목표 달성

일부 비영리 단체는 미션을 완수하거나 프로그램을 소개할 수 있는 중심장소를 제공하기 위하여 공공정원을 조성한다. 예를 들어 1890년부터 존속해온 시카고원예학회는 화훼전시와 원예 경연대회를 주최한다. 그러나 1963년에서야 시카고시는 시 외곽에 300에이커 크기의 부지를 학회에 제공하였고, 이곳이 1972년에 개장한 시카고식물원이 되었다. 오늘날 이 학회는 정원의 인기와 도시에 자리한 위치 때문에 교육, 연구 및 보전이라는 세 가지 미션을 수행할 수 있는 상당한 능력을 갖추게 되었다.

| 개인의 영감을 완수하는 방법

때로는 특정 개인이 비영리 정원을 조성하는 원동력이 될 수 있다. 1906년, 산업가 피에르 S 뒤퐁(Pierre S. du Pont)은 이곳에서 자라고 있던 우람한 나무들을 보존하기 위해서 원래 피어스(Peirce)가가 소유했던 수림 경작지 202에이커를 구매하였다. 뒤퐁은 이 지역의 장엄함에 크게 영감을 받아 곧 롱우드 가든의 개발을 시작하였다. 그는 그 후 많은 재산을 투입하여 온실, 분수대, 야외극장과 식물수집품을 포함한 롱우드의 가장 대표적인 특징들을 만들었다.

| 연구 또는 교육적 활용 목적

비영리 단체가 공공정원을 조성하는 네 번째 동기는 특정연구 또는 교육목표를 추구하기 위해서이다. 예를 들어, 수산나 빅스비 브라이언트(Susanna Bixby Bryant)는 1927년 란초 산타아나 식물원(Rancho Santa Ana Botanic Garden)을 만들었으며, 이 식물원은 캘리포니아 자생종의 최대한 완벽한 수집품을 전시하는 것과 이 주의 자생 식물 종을 보전하는 구체적인 목표를 가지고 있었다. 이 정원은 후에 오렌지 카운티에서 클레몬트(Claremont)로 옮겼으며, 현재 클레몬트대학은 식물 계통학과 진화의 대학원 과정을 제공하고 있다.

이런 요소의 다수를 결합한 또 한 곳은 페어차일드 열대식물원(Fairchild Tropical Botanical Garden, FTBG)이다. 이곳은 1935년 로버트 몽고메리(Robert H. Montgomery)가 그의 친구이자 동료였던 식물학자 데이비드 페어차일드를 기리기 위해서 그의 이름으로 설립한 곳이다. 페어차일드 식물원은 전 세계의 열대지방에서 식물을 수집하였고, 그중 많은 수가 여전히 식물원에 전시 중이다. 몽고메리가 정원이 자리 잡은 마이애미-데이드 카운티(Miami-Dade County)의 장소를 기부하였지만, 페어차일드 열대식물원은 현재 개인 501 (c) (3) 비영리조직이 운영하고 있다.

| 역사적인 자산 지키기

이전의 장엄한 역사적인 경관으로 복원하는 비용이 엄두를 못낼만큼 비쌀 수 있으므로 이러한 많은 부동산을 지자체, 시민단체 또는 사학회에 기부한다. 그러나 이런 지방 자치단체 또는 개인 단체들은 이 기부를 수락해야 하는 타당한 이유와 그와 관련된 중요한 과제를 수행해야 한다. 그 동기에는 중요한 문화자원을 보존하려는 이타적인 욕구, 관광 명소를 강화하여 수익창출 기대, 그리고 복원을 통해 쇠락하는 주변 지역이나 도시에 긍정적인 영향을 줄 수 있다는 기대를 포함한다.

중요한 문제들은 역사적인 자산의 관리·감독을 위임받은 그룹이 해소하여야 한다. 이 중 가장 중요한 것은 복원될 경관이 묘사하는 역사적인 시기이다 - 그 경관이 처음으로 만들어진 시기, 혹은 그것이 가장 유명했을 때, 또는 가장 완벽한 자료가 존재하는 시기. 이 문제와 관련하여 복원 시기에 적합한 특정 식물의 재배품종을 찾는 것이 어렵다는 점이다.

정원관리단(The Garden Conservancy)은 미국의 중요한 경관을 보전하는데 전념하는 조직으로, 많은 사유지가 공공 자산으로 전환하거나 비영리 단체를 설립하는 데 도움이 되었다.

역사적 자산의 처리 ▼

현재 상황에 따라 미국내 표준의 "역사적 자산의 처리에 대한 기준"에 의한 4가지 접근 방식(보전, 재활, 복원, 또는 재건) 중 하나에 의해서 그 경관의 중요성과 특징은 일반적으로 재확보된다.

• 보존은 역사적 자산의 현존하는 형태, 온전함 및 재료를 유지하는 데 필요한 조치를 적용하는 행위 또는 과정이다. 그러므로 네 가지 접근법 중 가장 보수적이며 자산의 건물과 조경 요소가 이미 양호한 상태에 있을 때 적용할 수 있다.

• 복구는 역사적, 문화적 또는 건축적 가치를 전달하는 경관의 부분이나 특성을 보존하고 진본이 아닌 부분에 대해서는 수리, 변경, 혹은 추가 작업을 수행한다.

• 복원은 이 자산의 형태, 특성, 및 성격을 다른 시기의 특성을 가진 특성을 제거하고 사라진 특성을 재건함으로써 특정한 시기의 경관으로 정확하게 복원하는 과정을 말한다.

• 재건은 특정 시기의 역사적인 장소의 모습을 재현할 목적으로 다시 건축함으로써 현존하지 않는 경관의 형태, 특징 및 세부사항들을 묘사하는 과정이다.

정부 기관

도시, 카운티, 주 및 국가는 낙후된 지역의 도시 재생을 촉진하거나, 관광을 활성화하거나 지역의 문화적 기준을 높이거나 지방자치제 정부들의 분위기와 미적 외양을 높이기 위한 목적과 같은 다양한 이유로 공공정원을 조성한다. 이러한 동기 부여 요인 중 다수는 다음의 정부 기관이 만든 정원의 예를 들어 설명할 수 있다.

| 지방자치 정부

공공정원 설립에 참여한 대부분의 지방자치 정부는 독립적인 "우호 단체들"과 협력하여 공공정원을 설립했다. 지방자치제 정부와 501(c)(3) 그룹의 역할과 책임은 기관마다 다르다. 샌프란시스코식물원은 샌프란시스코시 공원관리소의 소유이며 식물원장도 이에 의하여 임명된다. 그러나 샌프란시스코 식물원 협회

는 교육 프로그램 및 컬렉션 큐레이팅을 담당한다. 이와 비슷하게 로스앤젤레스 카운티 수목원과 식물원은 로스앤젤레스 수목원 재단과 로스앤젤레스시 공원관리소가 공동으로 운영한다. 다른 관계들은 이보다 더 복잡하다 – 워싱턴 주립대학의 식물원은 대학과 시애틀시와 그리고 수목원 재단이 공동으로 관리한다.

이러한 행정적인 협의가 각각의 파트너로부터 자원을 받을 수 있는 이점이 있기는 하지만 큰 도전을 만들기도 한다. 그런 정원에서 알려진 문제는 두 명의 원장이 존재하고 각 부분의 직원을 관리하는 것, 직원이 각각 다른 임금 수준, 복리후생제도, 근로조건을 가지며, 정원에서 필요로 하는 원예 전문성 수준을 충족하지 못하는 지자체의 관리자나 근로자가 있다.

주변 지역 개선을 위해

시카고에 있는 가필드 파크 온실(Garfield Park Conservatory; GPC)은 1908년에 처음 문을 열었으며 1980년대와 1990년대 초반까지는 무관심 속에 점점 위상이 추락하였다. 그러나 1990년대에 도시의 서쪽이 도시 재활성화의 중심이 되면서 가필드 파크 온실은 이 재생의 가장 중요한 항목으로 간주하였다. 지원 그룹인 "가필드 파크 온실연합(GPC Alliance)"이 구성되었으며 온실을 광범위하게 개조하여 과거의 영광을 회복하였다. 그 결과 이 온실은 지금 전도가 유망한 지역의 자랑이며 관람객은 연간 1만 명 미만에서 2006년에는 20만 명으로 증가하였다.

경제적 어려움에 대응하기

몬트리올식물원(Montreal Botanical Garden)은 1931년에 카밀라 우드(Camillien Houde) 시장이 대공황의 절정기에 경제 경기 부양책으로 설립하였다. 그러나 정원의 개설은 사실 수년간 이 정원을 위하여 캠페인을 진행한 위대한 식물학자 마리 빅토린(Marie-Victorin)에게 크게 의지하였다. 오늘날 이 정원은 몬트리올의 주요 문화명소이며 북미에서 가장 많은 식물수집품을 가지고 있는 정원 중 하나로서 2만1천 분류군 이상을 재배한다. 이곳은 일반 대중과 특히 원예학 전공 학생의 교육을 돕고 있다. 또한, 멸종 위기종의 보전과 식물연구에 깊이 관여하고 있다(자세한 내용은 부록 A 참조).

공지를 유지하기 위해

1950년대에 덴버의 시의회 의원은 도시의 성장에 이용 가능한 공지를 줄였으며 도시의 삶의 질을 유지하기 위해 과감한 노력이 필요하다는 것을 분명히 깨달았다. 100에이커의 공원 용지

에 덴버식물원(Denver Botanic Gardens)을 세우려고 한 처음 시도는 수많은 어린 식물이 도난당하여 실패로 끝났다. 그러나 도시, 카운티와 시민들은 이 꿈을 접지 않고 계속하였으며 1958년에 오래된 묘지 부지를 미래의 정원이 세워질 영원한 장소로 선정하였다. 덴버식물원은 인구밀도가 높고 활기찬 도시에서 많은 사람이 방문하는 녹지공간이 되었다.

임박한 붕괴로부터 시설을 구하기 위해

다른 지방자치제 정부는 건설로부터 그들을 구하기 위해 식물학기관과 함께 참여한다. 그 예로 플로리다주 세인트피터즈버그(St. Petersburg)시에서는 1999년에 선켄정원(Sunken Gardens)을 터너가(Turner family)로 부터 구매하였다. 터너 가문은 이곳을 거의 백 년 동안 소유했었다. 세인트피터즈버그의 주민들이 이곳을 구매하는 자금을 조달하기 위한 특별 세금 부과를 받아들인 것은 높이 평가받고 있다.

더 큰 시립 박물관 단지를 만들기 위해

몇 개의 문화센터를 한곳에 모아서 지자체가 관광객 및 기타 방문객에게 더 매력적인 단지를 만들 수 있다. 리오 그랑데 식물원(Rio Grande Botanical Garden)은 앨버커키 식물공원(Albuquerque Botanical Park)의 한 부분으로 앨버커키 수족관과 리오 그랑데 동물원을 포함한다. 방문객은 세 곳 모두를 입장할 수 있는 패스를 구매할 수 있다. 이는 규모의 경제를 가능하게 하며, 세 시설은 직원, 장비 및 판촉비용을 공유할 수 있다.

| 미국 연방 정부

1816년에 발의된 미국 시민을 위한 식물원의 제안은 마침내 1820년에 미국의회가 식물원을 설립하게 하였다. 정원의 장소가 여러 번 바뀌었고 미국 식물원(U.S. Botanic Garden)은 현재 개수하여 매우 사랑받고 있는 온실과 국립공원(National Garden) 및 바르톨디 공원(Bartholdi Park)을 포함한다. 의회에서 기금 대부분을 받아 의회 건축담당이 이를 관리한다.

또한, 의회 제정법에 따라 설립된 미국 국립수목원(U.S. National Arboretum)은 의회가 아닌 미 농무부(USDA)가 관리한다. 이곳은 광범위한 수목 재배, 초본수집 및 교육 프로그램, 출판물과 연구를 통하여 "과학 연구, 교육 및 환경을 개선하기 위해 식물을 보전하고 전시하는 정원에 대한 대중의 필요를 충족시키는" 미션을 완수한다. 미 농무부(USDA)에서 연간예산을 받고 나머지는 국립수목원의 친구들(Friends of the National Arboretum), 미국 허브협회(Herb Society of America), 국립

분재재단(National Bonsai Foundation) 및 몇몇 전국 및 수도권 정원 클럽의 지원을 받는다.

| 미국 주 정부

네브래스카주는 공공정원의 운영관리를 위해 독특한 접근 방식을 취하고 있다. 하나의 장소를 주의 정원으로 지정하기보다는 네브래스카주 전역 수목원(Nebraska Statewide Arboretum, NSA)을 만들었다. 네브래스카 주립대학교의 후원으로 NSA는 수목원, 공원, 역사적 자산 및 주 전역의 수십 개의 공동체에 있는 공공 경관의 네트워크가 되었다. NSA는 각 장소에 기술 지원을 제공하며 그들의 개발 프로세스를 사용하여 초기의 운영을 돕고 있다.

대학 및 기타 교육기관

최근 수십 년 동안 공공원예 분야에서 가장 빠르게 성장하는 부문 중 하나는 대학 부속정원 분야이다. 왜 고등교육 기관이 공공정원을 만드는지에 대한 다양한 이유는 다음에 설명한다.

| 캠퍼스 통합

캠퍼스 정원이나 수목은 중앙 디자인 요소를 경관의 전체적인 배치에 제공하여 캠퍼스를 통일할 수 있다. 또한, 지적으로 캠퍼스를 통합할 수 있다. 예를 들어, 캘리포니아 주립대학 데이비스 캠퍼스는 GATEways(정원, 예술, 환경) 프로젝트를 통하여 이 캠퍼스의 수목원을 전체 캠퍼스의 현관으로 이용한다. 이러한 혁신적인 노력은 이질적인 분야의 교수진 간의 시너지를 창출하며 캠퍼스 공동체를 환경 지속가능성 또는 물리적 미화와 같은 주제를 중심으로 통합할 수 있게 해준다.

| 더 큰 공동체로 가는 문턱

대학은 때론 고상하지만 권위적인 기관으로 여겨지기 때문에 식물원은 더 큰 공동체로 가는 문턱 역할을 할 수 있다. 어떤 가족이 대학을 방문한다면 그 가족은 대학의 정원을 견학할 수 있겠지만 분자유전학 실험실을 방문하지는 않을 것이다(아마 그 실험실에 초대되지도 않겠지만). 이처럼 정원은 대학 도시 주민과 대학인과의 갈등을 개선하는 데 중요한 역할을 하며 또 다른 갈등이 생겼을 때 대학에 도움을 줄 수 있는 호의를 받을 수도 있다.

| 대학 연구 지원

캘리포니아 주립대학식물원(The University of California

Botanical Garden)은 버클리에서 1890년에 식물학과 학장이었던 이엘 그린(E. L. Greene)이 설립하였다. 가능한 한 완전한 캘리포니아의 토착 식물상의 컬렉션을 만들고자 했던 그의 의도는 수집품의 개발과 사용의 핵심이 되었다. 1960년대까지 이 정원은 거의 독점적으로 대학의 연구와 교육을 지원하기 위하여 사용하였다.

그때부터 강력한 공공 지원 활동 요소가 있었지만 전 세계적인 식물 생물학 연구가 그 미션의 중요한 부분을 차지해 왔다. 대학 기반의 공공정원에서의 모든 연구가 본질에서 기초 연구는 아니다. 식물육종의 평가는 전통적으로 대학을 기반으로 한 공공정원, 특히 토지매각대학(land grant institutions: 미국 정부에서 학교의 발전을 위해 미 정부가 땅을 무료로 매각한 기관으로 주로 미국 남부에 있으며 각 주에서 명망이 있는 기관이다)에 소속된 공공정원에서 인기 있는 응용 연구의 형태이다. 때로는 전시한 식물은 기관 내의 육종 노력의 결과이거나 화단용 화초를 위한 "전 미국 선택(All America Selections)"과 같은 전국적인 혹은 세계적인 무역기구가 제공한 것이다.

이런 종류의 미션을 가진 대학 정원의 훌륭한 예가 노스캐롤라이나 주립대학의 제이씨 놀스톤 수목원(JC Raulston Arboretum)이다. 이 수목원은 주로 전 세계에서 수집한 식물의 평가, 선발 및 전시에 초점을 맞춘 주로 연구와 교육을 위한 정원이다. 특히 노스캐롤라이나의 피드몬트 지역에 적응한 식물은 남부 경관에 더 좋은 식물을 찾기 위한 노력의 결실이었다.

▌살아있는 교실로서의 정원

대학의 정원은 학부 또는 대학원 교육을 향상하기 위한 살아있는 교실의 역할을 전통적으로 수행해 왔다. 농과대학이나 자연자원대학을 지닌 기관은 일반적으로 원예, 식물병리학, 곤충학, 조경학, 국제농업, 식물육종, 임학과 같은 다양한 분야의 과목을 가르친다. 이들 기관의 학생은 정원에서의 수업을 통하여 많은 혜택을 받는다. 코넬 플랜테이션, 수목원, 식물원, 그리고 자연 지역(natural areas)을 말하는 코넬 농장(Plantations: 남북전쟁 이전 미국 남부의 대규모 농장을 지칭)은 4,300에이커에 이르는 이곳의 매우 다양한 소장품들을 이용하고 백 개 이상의 과목 교수와 학생에게 도움을 주고 있다.

정원은 특정 강사나 수업의 필요를 만족시키기 위해 헌신한 특정한 공간을 가질 수 있으며 수업에서 사용하기 위한 특정 식물이나 수집품을 보여줄 수 있다. 보통 수집품을 가장 많이 이용하는 학과에 문의하여 큐레이터는 정원이 어떻게 교육 프로그램을 지원할 수 있는지 확인할 수 있다.

▌찾아가는 봉사 활동을 만족시키기 위한 정원

많은 대학, 특히 토지매각기관은 그 조직들의 미션의 하나로 봉사 활동을 수행한다. 정원은 캠퍼스에 온 방문객에게 견학, 수업, 워크숍 또는 평생교육을 제공하여 이 봉사 활동의 미션을 완수하는 데 도움을 줄 수 있다. 또는 정원직원이 그들의 대외 봉사의 하나로 학교 그룹이나 사회단체에 연락을 취할 수도 있다.

특히 미네소타 조경수목원(Minnesota Landscape Arboretum)은 공공정원을 대외 봉사 활동에 매우 효과적으로 사용하고 있다. 모든 연령대의 관객에게 매력적인 식물과 자연 기반 교육 경험을 주는 것이 수목원의 핵심 미션이다. 이곳은 견학, 도시 정원 프로그램, 이동식 식물 차량을 통해 매년 53,000명 이상 학생의 삶에 영향을 준다. 또한, 성인과 가족을 위한 효과적인 프로그램이 있으며 광범위한 치료 원예 프로그램을 제공하고 있다.

▌경쟁 우위 제공

고등교육 기관은 능력 있는 학생을 모집하기 위하여 경쟁한다. 대학의 순위가 학업성적이 최상위 학생에게는 가장 강력한 매력이지만 캠퍼스 외관과 분위기 또한 중요한 결정 요소이다. 식물원과 수목원이 있다는 것은 캠퍼스의 아름다움과 매력을 높인다. 스왓트모어 칼리지(Swarthmore College)의 스콧 수목원(Scott Arboretum)처럼 캠퍼스 자체가 수목원인 경우도 있다. 그 대학은 원예학과가 없지만, 스콧 수목원은 침엽수, 풍년화, 야생 능금, 벚나무, 호랑가시나무, 목련, 장미, 모란의 인상적인 수집품을 관리하고 있다.

▌살아있는 박물관으로

식물원과 수목원은 살아있는 박물관이기 때문에 이들은 미술, 역사, 인류학 또는 지역 문화를 포함할 수도 있는 대학의 박물관 네트워크에 이바지한다. 그들의 연구 또는 교육적 역할 이외에도 이 박물관은 유명한 중심장소이며 훌륭한 학생뿐만 아니라 최고의 교수진, 주요 연구비 및 지역, 주 또는 동창들로부터 지원을 받는 데 중요한 역할을 한다. 하버드대학의 사례로 돌아가 보면 아널드 수목원(Arnold Arboretum)은 포크 미술관(Fogg Art Museum)과 자연사 박물관(Museum of Natural History)과 함께 대학의 위대한 박물관 중 하나로 자리매김하였다.

요약

이 장은 모든 공공정원에 보편적으로 적용되는 기본 기준을 검토하였다. 기준은 강령이 있을 것, 전문적으로 관리할 것, 신착 수집품, 어떤 형태의 연구 및/또는 교육 프로그램 시행, 일반인에게 열려있고 접근 가능한 것이다. 또한, 다양한 종류의 공공정원을 탐구하고 각각의 예시를 보였다. 마지막으로, 개인이나 그룹이 공공정원을 개발하는 이유를 각각의 모범적인 예와 함께 제시하였다.

이제 공공정원이 식물이 전시된 다른 장소와 어떻게 다른지, 그리고 공공정원을 만들기 위한 필수조건이 무엇인지를 학생은 이해하고 있어야 한다.

참고문헌

Berrall, J. A. 1966. *The garden: An illustrated history*. New York: Viking Press. Provides a broad overview of gardens and garden design over many centuries.

Birnbaum, C. A., and C. C. Peters, eds. 1996. The secretary of the interior's standards for the treatment of historic properties with guidelines for the treatment of cultural landscapes. Washington, D.C.: U.S. Department of the Interior, National Parks Service, Historic Landscape Initiative. Source of definitions for differing levels of historic preservation of landscapes.

A Brief history of the Brooklyn Botanic Garden. 2008. bbg.org/abo/history.html. Website traces the evolution of one of the nation's oldest botanical gardens.

Byers, B., G. Dreyer, R. C. Bumstead, G. Lee, R. E. Lyons, N. Doubrava, P. W. Meyer, and M. Zadik. 2003. College and university gardens: Profiles of seven diverse institutions. *The Public Garden* 18(4): 26–35. Profiles illustrate the breadth of public gardens affiliated with institutions of higher learning.

Hobhouse, P. 1992. *Gardening through the ages*. New York: Simon and Schuster. Essential text on how gardens have changed from ancient Egypt through the twentieth century.

Hubbuch, C. E. 1998. What is a botanical garden? The Public Garden 13(1): 34–35. Provides a concise definition for botanical gardens, distinguishing them from parks and other types of museums.

McNulty, E. 2009. *Missouri Botanical Garden*: Green for 150years. St. Louis: Missouri Botanical Garden. In addition to providing a detailed history of America's first botanical garden, an introductory chapter also gives a short history of botanical gardens.

CHAPTER 2

The History and Significance of Public Gardens
공공정원의 역사와 중요성

CHRISTINE FLANAGAN 크리스틴 플래너건

서론

정원은 사람을 배제하고는 존재하지 않으며, 인간의 영향을 받지 않은 자연은 정원이 아니다. 이 사실은 정원이 개인과 사회가 동의하는 부분에 대해 사전의 숙고와 헌신을 발판으로 한 의도적인 행위에서 발생한다는 것을 보여준다. 이번 장의 주제는 식량 생산을 넘어 그 이상의 기능적인 부분, 예를 들어 정원의 의식, 위락 혹은 종교적 기능 등을 알아보고자 한다. 이들은 복잡한 인간사회의 역사 속에서 정원이 지속해서 가지고 있던 특징이며, 또한 이들은 인간의 심리에 기초한 근본적인 동기에서 비롯된 결과물임을 알려준다.

"공공" 정원을 만든다는 것은 정원을 다른 사람과 공유하는 것이 사회적 필요이거나 목적이라는 것을 의미한다. 초기 인류 역사에서 정원은 지배자 또는 종교 엘리트가 그들의 즐거움 그리고/또는 의식을 수행하는 것과 같은 정치적이고 사회적인 기능을 수행하였다. 정원이 그들의 부와 중요성 또는 종교 엘리트가 신과 군건하게 연결된 것을 보여주기 때문에 정원을 통하여 그들의 권력을 정당화하기 위하여 정원을 만들었다. 소수의 공공정원은 그렇게 태어났다. 포스트 르네상스 시대에 미국에서 생긴 공공정원은 한 가문의 수명이나 이익, 혹은 부가 기울어진 후 그 가문의 정원이나 저택을 공공이나 민간단체에 기증하여 공공이 이용하고 즐길 수 있게 만들었다. 이 장에서는 왜 공원을 만들었고, 인간 사회가 어떻게 공원을 유지하였는지를 이해하고, 21세기에 공공정원이 수행한 뛰어난 역할을 살펴보기 위하여 공공정원의 다양성과 의미를 탐구해 보고자 한다.

인간은 장소를 만든다.

우리는 왜 그리고 누구를 위해서 정원을 만드나? 주거지를 건설한 이후, 정원 만들기는 환경을 변화시키는 초기의 행태 중 하나였으며, 정원은 식량의 생산, 영적 장소 만들기와 사회 담론 및 영역과 연관되어 있었다(Turner 2005). 정원 만들기의 역사는 원예나 식물을 키우는 것만큼 오래되었다. 원예는 땅을 깨끗이 다듬어 개간하여 작물을 집중적으로 심고 재배하는 것이나, 우리가 일반적으로 농업이라고 부르는 행위보다 먼저 생겼을 것이다(Tudge 1998). 18세기의 정원 디자이너 험프리 렙톤(Humphry Repton)은 정원을 "사람이 사용할 수 있고 즐거움을 느끼기 위하여 가축이 들어오지 못하게 울타리 친 땅. 이곳은 현재 경작하고 있거나 앞으로 경작하여야 한다"고 정의하였다(Hunt 2000). 울타리 또는 경계는 관리와 장소의 공간적 한계를 정의하기 때문에 중요하며 정원은 이 경계 내부만을 의미한다. 또한, 이는 이곳으로의 접근을 통제할 수 있다. 정원(garden) 그리고 마당(yard)은 "geard"라는 고대 영어단어에서 비롯된 단어인데, "울타리"를 의미하는 단어에서 파생되었다.

"정원"의 개념은 역사적으로 상징주의로 가득 차 있다. "즐거운 장소"라는 뜻의 라틴어인 Locus amoenus는 기원전 384년에 아리스토텔레스가 도입한 문학적 용어이다. 이것은 일반적으로 안전하고 위안이 되는 이상적인 장소, 낙원 또는 에덴을 가리킨다. Locus amoenus는 세 가지 기본요소(나무, 잔디, 물)를 가진다. 이 단어는 시간과 운명의 과정으로부터의 피난처, 많은 방문객이 찾는 곳으로서 공공정원을 묘사하는 것, 그리고 사람에게 개인 정원을 만들도록 동기를 부여하는 것으로 간주한다. 정원은 문자 그대로 가족이나 대중의 일부와 공유되거나 상징적으로 사회 전체와 공유된다.

고대 정원은 현대적인 의미에서는 대중에게 공개하지 않는 장소였다. 하지만 이곳은 공공의식 일부였으며, 공공장소를 만드는 것과 공동체에 필요한 부분으로 인식하였다. 정원의 고고학적 증거와 고대 이집트, 그리스, 로마, 그리고 전 세계 기독교 국가들에서 가장 오래 살아남은 정원은(Turner 2005) 종교나 강력한 상징주의와 관련되어 있다. 인간은 이해와 통제 또는 영향력에 대하여 태생적으로 심리적인 욕구를 가지며, 고대 정원은 사람의 정신적인 복지와 탐구를 충족시켰다. 이런 형태의 정원은 세계의 본질과 사회질서와 소통했으며 옥외 공간 디자인의 가장 오래된 표현 형태이다(그림 2-1). 이 정원은 제사장, 파라오 및 권력을 가진 다른 사람이 사용하였지만, 축제일에 일부 대중도 사용했을 것이다. 그들은 개인을 훨씬 뛰어넘는 아름다움, 조직 그리고 통제의 성취를 나타내며 사람이 자신의 삶보다 중요하고 더 큰 무언가 일부가 되고자 하는 욕구를 충족시킨다. 많은 부분에 있어 공공정원은 그 미션을 수행해 왔다.

정원은 문화, 사회 규범 및 권력의 표현

정원의 고고학적 증거와 예술 속 언급 그리고 역사 기록은 정원이 문화가 발전되고 복잡한 사회가 생겨나면서 나타났다는 것을 보여준다. 인류의 정착과 더불어 원예가 같이 발전하였고, 농업은 잉여 식량을 생산했으며 노동은 분업 되었고, 1만 년이 넘는 기간 동안 복잡하고 풍부한 문화를 가진 계층사회로 진화하였다. 가장 오래된 인류 문명은 6개 주요 지역에서 발생하였다(표 2-1).

과거나 지금이나 민족-국가는 많은 사람, 복합 경제, 세금, 정보의 기록, 조직된 종교, 사회 계급, 문화 그리고 기념비적인 정원을 포함하는 위대한 건축물 등으로 특징 지운다. 기념비적인 정원은 복잡한 문화에만 나타나며, 이는 또한 문화가 얼마나 복잡하였는지를 가늠하는 잣대이다. 또한, 지적발달을 의미하는 성숙하고 독특한 예술적 전통의 표현으로 여겨져 왔다(Evans 2007). 바빌론의 공중정원과 라호르(Lahore)와 카슈미르의 샬

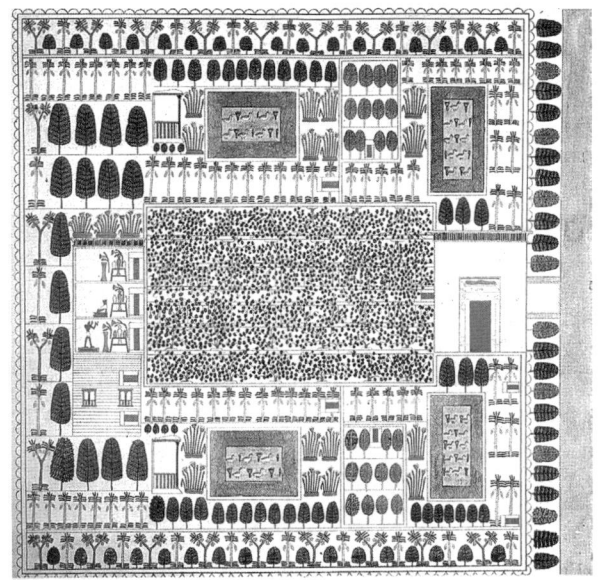

【그림 2-1】아문(Amun) 정원의 감독관이었던 세누퍼(Sennufer)의 무덤 위에 있는 장례식장에서 발견한 이집트 정원(기원전 1400년)의 그림. 원래의 벽화는 파괴되었지만, 이탈리아의 이집트 학자 로셀리니(Rosselini)가 19세기에 이것을 복원하였다.
정원은 궁전 정원으로 생각되며 파라오의 소유였을 것으로 보인다.
Tom Turner/Gardenvisit.com

리마르 정원(Shalimar Gardens)과 같은 몇몇 고대 정원은 여전히 인류의 가장 위대한 업적 가운데 하나로 여겨지며, 그들을 만들고 유지하는 데는 정교한 공학기술과 엄청난 노동력이 필요하였을 것이다. 잉카문명은 예외이다. 잉카는 기념비적인 건축물을 만들었지만(그들이 가파른 안데스산맥 경사지에 중요한 계단 형태의 농업 시설을 건설했지만) 기념비적인 정원은 남기지 않았다.

정원은 오랫동안 정치 권력의 표현이자 문화적 정체성을 강화하는 수단이었다. 계급 구조 안에 있는 권력은 자원의 동원, 강제노동 및 장기간의 헌신을 요구하는 기념비적인 정원의 건설과 유지를 가능케 하였다. 이란의 파스가르다에(Pasargadae)에 있는 키로스대왕(Cyrus the Great; 기원전 546년 시작)의 정원(그림 2-2), 메소아메리카(Mesoamerica)의 기념비적인 아스텍(1100~1500년) 정원, 인도와 파키스탄의 무굴(Mughul) 정원, 그리고 파리 근교의 베르사유에 있는 정원은(그림 2-3) 권력, 사회 통제 및 부를 보여주는 궁전의 유람지(pleasure garden: 놀이터가 있는 정원)의 예이다(Turner 2005, Evans 2007).

표 2-1] 문명의 고대 중심점에 있던 정원들

구세계	신세계
가. **메소포타미아(서남아시아):** 아시리아 사냥 공원(기원전 1100); 궁전 정원 – 바빌론의 공중정원(니네베(Ninevah)?, 기원전 700년 경); 이란 – 파스가르다에(키로스 대왕, 기원전 550)	가. **중미:** 아스테카 제국과 멕시코 왕조, 기원후 1375~1519; 차풀테펙(Chapultepec)(기원후 약 1400), 텍코틴고(Texcotzingo)(기원후 1430~1450); 후악스테펙(Huaxtepec) 유람지 및 원예 정원(기원후 1450~1470)
나. **지중해 지역:** 나일강 변(아프리카 동북부), 고대 이집트, 세누퍼의 정원(기원전 1400년 궁전 정원), 사원 정원(기원전 2065~1100), 고대 그리스와 로마의 종교, 스포츠, 교육 정원(기원전 430~기원후 130)	나. **남서부 남미:** 잉카문명, 기원후 약 1200~1550(스페인에 의해 정복당했을 때), 쿠스코(Cuzco; 3,300m)의 수도; 계단식 농업의 중요한 지형개발과 경작 활동의 유산(legacy: 과거의 활동이 현재에 영향을 미치는 것).
다. **인더스강 계곡(인도 대륙):** 아직 남아있는 예들은 살라마 바흐(Shalamar Bagh)(라호르, 기원후 1633, 카슈미르, 기원후 1620)과 타지마할(기원후 1632) 등을 포함한 이슬람 무굴 제국(기원후 1500–1654)	
라. **중국 북중부의 양쯔강과 황하의 계곡:** 상 왕조 시대(기원전 1600~1046)에 개발하였고 그 후의 왕조가 계승하여 궁정 사냥 공원으로 발전; 한 왕조 시대(기원전 206–기원후 220)까지 중국 정원은 왕실, 종교, 학자로 분류할 수 있다.	

(Compiled from Turner 2005; Evans 2007; Lawler 2009)

그림 2–2] 파사가대(Pasargadae)에 있는 키로스의 궁전과 정원의 유적(약 기원전 546년)은 현재 남아있는 가장 오래된 돌 수로이며 고전적인 페르시아 정원의 초기 형태를 대표한다.

Tom Turner/Gardenvisit.com

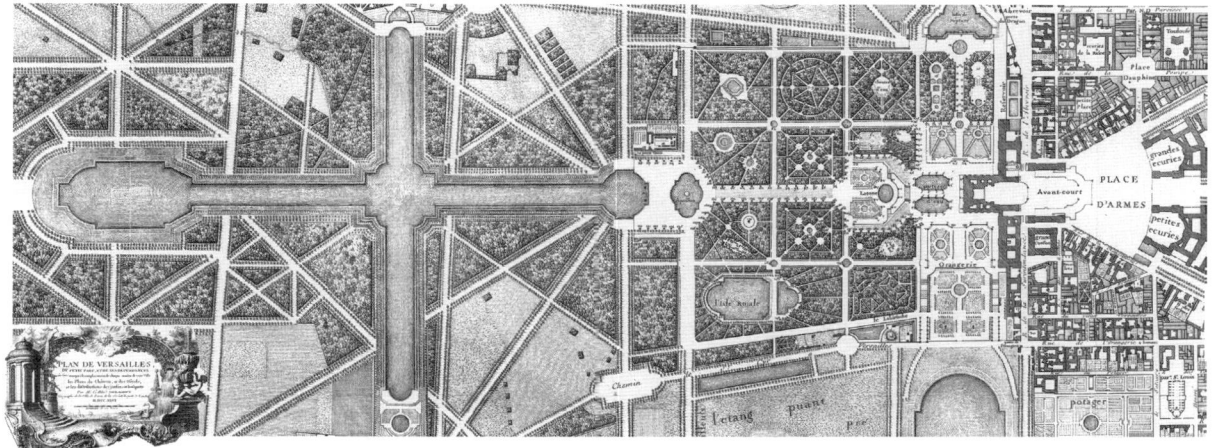

그림 2-3】 루이 14세 국왕 통치의 중심인 프랑스의 베르사유 궁전의 정원(1661~1700 설계)은 모든 정원 중 가장 규모가 크며 워싱턴 DC, 델리와 브라질리아 등의 수도에 영감을 주었다.

정원은 즐거움과 영적 연결 및 사회적 가치를 표현하는 장소

인간의 지능은 자신을 인식하여 몸과 마음과 정신을 구분한다. 정원은 처음부터 이러한 구분을 반영하였다. 운동을 위한 정원뿐만 아니라 채소와 과일을 키우기 위한 정원도 신체에 이바지한다. 약용, 동물학용 및 식물학용 정원, 수목원, 고산식물원, 암석원 및 다른 정원은 연구와 지식과 지성의 성장을 위한 장소이다. 남아있는 가장 오래된 정원 중에는 신성한 작은 숲, 사찰 정원, 의식공간, 궁전과 조각 정원이 있으며, 또한 아름다움, 명상, 의식, 종교, 축하 혹은 교리를 위해 디자인한 공간도 있다 (그림 2-4). 그들은 상대적으로 중요한 지형적 특징을 가진 곳에 자리 잡거나 중요한 천문학적 사건의 관찰에 도움을 주었다. 이들 정원은 인간이 물리적 세계와 그들 간의 관계, 사회 안정을 제공하는 사회의 역할, 우주에서 인류의 위치를 이해하는 데 도움을 주었다. 많은 정원이 하나 이상의 기능을 수행하였다.

인간은 육체적으로 죽을 수밖에 없으므로 불멸을 위한 수단 또는 죽음을 넘어서는 영향력을 발휘할 방법을 오랫동안 모색해 왔다. 부유한 권력자들은 인간의 생애를 뛰어넘는 나무, 돌, 물, 지형, 건축물 및 다른 특징을 가지고 위대한 정원을 만들었다. 그리고 이들은 그들이 영적인 연결과 개인적 관점 그리고 사회적 권세를 주장할 수 있게 만들어 주는 가장 강력한 수단 중 하나였다(그림 2-5). 전 세계의 많은 위대한 공공정원은 개인 저택에서 시작되었다.

그림 2-4】 고대 그리스시대에 만들어진 이 양각품(헬레니즘 시대)은 신들에게 헌정된 신전 안의 신성한 나무 옆의 성전에 화환을 바치는 젊은이를 묘사했다.

Tom Turner/Gardenvisit.com

그림 2-5】 조지 밴더빌트(George Vanderbilt)는 1895년 빌트모어 저택을 완공하였으며, 당시 미국에서 가장 큰 개인 주택이었다. 그는 건축가 리처드 모리스 헌트(Richard Morris Hunt)에 이 저택의 건축을 의뢰했고 그는 16세기 프랑스의 여름 별장(Chateaux) 세 채를 모델로 이 건물을 설계하였으며 조경사 프레더릭 로 옴스테드(Frederick Law Olmsted)는 12만 5천에이커에 이르는 이 저택을 디자인하였다. 옴스테드는 이 넓은 정원을 개발하였을 뿐만 아니라 밴더빌트의 환경 윤리를 반영하고 미국 최초의 경영림을 조성하였다. 그는 여전히 빌트모어를 소유하고 있지만, 이곳은 공공정원이자 휴양지이다.
Photo used with permission from the Biltmore Company, Asheville, North Carolina.

인간 정신의 반영인 정원

개인 혹은 가정용 정원과 도시의 공공정원 또는 공원은 살아 있는 세계와의 연결을 원하는 인간의 기본적인 욕구(생명애라고 불리는)를 표현한다.(Wilson 1984 ; Kellert and Wilson 1993). 이 관점에서 인간은 자연이 필요하며 우리의 진화 결과로 무의식적으로 그것을 찾는다. 새로운 것(특히 식물들)을 수집, 운송 및 연구하고자 하는 인간의 행태는 역사 초기에도 명백하였다. 정원에 대한 자부심 중 최초로 알려진 것은 아시리아의 왕 티글라트 필레세르(Tiglath-Pileser) 1세로 그는 "짐은 내가 정복한 나라로부터 나의 선조 중 어떤 왕도 소유하지 못하였던 나무를 옮겨 심었다. 내가 이 나무들을 뺏어 와서 이 나라 아시리아의 공원에 심었다. 내가 그들을 심었다"라고 선포하였다 (Gothein 1928). 따라서 경관을 조율하고 수집한 식물을 정원에 심는 것은 오랫동안 인간의 행동 양식의 일부이다. 살아있는 세계와의 연결과 우주의 지적인 이해에 대한 현대적인 표현은 찰스 젠크스(Charles Jencks)가 디자인 한 "우주적인 추측의 정원"(그림 2-6)이다.

우리에게 내재하여 있는 이 살아있는 유기체를 양성하는 본능은 우리 자신의 생존과 문명의 생존에 이바지하였다. 인류 역사 연구에 생태학의 원리를 적용한 전면적인 연구를 수행한 다이아몬드(Diamond)(2005)는 주변 환경을 관리하는 데 실패한 사회는 지원 시스템의 한계를 넘어서게 되고 결국 궁극적으로 붕괴한다는 것을 밝혔다. 이는 생명애가 국가적인 정치적 담론에서 국방, 전쟁, 정의, 종교, 교육 및 보건을 제공하려고 하는 동기에게 패배하였음을 명확히 나타낸다. 사람이 청년기 동안 자연의 경험을 충분히 하지 못하면 환경의 태도를 확고히 할 수 없으며

그림 2–6】 찰스 젠크스가 디자인한 스코틀랜드 남서부의 포트랙(Portrack)에 위치한 "우주적인 추측의 정원"은 최근의 과학적 발견의 감각적 탐구이고 지형, 물, 바위 쌓기 공사, 식재, 그리고 예술의 디자인에 배열한 자연의 근본적인 법칙을 보인다. 이 정원은 가장 추상적인 형태로 생명애를 표현하는 것으로 볼 수 있다.

Image © Charles Jencks. Reproduced from *In Search of Paradise: Great Gardens of the World* by Penelope Hobhouse, published by Frances Lincoln, 2006.

그 후에 단절은 더욱 심화한다. 유엔인구기금에 따르면 아프리카, 중남미 및 중국에서 도시화가 높아졌으며, 2008년의 자료에 의하면 세계 인구의 절반 이상이 도시 지역에 거주한다(UNFPA 2007). 더 많은 지구촌의 사람이 도시에 살게 되면서 공공정원, 동물원, 국립공원, 야생 동물 보호지구, 보호구역, 그리고 이와 유사한 장소는 사람이 자연에 감사하고 자연을 배우는데 매우 중요한 장소가 될 것이다. 이는 이들 장소가 사회의 붕괴를 막아내는데 더 중요한 장소가 되리라는 것을 의미한다.

공공 대 개인 정원

전통적으로 정원 소유자(예: 왕족, 가문, 정부, 사설, 영리 혹은 비영리 단체)는 누가 정원에 들어올 수 있는지를 결정한다. 이는 독자가 지금 모든 사람이 알고 있는 '공공'이라는 용어는 (특히 고대에는) 어떤 사회 계층이나 종교집단을 선택하는 것을 의미한다는 사실을 이해하는 데 도움이 될 것이다. 일반 시민이 토지를 사적으로 소유한다는 것은 과거에는 없었던 개념이다. 가장 오래된 정원과 그 주변 지역은 엘리트 계층의 통제에 있었

다. 평민 지역에 있는 공원이 공공기능을 수행하였을 수도 있지만, 그곳에 들어갈 수 있는 사람을 통제하였다는 면에서 사적인 공간이었다. 이것은 공사의 구분을 애매하게 하였다.

따라서(가족의 사회적 지위와 상관없이) 가족을 위해 마련된 개인 정원은 공공정원과 구별되며 이들 정원은 광범위한 기능을 가지고 광범위한 영역을 위하여 사용한다. 21 세기에는 공공정원은 정원의 소유권과 관계없이(사회에 의해 정의되고 결정된 바와 같이) 전체 대중의 즐거움을 위하여 정원을 사용한다는 것을 의미한다. 이 주장은 보이는 것보다 더 복잡한 의미를 지닌다. 예를 들어 정원에 입장하는데 돈이 든다면 경제적으로 취약한 사회의 일원을 차별할 수 있어서, 일부 공공정원은 무료로 입장할 수 있는 날이 있다. 또한, 정원은 다른 형태로 일부 사람의 이용을 제한할 수 있다(예: 대중교통 수단을 이용해 정원에 올 수 있는지). 이런 제한은 덜 분명하기는 하지만(집중적인 방문객 연구에서만 명확하게 알 수 있다) 여전히 중요한 요인이다. 어떤 그룹이 공공정원을 비교적 적게 방문한다는 사실을 아는 것은 어떤 특정 그룹이 공공정원을 방문하도록 하는 프로그램을 확대하도록 하였다. 미국에서는 공공이라는 말이 "국민(즉, 정부)이

소유한"이라는 의미로 사용될 수도 있다. 단지 작은 수의 공공정원만이 지방, 주, 연방 정부의 소유이다.

공공의 사용을 위한 가장 오래된 정원은 신성한 작은 숲까지 추적해 갈 수 있다. 이곳에 종교적 의식을 위한 신전을 세웠고 후에는 레크리에이션 및 스포츠 행사를 위하여 사용하였다. 기원전 2000년경의 올림피아에 있던 정원에는 제우스와 헤라 사원, 제우스 제단, 그리고 영원한 불과 거대한 분수가 있는 프뤼타네이엄(Prytaneum)이 있었다. 그리스에서 가장 오래된 경기장이 있는 올림피아는 기원전 8세기에서 기원후 4세기까지 4년마다 열리는 유명한 올림픽게임을 개최하였다. 현대 올림픽게임은 1896년에 시작하였으며, 많은 올림픽 경기장은 고대 스포츠 공원들에 있던 정원 분위기를 반영하기 위하여 노력하였다. 고대 스포츠 공원들은 지적, 예술적, 육체적 목표의 조화를 상징하였다. 그러나 지금은 공공녹지 중 레크리에이션 공원에서만 경기 스포츠를 할 수 있다. 이는 유람지와 걷는 공간들은 야구장이나 다른 스포츠 장소와 구분된다는 것을 뜻한다.

정원은 주위의 사회를 반영

유럽 정원은 미국의 공공정원 개발에 가장 큰 영향을 미쳤다. 유럽과 미국에 있는 오늘날의 많은 공공정원은 왕실 또는 거대한 개인 저택에서 시작되었으며 그들의 디자인은 설립 당시의 주변 사회, 종교 및 역사적 맥락을 반영한다. 중세시대 동안 유럽의 사립정원 구조는 그리스와 로마의 영향을 받았으며, 간혹 전반적인 디자인에 기독교 종교 원리를 반영하였다. 특히 수도원 정원은 고대로부터 전해온 식물의 지식과 식물의 사용 방법을 보존하였다. 중세시대에 식물의 지식이 메말라졌음에도, 수도원 덕분에 이 지식을 다음 세대로 전할 수 있었다. 르네상스는 급속히 사회를 변화시켰으며, 이는 개인과 공공정원의 설립을 포함한 사회의 모든 측면을 확장하였다.

대항해시대(15~17세기)에 유럽 최초의 식물원이 이탈리아에 설립되었으며, 1600년대 중반까지 대륙의 주요 도시에 정원이 급속히 만들어졌다. 에번스(Evans, 2007)는 유럽의 식물원을 1519년에 시작된 정복기 동안 스페인 사람이 수집한 다양한 식물들로 유명한 아스텍 기념비적 공원(Aztec monumental parks)의 유산이라고 말한다. 16세기는 유럽에서 지적 자각이 일어난 시기였다. 이 기간에는 유용한 식물을 더 잘 이해하는 것은 필수적이었다. 그 당시 유럽에서 식물의 의약적 특성에 대한 지식은 기원전 1세기의 그리스 의사 페다니우스 디오스코리데스(Pedanius Dioscorides)가 처음 출판한 매터리아 메디카(De

materia medica)라는 책을 단순히 기계적으로 암기하는 것에서 크게 발전하지 못하였다. 이탈리아에서는 약용식물 연구의 필요성이 널리 인정되었고 이의 결과로 1544년 피사, 1545년 파도바(Padua), 1545년 피렌체, 1547년 볼로냐에서 약학 연구 정원을 설립하였다. 이 모든 정원은 대학교가 설립하였으며 이들 정원은 지속적인 연구의 필요성을 강조하고 학자가 식물에 접근할 수 있도록 하였다. 이는 세계 무역을 꽃 피우고 이국의 식물수입과 연구를 이끌었고 또한 약용식물뿐만 아니라 식물 전반의 관심을 높였다. 탐험 중에 발견한 식물을 수용하고 연구하기 위하여 유럽과 전 세계의 항구에 식물원을 설립하였다. 식물을 묘사, 분류하고 식별할 방법을 개발하기 위할 필요에 따라 분류학과 식물분류의 관심이 커졌다. 이것은 식물학을 의학의 한 분야에서 독립적인 학문으로 발전시켰다. 18세기와 19세기에는 식물을 분류학적으로 전시하는 것이 인기를 끌었고 종종 목과 과로 분류하였다. 이에 따라 교육적 혹은 학습용 "식물원"도 출현하게 되었다.

바로크 시대(1600~1750)에는 급속한 사회적 변화가 일어났다. 전쟁에는 대포를 사용하기 시작하였고, 교회 권력은 약화하였으며, 세계적인 해양 탐사와 항해가 시작되고, 과학이 발전함에 따라 물리적, 사회적, 정치적, 종교적 장벽을 허물었다. 이 시기에 일어난 학문의 통합, 도시 국가의 연합, 지식의 성장은 이 기간의 정원 설계에 반영되었다. 정원의 디자인이 점차 복잡해졌고 수학적 조화가 나타났다. 주변 마을이나 경관의 특징을 포함하기 위해서 처음에는 정원 안에서 그리고 나중에는 정원 경계를 초월한 횡단 및 방사형 디자인이 나타났다. 가장 영향력 있고 잘 알려진 곳은 프랑스의 루이 14세가 세운 베르사유, 이스파한(Isfahan)의 여러 부분으로 되어있어 복잡한 정원, 그리고 내셔널 몰(National Mall)을 따라 있는 워싱턴 DC의 방사상 주요 도로와 통합된 정원이다.

식민지화가 빠르게 진행됨에 따라 북미에서는 식물학자 존 바트람(John Bartram)과 다른 저명한 박물학자가 새로운 식물을 발견하였다. 바트람의 표본은 취미 수집가뿐만 아니라 린네(Linnaeus), 딜레니우스(Dillenius), 그로노비우스(Gronovius)와 다른 유럽의 식물학자에게 널리 알려졌으며 이는 식물 상품이 대서양을 가로지르게 하는 것을 촉진하였다(그림 2-7).

이 시기는 식물연구의 관심이 폭발적으로 증가하고 더 많은 분류학적 수집품을 가지고 있는 식물원을 설립하였다. 바트람은 벤저민 프랭클린과 함께 1743년에 필라델피아에서 미국 철학회(American Philosophical Society)를 설립하였으며 새로운 국가의 학술발전을 촉진하였다. 1728년에 설립한 것으로 여겨지

그림 2-7] 필라델피아에 있는 바트람 정원은 미국 최초의 위대한 식물학자이자 원예사인 바트람의 유산을 보존하고 있다. 존 바트람의 수집품은 대서양 양쪽 대륙에 미국 식물의 관심을 불러일으켰다.
© John Bartram Association, Bartram's Garden, Philadelphia

문이다. 이들 질문은 "이 정원은 아름다움과 명상을 목적으로 합니까 아니면 교육이 주목적입니까?", "이 정원의 녹지는 식물보전, 야생 동물 서식지 및 생태계 서비스의 가치를 고려합니까?", "이곳의 프로그램에서 예술, 과학, 종교의 역할은 무엇입니까?", "정원이 진화, 유전자 변형식물, 또는 원주민의 지적 재산권을 수용합니까?", "정원의 원래 목표는 무엇이며 변할 수 있거나 상황에 따라서 변해야 합니까?", "주변 지역사회는 정원이 적당한 유지비를 벌고 있다고 봅니까?" 정원의 직원, 이사회 구성원, 학자와 연구원, 자원봉사자, 기금 제공자, 기부자, 정부, 시민 자문관, 학교 및 정원 방문객과 같이 다양한 이해 관계자가 있는 것이 공공정원의 강점이다. 이들은 다양한 교육적, 종교적, 사회적 배경을 대표하며 종종 정원이 제공할 수 있는 많은 역할에 대해 다른 우선순위를 가지고 있다. 미국의 공공정원 다양성은 민주 사회가 키운 생각의 자유와 나라의 수립을 이끈 역사적인 사건을 직접 반영한다는 것을 기억하라. 공공정원이 지역, 지방 또는 국가 공동체와 지속해서 관련이 있을 것인지는 이곳의 미래를 인도하는 사람들의 비전에 달려 있다.

21세기 공공정원의 중요성

공공정원은 전체적인 사회와 지역사회와의 관계에서 현저한 다양성을 보여준다. 크기나 언제 만들어졌는지에 상관없이 대부분 공공정원은 동시에 많은 역할을 수행한다. 공공정원이 지역, 지방 및 국가의 이해 관계자에게 봉사하는 다양한 방법을 강조하기 위해 특정 목적이나 활동의 전형적인 예를 보여주는 기관의 예를 제시한다.

공공정원은 지식의 저수지와 발전기의 기능

공공정원은 식물과학, 민속 식물학, 원예학, 문화 전통 및 기타 식물 관련 활동을 진행하는 장소로써 식물 세계와의 인간관계 그리고 식물 세계에 대한 지식을 증진한다. 대학이나 박물관과 마찬가지로, 그들은 큰 사회가 그것을 유지할 만큼의 충분한 가치가 있다고 인정하지 못하는 지식과 관점을 보존한다. 그러나 공공정원의 이사회는 자연사 박물관 및 대학의 이사회와는 다르게 우선순위를 결정한다. 이는 식물을 중심으로 한 기관의 필요에 따라 관리한다.

뉴욕식물원(NYBG)은 식물학, 식물 분류학 및 식물 계통학 분야의 연구에 잘 알려져 있다. 1891년에 설립한 이래, 이 식물원은 탐구하고, 논문을 발표하고, 식물 계통학 학자의 국제적인 교육센터를 운영함으로써 세계 식물의 연구 및 목록작성에 크게

는 바트람 자신의 정원은 미국에 남아있는 가장 오래된 식물원이며, 이것이 1891년 필라델피아시에 기부된 후 공공정원이 되었다.

공공정원의 운영관리와 역사의 유산

공공정원의 설립, 전략 기획, 개발 및 일상적 관리를 위한 이사회, 예산 정당화, 기부자 또는 재단 투자는 시민이 정원의 목적을 얼마나 잘 이해하느냐. 그리고 정원이 지역사회 및 전체 사회와 어떤 관계를 맺고 있느냐에 달려 있다. 정원의 임무와 토지 사용 우선순위와 관련된 질문이 재정적 또는 정치적 문제에 관련되어 가장 열정적으로 토론하는 정원 관리 및 경영에 관한 질

이바지해 왔다(그림 2-8). 그래서 이 식물원의 도서관과 식물표본실은 식물분류의 연구, 분류학 및 새로운 유전체학 분야의 연구를 위한 중요한 자원으로 국제적으로 인정받고 있다. 뉴욕식물원은 또한 경제 식물 및 치료식물에 초점을 맞춘 민속 식물학 연구의 중심지 역할을 한다. 뉴욕식물원 소속 과학자 마이클 발릭(Michael Balick)은 열대지방의 토착 문화에서 치료용 식물을 어떻게 사용하는지 알아내고 이를 문서로 만드는 전문가이다. 이 연구들은 서구 과학계에 거의 알려지지 않은 식물의 영양, 치료 및 기타 효용을 추정하고 포착한다.

이와 유사하게 외래식물의 침입 위협, 서식지 상실, 그리고 문화지식의 침식에 대한 대응으로 하와이의 칼라헤오(Kalaheo)에 위치한 국립열대식물원(National Tropical Botanical Garden)은 태평양의 섬에서 식물 사용을 기록하고 식물 개체군을 조사하기 위하여 노력하고 있다. 이 일은 또한 많은 다른 공공정원에서 진행하고 있다. 급속하게 현대화되고 전 지구적으로 연결된 세계에서 아직 우리가 가치를 확인하지 못한 많은 식물의 민속 식물학적인 정보와 식물이 종종 소실되고 있어서 이런 노력은 중요하다.

미주리식물원은 북미 전역에서 가장 유명하고 방문객이 많은 공공정원 중 하나이며 식물의 분류 및 식물 계통학뿐만 아니라 세계의 식물상 연구로 유명하다. 하지만 원예에 대한 대중의 지식을 증진하고 대중의 참여를 장려하기 위한 이 식물원의 노력이 충분히 알려지지 않았을 것이다. 가정원예를 위해 노력하고 있는 윌리엄 티 캠퍼(William T. Kemper) 센터는 가정 원예사에게 자원, 교육, 전문가의 조언을 제공한다. 또한, 이곳은 이들을 위해 8에이커 규모의 교육 및 시범 정원을 가지고 있다.

공공정원, 특히 대학 및 대학에 기반을 둔 공공정원은 원예기술과 지식뿐만 아니라 생식질 형태의 결과물(germplasm)이나, 개별 식물과 정원 형태로 보존한다. 노스캐롤라이나주의 랠리(Raleigh)에 있는 제이 시 라울스턴(JC Raulston) 수목원은 미국 남동부에서 가장 다양한 저온 내한성이 있는 온대 지방 식물을 보유하고 있다. 노스캐롤라이나 주립대학의 원예학과에 소속된 이 수목원은 전 세계에서 수집한 식물 재료의 평가, 선발 및 전시에 초점을 맞추고 있으며 주로 연구와 교육에 사용하는 정원이다.

비연구 기관도 원예 연구 결과를 보존할 수 있다. 캘리포니아주 산타로사(Santa Rosa)에 있는 루터 버뱅크 홈 앤드 가든(Luther Burbank Home and Gardens)은 1에이커가 넘는 정원을 가지고 있다. 이곳에 전시된 선인장, 호도 및 유실수는 루터 버뱅크가 원예에 이바지한 많은 결과물 중 일부분이며 버뱅

그림 2-8] 뉴욕식물원의 도서관 건물은 세계에서 가장 크고 가장 중요한 식물 및 원예 연구 장서를 소유하고 있으며 또한 100만 점 이상의 신착 품목(서적, 논문집, 원본 미술 및 삽화, 종자와 묘목 카탈로그, 온실의 조경 식물, 학술논문 그리고 사진)과 길이 4,800피트 이상의 기록 자료를 보관한다.

Photo by Robert Benson, courtesy of the New York Botanical Garden

그림 2-9】 이 수목원은 열정적인 식물학자이자 1976년에 이곳을 설립한 작고한 원장 J. C. 라울스턴 박사에게 경의를 표하기 위해서 그의 이름을 따서 지었다. 이 수목원은 원예 교육, 관상용 식물도입 및 녹색 산업의 교육 봉사에 대한 헌신으로 널리 알려져 있다.

Photo courtesy of JC Raulston Arboretum at North Carolina State University

공공정원은 사회적 기억과 장소에 대한 느낌을 보존한다.

인간은 개인적으로나 사회적으로 진보하고자 하는 내재적인 경향이 있으며, 이 과정에서 종종 과거의 관점을 잊어버린다. 그러나 인간이 경관에 서식하는 방식은 과거와 미래를 연결하며 이에 대한 사회적 시각을 보존한다. 특히 정원은 토지에 오랫동안 깊은 각인을 남긴다.

유명한 샌프란시스코 출신 윌리엄 바우어스 본(William Bowers Bourn) 부부의 1,800에이커에 달하는 저택인 피롤리(Filoli)에 있는 집과 정원은 1915년에서 1929년까지 샌프란시스코 남쪽에 만들었다.

낮고 평평한 지역 대부분은 목초지로 사용하였지만 가파른 위쪽은 자연 천이에 따라 변했고 오늘날에는 전형적인 리포니아 고유 식물상인 상록수 혼효림, 참나무-저림지(woodland) 및 미국삼나무 - 더글러스 퍼 숲으로 되어있다. 20세기 초의 건축과 정원 디자인을 잘 보여주는 이 저택은 1937년 윌리엄 피로스(William P. Roth) 부부가 구매하였다. 1975년 로스 부인은 125에이커의 땅과 함께 피롤리를 국립 유적보존재단(National Trust for Historic Preservation)에 기증하였다. 피롤리는 풍요로운 토지와 풍부한 자원, 자급자족에 중점을 둔 개화된 청지기 시대의 인상적인 통찰력을 제공한다. 피롤리센터는 이 저택의 나머지 654에이커의 토지를 관리하고 이곳을 샌프란시스코의 시민을 위하여 열린 공간, 야생 동물 서식지 및 원시 유역으로 보존한다.

버지니아 주립수목원과 버지니아주립대의 현장연구소인 브랜디 실험농장은 이 대학에 이곳을 지원하기 위해 이 땅과 상당한 기부금을 기증한 뉴욕의 주식 중개인인 그라함 브랜디(Graham Blandy)의 땅 일부를 보존하고 있다. 현재 연구실과 행정 본부의 일부로 사용하고 있는 과거 노예 숙소의 독특한 건축물은 이 수목원의 큰 특징이다(그림 2-10). 몇 마일에 이르는 석회암으로 쌓은 벽은 19세기 초의 툴리(Tuley) 저택을 지을 때 숲을 모두 베고 토지를 경작했다는 것을 보여준다. 수목원의 광대한 식물수집품과 중간에 있는 조경을 한 산책로는 미국 전역에 걸쳐 중요한 식물연구 프로그램을 수립하기 위해 노력하였고 식물학자 30명의 멘토이자 이곳의 원장이었던 올랜도 E. 화이트(Orland E. White)의 유산이다. 수목원의 극적인 조경에 담긴 이야기들은 미국 독립전쟁에서 돌아온 헤시안 병사들, 노예와 많은 토지를 소유한 상류층, 초기의 과학 연구, 연구기반의 식물원 설립, 그리고 새롭게 훈련하는 환경 연구소의 이야기해 준다.

크 연구의 중요성을 알려주는 살아있는 증거이다. 미 농무부 산하 농업연구원(Agricultural Research Service)의 일부인 미국 국립수목원(American National Arboretum)은 조경 산업을 위한 새로운 품종을 개발한다. 이 수목원은 또한 고텔리의 키 작고 느리게 자라는 침엽수 수집품(Gotelli Collection of Dwarf and Slow-Growing Conifers), 미국 국립 허브정원(National Herb Garden), 국립 분재 수집품(National Bonsai Collection)과 같은 전문 컬렉션을 전시한다. 란초 산타아나 식물원(Rancho Santa Ana Botanic Garden)과 샌타바버라 식물원(Santa Barbara Botanic Garden)은 식물연구를 전공으로 하는 대학원 과정을 제공하여 그들이 가지고 있는 캘리포니아 식물상 자료를 제공한다.

애리조나주 투산에 있는 토호노 출(Tohono Chul)공원은 고지에 있는 소노라(Sonoran) 사막 49에이커를 보존하고 있다. 근대에 개발된 교외 지역으로 둘러싸인 이 공원은 사막의 이야기들과 기원전 300~기원후 1150년까지의 호호캄(Hohokam)을 시작으로 이 지역에서 살았던 17개의 토착 문화와 이곳을 차지하고 있던 사람들에 관해서 이야기해 주고 있다. 오늘날 유럽 출신의 백인, 라틴계, 아프리카인, 중국인 및 기타 이민자들은 또한 이곳의 경관에 자신들의 흔적을 남겨 놓고 있다.

필라델피아의 바트람 정원(Bartram's Garden), 플로리다의 복 타워정원(Bok Tower Gardens), 노스캐롤라이나의 타이론 궁전(Tryon Palace), 콜로니알 윌리엄스버그(Colonial Williamsburg)에 있는 정원들, 그리고 전국에 흩어져 있는 많은 정원은 경관에 남아있는 지역 역사의 흔적을 보존하고 있다. 또한, 그들은 장소 만들기, 다른 시대 간의 비교, 사회적 규범, 미국 역사의 우선순위 등에 있어 살아있는 유산이다.

공공정원은 지역 생태계 서비스를 제공

교란을 최소화하면서 넓은 면적의 땅을 보존하는 공공정원은 지역 환경에 중요한 서비스를 제공하고 있다. 세인트루이스에서 남서쪽으로 35마일 떨어진 그곳에 있는 미주리식물원의 일부인 2,400에이커의 쇼 자연보호구역(Shaw Nature Reserve)은 좋은 예이다. 이 부지의 대부분 지역은 자연적인 오자크(Ozark) 경계의 경관으로 관리하고 있고, 1.5마일에 달하는 메라멕(Meramec) 강의 양쪽 둑과 접해 있다. 이곳은 대중에게 자연 서식지에 대한 교육, 보호 및 복원과 자연의 즐거움을 제공하며, 환경의 책임 있는 관리의 영감을 주려고 노력하고 있다. 이곳의 숲, 초원, 습지는 공기와 물을 정화하고 대수층을 재충전하며 토착 동식물에 중요한 자연 서식지를 제공할 뿐만 아니라 생태 연구의 기회를 제공한다. 마찬가지로, 델라웨어 주에 있는 쿠바산(Mt. Cuba) 센터는 피드몬트 토착 식물에 초점을 맞춘 50에이커 이상의 인위적으로 가꾼 정원과 더불어 600에이커가 넘는 자연적인 피드몬트(Piedmont) 숲, 습지, 그리고 공지를 보존한다.

대공황 기간, 위스콘신주 매디슨의 시민 지도자는 도시 주민을 위해 열린 공간을 보존하기 위한 노력의 하나로 토지를 사들였다. 현재 1,200에이커에 이르는 위스콘신 주립대학(매디슨) 수목원은 대부분은 이렇게 사들인 것이다. 저렴한 부지와 더불어 대공황은 일손을 제공해 주었다. 1935년부터 1941년까지 민간자원 보전단(Civilian Conservation Corps)은 생태군집의 재건을 시작하는데 필요한 대부분 노동력을 제공하였다. 생태복원의 역사적인 연구지역으로 널리 알려진 이 수목원(그림 2-11)은 톨그라스(tallgrass) 초원, 사바나, 여러 가지 산림 유형과 습지를 포함하는 세계에서 가장 오래되고 가장 다양한 복원된 생태군집 중 하나를 보유하게 되었다. 이 수목원은 생태계 서비스 제공 능력의 질과 능력을 향상하고자 노력하였고, 시민과 초등학생에게 환경과학을 가르치는 프로그램을 제공하고, 연구와 이 역할을 통합하고자 노력해 왔다.

그림 2-11】 시대를 앞서간 – 1934년에 설립된 위스콘신 주립대학 매디슨 수목원은 열린 공간과 생태 서비스가 도시의 미래와 환경에 미치는 가치를 알았던 시민 지도자와 수목원 대표의 선견지명 결과이다.

© University of Wisconsin–Madison Arboretum

공공정원은 사회 문제 해결을 위한 파트너십을 구축한다

대학, 정부, 비영리 단체와 민간기업 간의 파트너십의 창출로 공공정원은 사회와 시민의 식물 관련 요구에 혁신적인 방식으로 대응하고 있다. 정부보다 민첩하고 대학 프로그램보다 유연하며 민간기업보다 이타적인 공공정원은 중요한 학문, 보전 및 치료 프로그램을 만드는 방법을 모색해 왔다.

시카고식물원(CBG)은 성인 교육에 중점을 두는 레진스타인 평생교육원(Regenstein School of Continuing Education), 원예치료 서비스(Horticulture Therapy Services) 및 부흘러 학습정원(Buehler Enabling Garden)을 설립하였다. 이곳에서는 미국 최초로 건강관리 정원 디자인 자격증(Healthcare Garden Design Certificate of Merit)과 원예치료 자격증(Horticulture Therapy Certificate)을 제공한다. 많은 식물학 대학원 과정이 감소하는 학생 수 때문에 존폐의 기로를 맞고 있지만, 시카고식물원의 새로운 식물과학센터(Plant Sciences Center)는 노스웨스턴대학과 협력하여 식물과학 및 보전 분야 대학원 과정을 제공한다. 시카고식물원의 교수진과 직원은 지구 기후변화가 자연생태계에 미치는 영향의 연구를 비롯한 식물과학과 보전 분야의 연구를 수행하고 있다. 시카고식물원은 윈디 씨티 하비스트(Windy City Harvest)라는 도시농업 프로그램을 통하여 도시 기아와 직업훈련의 문제를 해결하는 데 노력해 왔다. 시카고식물원은 다른 그룹과의 광범위한 협력으로 기아를 줄이고 식량의 가용성을 높이며 정원, 재배 식물, 식량, 생계 및 인간복지 사이의 중요한 연결고리를 조성하고자 한다. 클리블랜드식물원과 다른 정원에도 유사한 프로그램을 수립하였다.

공공정원은 어린이정원과 학교정원을 조성하고 설립하는 데 앞장서 왔다. 브루클린식물원은 1914년에 미국에서 가장 오래되어 온 어린이 원예 프로그램을 만들었다. 워싱턴 주립대학 식물원은 계속 증가하는 외래 침입 식물과의 전쟁에 대중을 참여시킬 수 있는, 미국에서 가장 효과적인 프로그램 중 하나를 만들었다. 토착 조경 및 내건성 접근법을 지지하는 선두주자인 텍사스주립대학교의 레이크 버드 존슨 야생화센터(Lake Bird Johnson Wildflower Center)는 미국식물원과 미국 조경학회와 제휴하여 지속 가능한 부지선언(Sustainable Sites Initiative: SITES)이라고 불리는 지속 가능한 경관 디자인과 건축 기준의 지침과 기준을 개발하였다. 건축학의 LEED 프로그램과 마찬가지로 SITES는 미국의 인간 중심 조경 외관, 건전성 및 지속가능성을 변화시킬 잠재력이 있다.

공공정원의 식물박물관 역할

방문객과 공동체는 공공정원을 살아있는 식물박물관으로 보

그림 2-12] 시카고식물원은 지역사회와 긴밀히 협력하여 직업 멘토십, 현장 생태 및 보전학, 대학 준비 및 지원으로 구성된 유급 인턴 십 프로그램인 컬리지 퍼스트 프로그램을 지원 자격이 있는 시카고의 공립 고등학교 학생에게 제공한다. 이 프로그램은 직업의 통로로서의 대학을 강조한다.
Photo by Robin Carlson, courtesy of Chicago Botanic Garden

기 시작하였다. 다시 말해, 식물에 대한 축적된 지식을 가지고 있는 더 큰 사회의 특권과 책임을 부여받은 기관이라는 의미이다. 자연사 박물관이 자연의 물체를 모아 놓은 것 이상의 의미가 있듯 식물박물관은 식물을 전시하는 정원 그 이상의 의미가 있다. 식물박물관은 수집품을 해당 기관의 미션과 명확하게 결부시킬 수 있도록 관리하며, 문서출처와 함께 과학적으로 정리된 식물수집품을 관리하는 일련의 방법을 가지고 있다. 이들이 식물박물관의 주요한 기능이다. 식물박물관이라는 것은 이곳이 교육, 수집품 큐레이션, 행정관리, 관리방식, 시설관리, 전시, 안전, 보안, 방문자 서비스 및 다른 중요한 박물관 기능의 모범적인 기능을 보여주고 있다는 것을 나타낸다. 식물박물관은 식물이 사회가 가지는 중요성을 해석하고, 식물이 다른 생명체와 어떻게 관련이 있는지를 교육하며, 국내법과 국제적 협약을 준수하고 식물과 지구환경을 보호하기 위해 노력한다.

애리조나 소노라 사막박물관(Arizona-Sonora Desert Museum: ASDM)은 소노라 사막의 생태를 보존하고 해설하는 데 헌신하였으며, 오랫동안 박물관 업무의 국제성을 인정받아 오고 있다. 사막과 사막의 개체군을 보호하기 위해서는 보전 노력, 연구 및 교육 프로그램이 미국과 멕시코 양쪽에서 이루어져야 한다. 이곳을 방문한 방문객은 이동하는 철새 종과 기후변화, 서식지 소실, 그리고 야생 수집으로 멸종 위기에 처한 종을 포함한 사막에서 사는 사람, 식물과 동물을 배우게 된다(Figure 2-13).

그들은 또한 물의 중요한 역할과 왜 사람이 물을 더 지속할 수 있게 사용해야 하는지에 대해서 배운다.

공공정원은 자연과 인간의 연결 그리고 자연 안에서 인간 중심적 공간을 만들 수 있는 사람의 능력을 기린다

자연에 감사하며 자연을 조작하는 것은 모순처럼 보이지만 정원은 이 모순을 해결한다. 도시에서는 건물의 소음, 오염, 먼지와 단조로움 때문에 자연을 인식하기 힘들지만, 공공정원은 우리의 복지 감각에 영양분을 공급하고 창의력을 자극하는 미적 휴식을 제공한다. 공공정원은 이 경험을 평등화하여, 정원환경의 가치를 모든 시민이 지위와 상황에 구애받지 않고 사용할 수 있도록 한다. 공공정원의 사회적 가치는 정원이 세금 또는 기타 공공 재원을 통해 자금을 지원받을 때 대중에 의해 인정된다. 간단히 말해서, 시멘트, 아스팔트, 기념비적 건물과 교통은 우리를 지치게 만든다. 하지만 공공정원은 우리를 개발시키며 우리가 앞으로 어떤 환경을 만들 것인지를 선택할 수 있다는 것을 알려준다.

펜실베이니아주 웨인(Wayne)에 있는 유람지처럼 보이는 챈티클리어(Chanticleer)는 시민이 바쁜 현대적 현실을 벗어나 단순히 아름다움을 즐기도록 해준다. 챈티클리어는 훌륭하게 조경을 한 정원이 있으며 이것의 예술적 구성과 조경이 일종의 살

그림 2-13】꽃이 피는 팔로 베르데 나무 (Parkinsonio microphylla)는 방문객이 사막의 순환 산책로를 관람하도록 하며 자연이 가진 아름다움이 숲과 초원에만 있지 않다는 것을 알려 준다.
이 산책로는 애리조나 소노라 사막 박물관의 방문객이 높은 생물 다양성을 가진 생물군계를 존중하고 감사하게 여길 수 있게 하는 많은 방법의 하나다.
© Arizona-Sonora Desert Museum. Photo by M. A. Dimmitt.

아있는 공연예술이라는 개념을 전달하는 데 중점을 둔다. 챈티클리어에서 관람객은 예술작품과 공예를 뜻밖의 장소에서 발견하고 이들 작품이 정원 공간의 색상, 형태 및 질감을 보완하는 장식의 역할을 한다. 테네시의 칙크우드(Cheekwood), 미시간의 프레더릭 메이어 정원과 조형물 공원(Frederik Meijer Gardens and Sculpture Park), 펜실베이니아의 모리스수목원 (Morris Arboretum)과 많은 저택 정원(예: "롱우드(Longwood) 식물원", "윈터허 박물관과 저택(Winterthur Museum and Country Estate)", "힐우드(Hillwood) 저택, 박물관과 정원", "헌팅턴(Hungtington)식물원", "빌트모어 저택")들이 정원의 미학을 높이는 공공정원의 다른 좋은 예이다.

공공정원은 영성, 치유 및 위안의 장소

공공정원이 인류 역사 초기의 종교 및 영적 활동의 장소에서 기원 되었다고 생각하듯이 현재의 정원도 여전히 묘지와 추모의 장소일 수 있다. 매사추세츠주에 있는 어번산(Mount Auburn) 묘지는 국가의 역사적인 명소이며 조경과 매장하는 땅이 자연의 불멸성으로 조화롭게 인간의 주검을 감싸는 많은 공공정원 중 하나이다. 묘지는 아니지만 다른 공공정원도 위안과 치유의 장소이기도 하다.

정원은 식물의 활력, 경이, 화려함을 기념하는 곳이므로 전쟁과 같은 인간폭력과 부합하지 않는다. 이곳의 조용한 아름다움

과 천천히 펼쳐지는 변화는 사람에게 생각과 수용의 마음을 갖도록 한다. 아이다호주의 소투스(Sawtooth)식물원의 인피니트 컴패션(Infinite Compassion) 정원은 어떠한 신앙을 가진 사람이라도 이곳에 와서 자신을 비추어 보고 평화를 찾을 수 있도록 초대한다. 하와이의 팔레아쿠 평화정원(Paleaku Gardens Peace) 보호구역은 7에이커의 식물원으로 원활한 교육, 정신 및 문화 프로그램을 제공한다. 또한, 이곳은 "평화와 조화를 향한 개인의 발전을 위한 안식처"를 제공한다. 평화를 위한 정원 (Gardens for Peace)은 정원의 사회를 양육하고 평화를 기리는 역할을 잘 알고 있는 국제적인 단체이다. 이 단체는 현재 영적 치유를 위한 특정 지역을 포함한 16개의 공공정원을 보유하고 있다.

정원과 문명의 미래

21세기 들어 10년이 지나면서 공공정원은 흥미로운 기회와 도전에 당면하고 있다. 2009년의 불황은 미래에 희소한 자원을 대상으로 어떠한 경쟁이 일어날 것인지의 예고편이며, 공공정원이 사회에 지원을 요청할 때 사회와 어떻게 관련되어 있는지 그리고 지분을 분명히 이해하는 것이 중요하다는 것을 보여준다. 많은 사람은 앞으로 다가올 40년이 우리의 에너지의 갈망과 지속 불가능한 생활을 개혁하는 것을 포함하여 지구의 엄청난 환

경문제를 해결하는 중요한 시간이 될 것이라고 말한다.

공공정원은 식물의 지킴이자, 식물과 인간의 관계에 대한 지식의 지킴이이다. 어떤 정원은 이 역할을 명쾌하게 이행하지만, 반면에 다른 정원은 행동을 통해 인간 본연의 필요와 육성하고 있는 조경경관이 연결되어 있음을 보여준다. 공공정원의 사업 중에서 가장 근본적이고 중요한 역할은 식물이 문명사회의 선택사항이 아니라는 것을 개인과 사회에 상기시키는 것이다. 모든 음식은 직접 또는 간접적으로 먹이 사슬을 통해 식물로부터 비롯된다. 식물은 의약품, 진통제, 위안을 주는 장소를 제공하여 정신적 육체적 고통을 완화하고, 식물은 우리의 삶을 지탱하는 피난처와 생존을 유지하는 다른 산물을 제공하며, 식물은 또한 가치 있는 삶을 위한 기쁨과 즐거움의 원천을 제공한다. 공공정원은 이러한 지식을 유지할 뿐만 아니라 문자 그대로 식물의 생식질과 식물과 같이 살아가는 기술을 유지한다.

인간은 생존을 위해서 지구상에서 발견되는 약 40만 종의 식물을 모두 필요로 하지는 않을지 모르지만, 어느 기관이나 국가가 키우거나 가치를 아는 것보다 더 많은 종이 필요하다. 세계 인구가 계속 증가해 왔지만, 우리는 이제야 지구에 해를 끼치고 인류와 다른 복잡한 생명체를 지탱하는 능력을 파괴하는 인간의 끔찍한 힘을 이해하기 시작하였다. 식물은 공기와 물, 토양을 정화하고 중금속을 격리하며 모든 형태의 소비자에게 자양분을 제공하고 아름다움과 창의력에 대한 우리의 타고날 필요성을 상기시켜 주어 이 생태계를 유지한다. 2050년까지 미국에 있는 식물 종 중 삼 분의 일이, 그리고 전 세계적으로 34,000종 이상이 멸종될 수 있다. 인류가 조금 더 작은 수의 식물 종으로도 생존할 수 있겠지만 우리가 이렇게 많은 종을 멸종시킬 필요가 있을까? 사실, 우리의 밭과 정원에서 우리가 필요로 하는 모든 식물을 재배할 수 없으므로 우리는 이미 일부의 종만을 선택하였다.

기술은 인류의 손길이 지구의 모든 곳에 닿는다는 것을 증명한다. 어떤 의미에서는 지구 전체가 우리의 정원이 되었으며, 우리는 그것을 관리해야 한다. 공공정원보다 이 관리를 더 잘 주도하는데 나은 방법이 있는가? 우리의 미래를 위해서 필연적으로 식물이 필요하다. 공공정원은 행동을 통해 우리가 원하는 미래를 선택할 수 있다는 것을 보여줄 수 있는 최적의 위치에 있는 기관이다.

요약

이 장에서는 5천 년에 걸친 공공정원의 역사를 살펴보았다. 공공정원은 특정한 몇몇 개인을 넘어서는 활용이나 기능이 있으며 먹을 것을 제공하는 것 이상의 사회적 기능을 수행한다. 공통적인 특징은 공공정원의 건설 및 관리에 상당한 노동력과 다른 자원이 필요하고 이들은 종종 전체 공동체에서 나온다는 것이다. 역사 전반에 걸쳐 정원은 대중에 부합하는지 하나 이상의 목적에 이바지했다. 예를 들어 종교적, 정치적, 의식적, 계획적 또는 쾌락적 의식이 일어나는 곳으로 인정하였다. 학생은 수천 년에 걸쳐 "공공"의 개념이 어떻게 변화했는지, 정원 기능과 디자인이 주변 사회의 철학과 사회 정치적 규범을 반영하여 어떻게 변화했는지를 이해하게 될 것이다. 마지막으로, 현재의 공공정원이 어떻게 그들의 지역사회와 관련되어 있으며 공공정원의 새로운 역할과 관련되어 있는지에 대한 사례를 제시했다.

참고문헌

Evans, S. T. 2007. Precious beauty: The aesthetic and economic value of Aztec gardens. In *Botanical progress, horticultural innovations, and cultural changes*, ed. M. Conan and W. J. Kress, 81–101. Washington, D.C.: Dumbarton Oaks Research Library and Collection and Spacemaker Press. An eclectic collection of specialist papers exploring the impact of horticulture and plants upon specific cultures.

Turner, T. 2005. *Garden history: Philosophy and design 2000 BC–2000 AD*. New York: Spon Press. A detailed summary and analysis of gardens throughout the history of Western civilization. A definitive reference for history, design, and evolution of estate and public gardens.

PART II

The Emerging Garden

새로운 정원

CHAPTER 3

Critical Issues in Starting a Public Garden

공공정원 설립에 중요한 사안들

ROBERT LYONS 로버트 라이언스

서론

신규 또는 새로이 설립하는 정원은 새로운 공공정원에 대한 절실한 필요성보다는 그것을 건립하는 개인이나 특정 단체의 생각을 더 잘 반영하곤 한다. 정원은 개인이나 단체가 다른 어느 곳에서도 표현되지 않았다고 믿는 자신의 비전, 새로운 꿈, 철학, 전략, 그리고/또는 아이디어를 표현하고자 하는 매개체이자 도구의 기능을 한다. 다른 공공정원이 비교적 가까이에 있더라도, 새 설립자에게는 기존의 정원이 특정한 자질이나 학습 기회를 충분히 제공하고 있지 않다고 생각할 수도 있고, 새로운 정원이 이런 것들을 더 잘할 수 있다고 생각할 수도 있다.

시간이 지나면서, 설립자는 초기의 생각이 너무 순진한 생각이었다는 것을 알게 되고 현실을 깨닫게 되면서 우선순위를 만들거나, 때로는 정원 마스터플랜을 개발하기도 한다. 대부분의 성공적인 설립자는 원래의 계산된 의사 결정과 정원을 설립하고자 했던 초심의 열정을 가지고 복잡하지만, 시너지를 낼 수 있는 방식으로 혼합하고 조율한다.

동기

공공정원을 설립하는 설립자의 동기를 신중하게 생각해 보는 것은 새로운 정원을 설립하는 데 있어 가장 중요하고 때로는 가장 개괄적인 전제 조건 중 하나이다. 이 초기의 동기가 공원 개발의 형태를 수행하는 데 도움이 될 수 있어서 이 동기는 매우 중요하다.

- 개인적인 동기는 앞으로 아무리 어려운 시간이 닥쳐도 이겨낼 수 있는 힘을 제공한다. 또한, 동기는 이기적일 수도 이타주의적일 수도 또한 자연 치유 적일 수도 있다.

- 교육적 동기가 최고 우선순위로 아주 높은 우선순위에 있어야 한다. "가르침의 순간"을 창출하는 능동적 또는 수동적 기회는 정원 안에서 맞춤형으로 이루어지며 저평가되어서는 안 된다. 일반인, 녹색 산업 전문가 및 모든 연령대의 학생이 정원 교육의 혜택을 받는 주 대상이다. 하지만 마스터 가드너(Master gardener: 자원봉사자로 지역사회의 원예를 자발적으로 돕는 사람), 정원 클럽, 그리고 이와 비슷한 조직도 잠재적인 수혜자가 될 수 있다.

- 녹색 동기(Green motivation)는 일반적으로 식물을 수집하고 전시하는 것에 기반을 둔다. 이러한 수집 및 전시는 식물의 하나 이상의 기능적 목적을 따를 수도 있고 특정한 식물속이나 식물과에 집중할 수도 있다. 또는 정원은 강력한 식물 보전윤리나 공공정원을 더욱더 이 목적을 위해 사용하고자 하는 열망에 근거할 수 있다.

- 광범위하고 신중하게 고려할 때 레크리에이션적 동기는 단순한 공원과 열려있는 녹지공간으로부터 공공정원을 구분하는 역할을 한다. 레크리에이션이라는 용어는 종종 신체 활동에 중점을 두지만, 이 용어는 또한 의도적으로 계획된 식물수집품 안에서의 개인적 위안, 반성, 휴식, 그리고 일과 개인적 스트레스에서 벗어난 것을 포함할 수도 있다.

- 재정적 동기. 현재 어떤 공공정원도 금전적 이익을 창출하는 것을 주목적으로 하고 있지 않기 때문에 어떤 사람이 공공정원을 단순히 수익의 창출을 위해 설립하는 경우는 매우 드물

다. 새로운 정원의 생존과 성장을 위해 재정적인 사항을 고려하는 것은 일반적으로 초기 계획 과정에 포함되지만, 보통 이는 설립자가 개발 전략을 수립할 때 최우선적인 고려 사항은 아니다.

• 경제적, 사회적, 교육적 환경이 전 세계적인 관점을 갖게 되면서 국제적인 동기를 부여하는 것은 공립 원예기관의 설립이 추가적인 이유가 되었다. 정원은 교환 프로그램, 문화적 이해를 위한 포럼, 그리고 다양한 미학적 표현을 위한 기반이 될 수 있다.

협력자들

설립자는 설립 초기에 정치적, 전문적인 면에서 민간 부문과 탄탄한 협력 기반을 반드시 만들어야 한다. 설립자가 부지를 개발하고 조직 프로토콜을 만드는 과정에 있어 그들의 지식, 인맥, 전문지식, 통찰력, 접근성과 능력은 매우 중요하다. 정원 설립자가 협력자에게 도움을 요청할 필요가 전혀 없을 수도 있지만, 만약 그런 필요가 생긴다면 그러한 넓은 인맥의 도움에 감사하게 될 것이다. 지역 및 주 전체를 아우르는 녹색 기업뿐만 아니라 지역의 핵심 행정가와 돈독한 관계를 유지하는 것은 가장 논리적인 노력이다. 전자의 잠재적인 기여는 헤아릴 수 없을 만큼 크며, 그들은 때론 도움을 주려고 기다리고 있다.

좋은 예로 JC 로우스턴수목원(JC Raulston Arboretum)이

새로운 교육센터를 지은 후에 매우 복잡한 조경 문제에 봉착한 적이 있었다. 수목원장은 현장의 물리적인 복잡성을 인식했고 적절한 복원 및 설계 작업이 수목원의 능력을 훨씬 뛰어넘는 기술과 장비를 필요로 한다는 것을 깨달았다. 녹색 환경 산업계의 대표자를 초청하여 현장을 평가한 결과, 업계의 전문가가 새로운 조경을 설계하였고 이틀 동안의 공사와 식물의 식재가 이루어졌다. 이 프로젝트는 업계의 참여와 지원에 대한 완벽한 예이며 가장 중요한 것은 공동 작업이 없었더라면 거의 불가능했던 작업을 이루었다는 것이다.

정보 필요성

설립자의 넘치는 에너지 그리고 계획 과정에 대한 낙관론이 외부자원에서 얻을 수 있는 지혜, 경험 및 조언을 대체 할 수는 없다. 새로운 정원을 세우려는 사람을 위한 최선의 전략은 그들이 앞으로 맞닥뜨릴 수 있는 엄청난 양의 정보에 의해 마비되지 않고 자신을 신뢰하고 상황에 적합한 조언을 받아들이는 것이다.

• 다른 공공정원과 문화기관은 설립자가 일반적인 어려움을 피하거나 극복할 수 있도록 도와준다. 이런 문제가 그들만의 문제일 가능성이 매우 낮아서 누군가 다른 곳에서 비슷한 어려움을 이미 경험한 사람이 도움을 줄 가능성이 크다.

• 북미의 공공원예 전문가를 기반으로 한 단체인 미국 공공정원

그림 3-1] JC 로우스턴 수목원은 노스캐롤라이나 조경과 묘목 업체와 긴밀한 관계 유지로 이들로부터 수목원의 전문설계지식, 하드스케이프 (hardscape: 공원이나 정원조경을 위한 길이나 담 같은 것들), 잔디, 장비 사용과 노무 등 수목원 자체로 해결할 수 없었던 부지의 어려움을 해결하는 데 큰 도움을 받았다.
JC Raulston Arboretum

그림 3-2] 교육센터 앞의 산업지원 시설을 완공한 지 약 1년 후, 수목원은 양묘장의 식물을 추가로 이곳에 선보일 수 있었다. 이것은 대지에 사면 관리와 배수를 고려한 공사로 가능했다.
JC Raulston Arboretum

협회(American Public Gardens Association: APGA)는 새로 정원을 설립하려는 사람을 도울 수 있는 자원으로 가득 차 있다. 미국 공공정원협회는 새로 설립된 공공정원 간의 상호 교류를 촉진하기 위한 소규모 공공정원 전문분과가 있다.

• 미국 원예학회(American Society for Horticultural Science)는 대학 캠퍼스를 기반으로 한 정원에 대한 책임이 있는 학자로 구성된 공공원예 실무그룹을 후원한다.

• 전문가의 인맥을 통한 네트워킹은 개인적인 조언, 상담 및 향후 자문을 얻을 수 있는 매우 중요한 요소일 수 있다. 이런 면에서 미국 박물관협회(American Association of Museums)도 좋은 자원이다.

요청하고 빌리기

설립자는 물물교환의 기술을 통달한 요령 있고, 창의적이며 상상력이 풍부한 개인일 필요가 있다. 새로운 공원의 중심이 되는 많은 식물수집품은 때로는 다른 정원의 지원 결과이다. 동종 기관들은 종종 그들이 가지고 있는 식물을 이제 막 시작하는 정원에 공여한다. 또한, 개발 예정지에서 자라던 식물을 "구조"하는 방법도 있다.

어떤 식물을 수집하느냐는 것은 그 기관을 정의할 수 있으며 소스를 네트워크 하는 것과 같이 식물 수집을 일찍 시작할 필요가 있다. 그러나 약간의 주의가 필요하다. 식물 취득은(무료로 제공되는 경우라도) 일반적으로 수집정책에 명시된 정원의 수집 우선순위에 적합해야 한다(20장 참조). 또한, 한 기후대에서 적절하게 행동하던 특정 종이 다른 곳에서는 잡초나 침입종이 될 수 있다.

좀 더 어려울지 모르지만, 하드 스케이프(hardscape) 재료 및 건설 지원을 원래의 시장 가격 이하로 취득할 수 있다. 예를 들면, 오클라호마주 툴사(Tulsa)에 있는 린네정원(Linnaeus Garden)은 인도를 만드는데 필요한 벽돌을 모두 기부받았다. 설립자는 안전, 수명 및 미학이 항상 핵심 고려 사항이며 비용을 절약하기 위해서 재료와 전문지식의 질을 희생해서는 안 된다는 것을 명심해야 한다. 기존의 자원봉사자, 후원자 그룹 및 녹색 산업이 훌륭한 손재주를 가지고 있을지도 모른다. 하드 스케이프 재료는 고용 잉여 인벤토리 또는 후원자의 타깃 기부금을 통해 직접 도움을 받을 수 있다. 예를 들면, 벤치를 기증하는 잠재적인 후원기회를 기부자에게 알릴 수 있으며 기증자의 이름이나 원하는 문구를 손잡이나 명패에 새겨 넣을 수도 있다. 파티오, 산책로 그리고 다른 목적을 위해 필요한 벽돌에도 재료비에 적절한 추가 요금을 부과하여 기증자의 이름을 새겨 넣을 수 있다.

신생 정원은 장비와 몇몇 정비 서비스도 창의적으로 획득할 때도 있다. 잔디 관리회사는 그들의 잔디 깎기 기구를 무료로 사용하게 하고 일종의 홍보 효과를 얻을 수 있다. 이와 비슷한 예로 관개 회사는 비슷한 홍보 효과를 얻으면서 관개시설을 무료로 설치해 줄 수도 있다.

정원을 설립하면서 기대하지 않았던 호의적인 제안을 자주 경험하게 된다. 물론 설립자가 구하거나 빌리는 것은 운영예산을 포함하지 않은 현물지원(in-kind support)일 뿐이다. 가장 쾌적한 전략은 아닐지 모르지만 새로운 정원을 설립하는 사람이 무시하기 힘든 전략이다. 빈틈없고 정중하게 행해진다면, 그렇게 자원을 함양하는 것은 광범위한 지원의 기반을 수립, 강화, 확대할 수 있게 해 줄 것이다. 이것은 만질 수 있는 것도 아니고 비용으로 측정할 수 있는 것은 아니지만, 적시에 정치적 영향력을 발휘할 수 있으며 우리가 아직 모르는 그 어떤 방식으로 미래에 큰 도움이 될 수 있다. 또한, 현지 언론과 정원 웹 사이트를 통해 그렇게 받은 선물을 널리 알리는 것이 중요하며, 현물 선물에 관한 뉴스를 공유하는 것이 추가로 선물을 얻는 데, 도움이 된다.

자신의 한계 인식

설립자는 본인이 모든 것을 혼자 할 수 없다는 것을 깨달아야 한다. 공공정원을 시작하는 것은 가정정원을 시작하는 것보다 훨씬 복잡하다 – 주말과 저녁에만 일해서는 필요한 진전을 이룰 수 없다. 설립자는 곧 이 꿈을 이루는 데 있어 자신의 개인적인 한계에 도달하게 되고, 다른 사람들의 도움을 받을 때 실제로 그 꿈을 더 빨리 구현할 수 있다.

자원봉사자 조직

자원봉사자의 가치는 헤아릴 수 없으며 그 가치는 시간이 지남에 따라 증가한다. 그들은 그곳에 있고 싶어서 봉사하는 것이며 새로운 정원의 발전을 공유하고 설립자로부터 배우는 것 이외에는 바라지 않는다. 많은 자원봉사자가 시간 여유가 있는 은퇴자이지만, 충성도와 지역 지원을 계속 증가시키기 위해서는 9시까지 출근하고 5시에 퇴근하는 일반 직장에 다니는 사람에게 정원 가꾸는 기회를 주는 것도 중요하다. 요령 있는 자원봉사자 관리자는 관심은 있지만 충분한 자원봉사 시간을 받지 못하는 사용 가능한 모든 자원봉사 시간을 찾아낼 것이다. 자원봉사자는 유급 직원을 도와 정원을 유지 보수하는 기회를 주는 것은 (예를 들면) 전통적인 자원봉사자가 피하는 저녁 시간이나 주말

그림 3-3】 JC 로우스턴 수목원의 일본정원은 직원, 학생, 자원봉사자의 도움으로 설치된 후, 여러 해가 지나면서 훌륭한 디자이너의 원래 의도를 드러내는데 시간이 어떤 영향을 주는지 보여준다.
JC Raulston Arboretum

에 와서 정원을 관리하는 새로운 정원 관리 자원자 그룹을 개발할 수 있을 뿐만 아니라 식물수집품과 정원의 상태를 개선할 수 있게 한다. 청소년은 잠재적인 자원봉사자이다. 새로운 정원은 프로젝트가 필요한 이글 스카우트(Eagle Scout: 21개 이상의 공훈 배지를 받은 보이 스카우트 단원) 지원자를 활용할 수도 있다. 사소한 잘못 또는 비폭력적인 잘못을 저질러 사회봉사 명령 받은 청소년을 참여시키는 것도 가치가 있을 수 있다(8장 참조).

철학과 재정 지원 기반 구축

주변 지역사회로부터 훌륭한 지원을 받을 수 있다. 새로운 정원의 이웃은 정원을 아름답고 위안과 배움, 그리고 자부심을 주는 참신하고, 친근한 장소로 간주하며, 그들은 미래의 친구들이나 중심회원이 될 수도 있다. 실제로 근처에 공공정원이 있으면 근처 부동산의 가치가 올라갈 수 있다. 이러한 그룹들은 대부분 정원과 자연적인 연관이 있게 되며 일반적인 운영과 유지를 위한 연간 후원을 제공한다.

마지막으로, 녹색 산업은 가장 중요한 잠재적 지원 그룹 중 하나이며 아마도 가장 개괄적인 지원 단체일 것이다. 새로운 정원은 식물의 이용과 다양성을 촉진한다. 간단히 말해 방문자는 자

신이 좋아하는 식물을 보고 지역 소매점에 그 식물을 요청한다. 사실상 공공정원은 식물 사용의 세련된 안내판이라고 할 수 있다.

녹색 산업과 함께 일하는 가장 좋은 사례 중 하나는 JC 로우스턴 수목원이다. 조경용으로 새로운 관상용 식물을 찾고 획득하고 평가하는 것이 이 수목원이 표방한 미션이다. 이 수목원은 녹색 산업에 전도유망한 식물의 번식재료를 제공하고 업계는 이를 시장에 판다. 쉽게 말하면 이 돈독한 관계의 힘 때문에 노스캐롤라이나의 녹색 산업은 이 수목원을 위해 어떤 일이라도 한다.

델라웨어 주립대학식물원(University of Delaware Botanic Gardens)도 "경계가 없는" 경계를 가지고 유사한 기능을 한다. 녹색 산업의 대표자는 일반적으로 정원 원장에게 번식재료를 수집할 것을 알려주고 가을에 예정된 설명회에 참가한다. 이 설명회에서 가이드나 연사가 새로운 식물을 업계 관계자에게 알리고 기존의 종과 품종의 수행상황을 전달한다.

관련성 있고, 바꿀 수 없으며, 인상적인

설립자에게 정원을 관련성 있고 바꿀 수 없으며 인상적으로 만들도록 조언하기는 쉽지만, 때론 이 충고가 제대로 수행되지

1984년: 이 시나리오는 대학 캠퍼스에 새로운 대학 기반 공공정원의 가능성에 관한 토론을 시작하는 데에 최적이었다. 학과장이 막 취임했고, 평소와 다르게 갑자기 많은 교수가 은퇴하여 신임교수를 몇 명 뽑았다. 게다가 캠퍼스의 대상 부지는(1에이커의 초본식물 시험정원) 관리자가 없어 새로운 미션을 수행할 수 있었다. 학과장은 식물 재료에 개인적인 관심이 있었고 목적으로 설계한 식물 컬렉션을 전시하고 연구할 수 있는 장소가 캠퍼스에 없다는 것을 알게 되었다.

목본 조경 식물, 초본식물 및 조경술을 대표하는 교수 3명이 학과장 실로 호출되었고 학과장의 현재 시험정원 부지에 새로운 캠퍼스 정원을 만들고자 하는 비전을 들었다. 학과장은 종합계획도 없었고 초기 자본이나 지속적인 예산도 없었으며 보조 직원이나 식물자원도 없었지만, 이 세 사람의 교수는 이 제안을 적극적으로 받아들였다.

그들은 무엇을 생각하고 있었나? 다른 새롭고 정열적인 교사와 마찬가지로, 그들은 이것을 놓칠 수 없는 교육 기회로 보았다. 원예 및 조경 디자인을 위한 편리한 다양한 용도로 사용할 수 있는 야외 교실은 놓칠 수 없다고 생각하였다. 그들은 정신적인 어려움을 극복할 수 있을지 걱정을 하였지만, 앞일의 큰 두려움을 떨쳐 버리고 정원 설립을 중심으로 특별한 새 전공과목을 개설하여 학생들을 이 목적에 즉시 참여시켰다.

지금의 버지니아 테크 공과대학(Virginia Tech)의 원예 정원은 맨 처음 특수연구 과목을 가르친 3명의 설립 교수의 지도로 몇 명의 상급학년 조경 디자인 전공 학생이 개념화하였다. 학생들은 비슷한 미션을 가진 다른 지역에 있는 정원을 보기 위해서 여행하고 과의 요구사항을 듣고 팀으로 나누어 종합계획을 수립했다.

1984년에 비공식적인 개설 바로 직후, 공공정원 관리 및 경영의 학점 기반 과목을 개설하였고 이 정원의 전반적인 운영 및 관리에 학생이 지속해서 참여했다. 비록 선택과목으로 학생들이 도울 의무는 없고, 간혹 바쁜 시간에는 학생들로부터 비자발적인 "노예노동"이라는 불평이 있었지만, 이 수업은 매 학기 학생들로 채워졌다.

정원의 초기 성장과 개발에 똑같이 중요했던 것은 자원 봉사단(여전히 정기적으로 만나고 있음)의 창설과 초기 동문의 도움을 받는 것이었다. 동문의 도움은 식물기부, 한시적이고 비싸지 않은 "화단 후원자"로부터의 기금과 벤치 기증, 그리고 기념 천막과 중추적인 인턴십 기금 등으로 구체화 되었다. 후자는 정원 설립 5년 만에 이뤄진 진정한 전환점이었다. 이과 초기의 동문 중 한 사람의 가족이 5만 달러의 유산을 여름 인턴 과정을 위하여 기증하였고, 이를 통해 학부 지원을 쉽게 해 주었고, 더욱 빠르게 학업을 성취할 수 있게 되었다. 20년 후까지 이 기부는 아직도 유지되고 있고, 이 과의 학생회의 지원으로 이뤄지는 두 번째 인턴을 위한 매칭펀드를 후원하는 데 사용하고 있다.

않는다. 설립자는 지역, 지방, 및 주 전역의 언론을 자신의 노력에 참여시키고 정원의 노력을 홍보하기 쉽게 해야 한다. 설립자는 지역 미디어를 계절별 행사 및 특별 이벤트에 초대하는 것을 잊지 말아야 한다. 새로운 전자매체(웹 사이트, 블로그 및 소셜 네트워킹)는 정원의 활동을 고객에게 직접 알리고 새로운 후원자를 얻기 위한 중요한 방법이며 그 중요성이 빠르게 증가하고 있다(19장 참조).

잠재적인 장애요소

재정적 필요

현금 흐름 및 재정지원과 관련된 어려움을 고려할 때, 최악의 상황은 미리 재무계획을 짜거나 합리적인 계획으로 극복하거나 완화할 수 있다. 설립자는 자금이 어디서 나올지를 알아야 한다. 적은 예산으로 정원 개발에 착수하는 것에 대해서 어느 정도 타당한 이유가 있어야 하고 이러한 노력은 미래의 기부자가 식물의 수집을 늘리고, 필요한 구조물 및/또는 새로운 직원을 고용하는 것을 지원하도록 유인할 수 있는 명확한 목표가 있어야 한다. 충분한 지원이 없이 정원 개발을 시작하는 것은 때론 역효과를

낳는다. 이는 매력 없는 모양과 과로로 사기가 떨어진 직원, 식물수집품에 대해 매우 부족한 설명, 부적절한 식물 건강과 상태, 불분명한 메시지와 임무 지시, 오락이나 교육적으로 가치있게 여기지 않는 방문자를 경험하게 될 것이다.

회의론자들

모든 사람이 설립자의 비전을 공유하지는 않는다. 비관론자는 설립자의 노력을 하찮은 것으로 만들기 위한 어떤 이유라도 찾으려고 노력할 것이고 그들의 관점을 판단력 부족이라고 떠들어 댈 것이다. 전염성 바이러스처럼 그들의 비판은 잠재적인 지원자들과 설립자의 자신감을 나약하게 할 수 있다. 그러므로 정원 설립자가 이 문제에 대해 선제적으로 접근하여 그들의 노력에 대한 논쟁을 예상하고 이러한 비판에 대한 신뢰할 수 있는 답변을 개발하는 것이 필수적이다.

관료주의적 장애물

관료주의적 장애물에 봉착하지 않는 경우는 드물다. 관료 시스템을 이해하고 그 지위에 있는 개인을 아는 것이 가장 좋은 조언이다. 그들은 정원의 발전을 방해할 수 있는 것처럼, 쉽게 도

울 수도 있다. 그들에게 정보를 제공하고 정원과 관련된 법률 및/또는 계약 문제를 연구해야 한다. 잠재적으로 주차, 주류 사용, 토지 개발 및 관리, 관람객 제한, 소음, 판매(특히 식물)에 적용되는 규칙 및 규정은 무엇인가? 식물 판매는 정원들의 보편적인 대들보처럼 보이므로 식물 판매를 정원에서 하는 것에 대한 어떤 제약들이 있는지 검토해야 한다.

로터스랜드(Lotusland)는 이러한 도전에 직면한 많은 기관 중 하나이다. 캘리포니아 샌타바버라에 있는 로터스랜드는 일반에게 공개한 기관의 영향으로부터 자신을 보호하고 싶어 하는 주변 공동체의 요구 속에서 방문객 중심의 수익창출을 위해 신중하게 노력해 왔다. 이런 영향으로 로터스랜드는 시의 조건부 사용허가 하에 운영한다. 이 조건부 허가는 개장 시간, 하루 최대 차량 수 및 연간 방문객 수, 음악의 크기, 행사의 계획, 특별 프로그램, 주위 주거지역의 주차 제한 등 이 공원의 여러 일반적인 측면을 구체적으로 법적으로 규제한다. 로터스랜드의 직원은 관계 구축이 이 조건적인 사용허가의 범위 내에서 성공적으로 이 기관을 운영하고, 이러한 제한된 환경 안에서 공공 원예기관으로서의 미션을 추구하는 것이 바람직하다는 것을 이해하고 있다.

이 기관을 위해서 기존의 조건적인 사용허가를 재교섭하는 것은 위험하고 복잡할 수 있다. 특히 기존 조항을 순화시키려는 노력이 역효과를 나을 수 있고 이 경우 더 심한 제약을 받을 수도 있다. 이 경우는 처음부터 왜 새 원장이 이 허가를 다시 검토하고 싶어 하는지를 아는 것이 특히 중요하다.

1천 에이커처럼 보이는 1 에이커

새 정원을 개발하기 위해 토지를 취득하는 것은 생각보다 어렵다. 특히 기획과 실행에 대한 흥분에서 벗어나 이 일을 하기 위해서 어떤 것이 필요한지를 깨달았을 때 아이러니가 확연히 느껴진다. 종합계획에서는 환영받을 만한 도전으로 보이던 것이 갑자기 무섭고 실현 불가능한 것처럼 보일 수 있다.

최선의 충고는 종합계획에 건설, 설치와 유지 보수의 논리적 순서를 미리 명확하게 명시하는 것이다. 하지만 현실은 논리를 거역하는 방법을 알고 있고 주위의 상황이 훌륭한 이상적인 종합계획을 언제나 허락하는 것이 아니다. 설립자를 위한 최상의 전략은 한발 물러서서 전체 계획의 핵심 영역을 찾아내서 집중하는 - 부가적인 영역에 관심을 덜 집중시키는 - 것이다. 대중은 전체가 다 완공되지 않았더라도 일부라도 완료된 상황을 보고 싶어 한다. 이런 진행은 주된 정원의 점진적인 성공을 바라는 잠재적 기부자, 파트너와 관람객들에게서 종종 관찰되곤 한다(6장 참조).

새 정원 관리

모든 공공정원 설립자 또는 설립 단체는 정원 설립을 착수할 때 한 가지, 단 한 가지만을 생각한다 – "식물". 소속 기관(대학, 시립 또는 개인/비영리 단체)에 상관없이" 나는 식물을 좋아하고 그러니 너도 그렇게 해야 해"라는 메시지를 전파하는 것이 새로운 설립자의 존재 이유가 될 수 있다. 그러나 진정한 시험은 시간이 지나가면서 기관의 관리가 점점 더 복잡해지는 가운데 이 메시지의 본질을 유지하는 것이다. 이것은 새 설립자를 계속해서 도전하도록 하며 새 정원의 장기적인 성공을 결정하는 것이다.

성공적인 관리 스타일 및 전략의 예는 매우 많고, 새로운 예들도 놀라울 만큼 규칙적으로 나타난다. 많은 예가 기존에 설립한

그림 3-5】 2008년 노스캐롤라이나주 케메스빌(Kemersville)에 있는 폴 J. 시너 식물원(Paul J. Ciener Botanical Garden)의 다년생 초본 식재를 위한 건설과 부지 준비
F. Todd Lasseigne

그림 3-6】 2009년 폴 J. 시너 식물원의 다년생 초본 식재지는 초본식물이 새 정원 공간을 얼마나 빨리 덮을 수 있는지를 보여주며, 정원의 다른 미완성 부분의 일부가 완성되었다는 인상을 준다.

F. Todd Lasseigne

하나를 위한 하나의 관리

꿈을 이루겠다는 약속이 개인적인 희생 없이 이루어질 수 있다고 주장하는 사람은 거의 없다. 그러나 현실에서 이 희생이 종종 과소평가되고 사람의 진을 뺀다. 놀라운 일을 한 명의 직원으로도 이룰 수 있지만 결국 직원 수는 증가할 것이며 중요한 인사 경영 전략을 시행할 필요가 있다는 것을 받아들이지 않고서는 달성할 수 없다.

• 효과적인 시간 관리는 새로운 예기치 않은 요구사항을 버텨 낼 수 있는 열쇠이다. 반대로, 비효율적인 시간 관리와 그로 인한 시간(또는 그 인식)의 부족은 일의 진척을 방해하고 정원을 착수할 수 있다는 낙관적 생각과 기대를 저버리게 만들 수 있다. 앞으로 나아갈 개인적 에너지와 열정은 성취라는 토대와 성공적인 문제 해결 위에 세워진다. 미완성 목표의 목록은 새로운 정원 지도자가 낙심시킬 수 있다. 해야 할 일을 하나씩 해결해 나가는 것은 동기를 유지하고 일을 진행하는 힘을 준다.

• 정원 설립 초기에 지원 기반을 구축하는 것이 중요하다. 새로운 가든 리더는 새로 떠오르는 기관에 관심을 보이는 모든 사람을 환영하고 그들의 반응을 끌어내서 그러한 지원을 함양할 필요가 있다. 새로운 리더가 봉사 클럽 및 정원 클럽 회의에서 연설하거나 지역 라디오와 TV 인터뷰를 하는 것은 중요하다. 이들은 열정으로 이 프로젝트를 홍보하고 비전을 공유하며 대중의 제안과 의견을 들을 기회이다.

• 새로운 정원의 리더는 그 이전에 어떤 경험을 했든 간에 상관없이 매일 배우려고 노력해야 한다. 자기 자신의 실수로부터 배우는 것(그리고 그 실수를 반복하지 않는 것)은 새로운 리더에게 가장 중요한 관리 교훈 중 하나일 것이다.

추가 직원의 관리

정원의 번영을 위한 가장 중요한 자원 중 하나는 기관의 미션 안에서 자신의 역할을 이해하는 재능 있는 사람을 직원으로 모으는 것과 직원이 공통의 목적을 가지고 팀에 이바지한다는 분위기를 조성하는 것이다.

이것은 새로운 정원 원장의 임무이다. 그것은 직원에게 권한을 위임하고 그들이 정원에 공헌하는 가치를 알려줄 능력이 필요하다. 초기 개발 단계에 있는 기관은 직원이 충분한 경우가 거의 없으며 직원이 기관의 미션을 수행하기 위해 많은 역할을 하는 것이 일반적이다. 여러 가지 일을 수행해야 할 필요가 있다는 것과 새 정원에서 여러 가지 책임을 지고 일한다는 것은 추가 급여 없이 장시간 동안 일을 해야 한다는 것을 고용 과정에서 분명하게 밝혀야 한다. 이러한 기대가 어떤 직원에게라도 놀라움이

공공정원과 직원들에게 적합하지만, 새로운 정원이나 자체적인 발전 과정에서 초기 단계의 정원에는 비교적 덜 유용하다. 관리 스타일 및/또는 철학을 파악하는 것은 유동적인 과정이며 새로운 정원의 단순한 인사 구조로 인해 예기치 않게 복잡해질 수 있다. 그것은 소규모 기관이 경영상의 어려움을 거의 갖지 않는다는 것을 의미하지는 않는다. 실제로, 그 반대가 사실인 경우가 많다. 대부분의 새 정원은 일반적으로 직원이 1명(이사회 구성원 제외)이며, 그 한 사람(때론 설립자)은 정원의 비전을 달성하기 위하여 자신의 행동을 관리해야 한다. 직원 성장의 다음 단계는 일반적으로 소규모 전문 지원인력, 제한된 자원 봉사단 및 "나"에서 "우리"로 대명사가 바뀌는 것이다. 이러한 초기 단계에서 개인적인 본능, 직감 및 새 정원의 리더십에 대한 삶의 경험은 종종 기관의 경영 스타일의 기초가 된다.

되어서는 안 된다. 반면에 전형적인 새 정원이 그러하듯 제한된 자원으로 소규모 직원을 관리하는 경우 원장은 긍정적인 감정을 제공할 뿐만 아니라 자신이 그 직원의 업무 능력을 신뢰하고 있고 그들의 일을 지원하고 있다는 것을 보여줘야 한다.

결론

새로운 정원을 설립하는 것은 처음 자전거를 탔을 때 균형을 잘 잡고 그 순간부터 편하고 안정적으로 계속 타는 것과 같다. 어떤 것도 처음 자전거를 탔을 때의 큰 기쁨을 주는 성취감과 그 성공으로 인한 자신감과 비교되지 못한다. 정원을 설립하고 개발해 나가는 것은 의심의 여지 없는 도전이다. 하지만 이를 극복하는 것이 설립자 자신조차 아직 알지 못했던 잠재력을 드러내고 수많은 교육 기회와 많은 알려지지 않은 협력자의 사랑과 관심은 목적지로 이끌어 줄 것이다. 설립자는 앞으로 나아갈 것이다. 하지만 처음 자전거를 타던 그 날과 같이 자신의 경력에서 첫 번째 정원을 세운 그 날은 다른 어떤 것과도 비교될 수 없는 잊을 수 없는 날이 될 것이다.

참고문헌

Gagliardi, J. 2009. An analysis of the initial planning process of new public horticulture institutions. MS thesis, University of Delaware. An in-depth analysis of the planning, initiation, and implementation of the Paul J. Ciener Botanical Garden in North Carolina in its earliest stages. Excellent resource for individuals wishing to embark on new garden establishment in a nonacademic, nonprofit setting; considers everything from creating a board to strategies for community engagement.

Lyons, R. E. 1999. Arboreta and gardens: Teaching laboratories in the undergraduate curriculum—introduction. *HortTechnology* 9: 548. This special issue focuses on academic settings and the rewards and challenges of operating within educational institution boundaries.

Rakow, D. 2006. Starting a botanical garden or arboretum at a college or public institution, part I. *The Public Garden* 21(1): 33–37.

Rakow, D. 2006. Starting a botanical garden or arboretum at a college or public institution, part II. Moving from planning to reality. *The Public Garden* 21(2): 32–35. Both parts of this series provide specific and thoughtful strategy considerations from a seasoned director who himself works within an academic environment.

Stephens, M., A. Steil, M. Gray, A. Hird, S. Lepper, E. Moydell, J. Paul, C. Prestowitz, C. Sharber, T. Sturman, and R. E. Lyons. 2006. Endowment strategies for the University of Delaware Botanic Gardens through case study analysis. *HortTechnology* 16: 570–578. Outlines valuable considerations for endowment development for an institution moving from its founding as a public garden with limited staff and volunteers to an organized entity with recognized achievements and reputation.

CHAPTER 4

The Process of Organizing a New Garden
신설 정원의 조직구성 과정

MARY PAT MATHESON 메리 팻 매더슨

서론

새로운 공공정원을 조성하는 과정은 핵심 그룹 구성과 주요 이해 관계자의 신원 확인으로 시작하여 공식 조직의 결성, 이사회의 설립, 미션과 목표의 개발로 이어지는 일련의 규정된 단계를 거쳐 진행되어야 한다. 설립자는 이러한 단계를 주의 깊게 따르고, 초기 열정이 넘쳐 이러한 과정을 소홀히 하지 않음으로써, 다른 스타트업 그룹이 범하기 쉬운 실수를 피하여야 한다.

핵심 그룹의 확인 및 조직

대부분의 정원 원장이 잘 보여주듯이, 새로운 정원을 조직하는 과정은 대개 정원에 대한 비전을 가진 한두 사람으로부터 시작되며, 이 사람은 그 분야에 대한 열정과 모든 공동체에 공공정원이 필요하다고 강하게 의식하고 있다. 미국의 훌륭한 많은 공공정원은 개인이 시작하였다. 예를 들면, 롱우드 가든(Longwood Gardens)은 피에르 듀퐁(Pierre S. du Pont)의 영감과 재력으로 만들어졌다. 그러나 모든 정원이 그런 행운으로 시작되는 것은 아니다. 많은 정원은 토지 혜택이나 재정적 지원 없이 영감과 끈기로 탄생하였다. 이것이 바로 새로운 정원 개발의 첫 번째 단계가 지역사회 사람들에게 공공정원의 "가능성"을 설득할 수 있는 설립 멤버라 할 수 있는 핵심 그룹으로 시작하는 이유이다.

핵심 그룹이 왜 필요한가?

핵심 그룹은 신설 정원의 성공에 필수적인 존재이다. 왜냐하

> ### 핵심 용어
>
> **강령** : 의사 결정 지침으로, 조직과 행동의 일차적인 목적을 규정하는 간결한 성명
>
> **전략계획** : 조직의 전략 모색에 따른 자원 배분의 전략이나 방향을 정의하기 위한 조직의 진행 과정
>
> **비전 선언문** : 어떤 조직이 되고 싶은지 혹은 조직이 운영되는 세상이 어떻게 되기를 바라는지의 개략적인 설명. 이러한 비전은 미래에 집중하고, 영감을 준다.
>
> **이해 관계자** : 조직의 행동, 목적, 정책에 영향을 주거나 받을 수 있어서 조직에 직접 혹은 간접적인 이해관계를 지닌 사람이나 집단, 혹은 개체

면, 그 구성원은 새로운 정원의 아이디어를 개발하고, 지역사회의 여러 사람에게 그것이 가능하다고 확신시키고, 정원의 구조를 조직하고, 새로운 정원의 첫 번째 미션과 미래를 위한 비전을 시작하기 때문이다.

처음에 비전을 지닌 사람이 한두 명일 수도 있지만, 그 개념의 안정성, 다양한 아이디어, 신뢰성을 제공하기 위해서는 확대된 그룹이 매우 중요하다. 가용하고 적절한 토지의 확인, 그 토지의 구매 혹은 임차, 비영리기관의 설립을 포함한, 새로운 정원 개발의 최초 단계는 자원과 공공정원에 대한 전문지식이 필요하다. 따라서 정원의 개발을 지원하고, 법률, 재정계획, 원예학, 정원 관리 같은 영역의 기술과 능력을 갖춘 핵심 그룹을 구축하는 것이 중요하다. 이러한 전문지식 외에, 핵심 그룹 멤버는 프로젝트

파월가든은 공공정원의 존재론적으로 보면 청소년기 정원에 속한다. 새로운 많은 정원과 마찬가지로, 이 정원의 이야기도 땅을 평생 사랑하였던 조지 파월 시니어 한 사람으로부터 시작하였다. 1949년에 그는 농지개발을 위해 큰 토지를 매입하였다. 그의 아들 조지 파월 주니어를 포함한 가족과 함께 그 토지에 애착을 두고 헌신적으로 땅을 지켰다. 결국에는 농사의 욕구가 줄어들어, 파월가족은 이 토지를 천연자원과 원예센터용으로 보존할 방법을 모색하였다. 원래의 핵심 그룹은 가족으로 구성되었지만, 이 토지를 보호하여 공적으로 사용하려는 계획에는 추가적인 전문지식이 필요하다는 사실이 분명해졌다. 결과적으로 미주리주립대학 농과대학에 이 사업에 참여해 달라고 요청하였고, 대학이 이 재산을 관리하는 데 동의하였다.

그러나 이 재산에 대한 대학 경영층의 프로젝트 진행이 늦어지고, 원예센터개발을 추진하는 가운데 불편한 상태가 되자, 파월가족과 대학은 관계를 청산하기로 상호 합의하였다. 재산을 가족이 돌려받게 되자, 핵심 그룹은 이 프로젝트를 관리하기 위한 개인 비영리기관을 설립하기로 하고, 1986년에 파월가든을 공식적으로 설립하였다. 핵심 그룹

은 프로젝트 추진에 더욱 많은 다양성과 전문 기술이 필요함을 거듭 인식하였고, 이사회를 구성한 4명의 가족은 프로젝트와 관련된 특정 전문 기술과 지식을 보유한 두 사람을 초빙하였다. 한 사람은 원예학 지식, 교육 전문 기술과 현재 대학과 긴밀한 유대를 가지고 있는 미주리주립대학 교수였으며, 또 한 사람의 외부인사는 4천 명이 넘는, 우호 인맥을 유치 관리할 능력과 의지를 지닌 사람으로 광범위한 지역사회와 좋은 관계를 유지하고 있는 사람이었다.

파월가든은 화려하고 훌륭한 원예와 자연 생태계를 선보임으로써 방문객을 늘리고, 지역에 이바지하는 번성하는 공공정원이 되었다. 비전과 미션은 시간이 지날수록 확대되었고, 마찬가지로 이사회도 확대되었다. 가족 핵심 그룹으로 시작된 이사회는 20명의 이사진을 지닌 이사회로 확대되었고, 그중 2명만이 가족 이사이다. 식물과 지역성에 초점을 맞춘 영감의 장소로 만들겠다는 그들의 미션은 현실이 되었다. 최근 이 정원은 미국 최대의 텃밭 정원인 하베스트 가든(Harvest Garden)을 개장하였다.

그림 4–1】 파월가든의 수림 배경으로 어우러진 원예 경관
Courtesy of Powell Gardens

를 진행함에 따라 기반을 넓히는 데 도움이 되는 공동체에서의 개인적인 연계와 네트워크를 갖출 수 있다.

핵심 그룹 찾기

핵심 그룹은 때론 아이디어로부터 시작 발전한다. 통상 토지

나 자금과 공공정원의 비전을 지닌 사람이 새로운 정원 개발에 동참하여 도울 수 있는 동료와 친구를 모집하는 설립자가 된다. 미주리주 캔자스시티 외곽의 파월가든은 한 가족이 비전을 통해 어떻게 정원이 개발되었는지를 보여주는 흥미로운 예이다.

핵심 그룹 멤버를 찾는 것은 새로운 공공정원을 만들기 위한

그림 4-2】 정원의 길은 들판 풍경을 보여주는 나무숲을 관통하는 토지의 지형에 따라 설계하였다.

Photo by Alan Branhagen, courtesy of Powell Gardens

성공적인 선도계획의 가장 중요한 핵심 중 하나이다. 모든 시도가 부유한 지주로부터 시작되는 것은 아니다. 일부는 비전과 그 비전을 지향하여 기꺼이 일하려 하고, 지역사회에서 올바른 관계를 충분히 구축할 수 있을 만큼 능력을 지닌 일단의 자원봉사자가 시작한다. 핵심 그룹을 형성하는 속성은 개인적 재력, 지역사회와의 유대관계, 리더십, 법률 전문지식, 끈질김(혹은 "웃음 띤 집요함")이다. 여기서 마지막 속성을 과소평가하는 것은 어리석은 생각인데, 성공적인 많은 정원은 비전, 정열, 일을 반드시 이루고야 말겠다는 끈질긴 집착을 지닌 사람이 있어야 한다는 역사적 사실을 잘 설명해 준다.

누가 적임자인가?

적임자를 찾는 일은 개념과 토지의 기회로부터 시작된다. 이 사회가 관리하는 개인 비영리 정원, 시 또는 군이 부분적으로 관리하거나 자금을 조달하는 시 정원, 대학 같은 모 기관의 부속정원을 포함하는 공공정원 등의 몇 가지 유형이 있다. 정원 개념의 시작은 상기 유형 중 하나가 될 가능성이 크다. 토지 선정도 독립적인 비영리 정원, 혹은 시청이나 대학에 부속되는 정원이 될지를 좌우하게 된다. 설립 멤버 역할을 할 적임자 그룹의 확인은 어떤 조직의 유형이 신생 정원에 가장 적합한지 아닌지에 따라 좌우된다.

대학과 연관된 공공정원은 때론 공식적인 공공정원 지정을 통하여 캠퍼스 경관을 보존하거나, 혹은 대학이 특정 목표를 달성하는 데 도움이 되는 캠퍼스 정원을 구축하려는 비전을 지닌 몇몇 교수 혹은 핵심 인사가 시작한다. 대학 유형에서, 핵심 그룹의 주요 멤버는 권위를 지닌 인사들뿐만 아니라, 대학 운영에 영향력을 행사하는 기부자이다. 학장, 학과장, 교직원, 캠퍼스계획 책임자, 대학 기부자 모두는 새로운 대학 공공정원의 성공적인 시작을 위한 중요한 사람들이다.

새로운 비영리 공공정원의 바람직한 결과인 개인 선도계획에서는 핵심 그룹에 개인 토지의 획득 혹은 공공/개인 파트너십의 경우, 공공토지의 임차를 보장할 수 있는 재력을 지닌 사람들뿐만 아니라, 지역사회 리더들도 포함해야 한다. 가든 클럽과 원예계 멤버들은 종종 핵심 그룹 연합체의 일부가 된다. 메인주(州) 해안식물원(Coastal Maine Botanical Gardens)은 전적으로 새로운 정원 개발에 필요한 헌신과 유대를 지닌 몇 사람의 비전으로 시작한 매우 좋은 예이다.

핵심 그룹의 구조

일단 핵심 그룹을 확인하면, 다음 단계는 역할과 책임을 지정하고, 팀을 집중시키는 데 도움이 되는 목표를 확인하여 조직을 구성하는 것이다. 먼저, 핵심 그룹은 그룹 멤버가 존경하고 지도

메인주 해안식물원(Coastal Maine Botanical Gardens)은 부스베이 하버(Boothbay Harbor)의 한 주민이 고안한 핵심 아이디어 하나로부터 시작되었다. 그와 중부해안 메인주 주민은 전반적으로 북부 뉴잉글랜드, 특히 메인주에 식물원이 필요하다고 생각하였다. 그들은 1991년에 풀뿌리 조직을 만들었다. 이사회 초기 멤버는 관상 정원과 개선된 삼림지에 지역과 주가 필요로 하는 자연 교육, 연구, 원예에 부합하는 전형적인 메인주의 경관을 기대하였다(메인주 해안식물원 2009).

오랜기간 적절한 부지를 철저한 물색 끝에, 1996년에 이사회 멤버는 3,600피트의 조수 해안 정면을 끼고 있는 부스베이의 128에이커에 달하는 자연 상태의 토지를 매입하였다. 이것은 일부 이사가 선뜻 자신의 주택을 기꺼이 담보물로 제공하는 의지로 인해 가능하였다. 토지를 매입하고 조직을 시작하는 엄청난 과업을 달성하기 위하여, 그들은 창립

멤버십 운동, 보조금 신청, 개인적 증여 요청도 하였다. 비전을 공유한 최초의 이사들과 사람들은 조직의 미션을 완수하기 위해 끊임없이 일했다. 그 미션은 원예, 교육, 연구를 통해 모든 연령대의 사람을 위한 해안 메인주의 식물 유산을 보호, 보존, 개선하는 것이었다. 조직의 비전에 대한 확고부동한 헌신으로, 이들 멤버와 수백 명의 자원봉사자는 재단을 설립했고, 통찰력을 지닌 그들의 계획이 메인주 해안식물원을 북미 정원 가운데서도 보기 드문 귀한 보석으로 만드는 데 일조하였다.

2007년 초까지, 이사회 멤버와 직원과 개인, 재단은 메인주로부터 825만 달러의 기금을 조성하여, 순조로운 출발을 했다. 16년간의 계획과 식재, 건축 후, 마침내 2007년 6월 13일에 메인주 해안식물원을 개관하였다(메인주 해안식물원 2009).

그림 4–3】 부스베이의 메인주 해안식물원의 봄부터 가을까지 만발한 꽃들이 방문객들을 기쁘게 한다.

Photo by Barbara Freeman,
Coastal Maine Botanical Gardens

그림 4–4】 메인주 해안식물원의 오감(五感) 러너(Lerner) 정원

Photo by Barbara Freeman,
Coastal Maine Botanical Gardens

력을 갖추고 다른 사람의 말을 경청하는 능력이 있는 리더를 찾아야 한다. 핵심 그룹 멤버의 다른 주요 책임 영역은 조직구성, 의사소통, 문서기록, 사업촉진 및 연구이다. 그룹에서 누가 이러한 책임 사항을 처리하는 데 필요한 능력을 갖췄는지를 확인함으로써, 더욱 쉽게 목적한 방식으로 프로젝트를 진행할 수 있다.

리더는 문서 정리담당자(비서 채용 전), 자금관리, 프로젝트 변호, 법적 문제 관리, 프로그램 개발, 기획, 커뮤니케이션, 자금 조성 및 지역사회 공지를 포함한 그룹의 의무를 배정한다. 핵심 기부자가 재산 취득 및 정원의 개념 개발에서 리더 역할을 맡게 된다. 누가 리더가 되든 모든 핵심 그룹 멤버가 재산 및 개념 논의에 참여하여, 그들의 아이디어에 가치를 부여하고 정원의 궁극적인 비전에 통합시키는 것이 중요하다. 초기의 주요한 실수는 한 사람(항상 그렇지는 않지만, 주요 기부자)이 정원의 전체적인 비전을 몰고 가는 것이다. 이러한 접근 방식은 다른 유용한 아이디어의 배제, 핵심 그룹 멤버의 의사 결정 과정에서의 소외, 참여자 감소 가능성을 일으킨다.

정원의 개념을 진전시키기

매우 중요한 다음 단계는 정원의 필수적인 개념을 확인하는 것이다. 이 단계에서는 의사 결정을 수월하게 하고 성공적인 프로젝트 준비를 하는 데 도움이 되는 모형과 정보를 찾기 위한 조사가 필요하다.

기존 공공정원의 미션, 비전, 구조, 장기계획의 검토는 새로운 정원을 시작하는 계획으로써 유용한 다음 단계이다. 핵심 그룹 멤버는, 다른 정원 리더와 대화하고 개발 중인 정원과 같은 속성을 지닌 공공정원을 방문하는 것을 포함한, 조사단계의 책임 분담을 고려해야 한다.

핵심 그룹 멤버 간, 그리고 지역사회 리더와의 논의는 새로운

정원의 주요 목적은 무엇인가?
- 식물 소개; 정원 전시
- 자생 식물 전시, 수집, 보존
- 역사적인 것의 보존
- 인간과 상호작용을 위한 정원
- 토지/혹은 서식지 보존
- 관람객으로 확인된 사람들의 교육
- 식물의 연구

식물에 어떤 초점을 두는가?
- 다양한 원예 수집물
- 수집과 전시의 균형
- 자생 대 외래식물
- 온실에 전시한 비내한성(非耐寒性) 종들
- 테마별 수집물(예: 허브 정원, 연못 정원)

재정적 지원 및 장기 지속가능성에 대한 계획은?
- 정착된 기부금
- 기부금

- 수익금
- 공적 지원금

도시 혹은 교외/지방 정원이 될 것인가?
- 도시 사안에 대한 초점 : 교통, 토지가격, 범죄
- 농촌 지역의 위치는 더욱 넓은 지역을 보유하지만, 접근성이 떨어진다.
- 지역사회의 규모와 인구 통계적 요소는 기부금과 수익금에 직접적인 영향을 미친다.

어떤 모형이 가장 관리하기가 좋은가?
- 공공정원
- 대학부속정원
- 비영리 정원
- 공공/개인 정원

계획에 통합되고 관리되어야 할 기존의 자산이 있는가?
- 예술 수집품
- 역사적 건물 및 구조물
- 자연 지역

정원의 비전이 지역사회에 적절하고, 장기적인 성공을 위해 실질적인 것임을 확신시켜 준다. 다른 정원을 학습함으로써, 핵심 그룹이 전국적으로 특별하고, 지역적으로 적절하며, 장기적으로 생존 가능한 새로운 정원의 훌륭한 비전과 미션을 개발할 수 있게 된다.

이러한 분석 일부는 명확해지는데, 특히 정원 부지가 이미 제공되어 있고 기부자가 토지 매입에 이미 동의했거나, 혹은 지역사회가 정원의 부지를 지정했을 때 그러하다. 정원의 구성과 그 목적은 그 결정사항으로부터 명확히 나타날 수도 있다. 그렇지 않다면, 다음 단계는 정원의 미션, 개념 및 목표에 맞는 적절한 부지를 찾는 것이다. 부지가 자연적인 아름다움을 지녀야 하고, 주요 도로에 대한 접근성이 쉬워야 하며, 상업적 개발이 허용되는 지역에 있어야 함을 명심해야 한다. 더 나아가, 꽤 큰 인구집단 기반이 방문, 멤버십, 기금모금, 프로그램에 대한 관람객을 제공함으로써 자본기금 모금, 이후의 운영예산 조달에 도움이 될 것이다. 일부 주변 이웃에 정원을 건립하는 것이 큰 문제가 될 수도 있는데, 이웃 주민이 공공정원이 일으킬 수 있는 교통량과 교통체증 같은 것들에 반감을 품을 수도 있기 때문이다.

정원의 아이디어는, 핵심 그룹과 관련이 있는 일부 부동산을 취득할 기회로 인해 움직이게 된다. 그런 상황에도, 그룹은 공공정원으로서 살아남을 수 있고 정원을 건립하기 위해 장기간 노력을 할 가치가 있는지를 확인하기 위해 여전히 토지 분석을 해야 한다(5장 참조). 새로운 공공정원이 어려움을 겪고 있는 인근 지역을 부양시키는 데 도움을 줄 수 있지만, 황폐한 지역의 재산은 훼손 행위를 방지하기 어렵고, 방문객을 제한할 수도 있다. 토지 기증이 정원 개념의 잠재력에 부합될 수 있도록 하는 것은 항상 그만한 가치가 있다. 정원은 다가올 여러 해 동안 지역사회에 존재할 수도 있으므로, 일단의 토지 선택도 심사숙고하고 기나긴 검토를 거쳐야 한다.

다음 장들은 공공정원을 위한 토지의 특성을 논의하고, 마스터플랜의 관점에서 어떻게 토지에 접근할 것인지에 관한 제안을 한다. 그룹이 토지를 확인하였고, 소유권 확보를 위해 필요한 법적 단계에 대한 결론을 내렸다고 가정하면, 이제 마스터플랜을 개발할 시점이다. 이는 공공정원의 역사에서 그것이 위대해지느냐 아니면 그저 그런 정원이 되느냐를 결정하는 순간 중 하나가 된다. 정원을 스스로 건립하려는 일부 핵심 그룹의 유혹은 새로운 정원의 몰락으로 이어질 수 있다. 핵심 그룹이 할 가능성이 큰, 이사회의 일은 정원 건립의 물리적 작업을 수행하는 것이 아닌 계획을 지도하는 것이다. 이러한 유혹을 극복하는 것이 힘들 수도 있지만, 핵심 그룹은 적절하고 전체적으로 잘 분석된 마스로리첸가든은 정원에 대한 비전과 열정 그리고 공공정원을 개발하려는 의지를 지닌 자원봉사자들의 신념에 의해 시작된 정원의 한 예이다. 그들의 목표는 그 당시 새로운 데모인 식물센터(Des Moines Botanical Center)처럼 인상적인 정원을 오마하에 건립하자는 것이었다. 핵심 그룹은 열정은 지녔지만, 아이디어를 실현하는 데 필요한 재력과 영향력에 접근하는 데는 한계를 느끼고 있었다. 많은 신생 비영리 기관과 마찬가지로, 원래의 관념적인 비전으로는 그들 자신의 개념을 실행하는 데 필요한 계획을 개발하고 자금을 모을 수 없었다. 오마하를 위한 공공정원에 대한 그들의 비전을 실행단계에 옮길 수 있도록 영향력 있는 시민 리더에게 정통 그룹에 합류하도록 요청했고, 그 결과, 지난 20년 동안 굳건한 성장을 보인 정원이 창출되었다.

본 사례 연구는 성공적인 새로운 공공정원 개발에 따른 몇 가지 흥미롭고 중요한 요인들을 예증한다. 하나는 핵심 그룹은 시간이 지남에 따라 바뀔 수도 있고, 특정 전문 기술 혹은 유대관계를 지닌 새로운 사람의 그룹이 정통 그룹의 기술을 대체하거나 보완할 수도 있다는 것이다. 공공정원 같은 장기적이고 비용이 많이 드는 프로젝트를 시작하는 경우에 재력과 영향력의 개념은 중요하다. 프로젝트에 현저한 자금을 제공하는 능력은 그 성공에 직접적인 상관관계가 있다. 또한, 자선단체에 영향력이 있는 사람은 기부자를 모집하고, 프로젝트와 열정적인 지지자인 핵심 그룹에 대한 신뢰성을 구축함으로써 프로젝트를 성공으로 견인할 수 있다.

로리첸가든의 경우, 두 번째 핵심 그룹에는 두 명의 영향력 있는 여성, 즉 포천지 500대 기업 CEO에서 은퇴한 사람의 부인과 주요 대학의 은퇴한 총장의 부인을 포함한다. 그들의 영향력 범위가 이 정원 성공의 핵심이었다. 그들은 함께 기금을 모금하고 중요한 장기 파트너십을 구축했으며, 이 정원 개발을 이끌 수 있는 전문적인 전무이사를 고용하도록 핵심 그룹을 설득할 수 있었다. 그들의 참여는 새로운 자원을 프로젝트에 끌어들이는 지원 파급효과를 창출하는 데 도움이 되었다.

전문적인 전무이사를 초기에 고용한 것이 핵심 그룹의 가장 중요한 조치 중 하나로 입증되었는데, 그로 인해 로리첸가든이 급속히 성장하고, 인상적인 기부자 토대를 개발할 수 있었다. 이러한 핵심 인사 고용으로 이사회는 "잡다한 일에서 벗어나", 장기계획, 마스터플랜 개발, 집중 거액모금 캠페인을 하고, 이 정원을 지역사회의 가장 중요한 문화자산 중 하나로 확장할 수 있었다. 구성된 지 얼마 안 된 이사회는 직원들의 역할을 떠맡고, 정원의 미래 대신 원예 실무를 지시하는 실수를 범하기도 한다.

로리첸가든을 설립한 핵심 그룹은 시간이 흐름에 따라 변화했는데, 정원을 처음 시작했던 사람들을 존중했지만, 실천전략을 도울 새로운 멤버들도 포함했다. 그 결과, 그들은 매우 중요한 기부자이며, 정원의 이름이 된 로리첸 가(家)를 합류시킬 수 있었다. 이 사랑스러운 정원은 1980년대 초에 정한 "로리첸가든은 환경적 책무와 일치하는 최고의 표준을 유지하는 특유의 사계절 식물을 전시하는 살아있는 박물관을 창조할 것이다. 로리첸가든은 모든 이를 위해 기억에 남을 교육적이고 미적 경험을 선물할 것이다."라는 숭고한 미션을 오늘날에도 여전히 유지, 실현하고 있다.

그림 4–6】 자원봉사자 인력과 기부된 자재에 의존했던 로리첸가든의 초기의 초라한프로젝트 모습

Courtesy of Lauritzen Gardens, Omaha's Botanical Gardens

그림 4–7】 오마하 자선단체의 지원과 로리첸가든의 설립자의 열정은 작은 자원봉사자 중심의 조직을 다면적인 수익창출 시설로 변형시키는 데 이바지했다.

Courtesy of Lauritzen Gardens, Omaha's Botanical Gardens

그림 4-8】 로리첸가든의 모든 프로젝트 설계에는 강한 지역주의 느낌이 드러난다. 글렌의 가든은 기존 나무의 캐노피 아래 자연 배수로에 만들어졌다. 원시 회랑의 한 형태가 하천회랑을 조성하는데 사용되었다.

Courtesy of Lauritzen Gardens, Omaha's Botanical Gardens

그림 4-9】 로리첸가든의 성공적인 건립에는 개인투자가 매우 중요했다. 빅토리아식 정원 건축은 초기의 가장 적극적인 지원자 중 한 명의 재단 기부로 인해 가능했다.

Courtesy of Lauritzen Gardens, Omaha's Botanical Gardens

터플랜을 창출하기 위한 자금을 조성하는 데 시간을 할애하는 것이 중요하다. 그렇게 함으로써, 핵심 그룹은 미래에 오랫동안 유지될 성공적인 공공정원을 위한 기초를 마련하게 될 것이다.

마지막으로 중요한 한 가지 조언이 있다. 핵심 그룹은 작은 생각을 해서는 안 된다. 오늘 그들이 상상하는 정원은 오랫동안 존재할 가능성이 크며, 사람들이 자연과 교감하고 대규모로 식물들과 연결될 수 있는 지역사회에 남아있는 온전한 녹색 공간 중 하나가 될 수도 있다는 사실을 기억해야 한다. 핵심 그룹에 대한 메시지는 크게 생각하고 크게 계획해야 하지만, 단기 목표를 개발하는 경우에는 온당하고 사려 깊게 하라는 것이다. 미래에 대하여는 크고 도전적인 대담한 목표를 세우더라도, 향후 10년에 대한 계획은 현실적이어야 한다는 것이 중요하다.

주요 이해 관계자 확인

핵심 그룹은 많은 사례에서 새로운 정원을 만드는데 필요한 전문 기술, 영향력, 재력을 두루 갖추고 있지 못하므로, 중요한 다음 단계는 이해 관계자를 파악하고 확인하여 이들을 프로젝트에 참여시키기 위한 전략을 개발하는 것이다.

대부분의 미국 공공정원이 기부자들의 기부로 운영되고 개발되는 점을 생각할 때, 가장 중요하게 고려해야 할 이해 관계자

그룹은 자선단체이다. 재력과 기부 이력이 있는 사람을 찾는 것은 성공에 필수적이다. 그들은 새로운 프로젝트를 지원할 수 있는 능력을 갖춘 다른 사람에게 문을 열어주기 때문에, 기부 가능성이 있는 사람과의 개인적 관계도 똑같이 중요하다.

지역사회 리더도 매우 중요한 이해 관계자다. 그들은 영향을 미칠 수 있는 자리에 있으며, 정원의 비전과 지역사회 전반에 미치는 잠재적 영향의 주창(主唱)을 도울 수도 있다. 정원이 원예의 사랑으로부터 비롯된다고 생각할 수도 있지만, 현대의 공공정원은 교육적 요구사항을 지원하고, 녹색 공간을 개선하며, 시에 문화적 활력을 제공하는 지역사회의 투자이기도 하다. 지역 상공회의소 멤버는 공공정원이 관광, 공공 프로그램, 여행 전시회, 콘퍼런스를 통하여 제공하는 경제적 이점에 특별한 관심을 가질 수도 있다.

정원 계획이 진전됨에 따라, 다양한 일단의 이해 관계자의 접근이 나타나게 된다. 제각각 다른 동기를 지니고 있으므로, 각 이해 관계자의 일차적인 관심 영역을 찾아서, 정원의 선도계획과 연계시키는 작업이 중요하다.

공공정원은 다양하므로, 주요 미션뿐만 아니라 관리 및 운영 구조가 핵심 그룹이 주요 후원자에게 다가가는 데 도움을 주게 된다. 대학부속 정원은 역사적인 사유지 정원과는 완전히 다른 일단의 이해 관계자가 존재하게 된다. 누가 중요한 집단인지를

이해함으로써, 정원을 개발하고, 향후 운영에 대한 지원의 토대를 구축하는 데 따른 보다 나은 성공의 길을 마련하게 된다. 초기 이해 관계자도 정원의 친선그룹의 토대가 되는 미래의 기부자, 멤버 및 지역사회 지지자들이다.

대학부속 정원의 주요 이해 관계자들

- 대학 행정부서
- 교수진
- 학생
- 기부자
- 입법부 의원
- 주요 동문
- 대중

정부 관련 정원의 주요 이해 관계자들

- 정부 지도자들
- 입법부 산하기관
- 기부자
- 재단 : 기업 및/혹은 가족
- 대중
- 상공회의소, 컨벤션 및 방문객 안내기관, 공원 지역기관, 역사 단체
- 인근 집단 및 비영리 단체

비영리 정원의 주요 이해 관계자들

- 인근 주민
- 기부자
- 지역사회 지도자들
- 원예업자, 가든 클럽, 식물 단체
- 대중
- 기업들
- 상공회의소
- 대학 파트너들

역사지구 및 기존 정원의 이해 관계자들

- 가족
- 기부자
- 역사적/보존 단체
- 주 및 연방 정부
- 대중
- 인근 주민

조직의 공식화

일부 신설 정원이 초기 몇 년 동안에는 기존 비영리기관의 후원으로 기능할 수도 있지만, 정원이 또 다른 기관(예: 대학 혹은 미술관)의 일부이든, 독립적인 비영리기관이든, 혹은 정부의 단위기관이든, 결국은 하나의 조직으로서 정원의 이름과 공식적인 지위를 부여하여 정원을 공식화해야 하는 시기가 도래하게 된다.

몇 가지 요인이 이러한 중요한 단계의 시점을 결정하지만, 핵심 그룹이 비공식적인 그룹에서 이사회 혹은 자문위원회의 명칭과 그에 따른 경영책임을 지니는 공식적인 실체로 바뀌는 시점이 이러한 단계이다. 프로젝트가 대학부속 정원이라면, 선도계획은 대학 신탁이사회의 공식적인 지정과 공식적인 보고체계가 필요하다.

이 단계는 충분한 사전숙고를 하고, 공식적인 지정이 프로젝트를 영구히 변경시킬 수 있다는 사실을 이해한 후에 진행되어야 한다.

비영리 혹은 대학부속 수목원의 경우, 공식적인 지정은 프로젝트에 자동으로 신뢰성을 불러오고, 훨씬 높은 수준의 형식적인 절차와 과정이 있어야 하는 규칙, 규정, 법적 지정사항을 확립해야 한다. 이 단계는 프로젝트를 꿈에서 현실로 바꾸게 되며, 그룹이 토지 취득 및 기금 조성과 같은 중요한 선도계획을 시작할 수 있게 해준다.

계획된 공공정원을 위한 토지의 헌납, 매입, 혹은 기부를 받기 위해서는 비영리조직의 설립이 필요하다. 공공정원을 위한 토지의 소유 및 관리에 따른 법적 사안은 책임 문제를 처리하는 데 필요한 보험 및 위험관리 정책뿐만 아니라, 더욱 형식적인 절차 및 운영이 필요하다.

모든 신설 정원은 기부자에게 기부의 세금 감면 혜택을 제공하기 위해 공식적인 조직이 필요하게 된다. 501(c)(3) 자선조항에 따른 조직의 설립은 정원의 이사회와 직원이 개인과 기업에 자금을 요청하고, 재단과 공적 보조금을 신청할 수 있도록 해준다.

관리 형태와 이사회의 구조

| 비영리 관리 조직

비영리 공공정원은 정원의 관리, 재정, 법적 운용의 책임을 지는 신탁이사회의 감독을 받는다. 이런 형태의 관리 조직은 조직의 신탁 및 법적 책임 사항을 이행하며, 일이 잘못되는 경우, 재정적 책무에 관련될 수 있다. 따라서 이사회는 내규, 운영정책,

인적자원 정책, 재정적 책임 같은 사항에 대해 법적 자문하는 일이 매우 중요하다. 올바르게 시작함으로써, 궁극적으로는 법적 책임에서 관리 조직의 멤버를 보호하고, 정원 운영을 명백하게 설명할 수 있고, 윤리적으로 관리할 수 있게 된다. 이 단계에서, 비영리기관 관리와 관련된 개인적 책임에서 이사회 멤버와 실무 직원을 보호하기 위해 이사진과 직원을 보험에 가입도록 해야 한다.

신탁이사회의 주요 역할에는 장기계획, 신탁감독, 전무이사 충원과 관리, 기금 조성을 포함한다. 각 역할은 정원의 성공에 매우 중요하지만, 많은 경우에 개원한 지 얼마 되지 않은 공공정원 이사회는 기금 조성 책임은 배제하고, 계획과 원예 같은 보다 쉬운 역할만 담당하는 것으로 바뀌고 있다. 자금조달 의지가 있는 이사회 멤버를 찾게 되는 경우, 정원은 그 꿈을 성공적으로 이룰 수 있게 된다. 기금 조성을 배제하는 경우, 이사회는 미래에 오랫동안 번성하는 정원 건립에 관해 이야기하겠지만, 그 꿈은 지지부진 상태에 머물 수도 있다.

이사회의 신탁 책임은 신생 정원의 지속가능성을 위해 매우 중요하다. 재정 전문지식을 지닌 몇 사람의 헌신이 정원의 향후 성공의 위치를 준비할 수 있다. 재정정책을 수립하고 사업계획을 개발하는 것은 이사회 재정위원회가 정원 개발 초기에 시작해야 하는 매우 중요한 두 가지 단계이다. 사업계획은 수익이 정원의 재정적 건강에 미치는 중요성을 확인해 줌으로써, 정원의 마스터플랜을 수립하는 데 유익한 정보를 제공하고, 직접적인 도움을 주게 된다. 수익이 사업계획의 일부인 경우, 정원은 웨딩, 기업체 휴양소, 기타 사교적 모임 같은 사적 이벤트를 위한 시설이 필요하다. 사업계획은 정원의 잠재적 관람객을 확인하기도 하는데, 이는 주차장, 화장실, 기타 방문객 편의시설을 위한 정보를 제공한다. 장기계획과 사업계획은 병행되어야 하며, 요령 있고 헌신적인 이사회 멤버가 성찰과 전략적 접근 방식으로 진행 경과를 지도해야 한다.

│ 관리단위의 일부인 정원의 자문위원회

대학부속 공공정원은 통상 그 역할이 관리위원회의 그것과 유사하지만, 법적/신탁적 책임은 없는 자문위원회를 보유한다. 자문위원회 멤버는 보다 큰 기관 내의 정원을 위한 중요한 옹호자이며, 정원의 장기계획을 위한 강력한 역할을 한다. 자문위원회 멤버에게도 중요한 자금조성 책임이 있지만, 기부자에게 접근할 때는 대학의 진행절차에 따른 지침을 받아야 한다. 일부 대학은 특정 기부자의 접근을 제한하는 "취사선택(gatekeeping)"에 관여한다. 공공정원 직원은 대학 기부자의 승인절차를 준수해야

하지만, 자문위원회 멤버는 정원의 활동과 진행 경과의 정보로 이들 기부자를 끌어들일 수 있다. 이러한 접근 방식은 때론 기부자가 더욱 많은 정보를 요구하여, 대학의 승인을 받은 기증을 할 가능성을 열어준다.

│ 정부 기관이 소유한 정원의 관리

시, 군, 주, 지방, 혹은 연방 정부가 소유하고 운영하는 정원은 정부 기관과 비영리 재단 이사회 같은 다수의 관리기관을 보유하게 된다. 가끔 "머리가 둘 달린 괴물"이라는 냉소적인 별명이 붙은 이러한 난감한 관리구조는 이중 보고체계, 이중 인적자원 체계, 정원에 대해 누가 최고의 권한을 가졌는지에 관한 혼란을 일으킨다. 일부 기관은 이러한 난제와 공생하는 법을 배웠고, 다른 기관은 정부 기관을 설득하여 정원 개발과 운영을 비영리 재단과 이사회에 양도하여 정원을 민영화했다. 정부 기관은 재정 지출을 현재 수준으로 제한할 수 있어서, 향후 지역사회 세금을 절약할 수 있는 이점이 있고, 정원은 재단이 더욱 많은 민간자금을 조성할 수 있고, 관료적 통제를 덜 받는 이점이 있다. 이러한 새로운 정원을 시작할 경우, 주창자는 민영화, 혹은 같은 전무이사가 정원의 공적 측면과 민간재단 양쪽을 관리하는 체제를 통해, 하나의 관리 체계를 창출하는 공공/민간 파트너십 모형을 면밀하게 살펴야 한다.

조직 창출의 법적 처리 과정

법적인 비영리기관이 되기 위해서 공공정원은 미국 세법 501조(c)(3)항에 따라 세금면제 자선기관으로 인정을 받고, 미국국세청(IRS)으로부터 결정 서한을 받아야 한다. 501조(c)(3)항에 의거한 자선기관으로 인증받기 위해서는 조직의 이익금이 민간 주주 혹은 개인에게 전혀 돌아가지 않을 수도 있다. 또한, 동 조항은 기관의 목적이 법률 제정에 영향을 미치거나 정치적 후보자를 지원하는 것인 경우, 인증에서 배제한다. 세법 501조(c)(3)항에 따라 자선기관으로 인증된 공공정원의 자선 기부금은 소득공제 대상이 된다. 해당 절차는 어렵지 않고, 그에 관한 정보는 IRS 웹 사이트에서 쉽게 찾을 수 있다. 자선기관 인증 신청 전에 정원은 강령, 이사회, 확립된 재정회계 절차, 정책이 마련되어 있어야 한다. 또한, 변호사의 서비스가 필요할 수도 있는 내규 및 정관 제정도 자선 기관이 되는 데 중요한 단계이다. 이런 절차가 완료되면, 해당 정원은 양호한 계획을 실행에 옮기는 데 필요한 단계에 전략적이고 사려 깊은 접근 방식과 시각으로 관리해야 하는 비영리 기업이 된다.

현행 이사회 : 올바르게 출발한다

아이디어에서 사업으로 전환되는 정원의 극히 중요한 단계는 이사회의 설치이다. 웹과 도서관에서 가용한 몇 가지 자료가 이사회 역할의 세부사항을 제공해 준다. 그중 하나는 효과적인 이사회의 발전과 관리의 정보와 프로그램을 제공하는 탁월한 자료 원천인 보드소스(Boardsource)이다.

미네소타 비영리기관 협의회(Minnesota Council of Nonprofits)는 이사회의 역할에 대해 다음과 같이 명확하고 간결하게 설명하고 있다.

이사회 이사는 서비스 수혜자, 자금제공자, 멤버, 정부, 납세자를 포함한 조직 구성원을 대신하여 행동하는 신탁관리자이다. 이사회는 조직의 미션 완수와 운영에 따른 법적 책임에 대한 주된 책무를 지닌다. 이는 그룹으로서 그들이 명확한 조직의 미션 확립을 달성하기 위한 전략계획수립, 계획의 성공을 위한 감독 및 평가, 유능한 전무이사 채용과 그에 대한 적절한 감독 및 지원 제공, 조직의 재정적 지급능력 확보, 조직에 지역사회 의견을 첨부하여 전달, 인적자원 관리에 대한 공정한 정책 및 절차 시스템 도입을 담당한다는 것을 의미한다.

신설 정원의 작은 이사회의 권고 사항은 그 미션이 정원의 성장을 위한 단계에 초점을 맞추는 것으로 규정되어야 한다는 것이다. 완벽한 이사회의 규모가 입증된 건 아니지만, 통상 이사회는 10명에서 30명 사이의 인원으로 구성되며, 각 멤버는 적어도 한 개 위원회에서 일한다. 신생 이사회는 10명 미만일 수도 있는데, 이런 경우 유연하고 쉽게 운영할 수 있다. 초기의 규모가 큰 이사회는 관리가 쉽지 않고, 이사회 멤버의 경험이 기대에 못 미칠 수도 있다.

위원회는 이사회가 활동하는 부분이며, 일을 진행하는 데 필수적인 기구이다. 정원의 특성과 현재 초점을 맞추고 있는 과업에 따라 달라지겠지만, 아래와 같은 위원회는 공공정원의 핵심적인 위원회이다.

- **집행위원회:** 이사회 리더(의장, 부의장, 재정 책임자 혹은 회계 담당자, 위원회 위원장)로 구성된다.
- **재정위원회:** 재정 감독, 사업계획, 재정정책을 실행한다.
- **전략계획위원회:** 계획 과정을 감독하고, 사업계획을 지원한다.
- **마스터 플랜, 설계, 건설:** 정원의 성장단계에 따라 세 가지 영역 중 어느 것에 초점을 맞출 수 있다. 디자이너 채용을 지원하고, 정원의 물리적 개발을 감독한다.
- **교육:** 프로그램, 전시회, 교육목표에 초점을 맞춘다.
- **수집:** 원예 수집물의 방향 설정을 돕고, 그 수집에 초점을 맞춘다.
- **개발:** 조직의 재정적 성공과 자본 성장에 필수적인 위원회이다. 멤버십 개발 및 연간 캠페인을 위한 자금조성, 주요 기증품, 자본 프로젝트의 책임을 진다.
- **인적자원:** 인적자원 정책을 수립한다. 전무이사의 충원 및 선정을 지원할 수도 있다. 급여 규모를 설정하고, 인적자원 관리를 감독한다.

이사회 멤버는 조직의 기부 책임이 있다. 정원에 개인이 기증함으로써, 이사회 멤버는 미션에 대한 자신의 헌신을 입증하며, 다른 사람에게도 같은 기증을 하도록 요청할 수 있는 위치에 서게 된다. 현대의 이사회에서 멤버의 100%가 조직에 재정적인 기부를 해야 한다. 이사회 멤버의 책임 부분으로 의무적인 최저 수준의 기증을 정하는 사례가 드물지는 않다. 신생 이사회가 저지르는 실수 중 하나는 기증 요구조건을 무시하는 것이다. 이사회 멤버의 재정적 책임에 관한 불편한 대화를 회피하는 것은 미미한 혹은 산발적인 기증을 일으키게 된다.

관대하고 기증하는 이사회 구축은 장래의 이사회 멤버와의 1대1 미팅과 직무기술서에서 소통하는 명백한 기대와 함께 시작된다. 기대하는 기증을 규정하고 멤버십, 연간 자금조성, 특별 프로젝트를 뒷받침하기 위한 연중 다수의 기증을 독려함이 현명하다. 일부 이사회 멤버는 개인적으로 기증하는 것보다, 다른 사람들에게 영향을 미칠 수 있는 더 나은 위치에 있을 수도 있지만, 멤버 100%의 기증률을 달성하기 위해 최소한도의 기부는 해야 한다.

규정된 책임과 합의한 기대사항을 갖춘 직무기술서를 갖춘 일하는 이사회의 구축은 이사회 멤버가 자신 직무의 중요한 측면에 초점을 맞추고, 정원을 미래로 향해 나아가게 하는 것을 보장할 것이다.

비전, 미션, 목표의 개발

기업은 수익성으로 평가받으며, 비영리기관은 미션 완수로 평가받는다. 정원의 전반적인 목적을 정의하는 간명한 미션의 개발은 갓 탄생한 정원의 발전에 매우 중요하다. 미션은 지역사회에 봉사하는 정원의 공적 역할 및 식물과 관련된 중점사항을 반영한다. 강령에서 명문(名文)의 수렁에 빠지기가 아주 쉽다. 의미심장하고 미션에 초점을 맞춘 선언문이 중요하긴 하지만, 미션 개발과정 중 가장 중요한 부분은 정원의 전략계획, 프로그래 밍, 수집물 초점, 마스터 플랜을 구동할 틀을 만드는 것이다. 강령은 정원의 정체, 하는 일, 주요한 노력에 관여하는 이유에 관한 것이다.

흔히 강령을 뒷받침하는, 훨씬 규모가 큰 비전 선언문을 갖는 것은 아주 흔한 일이다. 비전은 정원의 특정 단계의 분위기를 설정하는 정서적이고 고고한 선언문이고, 하늘의 별을 바라보듯한 선언문이다. 비전은 10년의 과정 동안 달성되지 않을 수도 있지만, 이사회 멤버, 직원, 기부자들이 더욱 나은 선을 향해 일할 수 있는 숭고한 이상을 설정하는 것이다.

미션과 비전 선언문을 작성하는 것이 간단하게 들리지만, 그 과정은 조직의 목표에 이르는 수단을 언급하는 중요한 여정이다. 전문 조력자가 핵심 그룹이 미션, 비전, 목표를 개발하는 것을 도울 수도 있다. 좋은 조력자는 모든 사람이 자신의 목소리를 내고, 모든 아이디어를 청취하고 존중받도록 보장하며, 아이디어를 점차 줄여서 더욱 중요한 개념으로 요약하도록 팀을 유도한다. 그러한 여정은 정원의 단일 비전을 공유하는 팀이 구축되는 것을 돕는다. 그러한 팀은 목적과 더욱 원대한 목표의 초점이 없거나 합의에 이르지 못하는 팀보다 성공할 가능성이 더 크다. 이 단계에서의 목적 개발은 정원의 주요한 우선순위를 확립하고, 이사회가 정원의 개발을 추진할 수 있게 해준다.

미션, 비전 및 주요 목적을 결정하고 명확히 이해하면, 이사회

공공정원의 강령

가반 우드랜드 가든(Garvan Woodland Gardens)

가반 우드랜드 가든은 아칸소 대학 내의 성장하고 지속 가능한 정원이다. 본 정원은 워셔토 산(Ouachita Mountain) 환경의 특이한 부분을 보전하고 향상하는 한편, 사람들에게 학습, 연구, 문화창달, 평온함의 장소를 제공한다. 정원, 경관, 뛰어난 미학적 구조 및 디자인, 건축을 발전시키고 지속할 수 있게 하는 것이 본 정원의 핵심 목표이다. 지역 사회의 일원인 가반 가든은 지역 파트너로서 지역사회에 봉사한다.

미주리 식물원(Missouri Botanical Garden)

삶을 풍족히 보전하기 위해, 식물과 주위 환경에 관한 지식을 탐구하고 공유한다.

코넬 플랜테이션(Cornell Plantations)

우리의 미션은 학자와 대중 관람객의 풍요로움 및 교육, 그리고 과학 연구를 지원하기 위해 다양한 원예 수집물 및 자연 지역을 보전하고 향상하는 것이다.

칙우드(Cheekwood)

칙우드는 역사적인 칙(Cheek)사유지에 있는 55에이커 넓이의 식물원과 미술관이다. 칙우드는 주변 경관, 건물, 미술품, 수집식물을 즐기고 보전하며, 이를 통해 방문자들에게 미술품, 자연, 환경과의 관계를 탐구하는 영감의 장소를 제공하기 위해 존재한다.

프랭클린 파크 온실(Franklin Park Conservatory)

프랭클린 파크 온실은 식물을 기르고 사람들을 함양한다. 우리는 모든 사람에게 환경에 대한 고마움과 환경친화적 인식을 고취한다. 전통을 보전하고 영혼의 쉼터를 제공하는 친절하고 접근하기 쉬운 환경에서, 우리의 특이한 수집식물은 평생학습 기회를 선사한다.

샌디에이고 식물원(San Diego Botanic Garden)

본 정원의 미션은 모든 연령층의 사람들이 식물과 자연을 접하도록 영감을 제공하는 것이다.

브루클린 식물원(Brooklyn Botanic Garden)

브루클린 식물원의 미션은 아래와 같은 사항을 제공함으로써, 지역사회와 전 세계에 걸쳐 모든 사람에게 봉사하는 것이다. 대중에게 즐거움과 영감을 주기 위한 아름답고 친절한 환경을 제공하기 위해 식물을 전시하고 고급 원예예술을 선보인다. 식물에 대한 사람들의 지식을 넓히기 위해 식물학 연구에 참여하고, 그 결과를 과학 전문가와 일반 대중에게 전파한다. 식물을 기르고 정원을 예쁘게 가꾸는 데 필요한 정확한 기술 교육뿐만 아니라, 식물에 관해 대중적인 수준으로 아이들과 어른들을 가르친다. 식물재배와 식물 관상을 통하여 다양한 우리 도시 이웃 모두의 주위 환경과 일상의 질을 향상하기 위해 도움의 손길을 내민다. 우리 지역 및 전 세계 자연환경의 취약성에 대한 대중의 자각을 적극적으로 일깨우며, 자연환경을 보존하고 보호할 방법에 관한 정보를 제공한다.

는 그것이 전무이사 혹은 마스터플랜을 마련할 회사를 채용하는 것이든 간에, 다음 개발단계를 시작할 준비가 된다. 꿈에서 현실에 이르기까지, 이사회는 공공정원의 아이디어를 취하고, 그것을 공식화하여 핵심 목적을 확인함으로써, 모든 단계는 정원 그 자체의 물리적 개발에 이르게 된다.

신설 정원들이 발전함에 따라, 시대와 기관의 나이를 더 잘 반영하기 위해 그들의 미션을 평가하고, 다시 쓸 수도 있다. 메인주 해안식물원은 2009년에 원래의 강령을 다시 작성하였다.

이전의 강령

메인주 해안식물원은 모든 나이의 사람을 위한 원예, 교육 및 연구를 통하여 메인주 해안의 식물 유산의 보호, 보존 및 개선에 전념한다.

새로운 강령

젊은이나 노인 모두를 고무시키는 살아있는 정원 유산으로 성장시키기 위해, 메인주의 해안 경관을 연구, 보전하고 소중히 여긴다.

요약

새로운 정원을 조직하는 과정은 공공정원이 지역사회에서 하는 중요한 역할의 강한 믿음과 열정이 태어나는 과정이다. 사려 깊고 전략적인 접근방식을 갖춘 핵심그룹은 새로운 정원을 성공적으로 시작할 수 있다. 요점은 다양한 기술을 지닌 핵심그룹을 구축하고, 영향력과 재력을 지닌 사람들을 핵심그룹에 끌어들이며, 아이디어를 경청하고 그룹 멤버를 존중하며, 규정된 책임 사항을 지닌 그룹을 조직하는 것이다. 개념이 개발됨에 따라, 그룹은 결국 비영리기관을 설립하거나 정원의 개념을 모(母) 기관이 공식적으로 지정하여 조직을 공식화해야 한다. 이러한 중요한 단계는 공식적인 절차, 법적·재정적 책임, 이사회 혹은 자문위원회의 공식적인 설립을 유도한다. 정원의 미션과 비전 선언문은 정원의 공식화를 준비하는 데 중요한 단계이다. 미션 개발은 매우 중요한데, 그것이 정원의 주목적과 그 목적 및 핵심 가치관을 실행할 수단을 정의하기 때문이다. 그러한 미션 개발은 이사회가 단일 초점에 이르고, 마스터 플랜과 프로그램에 입각한 계획 같은 향후 단계로 유도할 목적을 확인하는 단계이다.

강력한 초점, 단일 비전, 프로젝트에 대한 헌신으로, 이사회는 정원을 미래로 이끌 것이다.

참고문헌

Boardsource (www.boardsource.org). Provides information about governance, roles and responsibilities of the board, job descriptions, and other pertinent information.

Internal Revenue Service (www.irs.gov/charities). Provides information about setting up a 501(c)(3) nonprofit organization.

Minnesota Council for Nonprofits (www.mncn.org/info_govern.htm). Provides information about establishing governance, board roles, and responsibilities.

CHAPTER 5

Land Acquisition
토지 취득

MAUREEN HEFFERNAN 모린 헤퍼넌

서론

대다수 공공정원은 처음에는 하나의 아이디어로부터 시작하여, 그다음에 적절한 토지를 물색하게 된다. 다른 경우로는 토지 유용성이 좋아 공공정원을 조성하게 되는 촉진제가 되기도 한다.

새로운 정원을 설립하기 위하여 토지를 취득하는 것은 수월한 예도 있고(예: 토지가 단체 또는 지역사회에 개발을 목적으로 기부되었을 경우), 어려운 예도 있다(예: 단체가 공원 조성을 계획할 때, 공원의 목적, 미션 및 물류 수요에 부합하는 규모의 토지를 찾기 위해 오랜 시간이 걸리는 경우가 종종 있다). 정원 조성계획의 규모 및 이러한 계획을 충족시키는 토지는 인근의 인구 밀집 지역의 규모, 설립 단체의 비전 그리고 투자 금액과 연관된다.

이 장에서는 공공정원을 조성하기 위해 토지를 취득하는 주요 방법, 특정 토지에 정착하기 전 조사해야 할 요소들, 그리고 비교적 최근 조성된 4곳의 공공정원이 어떻게 정원과 시설을 건축하기 위해 토지를 취득하였는지에 대한 사례연구에 대하여 살펴보고자 한다.

기증한 토지

지역사회 또는 비영리 단체에 토지를 기증하였을 때, 해당 기관은 그 토지를 이용할 가장 적합한 방법으로 공공정원을 결정할 수 있다. 이는 그 지역사회와 더 넓은 지역의 경제적, 교육적, 환경적 이익을 고려해 내릴 수 있는 결정이다.

군사기지가 해체될 경우 개발 가능한 넓은 부지가 남게 된다. 개인 또는 어떤 집안이 미개발 토지, 부동산, 양묘장, 또는 농지를 지역사회 또는 단체에 기부하기도 한다. 대학이 미개발 토지 또는 개발된 토지를 교육적 목적과 여가 목적 모두 충족하는 공원으로 전용하는 때도 있으며, 대학의 미사용 용지에 정원을 개발할 목적으로 많은 금액의 기부금을 기증하는 때도 있다. 또한, 지역사회의 삶의 질을 개선하고 경제를 활성화하기 위하여, 도시는 공한지에 공공정원을 조성하거나 이러한 토지를 비영리 단체에 공공 또는 지역사회 자산을 개발할 목적으로 기증할 수도 있다(완전한 소유가 아닌 장기적 무료 대여의 형태).

이러한 토지의 기증은 예기치 못하게 일어날 수도 있고, 계획된 기증일 수도 있다. 예를 들면, 개인이 사망한 후, 기부되어 지역사회 또는 단체가 알게 된 것일 수도 있다. 후자의 경우, 정원을 조성하고 유지하기 위한 기금이 함께 기부되는 예도 있으나, 그렇지 않으면 부지 및 시설을 개발하고 유지하기 위한 기금을 따로 모아야 한다. 이러한 기증을 주의 깊게 평가하여 단체는 질 좋은 공원을 조성하고 유지하기 위하여 감당해야 할 어려움을 과소평가하지 말아야 한다. 원예협회는 화려하지만 관리하기 어려운 저택 및 정원(아름답고 사람들을 끄는 정원으로서의 많은 잠재력이 있기는 하지만)에 돈과 시간을 낭비하여 그들의 주목적인 교육과 정보 서비스에 사용되어야 할 돈을 그곳에 낭비하고 있는 것을 알게 될지도 모른다.

정원을 조성하는 단체는 그 지역을 분석하여 사용할 토지가 공원을 개발하는 데 적합한지 알아낼 필요가 있다. 토지 및 시설을 무료로 제공하더라도 그 지역의 지형으로 인해 부자연스러울 수도 있고 개발에 큰 노력과 정비가 필요할 수도 있다. 예를 들면, 어떤 사유지는 수리나 유지비가 너무 비싼 낡은 저택, 온실 또는 헛간을 보유하고 있을 수 있다. 이런 경우 미개발 토지를 사용하는 것이 더 나은 선택이 될 수 있으며, 아무것도 없는 공지에 더 나은 종합 개발 계획을 만들 수 있다.

매입 토지

개인이나 단체가 사전에 어느 곳에 공공정원을 개발할지 정하지 않고 정원 조성을 시작한 경우, 정원으로 개발하고 지속해서 유지할 수 있는 원하는 모형과 위치의 토지를 찾을 필요가 있다. 이들은 대부분 유용한 토지를 찾기 위해 지역 주거 그리고/또는 상업적 부동산 회사와 함께 작업하며, 토지를 매입하기 위해 지역 주민, 사업체, 지역 정부 또는 주 정부와의 광대한 네트워크를 형성한다. 단체에 토지를 기증하였든 아니면 그 단체가 매입하였든, 단체가 합법적으로 이 부동산의 소유주임을 공식적으로 등록하기 위하여 명의 변경 증서 또는 매입 증서를 지방자치단체에 제출하여야 한다.

임차지

많은 공원은 토지를 임차하여 이 토지에 대한 이용권을 얻는다. 일반적으로 토지를 소유하고 있는 지방자치단체로부터 토지를 임차한다. 임차는 기본적으로 임차인이 토지만 단기 또는 장기적으로 임차하는 임대 계약이다. 이러한 계약은 보통 시 또는 다른 정부 단체가 공원 조성을 위해 명목상의 매우 적은 금액의 임대료로 임차의 연장을 동의할 때 성사된다.

토지자금조달: 매입 대 장기 또는 단기 임차

완전히 토지를 소유하는 것은 임차 기간 또는 임차료에 변화가 없을 것을 의미하기 때문에 가장 이상적인 상황일 것이다. 단체가 토지를 소유하고 있을 때 토지를 어떻게 개발할지에 대한 제한이 덜하며(환경 지침 및 지역적 약속의 범주 안에서), 보험 및 다른 법적 책임 등의 문제가 명확하다.

하지만 임차하여 매달 적은 금액을 내는 것이 융자금을 이용해 토지를 매입하는 것보다 더 적은 비용이 들기 때문에 더 합리적인 선택일 수 있다. 신중하고 정확한 법적 계약을 성사하여야 양측 모두의 권리, 투자 및 장기이자가 보호된다. 예를 들면, 단체는 시설 및 수도 관리를 어느 쪽이 책임을 질 것인지, 부동산의 보험금을 누가 내고 사유지에서 유해물질을 발견하였을 때 누가 정화하고, 임차기한이 만기 되었을 때 투자한 것에 대해 임차인이 어떠한 권리를 갖는지에 대하여 사전에 합의해야만 한다.

부동산을 매입할 때, 매입을 위한 다양한 융자 또는 대출 패키지를 통한 자금조달의 다양한 방법과 조언을 받기 위해 경력 있는 법률 고문을 고용하거나, 전문적인 토지평가를 받고, 경험 있는 중개인 및 은행대출 담당자로 구성된 팀을 구성하는 것이 중요하다. 조성 단체는 자금조달, 현금 유동성 및 장기적 재정 건전성을 위한 단기 및 장기 계획을 사전에 가지고 있어야 한다.

토지를 매각하는 상업 또는 개인 토지 소유주는 세금을 줄이고자 하는 목적으로 토지의 일부 또는 전체를 기부하거나 크게 할인된 가격으로 판매할 수 있다. 단체는 인수하고자 하는 토지의 소유주에게 제안할 수 있는 옵션을 찾기 위해 양질의 법률 고문을 고용할 필요가 있다.

일단 토지를 확보하고 나면, 보험이 필요하다. 보험은 이 부지에서 다치는 사람에 대한 법적 책임으로부터 이 땅의 이용권을 소유한 단체를 보호하며, 많은 주최자, 도급자, 기획자 및 궁극적으로 방문객 등, 이 부지에서 작업하고, 이를 이용하는 이들에게 더욱 중요하게 된다. 또한, 단체는 유틸리티 설계 및 통신 인프라, 정화조 시설, 주차장, 정원, 산책로, 지원 건물 등을 포함하여 전체 기본계획을 개발하고 공원 설계 과정을 진행할 총괄 기획자/조경사를 선정해야 할 것이다(6장 참조).

미션, 자원 및 토지의 규모

적절한 대지의 규모는 계획하고 있는 정원의 핵심 미션뿐만 아니라 조직의 재정적 자원 및 자금조달 능력에 따라 결정한다. 이는 또한 단체가 조성하고자 하는 식물수집의 유형, 보전 또는 전시하고자 하는 자연구역, 필요한 방문객의 수 또는 목표하는 방문객 수 및 목표로 하는 지역에서 사용 가능한 땅의 크기 등과 연관이 있다. 특히 마지막 요건은 사용할 수 있거나 적절한 토지가 제한된 도시 및 도시근교의 경우 중요한 고려 요소이다.

신생 공원의 미션은 주로 교목을 수집하고 전시하는 것일 경우, 교목은 성장 및 성숙을 위해 다년생 혹은 일년생 식물보다 더 넓은 공간이 필요해서 넓은 대지가 필요하다. 그러나 때로는 단체는 궁극적으로 자신들이 사용할 수 있는 토지면적을 고려하여 계획을 축소하거나 목표로 하는 수종을 변경할 수도 있다.

많은 신생 공원은 경관이 균질화되는 것을 막는 방법으로 그 지역의 지형 및 기타 지세를 고려한 이 지역의 전통조경 및 식물을 선보이는 것을 목표로 한다. 이러면, 정원을 조성하는 단체는 그 지역의 토착 식물 및 생태서식지를 포함하는 미개발 용지를 찾아야 할 것이다.

다른 문화 또는 여가시설 근처의 부지를 사용할 경우 기존의 시설과 신생 시설 모두가 더욱 많은 방문객을 유치하는 데 큰 도움이 된다. 아름다운 토지라 해도 다른 명소와 멀리 떨어져 있는 곳은 특히 개장 첫해의 개장 효과가 사라진 후, 방문객을 유치하는데, 어려움을 겪을 수 있다.

신생 단체를 위한 유용한 계획 도구는 다른 시설을 벤치마킹하는 것이다. 유사한 목적, 자원, 위치 및 기후를 갖고 있으며 수년간 성공적으로 운영된 기존 공공정원에 연락하여 단체가 계획한 정원, 방문객, 회원, 방문 편의시설, 교육 시설 및 주차에 적합한 토지에 대한 도움이 되는 정보 및 조언을 얻을 수 있다.

주차공간

필요한 토지의 총면적을 결정하는데 필요한 또 다른 고려사항은 주차공간이다. 벤치마킹 조사 결과, 매년 5만 명의 방문객이 정원을 방문하고, 그 방문객 대부분이 여름에 방문한다면, 최소 150~200대의 차가 주차할 수 있는 공간이 필요하며 최소 6개의 장애인 주차공간과 3개의 대형 관광버스 또는 통학버스를 위한 공간이 필요하다. 방문객의 교통수단과 관련된 추가 질문은 다음과 같다: 방문자 수가 증가함에 따라 주차장 확장의 여지가 있는가? 대중교통수단의 정거장과 인접해 있는가?(이는 정원이 더 개발된 지역 또는 도시 근처에 있을 때 중요한 고려사항이다) 주차장이 초만원일 때 사용할 수 있는 추가 주차장이나 특별행사를 위하여 셔틀 서비스를 제공할 수 있는가?

숙련된 조경사 또는 총괄계획자와 함께 일하는 것은 시작 단계로부터 충분한 주차공간을 이해하고 계획하는 것에 도움이 된다.

완충지대

초기개발을 위해 별개의 토지가 필요하지만, 단체는 주위에 새로운 토지 구획을 확보하려고 시도할 수 있다. 이는 향후 확장을 원할 때 사용할 수 있는 공간이 될 수도 있고, 특히 수집한 식물 주변에 완충지대를 형성하기 위한 공간으로 사용할 수도 있다. 완충지대는 정원을 산업, 주거 또는 도로로부터 떨어진 오아시스 같은 느낌을 유지할 수 있게 해준다. 완충지대는 정원에서 발생하는(공사 또는 축제 등에 의한) 소음이나 불편요소로부터 이웃을 보호할 수 있다. 단체는 또한 처음에 가능한 한 많이 사고 자원이 허용하는 대로 인접한 토지를 획득하여 공원과 인접해 있는 미개발 토지를 보존할 수 있다.

추가 수용 능력

지원 건물, 유지 보수 및 원예 작업을 위한 저장 공간, 기계 및 기타 장비를 위한 충분한 공간, 직원 공간, 그리고 번식 또는 온실 운영을 위한 충분한 토지를 계획하여야 한다(25장 참조).

기타 부지 고려사항

지형

토지의 지형에 따라 어떤 부지가 정원에 적합한지 결정한다. 다양한 지형적 변화는 미적 요소 및 설계라는 측면에서 매력적일 수 있다. 그러나 대부분은 이러한 변화는 완만해야 한다. 다시 말해 주요 구역의 토지의 경사가 너무 가파르면 안전, 건축 및 침식과 관련된 위험을 초래할 수 있다. 이는 또한 개발비용을 증가시킬 수 있으며 장애인보호법 지침에 따른 산책로의 규정을 준수하기 위하여 비용이 많이 들 수 있다. 경사 변화 외에 고려해야 할 다른 지형은 물, 레지(ledges: 절벽에서 선반처럼 튀어나온 바위), 암석 노출지, 그리고 이미 지어진 요소들(예: 건물, 도로, 매립지 및 전신주)이 있다.

토양

도시, 교외, 또는 매립된 산업단지의 경우 수질, 토양오염 및 유독성 폐기물 등을 철저히 검사하는 것이 중요하다. 과거의 부지사용 및 이력을 조사해야 하는데, 있을 수 있는 독성 물질뿐만 아니라 역사적 목적 및 허가 여부 또한 조사해야 한다. 북미 원주민의 유물과 같은 특정 물체가 현장에서 발견되면 정원을 개발하기 전에 상당한 고고학적 조사 및 문서화가 필요하다.

수소이온농도(pH)와 양분 및 유기물 함량의 검사는 토양을 얼마나 개량해야 하는지를 결정하며, 간단한 침투 검사로 다양한 현장의 배수 특성을 알아낼 것이다. 만약 기본계획을 이미 준비하였다면 목표로 하는 식물에 어느 정도의 토심, 토양 pH 등이 필요한지를 조사하여 이 현장에 그 식물을 재배하기 위해서는 얼마만큼의 토양을 개량해야 하는지 그리고 이러한 변화를 유지하기 위한 비용이 얼마나 필요한지를 결정해야 한다.

배수시설 및 유역

토지가 물을 어떻게 배수하거나 보유하는지가 중요하다. 보전해야 하거나 개발을 위해 피해야 하는 습지는 부지가 정원을 조성하기에 힘들거나 불가능하게 할 수도 있다. 도전적으로 만들거나 유지하지 못하게 하기도 한다. 환경 허가를 위해서는 모든 큰 유역을 확인하여야 하고 부지로부터 배수되어 나가는 물이 개발 이후라도 오염되지 않고 땅의 침식을 유발하지 않으며 근처의 도로가 쓸려나가지 않는다는 것을 확인해야 한다.

미기후(Microclimates)

다양한 미기후는 식물수집 범위를 확장할 수 있는 바람직한 요건이다. 더 높은 고도, 함몰지, 남향 언덕 및 보호지역 모두 그 조건에 적합한 다양한 식물의 특징을 보여줄 수 있게 해준다. 다양한 미기후를 가진 장소들을 전시하는 것은 방문객에게 식물을 선택하고 무리 지으며, 특정 구역에 알맞은 정원의 테마를 조성하는 방법을 가르치는데 탁월한 교육 도구이다.

생물 목록 조사

부지가 다양한 식물과 야생동물의 서식지로 사용될 수 있는지

는 매우 중요한 고려사항이다. 특히 그 정원이 토착 또는 지역 생태 및 동식물의 상호작용을 보여주는 것을 목표로 하는 경우 더욱 그러하다.

숙련된 식물학자 또는 야생동식물 생태학자가 현장을 조사하는 것은 부지의 토착 동식물과 침입 외래종 등의 상황을 알아낼 수 있는 유용한 방법이다. 야생동물 분석은 미개발지로 남겨두어야 할 중요한 야생동물의 통행로가 있는지와 파괴되거나 손상될 수 있는 멸종위기 서식지가 있는지와 같은 문제 또한 고려해야 한다. 사슴 등 다른 매우 파괴적인 초식동물이 서식하고 있다면 주변에 울타리를 설치할 비용을 고려해야 한다.

식물 목록에는 지피식물, 교목, 초본과 목본식물 등 부지에서 자라는 전체 식물상을 종합하여 작성된다. 목록 조사는 보통 적어도 12개월 동안 진행되며, 이는 봄에만 관찰되는 한철 식물 등을 포함한 모든 식물을 목록에 작성하기 위해서이다.

이 목록 조사는 그 부지가 새로운 정원이 목표한 미션을 이루는데 중요한 식물과 생태계를 포함하고 있는지를 판단하는 데 도움이 되며 기본계획 실행 및 정부 환경허가서 발급에도 유용하다. 예를 들면, 목록 조사에서 희귀종 또는 멸종위기 종이 서식하는 위치가 파악된 경우, 이러한 지역은 개발을 금지하거나 신중하게 개발하여 이들의 서식지를 위협하지 않는 선에서 방문객이 식물을 관찰할 수 있도록 해야 한다. 목록 조사를 통해 자연 정원으로 개발할 수 있는 토착 야생화가 가득한 풍성하고 광대한 산림지대를 확인할 수도 있고, 다양한 이끼류와 양치류가 풍성한 지역을 미래의 방문객들에게 선보일 수도 있다. 살아있는 식물 표본을 수집하는 과정에서 식물학자 또는 원예전문가가 정원을 위해 식물 표본 기록을 작성할 수 있다.

소음 수준

부지의 소음 수준은 얼마나 되는가? 이 부지가 주요 고속도로, 공항, 병원, 또는 기찻길과 가까워서 그에 따른 교통소음, 사이렌, 또는 경적 때문에 방문객이 정원에서 느끼고 싶은 평화로운 경험을 방해하는가? 각각의 부지마다 다른 환경 소음에 노출되어 있으며, 입구와 방문객 센터는 가장 조용한 곳에 설치하는 것이 바람직하다.

주변 경관

부지의 경계에서 보는 인접한 자연경관이나 인공경관의 경치는 어떠한가? 개발하지 않아도 보기 좋은 "빌린" 경치나 가릴 수 없는 보기 흉한 지역이 보이는가? 클리블랜드 식물원은 인접한 도시공원의 아름다운 경관을 이용하여 이 식물원의 실제 크기(9

에이커)보다 훨씬 커 보인다. 뉴욕주 브롱크스시에 있는 웨이브힐(Wave Hill)의 극적인 매력 일부는 허드슨강(Hudson River) 반대편의 숲이 우거진 해안이 공원의 일부처럼 보이는 것이다.

또 다른 중요한 고려사항은 공공정원의 조경에 불리한 영향을 줄 수 있는 부지 근처의 향후 개발 가능성이다. 기부 또는 구매를 통해 자원을 보유한 정원은 보통 자신의 "전망구역"을 보호하기 위한 완충지대를 갖추려고 한다. 단체는 정원의 조망지역 내에 어떠한 단기 또는 장기 개발 사업이 계획되어 있는지를 지방자치단체 또는 지역 계획 기관에 확인해야만 한다.

지구설정 관련 법률

가능한 개발(부지와 부지 근처의 토지 모두)에 관련된 제한 또는 제한의 부재 등에 해당하는 지구설정(토지이용) 법률에 대하여 숙지하고 있어야 한다. 정원 부지와 근처가 패스트푸드 프랜차이즈, 쇼핑몰, 또는 주택지로 구분되어 있다면 장기적으로 공원으로 적합한 부지가 아닐 수도 있다. 마찬가지로, 개발이 심각하게 제한되면 새로운 건물을 건축해야 하는 공공정원이 제한받을 수 있게 된다.

교통 영향

기존 도로에 대한 방문객의 영향을 파악하기 위하여 교통 영향을 조사할 필요가 있다. 검토 중인 부지와 연결된 도로가 혼잡할 경우, 그 부지는 신규 정원 조성에 적합하지 않을 수 있고 신호등, 교통량 감응 장치 또는 정지 신호를 설치하기 위해 지역 교통 또는 계획 기관과 협력해야 한다. 그러나 자전거 도로, 산책로 또는 보도 근처에 있는 부지는 자전거 이용자와 보행자의 목적지로 매력적일 것이다.

잠재적 자연재해

또 다른 고려사항은 지진, 쓰나미, 산불, 허리케인, 산사태, 또는 홍수와 같은 자연재해로 인한 부지에 대한 잠재적 영향이다. 이러한 잠재력을 가진 부지가 정원의 실격요인이 되지는 않으나 자연재해 발생 가능성에 대한 평가 결과를 통해, 계획자가 이에 대비한 예방 및 완화 조처하거나 이러한 재해가 일어났을 경우 대비책을 준비할 수 있도록 할 수 있다.

환경허가서 발급

종합계획이 세워지면 지방, 주 및 연방(연방 보조금 또는 배당을 받았을 경우) 차원의 환경 및 건축 승인을 얻기 위한 절차를

수행해야 한다. 부지의 종합계획이 미치는 영향뿐만 아니라 부지 자체의 성격이 허가절차의 총 기간과 복잡성을 결정하게 된다. 환경승인을 받는데 적어도 6개월에서 1년 또는 그 이상이 걸릴 수도 있다.

요약하자면, 필요한 허가를 받기 위한 과정의 주요 절차는 다음을 수행하기 위해 자문위원과 전문가들을 고용하는 것을 포함한다.

- 토지 조사
- 개발로부터 특별한 보호가 필요한 습지, 범람원, 수변 통로 등을 확인
- 침식된 지역 또는 침식에 취약한 지역의 확인
- 대수층 및 유역 확인
- 버널풀즈(Vernal Pools: 봄에만 잠시 생성되는 연못으로. 겨울철의 눈이나 얼음이 녹아서 생기고 그 후로는 일반적으로 마른 상태로 유지되게 된다. 독특한 몇몇 동식물의 서식지이다) 또는 멸종위기 동식물종의 희귀 및 취약종의 서식지 확인
- 역사적 또는 고고학적으로 중요한 토지인지 확인
- 토양 또는 지면, 수면 또는 뚜껑이 없는 우물(유전 포함)의 오염 여부 시험
- 주변 도로 및 부지에 대한 개발 영향 평가

이 과정은 이 사업의 환경승인을 얻는 데 필요한 부지 연구 및 서류작성을 신중하게 완성할 인내심과 능력이 필요하다. 허가절차는 부지 개발을 계획하기 최소한 1년 전에 시작해야 한다.

부지를 철저히 점검하고 시험한 후, 설립 단체는 신규 건물 또는 정원을 건축하기 전에 부지를 복원 또는 개선하기 위해 드는 비용을 고려하여 신축 비용뿐만 아니라 유해 폐기물 제거 및 정화 비용을 부담하는 것이 가능한지를 알아봐야 한다.

연구 및 네트워킹: 부지 계획에 매우 중요

후보 부지를 조사하는데 조경사가 참여하는 것은 매우 중요하다. 조경사는 부지에 대해 정확한 통찰을 제공할 수 있고 제안된 사업 및 용도에 필요한 토지의 면적 및 특성을 조언할 수 있다.

상업적 부동산 중개인 및 다양한 도시 및 카운티 공무원은 사용 가능한 토지의 정보를 얻기에 좋은 출처이다. 도시 및 카운티는 방치되거나 사용하지 않는 도시공원과 공터 또는 남용하고 있는 부지를 양질의 명소로 책임감 있게 개발하고자 하는 단체에 기꺼이 기증 또는 임차한다.

토지 매입, 환경 보호지역 확보 및 토지 기부를 받아본 경험이 있는 자연보호협회 또는 지역 토지 신탁과 같은 환경단체 또한 기부 또는 매입을 통해 토지 취득의 유용한 정보 및 조언을 제공할 수 있다.

사례 연구 : 메인주 해안식물원(COASTAL MAINE BOTANICAL GARDEN)

메인주 해안식물원의 용지를 취득할 때, 토지 매입을 위한 장기적인 신중한 조사와 기대치 않았던 큰 규모의 토지 기부가 있었다.

설립 단체는 새로운 정원의 목적 및 미션에 적합하고 필요한 토지의 유형을 알아내기 위해 전국 각지의 다양한 공원을 조사하고 방문하였다. 그 결과 적합한 물류 특성 및 자연적 특성에 대한 희망 리스트를 알게 되었다. 희망하는 자연적 특성은 이 부지를 더욱 교육적이고 매력적인 메인주의 명소로 만들어줄 특성을 포함한다. 여기에는 극적인 석조 레지(ledge)가 있는 해안가 부지, 버널풀즈(Vernal pools), 오래된 소나무, 가문비나무, 자작나무 임분, 메인주의 전형적인 오래된 돌담, 해수 늪, 야생화로 가득한 초원, 그리고 썰물에 물의 가장자리와 암벽을 따라 산책할 수 있는 조간대 등을 포함한다.

물자 매개 변수는 주간(interstate) 고속도로 또는 관광 경로와의 근접성, 다른 상업 및 문화적 명소와의 근접성, 메인주의 연중 및 여름 인구의 대부분이 2시간 이내에 운전하여 접근할 수 있는 토지, 건물과 기반 시설을 건설하기 위한 상대적으로 평평한 공간을 포함한 다양한 지형, 공공 서비스 및 통신 연결 비용을 절감할 수 있는 도시의 수도 및 전기이용에 가까운 토지 등이 있었다.

래드클리프 대학(Radcliffe College)의 대학원 조경 설계 과정에 있는 학생들의 도움을 받아 설립 단체는 해안 보전지역이 있는 공공정원을 조성하기 위하여 75~100에이커가 필요하다고 결정하였다. 부동산 중개인과 협력하고 친구, 가족, 지역 사업체 및 비영리 단체와의 네트워크를 통해 이 단체는 부스베이(Boothbay)에서 북쪽과 남쪽으로 60마일 이내에 있는 해안 부지를 검색하였다.

1996년에 이 단체는 부스베이에 128에이커에 달하는 자연 상태의 구획되지 않은 대지를 찾아내 샀는데, 이곳은 원하는 모든 특성을 갖추고 있었고 반 마일에 걸쳐 감조하천과 접한 지역을 포함하고 있었다. 부스베이는 주요 해안 고속도로인 1번 국도에서 쉽게 접근할 수 있었을 뿐만 아니라 인기 있는 계절 관광지인 아름다운 마을이 위치한 지리적 이점을 가지고 있었다. 이 부지는 수집품 및 지원구조물을 위해 초기에 계획했던 10에이커의 공간보다 더 많은 식물을 심고 산책로를 만들더라도 문제가 되지 않을 만한 인구밀도가 낮은 거주 개발 지역이었다. 이 부지는 가장 높은 지점까지 급격하지 않고 서서히 높아지기 때문에 방문객이 운전해서 진입할 때 극적인 광경을 경험할 수 있게 해준다. 이곳의 정상부에는 방문자 센터로 조성하기 좋은 남향의 평지가 있었고, 주변에 둘러싸인 정원들까지 접근 가능한 통로를 만들 수 있었다.

2005년에 메인주 해안식물원은 이 식물원과 연결된 120에이커의 해안 토지를 어떤 가족으로부터 예기치 않게 추가로 기증받았다. 이 가족은 이 토지를 보전하고 싶어 했으며 메인주 해안식물원이 그 역할을 잘 감당할 그것으로 생각했다. 토지는 미개발 상태였으며 문제점도 없었으며, 많은 유지 노력이 필요한 구조물도 없었고 환경적 위반이나 기타 법적 책임도 없었다. 이 기증받은 토지는 식물원이 보유한 땅을 늘려주는 이익과 더불어, 해안 산책로를 추가로 조성할 수 있는 공간, 추가적 교육 기회, 개발된 주요부지 주변 완충지대를 증가시켜 주었다.

그림 5-1] 메인주 해안식물원 설립자는 고도의 차이, 해안가, 레지(ledges), 자생 소나무, 양치류와 야생화 등 자연적 특징을 가진 토지를 물색하였다.
Barbara Freeman

그림 5-2】 개벌지는 메인주 해안식물원의 주요 건물의 입지로 선택되었다.
Barbara Freeman

그림 5-3】 몇 년 후, 같은 장소에 관상정원, 잔디밭, 방문자 센터가 세워진 모습
Barbara Freeman

그림 5-4】 담보대출로 매입한 초기 면적 128에이커와 후에 기증된 120에이커를 포함한 메인주 해안식물원의 248에이커에 이르는 해안 부지 모습.

Barbara Freeman

그림 5-5】 메인주 해안식물원에 기증한 토지 120에이커에 설치한 해안가 산책로

Barbara Freeman

사례 연구 : 서부 펜실베이니아 식물원(BOTANIC GARDEN OF WESTERN PENNSYLVANIA)

피츠버그는 유명한 핍스 온실식물원(Phipps Conservatory and Botanical Gardens)의 고향이지만, 많은 사람들은 펜실베이니아 서부 지역의 교육과 경제 개발자원으로 사용될 수 있는 야외 공공정원의 필요성을 강하게 느꼈다.

설립 단체인 서부 펜실베이니아 원예학회(HSWP)는 다른 공원을 방문하여 상담을 받았으며 신규 공원의 조성계획을 위해 마셜 타일러 라우쉬(Marshall Tyler Rausch)를 고용하였다. 초기 논의 후 이 단체는 관상용 정원을 개발하고 서부 펜실베이니아의 자연 생태계에 대하여 방문객 교육을 위한 신규 정원의 미션을 감당할 수 있는 넓은 면적의 부지가 필요하다고 결정하였다. 이러한 부지는 피츠버그에서부터 45분 이내에 접근할 수 있어야 하며, 관개를 위한 자연적 유역을 포함한 자연림이 있는 지역 특유의 생태계 및 자연적 특징을 나타낼 수 있는 곳이어야 하고, 가능한 신규 개발에 대한 완충지를 제공할 수 있는 충분히 넓은 장소여야만 한다.

4년의 조사 후, 서부 펜실베이니아 원예학회는 1998년 서부 피츠버그 시내에서 20분 정도 걸리는 세틀러의 캐빈(Settler's Cabin) 공원 용지 400에이커를 알레가니 카운티 행정위원회(Alleghany County Board of Comissioners)로 부터 1년에 1달러의 가격으로 99년 동안 임차하였다. 이 부지는 도시의 깊은 역사와 자연의 아름다움이 풍부한 곳으로 서부 펜실베이니아의 구릉지, 웅덩이, 미국 적송, 느릅나무, 참나무, 아카시아와 벚나무 등의 자연경관을 잘 보여주는 곳이다.

2000년에 펜실베이니아 보전 및 자연 자원부는 종합계획을 세우는 데 10만 달러의 보조금을 제공하였다. 종합계획이 완료된 후, 단체는 주차장, 방문자 센터 및 신규 정원 구역을 만들기 위해 52에이커의 토지를 카운티로부터 추가로 임대하여 총 452에이커 토지를 취득하였다.

부지는 여러 좋은 특징을 가지고 있었지만 심각한 문제도 있었다. 석탄, 석유 및 광물 추출에 따른 오염과 몇몇 지역의 매우 높은 침입종 개체군이 문제의 한가지였다. 단체는 펜실베이니아 환경보호국과의 긴밀한 협력과 많은 수의 자원봉사자들의 도움으로 공공정원 및 환경 교육센터를 조성할 수 있도록 이 지역에 책임감을 느끼고 보수 및 정화 작업을 하였다.

사례 연구 : 케이프 피어 식물원(CAPE FEAR BOTANICAL GARDEN)

34만 2천 명의 인구가 거주하는 노스캐롤라이나주 페이에트빌(Fayettville) 시의 광역지역권에 있는 케이프 피어 식물원은 자신의 공동체의 삶의 질을 높이고 더 많은 사람을 끌어들일 수 있다고 믿는 작지만, 헌신적인 주민단체에 의해 시작되었다. 이들은 공공정원이 더 많은 관광객을 유치하고 지역의 경제 다양성을 가져오는 등 이익을 줄 것이라고 믿었다. 1989년에 '식물원 친구' 후원회를 결성하였으며 이는 기금 모금과 계획 수립과정의 기폭제가 되었다.

도시에서 접근성이 좋고 정원 부지로 적합한 토지를 찾기 위해 프란즈 후원회는 다음과 같은 이상적인 특성에 잘 맞는 방치 되어 있던 도시 공원들을 둘러보았다 - 좋은 접근성(페이어트빌 시내로부터 2마일 이내), 역사적으로 중요한 지역에 위치(본래 페이어트빌이 세워진 크로스(Cross) 강과 케이프 피어(Cape Fear) 강의 합류점에 위치), 경치가 수려한 강변 경관 및 관상용 정원을 조성할 수 있는 평지 보유, 이 지역의 특성인 토종 소나무와 활엽수림이 풍부한 비교적 미개발된 지역.

후원회는 시로부터 72에이커 크기의 부지를 1년 동안 1달러에 무기한으로 임대하는 것의 동의를 얻었다. 몇 년 후, 한 기증자가 핵심 주변 구역을 보호하기 위한 5에이커의 완충지대를 구매할 수 있는 기금을 기부하였다. 13년 동안 부지를 임대한 후, 시는 72에이커 부지 전체를 식물원에 양도하였다.

토지를 취득한 이후, 식물원은 수자원 보전전략에 초점을 둔 워터 와이즈 정원(Water Wise Garden)과 같은 다수의 주요 테마 정원을 완성하였고 전국적으로 높게 평가받는 원추리, 동백꽃, 비비추(hostas) 등의 수집품을 완성하였다. 식물원은 또한 지역 토착 식물, 수목과 야생동물 등을 전시하기 위해 부지의 절반 이상을 자연구역으로 보존하고 있다.

그림 5-6】 72에이커에 달하는 도시공원의 일부, 처음에는 임차로 케이프 피어 식물원에 제공되었으나 후에 기증되었다.
Jim Higgins

그림 5-7】 케이프 피어 식물원에 있는 개발된 정원과 방문자 센터
Jim Higgins

사례 연구 : 로리첸 정원(LAURITZEN GARDENS)

로리첸 정원은 1982년, 개인 5명이 모여 네브래스카주 오마하(Omaha)시에 최초의 식물원을 만들 계획을 세우면서 본격적으로 시작되었다. 오마하시는 83만8천 명의 인구와 도시 주변 50마일 이내에 거주하고 있는 인구수가 120만 명에 달하는 대도시 지역임에도 불구하고 공원이 없었다. 이 모임의 미션은 최고 수준의 환경적 기준을 만족시키고 모든 방문객의 기억에 남을 교육적, 미적 경험을 제공하는 특별한 사계절 식물로 조성된 정원을 제공하는 것이었다.

이들은 매입 또는 임차할 만한 적당한 토지를 물색하였다. 마침내 1994년, 이들은 오마하시와 공공/민간 파트너십을 체결하여 장기 관리 계약으로 접근성이 좋은 70에이커 토지를 무료로 취득하였다. 이 부지는 훌륭한 천연림과 미주리강 바로 서쪽 절벽의 계단식 구릉지를 가지고 있었으나 다음과 같은 도전과제를 갖고 있었다. 예를 들면 이곳은 매립지로 사용해 온 곳으로 오염 때문에 이곳의 토양과 물은 철저한

테스트를 거쳐야 했다. 또한, 종합계획에서 잠재적인 토양 안정화 문제를 해결해야 했다.

첫 산책로와 정원의 공사는 1995년에 시작하였다. 1998년에 토지 취득을 위한 자금을 기증받아 인접한 30에이커의 부지를 추가로 매입할 수 있었다. 새로운 부지는 이 정원의 시야를 더 넓혀 주었고, 미국 횡단 80번 고속도로에서 접근성을 높여주었고, 완충지대를 제공하는 등 방문객 유치를 위한 중요한 모든 요소를 제공하였다. 그러나 이 새로운 부지 또한 첫 번째 토지와 마찬가지로 몇 가지 문제들을 안고 있었다. 토지는 채굴 장소로 사용되어 극단적인 고도 변화를 겪었고 건물 건축 및 정원 조성에 적합한 경사를 다시 만들기 위해 막대한 재정적 투자가 필요하였다.

로리첸 정원은 현재 총 100에이커의 부지를 소유하고 있으며, 그중 70에이커를 관리하며 추가로 30에이커를 소유하고 있다.

그림 5-8】 로리첸 정원이 된 70에이커의 매립지. 이전의 토사 채굴 시설로 인해 수십만 입방 야드의 토사를 이동시켜야 하는 광범위한 부지 등급이 필요했다.
Lauritzen Gardens

그림 5-9】 과거 토양채굴 광산으로 사용되었던 부지에 조성한 로리첸 정원의 정원과 방문자 센터 모습. 공원 주차시설에 토착 식물을 사용하기로 한 계획은 주차시설 전체에 걸쳐있는 호우시 유출수를 저장하는 저류 연못과 함께 부지의 본래 특성을 복원하는 데 도움이 되었다.
Lauritzen Gardens

요약

공공정원의 조성을 위한 토지 취득 방법은 매우 다양하다. 때에 따라 정부 기관과의 장기임대 또는 관리계약을 통해 새로 구성된 공원 조성 단체에 제공될 수도 있다. 다른 경우로 이상적인 방법은 아니지만, 토양 개량 또는 복원 비용을 감당할 수 있으며 환경 제약 및 자치단체의 건물 및 유지관리 규정을 준수할 수 있는 단체에 명목상의 비용 또는 무료로 제공되기도 한다. 다른 정원은 장기간의 자금조달 제도를 통해 토지를 매입하는 때도 있었으며(이와 따로 혹은 더불어) 사업에 추진력을 주기 위해 초기 부지를 기부하는 주요 기부자의 용인으로 부지를 조달하는 때도 있었다. 마지막으로, 공원이 시 또는 자치주를 통해 대여 혹은 임대하고 일부분의 땅은 소유하는 혼합적인 사례 또한 존재한다.

참고 문헌

American Planning Association(planning.org) has excellent information and training resources for learning more about community planning, urban planning, and planning more livable and sustainable cities and towns.

American Society for Landscape Architects(asla.org) provides information on land assessment, master planning, and environmental permitting.

Butler, K., and F. R. Steiner, eds. 2007. *Planning and urban design standards,* student ed. Ramsey/Sleeper Architectural Graphic Standards series. Hoboken, N.J.: John Wiley and Sons. A useful introductory student guide to land planning.

Clark, S. 2007. *Field guide to conservation financing.* Washington, D.C.: Island Press. A practical book for groups to determine their organizational and financial readiness to acquire land, how to make a deal on land, and legal considerations to be aware of throughout the purchasing process.

Endicott, E., ed. 1993. *Land conservation through public and private partnerships.* Washington, D.C.: Island Press. Features information on a variety of different kinds of public and private partnerships that seek to conserve land or acquire land for parks, greenbelts, and sustainable development.

Environmental Protection Agency(epa.gov) has extensive online information regarding guidelines for new developments and permit processes.

Institute of Civil Engineers(ice.org.uk) has information resources on site assessments, risk analysis of sites, and risk assessment of developments on damaged or contaminated land.

LaGro, J. 2008. *Site analysis: A contextual approach to sustainable land planning and site design.* Hoboken, N.J.: John Wiley and Sons. Excellent information about how to incorporate sustainable thinking into site and project planning.

LaGro, J. 2001. *Site analysis: Linking program and concept in land planning and design.* New York: John Wiley and Sons. This is a uniquely helpful book to assess a land site for a program or mission purpose.

McMahan, E., and M. McQueen. 2003. *Land conservation financing.* Washington, D.C.: Island Press. Good ideas and information on a variety of ways to finance land purchases.

Platt, R. H. 2004. *Land use and society: Geography, law, and public policy.* Washington, D.C.: Island Press. More scholarly discussion of how land use is affected by changing laws, public and environmental needs, and public policy.

CHAPTER 6

Designing for Plants and People

식물과 인간을 위한 설계

IAIN M. ROBERTSON 이언 M. 로버트슨

서론

공공정원 설계는 정원 시설, 수집품, 특정부지 활용방안과 프로그램 등으로 정원이 앞으로 발전해 나갈 부지의 상태에 적합하도록 계획하는 과정이다. 한편 매우 간단명료한 과정인 것 같으나 실제는 복잡하며 대단히 난해한 과정이다. 잘 설계된 정원은 정원의 특성과 수집품 그리고 사용 목적과 토지가 잘 조화를 이룬다. 다시 말해서 모든 것이 적합한 자리에 위치하고, 물리적으로 편리하며 정원배치가 알기 쉽게 된다. 그래서 이곳에서의 경험은 마음을 즐겁게 한다. 훌륭하게 설계된 정원에서 조화는 필수 불가결하다. 이와 대조적으로, 형편없이 설계한 정원은 물리적으로 어색하게 느껴지고 지각적으로 혼동되며, 방문객은 혼잡한 경험을 하게 된다. 이 장은 설계 과정에서 정원 직원들이 어떻게 조화로운 정원을 조성하는 과정에 참여할 수 있는지에 대하여 설명한다.

정원의 기원 및 설계

신규 공공정원은 무에서 생기지 않는다. 다시 말해 정원의 발전과 운용의 모든 측면에 영향을 주는 계기가 있다. 토지의 역사와 정원의 기원은 정원의 실질적 설계에 있어 모두 중요한 요소이다. 정원의 설계를 맡은 사람은 정원의 기원을 이해해야만 한다. 왜냐하면, 이는 정원의 목적이 핵심이며, 정원이 나아가야 할 초점과 방향을 제시하고, 필요한 설계의 범위에 영향을 주며 최종적으로 정원 시설에 영향을 주기 때문이다. 다음과 같은 예시는 이러한 부분을 묘사한다.:

- 새로운 공공정원을 개인이나 어느 가문 또는 비영리 단체로부터 기증받은 부지를 이용하여 개발할 경우, 공공정원 설계자는 어떻게 개인적인 시설을 공공정원의 기능에 맞게 적용하는지에 대한 문제와 직면하게 된다. 이 경우, 소유주의 개인적인 독특함을 정원 일부로 볼 것인지, 아니면 기능적인 이유를 위해서 수정하거나 제거할 것인지에 대한 문제가 설계에 결정적인 논점이 된다. 정원을 설계할 때에 정원의 목적과 시설이 기증자의 의도에 부합되도록 하고, 법적 요구 사항과 공공정원의 기능적 요구 사항들이 조화를 이룰 수 있게 하려고 가족 구성원과 긴밀히 협력하여야 한다.

- 미개발된 토지 일부를 보존할 목적으로 비영리 환경단체 또는 지역사회 단체의 노력으로 새로운 공공정원이 조성된다면, 이와는 다른 역학관계가 이뤄지게 된다. 공공정원 설계자는 정원의 개념을 수립하면서, 느슨한 그룹은 기능적인 조직으로 합치고, 자원봉사자는 유급직원으로 대체하며, 정원의 미션을 명확히 한다.

- 정부 기관 또는 공공기관에 의해 설립된 공공정원은 일반적으로 배정된 직원이 이미 있으며, 시범정원 제공, 연구기회 제공, 또는 특정 식물 수집품의 촉진 등 기관으로부터 위임받은 임무를 가지고 있다. 이러한 상황에서 정원 설계자는 정원이 기관의 임무에 부합해 보이게 하고, 기관의 더욱 큰 목적을 반영하도록 설계해야 한다.

- 설계자는 기존의 정원을 재설계 하도록 요청받는 경우가 많다. 이러면, 설계의 절차는 왜 새로운 설계가 필요한지를 알아내는 것부터 시작해야 한다. 그 이유로는 방문객 수가 극적으로 증

의뢰인(Client): 설계 프로젝트에서 설계 팀과 함께 업무를 수행할 개인 또는 일반적으로 직원 팀을 말함. 의뢰인은 정원 직원의 모든 구성 요소를 대표해야 하며 정원을 대표하여 업무를 승인하고, 수락할 법적 권한을 보유해야 한다.

계약서류(Contract documents): 특정 전시, 정원 구조물, 또는 식물 컬렉션을 건축 또는 설치하기 위해 정원과 계약자 사이에 작성하는 법적 문서. 계약서류는 건축 도면 및 서면 설계명세서를 포함한다.

계약자(Contractor): 특정 전시, 정원 구조물 또는 식물 컬렉션 등을 설치하기 위해 고용한 개인사업자 또는 더 일반적으로 종합건설자 또는 하도급 업자. 하도급 업자는 토목, 구조, 기계 및 전기 기술자 그리고 조경 및 관개시설 도급업자 등을 포함할 수 있다.

설계팀/자문위원(Design teams/consultants): 정원이 고용한 디자인 회사 또는 일반적으로 디자인 회사의 팀으로 개념 설계부터 정원 설치까지 정원을 기획하고 설계한다. 이 회사는 보통 조경사, 건축가, 기획자, 그리고 토목 및 환경, 지질공학, 구조, 기계 및 전기 등 다양한 분야의 기술자를 포함한다. 어떤 팀들은 전시 디자이너, 재정과 기금모금 자문위원, 인류학자, 고고학자, 생태학자, 식물학자, 야생동물 전문가와 예술가 등을 아우르는 다양한 전문가들이 필요할 수도 있다.

설계 서비스(Design service): 설계팀이 정원에 제공하기로 계약한 일의 범위. 설계 서비스를 위한 계약서를 건설공사 계약과 혼동해서는 안 된다.

지문학(Physiography): 지표의 모양과 특성. 인간 활동으로 변경되지 않을 때, 지문학은 기저를 이루는 지질, 토양 및 수문 과정에 대한 정보를 제공한다. 외부로 노출되어 조망하기 좋은 위치나 폐쇄적인 계곡과 같이 현지의 경험에 영향을 미치는 중요한 공간적 특성을 가지는 것을 의미한다.

프로그램(Program): 의뢰인이 제안한 정원에 포함하기를 원하는 시설, 활동 및 경험. 교육 및 레크리에이션 프로그램과 같은 활동 또는 물리적 특성, 식물 수집품 및 건물 공간 등으로 묘사할 수 있다.

설계 과정(Design process): 정원의 포부와 목표를 실제 정원으로 나타내기 위한 반복적 또는 단계적 과정. 설계 과정은 개념 또는 스케치 설계부터 점진적인 세부 설계도면, 또 이를 따라 설계한 설치 시공 도면에 이르기까지 점증적인 단계를 거친다. 설계 과정은 어떻게 식물을 관리할 것인가에 대한 의사결정을 하는 시기로, 단계별 건축단계와 실질적인 정원 유지보수 방법 등을 포함한다.

제안서 요청(RFPs)과 자격요청(RFQs): 제안서 요청 및 자격요청은 정원이 필요로 하는 설계 서비스의 간행물이나 개인에게 요구하는 서류이다. RFQ는 더욱 일반적이며 설계회사 또는 설계팀의 자격 정보에 국한되지만, RFP는 설계팀이 특정 사업을 처리하는 방법의 제안요구서이다.

부지 분석(Site analysis): 부지의 자연적, 사회문화적, 경험적 특성을 수집하거나 목록화하는 과정. 정원개발에 영향을 미칠 수 있는 부지 상태를 알아내기 위한 분석을 말하며, 이러한 정보 파악을 통해 후속 설계조사에서 영향을 미치는 기회와 제약 조건을 설계 지도에 종합 표시하는 것을 포함한다.

가하여 새로운 프로그램, 시설, 또는 연구 등에 발맞추기 위한 정원의 변화가 필요할 수 있다. 또는 반대로 어떤 정원은 내버려 두거나 유기하여 방문객의 수가 감소하게 되고 이에 따라 정원을 복구해야 하는 예도 있다.

왜 정원이 어떻게 발전되어 왔는지를 아는 것이 정원의 미래 옵션을 결정하는데 매우 중요하다.

설계 서비스

공공정원은 다양한 계획과 설계 기능을 위하여 설계 자문위원을 활용하지만, 일반적으로 새 정원을 계획하거나 기존 정원을 완전히 재설계할 때, 전체 정원의 포괄적인 마스터 플랜을 개발하기 위해 설계사를 고용한다.

새로운 공공정원의 조성을 담당한 사람은 설계 과정을 시작하기 전에 어떤 설계 서비스가 필요한지를 결정해야 한다. 그 결정에 앞서 새로운 정원의 목적과 정원이 그 목적을 달성하는데 어떤 프로그램과 시설이 필요한지를 설명할 필요가 있다. 계획된 정원의 목적 및 프로그램의 물리적 영향을 미리 생각해 보면 설계를 보다 성공적으로 할 수 있다.

설계 과정이라는 맥락에서 볼 때, 서비스의 업무 범위는 정원이 설계팀을 고용하여 생산할 작업을 의미한다. 문제를 피하기 위해서는 정원은 설계 자문단이 기대하는 설계 및 서비스의 상세한 설명을 제공해야 한다. 정원은 용도에 따라 작업의 초점이 미묘하게 바뀔 수 있으므로 서비스의 범위뿐만 아니라 각 결과물을 어떻게 사용할지 정할 필요가 있다.

서비스의 범위는 정원의 구체적인 필요, 기대와 자원을 만족시키기 위해 조정되어야 한다. 제한된 자원을 가진 작은 정원을 위한 마스터 플랜은 현장 상태에 대한 간단한 분석, 프로그램 특징 및 수집품의 간략한 설명, 완성된 정원의 실례를 보여주는 계획으로 구성될 수 있다. 이와 반대로, 대규모 부지에 정교한 정원을 설계하기 위한 마스터 플랜은 부지 상태를 상세히 설명하는 보고서, 아름답게 꾸민 조감도, 정원 구조도, 수집품 및 순환 시스템의 개념적 조직 계획 그리고 건설 및 운영비용 견적 등을 포함할 수 있다.

설계 자문위원에 의해 제공된 서비스

자문위원은 식물 수집품, 전시품 또는 전시정원과 같은 새로운 공공정원의 특정 부분의 세부적인 설계를 개발할 수 있다. 마스터플랜을 기반으로 하지만, 특정 지역의 이러한 설계 및 비용 견적은 더욱 상세하게 세워진다. 또한, 새로운 정보 또는 심사숙고한 시설의 필요성에 따라 원래 계획을 그대로 따르거나 계획에서 벗어날 수도 있다. 건설 자금을 확보하면 설계팀은 사업을 진행하기 위한 시공문서를 준비하게 된다. 설계 자문위원의 계약이 설계 또는 건설 서비스가 아니라면 공사 자체를 수행하지는 않더라도 건설작업을 감독하도록 할 수 있다.

설계 자문위원은 마스터플랜과 개별 사업을 위한 기금모금에 적합한 삽화, 보고서, 책자와 비디오 프레젠테이션은 물론(정원을 수년에 걸쳐 개발해야 한다면) 단계별 계획을 준비할 수도 있다. 설계 자문위원은 정원의 직원과 협력하에 특정 전시를 위한 해설 및 교육자료를 개발할 수도 있다. 설계 자문위원은 마스터 플랜 및 특정 전시를 위한 비용을 추정할 뿐만 아니라 그들이 설계하는 사업의 운영비용과 몇 명의 직원이 필요한지에 대한 추정치도 제공할 수 있다.

토론 및 워크숍을 통하여 설계 자문위원은 덜 가시적이지만 중요한 역할을 해야 하는데, 정원 직원, 이사회 및 방문객의 다양한 희망과 기대를 잘 표현하고, 일의 중요도의 우선순위를 매기고, 갈등을 해결하고, 합의에 도달하는 등의 역할이다.

설계 서비스를 잘 활용하는 방법

모든 성공적인 공공정원은 설계팀과 이사들을 포함한 정원 직원, 집행위원회, 자원봉사자, 그리고 이용자들과의 상호 우호 협력의 결과이다.

유능한 고객은 설계팀이 불필요한 작업을 수행하는 데 시간을 낭비하지 않고, 정원의 비용을 낭비하지 않도록 하는 것이 최고의 방법이다. 예를 들어, 효과적인 클라이언트는 특히 현장 상황에 대해 최대한 정확하고 최신의 지원 정보를 설계 팀에 수집하여 제공하여야 한다. 또한, 효과적인 의뢰인은 설계 팀이 제출한 작업의 검토 및 의견 등을 시기적절하게 하여 작업이 원활히 진행되도록 하여야 한다.

설계는 의뢰인과 설계 팀 간의 논의를 통해 시간이 지남에 따라 발전하며, 새로운 활동이나 제품이 논의될 때 설계 서비스의 범위가 확대되는 것은 이례적인 일이 아니다. "범위가 슬금슬금 확장되는 것(scope creep)"으로 인한 예기치 않은 비용 상승을 피하고자 의뢰인 및 설계 팀은 설계 서비스 변경 및 추가 시 서면으로 동의해야 한다.

설계 과정의 단계들

설계 과정은 한 번에 진행되고, 한 번 만에 만들어지는 직선적인 과정이 아니다. 오히려 점증적으로 집중하고, 세부적 사항을 표현하고 정원의 특정 필요에 적합한 설계 결과물을 만들어나가는 반복적인 과정이다. 정원에 필요한 프로그램과 열망, 사용할 수 있거나 잠재적인 자원, 그리고 현장의 특정 잠재력 간의 차이를 점진적으로 줄여가는 과정이라고 생각하면 된다. 정원 직원이 이를 이해하는 것은 매우 중요하다. 왜냐하면, 고객으로서의 의견을 개진하는 과정에서 이에 대한 이해가 필수적이기 때문이다.

기본적으로 마스터 플랜을 개발하는 과정과 마스터 플랜을 위한 특정 부분계획을 개발과정에 있어 수행하는 과정의 단계는 같다. 차이점은 후자의 경우 각 단계가 훨씬 더 상세하고 구체적으로 수행된다는 것이다. 마스터 플랜 단계의 결과물은 정원의 지역사회 지원, 기관승인 및 재정지원을 얻는데 설득력 있게 사용될 수 있는 건축 조감도와 보고서에 반영된 전반적인 개발 아이디어이다. 반면에 프로젝트 개발 결과물은 계약자가 프로젝트를 만들고 그 일을 수행하는 데 필요한 일과 재료비를 추산하고 입찰을 준비하기 위한 건설 도면 및 설명서다. 시공문서는 상세하고 구체적이며 또한 기술적이어서 마스터 플랜보다 개발하는 데 더 오래 걸리는 경우가 많다.

설계 과정은 일반적으로 다음과 같은 단계를 포함한다.:

• 부지 및 프로그램 분석

• 대체 스케치 또는 개념과 설계 개발

• 선호하는 대안 평가 및 선택

• 설계 개발을 통하여 선호하는 대안을 최종 설계로 개발

• 건축 도면

• 설계 이행

부지분석은 원하는 프로그램을 수용하기 위해 부지의 잠재력을 평가하는 것으로 구성한다. 프로그램 분석은 정원이 원하는

시설을 현장 조건 및 재정자원에 일치시키는 것으로 구성한다. 효과적으로 결합하기 위해서는 부지 및 프로그램 분석을 동시에 수행해야 한다. 초안도면은 부지에 적합하고 가능한 프로그램 및 방법을 찾기 위한 대략적인 그림이다. 이를 통하여 설계 팀과 의뢰인은 자신이 어떤 접근 방식을 선호하는지 평가할 수 있으며 이는 이후의 설계 개발 도면의 개발 방향이 된다. 최종 설계를 의뢰인이 승인하면, 설계팀은 건설 도면을 준비하고, 사업을 이행하고 공사를 진행하기 위해 계약자를 고용한다. 건축 도면 및 설명서는 정원 "발주자"와 선택된 계약자 사이의 법적 계약의 일부가 된다.

정원은 마스터플랜에서 바로 만들어지지 않는다. 마스터플랜의 기능은 정원에 튼튼하지만 유연한 구조를 제공하는 것이며, 정원의 목적에 공간적 정의와 형태를 부여하고, 정원의 미래를 위한 장기적이고 단계적인 로드맵을 제공하며, 계획을 이행하기 위한 기금모금의 자료를 제공하는 것이다. 마스터 플랜은 이러한 실질적인 고려사항을 뛰어넘는 더 큰 기능을 제공하며, 각 정원이 꿈꾸고 있는 정원의 비전을 더 명확히 하게 구현해 낸다. 성공하기 위해서는 마스터 플랜은 설득력 있고, 사람들의 마음을 움직이며 사람들에게 영감을 불어 넣을 수 있어야 한다.

마스터플랜을 개발하는 것은 제안된 정원의 도면, 보고서, 모델과 전산 시뮬레이션 등의 검토 과정을 거쳐, 그 결론을 형상화해 보여주고 이를 실행하는 과정이다. 이러한 것들은 매력적이고 흥미진진한 방식으로 정원이나 전시의 비전을 표현하는 형태로 제시된다. 마스터플랜은 정원 자체가 스스로 어떻게 지원할 것인지에 대한 사업 계획을 포함할 수도 있다.

설계 과정은 설계를 실제로 만들어나가는 동안 반복적으로 수행하며 설명서가 신중하게 개발되었더라도 해석 또는 변경이 필요한 상황이 발생하기 때문에 여기에서 다시 설계 결정이 이루어져야 한다. 예를 들어, 비정상적인 악천후로 계약 일정에 따라 작업이 완료되지 못할 수 있다. 설계자는 건설 계약의 당사자가 아니면서도 관련된 작업을 이해하기 때문에 계약자에게 작업의 완료를 위해 얼마만큼의 시간을 주어야 하는지를 결정하는 데 있어 편파적이지 않은 중재자 역할을 할 수 있다. 예를 들어, 식물 종 또는 자재가 없을 때 어떤 대체물을 선택해야 하는 경우, 전선을 피하고자 경로를 다시 설정해야 하는 경우와 같이, 시공 단계에서의 설계의 물리적 변경이 불가피할 수도 있다. 다시 말하면 시공 과정 전반에 걸쳐 계약자의 작업을 진행하는 과정에서 설계 결정이 계속되며 이러한 결정은 설계 목표를 현장 조건에 성공적으로 맞춰 나가는 과정 일부이기도 하다.

부지분석

부지분석의 목적은 부지의 모든 부분을 알기 위한 것으로, 자연적 조건, 기능과 프로세스, 문화와 역사적 특징 등을 포함한다. 부지분석은 부지 자체뿐만 아니라 해당 지역 또는 주변 환경 및 지역의 전후 사정을 고려해야 한다. 부지분석 점검 사항 대조표는 모든 부지 요소를 고려하였는지 확인하는 유익한 도구이다. 이 대조표는 자연적 요소와 인간적 요소 그리고 무형적이고 지각적인 고려사항 등의 정보를 포함해야 한다. "부지의 중심이 어디인가?" "이 장소가 일으키는 감정 및 정서는 무엇인가?" 그리고 "이 장소가 어떻게 지역적 특성을 대표하고 나타내는가?" 등과 같은 질문에 답하면서 후자는 가능한 정원 경험의 통찰력을 제공한다. 이러한 고려사항은 주관적이며 토양 또는 미기후 상태와 같은 사실에 기반을 둔 데이터를 지도로 만들 때와 같이 정확한 지도로 만들 수 없지만 그래도 중요한 부지 고려사항이다. 이러한 질문에 가장 잘 답할 수 있는 사람은 정원 직원 및 지역 주민을 포함한 부지에서 오래 살았으며 이 부지와 지역과 친밀한 연결고리가 있는 사람일 것이다. 정원의 직원은 특정 특성 및 물리적 특징에 대한 것이던지 정원을 특별하게 하고 유쾌한 경험을 제공하는 것이던 그들이 왜 그 부지를 가치 있게 생각하는지를 설계팀에 설명해야 한다.

시(읍/군), 카운티, 주 또는 연방의 지리 정보시스템(GIS) 데이터베이스는 지역 또는 지방의 중요한 통찰력을 제공할 수 있는 엄청난 양의 사실에 기반을 둔 정보를 제공하지만 마스터 플랜이나 사업 설계에 유용할 만큼 상세하지 않은 경우가 많다. 정원 직원은 설계 팀이 어떤 데이터가 유용하거나 유용하지 않은지를 결정할 수 있도록 도와줄 수 있다.

자연적 요인과 인위적인 요인에 대한 것이 발행된 정보를 수집하는 것은 중요하지만 이것이 신중하고 주의 깊은 현장 조사를 대신할 수는 없다. 식물 수집품과 전시물은 정원 시설과 경험의 상당 부분을 차지하기 때문에 현장 조사를 사계절에 모두 하는 것이 다양한 영향을 이해하기 위해 이상적이다. 설계 자문위원은 일반적으로 한 두 계절만 현장 조건을 관찰하고 연중 현장 조건과 정원 사용 패턴은 정원 직원의 전문기술에 의존해야 한다.

부지분석의 목적은 부지 상태를 상세하게 알기 위한 것이기는 하지만, 부지 자체에서 끝나지 않으며 오히려 계획자가 부지의 특별한 잠재력 및 정원 위치로서의 법적 책임의 결론을 내리도록 한다. 부지분석 단계는 부지의 제약과 이어지는 설계 결정에 중요한 도구인 기회 지도의 이해를 종합하는 것으로 마무리 지어진다.

점검 사항 대조표는 부지분석에 있어서 고려해야 할 주제의 종합적인 목록이다. 아래 명시된 모든 주제가 모든 부지와 관련된 것은 아니다.

자연적 요인

부지 위치(Site location): 지역적 맥락에서 지형학적 지역, 부지 밖의 지형적 특성과의 관계, 노스포인트 또는 지향

지문학 및 방향(Physiography and orientation): 고도 및 차이, 지형 및 지형학적 특성, 경사(경사도, 길이, 안정성, 사면 및 노출)

지질(Geology): 지질학적 형성과정, 암석 종류, 모암의 깊이, 암석 노두

수문(Hydrology): 지표수(시냇가, 호수, 습지, 늪지), 유량 특성, 수질, 지하수(대수층, 지하수); 홍수, 법적 범람원

토양(Soils): 종류, 비옥도, 침투율, 토성, 경반층, 안정성, 특성, 토지 이용에 대한 적응성(임업, 농업, 개발/건설, 수용 능력), 지표 및 지하 토양 오염

기후 및 미기후 특성: 강우량/강설량, 일조시간, 바람 패턴, 계절별 온도, 폭풍, 그리고 지형, 식생, 건물(가려져 있거나 노출된 면적, 서리 포켓, 따뜻하거나 시원한 경사지)로 인한 미기후 고려사항

식생(Vegetation): 지역의 식생 유형, 현장의 식물군락, 교목, 관목, 초본식물(크기/나이, 임관, 상태), 주요 종의 분포범위, 희귀 및 멸종위기 식물, 지표종, 잡초, 토종 및 외래종, 자연 또는 인공 교란/관리의 징후 및 유형

야생동물(Wildlife): 범위와 종 구성, 지표종

인간적 요인

접근 및 순환(Access and circulation): 차량용 도로 역량 및 상태, 교통량, 주차, 보행자, 자전거, 대중교통 순환 및 접근

구조물(Structures): 특성, 용도, 역사적/시각적 품질, 크기, 구조물 및 울타리 상태, 신축 또는 기존 구조물의 개축에 대한 계획, 기존 건축물의 용도와 제안된 용도의 관계.

설비(Utilities): 고가 급수 및 지하수, 가스, 전기, 폭풍, 및 위생, 하수관 및 응급 서비스, 용량, 연결 지점, 미래 서비스 계획, 가공 전선 및 지하 선들, 지역권, 또는 배수로, 배수시설, 연석, 계단, 산책로, 포장 및 전봇대의 위치 및 상태

토지 이용, 소유권, 지구 설정(Land use, ownership, zoning): 현장 및 인접 지역 및 문제점들, 유지해야 하는 건축 제한선/높이

지각적 요인

유형의 시각적 및 미적 요인(Tangible visual and aesthetic factors): 현장 또는 외부의 중요한 전망 및 시각적 특성, 주변으로 혹은 주변으로부터 전망의 보전, 조성 또는 차단, 현장의 시각적/미적 특성, 현장, 주변 및 지역의 공간적 특성, 주변부, 현장의 주요 색상, 빛의 질, 질감, 선, 그리고 규모, 통합적/분할적 특성

무형의 지각적 요인(Intangible perceptual factors): 위의 요인의 상대적 중요도를 이해하는 것을 돕는 감정적, 지적 및 문화적 반응으로 장소의 의미, 이것이 불러오는 감정, 상징적 중요성, 부지가 시사하는 설계적 반응, 그리고 부지, 지역사회 및 지역의 관계를 포함한다. 정원의 직원은 부지분석의 제약 조건 및 기회 지도를 자세히 연구하여 이 결론과 설계 시사점들에 동의하고 설계 팀이 어느 부지 조건이 고정되고 불변인지 어떤 조건이(쉽게 혹은 노력을 들여서) 수정되는지에 대해 올바르게 해석했는지를 평가해야 한다.

제약이라는 단어가 부정적으로 들리지만, 제약은 설계에서 매우 도움이 되는 것이다. 왜냐하면, 제약은 이 부지에서 무엇이 가능하고 무엇이 가능하지 않은지에 대한 범위를 제공하기 때문이다. 그러므로 이는 설계 탐색을 실행 가능한 방향으로 유도하고 초점을 맞출 수 있게 해준다. 대조적으로, 현장의 기회는 정원에 독특하고 특별한 물리적 특성을 부여하거나 특정 정원 프로그램 및 용도에 영감을 줄 수도 있다.

프로그램 필요 및 용도

여기에서 사용하는 프로그램이라는 단어는 정원이 수반하고자 하는 모든 활동과 시설을 의미한다. 프로그램 개발은 다른 장에서 논의할 것이나 요약하면 정원 프로그램은 교육, 연구, 보전, 여가, 그리고 미적 즐거움의 요소를 포함한다. 부지가 정원의 기초라고 하면, 프로그램은 정원 목적의 중심이다.

정원 프로그램의 결정을 내리는 것은 정원 이사회와 직원의 중요한 활동이다. 아주 진정한 의미에서 정원의 프로그램은 정원의 목표를 나타내며, 정원이 기관으로써 어떻게 되기를 갈망하며 어떤 형식을 취할 것인가를 보여준다. 이상적으로, 정원은 미션과 프로그램을 명확히 이해한 후라도 프로그램을 완전히 고정하기 전까지는 설계 팀을 유지한다. 이 단계에서 설계 프로그램을 개량할 때, 설계 팀은 다양한 프로그램의 강조점, 요소 및 부지 배열의 시사점을 정원 직원에게 보여주는 여러 개념적 설계를 제공한다. 따라서 설계 팀의 역할 중 하나는 다양한 개발 시나리오를 제시하고, 다양한 디자인 프로그램의 가능성을 시험하며, 또한 프로그램을 부지에 어떻게 맞출 것인가에 관한 결정을 내릴 수 있도록 도와주는 것이다.

디자인 팀이 정원의 직원들에게 프로그램의 다양한 측면의 의미를 더 정확하게 정의하거나 어느 요소가 정원에 더 중요하고 덜 중요한지 결정하도록 압력을 행사할 수 있으므로 이 단계는 설계 팀이 정원을 위해 프로그램에 관한 결정을 내리는 것(절대 일어나서는 안 되지만)이라고 오해를 받을 수 있다. 프로그램 결정은 설계 팀이 아닌 정원 직원의 몫이다. 하지만, 정원 직원과 설계사 간의 관계가 좋다는 것은 설계사가 가능한 프로그램 요소에 대해 제안을 할 수 있고 프로그램 의사결정에 대해 질문할 수 있으며, 다양한 프로그램 선택에 따른 물리적 계획의 시사점을 보여줄 수 있다는 것을 말한다.

설계 과정 중 이 단계는 공공정원의 프로그램이 일반적으로 유동적이고 다각적인 특성을 보이고 이에 따라 방문객이 다양한 방법으로 사용할 수 있으므로 대부분 기관보다 공공정원에서 더 복잡하다. 예를 들어, 일부 방문객이 교육 목적으로 사용하는 식물 수집품과 전시물이 다른 방문객에게는 미학적 즐거움 및 치료적 즐거움을 주는 훌륭한 환경일 수 있다. 정원의 특성을 다목적으로 사용하도록 디자인하지 못할 이유는 없다. 예를 들어 연구, 교육, 여가와 휴식, 자연 체험, 사교모임, 지역 모임 등의 목적으로 사용할 수 있다. 이러한 용도의 상대적인 중요성을 결정하는 것은 정원 직원이나 이사회의 책임이다. 프로그램, 정원의 특징 및 수집품, 그리고 정원의 강령 사이에는 명확한 연관성이 있어야 한다. 궁극적으로 모든 정원 프로그램은 정원의 미션에 근거해서 그 프로그램의 정당성을 확보한다.

대체 설계를 통해 프로그램을 시험하는 또 다른 중요한 이유는 언급되지 않고 암시된 프로그램상의 가정이 명확해진다는 것이다. 유능한 설계사는 정원 공동체의 모든 부분을 고려한 다양한 옵션과 선택의 범위를 제안하지만, 관리자, 직원과 이사회의 최종 결정은 정원의 미션에 기반을 두어 이루어진다.

이사회에서 프로그램에 대한 광범위한 논의를 촉진하고 조율하는 것과 프로그램 결정에 대한 설계의 물리적 시사점을 설명하는 것 그리고 정원을 위한 프로그램의 결정을 내리는 것의 차이는 미묘하지만 설계가 정원 직원과 사용자가 아닌 설계 팀에 속한 것으로 인식될 때 문제가 필연적으로 뒤따른다.

설계 대안: 프로그램을 부지에 맞추는 것

설계 팀의 가장 초기의 설계는 보통 설계 아이디어를 스케치, 다이어그램 또는 추상적 방법으로 보여준다. 따라서 이러한 도면은 보통 스케치 또는 개념적 설계로 묘사한다. 언급하였듯이 이들은 프로그램의 의사결정과 부지 조건에 대한 이해를 시험하고 프로그램이 어떻게 부지에 적절하게 적용되는지에 대한 첫

번째 아이디어를 제공하는 데 사용할 수 있다. 이러한 도면은 최종적이라기보다는 탐구적이다. 다시 말해서 이는 설계회사의 최종 결정을 설명한다기보다는 아이디어를 제안한다. 설계 과정을 진척시키기 위해서는 정원의 직원이 적당한 선에서 도면에 반응해 주어야 하므로 이 단계는 중요하다. 설계 대안은 큰 그림의 아이디어를 보여주며(정원이 개발될 수 있는 극적으로 다른 방법들을 보여주는) 이는 자세한 내용보다는 개념적으로 접근해야 한다. 어떤 대안 또는 대안의 조합이 직원과 이사회가 그리는 정원의 미래를 가장 잘 보여주는가? 정원의 미션, 프로그램, 자원 및 부지 조건에 대해 여러 가지 개념적인 대안을 평가하는 과정을 통해서 선호하는 대안이 결정되고 이는 추후의 설계 단계를 통해 더욱 정제된다. 개념의 후속적인 개발의 제한 점은 중요하다. 이들은 발전과정에서 필수적인 지침을 제공하지만, 최종 설계에서는 조심스럽게 나타내야 하고, 너무 눈에 잘 띄어서는 안 된다. 효과적인 개념은 완성된 정원에 완벽히 스며들어야 한다. 마치 훌륭한 집사가 집에서 보이지는 않지만, 어디에나 있는 것처럼.

"내한성 마가목종 컬렉션"과 같이 추상적이고 비공간적인 아이디어로부터 각각의 프로그램 따른 위치, 크기, 모양을 계획하는 단계로 진행하기 때문에 일반적으로 비설계자는 개념적 설계 단계를 이해하는 것이 가장 어렵다. 개념은 설계자가 비공간적 아이디어에서 공간적 형태로 변형하는데 사용하는 아이디어이다. 따라서, 마가목 컬렉션을 배치하기 위한 개념은 "공식적 산책길" 또는 "비공식적 작은 숲"이 될 수도 있고 마가목 컬렉션을 생태 지리적 컬렉션에 포함할 수도 있다. 이러한 예시는 간단하지만, 정원 직원은 더 즐길 수 있는 개념이나 상상을 자극하는 개념을 고려할 준비를 하고 있어야 한다. 모든 개념적 탐구는 적절한 설계의 맥락을 유지하며 프로그램을 계획에 반영하는 데 효과가 있다면 받아들여질 수 있다. 예를 들어 "그늘진 정원에 있는 모임 장소"에 대한 프로그램의 필요성을 더 정서적인 시와 같은 개념으로 발전시킬 경우, 야구 미트 개념을 도입해 그 모임 장소라는 아이디어를 관목으로 둘러싸인 얕은 원형 경기장으로 변형시킬 수 있다. 더 나아가서, 원형 경기장 이용자들을 햇빛으로부터 보호하기 위해 가장자리에 교목을 야구모자의 챙처럼 심을 수도 있다.

설계자는 정원 이사회, 직원, 자원봉사자와 방문객의 가치 및 기대에 공감하기 위해서 그들에게 귀를 기울여야 하고 이는 적절한 개념 아이디어를 만들기 위해 필수적이다. 정원의 직원이 어떤 것을 성취하고 싶어 하는지에 대해 설계자에게 명확하게 설명하고, 아이디어가 발전함에 따라 사려 깊고 자세한 피드백

을 설계 팀에 제공하는 것은 설계 개발 내내 중요한 요소이다. 효과적인 의뢰인은 지속해서 그리고 완전히 설계 팀과 소통한다. 실제로, 작업이 진행됨에 따라, 그들은 설계 팀에 필수적인 일부분이 된다.

그림 6-1에 묘사한 데칸소정원(Descanso Gardens)의 개념적 조직은 대규모 공공정원의 개념적 도식의 예이다. 정원 부지가 6개의 구역으로 나누어져 있으며 각 구역의 명칭은 정원의 미션과 관련이 있으며 기존 용지의 특성을 나타낸다. 예를 들어, 공공정원에서 일반적으로 부정적인 특징으로 여겨지는 주차장을 "과수원"으로 분류하여 이러한 기능적 필요를 정원의 미션과 긍정적으로 연관시키는 방법으로 구상했다는 것은 주의를 기울일 필요가 있다. 6개의 "구역(bubbles)"은 무작위로 배치하거나

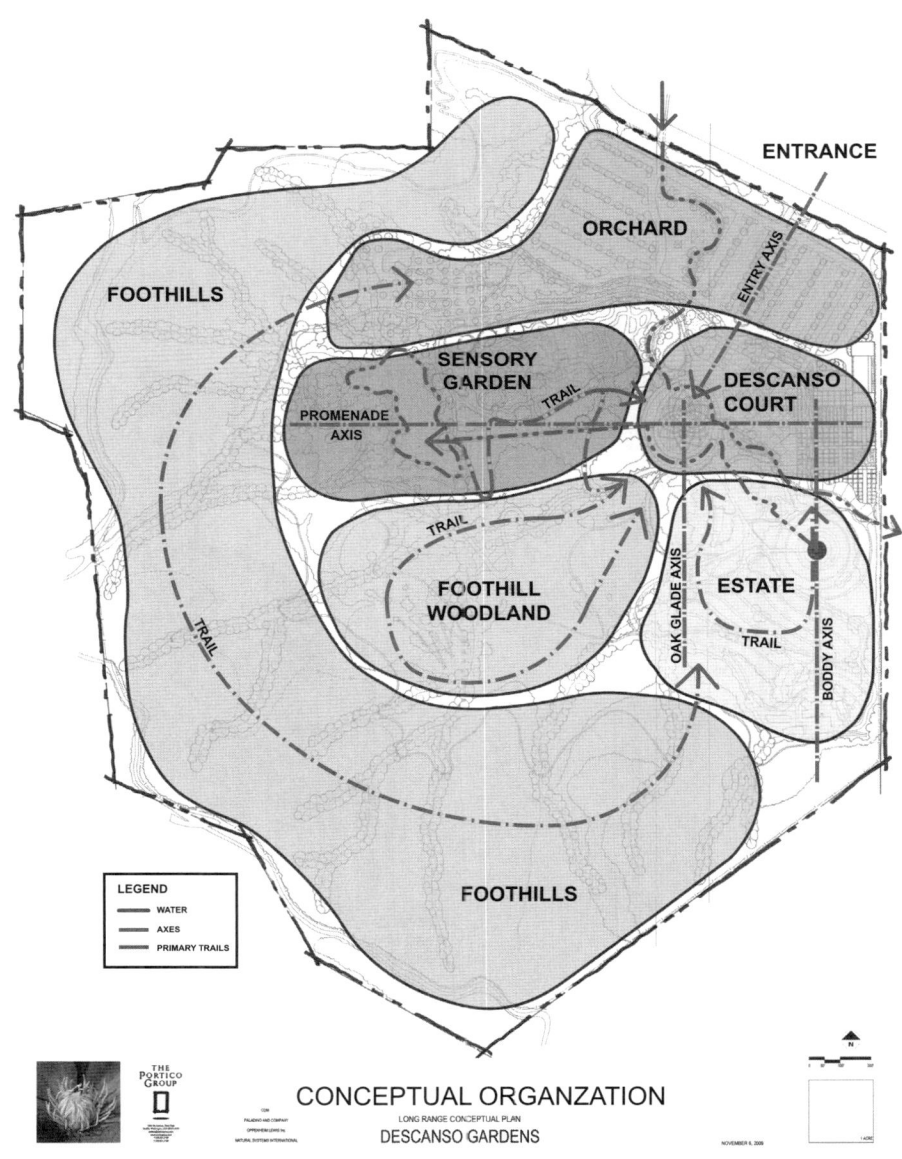

CONCEPTUAL ORGANZATION
LONG RANGE CONCEPTUAL PLAN
DESCANSO GARDENS

그림 6–1】 캘리포니아주, 라 캐나다 플린트리지 시, 데칸소 정원 요소의 개념적 구성을 보여주는 계획
The Portico Group

크기가 지정되지 않았으며 부지의 지형, 식생 및 역사적 특징, 그리고 서로 고려하여 나누어졌다. 이 구역들은 세 가지 방법으로 연결된다. 첫째는 방문객을 정원의 주요 특징에 지향하게 하기 위한 강력한 시각적 구조물을 제공하는 4축이다. 두 번째는

정원 체험을 위한 조직과 구조를 설정하는 대략 제안된 산책로이다. 세 번째는 이 남부 캘리포니아 정원의 교육 프로그램의 핵심 부분인 인공 수로(water feature)를 보여주는 선이다. 따라서 단순한 지도는 부지 조건 및 프로그램 가능성에 대한 풍부한 이해가 포함되어 있으며 공간적, 지각적, 문화적 및 환경적 차원을 갖춘 정원 구조를 제안한다. 이 개념적 지도의 결론을 받아들이는 것은 후속 디자인 탐구의 범위를 좁히고 초점을 맞추게 된다.

그림 6-2는 워싱턴주립대학(WSU)의 수목원과 야생동물 보전센터의 개념적 마스터플랜이다. 의뢰인과의 논의를 통한 지속적인 아이디어 수정의 결과로, 이 개념 계획이 데칸소 정원의 계획보다 더 자세하며 프로그램 요소, 공간 및 순환이 어떻게 조성

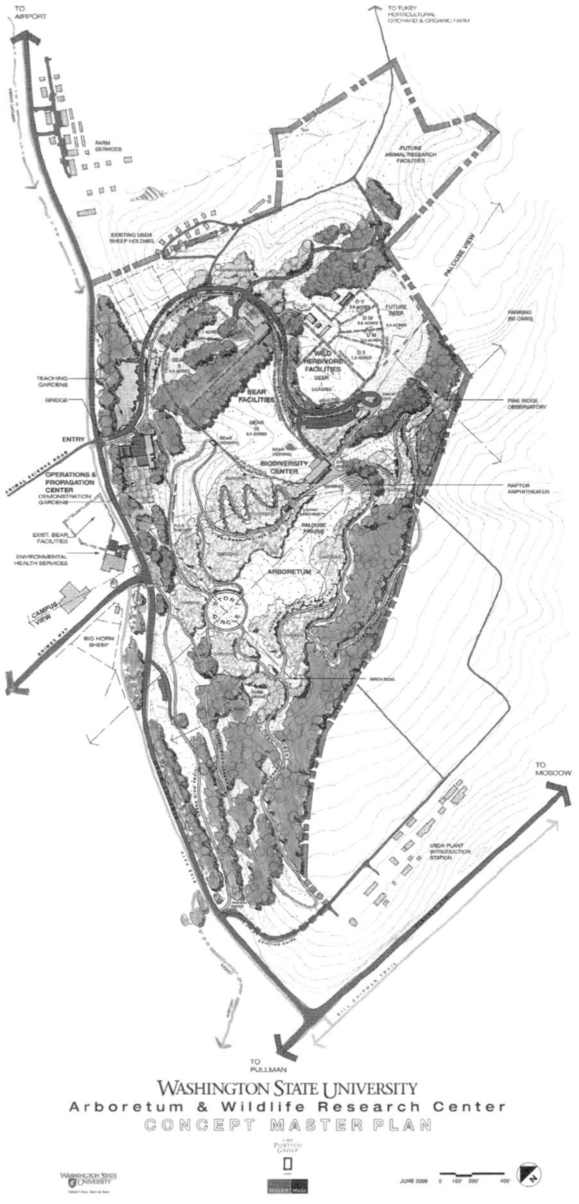

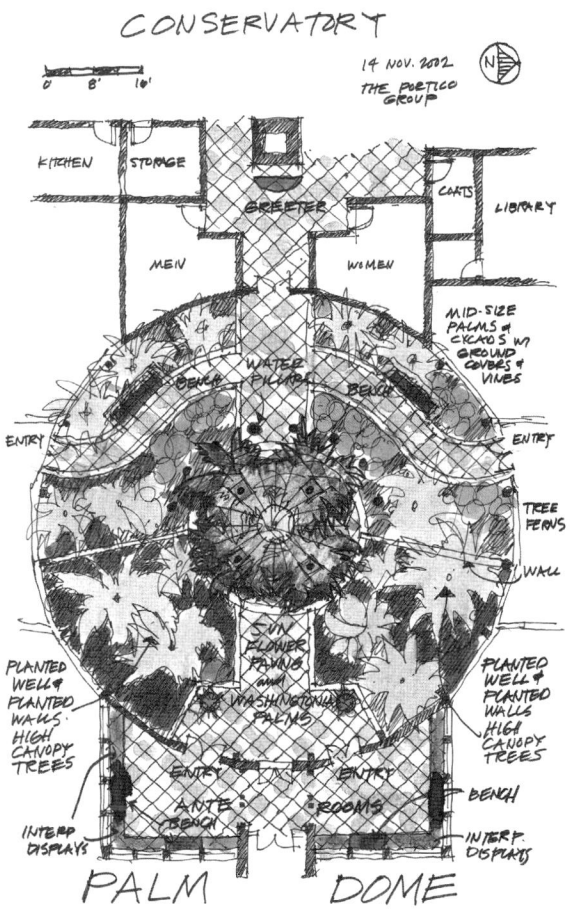

그림 6-2】 워싱턴주, 풀만 시의 워싱턴주립대학 수목원과 야생동물 보전센터의 개념적 마스터 플랜
The Portico Group

그림 6-3】 개념적 계획 일부의 세부사항. 뉴욕주, 버펄로시, 버펄로와 에리 카운티 식물원의 야자수 온실 돔.
The Portico Group

되었고 부지의 상태에 맞게 배치하였는지 또한 보여준다. 이는 또한 다양한 수목원 요소로부터 오는 경험의 질을 보여주기 시작한다.

그림 6-3의 야자수 돔은 워싱턴주립대학의 계획보다 훨씬 작은 규모의 또 다른 개념적 계획이다. 이는 온실의 중앙 돔을 재개발하는 아이디어를 묘사한다. 주석은 개념적 계획의 의도를 이해하도록 도와준다. 이는 야자수 돔의 포괄적인 개념적 아이디어를 어떻게 더 기술하고 식물, 포장 및 인공 수로에 대한 더욱 상세한 묘사로 구체화 될 수 있는지 설명한다. 좋은 기억을 떠올리게 하는 라벨은 중요한 요소를 추가한다. 순환이 비교적 간단명료하지만 그런데도 풍부하고 복잡한 공간적 경험을 제공한다. 야외에서 실내로 들어가는 중간에 있는 대기실에는 휴식 공간과 안내판이 있고 중앙의 야자수와 물의 조합인 클라이맥스를 보기 전까지 점점 좁아지는 길을 걷게 된다. 이 공간적 순서와 통합되는 것은 일련의 식물이며 이 개념적 설계가 수고, 성격, 그리고 식물의 종류(양치류, 야자수, 소철, 지표 식물, 덩굴 식물)를 묘사한다.

이러한 각각의 계획은 효과적인 설계 개념은 모르는 부지에 맹목적으로 부과되지 않으며 부지의 잠재력과 독특한 프로그램의 필요를 전체적으로 이해함으로써 유기적인 방식으로 진화한다는 것을 보여준다. 능률적인 의뢰인은 설계 팀이 다양한 미래의 가능성을 보여주는 개념도를 개발하여, 예상할 수 있도록 보여 줄 때 긍정적으로 반응한다.

마스터플랜 및 보고서

마스터플랜의 정의 요소는 계획 자체로, 일반적으로 그림 형식으로 그려지는데, 즉 정원이 무엇이 되기를 원하는지 사람에게 쉽게 전달할 방법이다. 마스터플랜은 종종 지역사회 및 정치적으로 정원의 지원을 늘리고 기금모금을 하기 위한 도구로 사용한다. 하지만 만약 기관이 설계를 완료할 때까지 자본 비용과 운영비용을 고려하지 않는다면, 그들이 결정한 설계가 그 기관에는 너무 비싸고 유지하기가 어렵다는 사실을 발견하게 될 것이다.

정원이 성공하기 위해서 마스터플랜은 그 정원의 특정 목적과 정체성을 설명하고 그것이 정원의 위치와 지역사회에 얼마나 적합한 것인지를 설명하여 이 정원을 다른 정원과 차별화해야 한

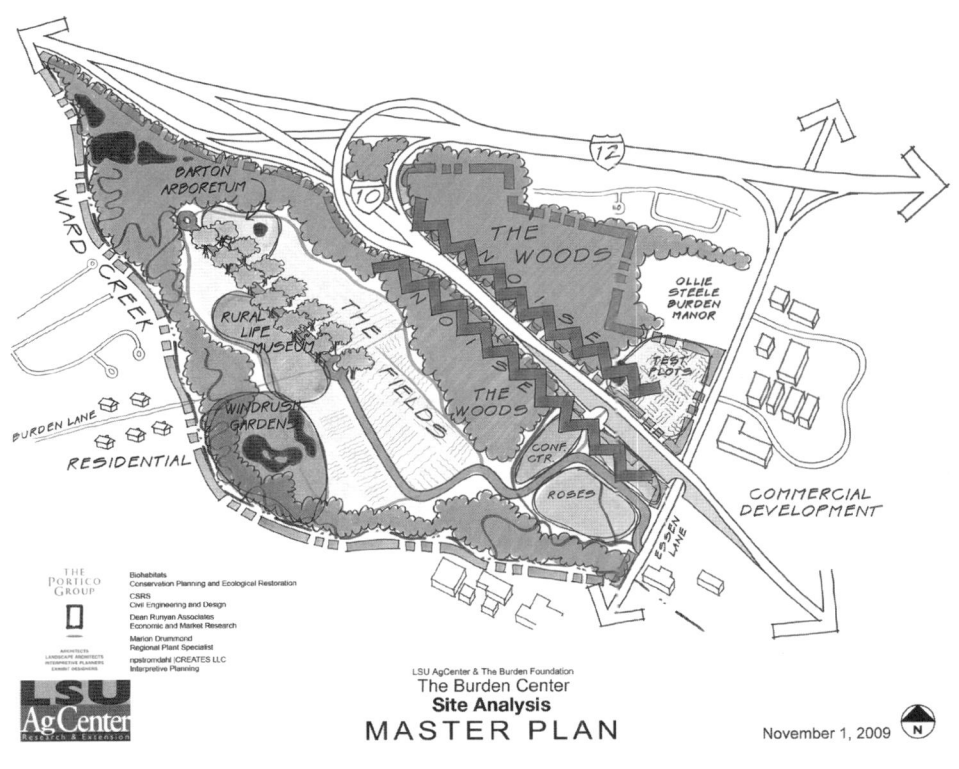

그림 6-4】 부지분석 결론은 부지의 주요 지역의 위치와 작명을 결정짓는다. 루이지애나주 배턴 루지(Baton Rouge) 시, 루이지애나주립대학 농업센터, 버튼센터(The Burden Center) The Portico Group

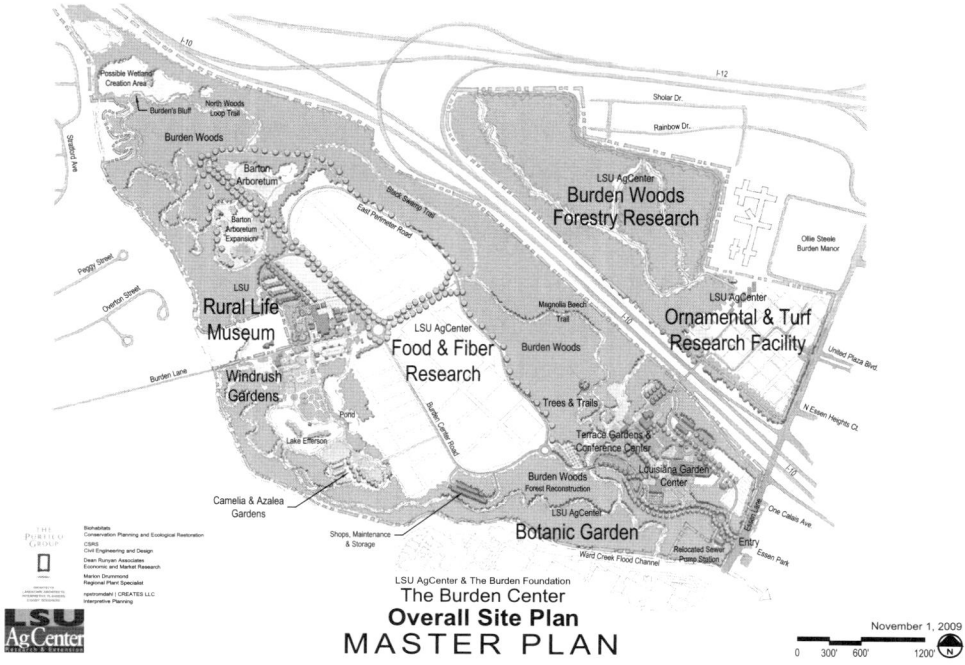

그림 6-5】 루이지애나주 배턴 루지 시에 있는 루이지애나주립대학 농업센터, 버튼센터의 식물원, 농촌 생활 박물관, 식량 및 섬유 연구지역, 임업, 관상용 식물과 잔디 연구 기지를 포함한 주된 마스터 플랜 요소들의 작명.

The Portico Group

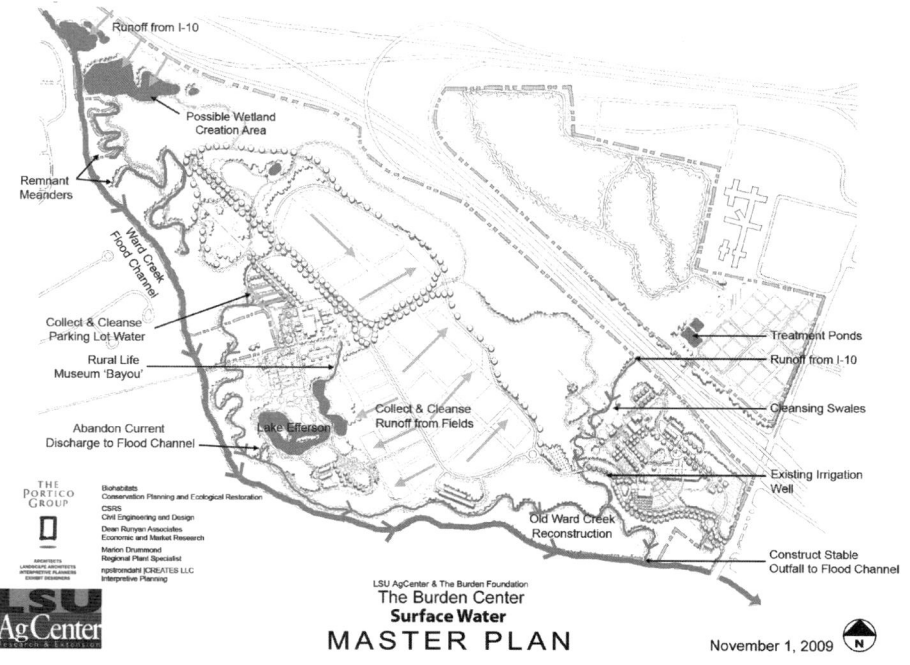

그림 6-6】 루이지애나주 배턴 루지 시에 있는 루이지애나주립대학 농업센터, 버튼센터의 용지의 지표수 및 배수 패턴을 보여주는 계획.

The Portico Group

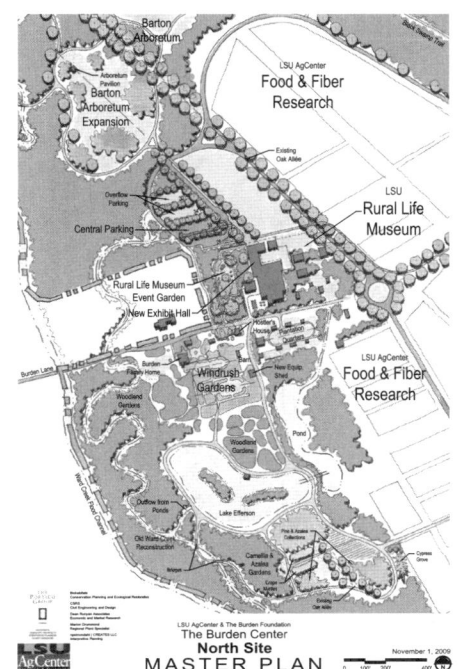

그림 6-7】 주요 특성을 명명하는 북부 식물원 마스터 플랜. 루이지애나 주 배턴 루지 시에 있는 루이지애나주립대학 농업센터, 버튼센터.
The Portico Group

다. 마스터플랜은 이상적이면서 성취 가능해야 하고, "실질적인 지속 가능성"으로 균형 있게 설명 가능해야 한다. 따라서 아름다운 그림으로 표현된 계획에는 특정 정원 전시물, 수집품 및 시설, 예상 자본 비용 및 정원 운영비용의 상세한 분석을 수반하여야 한다. 마스터플랜 보고서는 정원과 컬렉션, 전시장 및 전시물의 목적과 다른 고객 또는 사용자에게 제공되는 가치 및 혜택뿐만 아니라 정원의 각 부분을 개발, 운영 및 유지 보수하기 위한 비용 견적을 포함한다.

마스터플랜에는 종종 조감도 및 특성 스케치를 포함한다. 이러한 조감도 및 특성 스케치는 대중에게 계획안만으로는 할 수 없는 정원의 특성 및 경험을 알릴 수 있는 중요한 도구이다. 이는 종종 정원에 대한 예술가의 개념이라고 묘사한다. 그림 6~8과 그림 6-9는 제안된 캘리포니아에 있는 휴슨식물원(Hughson Botanical Garden)과 오리건주 포틀랜드에 있는 일본정원 증축의 조감도를 보여준다. 이 조감도를 보는 사람은 그들이 조감도 속에서 정원의 특징과 볼거리들에 참여하고 즐기는 장면을 상상할 수 있다. 이처럼 생기 넘치고, 상상하게 하며, 호소력 있는 그림은 각 정원의 목표를 설명하고 계획의 지원을 요청하는 데 매우 큰 도움이 될 수 있다. 그림 6-10은 샌프란시스코식물원 입구의 잔디밭을 지상에서 바라본 광경을 나타낸다. 조감도는 정원의 개요를 제공하는 반면, 지상에서 본 전망은 우리가 정원 내에 있는 듯한 느낌을 준다.

그림 6-8】 캘리포니아주, 휴슨 시, 휴슨(Hughson)식물원 조감도.
The Portico Group

그림 6-9】 오리건주, 포틀랜드시에 있는 포틀랜드 일본정원의 조감도.
The Portico Group

세부 설계 및 사업 설계

　보조금 제안서 작성 및 자금 조달과 함께 대중, 지원단체, 그리고 기관에 보여줄 프레젠테이션은 일반적으로 마스터 플랜을 완성하고 채택한 후에 진행한다. 이러한 업무들은 정원책임자, 이사회, 그리고 직원의 책임이며 긴 시간 동안 지속할 수 있다.

정원이 아주 작지 않은 이상 정원 전체를 한 번에 시공하는 경우는 거의 없다. 프로젝트 단위(project-by-project basis)의 단계적 시공이 더욱 일반적이다. 마스터 플랜의 일부분을 개발할 수 있는 지원을 획득한 후, 설계 팀은 그 부분을 더 상세하게 개발하기 시작한다.

그림 6-10】 캘리포니아주, 샌프란시스코시에 있는 샌프란시스코식물원의 지상에서 본 입구.
The Portico Group

사업개발단계 동안, 설계 아이디어는 더 현실적이고 구체적이고 실용적으로 된다. 이 단계에서 직원은 지금 개발하고 있는 설계가 확실히 그들이 원하는 것이며 가용한 자원으로 건축하고 유지할 수 있음을 확실히 해야 한다. 또한, 그들은 이 개발이 마스터 플랜의 비전에 손해가 나는 행동이 아니면 또한 확신할 수 있어야 한다. 마스터 플랜의 첫 단계를 성공적으로 완공하는 것은 대중 및 잠재적 기부자들이 마스터 플랜의 효율을 판단 할 기준이 되고 정원의 장기적 성공의 기준 될 것이기에 가장 중요하다.

설계가 수정될수록, 점점 더 많은 CAD(컴퓨터 도면설계) 문서와 복잡한 서면 설명서가 생길 것이다. 거의 모든 시공문서는 컴퓨터로 작성하는데, 이는 검토 및 승인 기관이 이를 요구하며 입찰 계약자 또한 이런 형식을 예상하기 때문이다. 설계 팀을 구성하는 업체는 이러한 표준 컴퓨터 프로그램을 사용하여 서로 효율적으로 소통한다. 설명서 및 CAD 도면은 기관과 전문가의 소통을 돕는 "언어" 이지만 도면 및 명세서에 일반인이 접근하는 것은 어렵게 한다. 정원의 직원은 이와 같은 문서를 읽을 수 있어야 작업이 그들의 필요에 충족하는지 평가할 수 있다. 더욱 넓은 합의 및 참여를 보장하기 위해, 더 많은 직원이 이러한 기술을 알고 있어야 한다.

시공도면, 경매 및 이행

사업 설계 단계의 목적은 마스터플랜의 부분을 더 상세하게 개발하고 구제기관을 포함한 모든 당사자로부터 사업에 대한 승인을 얻고 사업이 정원의 예산에서 벗어나지 않도록 보장하기 위해 비용을 측정하고 계약자가 응찰하고 작업을 실행하기 위한 도면 및 설명서를 준비하는 것이다.

시공도면 및 설명서는 정원(발주자)과 계약자 사이의 작업을 실행하기 위한 법적 계약의 일부이기 때문에 일반적으로 "계약문서"라고 한다. 시공 계약은 정원과 설계 팀 사이의 시공문서를 만들기 위한 계약과는 다르다.

시공문서를 수정해감에 따라서, 최종 세트를 만들기 전까지 30%, 60%, 90% 완성과 같은 몇 번의 검토 과정을 거치게 된다. 중간 검토는 작업을 제대로 진행하도록 그리고 각 하위 컨설턴트의 기여가 최종 문서 패키지의 모든 다른 것과 잘 융합되도록 한다. 완성된 문서 세트는 일을 수행하기 위해 계약자가 입찰하는 데 사용한다. 응찰 과정이 어떻게 진행될 것인지는 정원이 공공정원인지 사유정원인지 그리고 계약 규모와 복잡성에 좌우된다. 공공정원 및 비영리 정원은 공모 요청 및 응찰 과정을 거쳐 가장 낮은 가격으로 응찰한 업자를 선택할 수 있다. 사유정원은 일반적으로 좀 더 유연성을 가지고 시공 계약을 한다.

시공 계약이 한 번 성사되면 설계 팀의 일은 끝날 수도 있고, 정원의 설계 팀이 시공 작업의 진행을 검토하고 승인하는 것을 돕기를 원한다면 계속 일할 수도 있다. 크고 복잡한 작업에서 발주자의 대리인은 계약에 명시한 시공의 모든 측면을 알고 있어야 하며 계약에 명시된 작업의 범위에 정통해야 하며 계약 관행 및 법에 대하여 알아야 한다. 가능하다면 정원은 계약을 체결한 후 설계를 변경하지 말아야 한다. 이러한 변경은 계약 비용을 현저히 증가시키거나 작업 완공을 지연시킬 수 있다. 공사 도중 계약자는 정원 직원이 부지에 접근하는 것을 안전과 법적 책임을 이유로 규제할 수 있다. 완공 후, 건설을 검토하고 승인하며, "결함 및 누락"을 바로 잡고, 조경작업의 품질 보증 유지보수의 충족, 최종 비용을 지급하는 정교한 작업이 수행된다.

설계팀 고용

정원은 지역 및 국내 설계 업체에 연락하거나 업계신문, 전문 발간물, 또는 온라인을 통해 관심 있는 사 업체들에 자격요청(RFQs) 및 제안서 요청(RFPs)을 요구할 수 있다. 자격요청은 업체에 그들이 이러한 종류의 일을 할 자격이 있는지에 대해 설명하는 책자를 요구하지만, 제안요청서 보다 구체적이며 일부 세부사항을 설명하는 업무 범위의 제안을 요구한다. 고위급 정원 직원과 이사회는(지원단체의 대표도 포함될 수 있음) 평가 기준을 개발하고 업체 자격을 검토하고 어느 업체를 인터뷰할지 그리고 인터뷰 과정을 결정하고 설계 팀 선택에 참여해야 한다. 인터뷰는 가능한 한 정원의 많은 정보를 디자인 팀에 제공하고 정원 직원이 팀을 전문적이고 사회적인 다양한 상황에서 관찰할 수 있도록 구성해야 한다.

제안서 요청에 응답하고 인터뷰에 참여하는 과정은 정원 직원에게는 많은 시간이 걸리며 업체에는 큰 비용이 든다. 그러므로 정원은 좋은 후보만 해약 하여 인터뷰 수를 최소화해야 한다. 인터뷰를 완료하면 정원은 선택한 팀과 계약 협상을 가능한 한 신속히 해야 하며 협상을 완료하고 계약을 성사시키자마자 선택하지 않은 팀에 알려야 한다.

협상은 서비스 범위를 정의하고 제공할 "결과물들" 또는 제공하기로 한 상품을 결정하는 것을 포함한다. 설계 팀이 필요한 시간과 작업의 양을 정확하게 평가하고 추후의 혼란을 방지하기 위해 계약의 범위와 결과물을 최대한 자세하게 기술해야 한다. 설계 팀은 정원 직원보다 설계 과정에 대해 더 많은 경험을 보유하고 있을 것이다. 따라서 정원은 어떤 작업 결과를 원하는지에 대해서 명확한 아이디어를 가지고 있어야 하지만 정원은 설계

팀으로부터의 제안에 개방적이야 할 필요가 있다.

혼란을 방지하고 정원과 설계 팀 사이의 소통 효율성을 보장하기 위해 정원 관리자, 직원과 이사회는 그들 각자의 역할 및 책임을 명확히 해야 한다. 일반적으로 정원의 원장은 의뢰인의 목소리 역할을 하며 설계 팀과 논의하고 정원을 결정할 때 가장 마지막으로 말을 꺼낸다. 효과적인 정원은 직원 및 지원자와의 명확한 의사소통 채널을 신속히 구축하고 의사결정 권한이 누구에게 있는지 모두가 알도록 한다. 마찬가지로 설계 팀은 자문위원 직원 및 하위 자문위원 사이에서 대표와 의사결정의 책임을 명확히 해야 한다.

"무엇이 필요한지"에 대해 선입관을 하고 있고 이미 정해진 설계 개발과정을 가지고 대화에 임하는 설계 팀은 정원 특유의 상황 및 잠재력에 대해 호응할 가능성이 작다. 반대로, 스스로 아이디어가 없거나 대안점을 매력적으로 설명하지 못하는 단체에 잠재된 반짝이는 아이디어를 발견할 가능성이 작다. 착수 시점에서부터 좋은 의사소통을 하고, 상호 존중을 하며, 효율적 작업 관계와 신뢰를 구축하는 것은 설계 과정에서 필연적으로 발생하는 기복을 성공적으로 극복하기 위해서 필수적이다.

설계 팀의 규모 및 구성은 작업의 범위와 복잡성에 따라 달라진다. 작은 정원에서는 이 과정은 지역 조경사를 고용하는 것으로 구성될 수 있고 신생 정원에서는 무료 설계를 위한 설계적인 도움을 찾을 수도 있다. 지역 대학의 설계 전공 학생은 수업의 목적으로 또는 정원 인턴십의 목적으로 계획을 만들 수도 있다. 큰 사업을 위한 설계 팀은 일반적으로 조경업체를 포함한다. 상당한 건축 작업 및 다양한 하위 자문위원이 필요하다면 건축가를 사업에 포함할 수 있다. 크고 명망이 있는 사업일 경우 정원은 국내에서 잘 알려진 설계 업체를 찾을 것이다. 설계 팀이 필요한 전문가들을 포함하게 하려고 정원 관리자는 프로그램을 예측해서 설계 자문위원이 적절한 팀을 꾸릴 수 있게 해야 한다.

설계 과정 중에 설계 팀을 바꾸는 것은 비용이 많이 들고 시간을 잃을 수 있으나 만약 의뢰인과 팀이 양립할 수 없다면, 이는 꼭 필요한 행동일 수도 있다. 그러나, 설계 업체를 바꿀 타당한 이유가 있는 것이 아니라면 일반적으로 정원은 마스터 플랜 및 특정 사업의 설계를 준비하는데 효율성 및 지속성을 보장하기 위하여 같은 업체와 계속 일한다. 마찬가지로 계약 문서를 준비한 설계 업체를 유지하여 공사 중 필요한 조언을 받을 것을 권유한다. 매우 복잡한 계약이어서 특히 건축과 토목 공학에 시공 계약을 관리하기 위한 관리 컨설팅 업체를 고용해야 할 수도 있으나 이러한 경우에도 설계 의도에 의문이 생겼을 때 자문할 수 있도록 설계 업체를 유지하는 것을 권유한다.

설계 업체 선택을 위하여 고려해야 할 요인 ▼

어떤 설계 팀을 고용할지를 결정하는 것은 매우 중요하다. 인터뷰와 자격요청 및 제안서 요청 과정을 통하여 설계 업체가 제출한 자료를 신중히 검토하여 얻은 정보와 함께 설계 업자의 과거 의뢰인에게 문의하여 평판 검증을 해야 하고 가능하다면 그 업체가 설계한 정원을 실사해야 한다. 선택 과정에서 고려해야 할 요소는 다음과 같다:

전문성: 정원에 필요한 설계 서비스를 제공할 때 필요한 전문성을 보유하고 있는가?

적합성: 정원의 직원이 팀의 구성원과 함께 협조적으로 그리고 공감대를 형성하면서 작업할 수 있다고 느끼는가? 팀의 가치가 정원의 미션 및 정원 직원의 가치와 양립할 수 있는가?

지역과의 친숙도. 업체의 구성원이 지역 토양 조건, 기상 패턴, 식물 내한성 목록, 사회 및 문화적 규범에 익숙한가?

공공정원의 경험: 다른 공공정원의 물리적 마스터 플랜을 개발하고 설계를 이행한 경험이 있는가? 이 계획과 디자인은 각 정원의 독특한 상황과 민감성을 반영하는가?

협력 과정에 대한 헌신: 의뢰인의 희망 사항 및 필요에 얼마나 헌신할 수 있는가? 팀 구성원이 그들의 기술 및 과거의 성공을 어떻게 설명하는가? 팀 구성원은 남의 말을 잘 듣고 소통에 능한가?

감당 가능성: 다른 모든 요소를 고려한 후 고려해야 한다. "지급한 만큼 받는다"라는 옛말은 항상 적용된다.

요약

설계 과정에서 가장 잘 보이는 결과물은 당연히 완공된 공공정원이지만 성공적인 결과는 물리적 결과물로만 판단할 수는 없다. 정원을 만드는 아이디어를 가지고, 개발하고, 건축하는 과정은 오랜 시간이 걸리고 종종 힘들고 논쟁을 부르는 일로써 전체 정원 공동체(직원, 이사회, 자원봉사, 지원단체와 방문객)를 단합시키고 활력을 불어넣어야 가능한 일이다. 이 구성된 공동체는 이제 이 정원을 관리해야 하며 정원의 장기적 성공을 위하여 강하게 헌신하고 통일되어야 한다. 성공적인 설계 과정은 모든 관점과 관심을 고려하여야 하며 이들을 일관성 있는 목적 및 목표로 통합하여 이들을 파벌로 나누기보다는 확고하게 단결된 정원 공동체를 형성해야 한다.

성공적인 공공정원은 기억에 남고 독특한 곳이다. 조용하고 단단한 자신감으로 정원만의 장소와 시간을 독특하고 적절하게 맞춘다. 성공적인 정원은 자신의 부지와 공동체에 얽매이지 않고 그보다 더 크게 성장한다. 행복한 조화를 이룬다는 것은 결코 쉬운 일이 아니며 이 조화가 절대 영원하지도 않다. 정원과 공동체는 역동적이고 지속해서 성장하고 변화하며 진화한다. 성공적인 설계는 이러한 역동성을 인식하고 평생 자신의 행복한 조화를 유지하기 위해 지속적인 조정을 수용한다.

성공적인 설계 과정은 의미 있는 정원과 개발, 유지와 관리에 헌신하는 기관을 동시에 만든다. 이는 지속할 수 있는 정원과 기관의 필수적인 특성이다. 궁극적으로 지속 가능성과 조화는 성공적인 설계 과정의 결과물이다.

참고문헌

Master plan reports and drawings, obtained from other public gardens, may be valuable examples that can help a garden make decisions about how it wishes to tailor its own design process, but, of course, these cannot be applied verbatim.

In addition, most landscape architecture firms include information about their work on their websites. Check, for example, the websites of the following landscape architecture firms known for their work with public gardens:
Deneen Powell Atelier, Inc.(www.dpadesign.com)
Mesa Design Group(www.mesadesigngroup.com)
M-T-R Landscape Architects(www.mtrla.com)
Oasis Design Group(www.oasisdesigngroup.com)
The Portico Group(www.porticogroup.com)
Rodney Robinson Landscape Architects(www.rrla.com)
Rundell Ernstberger Associates(www.reasite.com)
Terra Design Studios(www.terradesignstudios.us)

The American Society of Landscape Architects website (www.asla.org) provides professional information about landscape architecture.

PART III

Administrative
Functions
행정 기능

CHAPTER 7

Staffing and Personnel Management

직원 채용 및 인사 관리

GERARD T. DONNELLY AND NANCY L. PESKE
제라드 T. 도넬리 / 낸시 L. 페스케

공공정원은 매우 다양한 경로를 통하여 시작되었다. 어떤 정원은 완전히 새로 조성될 정원으로 구상하고 계획하거나 기존 정원이나 조경을 위한 구성, 전문화된 개발의 결과일 수도 있다. 또한, 처음부터 독립적인 기관으로 시작하는 정원이 있지만, 공원, 시립기관, 대학, 정부 기관에 속한 정원처럼 기존 조직의 소속으로 시작하는 정원들도 있다.

정원의 개념 및 목표를 결정하고 그 체제를 조직화하는 데는 여러 사람이 관여할 수도 있다. 이들 대부분은 새로운 정원의 개장을 위하여 자원봉사 형태로 참여하는 열정을 가지고 있으며 무보수로 봉사하는 때도 있다.

정원의 신규 개원이나 업그레이드에서 가장 필요한 사항은 일반적으로 정원을 조직화하고, 계획을 수립하며 예산을 확보하는 활동들이다. 대부분 정원의 원장이 이러한 활동을 주도하며 원장은 자원봉사일 수도 있고 또는 유급 직원일 수도 있다.

핵심 용어

혜택(복지): 의료 보험, 은퇴 연금, 휴가, 병가와 같은 비임금 보상

노사 간 단체협약: 임금, 복지혜택, 노동시간, 근무조건과 같은 고용조건에 영향을 미치는 문제를(고용주를 대표하는) 경영진과 노조 대표 간에 협의하는 계약.

보상: 노동의 대가로 근로자에게 제공하는 임금, 급여나 복지혜택

면제 근로자: 초과근무 수당과 같은 특정한 공정기준 노동법으로부터 면제되는 근로자. 일반적으로 임금 근로자를 의미한다. 그 직책은 의무, 감독, 또는 임금과 관련된 예외(행정적, 직업적, 창의적) 중 하나의 구체적 기준을 충족시켜야 한다.

적정노동기준법(Fair Labor Standards Act; FLSA):특정 직무(비면제 근로자)의 최소 임금을 결정하고 초과근무 수당을 의무화하며, 무엇보다 미성년자 고용을 금지하는 연방법률

인적자원: 고용주–피고용인 관계와 관련된 모든 경영 측면을 기술하는 용어로 인력관리라고도 불린다. 기업 내의 자원봉사자와 유급 근로자를 총칭하는 용어로도 쓰인다.

비면제 근로자: 적정노동기준법 규정의 적용을 받는 근로자. 일반적으로 시급제 근로자를 포함한다. 면제 근로자에 대한 전술된 면제에 대한 정의 중 어떤 것도 충족시키지 않으면 비면제 근로자로 분류한다.

조직도: 조직 내 직책이나 부서들의 직무, 직급, 보고 관계를 묘사하는 도식. 여기에는 근로자 성명이 포함될 수도 있다.

직원: 특정 조직 내 업무에 관여하는 유급 근로자 또는 자원봉사자. 공공정원 의 발전, 성과 달성, 질은 그 직원들의 규모 및 질과 직접 관련된다. 정원의 미션과 목표는 필요한 직무 및 채용 우선순위를 결정하는 데에 도움이 된다. 정원의 규모와 전략계획은 직원, 관리자, 부서, 조직구조가 어떻게 구성되는지를 결정한다. 양질의 인력을 유인하고 유지하며 그들에게 동기를 부여하기 위해서는 정원의 인력관리가 고용, 보상, 성과관리, 훈련 및 전문성 개발의 면에서 최상의 수준을 유지해야 한다.

신설 정원의 인력 채용

정원을 설립할 때의 주변 상황과 무관하게 어느 시점에서는 최소한 한 명의 직원을 고용해야 한다. 정원의 미션과 목표가 초기 인력 채용과 이후 인력 계발의 방향을 결정해 준다. 정원의 임원 이외에도 원예식물의 구성과 관리가 최우선 순위 과제일 수도 있으며 이런 경우에는 정원사나 원예사가 필요할 것이다. 추가 인력 채용의 우선순위는 정원의 예산 확보 상황에 따라 달라질 수 있다. 정원의 임원 또는 기타 대표와 여러 정원사/원예사 이외에도 원예, 큐레이팅, 교육, 예산 확보 및 판촉 관련 담당자가 우선순위 직책이 될 수도 있다.

최우선 순위 직책들

┃원장

원장은 정원의 고위급 직원으로서 운영 위원회 또는 기타 기관과의 협의 및 조율을 통한 정원의 비전, 방향, 계획의 수립을 책임지면서 정원이 미션과 목표를 달성할 수 있도록 조직과 직원들을 이끈다. 원장은 또한 예산 확보, 판촉, 대정부 관계, 공공정원 커뮤니티와 지역사회 내에서의 위치 정립을 통하여 정원의 발전을 책임진다. 원장의 가장 주된 역할은 정원의 원예, 보전 및 학문적 미션을 총괄하며, 이를 위해서는 적절한 수준의 열정, 경험과 학문적 배경이 필요하다. 신생이나 소규모 정원은 원장이 원예감독, 예산 수립, 회계, 인력계획, 보수와 복지혜택의 관리 및 법률적 문제 등을 포함하여 무수히 많은 업무를 담당하는 때도 있다. 이러한 영역 모두의 역량을 가진 원장을 찾기는 어렵다.

┃정원사 또는 원예사

정원의 식물들은 정원사나 원예사의 보살핌과 관심이 필요하다. 이러한 전문가들은 정원 구역이나 온실의 수집된 식물들을 심고 주변의 잡초를 제거하고 물을 주고 가지를 치고 또는 재배한다. 식물과 원예에 대한 경험과 연구를 통하여 습득한 현장 지식이 필요하다. 공공정원의 정원사와 원예사들은 그들이 하는 일에 관심을 가진 방문객들과 접촉하는 경우가 많으며, 그들의 지식을 비공식적으로 가르치거나 나눌 수도 또는 정원의 교육 프로그램을 통하여 공식적으로 자신들이 가르칠 수도 있다. 정원사와 원예사라는 직책 간에 실질적 차이는 없지만 때로는 원예사가 더 높은 수준의 전문 교육이나 학문적 훈련을 가진 사람을 지칭하는 때도 있다. 정원사/원예사의 수가 많아지면 원예인력의 작업을 조율할 수 있는 원예관리인 또는 감독관을 고용할 필요가 있다.

그림 7-1】 공공정원은 지속적인 관리가 필요하다. 신설 정원은 제일 먼저 정원사나 원예사를 고용한다.
The Morton Arboretum

| 학예사(Curator)

정원의 미션 중 하나가 식물학, 원예학 또는 보전 목적으로 수집된 식물을 조성하고 관리하는 것이라면 학예사를 먼저 고용하여야 한다. 학예사는 수집식물을 총괄하여 개발과 관리를 책임진다. 전시기획자는 식물 수집에 관련한 정책을 개발하고 수집하기로 한 식물을 확보하고, 수집된 식물의 라벨링을 준비하고 적절한 기록을 보관한다. 또한, 원예 상의 관리와 보호가 이루어지도록 하고 식물의 성장 등에 관한 평가를 수행하고 외부인들이 수집품을 연구 혹은 이용 목적으로 사용하는 것을 조율한다. 식물 수집품을 효과적으로 전시하기 위해서는 식물, 계통학, 원예에 관한 상당한 지식과 열정이 필요하다.

| 교육기획자

공공정원은 전통적으로 일반인들에게 조직적인 교육 프로그램을 제공하며 교육기획자는 정원의 미션과 관련된 테마를 지원하고 지역사회와 관람객들의 관심 및 필요를 충족시킬 수 있는 프로그램들을 기획한다. 교육기획자는 수업, 투어, 활동을 진행할 교사 또는 안내원을 채용하고 일정을 조율하며 스스로 가르칠 수도 있다. 공공정원의 격식에 얽매이지 않는 교육환경에서 주제에 특별한 관심이 있고, 모든 연령대 학생들과 친숙하고 그들의 마음을 열게 할 수 있는 능력을 갖추고 있는 교육자이자 식물 전문가라면 교육기획자로서 적합한 후보라고 할 수 있다.

사례 연구 : 키 웨스트 열대림 열대 식물원(KEY WEST TROPICAL FOREST AND BOTANICAL GARDEN)

키 웨스트 식물원은 1930년대에 처음 개원 후 오랜 기간 쇠락과 부활의 과정을 거치다가 2001년에 키 웨스트 열대림 열대 식물원으로 재개원 하였다. 이 식물원에 관심을 가진 지역사회 주민들이 7.5에이커의 부지를 복구하였으며 새로운 방문자센터를 세우기 위한 자금을 모금하였다. 자원봉사자들이 이러한 복원 과정을 도왔으며, 유급 직원이 해야 할 일들을 현재도 돕고 있다.

재개원한 식물원의 창립이사회 이사 중 한 명을 2004년에 비상근 경영자로 고용하였으며, 이 식물원 최초의 유급 직원이다. 이 식물원은 자원봉사자들과 외주 서비스를 이용하여 운영하고 있다. 외주 계약자들은 식물원 초기부터 회계서비스, 조경 유지관리, 수목 관리서비스를 제공하고 있다. 2005년에는 상근직 부지 유지보수/관리인을 고용하였으며 7.5에이커 이상의 땅을 식물원 용지로 추가하였다.

2006년에는 전무이사를 채용하였으며 그 정원 경영자는 상근직으로 전환하였고 보조금을 신청하기 위한 제안서를 전문적으로 작성하는 사람을 계약직으로 채용하였다. 이 시기에 경영자는 회원 모집 및 체험 행사, 관람객센터의 운영에 초점을 맞추었다. 그다음 해에는 교육 프로그램을 운영하기 위한 보조금을 신청하였다. 비상근 교육 총책임자를 채용함과 동시에 상근 교육기획자 한 명과 두 명의 상근 환경교육가를 채용하였다. 2007년에는 추가로 비상근 식물학자를 채용하였다.

2008년에 전무이사가 퇴직한 후에 이사회는 인력계획에서 중간 관리자를 고용하는 데 초점을 맞추기로 하였으며 이사회 위원 중 한 명이 자원봉사자로서 전무 역할을 하였다. 2009년에는 자원봉사자 편성, 인력관리, 재고 관리, 장비 관리 및 기타 자원의 관리를 담당할 자원 책임자를 채용하였다. 2010년에는 계약직 비상근 보전 책임자를 채용하였다. 향후의 인력계획에는 유급 전무이사를 포함하며 원예 조경과 온실의 건축 개발을 계획하면서 이를 담당할 상근 원예사의 고용도 계획하고 있다.

모든 공공정원은 고유의 발전 경로와 인력구성의 변화역사를 가지고 있지만, 키 웨스트 열대림 열대 식물원은 새로 설립하는 정원의 인력 고용에 관한 흥미로운 예가 될 수 있다. 이 정원이 소규모지만 점차 확장하고 있는 상황, 계절 별로 차이를 보이는 관람객과 프로그램, 위치가 인구 밀집 지역이나 고용 중심지와 멀리 떨어진 외곽이라는 점으로 인하여 계약 서비스를 지속해서 이용하는 것은 적절한 선택이었다. 다른 지역에서 새로 설립되는 정원들은 유연성 확보를 위해 유급 직원 고용이 아닌 특정 서비스에 대한 계약직을 이용하는 것을 고려해 볼 수 있다.

키 웨스트 식물원 협회는 이 유서 깊은 식물원을 수목원과 야생 보호구역 및 교육센터로 유지 및 발전시키고 있다(www.keywestbotanicalgarden.org)이 식물원은 플로리다 키 군도 및 카리브 지역의 식물과 생태계를 가꾸고 해설하는데 전력을 기울이고 있으며 미래에 대한 야심 찬 계획을 세우고 있다.

그림 7-2】 키 웨스트 열대림 열대 식물원과 대부분의 공공정원은 자원봉사자와 유급 직원들이 상호 협력하고 있다.
Key West Botanical Garden Society/Peter Arnow

▎기금조성과 마케팅 코디네이터

정원이 소규모의 인력을 가지고 있는 경우 보통 한 명이 기금조성 및 정원에 대한 지역사회 인식 제고 업무를 담당한다. 공공정원을 건강하게 발전시키는 데는 이 두 가지 역할 모두 중요하다. 기부자들은 자신이 잘 알지 못하거나 지역사회에 크게 봉사한 전력이 있거나 지역사회에 가치가 있는 단체가 아니라면 자신들을 나타내거나 큰 기부를 하지 않을 것이다. 정원을 발전시키고 의미가 있는 프로그램과 서비스를 제공하기 위한 충분한 예산 없이는 지역사회의 필요를 충족시킬 수 없다. 정원의 미션과 목표에 대한 헌신과 대중, 기부자들, 지역사회 지도자 및 언론과 원활한 소통 능력이 이 직책의 주요 자격요건이다.

정원을 발전시키기 위한 인력 고용

정원이 발전하고 성장함에 따라 인력 고용의 패턴 역시 달라지며 이는 정원의 최종 규모에 따라 달라진다. 직원의 직무, 책임, 직책은 정원이 커지거나 발전하면서 변화한다. 일반적으로 신규 작은 정원은 다양한 업무를 감당하는 다재다능한 직원을 고용하고 정원이 발전하고 크기가 커짐에 따라 더욱 특화된 사람을 고용하게 된다.

정원의 규모 및 직원의 수가 증가함에 따라 조직구조 역시 달라질 것이다. 직원 수가 증가한다는 것은 감독의 역할이 더 많아지고 필요하게 된다는 것을 의미한다. 때로는 직급의 수와 명칭의 변화가 성장하는 정원의 발전 단계를 반영한다. 예를 들어 정원사를 여러 명 고용한다면 아마도 원예 관리자나 팀 리더를 통한 조율과 감독이 필요해질 것이다. 그리고 그러한 관리자가 여러 명이 된다면 그들을 관리할 원예 총책임자가 필요해질 것이며 더욱 규모가 큰 정원은 원예 담당 이사 또는 원예와 운영 부사장이 총책임자들을 관리할 것이다. 대부분 공공정원은 보수와 복지혜택을 위한 인건비가 예산 중 가장 큰 부분을 차지한다. 추가 인력을 고용하는 것은 사용 가능한 재정자원에 달려있으며 신중한 재무 계획이 필요하다. 추가된 인력은 정원의 핵심 미션에 관련된 것이어야 하며, 예산의 지속적 확보를 보장한 경우에만 고려하여야 한다.

공공정원의 직무

공공정원의 직무의 종류와 수는 정원의 규모 및 복잡성과 함께 늘어난다. 공공정원은 다른 유형의 박물관과 같이 유사한 크기의 특정 영역에 집중된 사업 모델을 가진 다른 영리 기업들보다 훨씬 더 복잡한 인원을 구성하고 있다. 공공정원의 업무 및 직군을 소개하면 다음과 같다.

행정직들

대표직(Leadership), 경영 및 운영 업무가 정원의 행정에 속하며 이는 다음에 기술되는 원예, 교육 및 연구직과 구분된다.

▎원장, 전무이사, 사장, 또는 CEO

정원의 규모가 커지고 복잡해짐에 따라 원장이나 고위임원의 책임도 달라져서 지도부의 기능, 지역사회 및 이사회와의 관계, 기금조성에 대하여 좀 더 초점을 맞추게 된다. 원장이 정원의 모든 사항의 최종 책임이 있지만 좀 더 대규모의 정원은 원예, 연구, 교육, 방문객 및 사업 기능을 담당하는 직원과 책임자들을 별도로 고용한다. 정원의 미션을 위하여 자원 및 일반 대중의 지원을 현명하게 활용해야 하며 비영리 기관을 특징짓는 공익을 실현하기 위해서는 일반 기업에서와 같은 효율성을 보여주어야 한다. 정원을 대표하는 직책에 사용하는 명칭들은 일반적으로 조직의 규모와 복잡성을 반영한다. 정원이 더 성숙해 감에 따라 대표의 명칭은 원장에서 전무이사로, 다시 사장이 되며 좀 더 규모가 큰 정원은 사장과 CEO가 될 수도 있다.

▎사업 책임자 / 최고 재무책임자(CFO)

예산 수립, 회계, 재무, 투자, 임금 및 기타 재무 관련 책임을 다루는 부서들에 가장 적합한 리더는 경영, 회계 및 재무 관련 배경을 가진 전문가라고 할 수 있다. 대형 공공정원에는 독립적인 감사가 필요하며 여기에는 적절한 회계 및 내부 관리 절차와 규정 준수에 대한 검토가 포함된다. 좀 더 대규모 정원에서는 사업 책임자 또는 최고 재무책임자(CFO)가 회계 및 경리인력의 지원을 받는다.

▎인사 책임자

정원의 인력이 커지면 인적자원 관리의 책임 역시 더욱 중요해진다. 고용 관련 법률과 규정은 끊임없이 개정되면서 정원직원들의 채용, 교육, 임금, 평가, 안전, 해고를 관리하는 역할이 더욱 복잡해진다. 인적자원 전문가는 이 분야의 전문가들이다. 좀 더 대규모 정원은 복지 행정, 노사관계 및 직원 교육 분야 전문가들의 지원을 받는다.

▎마케팅 책임자 / 대외관계 이사

인식 제고와 방문객 확보는 공공정원의 필수적 목표이며, 정원의 마케팅, 홍보 및 소통 전문가는 정원이 일반인들과 성공적인 관계를 맺도록 도와준다. 대중 매체와의 효과적인 관계 수립 및 유지를 위해서는 홍보 코디네이터가 필요할 수도 있다.

기타 관련 직책에는 작가, 편집자, 그래픽 디자이너, 웹 마스터 및 소셜 미디어 전문가가 있다.

| 개발 / 회원관리 이사

방문객, 회원 및 기부자와의 관계를 발전시키는 것은 기부를 통한 대중의 지원을 보장받기 위한 중요한 방법이다. 개발 코디네이터, 이사, 부사장은 이러한 노력을 주도하며 기부 프로그램을 지원할 수 있는 추가 인력을 채용하는 경우가 많다. 자금 모집 직원은 연간 기부, 주요 선물들, 모금 캠페인, 또는 계획 증여(planned giving) 분야의 전문가일 수도 있다. 보조금 신청 담당자는 기업, 재단, 정부 기관으로부터의 지원 확보를 목표로 한다. 회원 책임자 및 관련 직원들이 주도하는 회원제 프로그램은 종종 회원들과 좋은 관계를 확립하고 이는 정원 운영을 위한 더 많은 기부금 수입으로 이어질 수 있다.

| 방문객 서비스 책임자

방문객 서비스 관련 직책은 공공정원의 인력 채용에 있어서 먼저 고용해야 한다. 이 업무를 담당하는 직원들은 관람객이 필요로 하는 것을 예측하고 충족시켜야 한다. 일부 정원들은 책임자 또는 이사를 포함한 고위직 인력 이외에도 단체관람을 담당하는 코디네이터, 시설 임대 책임자, 입구 안내원과 입장권 확인 인력을 채용한다.

| 시설 책임자 / 최고 운영책임자

정원의 시설 및 사업을 관리하고 운영하는 데에 필요한 직원의 수는 정원의 규모에 따라 달라진다. 최고 운영책임자(COO)는 대규모 정원의 운영을 책임질 수 있지만, 이 역할을 할 수 있는 다른 직책으로 시설 책임자, 보안 코디네이터, 정보 기술 전문가, 기념품점과 식품 서비스 책임자가 있다. 자원 활용 및 탄소 배출에 미치는 영향 평가와 관련해 환경친화적 방식을 책임지는 역할이 공공정원에서 새롭게 부상하고 있다.

원예 관련 직책들

원예 관련 인력은 공공정원에서 일반적으로 가장 규모가 큰 직군이다. 정원사/원예사 및 원예 분야의 책임자, 이사, 부사장 이외에도 다른 많은 직책이 원예 범주에 속한다.

구내 책임자는 조경관리, 잔디관리 및 부지건축을 책임진다.

그림 7-3】 방문객을 환영하고 안내하는 것은 공공정원 직원들의 중요한 역할이다.

Gene Almendinger / Desert Botanical Garden

온실책임자는 온실의 원예 전시를 조율한다. 온실/묘목 생산책임자는 수집품, 전시, 연구를 위한 식물들을 번식시키고 기른다. 식물 기록 책임자는 수집된 식물들의 필수 기록을 유지하고 이름표의 정확성을 확인한다. 더욱 규모가 큰 정원 중 일부는 종합 계획 및 조경 설계를 담당하는 조경 건축 또는 설계 컨설턴트를 고용한다. 자연 지역이 넓은 정원들은 그 관리를 위한 책임자와 인력이 필요할 수도 있다. 공공정원 대부분은 정규직 직원 이외에도 성수기의 수요 증가에 대비하기 위해 계절별 원예인력을 채용한다.

교육 관련 직책들

공공정원은 배움의 장소이고 영감을 주는 기관이기도 하다. 이러한 노력은 교육 관련 책임자, 이사, 부사장이 주도한다. 제공하는 교육 규모에 따라서 전문 코디네이터는 공식 청소년 교육, 학교 프로그램 및 평생 교육에 초점을 맞출 수도 있다. 일부 정원들은 대학과 협력 관계를 맺으며 여기에도 직원들의 참여가 필요하다.

수목 관리사: 나무에 올라가고, 가지를 치고, 나무의 건강과 안전을 관리한다.

아동정원 관리사: 아동을 대상으로 하는 정원의 프로그램, 인력 및 자원봉사자를 관리한다.

GIS/CAD 전문가: 컴퓨터 기술을 이용하여 정원 식물 및 기타 구성요소에 관해 공간적으로 연결된 데이터를 도면 화하고 관리하며 정원계획 수립 및 관리를 위한 디지털 스케치와 설계를 한다.

식물 표본실 큐레이터/책임자/보조: 연구 및 조사용의 식물표본 수집품을 관리 및 유지한다.

원예요법 전문가: 신체적 또는 정신적 장애가 있는 사람들에게 치료 목적의 정원 관리 기회를 제공한다.

해충관리 코디네이터/기술자: 통합 해충관리 방식으로 벌레 및 기타 식물 해충을 제어한다.

식물 번식가: 종자, 접붙이기, 꺾꽂이 및 기타 방식을 이용해 식물을 번식시킨다.

정원의 격식에 얽매이지 않는 교육 프로그램의 필수사항은 정원의 미션을 뒷받침하는 해설 프로그램을 담당하는 인력이다. 해설과 전시 책임자나 전문가는 공공정원의 식물, 정원과 프로그램을 전시하고 해설한다. 유급 또는 자원봉사 강사가 관람객들을 안내하고 전시물을 해설한다.

연구 직책

식물원과 수목원은 전통적으로 과학을 근간으로 하며, 현재의 많은 공공정원은 미션과 인력계획에 학술연구를 포함하고 있다. 최근에는 환경에 대한 우려로 인해 보전과학과 환경 과학 프로그램들이 증가하고 있다. 연구소의 소장, 책임자, 부사장들이 학술 프로그램을 이끈다. 일부 정원에서는 특화된 학위를 가진 과학자들이 분류학 및 계통학, 보전할, 유전학/유전체학/식물 육종학 또는 기타 식물학 및 원예학 연구에 초점을 맞추고 있다. 박사후과정 과학자, 대학원생, 연구 보조 및 실험실과 현장 보조 인력들이 그러한 연구를 지원한다.

조직 구조

신설 정원의 조직은 모든 직원이 정원 책임자 혹은 원장에게 보고하는 매우 단순한 구조를 가질 수도 있다. 정원이 발전하고 인력이 늘어남에 따라 더욱 정교한 업무 역할 및 감독 체계 그리고 직원들의 업무별 그룹 또는 부서가 확립될 것이다. 보고와 경영의 계층 구조가 필요해져서 기능이나 부서별로 그룹이 만들어지고 책임의 계층 구조가 만들어질 것이다. 원장이나 인사 업무를 담당하는 인력이 기능, 직책, 부서, 업무그룹 간의 관계를 보여주는 조직도를 만들 수도 있다.

아래의 사례 연구는 어느 대형 공공정원의 조직구조 및 인력 구성을 설명해 준다. 다층 구조와 좀 더 단순한 조직구조 및 보고체계가 가지는 장점에 대한 논쟁이 있지만 모든 조직에 적합한 접근 방식은 없다.

좀 더 규모가 큰 정원들은 업무별로 분업화되지만, 정원 경영자는 유대감, 소통, 부서 간 협력을 간과하지 않아야 한다. 고위 관리자로 이루어진 최고 경영진과 부서 간 프로젝트팀은 조직을 유지하기 위한 효과적인 도구들이다.

인사 관리

공공정원의 미션과 목표는 주로 그 구성원들의 노력에 크게 좌우되기 때문에 정원이 수 용하고 찾을 수 있는 최상의 인력을 모집하고 채용하여야 한다. 또 그들이 이직하지 않을 만큼 충분한 보상을 하고 그들의 업무를 평가하고 격려하며, 이러한 인력들을 효과적으로 관리하는 것이 중요하다. 인적자원 관리는 이러한 필요성은 물론 인력 및 노동 행위와 관련해 점차 방대해지고 있는 법률 및 규정을 정원이 준수해야 할 필요성에도 초점을 맞추어야 한다.

모집 및 채용

직원의 채용은 그 직원이 조직에 긍정적이고 유의미한 이바지를 할 수 있다는 점을 전제로 한다. 최고의 방식을 적용하고 모든 법률 요건을 준수하는, 모집 및 선발을 위한 체계적이고 일관된 절차야말로 가장 유능한 후보를 채용할 수 있는 견고한 기초를 제공한다("모집 및 채용 단계들" 참조).

공공정원의 직원들이 가지는 문화 다양성은 정원을 찾는 또는 정원이 앞으로 맞이하고자 하는 방문객들의 다양성을 반영해야 한다. 하지만 식물학 및 공공원예 분야는 그러한 의무를 달성할 수 있을 만큼 충분히 폭넓은 학생들과 구직자들의 관심을 받지 못하고 있다. 이 분야의 직업에 대한 인식을 높이기 위한, 전문성을 개발할 기회를 제공하고, 정원이 전체 대중들에게 좀 더 효과적으로 봉사할 수 있도록 유색 인종과 문화적으로 다양한 구성원들을 채용하기 위한 집중적인 노력이 필요하다.

모튼수목원은 대규모로 충분히 발전된 정원의 인력구성 및 조직구조의 좋은 예를 제공한다. 이 수목원은 1922년에 수목 식재와 보전을 위하여 민간 비영리조직 형태로 세워졌다. 이 수목원은 일리노이주의 시카고 서부 근교에 있는 연구, 교육, 공익 기관이다(www.mortonarb. org).

이 수목원은 총 1,700에이커의 부지에 수집한 식물에, 정원, 원예 조경, 연구시설, 자연 보호지역, 건물 및 보조시설로 구성되어 있다. 2009년에 관람객은 83만 1천 명에 달했으며, 그 해에 약 3만 4천 명의 회원들이 2,400만 달러의 운영 예산을 지원했다.

2009년에는 143명의 상근직 직원, 103명의 비상근 직원, 100명의 계절성 직원을 고용하였다. 이러한 인력구성을 환산하면 총 206명의 상근직 직원을 가진 것과 같다. 이 수목원은 940명의 열성적인 자원봉사자들의 도움을 받고 있으며, 정원의 미션을 최적으로 달성하기 위해 노력하는 관리와 조직 인력의 지원을 받는다.

그림 7–4는 모튼수목원의 조직구조 및 고위 직급 직원들을 보여준다. 6명의 부사장이 사장과 CEO에게 보고하며 CEO는 25명의 이사로 구성된 이사회를 책임진다. 예산 확보, 마케팅, 재무 관련 부서와 마찬가지로 식물 수집, 과학 및 교육 관련 부서들 역시 해당 부사장의 지원을 받는다. 부사장은 사장과 파트너를 이루어서 자신의 책임 분야에 대한 전략적 리더십을 제공하며 그들은 각자의 프로그램을 위한 외부 관계 및 자원 개발에 적극적으로 임한다.

프로그램 영역의 임원들과 책임자는 부사장과 협력해 특정 분야의 운영을 이끌며 일련의 책임자, 코디네이터, 전문가 및 기타 직원들이 수목원의 목표를 수행한다. 모튼수목원의 인사 책임자는 효과적인 그리고 지원 능력이 뛰어난 직원의 중요성을 생각해 사장과 CEO에게 직접 보고한다.

이 대형 공공정원의 효과적인 리더십 및 통합을 달성하기 위해 사장, CEO, 부사장과 책임자들은 고위 경영진 팀의 구성원으로서 협력하면서 전략, 계획수립, 행정, 운영과 관련된 문제들을 다룬다. 여러 부서 직원들로 구성된 실무팀이 구성되어 이 조직의 전략적 테마들(예, 기후 변화, 지역사회 녹화 및 수목 건강)을 발전시키고 또한 특정 계획(예, 미술 전시회 계획)에 대한 여러 시각의 의견을 수집한다.

특히 대규모 조직에서는 효과적인 직원 간 의사소통이 매우 중요하다. 모튼수목원은 정기적인 직원회의, 직원용 인트라넷, 이메일, 개인적 교류, 소셜 미디어, 사장과 CEO가 참여하는 분기별 직원 포럼을 포함한 다양한 정보 교환수단을 이용한다.

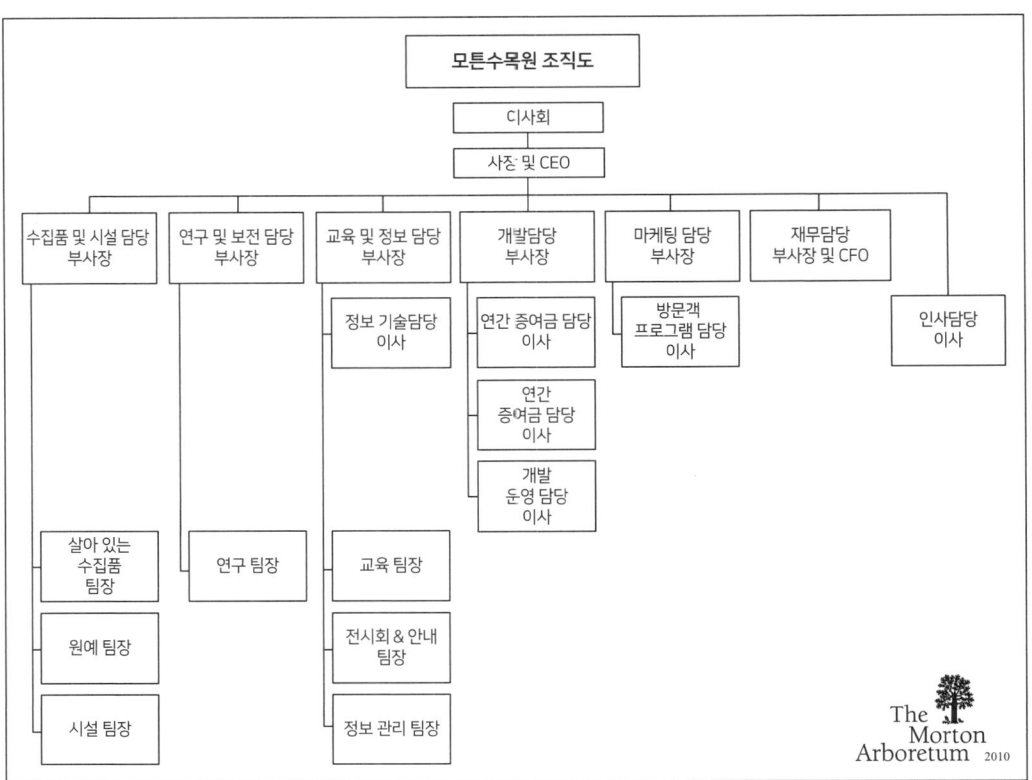

그림 7–4】 모튼수목원 조직도

직무 기술서

직무 기술서는 정원 내 각 직책에 대한 정원의 기대치를 정의하고 채용 및 성과평가의 명확한 기준을 제시한다. 체계적으로 작성한 직무 기술서에는 해당 직무에 대한 고도의 개요, 직무와 관련된 기본적인 책무, 직무수행에 필요한 지식, 기술 및 능력, 그리고 일반적인 업무조건들을 포함한다("직무 기술서의 요소들" 참조).

급여 및 복지혜택

정원의 미션과 목표달성을 위하여, 그 구성원이 가지는 중요성을 생각한다면, 양질의 직원들을 고용하고 유지할 수 있는 공정하고 경쟁력 있는 급여와 복지혜택 제공은 필수 조건이라고 할 수 있다. 급여에 대한 체계적 접근 방식이 필요하며 이는 객관적 데이터, 가용한 자원, 그리고 임금과 복지혜택에 대한 정원의 전체적 철학을 바탕으로 해야 한다.

특정 직책의 현재 시장가치에 대한 평가는 시장 내 유사한 직책에 있는 유능한 개인의 기술, 지식 및 능력을 바탕으로 하며 지역, 국가, 산업계 및 특정 조사별로 공개된 급여 데이터를 활용할 수 있다. 시장 평균 가치가 정해지면 정원의 임금 철학을 이 정보에 적용할 수 있으며, 그 결과는 시장 평균 가치보다 높은 매력적인 임금 수준이 될 수도 있고 시장가에 미치지 못할 수도 있다. 임금체계는 정원이 양질의 인력을 채용하고 유지하기

에 충분히 유연해야 하지만 또한 전체 임금 프로그램을 효과적으로 관리하는 데에 필요한 구조도 갖추어야 한다. 이러한 체계가 마련되면 이후의 시장 급여정보에 따라 조정될 수 있는 지속적이고 체계적인 접근 방식을 유지할 수 있을 것이다.

이러한 벤치마킹 접근 방식은 의료, 치과, 퇴직 수당, 그리고 보험료의 공동부담과 같이 직원들에게 제공하는 복지혜택의 종류 결정에서도 활용하여야 한다. 임금과 복지혜택에 대한 정원의 철학이 반드시 일치할 필요는 없다. 즉 임금 면에서 시장에 뒤처진 정원이 복지혜택 면에서 시장을 선도할 수도 있다.

아웃소싱 및 독립 계약업자

정원은 필요한 업무를 직원 채용뿐만 아니라 아웃소싱 또는 독립 계약업자를 이용해서 수행할 수 있다. 아웃소싱은 정원의 특정 업무를 책임질 독립 기업의 활용을 의미한다. 모든 기능의 아웃소싱이 가능하지만, 그중 두 가지 예로 관리서비스와 인적자원 관리가 있다. 이러한 아웃소싱 이용의 이점에는 고용과 관련된 임금, 복지혜택, 초과근무 비용을 절감할 수 있다는 점과

쉽게 고용할 수 없는 전문지식에 접근할 수 있다는 점이 있다. 하지만 이와는 반대로 이러한 계약에는 서비스 제공자에 대한 할증비용이 포함될 수도 있다. 아웃소싱은 관리의 공유 그리고 정원과 상대기업 간의 더욱 강력하고 집중적인 의사소통 노력이 필요한 협력 관계이다.

독립 계약업자는 계약서에 정의된 서비스나 결과를 제공하도록 고용된 개인을 말한다. 적정 노동기준법(FLSA)은 직원과 독립 계약업자에게 다르게 적용된다. 독립 계약업자는 직접 감독의 대상이 아니며 명시된 서비스 제공의 방법, 세부사항, 수단을 그들이 결정하며, 자신의 계약 완수를 위해 정원 자원을 사용하지 않아야 한다. 계약업자들은 시급이나 주급 형태가 아닌, 일반적으로 직무 완료 시점에 받는다. 이러한 종류의 유연한 인력계약은 단기 프로젝트에 적합하다.

법률 준수

임금, 복지혜택, 모집 및 채용을 포함한 인사 관련 기능과 성과관리가 정원에서 가장 많은 규제를 받는 영역이다. 연방과 주 정부와 각 지방의 수많은 법률과 규정들이 인력관리의 모든 면에서 피고용인의 권리를 보호하고 불법적 차별을 예방한다. 중요한 연방 노동법들은 다음과 같다.

- 고용상 연령차별 금지법(Age Discrimination in Employment Act; ADEA): 고용 시 40세 이상에 대한 차별 금지
- 미국 장애인법(Americans with Disabilities Act; ADA): 고용 시 장애인에 대한 차별 금지.
- 1964년 공민 권법(Civil Rights Act) 제7장: 고용 시 인종, 피부색, 국적, 종교, 성별을 기준으로 하는 차별이나 분리 금지. 고용 평등기회 위원회(Equal Opportunity Employment Commission; EEOC) 설치
- 통합예산 총괄 조정법(Consolidated Omnibus Budget Reconciliation Act; COBRA): 과거 직원과 그 가족에 대한 의료 보험 혜택 제공 연장.
- 근로자 퇴직 소득 보장법(Employee Retirement Income Security Act; ERISA): 퇴직자의 세제 혜택 수혜 지위 유지를 위한 퇴직 및 의료 복지혜택 프로그램의 기본적 기준 수립.
- 적정노동기준법(FLSA): 피고용인의 초과근무 상태, 아동노동, 최소 임금, 초과근무에 대한 임금, 기록보관, 고용문제에 대한 규제.
- 가족 의료 휴가법(Family and Medical Leave Act; FMLA): 자녀 출산이나 입양, 가족의 심각한 건강상의 문제, 피고용인

자신의 심각한 건강 문제와 관련해 피고용인에게 12주의 무급 휴가 기회 제공.
- 임신 차별 금지법(Pregnancy Discrimination Act; PDA): 임신, 출산 및 관련 조건에 대하여 차별 금지.

이러한 규정 중 많은 수는 직원의 수와 무관하게 모든 기업에 적용된다. 기타 규정들은 근로자 수가 법률로 정한 최소 인원을 넘는 경우에만 적용된다. 이러한 규정들은 정원과 경영자가 책임 있고 적절한 방식으로 행위를 하도록 하고 정원이나 개인의 잠재적 책임을 최소화한다는 점에서 그 준수는 매우 중요하다.

노사관계

일부 공공정원들에서는 노동조합을 결성할 수도 있다. 노동조합에 가입한 피고용인은 흔히 정부 산하 정원 및 많은 대학 정원들과 관련이 있다. 노조에 소속된 직원들에게는 임금, 복지혜택, 성과관리(징계 조치), 근무시간, 기타 노동조건에 관한 구체적 사항을 강제하는 노사 간 단체협약 또는 조합계약이 적용된다. 정원에는 노조가입 및 미가입 직원이 모두 있을 수 있으며 그에 따라 서로 다른 인력관리, 정책 및 복지혜택이 필요하다.

노사 간 단체협약은 계약 기간에 따라 경영진과 노조 대표 간에 주기적으로 합의된다. 미국노동관계법(National Labor Relations Act)에 포함된 노조와 관련된 특정한 노동법들이 고용주와 피고용인 모두에게 지침이 될 수 있다.

인사정책

정원의 성공적 운영에 필요한 법률 준수 이외에도 정원은 직원들의 법률적, 윤리적 그리고 적절한 행동을 위한 강력한 기초의 수립을 위해 인사정책 및 지침을 마련해야 한다("인력정책 예시" 참조). 2002년에 발표된 사베인스 옥슬리법(Sarbanes-Oxley Act)은 비영리 단체들은 윤리, 내부 고발자 보호 및 문서 보존을 포함해 특정 정책을 채택하도록 강제하고 있다.

직원 핸드북은 직원들이 업무 관련 정책 및 지침, 고용과 복지혜택에 대한 정보, 정원의 기대치를 이해하는 데에 도움이 되는 가치 있는 자원이자 의사소통 도구다. 핸드북은 모든 직원에게 제공되어야 하며 정책의 변화와 발전에 따라 개정되는 살아 있는 문서이어야 한다.

성과관리

적절한 직원의 채용 및 승진, 목표를 달성하도록 지도 및 안내, 훌륭한 성과에 대한 즉각적 인정, 명확하고 현실적인 직원

- **직장 내 알코올/약물 금지**: 자신의 직무를 안전하게 수행할 능력을 훼손할 수도 있는 모든 물질에 대한 소유, 이용, 그리고/또는 섭취를 다룬다.

- **반폭력**: 업무 현장에서 어떤 불법적 폭력, 차별, 위협이 없도록 하기 위한 정원의 노력을 보여주며, 불만에 대한 신고 및 그 조사를 위한 절차의 개요를 제시한다.

- **출근**: 출근 및 시간 준수에 관한 기준 및 기대치를 수립하고 병, 고지, 결근과 관련된 절차의 개요를 제시한다.

- **휴대전화기 사용**: 운전 중 업무 전화 이용을 포함해 근무시간 중 휴대전화기 사용에 관한 지침을 제공한다.

- **이해관계 충돌**: 이해관계의 충돌 또는 그 가능성이 있을 수 있는 상황, 행위, 관계에 대한 보고 및 공개가 필요하다.

- **징계**: 징계 조치로 이어지는 허용 불가능한 처신 및 행동 그리고 정원이 이용하는 징계 수단을 제시한다.

- **문서 보존**: 정원 운영 과정에서 받았거나 생성된 기록 및 문서에 관한 체계적 검토, 보존, 파기를 다룬다.

- **윤리**: 법률 및 직업상의 기준에 따라 정원의 직원과 대리인들의 윤리적 행동에 대한 지역사회의 기대치.

- **선물**: 사업 관련 외부인이 건네는 선물의 직원 수령을 다룬다.

- **지적 재산권**: 직원이 개발한 업무상의 제품을 정원의 지적 재산권으로 간주해야 하는 조건을 정의한다.

- **외부 업무의 겸직**: 자신의 의무수행 능력에 관해 이해관계에 있어 경쟁하거나 발생시킬 수도 있는 정원 외부에 동시 취업을 다룬다.

- **초과근무 수당**: FLSA에서 규정된 주당 40시간을 초과하는 근무에 대한 초과근무 수당을 정의한다.

- **안전**: 정원의 안전 철학 및 적용 가능한 사건 또는 안전 위협 보고 절차를 전달한다.

- **출장비 및 사업 경비**: 승인된 출장 또는 사업과 연계해 발생한 비용에 대한 기준 및 환급 방식을 정한다.

- **직장 내 폭력**: 정원 소유 부동산 내에서의 폭력 행위 및 무기 소유를 다룬다.

- **내부 고발자 보호**: 적용 가능 정책, 법률, 규정에 대해 의심되는 또는 실제 위반을 직원들이 보고할 기회 보장. 조사 절차, 기밀 유지, 보복 금지 조항이 포함된다.

개인 목표수입을 포함해, 소속직원들의 성과관리 및 능력 개발은 관리자의 리더십 역할 중 중요한 요소이다. 관리자는 부정적

성과에 관한 피드백을 제공해야 하며 가능한 경우 구두 및 서면 경고, 성과 개선 계획수립, 업무 정지 및 해임과 같은 징계 조치를 해야 한다.

지속적이고 체계적인 성과 피드백은 고용주-피고용인 관계에서 필수적인 요소이다. 관리자는 직원의 노력 및 성공을 인정하고, 추가적인 직무 관련 훈련이나 개발이 필요한 영역을 파악할 책임을 지고 있다. 성과관리 및 피드백의 일환으로써 최소한 연간 성과평가 회의를 열어야 한다. 성과 기대치 및 그 결과에 대한 지속적인 상호 이해를 수립하기 위해서는 관리자와 직원 간에 정기적이고 잦은 피드백을 주고받아야 하고 대화를 하는 것이 권장된다.

성과평가는 직원성과 및 목표달성에 대한 공식적 평가이며 피드백과 상담을 제공하고 개선의 여지가 있거나 추가 훈련이 필요한 영역을 다룰 기회를 제공한다. 평가는 생산성, 명확성, 기대치를 개선할 수 있고 앞으로 있을 평가 기간과 관련된 업무 관련 목표를 수립할 수 있다. 성과 평가방법에는 미리 정해진 양식이나 대조표를 이용한 범주별 평정, 성과에 관한 서면 해설을 이용한 기술적(narrative) 평가, 업무그룹 내 모든 직원의 등위를 이용한 비교평가 등이 있다.

| 훈련 및 전문성 개발

직원 훈련 및 전문성 개발은 최초 출근일로부터 시작해 해당 업무를 맡은 기간 계속해야 한다. 정원과 직무 훈련에 관한 효과적인 오리엔테이션 및 설명이 필수적이다. 일부 고용주들은 신규 채용된 직원의 고용 초기에 초기 진행 과정 및 성과평가를 하고 이를 바탕으로 추가적인 훈련이나 지원의 필요성을 판단한다.

신입직원의 초기 오리엔테이션 및 훈련과 더불어 관리자는 정원직원의 지속적 훈련 및 전문성 개발 과정에서 직접적인 역할을 해야 하며 보수 교육을 지원할 자원과 시스템이 정착되도록 해야 한다. 연간 목표 설정 과정의 일부로써, 관리자가 파악한 훈련 이외에도 지속적 전문성 개발에 관한 직원의 관심 및 관점에 대한 고려도 가치를 가진다. 그러한 방식의 장점에는 성과 개선, 유지율 상승, 내부 이동 및 승진의 기회, 전문가 네트워크 구성이 있다. 보수 교육 프로그램이 직원에게 유용하기 위해서는 직원의 전문성 개발 및 경력 목표를 정원의 목표와 조화시키는 방법을 찾아야 한다. 추가적인 학문적 교육, 전문가 단체 및 학술회의 참여, 새로운 기술의 개발, 워크숍, 상호 업무 체험 또는 교환, 멘토링 관계, 특수 프로젝트는 전문성 개발의 기회가 될 가능성을 가진 여러 형태 중 일부이다.

그림 7-5] 관리자는 직원에게 지속적인 훈련 및 피드백을 제공하여 업무 수행을 돕는다.

The Morton Arboretum

요약

공공정원은 다양한 분야에서 고용과 관련된 많은 매력적인 기회들을 얻고 있다. 현재 운영하는 학술적 및 직업적 전문성 개발 프로그램들은 공공원예 분야에서 많은 고급 전문 인력들을 육성하고 있다. 조직으로서의 공공정원들은 또한 더욱 높은 수준의 전문화로 향하는 길을 걷고 있다. 이는 개별 정원들이 성장하고 성숙함에 따라 나타나고 있지만, 또한 하나의 집단으로서의 공공정원 전체에서도 이루어지고 있다.

미국 공공정원협회(American Public Gardens Association; www.publicgardens.org) 그리고 공공원예센터(Center for Public Horticulture; www.publichorticulture.udel.edu)는 공공정원과 구성원들이 더욱 효과적이고 전문적으로 되도록 하는 데에 전념하고 있다.

인력구성 및 인력관리에 관한 이 장은 정원이 정착되고 발전하고 성숙해 감에 따라 인력의 구성이 어떻게 변하는지를 살펴보았다. 정원이 발전하면 정원 인력의 조직구조가 변하는 것과 마찬가지로 직무의 수, 특화 수준, 기술 수준 역시 변하게 된다.

공공정원의 성공에는 고용주-피고용인 관계가 절대적으로 중요하며 고용의 관리는 복잡한 과정이다. 공공정원에서 인적자원을 효과적으로 관리하는 것은 잠재적 피고용인들에게 매력적인 부분이며 직원들을 유지하고 동기를 부여하며 생산성을 높이는 데 긍정적인 영향을 미치는 고용 환경으로 이어진다.

공공정원의 취업은 직업 세계에서 가장 만족스러운 목표 중 하나이며, 공공원예 전문가들이 정원에서 사람들과 식물들을 이어주어, 무엇을 성취해 내는지를 관찰하는 것은 매우 즐거운 과정이다.

참고 문헌

American Association of Museums Career Center(www.aam-us.org/aviso/index.cfm). Job postings in museums, including public gardens.

American Public Gardens Association. 2008. *2008 compensation and benefits study.* Kennett Square, Penn.: American Public Gardens Association. Benchmark salaries and benefits for public garden jobs.

American Public Gardens Association Career Center(www.publicgardens.org). Job postings in public gardens; click on Member Resources, then Career Center.

American Public Gardens Association Resource Center(www.publicgardens.org). Model job descriptions, personnel policies, and organizational charts from different public gardens; click on Member Resources, Resource Center, Human Resources.

Barbeito, C. L. 2006. *Human resource policies and procedures for nonprofit organizations.* Hoboken, N.J.: John Wiley and Sons. A useful reference for personnel practices at nonprofit organizations, with model policies and procedures.

Botanic Gardens Conservation International(www.bgci.org/resources/jobs). Job postings in public gardens.

Center for Public Horticulture(www.publichorticulture.udel.edu/careers). Video career profiles by public garden professionals.

MuseumProfessionals(www.museumprofessionals.org). Job postings in museums, including public gardens.

Pynes, J. E. 2004. *Human resources management for public and nonprofit organizations: A strategic approach.* Hoboken, N.J.: John Wiley and Sons. A comprehensive reference on human resources management in nonprofit organizations and public agencies.

Society for Human Resource Management(www.shrm.org). Comprehensive HR site and resources, including tool kits, sample forms, glossary, and regulatory matters.

United States Department of Labor(www.dol.gov). Source of information on federal labor laws and employment practices.

CHAPTER 8

Volunteer Recruitment and Management
자원봉사자 모집과 관리

ARLENE FERRIS 알린 페리스

서론

북미에 있는 대부분의 공공정원은 자원봉사자들이 설립하였다. 또한, 현재 자원봉사자들은 공공정원이 제공하는 대부분 프로그램과 활동에 크게 이바지하고 있다. 자원봉사자들이 다양한 방법으로 정원의 성장과 번성을 돕고 있지만, 자원봉사자의 참여를 잘 계획하고 관리하여야 한다. 정원이 성장하고 정원 직원과 프로그램 및 재정 지원이 늘어날지라도, 정원 내외적으로 귀중한 자산인 자원봉사자의 필요성은 절대 없어지지 않는다.

자원봉사자의 가치

정원이 자원봉사자들의 가치를 판단하려고 할 때, 여러 가지 방법이 있다. 그중 한 가지는 자원봉사자들이 기부한 시간과 평균 시간당 임금을 곱하여 자원봉사자들의 도움으로 얼마나 큰 비용이 절감되었는지를 계산할 수도 있다. 그러나 이렇게 금전적인 측면만 가지고 그들의 공헌을 측정하면 그들의 가치를 과소평가하게 된다. 자원봉사자들은 정원에 에너지를 더해주며 그들의 재능, 기술과 지식은 눈에 보이지 않는 전혀 기대하지 못한 방향에서 정원을 풍성하게 한다. 일례로 그들이 돈을 받지 않고도 자신들의 시간을 투자해 정원에서 일한다는 것은 정원의 미션이 얼마나 중요한지를 잘 보여주는 것이다. 지역 사회 구성원들은 정원의 자원봉사 프로그램에 참여해 정원이 자신의 목표를 달성하도록 도울 수 있다. 또한, 자원봉사자들은 정원의 메시지를 지역 사회에 전달하며, 지역 사회에서 그들의 지식과 열정을 다른 사람들과 공유하고 있다.

자원봉사자 프로그램 기획

자원봉사 프로그램에는 시간과 돈의 투자가 필요하다. 자원봉사자 프로그램을 계획하는 목표는 우선 직원과 자원봉사자 모두의 필요를 만족시키는 것이고, 또한 이 프로그램을 통해 자원봉사자를 효과적으로 정원에 흡수하여 자원봉사자에 대한 투자가 충분히 보상받을 수 있도록 하는 것이다.

자원봉사자가 언제, 어디서, 어떻게 도움 줄 수 있는지 평가하기

대부분 공공정원은 자원봉사자의 도움을 받지만, 자원봉사자의 도움이 운영과 발전에 어느 정도 참여하는지는, 정원과 정원에서 일하는 직원의 숫자, 정원의 개발 단계, 정원이 제공하는 프로그램의 수와 종류에 달려있다. "정원의 현재 상태는? 우리가 원하는 정원의 미래는? 자원봉사자가 어떻게 정원이 목적을 이루는데 도울 수 있는가? "라는 질문들은 정원의 이사회가 정원의 자원봉사 프로그램을 어떻게 이끌어 나가야 하는지를 결정하는 중요한 질문들일 것이다. 현재 자원봉사자가 필요한지를 평가하기 위해 정원은 다음 사항들을 결정해야 한다: "어떤 업무에 인력 충원이 꼭 필요한가?" "그 업무를 맡아서 할 직원을 고용할 자금이 있는가?" "자원봉사자가 그 업무수행을 도울 수 있는가?" "어떻게 자원봉사자가 프로그램과 서비스를 제공하는 것을 도울 수 있는가?" "누가 자원봉사자 모집과 교육을 담당할 것인가?" 정원이 자원봉사자를 필요로 하는 이유가 지속해서 변화할지라도, 이들 질문에 대한 답은 자원봉사자의 필요성을 결정하는 출발점이 될 수 있다.

그림 8-1】 원예 자원봉사자는 공공정원에서 식물 수집품들을 돌보는 데 중요한 역할을 한다.

Courtesy of Fairchild Tropical Botanic Garden

새로 설립하는 정원에서 자원봉사자는 식재, 기획, 문서관리와 기금모금에 이르기까지 모든 것을 담당할 수 있다. 정원이 성장함에 따라 직원들은 더 많은 시간이 필요하고, 특정 기술과 더 큰 책임이 필요한 직무를 맡게 된다. 자원봉사자가 숙련되고 헌신적인 사람일 수 있지만, 대부분 자원봉사자는 일반적인 직장을 다니듯 정해진 일정에 따라 매주 20시간에서 40시간 동안 자원봉사하고 싶어 하지는 않는다. 정원은 궁극적으로 유급 직원과 자원봉사자에게 적절한 미션들 맡기고 그들의 업무에 균형을 맞추어야 한다.

이미 잘 자리를 잡은 정원은 일반적으로 자원봉사자들에게 원예, 교육 프로그램, 방문객 서비스, 행정실, 보전 프로젝트, 식물 판매, 식물표본 및 기념품점과 특별 행사에 많은 도움을 받는다. 정원은 그들의 도움으로 이루어 낸 성공을 바탕으로 자원봉사자가 참여할 새로운 기회 또는 확장된 기회를 지속해서 찾는다. 자원봉사자들이 정원과 직원을 도울 수 있는 귀중하고 추가적인 아이디어를 제공하기도 한다.

무엇이 정원 자원봉사자에게 동기를 부여하는가

예비 자원봉사자들에게 왜 그들이 자원봉사하고 싶은지를 물어보면 많은 사람이 그 정원이 자신과 자신의 공동체에 중요한 의미가 있어서 그 정원을 지원하고 싶고, 그래서 자원봉사를 하고 싶다고 대답한다. 그러나 이들의 그런 동기를 유지하기 위해서는 반드시 충족시켜야 할 요구 사항들이 있다.

• 자원봉사자들은 개인적 풍요를 원한다. 사람들은 흥미롭고 자극적인 일에 자발적으로 참여하며, 평생학습의 기회를 찾는다.

• 자원봉사자들은 다른 사람들과 만나고 싶어 한다. 자원봉사자들은 비슷한 가치와 관심사를 가진 사람들을 만나 함께 어울리고 싶어 한다.

• 자원봉사자들은 의미 있는 프로그램에 참여하기를 원한다. 자원봉사자들은 어린이 교육, 중요한 수집식물의 보존, 방문객 안내 그리고 연구 프로젝트에 직접 참여하기를 원한다.

• 자원봉사자는 새로운 기술을 배우고 싶어 한다. 앞으로 원예 및 관련 분야에서 일하고 싶은 사람들은 자원봉사하면서 지식을 늘리고, 경험을 쌓고, 다른 분야의 사람들과 네트워크를 형성할 수 있다.

• 자원봉사자들은 정원에서 일하기를 원한다. 식물에 관심이 있는 사람들은 원예를 직접 배우고 아름다운 공공정원을 만드는 데 도움을 줄 기회를 소중하게 생각한다.

직원의 지지를 끌어내기

상급자로부터의 지원은 성공적인 자원봉사 프로그램의 핵심 요소이다. 비영리조직의 관리에 대한 전문가인 수잔 엘리스(Susan Ellis)에 따르면, 최고 관리자는 성공적인 자원봉사 프로그램을 개발하는 데에 큰 관심을 두는데, 이는 자원봉사자가 조직이 미션을 이룰 수 있도록 하는 큰 잠재력이 있기 때문이다.

자원봉사 프로그램을 수립하는 과정에서 조기에 직원들의 마음을 얻는 것 역시 매우 중요하다. 자원봉사자는 친절하고 교육적인 환경에서 가장 잘 일할 수 있는데, 직원들이 자원봉사자와 같이 일하려고 하지 않으면 그들이 조직에 동화되는 데 어려움이 있게 된다. 직원들이 계획 과정에 참여하게 되면 그들이 우려할만한 일들을 미리 해결할 수 있고 자원봉사가 성공적으로 됐을 때, 그들도 이득을 얻게 된다.

| 자원봉사자와 유급 직원

모든 정원 직원, 노조 및 비노조 직원들이 자원봉사자들이 유급 직원을 대신하지 않는다는 것에 대해 확신해야 한다. 조합원들과의 단체 교섭 결과에 따라 자원봉사자들을 특정한 일에 활용할 수 없을 수도 있다. 과거에 성공적으로 단체 교섭을 했던 경험이 있는 직원들이 이러한 문제를 다루는 데 있어 유용한 정보를 제공할 수 있다.

유급 직원과 자원봉사자의 구별법

• 자원봉사자는 돈을 받지 않는다.

• 자원봉사자는 자신의 일정을 스스로 관리한다.

• 자원봉사자는 원치 않는 일을 할 필요가 없다.

• 자원봉사자들은 일반적으로 지속적인 중노동이나 기계 조작을 하지 않는다.

자원봉사 프로그램 관리

소규모 정원이나 신설 정원에는 자원봉사자 프로그램을 관리하는 사람이 필요하지 않을 수도 있다. 하지만 정원의 규모가 커지면 자원봉사자를 모집, 적응, 조정 및 추적할 미션을 담당할 직원이 필요하다. 자원봉사자 관리자의 주요 책임은 자원봉사자들이 정원의 미션과 목적, 업무 및 다른 직원들을 원활히 지원하는 것이다. 또한, 정원의 일들을 자원봉사자와 연계하며, 프로그램의 모든 요소를 조정하는 것이다. 자원봉사자 관리자는 상근 혹은 비상근 일 수 있고, 여러 직무를 수행하는 직원일 수도 있으며, 자격 있는 자원봉사자가 이 임무를 수행할 수도 있다. 대안 모델은 각 부서가 자체 자원봉사자를 모집, 인터뷰, 훈련 및 관리하는 것이다.

자원봉사자 업무 기획

자원봉사자를 요청할 때는 항상 직무 지침서를 기본으로 준비해야 한다. 이 양식을 작성하려면 직원은 이 업무의 중요한 요소를 식별해야 하며 이 과정을 통해 업무에 맞는 자원봉사자를 선택할 수 있다. 직무 지침서는 그 직무에 어떤 것들이 기대되는지

자원봉사자 직무 지침서의 요소들 ▼

직책 및 설명
감독자
업무의 위치
의무와 책임
요구되는 기술, 지식, 능력, 태도
필요한 요일 및 시간
업무의 최소 / 최대 시간
교육 및 평가 절차
이 일이 정원의 미션을 완수하는 데 어떻게 도움이 되는지
자원봉사자에게 주는 혜택

제안되는 자원봉사자 정책 및 절차 ▼

자원봉사자의 부재, 일정관리와 시간 기록	고충 처리 절차
위험 부담과 책임면제서 양식	회원, 입장 및 방문객 정책
배경 조사	정원 차량의 운행
컴퓨터 사용	주차
고객서비스 표준	식물 수집
복장 규정	금지 규정(음주, 마약, 흡연)
응급 절차	안전
평가 절차	성희롱
	교육 요구 사항

를 명확하게 보여주기 때문에, 필요한 기술이나 능력이 없는 지원자가 자신이 왜 특정한 자리에 뽑히지 못했는지를 이해할 가능성이 더 크다.

자원봉사자 정책 및 절차

자원봉사자 일자리 창출과 함께 자원봉사자 참여를 안내하고, 자원봉사자들이 정원과 일체감을 느낄 수 있게 할 정책 및 절차를 마련해야 한다. 정원 차원의 정책뿐만 아니라 부서 차원의 정책도 중요하다.

정원 차원의 정책 및 절차는 자원봉사 핸드북에 나와 있어야 하며 자원봉사자는 정책을 수락하고 동의할 때 서명해야 한다. 부서별 정책은 정원의 직원인 자원봉사자 감독자가 자원봉사자에게 발급한다. 일회적인 행사를 돕는 자원봉사자를 위해 다른 버전이 만들어질 수도 있다. 신설 정원은 정책과 절차의 사례에 대해 이미 설립된 정원을 참고할 수 있으며, 또한 그들의 직원 핸드북을 참고하여 추가할 항목에 대한 아이디어를 얻을 수 있다.

위험 관리 문제

직원은 자원봉사자의 작업 중 및 작업장에서 발생할 수 있는 위험을 평가하고 이러한 위험을 최소화하거나 없애기 위한 교육, 도구, 장비와 감독을 제공해야 한다. 자원봉사자의 업무는 기본적으로 위험요소를 가지고 있다. 예를 들어, 원예 자원봉사자는 피부를 찌를 수 있는 곤충, 가시 식물 또는 심한 피부 자극에 노출될 수 있고 예리한 도구를 사용하는 동안 상해를 입을 수도 있다. 실외에서 근무하는 모든 자원봉사자는 기상 조건의 변화에 영향을 받을 수 있으며 그러한 상황이 일어났을 때 필요한

그림 8-2】 페어차일드의 자원봉사자는 장애가 있는 방문자와 도움이
필요한 사람들에게 셔틀 서비스를 제공한다. 셔틀 운전자는 승객의
안전을 도모하기 위해 장비 및 절차에 대한 교육을 받는다.
Courtesy of Fairchild Tropical Botanic Garden

그림 8-3】 모집 안내 책자는 매력적인 이미지와 정원의 미션과
자원봉사자 요건 및 미래의 자원봉사자를 위한 연락처를 포함해야 한다.
Courtesy of Fairchild Tropical Botanic Garden

행동절차가 수립되어 있어야 한다.

어린이 또는 다른 취약 계층(예: 노인 또는 장애인)과 함께 일
하는 자원봉사자는 높은 수준의 보살핌 기준을 만족시켜야 한
다. 이를 위해 이들 자원봉사자는 적절히 선별되고, 훈련되고 감
독 되어야 한다.

다른 고위험 자원봉사자 업무로는 정원 소속의 차량을 운전하
거나 잠재적으로 위험한 장비 혹은 화학 물질을 사용하는 일이
다(그림 8-2). 특정 작업을 자원봉사자에게 맡기기에는 위험이
크면 해당 작업을 수정하거나 유급 직원에게 맡겨야 한다.

자원봉사 모집 및 배치

자원봉사자를 모집하는 데 있어서의 어려운 점은 단지 정원을
사랑하고 기꺼이 도움을 주려는 사람들을 찾는 그것뿐만 아니라
그들 중 실제로 자원봉사를 할 수 있는 시간을 가진 사람과 필요
한 일에 도움을 줄 수 있는 능력을 갖춘 사람들을 찾는 것이다.
모든 자원봉사자가 같은 능력을 갖출 필요는 없다. 정원이 신체
장애인이 접근할 수 있는 화분대와 휠체어를 타고서 접근 가능
한 작업장과 같은 시설들을 갖추고 있는 경우 정원이 더 많은 잠
재적 자원봉사자들을 필요하게 한다. 나이가 더 많거나 육체적
으로 건강하지 못한 사람들도 기부에 대한 감사카드를 쓰거나
방문객들에게 인사하는 등의 다양한 다른 일을 수행할 수 있다.

메시지 작성

모집 메시지는 정원에 자원봉사자가 필요하다는 것, 자원봉사
자로 하는 일이 보람되다는 점, 그리고 자원봉사는 헌신이 필요
하다는 것을 전달해야 한다. 자원봉사자 웹 사이트, 안내용 책자
(그림 8-3) 및 기타 모집 자료는 업무의 세부 사항을 상세히 설
명하고 현재의 자원봉사자를 소개하며 사람들에게 긍정적인 메
시지를 전할 수 있다. 이런 매력이 있지만, "정원에는 모든 사람
이 할 만한 일이 있다"라고 주장하지 않는 것이 가장 좋다. 왜냐
하면, 이는 정원이 지킬 수 없는 약속이 될 수 있기 때문이다.

모집 이벤트 및 도구

어떤 정원은 지역 사회의 식물 및 자연 애호가들 사이에서 인
기가 있어서 지원자가 꾸준히 유입된다. 그러나 대부분 정원은
필요한 인원수와 유형의 자원봉사자를 모집하기 위해서는 적극
적인 모집 캠페인을 해야 한다. 모집 캠페인은 다양한 공지가 필
요하다. 예를 들어 정원 간행물과 웹 사이트에 공지사항을 띄울

그림 8-4】 애틀랜타식물원은 목요일 저녁 사교모임을 개최하여 새로운 관람객과 예비 자원봉사자를 유치한다.
Courtesy of Atlanta Botanical Garden.

수도 있고, 회원과 지역 모임들에 이메일이나 우편물을 직접 발송할 수도 있으며, 정원에 자원봉사자를 모집한다는 인쇄물이나 전시물을 게시할 수도 있고, 지역 언론을 통해 보도하거나, 지역 사회의 자원봉사 사이트, 소셜 네트워킹 사이트 및 게시판에 게시할 수도 있다. 또한, 사람들은 직원이나 다른 자원봉사자들이 자원봉사해 줄 것을 개인적으로 부탁해도 들어주기도 한다.

많은 정원은 정기적 혹은 특별 행사를 개최하여 일반인들이 정원을 방문하고 정원의 자원봉사 프로그램에 대해 알 수 있도록 한다(그림 8-4).

자원봉사자가 즉시 필요한지 아닌지에 상관없이 정원은 늘 정원의 자원봉사자 프로그램을 일반 대중에게 드러내야 한다. 왜냐하면, 이를 통해 이미 봉사 활동을 하는 사람들의 노고를 인식하고 정원에 이런 프로그램이 있다는 사실을 다른 사람들에게 알릴 수 있기 때문이다.

신청서

모든 예비 자원봉사자는 인터뷰 이전에 신청서를 작성하고 제출하여야 정원직원이 지원자가 좋은 후보인지를 결정할 수 있다. 고용기회 균등 법령은 신청서와 인터뷰에 어떤 질문을 할 수 있고, 할 수 없는지에 대한 지침을 제공하지만, 일반적으로 신청인은 특정 업무에 대한 고려 사항인 건강 혹은 신체적 상태에 대한 질문을 받을 수 있다. 많은 정원의 웹 사이트는 자원봉사 신청서 링크가 있다. 어떤 정원들은 분류, 추적 및 보고를 쉽게 할 수 있도록 데이터베이스에 전자 신청서를 직접 제출할 수 있는 자원봉사 관리 소프트웨어를 사용한다.

면접

만약 좋은 후보자가 있으면, 그 사람에 대해 더 잘 알아보고 그 사람을 뽑아야 할지, 언제, 어디서, 어떻게 자원봉사 배치를

잠재적인 자원봉사자 그룹 ▼

가든 회원과 방문객
이웃 주민
시민 단체 회원
정원 클럽, 마스터 가드너 그룹, 식물협회, 환경단체 회원
공립 및 사립학교 학생, 가정교육 단체

대학생 자원봉사자 센터, 동호회, 여학생 클럽으로부터 모집
은퇴자 공동체 및 은퇴한 전문가 조직
기업체 직원
법원의 명령으로 지역 봉사 활동을 하는 사람

샤이엔식물원의 독특한 역사와 성공은 자원봉사자와 지역 사회단체가 어떤 정원의 각각 발전 단계마다 어떻게 정원을 위해 지속해서 자원봉사를 해왔는지를 보여준다.

샤이엔식물원의 최초 태동기의 모습은 태양열 온실이었는데, 이곳은 저소득 지원 프로그램의 자금으로 만든 곳으로, 노인, 지체 부자유자 및 위험에 처한 청소년 자원봉사자들이 관상용이나 식용식물을 재배하던 곳이었다. 이 온실이 궁극적으로 샤이엔의 공원과 레크리에이션국(Cheyenne's Parks and Recreation Department)이 운영하는 9에이커의 공공정원과 62에이커의 수목원으로 발전하였다. 그리고 노인, 지체 부자유자, 그리고 위험에 처한 청소년이 여전히 이 상을 받은 자원봉사자 프로그램 자원봉사자의 대다수를 차지한다. 이 정원은 모든 공공정원 중에서 가장 높은 자원봉사자 대 직원 비율을 자랑하며, 자원봉사자들은 정원과 수집식물들을 유지하는데 필요한 육체노동의 약 90%를 제공한다.

원장 세인 스미스(Shane Smith)의 지휘로 직원들은 정원에 대한 지역 사회 지원을 함양해 왔다. 세인 스미스는 시민 단체의 참여를 적극적으로 장려하고 지역 사회의 참여를 유도한다. 샤이엔식물원의 비영리 지부인 샤이엔식물원 후원회(Friends of the Cheyenne Botanic Gardens)는 자원봉사 프로그램과 직원 교육뿐만 아니라 새로운 조경의 설계와 건설을 위한 기금을 조성하고 자치단체의 예산 청문회에서 적극적으로 지원한다.

해야 할지를 결정하기 위하여 개인 면담이 필요하다. 질문해야 할 목록 및 정보를 준비하여 면접을 진행하는 것이 좋은 방법이다. 먼저 전화를 하고 방문을 요청하는 것은 그들이 필요한 업무에 관심과 시간이 있는지를 확인하고, 만약 관심이나 시간이 있다면 예비 후보자의 자격을 심사할 수 있는 면접 일정을 잡아야 한다.

면접의 결과로 배치, 조건부 배치 또는 그 시점에서 배치가 불가능으로 결정할 수 있다. 일부 정원의 경우, 배치가 완료되기 전에 직원 관리자와 두 번째 면접을, 하기도 한다.

어떤 자원봉사자와 일치되는 업무가 없고 앞으로도 없을 것 같다면, 정원은 자원봉사자를 탈락시킬 수 있다. 때로는 분명한 탈락의 이유가 있을 때도 있다. 예를 들어, 자원봉사자가 필요한 일정을 맞출 수가 없거나 직무 기술서에 명시되어 있는 작업을 수행할 수 없는 때도 있다. 여기서 재치와 사교 능력이 매우 중요한 부분이다. 어떤 상황에서는 그 자원봉사자를 자원봉사자의 도움이 필요한 같은 지역의 다른 기관에 추천하는 것이 좋을 때도 있다.

심사, 추천서 및 배경 조사

일부 주 및 지방 자치제 당국들은 모든 자원봉사자를 심사하거나 청소년 교육 프로그램 보조원과 같은 특정 직무를 담당할 자원봉사자들만 심사하도록 규정한다. 잠재적으로 지원자는 범죄 기록 검사, 성범죄자 검색, 신용 또는 운전 기록 검사를 받을 수 있다. 자원봉사 신청서는 자원봉사자가 어떤 심사 요건을 충족시켜야 하는지를 명시하여야 하며, 정원은 점차 보편적으로 요구되는 이러한 심사비용에 대한 예산을 책정해야 한다.

배치

새 자원봉사자는 임시 명찰과 핸드북, 정원 지도와 안내 책자, 그리고 예정된 훈련예정표, 오리엔테이션 날짜, 정원 행사 일정 등에 대한 정보가 필요하다. 새 자원봉사자는 임무에 대한 서면 확인서, 직원 감독관의 이름, 언제 어디에 임무를 보고해야 하는지, 자원봉사하러 올 때 가져올 장비나 권장 복장이 있는지에 대해 지시를 받아야 한다. 직원 감독관은 확인서 사본과 신청자의 연락처를 받아야 한다. 자원봉사 프로그램 관리자는 직원과 그 자원봉사자와 한 달 이내에 접촉하여, 이 임무의 적합성을 확인하고 혹시 어려움이 없는지를 확인해야 한다. 만약 어려움이 있다면 이를 해소하도록 도와주어야 한다.

자원봉사자 핸드북

자원봉사자 핸드북에는 새로운 자원봉사자가 필요로 하는 모든 정보가 들어 있다. 모집, 면접 및 배치의 과정에서 대부분 정보를 구두로 들었을 수도 있지만, 이 핸드북은 그 모든 정보로 하나의 문서로 취합한 것이다. 핸드북은, 정원 전반에 걸친 정책과 절차 외에도, 원장의 환영 인사, 자원봉사자 프로그램에 대한 소개, 정원의 강령 및 역사, 최신 정보 및 수치, 그리고 프로그램 분야와 활동에 대한 개요를 포함해야 한다. 일부 정원의 자원봉사자는 이 핸드북과 함께 직원 명부를 받는다.

- 낸시 화이트(Nancy White), 애리조나주, 피닉스시에 있는 사막식물원
- "Volunteer U"의 목적은 새로운 자원봉사자를 적절하게 교육하고 그들이 사막식물원에 관여하고 있는 동안 더 배우고 성장할 수 있게 유지하는 것이다. "Volunteer U"는 일 년에 두 번 16주 단위의 프로그램으로 제공된다. 봄과 가을에 각 프로그램의 날짜, 시간 및 위치를 결정하고 수업 일정은 인쇄하여 배포된다.
- 정원에서는 '훈련'을 자원봉사 프로그램에서 특정한 역할을 수행하는 데 필요한 수업이라고 정의한다. 정원에는 강사, 원예 보조, 가든숍, 특별 행사 등 22가지의 다양한 자원봉사 기회가 있다. 직원들은 정원에서 필요로 하는 내용의 수업들을 만들고 직원이나 경험 있는 자원봉사자가 가르친다. 정원의 모든 부서는 훈련된 자원봉사자의 도움을 받는다.
- 모든 신입 자원봉사자가 들어야 하는 첫 번째 수업은 "사막식물원

의 자원봉사자가 되는 법(How to Be a DBG Volunteer)"이다. 이 수업은 기본적인 정원 정보, 자원봉사 정책, 자원봉사 프로그램에 필요한 헌신 및 훈련, 고객서비스 훈련을 포함하며, 자원봉사자는 이 수업을 통해 성공적으로 업무를 수행할 수 있는 필수 기본 소양을 갖추게 된다. 그 후 자원봉사자는 그들이 일하고 싶은 프로그램을 선택하고 필요한 훈련을 받는다. 예를 들어, 원예 보조와 강사를 위해 필요한 훈련은 특별한 훈련을 받기 전에 생태학이나 식물 생물학과 같은 기초과학 과목을 선수과목으로 들어야 한다. 특별 행사나 특별 전시회 같은 다른 분야에서는 훈련의 필요성이 덜하다.
- 비록 일부 자원봉사자는 이미 많은 관련 교육을 받았고 실제 경험이 있더라도 그들 역시도 정원에서 필요한 모든 수업을 들어야 한다. 자원봉사자들이 그들의 미션을 수행하기 위해 각각의 분야에서 가장 최신 정보를 알고 있고 방문자에게 정확한 정보를 제공하는 것이 중요하다.

그림 8-5】 페어차일드의 핵심 훈련 프로그램의 하나로, 마이애미주립대학교의 조애너 롬바드(Joanna Lombard) 교수는 자원봉사자에게 이 정원의 역사적인 경관 디자인을 가르친다.
Courtesy of Fairchild Tropical Botanic Garden

자원봉사자 훈련

자원봉사자를 훈련하는 것은 몇 단계의 과정을 가질 수 있다. 예를 들어 정원의 환경에 따라 오리엔테이션, 정원 전반의 훈련 및 부서별 훈련이 있다. 자원봉사자를 일 년 내내 지속해서 모집하고 배치한다면, 훈련이 차례로 이루어지지 않을 수도 있다.

오리엔테이션

오리엔테이션은 새로 배치된 자원봉사자를 위한 특정 내용을 제공하는 투어를 제공할 수도 있고, 예비 자원봉사자들이 정원

그림 8-6】기초 원예학 수업은 매년 모든 페어차일드 자원봉사자에게 시행된다. 이 강의를 통하여 자원봉사자들이 좋은 원예 시업을 배울 뿐만 아니라 원예 직원을 만나 상호 교류할 수 있다.

Courtesy of Fairchild Tropical Botanic Garden

그림 8-7】올브리치 식물원 (Olbrich Botanical Gardens)의 자원봉사자 관리자인 마티 페틸로 (Marty Petillo)가 신입 인턴들에게 자원봉사자들과 같이 일하는 것에 대해 지시한다. 수업은 감독이 기초로부터 업무수행의 문제를 해결하는데 이르기까지 모든 것을 다룬다.

Photo by Katy Plantenberg, courtesy of Olbrich Botanical Gardens

의 어떤 곳이 그들에게 가장 적합할지를 스스로 정하도록 도와주는 프로그램을 제공할 수도 있다. 어떤 형태의 오리엔테이션이든 그것은 자원봉사자들이 그들이 회원이나 방문객으로 얻을 수 있었던 것보다 더 높은 수준의 정보를 얻을 수 있도록 해야 하며 이 정보가 왜 자원봉사자에게 중요한지에 대해 설명되어야 한다.

훈련

모든 자원봉사자를 위한 일련의 공식 강의, 발표 그리고/또는 웹 기반 훈련은 자원봉사자가 정원을 위한 효과적인 대변인이 되는 데 필요한 기관에 대한 기초 정보를 제공한다. 부서 차원의 훈련은 공식적으로 혹은 비공식적으로 진행될 수 있으며, 많은 정원에서 실습하여 수행하고 있다. 대부분 자원봉사자는 일주일에 3~4시간 정도만 정원에서 일하기 때문에 정원의 필수적인 인재가 되는 데 필요한 지식을 습득하는 데에는 몇 주에서 수개월이 걸린다.

평생 교육

공공정원은 자연의 대학교와 같다 – 자원봉사자가 평생 교육을 받을 수 있는 교과목들이 무궁무진하다. 직원은 평생 교육 프로그램을 이용해 자원봉사자에게 연구 및 보전 프로젝트, 수집 활동 및 자원봉사자에게 특별한 의미가 있는 직원의 성취에 대한 것들을 가르쳐 줄 수 있다. 좋은 훈련과 수준 높은 질의 평생 교육 수업은 자원봉사자에게 정보를 제공하고, 그들을 생산적이고 행복하게 만들어 준다. 오늘의 자원봉사자는 평생 학습자이다. 자원봉사자들이 "내가 여기에 얼마나 오랫동안 있었는지에 상관없이 나는 여전히 새로운 것을 배우고 있다"라고 말하는 것을 흔히 볼 수 있다.

자원봉사자와 함께 일하기 위해 직원 훈련하기

자원봉사 프로그램 책임자나 정원 책임자는 모든 직원이 훌륭하게 자원봉사자를 감독할 것이라고 가정해서는 안 된다. 신입 직원은 멘토링 및 지도가 필요하고, 모든 직원은 정규 훈련을 통해 그들의 감독 기술을 향상하는 혜택을 받을 수 있다. 올브리치 식물원의 자원봉사자 서비스 관리자는 이들을 관리하는 직원들을 위한 일련의 수업을 개발했다. 이 수업은 직원과 인턴에게 정기적으로 제공된다. 모튼수목원(Morton Arboretum)의 자원봉사 및 인턴십 코디네이터는 직원들이 모범 사례를 동료와 공유할 수 있도록 매년 직원 훈련한다. 정규 훈련이 가능하지 않은 경우, 직원들은 과거의 문헌을 연구, 회의 및 워크숍에 참석, 훈

2009년의 페어차일드 열대 수목원 자원봉사자 봉사시간 요약

교육: 도전, 발견, 탐색 - **4,715**
원예: 수생 식물, 건조, 나비, 소철, 온실, 일찍 나오는(Early-Birds), 꽃 정원, 조련(Groomers), 파초과(Heliconia) 묘목장, 야자 식물, 식물 기록, 번식, 식물 판매, 열대 우림, 특별 프로젝트, 빅토리아 풀(Victoria Pool), 덩굴 퍼걸러(Vine Pergola) - **8,657**
열대 식물 보존 센터 : 기록 보관소, 보존, 식물 표본실, 도서관 - **8,139**
방문객 서비스: 입장, 안내소 - **5,024**
회원 및 매점 -**3,755**
트램 및 도보 투어 가이드, 셔틀, 주관 -**12,471**
축제 및 행사: 나비, 초콜릿, 망고, 난초, 산책 - **16,183**
기타 모든 분야: 개발, 페어차일드 후원회, 사무실, 특별 프로젝트, 훈련, 열대 과일, 신탁 관리자 - **8,956**

그림 8-8】 정원이 자원봉사자들이 봉사한 시간과 업무 범위를 공개할 때 정원 자원봉사자의 기여가 공인된다.
Courtesy of Fairchild Tropical Botanic Garden

련 모듈을 시청, 정원의 다른 직원과의 대화 등을 통해서 기본적인 것을 습득할 수 있다. 직원회의에서 정보를 공유할 수도 있고, 논문을 돌려가며 읽을 수도 있다. 유인물은 유용한 정보를 이용해서 만들어질 수도 있다. 예를 들어, '자원봉사자의 시간을 낭비하지 마세요', '자원봉사자가 작업을 수행하는 데 필요한 도구, 장비 및 정보를 가졌는지 확인하세요', '자원봉사자를 배려하고 존중하시오', '직원들이 하고 싶지 않은 작업을 자원봉사자에게 요청하지 마십시오' 같은 것들이 있다.

자원봉사자 프로그램 감독 및 평가

프로그램을 감독하는 것은 자원봉사자들과 대화하며 정원 활동 및 자원봉사 관련 뉴스를 업데이트하고, 자원봉사자와 교류하는 시간을 가지며("주변 산책을 통한 관리"라고도 함) 그들의 공헌과 시간을 관리하는 것이다. 제한된 수의 자원봉사자가 있는 작은 신설 정원에서는 자원봉사자의 활동을 추적하는 것이 간단할 수 있지만 1,000명에서 2,000명의 자원봉사자가 있는 큰 정원에서 그것을 추적하는 것은 매우 어려운 작업이다.

기록 보관 및 보고

자원봉사자 명단, 자원봉사자 기록 및 근무시간 보고서를 관리하는 것은 자원봉사 관리자의 중요한 책무이다. 자원봉사자가 얼마나 많은 시간을 봉사하는지는 자원봉사자가 정원에 얼마나

많이 참여했는지를 측정하는 가장 중요한 기준이다. 2008년에 뉴욕식물원의 자원봉사자들은 8만4천 시간을 봉사했고, 미주리 식물원의 자원봉사자들은 13만5천 시간을 봉사하였다. 이 숫자는 정원이 지역사회에서 얼마나 많은 지원을 받는지를 나타내고 자원봉사자에게 그들이 얼마나 크게 이바지하는지 보여준다. 자원봉사자 수와 근무시간은 보조금 신청, 연례 보고서와 회원, 기부자 및 언론을 대상으로 한 발표에 사용되는 기준값이다. 자원봉사자 데이터 관리에 사용할 수 있는 소프트웨어 패키지가 있지만, 소규모 또는 신규 정원은 스프레드시트를 사용해서 관리를 시작할 수 있다. 이 스프레드시트는 나중에 소프트웨어를 구매하면 그 제품에 넣어서 사용할 수 있다.

자원봉사자 프로그램 평가

직원으로부터 비공식적으로 정기적으로 받은 피드백과 설문조사의 결과들은 자원봉사자들이 정원의 요구를 얼마나 잘 충족시키고 있는지를 알 수 있게 해 준다. 직원들이 자원봉사자로부터 필요한 양과 질의 자원봉사를 받고 있는가? 자원봉사자는 더 많은 훈련 또는 더 나은 오리엔테이션이 필요한가? 자원봉사자들을 관리하는 직원이 이 관리에 대한 훈련을 원하는가? 이 질문들에 대한 답은 프로그램 관리자가 정원과 직원의 요구를 충족시키는 데 도움이 된다.

자원봉사자들의 경험 질을 조사해야 한다. 자원봉사자들이 그들의 업무를 수행하는 데 적합한 훈련, 감독 및 피드백을 받고 있는가? 필요한 도구와 정보가 제공되는가? 자원봉사자는 정원에서 자원봉사하는 것 중 가장 좋아하는 것은 무엇이고 가장 싫어하는 것은 무엇인가? 자원봉사자들은 그들의 기여가 인정받는다고 느끼는가? 이 질문들에 대한 답은 자원봉사자들의 직무 만족도를 높이고 자원봉사자의 유지율을 높일 수 있도록 프로그램을 수정할 수 있는 지침을 제공할 수 있다.

자원봉사자 성과 평가

대부분 정원에서는 자원봉사자들의 업무를 감독하고 그들의 감정에 민감하게 반응하면서 필요에 따라 그들에게 변화와 개선을 권고하는 직원들이 그들을 비공식적으로 평가한다. 만약 직원이 기준과 기대를 미리 설정하고 훈련과 적절한 감독을 미리 제공하면 공식적인 평가의 필요성이 최소화된다. 그러나 정원들은 공식적으로 그들의 지침을 평가하여 정보의 정확성과 프레젠테이션의 효과를 검사하여야 한다. 새로운 지침은 직원 또는 훈련받은 자원봉사자 양쪽 모두에게 제공되는 체크아웃 투어(checkout tours)들 통해 시험할 수 있다. 또한, 이 지침은 해당

그림 8–9】 자원봉사자들을 위한 연례 선물은 그들의 중요한 공헌에 대한 실질적인 감사의 표시이다.
Courtesy of Fairchild Tropical Botanic Garden

자료에 대한 필기시험을 치르고, 지속적인 정확성과 효과적인 전달을 보장하기 위해 주기적으로 평가될 것이라는 사실을 알려야 한다. 수업을 가르치는 자원봉사자는 수업을 시작하기 전에 정한 기준을 충족시켜야 하며, 직원과 그 수업을 듣는 학생들이 주기적으로 그 수업을 검증해야 한다.

자원봉사자 인식, 보상 및 유지

자원봉사자들은 그들이 하는 일을 즐기고, 그들의 일이 정원의 미션을 이루는데 어떻게 기여 하는지를 이해하고, 정원의 성공을 위한 그들의 역할에 대한 지원, 인정, 감사를 받는다면 정원에서 계속 충성하고 봉사하게 된다.

직원은 간단한 태도를 보여줌으로써 날마다 자원봉사자들의 활동을 인정하고 보상할 수 있다. 직원이 자원봉사자를 미소로 맞을 때, 그들이 자원봉사자들의 일에 대해 사전에 준비함으로써 존경을 표할 때, 그들이 진실하게 감사할 때, 그리고 친절함과 배려를 가지고 자원봉사자들을 대할 때 매번 그들의 노력이 인정된다. 직원은 자원봉사자들이 필요할 때 도움을 주고, 최근 그들이 결석한 일이나 일생의 특별한 일에 대해서 질문을 하거나, 일이 잘 마무리 지어졌을 때 이를 알리고 칭찬하는 것이 중요하다.

그림 8-10】 자원봉사자는 정원의 최고 외교관들이다. 방문자를 맞이하고 투어를 제공함으로써 자원봉사자는 정원을 방문하는 거의 모든 사람과 개인적인 관계를 맺는다.
Courtesy of Fairchild Tropical Botanic Garden

자원봉사자에게 감사 할 수 있는 유형의 예는 다음과 같다.

- 자원봉사자에게 정보를 제공하고, 지속해서 그들의 노고를 인정하고, 감사하는 내용을 담은 뉴스레터

- 정원 잡지 및 웹 사이트에 자원봉사자에 관한 기사와 사진

- 연례 감사 및 인정 행사

- 그들의 서비스를 인정하는 핀, 상패 또는 인증서를 수여하는 주요 기념행사

- 자원봉사자가 멘토 역할을 할 기회

- 더 많은 책임과 특별 프로젝트에 참여할 기회

- 활동, 프로그램 및 새로운 자원봉사를 계획 할 때 그들의 조언을 구하기

- 물병, 대형 손가방 또는 티셔츠와 같은 연례 선물

- 정기적이던 가끔 음료나 간식제공

- 생일 카드, 개인 감사카드

- 휴식 시간에 직원들이 자원봉사자들과 시간 보내기

자원봉사자를 인정하고 보상하는 것은 자원봉사자와 정원 모두에게 이익이 된다. 자원봉사자들은 그들의 봉사가 가치 있는 것으로 인식되었기에 이익을 얻고, 정원은 이를 통해 기존의 자원봉사자를 유지할 기회를 주기 때문에 혜택을 얻는다.

요약

자원봉사자는 거의 모든 프로그램의 깊이와 넓이를 늘릴 수 있도록 공공정원을 도울 수 있지만, 자원봉사자의 참여는 계획되어야만 하고 그들은 효과적으로 관리되어야 한다. 자원봉사자의 가치는 그들이 하는 업무와 정원의 일과 미션에 가치가 있다는 것을 증명하는 것이고 정원 안과 밖 모두에서 그들이 수행하는 정원의 외교관 역할에 있다. 정원이 자원봉사자 프로그램에서 얼마나 많은 가치를 얻을 수 있느냐는 정원이 신뢰할 수 있고 자격 있는 봉사자를 모집, 훈련, 관리, 그리고 유지하는데 얼마나 많은 시간을 들였는가와 직접적인 관련이 있다.

참고 문헌

American Public Gardens Association(www.publicgardens.org). Information on volunteer programs is available from the Resource Center and the Professional Section for Volunteer Managers.

Campbell, K., and S. Ellis. 1995. *The(Help!) I-don't-have-enough-time guide to volunteer management*. Philadelphia: Energize. Practical suggestions for team building.

Ellis, S. 1996. *From the top down: The executive role in volunteer program success.* Philadelphia: Energize. A comprehensive reference for organizational leaders.

Energize. www.energizeinc.com. Lists resources and provides links to information on recruiting, training, and managing volunteers.

Graff, L. 2003. *Better safe . . . risk management in volunteer programs and community service.* Ontario, Canada: Graff and Associates. Detailed explanation of risk management issues.

Hands on Network. www.handsonnetwork.org. Posts volunteer opportunities online.

Independent Sector. www.independentsector.org. Provides statistics on volunteers nationwide.

McCurley, S., and R. Lynch. 1996. *Volunteer management:* *Mobilizing all the resources of the community.* Downers Grove, Ill.: Heritage Arts. A complete survey of volunteer management issues, including terminating a volunteer.

Nonprofit Risk Management Center. www.nonprofitrisk.org. Addresses current risk management issues.

Points of Light Foundation. www.pointsoflight.org. Links to hundreds of resources for volunteer managers.

Stallings, B. www.bettystallings.com. Links to numerous resources, including the twelve-part series *Training Staff to Succeed with Volunteers,* available electronically.

University of Delaware Center for Public Horticulture. www.publichorticulture.udel.edu/resource-center. Links to theses on volunteer management.

Volunteer Match. www.volunteermatch.org. Lists volunteer opportunities.

Volunteer Today. www.volunteertoday.com. Users may submit questions on volunteer management issues.

CHAPTER 9

Budgeting and Financial Planning
예산수립과 재무계획

RICHARD PIACENTINI AND LISA MACIOCE
리처드 피아텐티니 / 리사 마시오쎄

서론

성공적인 조직은 최종 재무결산 결과에 중점을 두는데, 이는 많은 기업이 과거에 가졌던 경영 사고방식이었다. 하지만 최근의 기업들은 일명 트리플 보텀라인(triple bottom line)이라는 것으로 성공의 잣대를 바꾸고 있다. 이는 기업들은 자신들의 전반적인 성과를 평가할 때 최종 결산 결과와 더불어 생태학적 성과 및 사회적 성과도 고려한다는 것이다. 이 장은 주된 전통적인 회계법 및 그 절차에 중점을 두지만, 정원은 전반적인 성과를 측정할 때 생태적이고 사회적인 성과를 고려하고 주도해 나갈 필요가 있다. 즉 식물원은 수익의 개선을 위해 사회적 및 환경적 문제들을 외면하는 일은 없어야 한다는 것이다.

비영리라는 것이 경영의 결과로 반드시 금전상 손해를 보아야 한다는 의미는 아니다. 수입과 지출을 신중하게 살펴보고 관리하지 않는다면 영리와 비영리를 막론하고 어떤 조직도 장기적으로 생존할 수 없다. 또한, 기부자들이 흑자를 내는 기관에 지원하는 것을 더 선호한다는 점도 기억하자. 전통적으로 신중하게 운영하는 정원들이 운영예산을 더 손쉽게 확보할 수 있다. 운영, 특수 목적, 및 자본 예산에 주의를 기울이는 것이 정원을 성공적으로 이끄는데 절대적이다.

이 장은 회계, 예산수립, 조직의 재무 모니터링과 관련된 핵심 용어 및 원칙들을 설명한다. 신중하게 편성된 예산안은 조직이 작성할 수 있는 가장 중요한 재무 관련 문서다. 가장 우수한 예산안은 기관 우선순위에 초점을 맞추고, 방향 설정에 도움이 되도록 하며 수익의 창출과 주된 비용을 정확하게 파악하는 것을 바탕으로 한다. 하지만 예산을 잘 편성하는 것이 성공을 보장하지는 않는다. 신중한 감시, 대응, 수정이 성공을 위한 중요한 요소들이다.

예산안이 중요한 이유는?

예산안은 영리와 비영리를 포함한 모든 조직에 다음 해 또는 여러 해에 걸치는 회계 연도의 계획을 제공한다. 예산안 수립 과정은 조직의 전략 조치 및 계획 수립에 있어 중요한 단계다. 피터 드루커(Peter Drucker)는 "비영리 기관들도 성과를 미리 계획해야 하며 그 과정은 기업의 미션에서 시작한다. 자신들의 미션을 공고히 하지 않은 채 시작하는 비영리 기관은 성공할 수 없다"라고 지적한다(Drucker 1990). 다시 말해서, 자원은 제한적이기 때문에 비영리 기관들도 경제, 인구구성, 정치뿐만 아니라 조직의 미션, 인력, 이사회, 기부자들의 변화까지도 포함한 내부와 외부의 압력을 바탕으로 목표를 수립하고 자원을 예측해야 한다(Oster 1995). 대부분 법인은 자신들의 서비스 이용자, 기관의 이사회, 정부 기관, 예산 제공기관, 승인기관과 지역사회를 아우르는 다양한 집단들의 요구를 만족시켜야 하며, 비영리 기관들은 예산안 수립을 통해 그러한 문제들을 해결하는 데 도움을 받을 수 있다.

아마도 가장 중요한 점은 예산이 하나의 조직뿐만 아니라 그 조직에 속한 부서의 책임 역시도 명확하게 명시해야 한다는 것이다. "예산의 수립은 끊임없이 지속하는 과정이다."(Dropkin and LaTouche 1998). 예산은 연중 지속해서 평가되어야 한다.

발생주의 회계법(Accrual method of accounting): 실제로 관련된 비용을 지급한 시점과 무관하게, 주문했을 때, 물품을 납품하였을 때, 또는 서비스가 발생하였을 때 거래를 계산한다.

예산 목표(Budget target): 예산과정을 시작하기 전에 조직 및 부서 수준에서 결정된 비용 수준.

자본 예산(Capital budget): 시설, 장비와 같은 고정자산을 위한 비용과 같은 장기 비용을 확보하기 위한 계획

자본화 정책(Capitalization policy): 기업이 자본화할 고정자산 및 프로젝트를 정의하는 정책. 이 정책은 자본화할 수 있는 최소 금액에 관한 정보, 자산과 프로젝트 중 특정 범주의 사용 가능 햇수, 감가상각 계산에 이용되는 방법의 개요가 포함된다.

현금주의 회계법(Cash method of accounting): 소규모 기업에서 더 일반적으로 이용되는 회계법. 이 회계법에서는 현금(또는 수표)을 실제로 받기 전까지는 소득이 계산되지 않으며 비용을 실제로 내기 전까지는 비용이 계산되지 않는다.

고정자산(Fixed asset): 장기적으로 이용되고 구매 이후 1년간은 매각되지 않는 가치 물품. 이 물품들은 그해에 자본화 즉 자산으로서 계상된다. 고정자산에 대한 비용은 그 사용 가능 햇수 기간에 계속 계상되며 이를 감가상각이라고 부른다. 고정자산은 또한 PP&E(자산(property), 시설(plant), 그리고 장비(equipment))라고도 불리며, 토지, 건물, 자동차, 가구, 고정 설비, 장비, 기계와 같은 항목들을 포함한다.

고정 비용(Fixed expense): 기업 내에서 이루어지는 활동의 수준과 관계없이 같이 유지되는 비용.

표준 재무신고서(Form 990): 비영리 기관들이 수익, 비용, 자산을 포함한 재무 정보를 공개하기 위해 매년 이용하는 국세청 양식

기능별 비용(Functional expense): 행정, 프로그램, 예산 확보의 세 범주 중 하나로 분류되는 비용들. 프로그램 비용은 주로 기업의 미션을 달성하기 위한 활동들이며, 예산 확보 비용은 기부금, 기증, 보조금 요청에서 발생하는 비용이며, 행정 비용은 기업의 전반적 운영 및 경영과 관련된다.

이윤 비율(Markup percentage): 판매가격 결정을 위해 재고자산 항목의 비용에 추가되는 비율. 100%의 마크업은 비용의 2배 상승을 의미한다.

회계상 중요성(Materiality): 전체 예산 대비 특정 항목의 중요성.

구매 한도 범위(Open to buy): 소매상들이 발생이 예상되는 매출을 바탕으로 유지해야 하는 재고자산 수준을 결정하기 위해 이용하는 재정 모델

운영예산(Operating budget): 일반적으로 회계 연도인 일정 기간에 대해 예상되는 수익 및 비용을 파악하는 예산.

프로그램 물품(Program supplies): 기업의 미션 완수를 위해 구매되는 물품.

트리플 보텀라인(Triple bottom line): "사람, 지구, 이윤"(people, planet, profit)이라고도 불리며, 경제, 생태, 사회라는 성공의 세 가지 영역에서 기업을 측정하는 기준을 제공한다.

가변 비용(Variable expense): 기업의 활동 수준에 따라 변동하는 비용

잠재적으로 문제가 되는 영역뿐만 아니라 성공적으로 수행되는 영역을 알아내기 위해서는 편성된 예산과 실제 집행 예산을 비교하는 차이 분석을 수행하고 그 결과를 조직 전체 수준에서 매월 검토해야 한다. 이러한 분석을 바탕으로 관리자들에게 최초 계획된 부서예산을 준수하도록 그리고 차이가 발생한 경우 합리적 설명을 제시하도록 해야 한다. 간단히 말해, 예산은 경영진이 "비영리 기관의 단기와 장기적인 재무 건전성 및 운영의 효과를 측정하고 효과를 높일 수 있도록 해 준다."(Dropkin and LaTouche 1998).

예산의 종류

조직은 연간 기준으로 운영예산과 자본 예산을 편성할 수 있다. 정원은 이 예산들과 함께 제한 기금(restricted fund) 또는

기부 기금(endowment fund)이 정원의 운영 및 프로그램에 미치는 영향을 평가할 필요가 있다.

운영예산

운영예산은 조직의 일상 활동에 대한 요약이며 이 장의 핵심 주제이다. 운영예산은 일반적으로 한 회계 연도인 일정 기간의 총수익과 총비용을 의미하여 여기에는 가입비, 회원 회비, 기부금, 이자 소득, 기념품점 매출과 같은 수익은 물론 급여, 복지혜택, 식물, 토양, 유지보수 계약, 프로그램 공급, 감가상각비, 판매 물품 비용과 같은 지출비용들도 포함할 수 있다.

자본 예산

많은 조직에서 자본 예산은 운영예산만큼 중요하다. 이 예산은 조직이 장비를 구매한 해 또는 프로젝트를 완료한 해의 비용

이 아닌 투자의 미래 가치를 생각해 자산으로서 계상될 수 있는 장비와 프로젝트가 포함된다. 즉 조직은 물품이나 프로젝트를 자본화할 수 있으며 유효 수명 기간에 해당 장비나 프로젝트의 비용을 감가상각을 통해 결정할 수 있다. 자본화되어야 하는 물품의 화폐 가치는 기업에 따라 다를 수도 있으며 자본화 정책 및 프로젝트가 정원 전체에 대해 갖는 회계상의 중요성에 따라 결정된다. 회계 연도의 자본 예산은 식물원이 구매 또는 건설하고자 하는 항목의 목록 그리고 그 항목들의 추정 비용, 그 비용의 충당에 이용될 자금원을 제시해야 한다.

기관의 운영이나 시설 측면에서 중대한 변경을 고려하는 경우 이에 따르는 운영비의 상승을 상쇄시킬 수 있도록 충분한 수익을 보장할 수 있는 사업 계획도 같이 마련해야 한다. 운영예산과 자본 예산은 다양한 다른 자금원의 영향을 받을 수도 있다. 제한된 용도에만 소요되도록 제공되는 또는 기부 재단이 제공하는 자금도 예산수립 과정에서 고려되어야 한다.

예산수립과 현금 흐름 간의 관계

현금 흐름에 관한 상세한 논의는 이 장의 범위를 벗어나지만, 기업의 현금의 흐름은 예산의 영향을 받는다는 점을 항상 염두에 두어야 한다. 예산안에서 예상되는 운영 수익 및 비용이 곧 현금의 유입 및 유출을 의미한다고 쉽게 생각할 수 있지만 그렇지 않은 예도 있다. 예를 들어 수취 계정과 관련해 계상되는 수익은 미수채권 잔액을 전액 받기 전까지는 현금 흐름에 어떤 영향도 미치지 않는다. 이와 유사하게, 미래의 어떤 목적 때문에 발생하는 비용은 청구서에 대한 금액을 지급하기 전까지는 현금 흐름에 영향을 미치지 않는다. 이렇듯이 그러한 항목들은 특정 월에만 현금 흐름에 영향을 미칠 수 있어서 회계상에서 연중 계속 고려되어야 한다. 자본 예산 역시 현금흐름에 영향을 미친다. 자본화된 항목들은 운영예산이 기초로 하는 손익 계산서에 계상되지 않고 프로젝트나 항목에 대한 지급이 이루어지는 시점에 현금 유출이 있게 된다.

이와 더불어, 기념품점이나 카페에서 이용되는 물품에 대한 재고자산의 구매도 잘 고려되어야 한다. 이러한 물품들의 구매는 구매 시점에서 현금 유출이 일어나지만, 이 물품들에 대한 예산안의 비용은 판매되는 물품의 원가를 가리킨다. 즉 기념품점의 수익과 관련된 비용은 판매 시점에 계상되는 반면 재고자산에 대한 현금 유출은 그 물품들을 구매한 수개월 이전에 발생할 수도 있다. 재고자산 수준과 구매를 신중하게 감시해야 하며 자유재량 구입 예산과 같은 재고자산 관리 모델을 이용해 추정할

수도 있다.

마지막으로, 기존의 제한(특정 용도를 위한) 보조금이나 기부금을 활용해 운영예산 관련 현금 흐름을 원활하게 할 수도 있다.

기업의 현금 유입과 유출에 대한 전반적인 파악이 되지 않는다면 유동성 문제가 발생할 수 있다. 현금 흐름은 여러 면에서 예산과 직접 관련되지만, 일반적인 예산수립 과정을 벗어나는 다른 항목들 역시 현금 흐름에 긍정적 또는 부정적 영향을 미칠 수 있다. 그래서, 운영예산과 자본 예산은 함께 검토되어야 한다. 또한, 재고자산 구매 또는 다른 기금의 이용과 같이 현금 흐름에 영향을 미치는 다른 항목들도 고려하여야 한다.

예산수립을 위한 도구들

여러 도구가 예산안을 수립하는데 이용될 수 있다. 예를 들어 마이크로소프트 엑셀과 같은 스프레드시트 프로그램, Blackbaud Financial Edge, Sage MIP, Intuit QuickBooks와 같은 소프트웨어들과 외부 전문가의 지원을 받을 수 있다. 또한, 예산안 수립에 관한 많은 웹 기반 강의와 실제 강의들도 참고할 수 있다. 이 강의들은 대개 소프트웨어 패키지와 연계되어 제공되거나, 또는 감사를 준비하는 공인 회계 기업이 클라이언트 기업에 제공하는 때도 있고 기타 독립적인 기관들이 제공하기도 한다. 아래에서 설명되는 도구들은 단독으로 또는 같이 이용할 수 있다.

스프레드시트

예산의 규모와 복잡성에 따라 단순한 하나의 스프레드시트 또는 몇 장의 스프레드시트만으로도 예산의 기록과 감시를 충분히 할 수 있다. 세부적인 범주들을 기록하고 최종 요약 스프레드시트에 연결할 수 있으며 매크로, 룩-업 테이블(look-up table)과 같은 엑셀의 고급 기능들을 이용해 실제 집행과 예산안을 비교할 수 있다. 부서별 예산안을 엑셀 스프레드시트에 기록한 후에 다른 소프트웨어 패키지로 전송하는 방법도 많이 이용된다. 대부분 패키지는 온라인을 통한 예산안 열람 권한을 소수에게만 부여하는 데에 반해 스프레드시트는 상세한 예산 정보를 다른 부서와 공유할 수 있는 손쉬운 방법이다. 스프레드시트를 다른 프로그램으로 전송하기 위해서는 특정한 포맷으로 먼저 저장해야 하는 예도 있다는 점에 유의하여야 한다.

소프트웨어 패키지

스프레드시트도 유용하지만 소프트웨어 패키지는 유연성과

요약 및 보고 면에서 더욱 편리성을 제공한다. 예산안 수립은 회계원장을 포함한 더욱 포괄적인 회계 소프트웨어의 한 모듈로 제공된다. 이러한 종류의 패키지를 이용하면 실제 결과와 월별, 분기별, 연도별 예산안을 쉽게 비교할 수 있다. 예산안 수립 소프트웨어를 이용하면 예산 정보를 부서별, 비용 또는 수익별, 프로그램별 또는 기타 더욱 세부적인 분류 항목별로 상세하게 입력할 수 있다. 앞에서 한 설명처럼 스프레드시트는 부서 수준에서 예산 정보를 수집하는 데에 그리고 그 정보를 소프트웨어 패키지로 전송하는 데에도 이용할 수 있다. 이러한 패키지들은 그외에도, 특정 시나리오를 바탕으로 최종 결과를 예상하는 일종의 예측 기능이 있다. 그러므로 연중 어느 때라도 최종 결과의 예측이 가능하다.

전문가의 지원

회계 전문가를 고용하지 않은 조직은 외부 전문가에게서 지원을 받을 수도 있다. 조직은 개인 CPA에게 일정액의 보수를 지급하고 기업의 예산안을 수립하는 서비스 그리고 정원이 자체적으로 정보를 취합하여 예산안을 수립할 수 있는 절차를 개발해 주는 서비스까지도 받을 수 있다. 또는 무상으로 예산안 수립을 지원하는 전문가의 도움을 받을 수 있다. "국립 및 지역사회 법인(Corporation for National and Community Services)"이 운영하는 프로그램 중 하나인 RSVP Senior Corps는 자신의 여유 시간을 예산안 수립과 같은 업무에 자원봉사 형태로 참가하는 다양한 분야의 전문가들로 구성되어 있다. 마지막으로, 각 주 또는 지방 정부의 CPA 전문가 단체들은 대부분 자원봉사 모임을 운영할 뿐만 아니라 유사한 서비스를 제공하고 있다.

예산안 수립 과정

예산안 수립의 전체적인 과정의 첫 단계는 다음 해의 우선순위와 목표의 설정, 고정 비용 및 주요 비용의 파악, 기업 전체 및 각 부서와 프로그램별 예산 목표치를 결정하는 것이다. 또한, 예산을 사용하는 사람들이 완수해야 하는 각각의 업무에 대한 중요한 단계들과 함께 구체적인 기한을 파악할 수 있도록 예산 일정표를 작성해야 한다. 우선순위와 그 일정표가 최종적으로 결정되면 예산안 수립과 관련된 모든 관계자가 참여하는 예산 착수 회의를 열어 우선순위, 일정, 과정, 기대사항 등을 검토한다. 부서별 예산안 수립 후에는 통합 예산안을 수립하고 분석한 후에 이사회 또는 기타 감독 기관에 제출해 최종 승인을 받아야 한다. 이 과정은 조직의 복잡성에 따라 수주에서 수개월이 소요될 수 있다.

계획, 우선순위와 목표 결정

예산과정은 다가오는 다음 해의 우선순위에 관한 전무이사 또는 사장과 각 부서 책임자들 간의 협력 및 계획 수립으로 시작된다. 정확한 조직 내 직책이 정립되지 않은 작은 조직에서는 평직원들도 이 과정에 참여할 수 있다. 일부 조직에서는 이 단계의 초기 계획 수립에 이사회가 관여하는 때도 있다. 모든 관계자가 내년의 방향을 알고 그에 따라 계획을 수립할 수 있도록 예산을 짜기 전에 다가오는 해의 우선순위와 계획을 먼저 결정해야 한다는 점이 중요하다. 또한, 이 단계에서 부서들의 참여는 예산 자체를 받아들이고 참여를 유도하며, 각 부서의 책임자와 구성원들이 예산에 대해 책임감을 느끼도록 하는 데에 도움이 된다. 예산과정 초기에 결정되는 우선순위는 내년에 어떤 프로그램을 시작, 지속, 또는 중단할지를 결정하는 것처럼 간단할 수도 있고 새로운 기념품점의 오픈 계획 또는 기업 내 인력의 구조조정 계획처럼 복잡할 수도 있다. 모든 우선순위는 예산에 다양한 영향을 미치기 때문에 신중하게 검토되어야 한다.

수익 목표치 설정

예산과정의 두 번째 단계는 기업의 수익 목표치 설정이다. 정원의 수익원은 크게 수익소득(earned income), 기부 소득(contributed income), 그리고 기부금(endowment) 혹은 모기관의 지원금의 세 가지가 있다. 수익소득은 입장료, 카페 매출, 기념품점 매출, 시설 대여, 교육 프로그램을 포함하고, 기부 소득은 기부금(donation), 후원금과 같은 기부소득이 있다. 많은 정원은 독립적인 비영리 법인이지만 정부가 운영하거나 모기관의 지원을 받는 정원들도 있다. 이 정원들의 재무 목표는 이익도 손해도 보지 않는 예산을 유지하는 것이며 그래서 얼마 정도의 수입이 생길지 근삿값을 알기 전까지는 비용을 결정할 수 없다. 예산과정에서 정원은 현실적이어야 하지만 다음 연도에 예상되는 수익금 및 그 종류에 관해서는 보수적일 필요가 있다. 기부금의 의존성이 높은 정원들은 투자 결과의 연도별 차이를 줄이기 위해 그리고 예산의 일관성을 높이기 위해 최근 3년의 평균치를 이용하는 경우가 많다. 정부나 기관의 지원에 의존하는 정원들은 좀 더 현실적인 예산을 수립하기 위해 가능한 이른 시기에 어느 정도 지원을 받을 것인지에 대한 약속을 받아내야 한다. 필요한 경우 "도전적 목표"를 추가하는 것도 중요하다. 도전적 목표는 운영 기부금, 보조금, 회원 회비의 창출 면에서 특히 중요하며 기념품점 매출까지도 영향을 미칠 수 있다. 이러한 분야들의 책임자들에게는 그들이 추가적인 수익을 창출하도록 동기를 부여할 수 있는 목표를 부여해야 한다.

입장료, 기념품점, 구내매점, 시설 대여, 교육 프로그램에서 얻는 소득을 포함하는 수익소득은 다양한 방식으로 예산에 반영될 수 있다. 새로 신설하는 정원들은 이러한 비용에 관한 개장 첫해의 예산을 추정하기 위해서 유사한 정원들로부터 도움이 되는 정보를, 동물원이나 박물관과 같은 유사한 기관들로부터 자료를, 또는 지방 정부의 관광 관련 부서로부터 관련 통계를 확보하는 것도 하나의 방법이다. 수년간의 입장객 데이터를 보유하고 있는 좀 더 안정적인 정원들은 입장료, 기념품점, 구내매점을 통한 수익 예상치를 훨씬 더 쉽게 산출할 수 있다. 그 외에도 학생 단체 관람이나 시설 임대 빈도 관련 과거 데이터가 다음 해의 수익소득을 예측하는 데 도움이 된다.

| 입장료 수익

입장료 수익은 연간 유료 및 무료 입장객에 대한 예상을 바탕으로 가장 쉽게 예측할 수 있다. 최우선으로 연간 입장객의 수를 추정해야 하며 이때 다음과 같은 질문들에 답을 구하는 것이 필요하다. 다음 연도의 어떤 행사나 전시회가 더 많은 또는 더 적은 관람객을 불러 모을까? 입장료를 인상할 필요성이 있는가? 회원들은 평균적으로 1년에 몇 회나 방문하는가? 그 수치가 예산에 영향을 미치는가? 연간 입장객 추정치를 결정할 때 비과학적인 방법을 이용할 수도 있고 또는 너무 상세하게 추정할 수도 있다. 간단하게 전년도 수치에 성장률 또는 감소율을 곱해서 계산할 수도 있고 각 입장객 범주별 최근 5년간의 추세를 바탕으로 할 수도 있다. 연간 입장객 수를 추정한 후에는 과거의 통계 추세를 고려하면서 이를 월별 또는 일별로까지 세분할 수 있다. 전년도의 월별 또는 일별 입장객의 연령대 비율은 물론 범주별(성인, 아동, 노인, 또는 회원) 비율을 계산하며 이때 입장객들의 1인당 입장료 계산도 반드시 포함되어야 한다. 1인당 평균 입장료는 전년도의 전체 입장료 수익을 총 입장객 수로 나누어 계산한다. 이러한 통계치들이 준비되면 다음과 같은 공식을 이용해 입장료에 대한 전체 수익예산을 계산할 수 있다.

입장객 수 × 평균 입장료 = 입장료 수익

| 기념품점 및 구내매점 수익

기념품점 또는 구내매점의 수익을 추정하는 가장 간단한 방식은 다음과 같은 공식을 이용하여 계산된 입장객 1인당 매출을

이용하는 방식이다.

매출 ÷ 총 입장객 수 = 1인당 매출

정원 입장객의 수가 그 성격상 순환적이어서 계절 및 행사에 따라 증가하거나 감소하는 경향이 있다면 연중 1인당 매출 수에 큰 차이가 있어서 이 계산은 월별로 하는 것이 가장 효과적이다. 여기에 이용되는 총 입장객 수를 계산할 때는, 입장객으로 산정되지만, 기념품점이나 구내매점을 적극적으로 이용하지는 않는 입장객들을 고려해 조정할 필요가 있다. 예를 들어 학생 단체 방문객, 시설 임대 손님, 교육 프로그램 참가자들은 정원을 방문하지만, 기념품점이나 구내매점을 이용하지는 않을 것이며 그래서 계산에서 제외되어야 한다.

| 시설 임대 수익

시설 임대 수익은 전년도 사용 통계치를 기초로 할 수도 있다. 또한, 어떤 시설에 대해 1년 이상 먼저 예약을 받는 정원에서는 예약된 행사로부터 예상되는 수익과 그 나머지 시설의 전년도 실적을 기준으로 한 예상치를 조합해 산정할 수도 있다. 이 부분은 도전적 목표를 부여하기에 적합한 영역이다. 이 부서의 책임자 또는 직원들은 시설 임대 상품을 "판매"하기 위해 외부 활동을 하는가? 더 많은 서비스 제공을 통해 더 많은 수익을 창출할 창의적 방법이 있을까? 를 고심해야 한다.

| 교육 프로그램 수익

교육 프로그램 수익의 경우 전년도 교육 참가자 수가 해당 연도의 교육 참가자 수를 예측하기 위한 가장 정확한 지표일 수 있다. 예산 산출 시에는 각 과목에 대한 참가비 그리고 차등 참가비 가격(회원과 비회원의 차이)을 검토해야 한다. 학기별로 개설되는 과목이 같고 과목과 그리고 학기 간 참가비의 차이가 없다면 교육 프로그램 수익은 다음과 같이 추정될 수 있다.

과목당 참가비 × 참가자 수 × 과목 수 = 교육 프로그램 수익

하지만 제공되는 과목 간 차이가 크다면 과목의 종류 및 참가비 구조를 좀 더 상세하게 검토해야 한다.

| 회비 및 기부금(Contribution) 수익

정원에 대한 연간 증여금(giving)은 일반적으로 회비와 미제한(unrestricted) 기부금의 두 종류로 분류될 수 있다. 일반적으로 공공정원은 회비를 수익소득 범주에 포함한다. 제11장에서

이에 대해 더 자세히 설명한다. 신설 정원은 이 두 범주에 대한 추정이 어려울 것이다. 즉 정원은 회원 및 후원자들과의 관계를 발전시켜 나가야 하며 이러한 후원자 기반이 단단해질 때까지는 수년의 기간이 필요할 수도 있다. 하지만 경험이 쌓이고 견고한 회비 수익 구조가 정착된 후에는 회비 및 요금 관련 수익의 추정치를 계산할 수 있다. 각 회원 범주의 구성원들에 대한 추적 조사가 매우 중요하다. 이와 더불어 제공되는 회원 등급 및 각 등급에 대한 가격 체계를 검토하여 변경이 필요한 부분이 있는지를 살펴보아야 한다. 경제 조건, 기부자 심리, 지역의 인구구성 특징과 같은 다양한 요인들로 인해 대부분 정원에서 미제한 기부금을 확보하기가 제한 기부금을 확보하는 것에 비해 더 어렵다.

| 보증 수익

재단, 법인, 정부 기관들은 또한 계절별 프로그램, 특별 행사 또는 특정 프로그램에 대한 보증 및 후원 형태로 수익원을 제공할 수 있다. 많은 정부 기관들은 다양한 교육 관련 프로그램에 또는 단순히 정원의 일상적 운영에 운영 자금을 후원하고 있다.

| 문화세 부과지구

문화세 부과지구는 정원의 또 다른 수익원이다. 피츠버그(알레게니/Allegheny 지역 자산 지구), 덴버(과학 및 문화시설 세금 지구), 세인트루이스(동물원-박물관 지구), 솔트 레이크(동물원, 미술관, 공원 지구), 클리블랜드(쿠야호가/Cuyahoga 카운티 담배세), 폴(Paul/판매세 활성화)과 같이 미국 전역의 도시들에 이와 같은 지구들이 운영되고 있다. 이러한 지구에서 징수되는 특정 세수의 일부를 문화시설, 공원 및 기타 관련 기관들에 배정하여 예산을 지원한다. 이 구역들은 시 정부가 더는 전적인 지원을 할 여력이 없는 경우, 도시 내 특정한 비영리 문화기관의 재정적 위기, 비영리 기관이 지원처가 없는 경우, 지역 내 인구 감소로 인해 문화기관이 어려움을 겪을 것이라는 우려를 포함해 다양한 상황들 때문에 생겨났다. 각 지구의 예산 지원에 관한 규정은 다르며 다소 복잡하다. 요약하자면, 문화기관들은 순환 대출이나 보조금 방식으로 지원을 받는다.

| 후원 기관

정원들은 대학, 박물관, 정부 기관 또는 별도의 비영리 기관에 소속된 경우가 많다. 이러한 정원들은 매년 보조금을 지원받거나 특정 서비스를 무료로 또는 할인가로 지원받는다. 예를 들어 샌프란시스코 식물원과 그 인근에 있는 골든게이트 공원

(Golden Gate Park)의 온실 화원(Conservatory of Flowers)의 경우에는 샌프란시스코 식물원 협회와 샌프란시스코 공원 신탁이라는 두 개의 비영리 단체가 각각의 운영예산을 지원하고 있다. 샌프란시스코 식물원협회는 예산 확보에 매우 적극적이며 각급 직원 임금의 예산 지원은 물론 자원봉사자와 교육 프로그램의 관리도 제공한다. 이 외에도 샌프란시스코시 정부는 식물원은 물론 공원 순찰 및 공공시설의 예산 중 일부를 지원한다. 온실 화원의 경우에는 공원 신탁이 특정 프로젝트를 지원하고 시설을 공동 관리한다. 여러 형태의 기관들이 정원이 예산을 확보하는 것을 돕는다. 예산안을 편성하고 연중 평가할 때는 모든 수익원 및 비용의 사용처를 고려해야 한다는 점이 중요하다.

| 제한 기금과 기부금(Endowment) 기금의 영향

운영 수익예산은 제한된 목적의 외부 기금 또는 기부금 기금으로부터 예산 배정에 영향을 받을 수 있다. 프로젝트 지원은 종종 목적과 시간에 따라 제한한다. 특정 목적은 특정 프로그램 참여 인력의 임금과 복지혜택, 인턴 및 자산 프로젝트부터 정원 내 특정 구역의 기금에 이르기까지 다양하다. 하지만 이러한 제한 기금은 운영예산에 영향을 미칠 수 있다. 예를 들어 특정 정원을 관리하는 여름철 인턴의 임금 명목으로 지역의 원예 동호회가 매년 1,000달러를 지원하기로 합의할 수도 있다. 이러한 기금들은 특정 목적으로만 이용되며, 그러한 특정 목적에 든 기금에 대한 추적이 가능하도록 회계에서 운영예산과 별개로 다루어져야 한다. 이러한 기금의 존재와는 무관하게 인턴을 채용해 왔고 그 인건비는 운영예산에서 지급되었다면 어떤가? 이러면 해당 연도의 예산이 절감될 수도 있다. 또는 서면 합의서를 통해 이러한 기금을 매년 지원받기로 했다면 운영예산에서 해당 인건비를 포함할 필요가 없으며 내년도에는 그만큼의 비용을 다른 용도로 사용할 수 있다.

신규 정원이 기부금 기금(endowment funds)을 확보할 가능성은 매우 낮지만, 이 기금은 또 다른 잠재적 소득원이다. 제한 기금과 마찬가지로 기부 기금은 대개 특정한 목적을 위해 제공되는 경우가 많다. 기부금 기금은 원금 또는 최초 기부금은 그대로 유지되어야 하며 기금의 가치 상승분의 일부를 매년 정원이 이용할 수 있도록 할당한다는 것이다. 그러한 할당은 대개 기업 이사회의 승인을 받으며 또한 주 정부 관련법을 따르는 경우가 많다. 이러한 기부금 기금을 확보하는 것은 다른 기금을 확보하는 것에 비해 더욱 어려울 수 있지만, 영구적으로 지원되는 기금의 양이 예산에서 차지하는 비율이 점차 증가한다는 이점을 가진다.

고정 비용 및 주요 비용의 파악

운영예산을 짤 때, 수익 목표치를 정한 후에는 고정 비용 및 반복적으로 발생하는 기타 주요 비용을 파악하는 것이 다음 단계이다. 고정 비용과 주요 비용에는 임금과 복지혜택, 보험, 공공요금, 감가상각비, 판매물품 원가, 그리고 특정한 서비스의 계약요금이 포함된다. 정원에 따라서는 예산과정에서 중요하다고 생각되는 다른 비용을 식별하게 되는데, 이 부분을 예산과정에서 평가하여야 한다.

| 임금 및 복지혜택

임금과 복지혜택은 일반적으로 대부분 정원에서 단일 비용 예산 중 가장 큰 부분을 차지하며 그러므로 어떤 비용보다 앞서서 구체적으로 분석되어야 한다. 임금의 예산을 짜는 첫 단계는 모든 직원의 현재 임금을 파악하는 것이다. 이 단계에서는 활동 수준에 따라 변하는 임금의 총액을 파악해야 한다. 예를 들어 정원은 업무량이 적은 기간에는 입구와 기념품점에 배치하는 인원을 줄일 수도 있다. 마찬가지로 임대 및 교육 관련 보조 인력의 임금은 행사 또는 프로그램의 수에 따라 달라질 수도 있다. 이러한 부서의 책임자들은 예산과정 초기에 결정한 우선순위를 바탕으로 전체 기간 예상하는 인력의 소요 시간을 결정해야 한다. 그러한 각각의 시간을 결정하면 일정한 업무량이 있는 정규직 및 임시직의 수를 결정해야 한다. 이 단계에서 직원 개인별 총임금, 예상되는 고과 인상분(merit), 생계비 증가분을 계산해야 한다. 현재 공석이지만 다음 연도에는 채워질 그것으로 예상하는 직무가 있는 경우에는 정원 예산에 반영되는 임금을 줄이기 위해 공석률(vacancy factor)을 이용할 수도 있다. 즉 특정 직무 담당자를 4월에 정하고 회계 연도가 1월에 시작한다면 해당 인력의 임금을 12개월분이 아닌 9개월분만 예산에 반영한다. 공석률은 인력 충원 시점이 비교적 확실한 경우에만 이용하여야 한다.

정원에서는 임시직 및 계절별 고용직원이 대부분인 경우가 많으므로 예산의 유의미한 통계치는 정규직 환산인원(FTEs)이다. 이 통계치는 모든 직원의 총 근무시간을 바탕으로 하므로 단순히 직원 수 이상의 의미가 있다. 주당 근무시간이 40시간이라는 가정에서 FTE는 다음과 같이 계산될 수 있다.

> 모든 직원의 총 연간 근무시간 ÷ 연간 2080시간 = FTEs

초과근무 시간 역시 정량화하여 예산에 반영해야 한다. 기관에 따라서는 초과근무를 예산에 반영하지 않기도 한다. 단시간 내에 특수 전시회 설치를 해야 하는 경우와 같이 일부 경우 초과근무는 불가피하며 이 경우에 정원은 예산을 더욱 정확히 관리하기 위해 초과근무 시간을 미리 결정하여 예산에 반영하고자 할 수도 있다. 매우 적은 초과근무만이 예상되는 경우에는 인건비에 대한 엄격한 관리를 위한 방법의 하나로써 초과근무 관련 예산을 책정하지 않을 수도 있다.

복지혜택 예산은 임금 예산보다 훨씬 더 세부적일 수 있다. 모든 인력은 보통 임금을 받지만 모든 인력이 반드시 복지혜택을 받는 것은 아니다. 더욱이 고용주가 부담해야 하는 연방세 및 주세를 이 단계에서 계산하여 예산에 반영해야 한다. 고용주 부담으로 제공하는 모든 복지혜택의 자격 여부를 모든 직원에 대해 심사해야 한다. 여기에는 의료, 치과, 생명보험, 장기 장애, 연금 부담금이 포함될 수 있다. 예산안 편성 시점에 공석인 인력에 대해서는 보수적인 가정을 바탕으로 해당 인력이 평균 수준의 복지혜택 대부분 대상이 되리라 추정하는 것이 바람직하다. 고려해야 하는 또 다른 중요한 점은 직원 복지혜택 자격 정책은 대개 직원의 근무 일수가 특정 수준에 도달해야 복지혜택을 부여하도록 규정하고 있다는 점이다. 마지막으로, 건강보험 및 기타 복지혜택 비용의 상승 역시 고려해야 하는 요인이다. 정원의 건강보험 사업자는 또는 보험 중개인은 다음 해에 예상되는 특정 복지혜택 비용의 인상액을 추정할 수 있어야 한다. 이러한 계산이 직원별로 모두 완료되면 완벽한 복지혜택 예산안을 수립할 수 있다.

| 보험

보험료는 예산과정 초기에 결정되어야 하는 중요한 비용 중 하나다. 정원의 보험 중개인 또는 대리인은 미래의 가능한 보험료 인상의 근거로 이용될 수 있는 인플레이션 요인의 추정을 지원할 수 있어야 한다. 이 단계에서는 강제 보험 급부의 수준 역시 고려되어야 한다. 다음 연도에 보험 계약에 추가해야 하는 특별한 사항이 있는가? 제외해도 되는 항목은 없는가? 최소한 연 1회는 이러한 검토를 해야 한다.

| 공공요금

공공요금은 고정 비용이 아닐 수도 있지만, 일반적으로 중요한 비용이다. 공공요금 비용은 공공시설의 이용, 시설의 개방일 수 또는 개방시간, 임대행사 횟수, 날씨 및 기타 요인에 따라 달라진다. 지역 공공시설은 수년 간격으로 새로운 요율이 적용될 수도 있으며 예산과정에서 이 점을 고려해야 한다. 정원은 또한 사용시간 절감을 통해 이러한 비용을 낮출 방법을 찾을 수도 있다. 내년도 예산안에 반영할 공공시설 비용을 결정하기 위해서는 과거 수년간의 월별 공공시설 이용 추세를 평가하고 현재 요율을 검토해야 한다.

감가상각

감가상각비용의 예상은 자산 예산안과 연계해 진행된다. 기존 예산항목의 감가상각 비용은 현재 보유 중인 고정자산을 기록한 스프레드시트 데이터베이스를 이용하여 계산할 수 있다. 자본 예산 작업을 완료하면 각 계정항목의 추정원가 및 내용연수를 결정해야 한다. 물품의 감가상각은 정원의 감가상각 정책에 따라 첫해 구매일을 기준으로 날짜에 따라 감가상각 하거나 1년 또는 6개월의 감가상각 기간을 설정할 수도 있다. 이러한 감가상각 계정을 모두 정량화하면 완료한 계산을 기존 물품의 감가상각비용에 추가해야 한다. 비영리 기관에서 감가상각을 반영하는 것은 큰 도전이 될 수 있다. 특히 자본을 크게 개선한 정원의 경우 큰 도전이 된다. 이 경우 운영예산에 감가상각을 반영한다면 큰 폭의 운영 손실로 이어질 수 있다.

판매 물품의 비용

기념품점이나 구내매점을 운영하는 정원들은 이익 계산에 이 돕되는 추정 수익 및 평균 마크업을 이용해 판매 물품과 식음료의 비용을 결정해야 한다. 예를 들어 기념품점 제품이 100% 마크업 되고 기념품점 수익이 8만 달러로 추정되면 판매 물품의 비용은 4만 달러로 추정될 것이다.

서비스 계약 비용

정원은 활동과 무관하게 지급되는 모든 서비스 계약 비용을 파악하여야 한다. 이러한 계약들은 법률, 회계, 보안, 소프트웨어 라이선스, 유지보수, 장비 임대 및 유지보수 계약을 포함할 수 있다. 정원은 또한 다음 연도에 보증 기간이 만료되어 유지보수 비용을 부담해야 하는 장비나 시스템 그리고 외주가 예정된 모든 신규 서비스에 대해 체결될 수도 있는 신규 계약을 고려해야 한다.

가변 비용 파악

수익예산을 계산하고 고정 비용 및 주요 비용을 파악한 후에는 각 부서로 할당될 나머지 비용 예산을 계산해야 하며 이를 간략하게 표현하면 다음과 같다.

> 수익 - 고정 비용 및 주요 비용 = 나머지 부서별 할당 비용

상세한 예산 계산을 위해 잔여 비용을 각 부서에 할당할 때에

는 선호에 따라 여러 방법이 이용될 수 있다. 전년도의 전체 활동 대비 부서별 실제 활동이 차지하는 비율이 이용될 수도 있고 내년에 대해 계획된 우선순위를 바탕으로 할 수도 있다. 각 부서에 할당되는 예산은 해당 부서의 예산 목표치라고 할 수도 있다.

나머지 가변 비용은 예산 목표치 및 우선순위를 바탕으로 부서 책임자나 소속 인력에 의해 예산에 반영될 수 있다. 이러한 비용에는 식물과 건식 재료, 유지보수용 비품, 공구, 프로그램 물품, 마케팅 및 판촉, 출장, 업무 역량 개발, 인쇄와 출판, 컴퓨터 하드웨어와 소프트웨어, 소형 장비, 연료, 거래 및 투자 수수료, 우표 및 우송, 요금 및 구독료, 사무용품과 같은 계정항목들을 포함한다. 특정 비용은 물가 상승도 고려하여야 한다. 비용 범주, 지역 경제 또는 기타 요인에 따라서는 특정 비용의 1~5% 인상을 예상할 수도 있다. 마지막으로, 각 부서에는 각 예산 범주에 대한 보완 자료나 설명용 정보를 제출하도록 지시하여야 한다. 이 단계는 이후 월별 차이 분석에서 발견되는 차이에 관해 질문을 미리 차단한다. 이 단계는 또한 예산 연도 중에 발생하는 특정 범주의 증가 또는 감소 이유에 관한 중요한 정보를 각 부서에 제공한다.

부서 책임자는 예산안 작성 시점에서는 특정 비용 범주에 관한 충분한 정보를 가지고 있지 못할 수도 있다. 경험적으로 볼 때, 연간 총예산 목표치를 초과하지 않는 한 부서의 모든 항목에 대한 정확한 예산을 결정할 필요는 없다. 기억해야 하는 가장 중요한 점은 예산은 전체적인 지침일 뿐이며 운영상의 변화와 예상치 못한 상황이 발생할 수도 있다는 점이다.

예산 평가 분석 및 회의

각 부서의 예산 작업을 완료하면(표 9-1), 여러 분석을 수행하여야 한다. 첫 번째 분석은 예산에서 수익과 지출이 맞아 떨어지는지를 알아보기 위한 예산의 전체적 검토다. 전체 목표치 달성을 위해 예산을 삭감해야 한다면 경영진은 부서 책임자 및 직원들과 그 상황에 관한 논의를 하여 추가 분석 전에 예산을 수정한다.

[표 9-2a]와 [표 9-2b]에서 보듯 첫 번째 분석에서는 총비용을 부서별로 그리고 비용 범주별로 보여주고 이것을 전년도 실제 결과와 비교해야 한다. 이 분석은 큰 변동을 최종 승인 전에 평가할 수 있도록 해 준다는 점에서 유용한 도구다. 부서별 총비용은 연도별로 일정한 경우가 대부분이다. 하지만 특정 비용 범주를 전년도와 비교했을 때는 큰 차이가 발견될 수도 있다. 예를 들어 우편 비용은 연도별 비교에서 큰 차이를 보인다. 증가나 감소에 대한 논리적 설명이 있을 수도 있지만, 해당 부서가 예상되는 우편을 바탕으로 비용을 과다추정하지 않았는지 또는 실수로

표 9-1] 부서예산 예시

데이지 공공정원(Daisy Public Garden)
20××년 부서예산

활동 코드 ▷	003	044	047	048	051	052	099	
비용 코드 ▽ / 0060-원예	계절 소	야외 정원	환영 센터	아동 정원	나비	앞쪽 잔디/화단	일일 운영	총계
0119 토양/제조							15,000	$15,000
0129 화학약품		50					4,000	4,050
0139 용기							7,500	7,500
0159 기구와 도구		200					1,000	1,200
0169 나비					28,000			28,000
0179 안전							-3,500	3,500
0189 유익 곤충		1,000					10,000	10,000
0199 다른 지면 비품							5,000	6,000
0221 씨앗						15,000		15,000
0230 미리 마감된 식물들	25,000	3,500	2,500	5,000		12,529	6,000	54,529
0301 전화							240	240
0414 중앙사무실 비품							2,200	2,200
0438 프로그램 비품							2,000	2,000
0578 인쇄							800	800
0599 일반우편							50	50
0629 유니폼							3,682	3,682
0652 복사기							50	50
0717 훈련							3,600	3,600
0725 자동차							200	200
0829 다른 전문가 비용							18,900	18,900
0838 디자인	15,000							15,000
0841 요금/회비							348	348
0860 구독							221	221
0862 허가/인가							500	500
총계	$40,000	$4,750	$2,500	$5,000	$28,000	$27,529	$84,791	$192,570

표 9-2a] 부서별 운영예산 예시

데이지 공공정원(Dailsy Public Garden)
20××년 비교정보와 함께 제시된 운영예산

		전년도 예산	전년도 실제	예상되는 예산
소득				
수익소득				
	입장료	$1,458,657	$1,389,010	$1,242,617
	기념품점 판매	795,630	679,852	651,746
	이자 소득	148,875	135,000	124,698
	특별 행사	218,650	150,415	121,544
	대여 소득	505,222	556,788	684,521
	회원	615,000	618,000	599,029
	교육	172,255	175,622	178,950
	소계	$3,914,289	$3,704,687	$3,603,105
기부소득				
	보조금: 일반 운영	$56,000	$45,000	$50,000
	기부금	295,000	325,000	376,000
	기타(특별 행사)	-		-
	후원/양도	300,000	542,000	295,000
	소계	$651,000	$912,000	$721,000
기타				
	기타	$1,100	$950	$804
	소계	$1,100	$950	$804
	문화세 배당액	$2,000,000	$2,000,000	$2,000,000
	총수익	$6,566,389	$6,617,637	$6,324,909
부서 간 비용				
	입장	$328,985	$257,453	$265,177
	행정	1,405,195	1,395,687	1,585,021
	시설	1,299,919	1,301,645	1,349,002
	구내식당	1,000	25,487	51,634
	개발	233,787	221,357	225,604
	교육	474,118	395,687	381,752
	기념품점	604,213	579,845	508,780
	원예	1,116,835	998,621	972,596
	마케팅	628,492	650,485	503,783
	회원	80,610	75,415	70,638
	대여	157,459	287,632	318,619
	특별 행사	145,984	111,898	79,732
	이자	89,792	25,654	12,571
	부서별 총비용	$6,566,389	$6,326,866	$6,324,909
감가상각과 자산 획득 이전 순이익/(손실)		-	290,771	-
	감가상각	$1,041,966	$899,635	$908,721
	자산 획득	$0	$24,187	$0
감가상각과 자산 획득 이후 순이익/(손실)		($1,041,966)	($584,677)	($908,721)

표 9-2b] 부서별 운영예산 예시

데이지 공공정원(Dailsy Public Garden)
20××년 비교정보와 함께 제시된 운영예산

		전년도 예산	전년도 실제	예상되는 예산
소득				
수익소득				
	입장료	$1,458,657	$1,389,010	$1,242,617
	기념품점 판매	795,630	679,852	651,746
	이자 소득	148,875	135,000	124,698
	특별 행사	218,650	150,415	121,544
	대여 소득	505,222	556,788	684,521
	회원	615,000	618,000	599,029
	교육	172,255	175,622	178,950
	소계	$3,914,289	$3,704,687	$3,603,105
기부소득				
	보조금: 일반 운영	$56,000	$45,000	$50,000
	기부금	295,000	325,000	376,000
	기타(특별 행사)	-		-
	후원/양도	300,000	542,000	295,000
	소계	$651,000	$912,000	$721,000
기타				
	기타	$1,100	$950	$804
	소계	$1,100	$950	$804
	문화세 배당액	$2,000,000	$2,000,000	$2,000,000
	총수익	$6,566,389	$6,617,637	$6,324,909
부서 간 비용				
	임금 및 복지비용	$3,462,322	$3,010,251	$3,100,559
	시설유지비	88,600	119,675	115,300
	원예/식물	364,075	357,684	328,437
	공공요금	294,523	452,675	471,955
	광고 및 판촉	143,200	168,533	160,000
	보험	129,000	148,600	150,200
	사무실 비품	25,350	24,222	23,425
	프로그램 비품	216,622	198,666	187,530
	판매 물품 비용	397,815	355,233	325,873
	인쇄	167,430	159,864	142,983
	우표/우송	74,257	66,999	54,885
	대여/임대/기구	163,737	233,458	285,327
	여행/훈련/회의	125,310	120,456	115,000
	계약 서비스	643,664	635,000	594,333
	디자인	94,401	100,256	113,720
	은행 요금	62,962	84,354	95,837
	요금/정기비용	16,530	19,497	22,513
	이자	89,791	65,888	32,732
	기타	6,800	5,555	4,300
	부서별 총비용	$6,566,389	$6,326,866	$6,324,909
감가상각과 자산 획득 이전 순이익/(손실)		-	290,771	-
	감가상각	$1,041,966	$899,635	$908,721
	자산 획득	$0	$24,187	$0
감가상각과 자산 획득 이후 순이익/(손실)		($1,041,966)	($584,677)	($908,721)

표 9-3] 교육부서 예산 예시

데이지 공공정원 교육부서
손익 계산서와 차이 분석
20xx년도 6월까지와 예산 비교

	당월의 실제	당월의 예산	호의적인 (비호의적인) 차이	연초부터 지금까지의 실제	연초부터 지금까지의 예산	호의적인 (비호의적인) 차이
소득						
학교 수업	$3,230	$3,500	($270)	$19,141	$18,506	$635
여름학교	1,595	3,000	(1,405)	5,214	4,500	714
성인 수업 등록비	7,807	8,083	(277)	51,201	51,167	34
재료비	1,727	583	1,144	6,874	3,500	3,374
심포지엄 등록비	-	-	-	12,105	10,000	2,105
여행 기금 모금	-	-	-	12,000	9,700	2,300
총 수익	$14,359	$15,166	($808)	$106,535	$97,373	$9,162
비용						
임금	$8,780	$8,605	($175)	$51,863	$52,302	$439
급여 세금	629	771	142	8,170	7,492	(678)
복지비용	1,424	1,424	-	8,544	8,544	-
전화	-	-	-	32	-	(32)
사무실 비품	93	167	74	672	1,000	328
프로그램 비품	1,200	1,207	7	7,200	7,200	-
책자	-	-	-	1,950	1,250	(700)
단체 우편	-	-	-	2,955	2,000	(955)
일반우편	132	133	1	857	800	(57)
회의	-	33	33	119	200	81
여행	500	250	(250)	500	750	250
교육	-	167	167	150	200	50
자동차	146	188	42	245	1,125	880
강사비용	480	800	320	6,707	8,805	2,098
외부 서비스	100	300	200	507	1,800	1,293
단체 우편 서비스	560	200	(360)	560	550	(10)
요금/회원비	35	-	(35)	370	100	(270)
은행 요금	46	438	392	899	1,400	501
총비용	$14,125	$14,683	$558	$92,300	$95,518	$3,218
순이익/(손실)	$234	$483	($250)	$14,235	$1,855	$12,380

중요한 책자의 우편 발송을 빠뜨리지 않는지를 알아보기 위해 해당 범주를 분석해야 한다.

이러한 분석을 수행한 후에는 각 부서 책임자 및 직원들과의 회의를 열어 예산을 검토하여야 한다. 이 단계에서 경영진은 예산과 보완 자료를 검토하고 필요한 수정을 하여 부서별 최종 예산을 결정하여야 한다. 다음으로 부서 책임자는 예상되는 비용 발생 시점을 바탕으로 예산을 월별로 할당하여야 한다.

대부분 정원에서는 예산을 이사회 전체 회의에 제출해 최종 승인을 받기 전에 이사회의 재정위원회가 세부 예산안을 검토한다.

예산 사정 및 재무계획

예산안을 수립하는 것이 예산과정의 종료를 의미하지는 않는다. 회계 연도 전체에서 예산과 실제 집행의 차이에 대한 검토, 결과 예측, 특정 프로그램, 부서, 특별 행사에 대해 재정 가시성 측면에서 검토하는 것은 중요하다.

예산 평가 빈도

정원을 운영해 가면서 실제의 비용과 수입이 예산과 차이가 생겼다고 해서 새로운 정보를 사용해 최초 예산안을 수정하는 방식은 바람직하지 않다. 예산은 일관되게 유지되어야 하며, 특정 범주에서 최초 계획과 차이가 발생한 경우에는 그 원인에 대한 설명을 제시해야 한다. 이것이 예산과의 차이를 무시해야 한다는 의미는 아니다. 운영 환경의 변화가 있을 때 조직이 그에 대응하면서 변화를 이루어 내고 그것을 기록하는 것은 매우 중요하다. 많은 경우에 그 결과는 조직의 통제 범위 안에 있다. 부서 책임자들은 실제 결과가 산출되면 월별로 예산안을 재검토해야 하며 큰 차이가 있는 또는 있을 것으로 예상하는 분야를 파악해야 한다(표 9-3 참조). 이러한 경우에 부서별 예산을 검토해 잠재적 문제를 상쇄시키는 데에 이용될 수 있는 예산 여력이 있는지를 살펴보아야 한다. 실제 결과를 범주별로 일 년 내내 정확하게 기록하는 것은 다음 연도의 예산과정에서 목표를 사정하는 데 유용하게 사용될 수 있다는 점에서 역시 중요하다. 달리 표현하자면, 예산이 X 범주에 속하고 실제 비용은 Y 범주에서 발생한다고 하더라도 해당 계정항목은 Y범주에 계상하여 올해의 정확한 실제 결과가 올해 및 이후에 참조될 수 있도록 해야 한다.

차이 분석

월별 또는 분기별로 모든 수입과 지출 관련 계정항목들을 월별 및 그해 해당 시점까지의 예산 및 전년도의 동일시점 결과와 비교해 사정해야 한다. 중요한 차이점은 검토, 설명하고 문서로 만들어져야 한다. 발견된 차이가 얼마나 중요한지는 전문 회계 인력 및 경영진이 내부적으로 결정하여야 한다. 이 차이를 사정할 때는 전체 예산 대비 해당 범주의 중요성을 고려하여야 한다. 엄격하게 준수해야 하는 규칙이 있는 것은 아니지만 중요성 수준은 예를 들어 연중 해당 시점까지 예산과의 10% 차이라는 퍼센트를 이용한 표현처럼 일반적으로 간단하게 제시한다.

예산보다 이익이 생겼든 손해가 생겼든 모두 조사해야 한다. 대부분의 차이의 원인은 비용의 발생 시점이다. 예를 들어 식물 재료와 관련된 비용은 아마도 5월에 발생한다고 예상되지만 실제로는 늦은 주문으로 6월에 발생할 수도 있다. 이 경우 5월에는 원예 재료 항목이 흑자로 계상되지만, 그 흑자가 5월 이후에도 계속되지는 않을 것이다. 또 다른 예로는 식물 재료가 5월에 필요하다고 예상되었지만, 그 재료들을 이용할 전시회가 취소되고 새로운 일정도 결정되지 않을 수 있다. 이 경우에도 예산에 흑자가 생겼지만 다른 식물 재료를 구매하지 않는 한 이 흑자가 계속 유지될 것이다. 적자가 난 경우 그 차이가 연중 나머지 기간에 계속 확대되는지 아니면 일정하게 유지되는지가 중요하다. 예를 들어 보수유지 계약에 따른 월별 비용을 5백 달러로 예상했지만 다른 장비의 추가로 인해 6백 달러로 상승한 경우 적자가 매월 백 달러씩 계속 증가할 것이다. 부서 책임자는 나머지 예산항목들을 검토해 이 보수유지 비용을 메우기 위해 전용할 수 있는 예산항목이 있는지를 살펴보아야 한다. 또 다른 예로, 프로젝트에 쓰일 특정 공구를 예정보다 먼저, 예를 들어 3월로 예상했지만 2월에 구매해야 할 수도 있다. 2월에는 해당 월 예산과 그리고 연중 해당 시점까지의 예산에서 차이가 발생하지만 3월 말에는 그러한 차이가 사라질 것이다. 하지만 그 공구가 필요하지만, 구매비용을 예산에 전혀 반영하지 않았다면, 그 적자는 연중 계속될 것이며 해당 부서 책임자는 이번에도 그 예상치 못한 추가 비용을 상쇄할 방법을 찾아야 할 것이다.

금년도의 결과와 전년도 결과의 비교는 차이 분석의 또 다른 방식이다. 이 분석을 통해 금년도의 운영에 대한 새로운 안목을 가질 수도 있고 예산 우선순위가 충족되는지를 점검할 수도 있다. 이러한 평가는 특정 기부금이 중단된 이유, 특정 기간에 입장객이 증가 또는 감소한 이유, 또는 임금 및 복지비용이 예상보다 많아진 이유와 같은 문제들에 대한 공개적 논의를 가능케 한다.

프로그램, 특별 행사, 부서에 대한 사정

또 다른 중요한 분석법들은 프로그램별, 특별 행사별 또는 부서별 손익계산서다(표 9-4 참조). 프로그램 및 특별 행사에 대한 비용은 여러 부서에 걸쳐 발생할 수도 있어서 실제로 재무 결과를 평가하기 위해서는 모든 재무 정보를 취합하는 것이 중요하다. 예를 들어, 대규모로 식물을 판매하는 경우 원예, 교육, 마케팅, 기념품점, 행정 부서에서 비용이 발생할 수 있다. 즉 원예 부서에서는 식물을 사들여야 하며 교육부서에서는 관련된 식물 식별 자료를 작성해야 하고 기념품점은 매출 수익을 기록해야 하며, 행정 부서에서는 우편 비용을 제공하고 신용카드 처리비용을 지급해야 한다. 정원이 수익과 비용을 처리하는 데 소프트웨어를 이용한다면, 이와 같은 특별 행사에 드는 비용에 행사 코드를 적용할 수 있다. 이러면 전체 시스템상에서 이 코드를 사용하여 각 비용을 추적할 수 있다. 이러한 보고는 해당 코드를 기준으로 작성됨으로써 재무 결과를 알 수 있다. 정원이 소프트웨어

를 이용하지 않는다면 스프레드시트를 이용한 정보의 취합이 소프트웨어만큼 효과적이다.

이 과정에서 행사 중에 그 전후에 투입되는 인력 그리고 행사 진행 행정과 관련된 간접비용이 흔히 간과된다. 실제 비용은 청구서를 통해 파악될 수 있지만, 직원의 근무시간은 적절한 시간 확인 도구가 없다면 특정 행사에 투입된 시간을 파악할 손쉬운 방법이 없다. 직원이 어떤 행사에 어느 정도의 시간을 사용했는지 파악되면 개인별 임금을 시간에 적용해 해당 행사에 배정되는 인건비 규모를 결정해야 한다. 그 외에, 전년도 데이터를 이용한 추정을 바탕으로 복지혜택 비용 비율이 추가될 수도 있다. 예를 들어 전년도에 복지혜택 비용으로 총임금의 25%가 복지 관련이었다면 이 비율을 계산된 임금에 적용해야 한다. 이 계산이 적용되면 행사와 관계된 임금과 복지혜택 금액을 앞서 언급

표 9-4] 손익 계산서 예시

데이지 공공정원(Daisy Public Garden)
특별 행사 손익 계산서
20xx년 6월 30일

	실제	예산	호의적인(비호의적인) 차이
소득			
표 판매	$57,875	$42,00	$15,875
후원	23,175	25,000	(1,825)
총 수익	$81,050	$67,000	$14,050
비용			
임금/복지비용	$2,986	$2,500	($486)
일반 사무 비품	28	-	(28)
프로그램 비품	3,488	3,800	312
책자 인쇄물	50	-	(50)
문구류/초대장	3,400	3,000	(400)
인쇄	147	250	103
단체우편	58	450	392
일반우편	837	750	(87)
기구 대여	7,150	7,000	(150)
안전	143	200	57
전문가 서비스/음식 주문	21,794	22,000	206
공연자	850	-	(850)
은행 요금	1,431	-	(1,431)
총비용	$45,742	$42,950	($2,792)
순이익/(손실)	**$35,308**	**$24,050**	**$11,258**

된 재무 결과의 일부로서 확인할 수 있다.

　마지막으로, 간접비를 프로그램, 특별 행사, 또는 부서에 할당하여야 한다. 간접비에는 보험, 공공요금, 다양한 행정 절차와 같은 비용이 포함될 수 있다. 간접비 비율을 결정하는 가장 쉬운 방법은 그 기관의 전체적인 행정적 비용을 결정하는 것이다. 기업이 연말 재무제표 과정의 일부로서 표준재무신고서(Form 990) 또는 기능별 비용 보고서를 작성한다면 행정 비용의 할당은 이미 완료되어 있을 것이다(표 9-5 참조). 하지만 이를 따로 계산하여야 한다면 조직 전체에서 발생한 비용을 검토하여 프로그램 비용, 기금 모금비용, 행정 비용으로 분류해야 한다. 일부 비용은 여러 범주에 속할 수 있다는 점에 유의해야 한다. 예를 들어 우편 비용은 프로그램(교육 프로그램 소개 책자), 기금 모금(기부금 요청 우편물), 또는 행정(계약서 우편 발송)과 관련될

수도 있다. 그리고 임금 및 복지혜택의 경우에는 특정 개인의 시간을 위의 3개 범주 중 하나로 할당해야 한다. 예를 들어 전무이사는 전시회 계획 수립(프로그램), 기부자들과 만남(기금 모금), 기업의 재무 평가(행정)를 포함해 아마도 세 가지 활동 모두에 관여한다. 이 시간에 대한 추정은 연 단위로 이루어져야 한다. 한편 프로그램 물품과 같은 일부 비용은 전체가 프로그램 범주에 할당될 수 있으며 재무이사의 임금은 예산 확보를 위한 기금 모금 범주로 분류될 것이다.

　만일 프로그램이나 행사에서 손해가 발생한다면 향후 해당 프로그램의 중단을 심각하게 고려해보아야 한다. 하지만 정원은 각 부서가 수익성이 없는 프로그램과 행사에 보조금을 주는 것을 원하지는 않지만, 정원의 미션과 관련되거나 지역사회 참여 운동과 관련된 활동을 중단하지 말아야 할 구체적 이유가 있을

표 9-5] 기능적 지출 계산서 예시

데이지 공공정원(Daisy Public Garden)
기능적 지출 계산서
20xx년 6월 30일

	프로그램	행정	기금모금	총
임금 및 복지비용	$122,668	$17,423	$12,613	$152,704
감가상각	13,670	23,606	722	37,998
전문가 요금	540,378	28,333	12,016	580,727
건물과 대지 유지비	1,062,012	150,841	109,195	1,322,048
공공요금	218,001	-	-	218,001
광고 및 판촉	186,183	7,347	1,282	194,812
기타 프로그램 비용	5,698	5,367	464	11,529
디자인	9,402	1,997	252	11,651
장비 대여	4,854	1,869	-	6,723
보험	149,728	-	-	149,728
인쇄 및 우편	176,414	1,153	5,469	183,036
회계 및 법률	13,172	869	8 6	14,127
투자 요금	85,899	-	-	85,899
여행	60,055	7,662	9,133	76,850
요금	243,226	34,757	70,961	348,944
사무실 비품	66,248	2,098	403	68,749
장비	17,779	1,009	4,062	22,850
이자	16	-	-	16
총비용	$2,975,403	$284,331	$226,658	$3,486,392
총비용의 비율	85%	8%	7%	100%

표 9-6] 재정적 결과의 예측의 예시

데이지 공공정원(Daisy Public Garden)
재정적 결과 예측 - 20xx년 6월 30일

소득	올해 지금까지 실제	4월 예산	5월 계산	6월 예산	예측되는 연말 결과	연말까지 알려진 조정	변경된 연말 결과 예측
영업소	$1,563,916	$208,242	$208,242	$208,345	$2,188,745	$0	$2,188,745
기념품점	332.594	48,641	44,622	108,879	534,736	141,000	675,736
입장	761,719	83,023	72,450	217,052	1,134,244	-	1,134,244
대여	354,034	49,720	40,043	44,239	488,036	225,000	713,036
회원	416,487	53,927	56,522	100,093	627,029	-	627,029
개발	228,070	39,963	159,463	321,463	748,959	(25,000)	723,959
특별 행사	72,375	30,423	5,113	11,313	120,224	12,550	132,774
교육	137,141	16,609	16,296	14,321	184,367	15,700	200,067
자원봉사	15,159	5,138	4,963	4,963	30,223	-	30,223
예상되는 총소득	**$3,881,495**	**$535,686**	**$608,714**	**$1,030,668**	**$6,056,563**	**$369,250**	**$6,425,813**

비용							
영업소	$506,853	$43,680	$44,180	$58,744	$653,457	$250,000	$903,457
인력	99,651	15,311	15,536	29,318	159,816	-	159,816
정보 기술	130,306	21,298	14,305	16,204	182,113	-	182,113
원장실	306,610	29,037	31,007	136,145	502,799	(46,450)	456,349
시설	864,238	96,749	106,543	133,309	1,200,839	-	1,200,839
기념품점	283,493	36,257	34,229	74,625	428,604	-	428,604
입장	148,711	17,550	18,180	27,096	211,537	-	211,537
구내식당	70,876	7,689	10,689	11,689	100,943	-	100,943
대여	176,897	21,185	22,802	28,945	249,829	101,564	351,393
회원	59,133	7,775	9,521	10,921	87,350	-	87,350
원예	697,522	93,339	99,196	74,766	964,823	-	964,823
개발	130,427	26,863	20,603	26,625	204,518	(32,000)	172,518
마케팅	476,962	26,131	62,043	64,708	629,844	-	629,844
특별 행사	74,176	13,983	21,839	7,930	117,928	-	117,928
교육	232,688	24,946	26,111	38,998	322,743	-	322,743
자원봉사	37,388	6,681	5,651	7,402	57,122	-	57,122
예상되는 총비용	**$4,295,931**	**$488,474**	**$542,435**	**$747,425**	**$6,074,265**	**$273,114**	**$6,347,379**
자본 획득 및 감가상각 전 예상되는 수익(손실)	(414,436)	47,212	66,279	283,243	(17,702)	96,136	78,434
자본 획득/(손실)	80,093	-	-	-	80,093		80,093
감가상각	820,930	106,426	106,426	106,423	1,140,205	(46,430)	1,093,775
자본 획득 이후	**($1,155,273)**	**($59,214)**	**(40,147)**	**$176,820**	**($1,077,814)**	**$142,566**	**($935,248)**

수도 있다.

단기 예측

예산 감독과 재무계획의 마지막 조각은 단기 예측과 장기 예측의 결과와 관련된다. 연중 나머지 기간에 대한 예측은 일반적으로 첫 분기 재무 활동 이후에 더욱 의미가 있다. 이 기간의 활동 수준에 따라서는, 최초의 예측을 2분기 완료 후로 미루는 것이 더욱 합리적일 수도 있다. 예를 들어 정원이 주최하는 가장 중요한 전시회가 2분기 말에 열릴 수도 있으며 이 경우 그 전까지의 정원 활동 수준은 일반적으로 낮은 편이다. 이 경우 가장 중요한 활동이 계획에 포함될 수 있게 하려고, 연중 나머지 활동에 대한 계획을 2분기 완료 후까지 미루는 것이 가장 좋은 선택이다.

정기적인 차이 분석 및 단기 예측의 중요성을 과소평가하지 않아야 한다. 적자가 예상된다면 기업이 더 빨리 조처할수록 이후의 적자 폭을 줄이기 쉬울 것이다. 역년제 예산 주기를 따르는 정원의 경우 수지 타산을 맞추기 위해 4월부터 예산을 약간씩 줄이는 것이 11월까지 미루었다가 감원과 같은 극단적인 조치를 하는 것보다 좋은 방법이다.

여러 가지 방법으로 단기 또는 연말 결산 결과를 예측할 수 있다. 그중 두 가지에는 연중 나머지 기간에 대한 계획을 최초 예산 수준에서 하는 방법이 있고 경영상의 알려진 변화들에 맞추어 나머지 예산을 조정하는 방법이 있다. 후자에 대한 형식적인 예를 [표 9-6]으로 제시하였다. 전자의 방법은 연중 해당 시점까지의 활동 데이터를 취합하고 연중 나머지 기간의 활동을 최초 예산 수준에서 계획한다. 기업이 지금까지 예산 목표치를 거의 달성했다면 연중 나머지 기간에 관한 결정만이 필요할 수도 있다. 두 번째 방법에서도, 나머지 기간을 계획하는 데 예산을 이용하지만, 여기에서 좀 더 나아가, 이후 기간의 경영에서 있게 될 변화들을 고려하고 이에 따라 조정한다. 예를 들어 계속 공석으로 남게 될 자리, 취소되거나 축소된 프로그램, 구매하지 않을 물품 같은 경우 나머지 기간 비용 계획을 축소할 기회를 준다. 또한, 연중 우선순위에 대한 변화가 있을 수도 있으며 이 경우에는 인력의 보충 또는 추가적인 유지보수 계약을 해야 할 것이다. 이때는 비용의 예산을 상향 조정할 필요가 있을 수도 있다.

나머지 기간에 대한 수익도 여러 가지 방법으로 예측할 수 있다. 입장객의 현재 추세(증가 또는 감소추세)를 이용해 입장객을 통한 기념품점이나 구내매점 수익을 예측할 수 있다. 한편 기부금은 다른 수익원에 비해 더욱 예측이 어려울 수도 있으며, 전년도의 데이터가 있다고 해도 연중 나머지 기간에 대한 정확한 지

표로 사용될 수 없다. 그러한 수익의 예측에서는 개발 노력을 담당하는 인력의 도움을 받는 방법이 효과적일 수도 있다. 과거 데이터가 존재하고 이것이 올해의 추세와 거의 일치한다면 나머지 기간에 대한 수익의 상향 또는 하향 조정은 필요하지 않을 수도 있다. 일반적으로 환경의 변화에 따라 예측을 매월 검토하고 수정해야 한다. 예산 목표를 연말까지 달성하지 못할 것으로 예상하면 경영진과 부서 책임자들 간의 솔직한 논의를 통해 비용을 절감할지 또는 수익을 높일 창의적 방법을 찾을지 또는 그 두 가지를 병행할지를 결정해야 한다.

현금 흐름을 평가하는 것은 단기 예측의 중요한 부분이다. 차이 분석 및 재무 결과 예측은 예산의 효과성을 평가하는 중요한 도구지만 건강한 현금 흐름이 없는 조직은 생존하지 못할 것이다. 앞서 언급되었듯이 모든 수익과 비용이 즉시 현금을 인출시키거나 유출하는 것은 아니다. 예를 들어 미수금 관련 수익, 판매되는 물품의 원가, 대규모 미지급 비용은 수익과 비용이 발생한 시점이 아닌 실제 현금이 입출금된 다른 기간의 현금 흐름에 영향을 미칠 것이다. 정원은 매월 현금 유입과 인출의 규모를 평가하고 나머지 기간에 대한 예산을 이용하여 이후의 예상되는 현금 결과를 결정해야 한다.

장기 예측

장기 예측은 기업의 전반적인 전략적 계획의 필수적 부분이자 가장 효과적인 방법이다. 전략적 계획은 정원을 독특하게 만드는 강령과 확장이나 프로그램의 변경과 같은 미래의 계획을 다루어야 한다. 조직은 향후 자신의 우선순위가 충분한 예산 지원을 받을 수 있도록 이 과정의 일부로서 앞으로 2년에 대한 높은 수준의 예측을 하기로 할 수도 있다. 경제 환경의 불확실성 및 계속되는 변화로 인해 3년을 넘어서는 예측은 유용하지 않다. 이 계획은 예산과정만큼 상세할 필요는 없지만, 해당 연도의 결과를 물가 상승률, 인원의 자연 감소, 또는 새로운 직무는 물론 주요 프로그램의 중단이나 추가, 확장 관련 감가상각의 상승, 예상되는 입장객 증가나 감소를 반영해 조정하고 이를 반영해 예측할 수 있다. 이러한 종류의 계산은 미래에 대한 로드맵을 제시해 줄 것이며 향후 예산과정에서의 우선순위 결정에 도움이 될 것이다.

요약

예산안 수립은 모든 조직의 전체적인 전략적 계획의 중요한 일부이며, 현재와 미래의 재무 관련 방향을 계획 형태로 제공한

다. 예산과정에서 전체 조직 수준과 부서 수준 모두에서 각 예산 연도의 전체적인 우선순위를 결정하고, 적절한 일정 수립, 수익과 비용 목표치를 결정하는 것이 중요하다. 각 부서와의 논의를 통해 예산안을 최종 검토하고 최종 승인을 위하여 이사회에 제출하기 전에, 비용 범주 그리고 부서별로 전년도와 비교하는 다양한 분석을 통하여 예산안을 평가하여야 한다. 하지만 예산과정은 이사회 승인을 받았다고 끝나는 것은 아니다. 실제 결과와 예산을 비교하고 나머지 기간에 대한 재무 결과를 예측하는 다양한 분석을 지속해서 수행하는 것이 중요하다.

예산안 수립, 예측, 계획 수립에 이용할 수 있는 여러 도구와 방법이 있다. 기억할 가장 중요한 점은, 최종적으로 명확하고 신중하게 작성한 예산안은 전체 조직과 부서의 책임성을 보장해 준다는 것이다. 그러한 예산안은 또한 경영진과 이사회가 기업의 재무성과만이 아니라 경영의 효율성과 효과성을 측정할 수 있는 중요한 도구의 역할을 한다. 이 장은 전통적인 회계 방법에 초점을 맞추었지만, 조직의 계획 수립 및 운영에서는 트리플 보텀라인의 또 다른 중요한 측정치인 생태학적 성과와 사회적 성과도 포함해야 한다는 점을 절대로 간과하지 말아야 한다.

참고문헌

Drucker, Peter F. 1990. *Managing the non-profit organization: Practices and principles.* New York: Harper Collins.

Dropkin, Murray, and Bill LaTouche. 1998. *The budget-building book for nonprofits: A step-by-step guide for managers and boards.* San Francisco: Jossey-Bass.

Epstein, Marc J. 2008. *Making sustainability work: Best practices in managing and measuring corporate social, environmental and economic impacts.* San Francisco: Berrett-Koehler.

Oster, Sharon M. 1995. *Strategic management for nonprofit organizations: Theory and cases.* New York: Oxford University Press.

Savitz, Andrew W., and Karl Weber. 2006. *The triple bottom line: How today's best-run companies are achieving economic, social and environmental success—and how you can too.* San Francisco: Jossey-Bass.

Western States Arts Federation and the Washington State Arts Commission. 2008. *Perspectives on cultural tax districts.* Proceedings from a seminar, February 11 and 12, Seattle, Washington.

CHAPTER 10

Fund-raising and Membership Development

기금 조성 및 멤버십 개발

PATRICIA RICH 패트리샤 리치

서론

돈이 실제로 나무에서 자란다면, 공공정원은 기금 조성하는 것을 걱정할 필요가 없을 것이다. 정원의 수입원이 무엇이든, 사실상 모든 정원은 전체기금액을 늘리기 위하여 기부금, 공공기금, 수익금뿐만 아니라 민간 기부금을 받기 위하여 노력한다. 민간기부는 정원의 기본 운영비를 충당할 수 있게 해주며, 우수한 프로그램과 프로젝트 개발을 위한 기반을 제공해 준다. 공공정원이 발달하고 성장하면서, 거의 모든 정원은 개발실을 별도로 둔다. 큰 규모의 정원의 경우, 개발실 직원들이 회원관리와 재단과 법인의 제안, 기금모금 행사, 고액 기부, 집중적인 고액모금과 기금모금 프로그램을 담당하기도 한다. 모든 기금모금은 여러 사람과 함께 일하는 문제이다. 본 장에서는 자금이 어디에서 오며, 정원이 어떻게 자금에 접근할 수 있는지를 논의할 것이다.

기금의 출처

공공정원에는 다양한 기금 출처가 필요하다. 몇몇 공공정원은 기부금이 수입의 상당 부분을 차지하기도 한다(예: 롱우드가든/ Longwood Gardens). 일부는 이들이 속한 대학교로부터 자금을 지원 받는다(예: 유타주립대학교의 레드뷰트 정원수목원/ Red Butte Garden and Arboretum). 또한, 다른 정원은 자금을 받는 정부 부서에 속해 있는 공공 단체이다(플로리다 주 올랜도시에 있는 해리 피 레우 정원/Harry P. Leu Gardens). 그러나 일부는 전적으로 민간 기부금에 의지한다(예: 워싱턴주에 있는 브로델 보호구역/Bloedel Reserve). 대부분 정원은 이러한

핵심 용어 ▼

개발: 조직이 그 임무의 대중 이해를 높이고, 프로그램의 재정지원을 얻는 과정(Levy & Cherry 1996~2003).

타당성 연구: 지정된 업무의 난이도를 결정하기 위하여 고안한 기금모금 마케팅 연구

기금 조성: 조직이나 특정 프로젝트 지원을 위하여 다양한 출처에서 자원과 자산을 조달(Levy & Cherry 1996~2003).

개발 계획: 조직이 주어진 기간 내에 달성할 개발 목적과 목표 및 전략들을 작성한 서면 요약(Levy & Cherry 1996~2003).

공공기금: 정부 출처에서 얻을 수 있는 기금

민간기금: 개개인, 법인, 재단(가족재단 포함) 및 시민 단체로부터 얻을 수 있는 기금

제한기금: 특정 프로젝트와 프로그램에만 사용하는 기금

미제한 기금 조성: 어떠한 용도에도 쓰일 수 있는 기금

기부금의 일부 또는 전부를 지원받는다. 이러한 기금 유입원으로부터 자금을 지원받는 경우 견고한 기금기반을 구축할 수 있다. 따라서 수입원 중 하나가 고정적으로 자금을 지원하지 못하게 된 경우에도, 시간이 흐르면서 정원이 프로그램과 서비스를 개선할 가능성과 정원의 지지 기반을 발전시켜 나갈 기회를 제공한다. 그 출처가 어디이든, 정원과 기금 제공자 사이의 관계가 가장 중요하다.

미제한 기금

정원은 미제한 기금과 제한 기금, 두 가지 형태의 기금을 조성한다. 미제한 기금은 어떠한 용도에도 제제 없이 사용할 수 있다. 이는 정원의 기본 유지 관리비로 사용된다. 예를 들어 이 기금으로 급여를 지급하고 전기조명 비용을 내는 것이다. 미제한 기금은 보통 모 기관(예: 대학교), 정부나 세금부과 구역, 민간 기부자로부터의 연례 기부, 특별 행사, 근로소득, 유산 등에서 온다.

제한 기금

제한 기금은 특정 프로젝트와 프로그램을 위한 기금이다. 출처와 관계없이 하나의 목적을 위해서 조성하는 기금이다. 개인, 재단, 법인, 정부 단체에 요청하여 얻은 기금일 수도 있다. 윤리적으로, 때로 법적으로, 이러한 기금은 기부자의 의도에 따라 그 사용을 제한한다. 개발실 직원들은 때론 왜 제한 기금을 모금하는지에 대한 질문을 받는다. 그 답은, 기부자들이 목적을 정하지 않은 경우보다, 특정한 수집품이나 프로젝트에 대해 기부금을 (제한적 기금) 훨씬 더 많이 내기 때문이다.

기부자들에 의해 그 목적이 제한되지 않더라도, 정원의 관리 이사회는 이사회-제한 기금을 설립할 수 있다. 예를 들어, 이사회가 어떤 기부자의 기금이 특정 목적을 위하여 기부하지 않았다 하더라도 이 모든 제한되지 않는 유증이 원예 개발 지원을 위한 기금으로 사용할 것이라고 정할 수 있다. 추후, 이사회는 투표를 통하여 이 기금을 다른 목적을 위하여 사용할 수 있으므로, 회계 감사관들이 이러한 이사회-제한 기금을 제한 기금으로 취급하지 않는다.

공공기금 조성

공공기금은 여러 방식, 여러 출처에서 조달한다. 공공기금을 형성하고 늘리는 것은, 정원의 중요한 수익 전략이 될 수 있다. 뉴욕시 대부분의 정원(예: 뉴욕식물원, 브루클린식물원, 퀸스식물원)은 뉴욕시 문화부로부터 일정 기금을 받는다. 일부 도시에서는, 공공정원이 사실, 시 정부에 속하는 하나의 부서에 지나지 않으며, 때로는 공원 여가부 소속으로 되어 있다(예: 레우 정원). 일부 사례에서는, 특별 조세 당국이 정원을 지원한다(제9장 참조). 공공기금을 형성하고 확대하는 일은, 정원에게 있어 중요한 수익 향상 전략이 될 수 있다.

간접적인 공공기금은 서비스를 제공하기 위해 정원과 계약을 체결한 중개인, 주 정부, 연방 기관을 통한 기금이다. 제한 기금일 수도, 미제한 기금일 수도 있다. 좋은 예로는, '미국 박물관 도서관 서비스연구소(Institute of Museum, Library Services)', '미국 국립과학 재단(National Science Foundation)'과 같은 연방기관들이 있다. 정원의 경우, 정부의 보조금을 받을 만한 프로젝트들은, 교육, 과학, 환경 및 역사 보전과 관련된 프로젝트들이다. 미국 연방정부의 웹사이트(www.grant.gov)를 방문하면, 정부 지원금을 제공하는 모든 연방 기관들의 이름이 나열되어 있다. 많은 주 정부들과 대형 지방자치정부들도 유사한 웹사이트를 갖고 있다.

민간기금 조성

개인, 법인, 재단, 시민 단체로부터 제공되는 민간기금은 정원 재정의 기반일 수도 있으며 또는 정원이 보다 훌륭하게 발전할 수 있게 해주는 추가 기금이 될 수도 있다. 각각의 기부자들은 각각 개별적 특성이 있다. 그러므로 개발실 직원들은 가장 적시에 가장 적합한 제안서를 가지고 올바른 방법으로 접근하여 최대한의 기부를 받는 것이 가장 큰 도전 과제이다.

| 개인

개인 기부는 정원을 위한 민간 기부금의 근간이다. 이들은 회원으로서 정원의 재정에 보탬이 될 수도 있고, 자원봉사자로 봉사를 하거나, 기부하거나, 이후 자신의 재산을 사후 정원에 기부할 수도 있다. 개개인은 일반적으로 지역사회에서 가장 꾸준한 기부자이며 정원의 후원자이다. 대학교 정원의 경우, 대다수의 개인 기부자들은 그 대학 졸업생들이다.

| 기업

기업은 공공정원을 지역사회의 자원으로 관심을 둔다. 일부 기업인은 정원과 접촉할 기회를 원하며, 직원들의 정보를 원하기도 한다. 일부 기업의 경우, 본사가 있는 곳에서 정원과 같은 문화 자원을 지원하는 것이 그들의 사업 전략과 일치한다고 생각한다. 또한, 공공정원을 자신들의 "녹색" 즉 친환경 이미지를 향상하는 하나의 방안으로 여기는 회사도 있다.

많은 기업의 금전적 지원은 정원으로 방문객들을 이끄는 공공 행사나, 기금모금을 위한 특별 행사의 후원 형태로 이루어진다. 많은 정원에서 데일 치훌리(Dale Chihuly)의 유리 안에 든 예술 작품 전시는 많은 행사 후원금을 모금하였다. 행사, 프로그램, 건물에 법인의 이름을 넣는 것은 정원에게는 좋은 기금모금의 기회이고 기업에는 좋은 전략적인 마케팅 결정이 될 수 있다. 예를 들어, 미주리식물원(Missouri Botanical Garden)의 몬산토 센터(Monsanto Center)는 정원의 주요한 연구시설이다. 많은 기업은 직원들의 기부에 부응기금을 제공하는 제도를 두고 있다.

| 재단

자선 재단은 재단이 관심을 두고 있는 프로그램과 기관에 기금을 제공한다. 재산 일부를 사회에 환원하여 사회를 더 풍요롭게 할 수 있도록 가족재단도 종종 설립된다. 여전히 가족에 의해 관리되는 가족재단은 개인 기부자로 여겨져야 한다. 법인재단은 보통 기업 기부자로 여겨진다. 일반적으로 이런 재단들은 공공정원의 대외 봉사활동, 교육 프로그램, 보존 프로그램, 과학 연구를 지원한다.

잠재적 자금 제공자와 보조금을 받는 데 필요한 구체적 요건을 파악하기 위해서, 조직들은 민간 자선사업과 보조금을 조성하는 재단의 명부를 제공하는 국가 기구인, '재단센터'가 만든 도구들과 인터넷을 사용하여, 적극적인 연구를 한다. 일부 공공 및 대학교 도서관들은 '재단센터' 자료들을 제공하며, 잠재적 자금 제공자를 찾는 데 유용한 다양한 데이터베이스를 인터넷을 이용하여 사용하는 것과 그 자료들을 어떻게 사용할지에 관한 훈련을 포함한, 비영리 단체를 위한 자원을 제공한다.

| 시민 단체

정원 클럽과 로터리 클럽을 비롯한 많은 시민 단체들은 회원들 및 행사로부터 기금을 모금하여 이를 자신들이 지원하는 서비스를 제공하는 기관들에 보조금으로 제공한다.

정원 내에서의 기금모금

기금모금은 정원에게 꼭 필요한 재정을 확충하려는 방법인 동시에 눈에 보이는 지지층을 구축하려는 방법이기도 하다. 본질에서, 기금모금의 목적은 정원이 미션을 이행할 수 있게 도움을 주는 것이다. 지지층을 갖춘다는 것은, 지역사회에서 정원이 존재하는데 중요한 의미가 있다.

기금모금은 인간관계("사람이 사람에게 주는 행위")에 관한 것이며, 이러한 관계를 발전시키려면 시간이 필요하다. 모든 직원과 임원들이 기존의 기부자들과 미래의 기부자들 그리고 정원과 접촉하는 모든 사람과 관계를 돈독히 하는 문화를 구축하는 것이 전무이사나 이사회 회장 등 최고 경영진의 의무이다.

이사회

기금모금은 이사회의 재정적 책임의 하나이며, 이사회의 각 구성원은 정원에 기부할 책임이 있다. 어떤 이사회는 각 이사의 최소 기부금액이나 전체 이사회의 총 기부액을 정하기도 한다.

많은 공공정원 이사회는 개발 위원회를 만들어 잠재 기부자들을 파악하고 잠재 기부자들에게 기부의 기회를 제공한다. 또한, 그들을 정원과 연결하게 해 기부자를 양성하며, 직원들과 함께 기부를 받기 위한 도움을 간청한다. 많은 이사회는 정원의 회원들에게 가족과 친구들에게 회원증 선물을 제공하도록 강력히 권고한다. 이는 큰 금액을 기부할 수 있는 사람을 찾기 위한 탁월한 전략이다. 이사회는 또한 기금모금 정책을 채택해야 하고 그 정책 중 하나는 기부 허용 정책이다. 이 기부 허용 정책은 어떤 기부를 받을 수 있는지를 정의하는 것이다. 이런 기부의 종류는 현금, 증권, 토지, 다양한 계획 기부 유형들, 현물 기부를 포함한다. 또한, 기부의 수준에 따라서 어떻게 감사의 표시를 할 것인지에 대한 기부금 표창 정책도 마련하여야 한다.

직원

정원의 상임이사는 기부를 권유하고, 기부자들과 상호작용하고, 일반적으로 정원의 얼굴로서 봉사하여 정원의 발전에 적극적으로 이바지한다. 또한, 이 상임이사는 이사회의 각 구성원과 친밀한 관계를 구축할 필요가 있다. 기금모금 프로그램을 시행 및 평가하고, 이사 및 기부자들과 협력하며, 이사회 및 자원봉사자들과 의미 있고 적합한 방식으로 관계를 맺는 것은 개발팀 직원의 몫이다. 이러한 직원은 또한 전무이사 및 기타 프로그램 관리자들과 긴밀히 협력하여 조직의 우선순위를 완전히 이해할 수 있어야 한다.

기금모금에 진지하게 전념하기 위해서는, 정원은 최소한 개발 이사와 행정보조 사무원을 갖추어야 한다. 멤버십 프로그램과 개발 프로그램은 같은 부서에서 관리되어야 한다. 개발 이사는 개발 계획을 작성하고, 계획의 모든 요소를 실시하며, 회원 및 기부자들과의 관계를 확립한다. 프로그램이 성장하면, 회원 관리자는 특별 행사 관리자와 같이 꼭 필요하다. 때로는 개발실은 연락과 마케팅 부서 업무도 담당한다. 직원 규모는 프로그램 규모에 따라 달라진다. 대학의 경우, 정원의 기금 조성을 담당하는 직원은 보통 총 동문회와 개발부서 직원들과 긴밀히 협력한다.

개발 계획

기금 조성의 첫 번째 단계는 개발 계획을 만드는 것이다. 계획이 마련되면, 개발 노력이 집중되며, 효율적이고 효과적이게 된다. 계획에는 목적과 예측 가능한 목표들이 포함되며, 이들은 개발을 위한 관리 측도 및 일정표가 된다. 계획을 만드는 기본 단계들의 개요는 아래와 같다.

1. 멤버십 제도 및 개발계획 위원회를 만든다. 위원회에는 개발 직원과 이사회 개발 위원회 회원들이 포함되어야 한다. 계획 실행에 도움을 줄 이사를 포함하는 것이 중요하다.

2. 정원의 기금조성 과거 기록을 검토한다. 예를 들어 지난 3년간의 연례 기부 실적, 모 기관의 지원, 공공 기금조성, 기업/재단 지원, 사업 소득 등을 검토한다.

3. SWOT(강점, 약점, 기회, 위협) 분석을 한다:
   a. 강점(내부): 개발부서가 매우 잘 하는 일은 무엇인가(예: 행사 개최)?
   b. 약점(내부): 개발부서가 더 잘 해야 할 일은 무엇인가(예: 기록 관리)?
   c. 기회(외부): 부서가 기회로 활용할 수 있는 것은 무엇인가(예: 대중이 관심을 두고 있는 모든 녹색 친환경 사업)?
   d. 위협(외부): 어떠한 외부의 부정적 영향이 있을 수 있는가(예: 경제)?

4. SWOT 분석으로부터 나온 목표들(주요 업적)과 권장 사항을 확립한다(예: 일정 비율까지 멤버십을 늘린다).

5. 각 목적에 대해서 SMART(구체적이며(specific), 측정 가능하고(measurable), 달성 가능하며(achievable), 결과 지향적이고(result-oriented), 시간이 확정적인(time-determinant) 목표를 개발한다. 예를 들어, 12월 31일까지 현장 판매를 통해 500명의 신규 회원을 확보하는 것이, 멤버십 관리자의 책임이다(Seiler 2003).

6. 각 목표에 대한 실행 계획을 세운다. 이를 어떻게 달성할 것인가?

7. 위의 모든 사항이 포함된 계획을 작성한다.

8. 수입과 지출이 모두 포함된 예산을 준비한다.

9. 달성 가능한 작업 속도를 가진 일정표를 만든다.

10. 이사 및 개발 위원회로부터 승인을 받는다.

11. 계획 실행, 모든 활동을 수행한다.

12. 평가하기.

기술적 기능

성공적인 기금모금을 위해서는 정원은 기록을 보관해야 한다. 데이터베이스를 관리하는 소프트웨어는 부서에 꼭 필요한 기본적인 도구이다. 이전 기부자들과 다시 연락하기 위해서는 그들의 연락처를 알고 있어야 하며, 이들이 얼마나, 언제, 왜 기부를 하였는지를 알아야 한다. 이 모든 사항은 데이터베이스를 사용하여 보관할 수 있다. 소프트웨어가 언제 회원기간을 갱신해야 하는지를 알려주고 감사 편지를 만들며, 보조금을 기록하고 추적하며, 기부자에게 권유하기 위한 주요 노력, 특별 행사 등을 기록할 수 있다. 기금모금 소프트웨어 시스템은 구매나 임대할 수 있으며, 다양한 정원의 규모에 맞춰 사용할 수 있다.

기부 사이클

개발 과정은 "기부 사이클"로 알려져 있으며, 다섯 가지 요소로 구성된다.(사안별 제안서, 기부자 신원 파악, 관계 함양, 기부 권유, 인정).

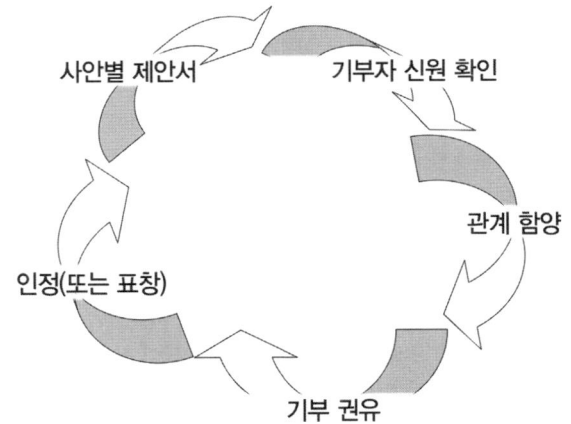

그림 10-1】 기부 사이클

사안별 제안서

사안별 제안서는 잠재 기부자들에게 이들의 기부의 영향에 관해 설명한다. 이것은 프로젝트나 프로그램에 대한 합리적 근거, 이것이 지역사회에 미치는 중요성, 어떻게 실시 및 평가될 것인지가 포함된다. 성공적인 사안별 제안서는 잠재 기부자들의 가치관과 연결되며, 그들이 정원이나 특별 계획을 지원하도록 한다. 이는 재단과 법인들에 제안서로 제출되고, 기부자들에게 전달될 인쇄물의 기초로써 사용된다. 종종 전체 정원에 대한 사안별 제안서가 존재하기도 하며, 개별 프로젝트나 프로그램에 맞게 별개의 사안별 제안서가 존재하기도 한다.

기부자 파악

정원과 연결된 사람은 누구나 잠재적인 기부자이다. 대학 정원의 경우, 모든 졸업생은 잠재적 기부자로 취급되어야 한다. 이사들은 시간과 전문지식뿐 아니라 금전적으로도 정원에 기부해야 한다. 정원과 가장 가까운 이사회 구성원들이 기부하지 않는다면 다른 사람들에게 기부해달라고 설득할 수가 없다. 일부 기부자들은 이사회 구성원들이 얼마나 기부를 많이 하는가를 묻는다. 공공 및 민간 기부자들은 조직에 대한 헌신의 표시로서, 이사회의 기부 참여 비율을 검토한다. 조직의 고위급 간부들 또한 기부를 고려해야 한다. 개발 책임자와 이사는 최초로 기부를 함으로써 모범을 보일 수 있다. 기부 권유는 압력 없이, 구체적 액수를 확인하지 않고 이뤄져야 한다.

정원의 자원봉사자들이 기부금을 모집할 때 가장 먼저 권유를 해야 할 대상 중 하나이다. 기금 조성 연구(Havens, O'Herlihy, Schervish 2006)는 자원봉사자들이 조직에 기부할 공산이 가장 큰 집단 중 하나임을 보여준다. 게다가 정원을 방문하는 사람들도 때로 정원에 기부하길 원한다. 이러한 사람들에게 기부를 받기 위하여, 정원은 입구나 그 밖의 위치에 기부금 상자를 둔다. 교육 프로그램을 듣거나 특별 행사에 참여하러 오는 사람들에게 회원이 되도록 권유해야 하며 이들은 또한 잠재 기부자 명단에 포함하여야 한다. 마지막으로, 보통 회원가입을 호소하는 DM(고객 관리를 위한 우편물)을 통해 새로운 기부자들을 확보할 수도 있다.

관계 함양

'관계 함양'은 기금 조성과 유사한 의미가 있는 정원 전문 용어이다. 이는 잠재적 기부자와 관련된 모든 활동과 접촉을 포함하며, 이들을 정원에 참여하고 정원의 일들을 지원하는 데 관심을 끌게 한다. 또한, 기존 기부자와의 관계도 이들이 기부 수준을 높일 것이라는 희망을 품고 함양될 수 있다. 관계 함양은 개인적 서신(또는 이메일), 개발실 직원, 정원 원장, 혹은 이사의 개인적인 전화 통화, 잠재 기부자에 대한 개인 방문, 행사 초대, 식물 정보 서비스 및 식물 증정, 정원 투어가 포함한 다양한 방법을 통하여 이루어진다.

관계 함양의 수준은 종종 개인이나 가족의 기부 잠재성과 비례한다. 주요 기부자들의 경우, 전무이사와 개발 담당자는 기부를 권유하기 전에, 몇 년에 걸쳐 여러번 연락을 할 수도 있다.

기부 권유

사람들이 기부하는 주요한 이유는 요청을 받기 때문이다. 사람들은 정원이 지역사회 자원이며, 그들이 식물을 사랑하고, 그들이 환경 및 보존 프로그램을 지원하며, 그들이 교육 과정을 수강하며, 또한 정원이 그들이 산책을 즐길 수 있는 조용한 장소이며 그들을 매년 방문하게 하는 재미있는 행사들을 제공하기 때문에, 공공정원에 기부한다.

기부 권유는 기부에 대한 요청이지만, 그러한 권유는 "펀드레이징 스쿨(Fund Raising School, 2002)"이 "효율성 사다리"(그림 10-2 참조)라고 칭하는 요소들을 포함합니다. 기부가 어떻게 권유되는가는 기부의 규모, 정원과 기부자의 관계, 기부하도록

- 개인적: 직접 대면
  - 두 명으로 구성된 팀
  - 한 명

- 개인 서신(개인적인 문구를 이용한)
  - 후속 서신을 하는 경우
  - 후속 서신을 하지 않는 경우

- 개인적 통화
  - 후속 통화를 하는 경우
  - 후속 통화를 하지 않는 경우

- 개인 맞춤 편지/인터넷

- 전화 기부 요청/ 지속적인 전화 권유 운동

- 특정인을 지칭하지 않은 편지/DM/인터넷

- 특정인을 지칭하지 않은 전화/텔레마케팅

- 기부 혜택/특별 행사

- 개별 방문

- 미디어/광고/인터넷

그림 10–2】 효율성 사다리(Fund Raising School 2002)

권유하는 프로그램에 달려 있다. 신규 회원 유치 또는 현재 회원의 갱신을 위해서는, 종종 DM이 사용된다. 기부자 갱신 및 감사 인사를 위해서는 때론 전화가 효과적이다. 재단과 기업의 경우, 기부 요청은 서면 제안서 형태로 이뤄진다. 큰 단위의 기부를 요청하는 경우는 사적인 기부 요청이 가장 효과적이지만, 각 정원은 그 조직의 범위와 요구가 커지면서 어느 수준부터 높은 기부라고 여길 것인지를 결정해야 한다.

기술은 또한 기부 요청에서 중요하다. 모든 웹사이트에서 회원가입과 기부를 할 수 있게 해야 한다. 이메일을 통해서 기부를 요청하는 것은 큰 액수의 기부를 불러오지는 못하지만, 전자 매체는 처음으로 회원가입을 하거나 처음으로 기부하는 사람들에게는(특히 젊은 연령대의 사람들에게는) 비용대비 효과적인 방법일 수 있다. 소셜 미디어를 통해 기부자와 관계를 함양하고 이들에게 기부를 요청할 수도 있다. 트위터와 같은 방법들은 행사 참여를 유도하는 데 도움이 된다고 증명된 바 있다.

감사 인사

각각의 기부에 대해서 기부한 것에 대해 감사 인사를 하는 것은 필수적이다. 가장 기본적인 감사 인사 방법은 감사 편지이지

만, 큰 액수의 기부자들에게는 기부하자마자 바로 감사 전화를 해야 한다. 정원은 정확한 기부금이 명시된 세금 영수증(세금 감면 목적)을 발행해야 할 것이다. 대학에 부속된 정원의 경우, 모기관이 이 영수증을 발급할 것이며, 이후 정원은 기부액에 대해 언급하지 않고 감사의 인사를 전해야 한다.

인정

인정은, 기부자나 피지명자의 이름을 인정한다는 점에서, 사사와는 다르다. 일반적으로 인정하는 방법은 신문, 연간 보고서, 웹사이트 등에 기부자들을 게재하는 것이다. 큰 액수의 기부, 특히 집중 고액모금의 경우, 전시실, 건물, 정원 등을 기부자의 이름을 따서 명명하기도 한다. 기부자들은 종종 프로그램이나 직책의 이름으로 인정을 받기도 한다. 또한, 많은 정원은 기부자가 기념하고자 하는 사람이나 찬사를 바치고 싶은 사람의 이름을 나무, 벤치 또는 그 밖의 사물에 이름을 붙이는 프로그램을 사용하기도 한다.

기금 조성 프로그램

기금 조성 프로그램이라는 구조의 틀 안에서 개발 프로그램이 마련된다. 정원은 어떤 프로그램을 시작하고 시행할지를 결정한다. 충분히 원숙한 기금 조성 부서라면 여러 프로그램을 갖게 될 것이다. 신규 정원이라면 몇 개의 프로그램부터 시작하여, 이 프로그램들이 구축되면 신규 프로그램들을 추가할 것이다. 신규 정원은 종종 정원을 만들기 위한 집중 고액모금으로 시작하지만, 동시에 멤버십 프로그램을 시작하여 프로그램을 시행할 수 있는 운영 자금과 가치 있는 잠재 기부자, 자원봉사자, 지지자들에게 연락할 수 있는 연락처를 확보하는 것이 중요하다.

멤버십

멤버십은 정원의 지지층을 파악하고, 지원, 교육, 지지 기반을 다지기 위한 진입 단계이다. 정원이 지역사회에 지원해야 할 때, 멤버십 제도는 매우 유용할 수 있다. 회원들은 기금모금 활동, 강좌, 기타 프로그램을 위한 기부자 기반이 된다. 잘 운영되는 멤버십 프로그램은 정원에 순수익을 가져다준다. 이러한 수익은 사용처에 제한이 없으므로 특히 도움이 된다(Rich and Hines 2002).

멤버십은 시작점이기 때문에, 많은 기부자에게 자연스러운 발전과정으로 보이는 기부 피라미드의 기반이 된다(Greenfield 1991). 초보 회원은 종종 2~3년 후 업그레이드 요청을 받을 것이다. 초보 회원들은 정원이 미션을 달성하는 것을 돕고자 하는

마음보다는 "내가 회원이 되어서 무엇을 얻을 수 있는가?"라고 말하는 회원일 가능성이 크다. 제11장에서 설명될 바와 같이, 멤버십은 보통 근로소득의 한 형태로 여겨진다. 이 회원의 일부분은 높은 수준의 회비를 내는 기부자가 될 것이다. 이런 방식으로 정원은 집중 고액모금과 같은 큰 프로젝트에 기부할만한 잠재 기부자들을 파악할 수 있게 된다. 멤버십을 개발부의 필수적인 구성요소로서 간주하는 것은 내부 의사소통을 쉽게 하며, 그 조직을 지원하는 개개인을 놓고 멤버십과 기금모금을 담당하는 부서 간의 경쟁을 미리 방지한다.

정원은 때로 그들의 비영리 법적 명칭과는 구별된 후원자 그룹들을 갖는다. 후원자나 회원 그룹은 종종 정원을 위해 기금모금을 한다. 그러나 정원의 필요와 후원자들의 모금 목적이 같지 않을 때는 문제가 발생한다. 후원자 그룹이 별도라면, 정원은 원활한 의사소통이 가능한 강력한 관계를 구축하기 위해 열심히 노력해야 한다. 긴밀한 협력과 상호 존중을 보장하기 위해서, 정원의 상임이사가 후원회 그룹의 이사로 활동하는 것도 좋은 방법이다.

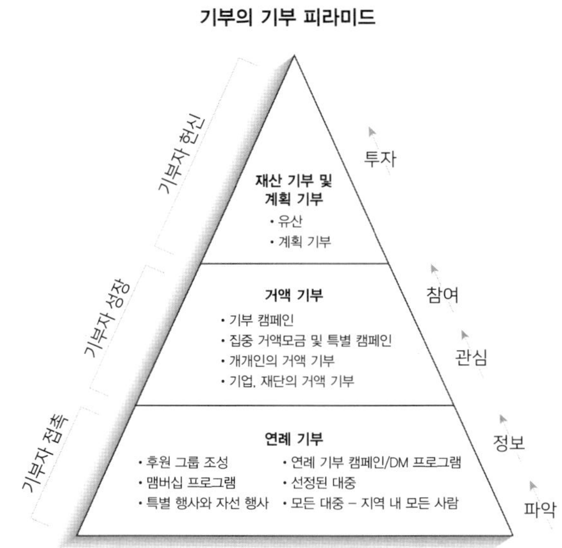

| 멤버십 프로그램은 어떻게 개발하는가?

멤버십은 후원자와 정원 사이의 교환이다. 정원은 무엇을 제공할 것인가? 무료입장? 할인? 미국 원예학회(American Horticultural Society)는 한 정원의 회원들이 다른 참여 정원에 무료로 혹은 할인된 가격으로 입장하거나, 기념품점에서 할인된 가격으로 선물을 구매할 수 있게 해주는, 호혜적 프로그램을 제공한다. 멤버십 프로그램은 일반적으로 기부 수준에 따라 조성되며, 더 많은 기부를 할수록 더 많은 혜택이 주어진다. 혜택이 총 기부액을 넘어서는 안 된다. 혜택 구조를 결정하기 전에는 같은 지역의 다른 박물관뿐 아니라, 다른 지역 혹은 국립 정원들도 살펴보는 것이 유용하다. 표 10-1은 멤버십 구조의 예를 보여준다.

기부의 기부 피라미드

Fund-Raising, James M. Greenfield, copyright ©John Wiley & Sons 1991.
Reprinted by permission of John Wiley & Sons, Inc.

그림 10-3】 기부 피라미드

표 10-1】 멤버십 구조의 예

	회원	후원자	기부자	후원자	실버	골드	플래티늄
회비	$50	$100	$250	$500	$1,000	$2,500	$5,000
신문과 특별 이메일 공지	예	예	예	예	예	예	예
방문 당 무료입장권	4	8	8	8	무제한	무제한	무제한
상점 할인	10%	10%	10%	10%	10%	15%	15%
강좌 할인	10%	10%	10%	10%	10%	15%	15%
행사 할인		10%	10%	10%	10%	10%	10%
강좌 조기 등록			예	예	예	예	예
정원 출간물 1개				예	예	예	예
특별 행사 초대					예	예	예
원장과 투어 및 저녁식사						예	예

┃회원 확보

현장 판매, DM, 정원의 출간물, 웹사이트가 회원가입을 권유하는 주된 방법이다. 대학 부속 정원들은 캠퍼스 내의 지속적인 전화 권유 또는 폰뱅킹을 이용해 기부 및 회원을 모집할 수 있다. 정원을 학교의 지정 기부처로 정하고 전화 모집원들의 훈련에 도움을 주도록 자원봉사하는 것은, 학생, 교수진, 직원, 동창생들을 회원으로 모집하고 그들에게서 기부를 받아내는 비용대비 효과적인 방안이 될 수 있다.

DM은 오래전부터 주요한 회원 및 기부금 확보 방법이었으며, 많은 정원은 계속해서 이 방법을 사용하고 있다. 이는 이사들이 친구와 동료에게 편지를 보내는 간단한 노력일 수도 있으며, 구매 목록이나 거래 목록을 사용하는 큰 노력이 드는 방법도 있다(자원 및 지역사회에 따라, 잡지나 기타 문화기관들로부터 얻은 목록). 주요한 DM 캠페인에 착수하기 전에, 정원들은 DM 분야의 전문가들과 상담을 할 필요가 있다.

현장에서 회원가입을 제안하는 것은, 규모와 관계없이 모든 정원에게 좋은 기회이다. 현장 판매는 주요한 회원 확보 지점이다. 안내소, 정원의 상점 및 카페 또는 행사장에서는 회원가입 책자/신청서를 비치하는 것은 좋은 현장 판매의 예이다. 가장 좋은 판매 장소는 보통 정원의 입구이다. 2001년에 개장한, 아칸소 주립대학교 가반 우드랜드 정원(Garvan Woodland Gardens)에서는, 가장 바쁜 시간대에 자원봉사자들이 회원 접수처에서 근무한다. 이 정원에서는, 현재까지 현장에서 3,300명의 회원을 확보하고 갱신하였다. 매우 적은 예산을 가지고 한 명의 직원과 많은 자원봉사자가 매우 성공적인 프로그램을 이끌었다. 시카고식물원(CBG)은 정문의 회원가입 부스에서 회원들의 60% 이상을 확보한다. 5만 명의 회원을 확보한 시카고식물원은 개장 시간 내내 부스에 직원을 상주시킬 수 있는 자원을 갖추고 있다. 이 부스는 신규 회원 확보와 기존 회원 갱신뿐 아니라, 질문에 답을 해줄 수 있는 중심적인 역할을 한다.

┃회원 활동

회원 활동은 회원을 함양할 기회이다. 정기적인 의사소통을 통해 회원들에게 정보를 제공하며, 회원들이 관심을 두고 참여할 수 있게 한다. 정원은 웹사이트에 뉴스를 게시하며 소식지, 교육 강좌 목록, 프로그램 자료, 행사 초대장을 포함한 정기 인쇄물을 발송한다. 일부의 인쇄물은 제한된 몇몇 회원들에게만 발송한다. 정원의 일반활동에 대한 회원 참여뿐 아니라, 일부 정원들은 회원 전용 특별 원예교육 강좌를 진행한다. 또한, 회원들에게만 인기 있는 강좌를 조기에 등록할 수 있도록 하는 정원도

있다. 미주리식물원에는 장미가 만개할 때 회원들에게만 공개하는 로즈 이브닝(Rose Evening)이 있다.

또한, 회원카드, 다가올 행사 목록, 자원봉사 기회 등이 동봉된 "가입 감사" 패킷을 사용하여 회원가입을 축하할 필요가 있다. 회원들의 이름을 신문, 연간 보고서, 웹사이트 등에 기재할 수 있다. 프로그램이 성장하면서, 인쇄물에 이름을 기재할 수 있는 사람은 기부자 클럽 회원들로만 제한된다. 어떤 사람들은 정말로 익명의 기부자로 남기를 원하며, 이는 세심하게 존중되어야 한다. 하지만, 대부분은 기부자들에게 충분히 감사하기가 어렵다. 자신의 이름이 기재되길 원치 않는 사람들이라도, 감사 인사를 받는 것은 좋아할지도 모른다. 전화, 방문, 편지를 통한 회원관리는 매우 중요하다.

┃기부자 클럽

멤버십 프로그램을 통해서는 정원을 운영하고 우수한 수준으로 발전하는 데 필요한 총 기금 중 비교적 낮은 비율(10~20%)만을 충당할 수 있으므로, 조직(특히 개발이사는)은 거액 기부를 할 잠재성이 큰 사람들과의 관계 함양을 위한 노력을 집중하는 것이 매우 중요하다. 일반적으로 회원 중 10%가 총 기부금의 90%를 기부한다.

거액의 기부자들은 적절한 거액 기부자 클럽의 회원으로 인정해야 한다. 이러한 회원들은 혜택을 받지만, 이들의 기부액은 혜택의 가치를 훨씬 초과한다. 개별 투어, 저녁식사, 특별 강연과 같은 혜택은 이러한 그룹 회원들의 기여를 인정하고, 이들이 정원에 더 가까워질 수 있게 하는 중요한 수단이다.

┃기업 멤버십

일부 대규모 정원들은 기업 멤버십 프로그램을 갖추고 있다. 이들의 기부금 수준은 기본 멤버십보다 더 높은 경향이 있으며, 때로 초고액 기부만으로 구성된 하나 혹은 두 개 레벨만 있기도 하다. 그들을 위한 혜택으로 직원들을 위한 무료입장권, 직원들을 위한 특별 축하 연회 또는 업무 현장에서의 교육 프로그램 등을 제공할 수 있다. 더 높은 수준의 기부를 하는 기업 회원에게는, 시설의 무료 혹은 할인 대여와 같은 기회를 줄 수도 있다. 기업의 경우, 단순히 녹색 조직과 연계된다는 것으로 기업 이미지를 높일 수도 있다.

연례 기부

연례 기부는 기부자가 매년 기부를 하도록 요청하며, 기본 자금을(때론 미제한 기금으로 사용) 제공하는 기금 조성 프로그램

들로 구성된다. 연례 기부는 DM(특히 연말의 DM), 신문에 동봉된 기부 봉투, 이메일 권유, 헌사 및 추모 권유, 연간 특별행사 등에 대한 응답으로 이루어질 수 있다. 일부 기부자들은 연 1회 기부를 하고, 일부는 여러 번으로 나누어 기부금을 낸다. 많은 정원은 작년에는 기부했지만, 올해는 하지 않은 이들을 대상으로 연례 기부 권유를 하게 된다.

회원들의 2차 기부

정원에서 보통 회비가 연간 첫 번째 기부이고, 회원들에게 연중 특별 기부 요청이나 종종 연말의 기부 요청을 통해 추가적인 기부를 요청할 수도 있다. 회원들은 또한 특별 프로젝트나, 정원 구역의 개조와 같이 필요성이 확인된 프로젝트를 위한 기금모금 캠페인에 기부할 수도 있다.

헌사 및 추모

모든 정원은 누군가에 경의를 표하거나 기념하기 위해 개개인이 기부할 수 있는 헌사 및 추모 프로그램을 갖추고 있어야 한다. 부활 및 아름다움이라는 감각을 지닌 정원은 이러한 유형의 기부에 이상적이다. 전형적으로, 이러한 기부는 정원보다는 가족의 요청으로 이뤄지거나(예: "꽃 대신 러블리 정원(Lovely Garden)에 기부하셔도 됩니다. "), 가족은 그들이 받은 선물 전체를 기부하기도 한다. 정원은 그 기념되는 사람이나 어떤 사람을 추모하고자 하는 사람의 가족이나 추모자에게 감사 카드를 보내야 한다. 헌사의 경우, 소식지 신문, 웹사이트 및 기타 수단을 통해 시의적절하게 감사 인사를 표해야 한다.

많은 정원은 벤치나 벽의 명판, 보도의 벽돌, 나무의 꼬리표나 기타 식물 재료를 통해 이러한 범주에 속하는 거액의 기부금에 대한 감사의 뜻을 표한다. 기념의 목적으로 사용하는 식물은 주의 깊게 다루어 져야 한다. 예를 들어 직원들이 쉽게 찾을 수 있어야 하며 그 식물 재료가 더는 그곳에 존재하지 않거나(예: 나무가 죽었을 때), 기념 꼬리표가 다른 식물로 옮겨졌을 때, 이를 기부자에게 알려야 한다. 기념 및 헌사 프로그램에 기대되는 기부 수준뿐 아니라, 그 기부에 대한 인정이 유지되는 기간 또한 정원마다 매우 다르다. 일반적으로 영구적으로 이름을 인정해 주거나, 필요한 때마다 나무나 사물을 교체해주는 정원들은, 가장 높은 수준의 기부액을 요구한다.

사례 연구 : 특별 행사 - 베스트 오브 미주리 마켓(BEST OF MISSOURI MARKET)

1991년에 미주리식물원의 회원 이사회에서 자원봉사자들은 "베스트 오브 미주리 마켓"을 만들었다. 이 행사는 기금을 모금하고 참여자 수를 높이기 위한 목적으로 10월에 개최하는 연례행사이다. 음식, 식물, 정원 관련 상품, 공예품 등을 판매하는 판매회사들을 초대한다. 이들 판매회사는 부스 당 350달러의 고정 요금을 지급하며, 2일간 22,000~27,000명의 방문객에게 자신들의 제품을 판매할 기회를 얻는다. 판매회사들은 미주리주와 일리노이주 남부의 대도시에서 온다. 이들은 돌아가며 참여하여, 매년 적어도 30여 개의 신규 회사가 참여하게 된다. 따라서 이 행사에 참여하는 사람들은 내년에 다시 참석할 이유가 생기게 된다. 회원들은 첫날 아침에 비회원보다 먼저 물건을 구매하는 혜택을 받으며, 현지 회사들이 기부한 커피와 페이스트리를 무료로 즐길 수 있다.

회원 이사회 자원봉사자들은 이 마켓의 주요한 위치에서 봉사한다. 의장들은 주 전반에 걸쳐 판매회사들을 물색하고, 초대하며, 이들에게 연락을 취한다. 그 밖의 자원봉사자들은 이 마켓 명부에 실릴 광고를 판매한다. 직원들의 도움을 받아, 자원봉사자들은 후원을 모집한다. 행사를 하는 2일 동안 더 많은 자원봉사자가 도움이 필요한 모든 업무에 참여한다.

행사는 처음에는 판매회사들로 가득 찬 하나의 큰 텐트로 시작되었지만, 이제는 텐트의 숫자가 네 개까지 증가했다. 이 식물원의 다른 구역에도 음식 가판대가 있다. 이 식물원 깊숙한 구역에는 아동을 위한 행사도 있으며, 이들 행사는 소 젖 짜기, 호박 꾸미기, 모종 심기 등을 포함한다. 현지 종합 병원은 직원을 제공하여 아동 친화적인 공예로 꽉 차인 텐트를 제공하고 소아과 의사들은 부모의 질문에 답을 해준다. 마스터 가드너 들은 신선한 사과 사이다를 만들어주며, 방문객들과 프로그램에 관해 이야기를 나눈다. 이 식물원의 식물 의사 또 한 대기하고 있다.

이 마켓은 새로운 사람들이 신규 가입을 하고, 기존 회원들은 자격 갱신을 할 큰 기회이다. 회원들은 할인된 입장료를 내지만, 비회원은 그들보다 더 많은 요금을 지급한다. 이 식물원은 많은 수의 회원이 추가로 손님들을 시장에 데려오기 위해서 그들의 회원 등급을 업그레이드한다는 것을 알게 되었다. 마켓은 2일간 1,000명 이상의 회원을 모집한다. 회원가입, 판매회사 수수료, 후원, 명부, 기타 매출을 통한 순수익은 2만5천 달러 범위로 주 후원사는 현지의 식료품 가맹점이다. 자원봉사자들이 이 행사를 주도한다. 멤버십 책임자와 행정 보조원은 모든 물류 및 기타 식물원 관련 업무 그리고 판매회사와의 계약을 진행한다.

이 행사를 통해서 얻는 것은 무언인가? 물론 기금이다. 또한, 다른 조직들과 큰 협력관계를 이룬 것이다. 주 정부 소속인 미주리 농업부는 소기업들을 장려하고자 하는 것이 목표 중 하나이다. 농업부는 이 마켓에서 시작한 많은 판매회사들이 번성한 기업이 되었기 때문에, 이 마켓의 후원을 돕는다. 양봉협회(Bee Keeper Association)는 시연 장소를 가지고 있다. 걸스카우트는 자원봉사한다. 또한, 정원 인근 지역에서는 "쇼 네이버후드 협회(Shaw Neighborhood Association)"가 이 마켓 때문에 모인 군중들을 위해 이 마켓이 열리는 동안 아트페어를 개최한다.

| 자선 행사

사실상 모든 비영리 조직은 특별 행사를 개최하며, 이는 언론의 주목을 얻고, 신규 참여자, 기금을 확보하는 좋은 방법입니다. 하지만 이들은 많은 시간이 소요되며, 이것에 사용되는 시간을 고려했을 때 투자 수익이 낮은 편이다. 게다가 많은 특별 행사들은 정원이 주어진 미션을 수행하지 못하도록 하거나 이미 과중한 업무에 지친 직원들을 지치게 만들 수 있다. 정원은 특별 행사의 횟수와 규모를 실제 직원들이 매년 처리할 수 있는 수준으로 제한해야 한다. 이사들은 때때로 자신들이 추가 행사를 제안함으로써 도움을 주고 있다고 생각하지만, 행사를 위해 직원들이 소비해야 하는 시간은 보통 이사들이 생각하는 시간보다 몇 배 더 길다. 마지막으로, 특별 행사는 적어도 단기간은, 기금 모금보다는 "친구 모집"으로 여겨져야 한다.

많은 정원은 저녁 만찬 행사를 개최하며 이는 지역사회에서 주요한 사교 행사가 된다. 참석 비용은 때로 매우 높은 경우가 많다. 때로는 저녁 행사가 엔터테인먼트, 시상식, 경매를 포함한다. 이들은 정원의 특성, 자원봉사자의 가용성, 지역사회의 자선 활동 특성에 따라 매우 달라진다. 자원봉사자들은 행사를 성공적으로 만들 수 있도록 충분한 시간을 그 행사에 사용할 수 있고 그들의 친구들과 동료들이 참석하도록 장려하므로 가장 성공적인 행사는, 많은 자원봉사가 참여하는 행사이다. 행사는 보통 여러 가지 수입원을 갖는다. 예를 들어, 입장권 판매, 테이블 판매, 후원, 구매(즉, 경매나 판매), 기부가 있다. 후원은 가장 큰 소득 발생원이 된다. 이는 기업, 광고, 개인 등이 후원한다.

행사에는 정원에 관한 정보가 포함되어야 한다. 정원의 미션이 행사에 어떤 방법으로든 반영되어야 하며, 간략한 대화, 영상, 간판, 광고용 책자를 포함한 집에 가져갈 수 있는 기념품 등의 방법들이 사용될 수 있다. 개발부서는 고액 기부자들에게 전화하고 모든 참여자에게 감사 편지를 보내고 행사 참여자들을 정원의 다음 회원 모집용 우편물 발송자 명단에 추가하는 등 참여자들에게 후속 조치를 하여야 한다. 대규모 행사 동안 현장에서 회원을 모집하는 것은(적절한 경우) 효과적이다.

집중 거액모금

집중 거액모금은 보통 큰 건물이나 정원 프로젝트로 시작되는 대규모 기금 조성 캠페인이며, 완성하는 데 3~5년이 걸린다. 프로그램을 위한 기금뿐 아니라, 기부금도 포함될 수 있다. 일단 필요한 사항이 정해지면, 보통 외부 자문기관을 통해 타당성 조사(기금모금 마케팅 조사)가 이뤄진다. 기금 모금액, 관심 정도, 리더십, 기본 캠페인 마케팅 메시지와 함께 프로젝트에 관한 지원 사례가 검증된다.

캠페인은 이사회의 강력한 재정 지원과 자원봉사 지원을 받아야 한다. 캠페인 계획과 캠페인 위원회를 구성한다. 목표 달성을 위하여, 각 레벨에서 필요한 기부 횟수를 기재한 기부 순위를 마련한다. 표 10-2는 3백만 달러가 필요한 캠페인의 잠재적 기부 수준을 보여준다.

1회나 그 이상의 본보기 기부를 포함한 초기 기부금은, 캠페인이 본격적으로 시작되기 전 기부를 요청하게 되며 캠페인이 공공기금 모금 캠페인이 되기 전에 그 돈을 확보하게 된다. 대부분 캠페인에서, 본보기의 기부는 목표액 중 10~40%이다. 일단 캠페인이 대중에게 공개되면, 전체 회원들에게 기부를 권유할 수 있다.

표 10-2] 집중 거액모금 기부 순위의 예

러블리 정원(Lovely Garden)을 위한 캠페인 목표액: $3,000,000 기부 도표					
레벨	기부 범위	기부 횟수	필요한 예상 횟수	범위 당 총 달러	총액 비율
7	$750,000	1	4	$750,000	25%
6	$500,000	2	8	$100,000	33.3%
5	$250,000	2	8	$500,000	16.7%
4	$100,000	3	12	$300,000	10%
3	$50,000	4	16	$200,000	6.7%
2	$25,000	6	24	$150,000	5%
1	<$25,000	다수	다수	$100,000	3.3%

집중 거액모금은 백만 달러에서 수억 달러가 될 수 있다. 전체 모금의 80~90%는 기부자 중 10~20%가 기부할 것이다. 집중 거액모금을 통해 정원의 명칭이 정해지고 지어지며, 직책이 부여되고, 건물이 만들어진다. 이를 통해 많은 기금이 모금되며, 정원은 지역사회에서 하나의 힘이 된다. 캠페인은 연례 기부를 높일 수 있으며, 신규 기부자들을 구하고, 기부를 통하여 정원에 필요한 많은 공간, 프로그램, 기부금(endowment)을 통한 지속적인 수입을 제공해 준다.

공표한 캠페인 종료일까지 목표에 도달하지 못하면, 정원은 시간제한을 연장하거나(대중과의 관계에 있어서 부정적인 영향을 줄 수 있다) 기대한 총액보다는 못 미치는 금액을 가지고 성공을 선언할 수도 있다. 후자를 선택한다면, 정원은 활용 가능한 기금에 맞추어 목표를 조정해야 할 것이다.

계획 기부

계획 기부는 보통 유예 기부(기부자가 고인이 된 후 정원으로 들어오는 기부금)를 말한다. 대부분의 계획 기부는 유산이다. 즉 기부자가 유언으로 자신의 재산을 정원에 제공하는 것이다. 입증은 어렵지만, 기금 모금인들은 유산을 기부하는 대부분 이들이 생전에 정원에 대한 주요 기부자가 아닌 사람들에게서 나온 것이라는 사실을 발견했다. 이들은 기본 레벨의 회원들이거나, 정원을 사랑하지만, 회원으로 가입한 적이 없는 사람들이다. 정원은 출간물이나 웹사이트에 유산을 환영한다고 게시해 놓아야 한다. 유증이나 그 밖의 형태 계획 기부를 환영한다는 메시지에 직접 반응이 오는 것은 드물지만, 자신의 유언과 유산에 대해 생각하고 있는 수천 명 중 한 명을 위해서, 정보를 공개하는 것은 중요하다. 유언에 유산의 조항을 만들고 정원에 이를 통지한 사람들은 유증자들을 위한 기부자 클럽으로 인정하여야 한다(예: 미주리주, 캔자스시의 파웰 공원의 유증자 모임).

그 밖의 계획 기부 형태도 많으며, 기부 연금, 공동 이익 기금, 보험, 신탁이 좋은 예이다. 정원의 역사가 깊고(10년 이상) 기부자 기반이 갖춰져 있다면, 종합적인 계획 기부 프로그램을 운영할 수 있도록 직원이나 상담사를 둘 수도 있다.

현물 기부

현물 기부는 식물 재료부터 조각품, 부지에 이르기까지 다양한 기부 물품을 포함한다. 정원은 이러한 기부에 대한 수락 정책이 필요하다. 무엇을 수락할 것인가? 정원은 기부 물품을 처분할 수 있는가? 소식지나 웹사이트에 정원이 필요한 물품의 목록을 제공하는 것은 정원이 요구하는 바를 회원들에게 효과적으로 알리고, 필요하지 않은 것을 제공하지 않도록 하는 좋은 방안이다.

정원이 필요로 하지 않거나, 정원의 미션과 부합하지 않는, 또는 정원이 계속해서 유지할 여유가 없는 현물 기부를 거절하는 것에 대해 두려워할 필요는 없다. 기부한 물품을 유지하는 데 도움이 될 수 있도록, 기부자들에게 현금 기부를 요청하는 것을 주저하지 말라. 많은 현물 기부자들은 세금 감면을 원할 것이기 때문에, 직원들은 최근의 미국 국세청의 자격요건들을 잘 알고 있어야 한다. 또한, 부지나 온실과 같은 대형 물품의 기부를 받기 전에, 직원들은 이것이 정원에 골칫거리가 되지 않도록 환경 평가 및 그 밖의 조사가 이뤄졌는지를 확인할 필요가 있다.

개발 프로그램 평가

내년에 어떻게 진행할 것인지를 결정하기 위해서, 개발 직원들은 계속해서 다양한 기금모금 프로그램들을 평가해볼 필요가 있다. 지침에 따라 계획이 진행되면서, 각각의 목표는 척도가 된다. 전체적으로, 기부자의 수, 신규 기부자, 갱신율, 개발 노력을 통해 모금된 금액 전체와 각각의 기금모금 프로그램으로 모금된 금액 그리고 각각의 기법을 통해 모금된 금액에 주의를 기울여야 한다. 어떤 개발실은 또한 현금 흐름을 달별로 예상하고 추적하여, 언제 기금이 들어올지를 정원이 알 수 있도록 한다.

요약

본 장에서는 기금모금과 멤버십도 개발의 기초를 다루었다. 기금모금의 주요한 목표는 정원의 미션을 이행하기 위해 자금을 제공하는 것이다. 개발 계획을 작성하고, 적절한 기금모금 출처에 대한 프로그램과 기법들을 선택하며 프로그램을 시행함으로써, 정원이 계속해서 중요한 업무를 수행할 수 있게 보장한다. 이러한 과정에서, 기금모금은 또한 정원에 지지층을 형성해주며, 이들은 정원사업에 참여하거나, 프로그램의 지지자가 되거나, 지역사회에서 정원의 위상을 높여줄 수 있다.

참고문헌

Association of Fundraising Professionals(www.afpnet.org) is the largest membership organization of fund-raisers, with local chapters offering fund-raising education. The website has a bookstore and up-to-date information on fund-raising and the nonprofit sector.

CHAPTER 11

Earned Income Opportunities
수익소득 기회

RICHARD H. DALEY 리처드 H. 데일리

서론

공공정원은 기업 정신으로 새로운 수익소득을 개발한다. 입장료, 기념품 판매, 결혼식 유치를 비롯한 수익을 늘릴 수 있는 다양한 방법들을 찾아내었다.

사실 모든 공공정원은 재정의 일부분을 수익소득에 의존하고 있다; 일부는 수입의 40~50%를 수익소득에서 얻는다. 최근 몇 년간, 수익소득은 공공정원에서 가장 꾸준히 증가한 수익 분야 중 하나였다.

수익소득은 거래에서 파생하는데, 이는 회비, 입장료, 기념품점 판매 등에서 나올 수 있다. 자선 기부와는 반대로, 돈을 내는 사람이 무언가를 다시 돌려받는다는 것이 그 핵심이다.

이사회는 최근 몇 년간, 기관들의 수입 중 수익소득의 비율을 높이도록 촉구하였다. 여기에는 몇 가지 이유가 있다. 오래전부터 일부 기관들은 수익소득의 비율을 높이는 것에 있어서 그렇게 공격적인 태도를 보이지는 않았다. 여기에는 중요한 두 가지 요인이 있는데, 첫째는 이사들은 보통 자신의 사업으로부터 수익을 창출하기 때문에, 비영리사업에서 수익을 높이는 것은 이들에게 합리적이며, 둘째, 공원이 더 많은 수익소득으로 벌어들일 수 있다면 이사 각각의 개인적 기부 그리고 이사회 전체적으로 기부를 해야 하는 부담이 덜해질 수도 있다는 점이다.

수익소득 기회

입장료

대부분의 공공정원은 입장료를 받는다. 입장료를 징수하는 분

핵심 용어

수익소득: 프로그램, 기념품점, 음식 서비스, 시설 임대 등의 운영으로 얻는 소득으로, 돈을 받고 제품이나 서비스 제공으로 얻는 소득

위험자본: 기업이나 조직의 자기 자본으로, 이곳에서 모든 야기되는 손실을 계상하며 실패, 오판, 불확실성 및 불리한 상황으로 야기된 모든 손실을 감당한다.

비관련 사업 소득세(UBIT): 미국 국세청은 비영리 조직이, 조직의 미션과 관련이 없는 사업 활동으로 파생한 소득에 대해 세금을 내도록 규정한다.

명한 이유는 공원의 수입을 올리고자 함이지만, 다른 이유도 있다. 대부분의 미국인은 무료로 받는 것보다는, 비용을 내고 받는 것에 더 많이 감사하며, 무언가에 비용을 지급하고 이용할 때, 방문객들은 더 많은 관심을 두게 된다. 입장료 자체는, 식물에 관심이 별로 없는 사람들의 경우 발걸음을 돌리게 하며, 입구의 매표소는 보안을 위한 통제지점의 역할도 한다. 통제지점은 또한 기관이 마케팅 프로그램 개발에 사용될 수 있는 방문객에 관한 정보(예: 우편번호)를 수집할 수 있게 해준다.

입장료를 징수하는 가장 중요한 이유 중 하나는 입장권 판매로 인해 공공정원 수익을 안정시키는 가장 중요한 요소이며 회원가입을 촉진한다는 점이다. 회원 설문조사를 하면 많은 응답자가 무료입장이 공원에 회원가입을 하는 가장 중요한 이유 중 하나라고 답한다. 물론 입장료가 무료인 것은 아니다 - 회원은 회비를 통해 미리 입장료를 내고 있을 뿐이다. 입장료를 징수하

지 않는 공공정원은 보통 입장료나 주차비를 징수하는 유사한 기관들보다, 회원제 가입률이 훨씬 더 낮다(일부 기관은 10~20%에 불과)(Daley 2008).

정원은 요금을 얼마나 부과하는가?

정원들은(낮은 입장료를 통해) 가능한 많은 사람에게 봉사하면서, 동시에 입장료 수익이 최대화되길 원하기 때문에, 가격 책정은 항상 어려운 문제이다. 가장 좋은 전략은 최대한 많은 사람이 정원을 이용할 수 있고 상당한 수입을 올릴 수 있는 최적화된 입장료를 찾는 것이다. 요금 액수는 정원의 규모(방문객들의 체류 시간과 관련됨), 정원 내 수집품의 복잡성, 정원의 질, 특별 기능(식물원 등)뿐 아니라, 현지시장 조건에 따라 달라진다. 일반적으로 문화기관의 이용료가 낮은 지역에 있는 정원은 경쟁업체들이 높은 입장료를 부과하는 지역에 있는 정원들보다 낮은 이용료를 받는다.

특별 기획 및 행사

특별 기획은 일반적으로 지속적이지 않고, 특별 입장료를 받을 수 있다는 점에서, 일반 기획과 구별된다. 시카고식물원은 연휴에 매우 아름다운 가든 기찻길 전시회를 개최하여, 추가 입장료를 받는다. 미주리식물원은 일 년 내내 이용할 수 있는 어린이 정원에 대해서 추가 요금을 부과한다.

공공정원의 일반적인 문제는, 많은 사람이 언제든지 볼 수 있는 전시물들을 보려고 방문하지 않는다는 것이다. 이는, 항상 아름다운 모습을 보여주려 애쓰는 직원과 자원봉사자들에게는 좌절감을 주는 일이다. 그 결과 정원들은 수익소득을 벌어들이기 위해서 점점 더 특별 행사에 의존하게 된다. 전략은 행사를 제한된 기간만(적게는 1일, 많게는 2주에 걸쳐, 또는 한 시즌 전체 동안 대규모 전시회 개최) 개최해 방문객에게 긴박감을 조성하는 것이다.

정원의 연간 참석자 1/3 이상이 특별 행사를 보기 위해서 올 수 있는데, 이러한 경제성을 볼 때, 정원의 특별 전시(공연)가 적정하다는 것을 의미한다. 추가 입장료를 받지 않는 특별 행사들은 훨씬 더 많은 관객을 끌어들임으로써 목표를 달성한다. 그 외 행사들, 특히 정상 운영 시간 이후에 일어나는 행사들은, 특정요금을 받는다. 특별 행사는 입장료 수입을 늘릴 뿐만 아니라 다른 수익소득(예: 회원가입, 물품 및 음식 판매)도 늘릴 수 있는 탁월한 방법이다.

특별 행사의 주제는 매우 다양하다. 예를 들어, 많은 자원이 필요하며 많은 수익을 올릴 수 있는 잠재력이 있는 콘서트와 같

그림 11-1] 플래그스태프 수목원의 자원봉사 맹금류 훈련사와 방문객들
Arboretum at Flagstaff

은 대규모 행사부터, 퀼트 전시회, 식물협회 플라워 쇼, 미술 전시회와 같은 소규모 행사 등이 있다. 비록 대규모 행사와 소규모 행사를 동시에 진행할 수도 있지만, 행사들은 많은 인력이 필요하므로 대규모 기관들만이 많은 행사를 개최할 수 있다. 즉 큰 기관들만이 다양한 행사나 대규모의 단일 행사를 개최할 수 있다.

대중적인 전략은 많은 참석자 기반을 구축할 수 있는 대표적인 연례행사를 개최하는 것이다. 댈러스식물원과 수목원에는 댈러스 블룸즈(Dallas Blooms)가 있으며, 미주리식물원에는 재패니즈 페스티벌이 덴버식물원에는 큰 규모의 식물판매 행사가,

원봉사자들은 상당한 전문가가 되기 때문에 행사도 효율적으로 운영하게 된다. 또한, 이들 행사는 단골들은 만들어 매년 성공을 예측할 수 있다. 정원의 크기가 크다면 이런 행사들은 수만 명의 방문객을 유치하게 된다. 이러한 행사는 인기가 있어서, 현지의 기업들도 정기 후원자가 되며, 이는 소득을 더 안정적으로 만들어준다. 전부는 아니지만, 일부 이러한 주요 행사의 입장료는 일반 입장료보다 더 비싸다.

또 다른 방법은 일회성의 특별 행사이다. 이런 행사는 외부 제작사에서 만들어 정원에서 몇 달 동안 열린다. 순회공연을 포함한 이러한 대규모 행사들은 많은 가족 방문객들의 관심을 끌었던 거대 인공 벌레 전시회인 "빅 버그(Big Bugs)" 쇼와 행사장 맞춤 설치물들을 포함한 데일 치훌리(Dale Chihuly) 유리 전시회 같은 것들이 있다. 이러한 일회성 행사들은 대부분 비용이 매우 많이 든다 – 수만 달러에서 수십만 달러에 이르기도 한다. 미술 박물관의 블록버스터 쇼와 유사한 이러한 행사는 대부분 대기업의 비용 지원이 필요하지만, 대중들에게 매우 인기가 있으며, 많은 군중을 끌어들인다.

멤버십

멤버십 프로그램은 수익소득 및 기부소득과 모두 밀접한 관련이 있다. 회원시스템은 개발 프로그램과 함께 관리되며, 회원들이 종종 기부자가 되기 때문에, 멤버십 프로그램에 대해서는 제10장에서 더 자세히 논의되었다.

수익소득의 한 종류인 멤버십 프로그램으로부터의 소득은 손

롱우드 가든에는 홀리데이 쇼(Holiday Show)가 뉴욕식물원에는 격년마다 열리는 오키드 쇼가 있다. 이런 특징적인 행사에는 여러 가지 이점이 있다. 때론 정원의 미션과 기존 기능들과 직접 연결되기도 한다. 또한, 이러한 행사들의 인기는 여러 해에 걸쳐 만들어지고 유지되며, 정원의 주요 행사로 자리매김하며, 정원을 브랜드화하는 데 도움을 준다. 이런 행사를 하면서 직원과 자

그림 11-2】 여러 규모의 공공정원은 덴버식물원과 같은 콘서트로 성공했다.
Richard Daley, Daley Images LLC

익계산서에 가장 잘 반영된다. 또는 회비로 인한 소득의 일정량까지(예를 들어 500달러까지)를 수익소득으로 계상하고 그 이후부터는 개발소득으로 계상하는 것이다. 일반적으로 공공정원의 대다수 회원은 가장 낮은 등급의 회원이 되며 이는 회비가 입장료보다 싸기 때문이다. 이들은 대게 "가치 회원"이며 이는 회원가입을 통해 혜택을 받는 거래이다. 다시 말해, 이들은 기부하기 위해서 회원이 되는 것이 아니라, 회비를 내고 서비스를 구매하는 것이다. 미국 박물관협회(American Association of Museums)는 회비에서 나온 소득을 수익소득으로 분류하도록 장려하고 있으며 이를 통해 다른 공공정원 및 기관들의 소득과 일관성 있게 비교할 수 있다. 이러한 분류가 미국에서 세금(IRS)과 관련하여 중요한 의미가 있음을 기억해야 한다. 미국 국세청 웹사이트에 의하면 기부자가 회비의 대가로 가치를 매길 수 있는 상품이나 서비스를 받는다면, 회원제가 대가 관계가 포함된 기부로 여겨진다고 명시한다: "[무엇에 의한 대가]는 부분적으로는 상품이나 서비스에 대해서 부분적으로는 자선 행위로서 내는 기부를 말한다. 예를 들어 기부자가 100달러의 자선 기부를 하고 40달러 상당의 콘서트 표를 받는다면, 기부자는 대가 관계의 기부를 한 것이다. 이러한 예에서, 지급 금액 중 자선 기부가 차지하는 부분은 60달러이다."

그림 11-3】 데일 치홀리 유리 전시회는 사막식물원을 비롯한 여러 공공정원에서 인기를 끌고 수익을 냈다.

Richard Daley, Daley Images LLC

소매 판매

미국에서 쇼핑은 주요한 여가 활동이며, 대부분의 공공정원은 이러한 동향에 동참하여, 소매상점들을 운영하고 있다. 정원들이 다양한 규모와 복잡성을 가진 것처럼, 상점 규모도 마찬가지이며, 수십ft^2부터, 5천ft^2 이상에 이르기도 한다. 소매상점은 거의 정문 근처에 있어서, 방문객들은 정원에 입장하면서 쇼핑을 하거나 조금 일찍 나와서 나가는 길에 쇼핑하기도 한다. 일부 상점은 요금을 내고 들어가야 하지만, 근처 거주자들은 입장료를 내야 한다면 쇼핑을 하지 않을 수도 있으므로 더 많은 사람이 상점을 방문하게 하도록 상점을 요금소 밖에 위치시키는 경우 매출이 더 높아진다.

정원의 기념품점은 보통 꽃이나 정원을 주제로 한 선물 품목, 정원관리 서적, 소규모 정원도구, 정원관리 장갑, 그리고 티셔츠, 모자, 머그잔, 정원용 앞치마와 같이 정원 로고가 담긴 물건들처럼 확실한 정원 풍의 테마를 가진 상품을 판매한다. 큰 규모의 상점들은 정원 장식품, 새 모이통과 물통, 주전자와 화분, 때로 고급 정원 가구들을 제공한다. 상점은 기관을 브랜드화하는데 도움을 주며, 기관의 미션을 강화한다. 모든 상품은, 미국 국세청(IRS)의 비관련 사업 소득세(UBIT) 규정에 따라, 정원의 비과세 미션과 관련되어야 한다.

중요한 것은 기금의 용도가 어떤 활동이나 판매 품목이 미션과 관련이 있는지를 결정하는 것은 아니라는 것이다. 다시 말해, 그 활동이나 품목으로부터 발생한 소득이 비과세 미션을 진행하는데 사용된다고 해서, 그 활동이나 품목이 비과세가 되는 것은 아니라는 의미이다. 이러한 활동이나 품목 그 자체가 비과세 목적과 관련해야 하며, 그것은 또한 "실체가 있어야" 한다는 것이다.

미국 국세청은 많은 비과세 항목을 인정하며, 이 중 일부는 공공정원에 적용된다. 예를 들어, 대중과 직원들이 이용 가능한 음식 서비스는 방문객의 편익과 관련되기 때문에 비과세이다. 또한, 조직을 위하여 완전히 또는 거의 완전히 자원봉사자들에 의해 시행되는 활동들은 과세 대상이 아니다. 그리고 주로 회원이나 직원들에게 제공되는 활동들은 비관련 사업 소득세에 따라 세금이 부과되지 않는다. 미국 국세청은 온라인으로 열람 가능한 "간행물 598" - "비과세 조직의 비관련 사업 소득에 관한 세금"을 통해, 이에 대한 지침을 제공한다.

주와 지방 법 또한 비관련 사업 소득세 사안과 별도로, 공공정원에 대한 세금 문제에 영향을 미칠 수 있다. 물론 법과 규정은 바뀌며, 따라서 세금 문제를 일으킬 수 있는 실질적 활동에 참여하기 전에, 비관련 사업 소득세와 주 및 지방 법에 익숙한 변호사와 상담하여야 한다.

일반적으로 신규 정원에서는 자원봉사자들이 상점을 관리하며 판매할 상품의 구매도 한다. 정원이 성장해서 방문객의 수가 아주 많아지고, 회원의 수도 증가하면 보통 상점을 전문화하기로 결정을 내린다. 급여를 받는 관리자와 구매 담당자가 고용되고 이는 상점의 재무성과를 극적으로 향상한다. 비록 인력을 추가하는 것은 큰 진전이지만, 전문성을 가진 직원을 고용하는 것은 더 큰 순소득의 증가를 가져와 신규 고용을 정당화한다.

식물판매

일부 정원의 기념품점은 식물을 판매한다. 그 범위는 보통 관광객을 목표로 하는 작은 선인장류부터 실내용 화초에 이르기까지 다양하다. 그중 다년생 식물, 구근, 일년초, 목본성 식물은 관리에 더 큰 노력이 들고, 공간을 더 많이 차지하며, 분갈이를 더 자주 해주어야 해서 이들을 판매하는 정원은 많지 않다. 또한,

---

사례 연구 : 사막식물원(DESERT BOTANICAL GARDEN)의 기념품점

사막식물원의 기념품점은 다른 공공정원에서나 마찬가지로 지속해서 가장 수익성이 좋은 곳으로 꼽힌다. 잘 팔리는 상품들은 식물, 선물, 서적, 티셔츠다. 매장은 이용자의 편의를 위해서 정원의 입구와 출구 옆에 있다. 이곳의 성공 열쇠는 우수한 물품의 구매, 다양한 상품 가격, 미국 남서부와 관련된 독특한 품목들, 고객들에 대한 적절한 이해, 전문적 관리, 정원 관리팀으로부터의 강력한 지원 등이다. 매년 겨울에 타지에서 많은 관광객이 이 지역으로 올 뿐만 아니라, 이 사막식물원은 상점에서 물품을 사들여 주는 대규모의 충성도 높은 회원들이 있다. 이처럼, 인기 있는 관광지에 있는 공공정원의 상점들은, 관광객들이 거의 방문하지 않는 곳에 있는 정원 상점들보다 큰 이점을 갖고 있다.

사막식물원의 기념품점 매출(2008년의 수치이며, 근사치이다.)

총 매출	$ 1,640,000
판매된 상품의 원가	$ 835,000
매출 총이익	$ 805,000
급여	$ 330,000
비품	$ 15,000
기타 간접비	$ 5,000
사막식물원의 순이익	$ 455,000
방문객당 총매출	$ 4.80
방문객 당 순이익	$ 1.35

그림 11-4】 클리블랜드식물원 매장과 같은 기념품점은, 공공정원의 주된 수익소득원이다.

Richard Daley, Daley Images LLC

현지 양묘장도 이런 식물들을 판매하기 때문에 판매 경쟁도 더 심하다.

많은 정원 내 매점들은 보통 옥외식물은 판매하지는 않더라도 매년 옥외식물을 주로 하는 식물판매 행사를 개최한다. 이러한 식물판매 매출 규모는 매우 다양하며, 순소득이 10만 달러를 넘는 높은 매출을 올리기도 한다.

식물을 판매하는 정원에서 중요한 문제 중 하나는 판매하고자 하는 식물을 정원에서 직접 재배할 것인지, 구매해서 재판매를 할 것인지, 아니면 위탁회사에서 구매할 것인지에 대한 문제이다. 대부분의 정원은 판매되지 않으면 퇴비 처리가 되어야 할 초과 공급된 식물들에 대해서, 여전히 이 식물들을 재배할지 아니면 구매할지에 대한 의문은 남는다. 정원이 직원의 인건비와 온실의 유지비를 고려했을 때, 경제적으로 판매용 식물을 재배하는 것은 거의 불가능하다. 재배용 식물이 완전히 자원봉사자들에 의해서 길러지고 재배에 드는 공공요금이 낮다면(남부 및 남서부의 정원을 제외하고는 가능할 것 같지 않은) 또 충분한 온실 공간이 있다면 직접 재배하는 것이 합리적일 수도 있다. 대다수 정원의 경우, 경제적인 이유만으로도, 특히 판매용으로, 많은 양의 식물을 재배할 수 없다. 대부분 정원은 이에 대한 해결책으로 모든 식물을 매입하거나, 위탁회사를 통해서 매입한다.

음식 서비스

사람들이 동물원, 미술 박물관, 기타 명소들을 여가 생활을 위해 방문하는 것과 마찬가지로, 정원도 여가 활동을 즐기기 위해 서 방문하며, 방문 시에 대부분 음식을 사 먹는다. 정원의 규모가 더 클수록 방문객들은 정원에서 더 오래 머물기 때문에, 편의 시설 중 하나인 음식 서비스는 더 중요해진다. 마찬가지 이유로 근처에 식당 수가 적거나 아예 없는 정원들은 음식 서비스를 제공해야 할 필요가 더 있는 것이다.

대부분의 공공정원은 특별 행사나 기부 행사에 음식을 제공하고 시설을 임대할 때 식품, 음료, 식탁과 의자들을 특정 장소에 출장서비스 하는 것이 음식 서비스 제공, 관리, 평가에 있어 중요한 요인이기 때문이다. 실제로 이러한 음식 출장서비스가 일상적인 음식 서비스보다 훨씬 수익성이 높다.

음식 서비스 관리에는 다음과 같은 문제를 고려해야 한다.

- 음식 서비스는 외부 업체에서 맡겨야 하는가, 아니면 정원이 운영하여야 하는가?
- 정원은 기부자와 회원들이 바라는 고품질의 음식 및 서비스를 제공하는 그것과 대다수의 평범한 방문객들을 대상으로 하는 고수익 음식 서비스(예: 더 빠르고, 영양가가 덜하며, 덜 매력적인 음식)를 제공하는 필요에 대한 균형을 어떻게 맞추어야 하는가?
- 음식 서비스를 외부 출장서비스 업체가 운영한다면, 임대 행사도 역시 해당 음식 출장서비스 업체를 이용하여야 하는가?
- 외주 출장서비스 업체가 음식 서비스를 운영할 때, 정원은 모든 행사에 그 음식 출장서비스 업체를 사용해야 할 의무가 있는가?
- 어떻게 출장서비스 업체와 합리적인 재무 계약을 맺어야 정원이 출장서비스를 통해서 금전적인 이익을 얻고 또한 출장서비스 업체에도 재정적으로 이득이 될 수 있을까? 출장서비스 업체가 이득이 되었을 때, 음식 서비스가 방문객들을 끌어모을 수 있는 자산이 되며(그리고 더 많은 임대수익을 발생시키고, 방문객을 쫓는 것이 아니라) 정원의 평판을 향상한다.

대부분 정원은 합리적인 음식 서비스를 제공하기 위해서, 외부 음식 출장서비스 업체를 이용한다. 이는 부수적인 사업이지 정원이 핵심 역량 개발을 원하거나 핵심 사업으로 집중할 것이 아니다. 정원의 연간 방문객이 수십만 명에 달하거나 시설 임대 사업(예를 들어, 결혼식) 규모가 크지 않은 한, 특히 공간을 덜 차지하는 기념품점에서 발생하는 소득과 비교할 때, 음식 서비스로부터의 소득은 때론 실망스러운 수준이다.

시설 임대

시설 임대는 지난 10년 동안 많은 공공정원의 수익소득 중 가 미주리주 캔자스시의 도심에서 약 45분 떨어진 곳에 있는 파월 정원은, 도시 중심부 외곽에 있더라도, 어떻게 아름다운 정원이 시설 임대로 얼마나 강력한 반전의 흐름을 만들어내는지에 대해 훌륭한 예를 보여준다. 파월 정원은 결혼식 장소로 매우 인기가 있어서 구내에 작은 결혼 예배당을 지었다. 결혼식 장소로서 오랫동안 성공적인 기록을 가지고 있어서, 이 지역에 거주하는 신부들의 소셜 네트워크를 통해 이 정원을 결혼 장소로써 홍보한다. 이 정원은 또한 2월에 자신의 결혼 박람회를 개최하여, 잠재 고객들에게 이 장소를 소개하고 현지 결혼 잡지에도 광고한다.

파월 정원 시설 임대 (2008년 수치이며, 근사치이다.)

예배당 임대	130회
수목원/구내 임대	10회
연회 패키지	110 패키지
회의	30회
총 임대 행사 횟수	280회
총소득	$ 227,904
순이익	$ 161,928

장 빠르게 증가하는 소득원이다. 최근 몇 년간, 일부 정원들은 주로 임대를 위한 목적으로 디자인된 방문객 센터를 건설하였다. 브루클린식물원은 결혼식 및 기념행사를 주최하기 위한 별도의 온실 스타일의 공간을 만들었다. 이 공간은 즉시 브루클린에서 행사의 중심 장소가 되었으며, 공원에 큰 이익을 주었다. 이는 가장 큰 규모의 정원에만 해당하는 것이 아니다. 플로리다주 올랜도에 있는 공공 소유 정원인 해리 피 레우 정원은 민간 개인 행사를 위해 주로 사용될 방문객 센터를 건설했다. 노스캐롤라이나주 페이어트빌에 위치한 케이프 피어(Cape Fear) 식물원도 마찬가지이다.

공공 프로그램 소득

대중에게 일련의 프로그램들을 제공하는 것은 공공정원의 미션이 포함하고 있는 특성이다. 공공 프로그램은 식물과 자연에 대해 조경과 식물 수집품에 대해 어떻게 식물을 음식과 장식을 위해 사용할지를 그리고 보존과 관리에 대해 사람들에게 알리고 그들을 자극한다. 이러한 프로그램들은 또한 중요한 수익 소득원이 될 수 있다.

일반적으로 아동을 위한 프로그램은 보조금, 민영 기부금, 또는 일반 운영예산으로부터 도움을 받아야 하는 낮은 가격으로 책정될 필요가 있다. 청소년 여름 캠프는 필요한 예산을 스스로 충당하는 예외적인 프로그램이다. 성인을 위한 강좌, 강의, 워크

덴버식물원은 미국에서 가장 다양한 성인 교육 프로그램을 제공하는 곳 중 하나이다. 예를 들어 수십 개의 강좌, 오래된 후원을 받는 강연 시리즈, 두 개의 자격 인증 프로그램, 비정기적 심포지엄을 제공한다. 이들 프로그램은 또한 각 프로그램의 사후 정산비용을 넘어서는 비용까지 포함한다고 하더라도 꾸준히 상당한 순수익을 창출하고 있다. 이 프로그램의 수수료로 충당되는 지출에는 코디네이터의 급여, 모든

사후 정산비용, 프로그램으로 다시 청구되지 않는 많은 기타 지출이 포함된다.

아래 표는 덴버의 공공 프로그램의 대략적인 참여 인원, 소득과 지출을 보여준다. 소득의 약 15%는 후원을 통해 이뤄지지만, 이러한 소득이 없다고 해도, 전체 프로그램은 여전히 상당한 순수익을 창출했다.

프로그램	프로그램 수	참여자 수	소득(달러)	지출(달러)	순익(달러)
일반 성인 프로그램	100	1,820	42,000	31,000	11,000
강연	5	365	38,000	25,000	13,000
정원관리 자격증	30	500	32,000	22,000	10,000
식물 세밀화	60	700	105,000	70,000	35,000
심포지엄	2	330	40,000	20,000	20,000
	~200	3,715	~260,000	~170,000	90,000

숍, 그리고 투어 프로그램은 스스로 비용을 충당할 수 있거나 순 수익을 창출하기도 한다.

식물 특허권 사용료

브리티시컬럼비아 주립대학교 식물원, 모 튼 수목원과 시카고 식물원의 합동 연구(아래 사례연구 참조), 덴버식물원(이곳의 프로그램은 플랜트 셀렉트(Plant Select)라고 불린다)과 같은 소수의 식물원은 소매업자가 판매하는 재배품종을 개발하였으 며, 판매 수익의 일정 비율은 정원에 귀속된다.

이러한 프로그램을 위해서는 전문 원예직원들이 많은 시간을 쏟아부어야 하고, 지역의 양묘장 중 관심 있는 곳이 있어야 하지 만, 여기서 얻을 수 있는 가치는 매우 높다. 이는 잠재적으로 소 득을 창출할 뿐만 아니라, 식물이 판매되는 양묘장에서 이 품종 에 이 정원의 이름을 붙이고, 이 정원이 그 지역 원예의 리더로 서 브랜드화되기 때문에 이 프로그램은 높은 가치를 지닌다.

기타

로스앤젤레스 카운티수목원과 식물원, 노스캐롤라이나수목 원과 같은 몇몇 공공정원은, 영화사에 구내를 임대하였다. 수익 성은 좋을 수 있지만, 촬영 기간에 따라 우연히 방문한 일반 방 문객들에게는 큰 방해가 될 수 있다. 어떤 경우에는 영화사가 공 원 전체를 빌리고 그 기간 일반인의 출입을 제한하기를 원할 수 도 있다. 경제적으로 매력적이더라도, 이러한 장기간의 계약(그 리고 일반적으로 영화사는 요청한 시간보다 더 많은 시간이 필 요하다)은 정상적인 관리의 부재로 인한 식물 수집품과 토양에 가해지는 피해와 영화사와의 시간을 조절하는 직원의 비용과

수집식물을 보호하는 비용을 고려할 때 정당화될 수 없을 수도 있다.

비록 여행 프로그램은 그렇게 수익성이 높지는 않지만, 많은 정원은 이러한 프로그램을 제공한다. 이는 기부자 충성도를 구 축하고, 새로운 지지자를 찾고, 핵심 기부자들에게 특별 프로젝 트에 대해 관심을 두도록 하는 훌륭한 방법이 될 수 있다.

공공정원은 서적 발행과 판매부터, 농장부지 임대 및 식물과 원예문제에 관한 상담 서비스 제공에 이르기까지, 소득을 벌어 들이는 많은 다른 방법들을 찾는다.

수익소득 관리

수익소득 사업

수익소득을 처리하는데 표준 업무 절차를 적용하는 것이 공공 정원에서 점점 더 일반적인 관행이 되고 있다. 소매 판매와 같 이, 수익 목표가 명확한 이러한 분야들은 보통 재무목표로 관리 된다. 미션 중심적인 요소와 수익소득 기대치를 모두 갖춘 공공 프로그램과 같은 분야의 경우, 정원 관리자들은 어떤 목표를 우 선시할지 명확히 하고, 이렇게 정의된 우선순위를 반영하는 기 준점을 확립해야 한다.

신규 프로젝트 평가

사업과 같은 방식으로 가능성이 있는 프로젝트에 접근하는 데 있어서, 첫째 논점은 기대치를 명확하게 하려고 핵심 질문을 하 는 것이다. 이러한 질문들은 다음에 프로그램 평가과정에서도 사용될 수 있다. 말 그대로 수익소득을 가져올 가능성이 있는 아 이디어를 평가하는 첫 번째 단계는 이것이 기관의 미션과 재무 적인 목표들을 포함한 전략적인 목표들을 지원하는지를 결정하 고, 최우선 목표와 부가적인 목표를 명확하게 정의하는 것이다. 그 아이디어는 순수익을 창출하기 위한 것인가? 이 아이디어는 회원과 기부자의 충성도를 높이기 위한 것인가? 아니면 이 아이 디어는 관객들을 다양화하기 위한 것인가? 신규 프로그램이나 활동은 하나의 목적(예를 들어 순이익)을 위해 제안하며, 여러 가지 척도로 평가한다("금전적인 손해를 보았지만, 많은 친구를 얻을 수 있었다").

다음은 물어보아야 할 핵심 질문 중 일부이다.

• 정원이 전문 지식을 갖추고 있는가, 아니면, 합리적 비용으로 전문적 조언을 구할 수 있는가?

• 착수 시점에 큰 투자를 하지 않고, 이러한 잠재적 수익원을 실

험해볼 수 있는가?

- 잠재 비용과 편익에 대한 타당성 조사가 이뤄졌는가?

- 그 밖의 수익 소득을 구축하기 위한 이 신규 프로젝트를 이용함으로써 소득을 어떻게 극대화할 수 있는가?

- 이 신규 프로젝트는 (1)일반 방문객 체험, (2)회원들의 정원 경험과 견해, (3)기부자 인식과 충성도, 그리고 (4)정원의 전반적인 평판과 브랜드를 향상할 것인가 아니면 저하시킬 것인가?

- 이는 이웃들을 방해하는 것과 같은 의도하지 않는 결과를 초래하는가?

- 이는 자금을 최대한 활용하는 것인가?

- 이러한 프로젝트에, 소득 기대치를 충족시킬 수 있는 시간(아마 3년 정도)을 기다릴 수 있는가?

- 현재의 경쟁 상태는 어떠한가, 이러한 경쟁은 추후 몇 년 동안 어떻게 변할 것으로 예상하는가?

- 이 사업을 누가 관리할 것인가?

- 기회비용은 무엇인가?(다시 말해, 이 프로젝트를 추구하기로 함으로써, 정원이 하지 못하게 될 다른 프로젝트들은 무엇인가?)

직원 구조와 자원봉사자 활용

수익소득을 개발하고 관리하는 것은 보통 분권화되며, 많은 부서와 기능들이 이에 연관된다. 표면적으로, 이렇게 분산시키는 것이 적절한 관리 방법이 아닌 것처럼 보일 수도 있지만, 사실상 다른 기능들이 사용되고 있어서 이러한 기능들을 하나의 부서로 통합하는 것은 어렵다.

- 규모가 큰 기관에서는, 일부 활동들은 방문객(또는 고객) 서비스 부서로 집중된다. 이런 활동들은 보통 입장료 소득, 임대 판매, 음식 서비스, 시설 임대를 포함한다. 이러한 부서가 존재하지 않는다면, 입장료 소득을 창출해야 할 책임은 무관심한 프로젝트가 되어 실제로 아무도 경영 전반에 배정되지 않는다.

- 회원들의 혜택에 대해 지속해서 원활하게 조정하고, 회원과 신규회원 개발을 통한 기금조성 요청에 잘 응대하기 위해서는, 수익소득 중 회원의 회비에 관한 부분은 개발 부서에서 관리되는 것이 최선이다.

- 특별 행사 또한 방문객 서비스 부서의 권한 일부가 될 수 있다. 일부 공공정원에서는 이는 마케팅 기능의 일부로 간주하며 이 기능은 때로 개발 부서에 속하기도 한다.

- 교육 활동으로부터 파생된 프로그램 소득은 그 부서에 속한다

(때로 공공 프로그램 부서라고 불리기도 하고 이는 넓고 일반적으로 더 나은 표현이다).

재무이사는 수익 소득 활동의 책임소재에 상관없이 많은 수익 소득 활동의 중요한 자문 역할을 한다. 상대적으로 작은 규모의 정원에서는, 재무이사가 일부 기능들을 직접 관리하기도 한다. 또한, 많은 수의 관리자들이 전문 지식은 가지고 있지만, 소득 예측과 같은 재무적인 기술이 부족하므로 재무이사는 정원 부서 관리자들의 재무적인 기술을 함양하는 데 큰 공헌을 한다.

자원봉사자들은 수익소득의 일부 영역, 특히 특별 행사, 기념품점, 식물판매 등에서 매우 중요한 역할을 한다. 때로는 정원의 가용 인원수가 주요 행사의 필요한 인력보다 너무 적기 때문에 자원봉사자들이 일선에서 일하면서 방문객들을 안내하고 정보를 나눠주곤 한다. 그들은 회원 판매 부스에서 직원으로 일하고, 기념품점에서는 주요 판매인력 역할을 하며, 때로는 물건의 구매를 포함한 기념품점의 전체 운영을 담당하기도 한다.

| 서비스 계약

내부가 아닌 외주로 운영되는 수익소득 요소의 경우, 정원 관리팀은 그 외부 요소의 질과 서비스의 평판이 정원의 운영에 어떻게 영향을 미치는지에 대해서 정확하게 인식하고 있어야 한다. 유니폼부터 서비스 훈련에 이르기까지, 일반인들은 그 외주로 운영되는 요소들이 정원 직원들에게서 나오는 것이라고 간주하기 때문이다.

음식 서비스는 대부분 계약업체에 의해 제공되는 수익소득 분야 중 하나이다. 이러한 사업을 외부 음식 출장서비스처럼 효과적으로 관리할 수 있는 정원은 거의 없다. 정원의 음식 서비스에서 나오는 재정 수익은 실망스럽다. 언뜻 보기에 그 이유는, 출장서비스 업체가 대부분 이익을 가져가 정원에 소득이 별로 남지 않는 것처럼 보일 수도 있다. 그러나 음식 서비스 관리에서의 근본적인 문제는 변질하기 쉬운 제품의 특성, 음식 서비스 직원들의 매우 높은 이직률, 이 사업을 관리하는데 매우 경험 많은 음식 서비스 전문가가 꼭 필요하다는 것에 있다.

신설 정원과 기존 정원들의 수익소득

신규 및 신흥 공공정원들의 수익소득 노력은 기존의 더 큰 규모의 정원들과는 여러 가지 면에서 다르다. 첫째는 규모이다. 작은 정원들은 큰 정원과 같이 많은 수의 다양한 활동들을 제공할 수 없고, 같은 행사에서조차 같은 규모의 수익을 창출할 수 없

다. 작은 정원들은 위험 자본이 적으며, 따라서 실패에 대한 저항성이 낮다. 수익소득을 구축하는 데 있어 전문 지식이나 경험을 지닌 직원들이 적으며, 이러한 업무를 할 외부 인력을 고용할 수 있는 자금도 부족하다. 새로운 수입원을 개발하는 데 있어서, 신흥 기관들은 여러 가지 신규 활동들을 한 번에 시도해 볼 수 있는 이미 잘 확립된 기관들보다 더 신중하게 우선순위를 정해야 한다.

신설 정원들은 기본적인 것부터 시작해야 한다. 예를 들어, 입장료를 정하고 관리하는 것, 회원제 프로그램을 확립하고 개발하는 것, 소규모 소매 운영을 확립하는 것들이다. 일반적인 공공 프로그램들과 몇 가지 행사들을 개최하는 것은 개발의 다음 단계가 될 것이다. 하나의 전략으로서, 신규 정원들은 수익 잠재성이 가장 큰 분야에 초점을 맞춰야 하며, 일부 분야들은 직원이 거의 참여하지 않고 자원봉사자들에게 맡길 수도 있다. 자원봉사자들에게 이러한 프로젝트를 관리하도록 하는 것이 일관성과 책임성 문제를 일으킬 수 있지만, 때로 이것이 유일하게 현실적인 방법일 경우도 있다.

그 밖의 수익소득 문제

미션 대 소득

다른 모든 비영리 조직과 마찬가지로, 정원의 성공은 재무적인 근거만을 가지고 판단하지 않으며 그렇게 해서도 안 된다. 아이러니하게도, 이것이 위대한 기업 전문가인 피터 드러커(Peter Drucker)가 비영리 단체들이 때때로 영리기업보다 운영을 더 잘 한다고 말한 이유이다.

비록 비영리 단체는 사업을 하는 것은 아니지만, 전반적인 활동과 특히 수익소득 활동에 있어서, 그들은 적절한 계획 및 평가 기법을 사용하여 기업처럼 운영해야 한다. 그러나 재무문제에 초점을 맞추는 것 또한 기관 내에서 갈등을 일으킨다. 직원들은 CEO가 "재무에만 관심이 있다"라고 불평하며, 이사회가 비난을 받아야 한다고 느낀다. 이에 관한 결과로 대부분은 최고 경영진은 그들의 시간 대부분을 계속 증가하는 미션과 관련된 활동들(예: 원예, 교육, 과학, 보존 활동)의 비용을 대기 위하여 기금을 찾는데 보내게 된다.

이러한 갈등이 나타나는 이유는 부분적으로는 (1) 대부분의 미션-관련 관리자들이 재무관리 훈련은 거의 받지 않고, 전문 분야의 배경 지식만을 갖추고 있고, (2) 최고 경영진이 소득과 미션을 위한 활동을 지원하는 능력 사이의 관계를 잘 설명하지 못하기 때문에, (3) 일부 기관들은 미션과 거의 관련이 없이 지원을 받을

수 있는 어떤 곳이라도 시도해 보기 때문이다.

지역 사업과의 경쟁

때로 정원사업은(특히 사업체가 정원의 부지 밖에 위치한다면) 지역사업자들에게 심각한 경쟁자로 여겨진다. 기념품점, 음식 서비스, 시설 임대 등 모든 사업이 영리를 목적으로 하는 정원 밖의 사업자들과 경쟁한다고 말할 수 있지만, 이러한 것들은 일반적으로 박물관의 고객들을 위한 서비스로 받아들여지게 되기 때문에, 이러한 활동들은 좀처럼 문제가 되지는 않는다.

정원은 신규 사업의 의도하지 못한 결과들을 살펴보아야 한다. 때로 공정하지 못한 경쟁에 대한 의문이 제기된다. 예를 들어, 한 공공정원은 판매용 식물을 공급하고 가꾸기 위해서 원예 서비스를 만들었다. 지역 사업체들은 여기에 불만을 호소했고, 정원은 이 사업에 대해 비관련 사업 소득세를 지급할 의향이 있었지만, 이 사업을 처분하기로 했다. 신규 사업은 재무적으로는 타당할 수 있지만, 지역사회, 이해관계자, 정원의 평판에 미치는 영향 등은 모두 분석에서 고려되어야 한다.

요약

수익소득은 공공정원의 수익구조에 있어 필수적인 요소이다. 사실상 모든 정원이 회원제 프로그램을 운영하며, 대부분은 입장료를 받고, 일부 프로그램에서 이용료를 받으며, 기념품점을 가지고 있는 정원도 많다. 기업가적 욕구와 미션-중심적 욕구는 갈등을 조장할 수도 있다. 하지만 대부분의 공공정원은 미션을 중심에 두며, 동시에 기관을 유지할 수 있도록 재정 자원을 구축하도록 반응하며, 업무에 충실한 조직이 될 수 있도록 적절한 균형을 찾는다.

참고문헌

American Association of Museums (www.aam-us.org) is a resource for information about many aspects of museum management.

American Public Gardens Association (www.publicgardens. org) collects and distributes a wide range of materials on public gardens, including information on admissions, memberships, and programs.

Museum Store Association (www.museumdistrict.com) is the primary resource for all kinds of museum stores.

CHAPTER 12

Facilities and Infrastructure
시설 및 기반 시설

ERIC TSCHANZ 에릭 스찬츠

서론

시설 및 기반 시설은 공공정원의 물리적 근간이다. 공공시설, 배수, 건물, 도로를 적절히 계획하고 설계하는 것은 기관을 성공적으로 개발하는 데 절대적으로 중요하다. 그러나 이러한 항목들만큼 중요한 것은, 공공정원이 주로 식물, 사람, 프로그램과 관련된다는 것이다. 이 필수 요소들을 위한 정원의 미션에 근거해 시설 및 기반 시설의 개발을 추진해야 한다.

불행히도 정원의 현재 요구와 미래의 기반 시설의 계획을 세우지 않고도, 너무 쉽게 정원을 만들고 산책로를 계획하고 건설하기 시작한다. 정원의 마스터 플랜(제6장 참조)은 시설과 기반 시설 요건을 안내하는 장기적 계획에 대한 문서이다. 미션과 수집식물 명세서 또한 이러한 물리적 요건들을 특정 방향으로 이끌어 나가는 데 도움을 줄 것이다. 많은 신생 정원들이 이 계획이 완성되기까지 기다리지 못하고, 즉각 나무를 심고 건축을 시작하고 싶어 한다. 신속하게 진행할 수는 있지만, 전문가들이 초기 작업을 완수하기 전까지는 진행해서는 안 된다.

토지

제5장에서 설명한 바와 같이, 신설 정원의 설립자들은 이상적인 토지에 정원을 설립하고자 하지만, 때로는 주어진 부지에 정원을 설립해야 한다. 기부된 토지나 농장, 정부 기관이 소유한 토지일 수도 있지만, 극히 드물게 설립자들이 완벽한 부지를 선정하고 구매할 수 있는 기금을 가지고 있는 예도 있다. 선택권이 있다면, 향후 기반 시설을 개발하는 것을 세심하게 검토해야 한다.

핵심 용어

미국 장애인법(American Disabilities Act; ADA): 미국 연방법은 신체장애가 있는 사람들을 수용할 수 있는 시설 및 구조의 설계와 건축을 다룬다.

생태수로(Bioswales): 물의 정화와 물이 저류 연못을 이용하여 지하수로 침투하도록 지표수의 방향을 바꾸고 유속을 느리게 하도록 설계한 조경의 세부사항

지역권: 실질적으로 재산을 소유하지 않고, 토지를 사용할 수 있는 법적 권리

미국 친환경 건축물 인증제도(Leadership in Energy and Environmental Design, LEED): 미국 그린빌딩 위원회(Green Building Council)가 개발한, 건물 및 주변 지역의 환경친화적 설계, 건설 및 운영의 기준을 제공하는 등급제

부지조사(Site inventory): 설계 과정의 첫째 부분 – 부지계획에 명시한, 모든 공공 서비스, 건축물, 도로, 산책로, 식물의 목록. 매우 상세한 환경 요인, 토양형, 배수 패턴 등 다양한 것들을 포함한다.

부지분석(Site analysis): 설계 과정의 두 번째 부분 – 부지조사를 기반으로 부지의 문제점과 기회를 정의. 이것은 일반적으로 부지계획 위에 버블 다이어그램(bubble diagram) 형식으로 나타난다. 특정 정원요소에 가장 적합한 위치가 어디인지에 관한 개관을 제공한다.

부지계획(Site plan): 설계 과정의 세 번째 부분 – 부지 분석의 입력자료 결과로 나온 개략적 설계

지속할 수 있는 부지계획(Sustainable Sites Initiative; SSI): 지속 가능한 조경 설계, 건설 및 유지 관리의 지침과 기준을 개발하기 위한 프로젝트

미국 지질조사소(United States Geological Survey; USGS): 미국 대부분 지역을 지도화한 연방기관

나머지 토지나 무상 토지는 여러 가지 이유로 개발이 쉽지 않을 수도 있다. 예를 들어 그곳들이 범람지역, 주거 제한지역, 지역권, 폐기장, 폐광산 부지일 수도 있다. 저가 또는 무상 토지는 장기적으로 개발하는데 더 비용이 들 수도 있다. 부지의 개발 용도에 관한 의문 사항이 있다면, 조경사나 기술자와 상담하는 것이 좋다.

| 비용부담 위험

현행 환경법을 고려할 때, 어떠한 토지에 대한 소유권을 받기 전에, 반드시 전문적인 환경 평가를 완료해야 한다. 매장된 석유 탱크, 제조 과정에서 발생한 유해 잔여물, 심지어는 불법 매립 등은 부지를 불길한 운명 속으로 밀어 넣을 수 있는 문제점 중 일부에 불과하다. 소유권이 바뀐 후, 새 소유자는 모든 환경문제를 책임을 져야 한다. 오염된 토지를 정화하는데 수십만 달러 이상의 비용이 들어가는 경우는 흔하다.

지방 법원 청사에서 소유권을 열람하여 해당 용지의 지역권을 알아내야 한다. 이는 지방의 공익기업이 설정한 간단한 공익사업을 위한 지역권부터 지역적 혹은 국영기업이 소유한 대규모 지역권에 이르기까지 다양할 수 있다. 이러한 대규모 지역권은 몇 개의 주에 걸친 지역에 전기나 석유를 운송하는데 필요한 주요 유통라인일 수도 있다. 각각의 지역권에는 특정한 요건이 있다. 대부분 기업은 자신이 지역권을 가지고 있는 곳에 구조물의 건축을 허용하지 않으며, 해당 지역 내에서 자신의 소유에 대한 보수가 필요한 경우, 식물의 손해에 대한 책임을 지지 않을 것이다.

그림 12-1] 미주리주, 캔자스시티시에 있는 파월 정원의 개벌된 전기 지역권

부지조사

일단 부지를 선정하면, 기존의 구조물, 건물, 수목 및 현장 공공시설, 도로, 연못과 같은 기반 시설 요소들을 평가해야 한다. 이러한 조사는 부지 분석 및 마스터플랜을 수행하기 이전에 시행하여야 하며, 이러한 항목들은 부지의 지형도에 표시하여야 한다. 지형조사는 비용이 많이 들며, 이 계획 단계에서는 필요하지 않지만, 상세한 계획 및 시공 설계를 시작하기 전에 수행하여야 한다. 미국 지질조사소에서 제작한 지형도는 이 초기 작업에 사용될 수 있으며, 매우 합리적인 비용으로 조달할 수 있다. 미국 대부분 지역은 이 기관이 이미 지도화하였다.

부지조사는 조경사, 건축가와 기술자 심지어는 적절한 전문

지식을 갖춘 정원 직원이 할 수 있다. 이러한 초기 단계라도, 이들 전문가는 현장 또는 부지에 인접한 현재의 공공시설 규모가 충분한 것인가를 결정할 수 있다. 두 개의 용지를 고려 중이라면, 이러한 유형의 조사를 통해서 실제 비교를 할 수 있으며, 실질적인 의사결정 과정을 지원할 수 있다. 부지와 기존의 기반 시설과 시설에 대한 검토 후 다른 부지를 찾는 것이 최선이라고 결정할 수도 있다.

| 공공시설

물, 전기, 하수도, 가스를 비롯한 부지 내 모든 공공시설은 선폭과 함께 그 위치를 결정하여야 한다. 농촌 지역과 정부의 나머지 부지의 경우, 부지에 공공시설이 없을 수도 있다. 그러면 가장 가까운 공공시설과의 거리도 고려하여야 한다. 가능하다면, 이러한 설치물의 수명과 어떤 업그레이드가 필요한지도 결정하여야 한다. 공공 기업은, 이용 가능한 서비스 규모에 관해서 많은 정보를 제공해 줄 수 있다.

일반적으로, 부지에 있는 대부분의 지하 공공시설은 교체하여야 하는데, 왜냐하면 이 시설이 적정한 규모로 적절한 장소에 있는 경우가 거의 없기 때문이다. 상업용 전기(3상 전기), 수돗물, 우물, 또는 위생 설비를 부지에 설치하는데 드는 비용을 먼저 결정하는 것이 최선이다. 엔지니어는 기존의 공공시설을 업그레이드하거나 적합한 크기의 필요한 공공시설을 설치하기 위한 비용을 예측할 수 있다. 천연가스나 석유와 같은 에너지원의 가용성에 따라, 난방 시스템을 결정할 수 있다. 특정 공공시설이 부족하다고 해서 정원 부지를 포기할 수도 있지만, 공공시설을 올바로 수정하는 데는 큰 비용이 들 수 있다.

부지에 공공시설을 도입하는 데에 큰 비용이 들 수 있으며 이는 다른 녹색 대안들이나 더 지속 가능한 시스템에 대하여 중요성을 가늠해 보아야 한다. 천연가스나 석유를 이용하지 않고 난방을 하는 방법은 태양 전지판부터 지하 수원(우물이나 호수) 열펌프에 이르기까지 다양하며 모두 매우 효율적이고 입증된 기술들이다. 현장의 녹색 위생 시스템은 식물을 사용하여 중수도 용수를 처리하거나 오수를 처리하는 시스템의 최종 종말 단계에 식물을 사용할 수 있다. 이는 위생 용수를 처리하는 지속 가능한 방법을 보여주는 교육적인 전시로서 추가적인 이점을 가질 수 있다.

물, 어디에나 있는 물

모든 공공정원은 일종의 관개 시스템과 물 공급원을 필요로 한다. 시나 카운티의 물은 비싸고 항상 최고의 선택은 아니다.

심지어 수도회사에서 오는 식수조차도 식물에 사용하기 위하여 사용 전에, pH, 경도, 기타 화학물질 처리가 필요할 수도 있으며, 이는 큰 비용과 시간이 소요된다. 부지를 철저하게 조사하면 관개에 쓸 수 있는 우물, 호수, 연못의 잠재성을 알 수 있다. 수위 변동을 고려할 때, 일반적으로 관개에 쓰이는 호수는 정원의 주요 수원이 되어서는 안 된다.

주차장과 건물에서 나오는 유거수는 생태수로로 우회하여 대규모 저수 유역 혹은 물탱크로 이동할 수 있다. 투과성 포장재는 물을 투수층으로 흘려보내는 데 사용할 수 있다. 이러한 물을 우수 시스템으로 들어가지 못하게 하여 물이 지하수로 다시 스며들게 한다. 물탱크와 연못의 물은 빗물로 시작되어 보통의 수도 시설에서 나오는 물보다 처리를 적게 하여도 된다.

물 규정은 주마다 다르므로, 지방 당국에 확인해보거나, 수리학자에게 자문하는 것이 제일 좋다.

| 도로와 산책로

공공 도로에서 부지로 접근할 수 있어야 한다. 지방 당국과 확인하여 현재의 진입점 이외에 다른 지점으로 접근할 수 있는지 확인하는 것은 중요하다. 정원의 하루 방문객이 수천 명을 넘는 것은 흔한 일이다. 작은 거리를 따라 거주하고 있는 이웃들은, 이러한 정도의 교통 혼잡을 감당할 수 없다. 입구가 주요 고속도로에서 벗어난 곳에 있다면, 감속 및 선회 차로가 필요할 수도 있다.

견고한 기반과 배수로로 개선된 내부도로는 공공 및 유지보수 도로의 표준이다. 부지를 통과하는 진흙 길도 법적 책임이다. 표면이 자갈로 되어 있거나 기타 물질로 단단하게 되어 있던 지에 상관없이 모든 주차공간과 모든 내부도로 및 진입 지점들은 기반 시설 지도에 표시되어야 한다. 또한, 미국 장애인법에 따라 접근성이 최대한 극대화되어야 한다.

부지에 이전에 만들어진 정원 길이나 산책로가 있다면, 이들 자재와 그 질을 평가해볼 필요가 있다. 그들이 마스터플랜에 어떤 영향을 미칠지 결정하기 위하여 이들 세부사항을 부지조사에 기록하여야 한다.

| 구조물

부지계획에서 주목해야 할 다음 사항은 기존 구조물들의 기본 건축 유형, 건물 면적, 평면도, 공공시설, 상태 등이다. 그 밖의 고려사항은 그 구조물들이 역사적 의미가 있는지, 접근성은 어떤지, 건물의 원래 목적은 무엇인지 등이다. 부지조사는 감정적인 이유는 제쳐두고, 사실에 초점을 맞추어야 한다. 예를 들어,

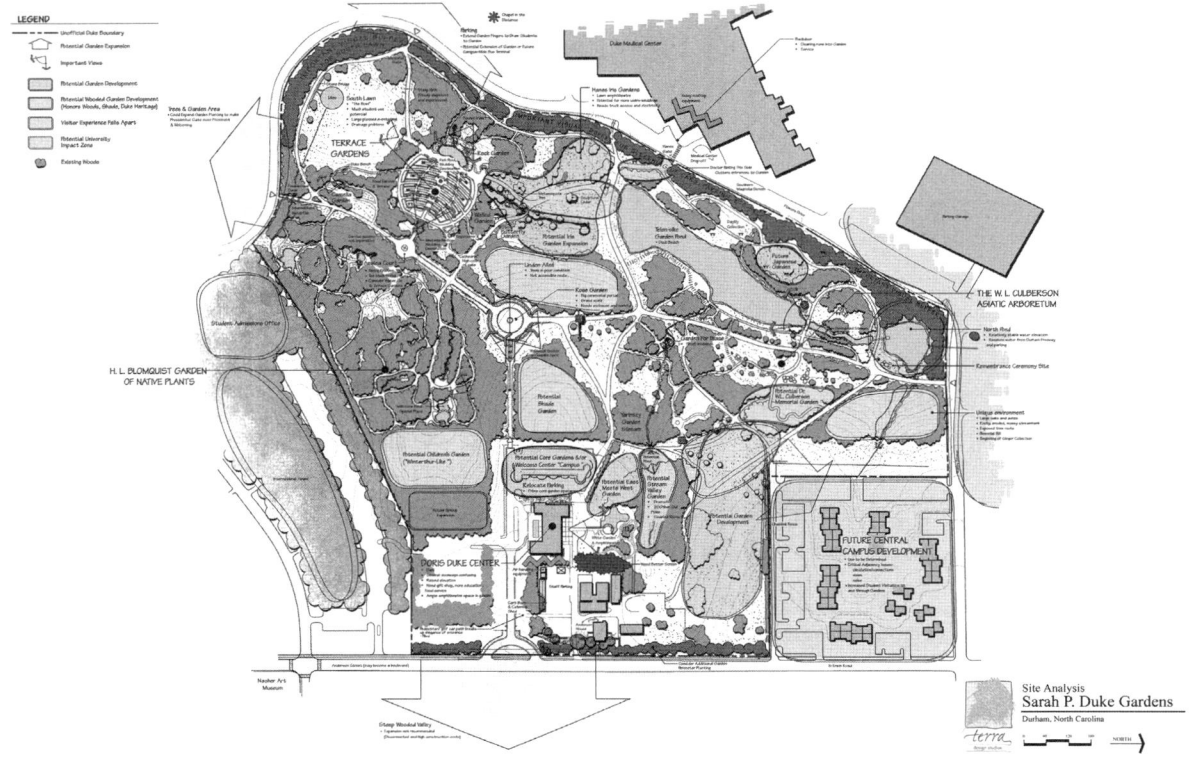

그림 12-2】 테라 디자인 스튜디오(Terra Design Studio)가 만든 듀크대학교의 부지 분석 단계.
Duke University/Terra Design Studios

구조물이 설립자의 생가이지만, 완전히 다 허물어져 간다면, 조사에서는 이러한 구조물의 현재 상태를 정확하게 반영할 필요가 있다.

다음 단계

일단 부지조사가 완료되면, 부지 분석을 시작할 수 있다. 이 문서는 부지의 문제점과 기회를 정의하며, 일반적으로 버블 다이어그램 형식을 빌린다. 전문가의 도움을 얻고, 마스터플랜이 작성 중이라고 가정할 때, 정원은 임시 정원 및 구조물 건축을 추진하거나, 마스터플랜이 완성된 정원의 건축을 밀고 나아갈 수도 있다. 그러나 이 단계는 부지, 계획 속도, 기금조성 및 많은 다른 문제들에 달려 있다.

구조물이 없는 미개발 토지는, 임시적이든 영구적이든, 이전에 지어진 구조물을 정원 계획에 넣을 필요가 없으므로 축복이 될 수 있다. 부지 내 좋은 건축물이 있지만 바람직한 위치에 있지 않으면 문제가 시작된다. 부지 분석이나 세심하게 계획된 마스터플랜은 좋은 결정을 내리는 데 도움이 될 것이다.

임시 정원 및 구조물

전체 부지에 대한 마스터플랜을 설계하는 데에는 다소 시간이 걸리며 특히, 다양한 이해관계자들이 관련된 경우 시간이 더 걸린다. 대중으로부터 관심을 얻고, 궁극적으로는 기금을 조성하기 위해서, 대부분의 신설 정원들은 일종의 임시 정문, 정원, 사무실 등을 개발하게 된다. 조경사에게 임시 정원을 어디에 설치하는 것이 가장 좋을지를 결정하기 위한 초기 부지 분석하도록 요청을 하는 경우가 종종 있다. 이 경우 새로운 임시 구조물을 추가하거나 기존의 시설을 재사용할 수도 있다. 이는 후에 폐기되거나 재사용될 수도 있는 완전 별개의 임시 부지일 수도 있다. 또한, 임시 정원은 영구적 정원을 만들 때 제거하거나 개조할 목적으로, 미래의 정원 경계 내에 만들어질 수도 있다.

지금은 주요 공공정원이 된 시카고식물원은 1972년에 300에이커의 부지에 개장하였다. 이 공원은 호수 및 자연 영역으로 둘러싸인 9개 섬으로 이루어져 있었으며, 물과 잔디로 뒤덮여 대중의 관심을 그리 끌어내지 못한 조경을 만들어냈다.

정원의 초대 원장인 프랜시스 드 보스(Francis de Vos) 박사는 대중의 즐거움과 전례 없는 정원개발의 지지를 만들어 낼 수 있는 아름답고 교육적인 시범 정원을 원했다. 정원의 첫 번째 공공건물 근처에 지은 0.5에이커의 홈 랜드스케이프 센터(Home Landscape Center)는 보편적인 도시 거주자가 찾아볼 수 있을 정도의 규모로, 시카고 지역 최고의 조경 식물을 보여주는 허브정원, 채소정원과 더불어 여러 정원을 가지고 있었다. 간단한 목제 울타리로 정원에 여러 공간을 만들었고, 철도 침목을 이용하여 화단과 식물 묘포를 만들었으며, 자갈 산책로를 이용하여 대중이 전시물을 감상할 수 있도록 하였다. 구근, 일년생 식물, 허브, 채소 등의 계절별 식재로 방문객들이 다시 방문하여 변화를 관찰할 수 있게 해주었다.

1976년에 신규 교육 건물을 완공하면서, 정원의 중심과 대중의 정원 접근로가 남쪽 끝과 홈 랜드스케이프 센터에서 주 섬(main island)과 신규 교육건물로 옮겨졌다. 신규 홈 데몬스트레이션 정원(Home Demonstration Garden)은 옛 건물보다 훨씬 더 크며, 신규 교육 건물 근처에 지어서 1981년에 대중에게 공개하였다.

구 홈 랜드스케이프 센터는 실제 최종 정원을 만들 때까지 임시로 쓸 건축물로 지었지만, 완공했을 때 이미 많은 사람이 그 정원에 애착을 갖게 되었다. 많은 토론 끝에 이 홈 랜드스케이프 센터를 식물평가 정원으로 전환하기로 하였다. 이 식물평가 정원은 새로운 묘목과 화단의 경계, 세워 쌓은 벽돌로 줄 세워진 도로, 그리고 묘목과 화단이 있으며, 식물을 평가할 때 식물들을 교대로 옮겨 심을 수 있는 곳이다. 가장 큰 교목과 관목들은 정원의 골격을 위해 유지하였으며, 개조한 정원은 풀먼 식물평가 정원(Pullman Plant Evaluation Garden)이라는 이름으로 1982년 개장하였다.

1997년에 만들어 2009년에 업데이트한 부지의 마스터플랜에는, 풀먼 식물평가 정원을 다음에 대규모 생산온실(Production Greenhouse) 지구로 발전시킬 계획하고 있다. 사람들은 이제 풀먼 식물평가 정원에 애착을 느끼고 있으며, 따라서 또 다른 식물평가 정원이 확장될 것이다.

기관의 미션을 발전시키는 통합된 비전을 갖춘 부지의 마스터플랜은 사람들을 변화시켜 준다. 조직을 구축한 사람들과 전통에 대한 제도적 존중은 기관이 잘못된 길로 가지 않고 있음을 사람들에게 확신시켜 줄 것이다.

구조물 개조

일반적으로 신설 정원에는 방문객 접수 공간과 사무실 공간이 필요하다. 기존의 더 작은 구조물, 주택, 또는 사무실/상업용 공간을 개조하여 사용하는 것이 더 경제적이고 효율적일 수 있다. 특히 그것이 임시 정원의 일부라면 마스터플랜이 완성되고 영구적 시설 건설이 착수되기 전까지 필요를 충족시키기 위해 그렇게 하는 것이 좋을 수 있다. 주요 고려사항은 비용과 잠재적 재사용 여부이다. 이러한 결정을 위해 건축가가 유용한 정보를 제공하는데, 꼭 세계적 수준의 건축가가 필요한 것은 아니며, 보통 설계/건축 회사가 이러한 업무를 시작하는 경제적 방법일 수 있다.

공공건물의 규정과 건축 프로그램에서 요구하는 특정 요건은 개조 비용을 높일 수 있다. 때로는 기존의 구조물을 재사용하

그림 12-3】 약 1979년경,
시카고식물원 홈 데몬스트레이션 정원
(Home Demonstration Garden)의
채소정원 모습
Kris S. Jarantoski

그림 12-4】 시카고식물원의 홈 데몬스
트레이션 정원에 있는 시카고 지역
최고의 식물로 구성한 원래의 관상 정원
Kris S. Jarantoski

그림 12-5】 전 홈 데몬스트레이션 정원
부지에 있는, 시카고식물원과 풀면 식물
평가정원.
Kris S. Jarantoski

는 실용성보다 이러한 요건과 비용이 더 높을 수도 있다. 많은 정원이 주택을 개조하여 사무실로 사용하지만, 방문객 접객 공간의 필요성과 요구되는 화장실 수를 고려할 때, 때론 독립형 구조물이나, 대규모 증축이 필요할 수도 있다. 건축 프로그램에서는 공공 공간, 사무실 공간, 교실 공간 등의 건평과 필요한 화장실 수 등을 명시한다. 이사회와 함께 일하는 설계 자문들이 이 프로그램의 형태를 갖추고, 개조, 증축 또는 신축 결정을 내릴 수 있다.

녹색 개조

비록 신축보다 개조하는 데 더 비용이 많이 들지만, 지속 가능한 사업의 실천이 이 개조 과정에 포함될 수 있으며 항상 이를 염두에 두어야 한다. 고려해야 할 두 가지 주요 요건은 냉난방 및 물 보전이다.

건평이 늘어났거나 본래의 냉난방 장치가 낡은 경우, 개조한 시설을 효율적으로 관리할 수 있는 적절한 방법을 검토할 좋은 기회이다. 공중 화장실은 지속할 방안을 실천하기에 비용 대비 효율적인 공간이다. 주문형 온수기, 물을 사용하지 않는 소변기, 물을 적게 사용하는 화장실과 수도꼭지와 같은 고정 설비들은, 표준 설비보다 비싸지 않으며, 즉각적으로 재정적인 이익을 제공한다. 개조 프로젝트의 유형과 모금액의 양에 따라 이러한 지속 가능한 설비들의 설치를 결정하게 된다.

기타 대안

일부 정원은 이동식 구조물과 조립식 시설물을 성공적으로 사용했다. 비록 개조보다는 비용이 더 많이 들지만, 이동식 구조물은 경제적이며 쉽게 이용할 수 있다. 조립식 구조물은 특정한 건물 프로그램을 위해 설계되고 신속하게 만들어져 현장에 전달할수 있다. 건축가가 설계한 건물에 비해 외관은 미흡하지만, 이러한 구조물들의 외관도 꽤 훌륭하며, 신규 건축물이기 때문에 필요한 건축규정도 충족시킨다. 이러한 구조물은 거대 트레일러를이용해 현장으로 전달되며, 크레인을 사용하여 정확한 위치로가져다 놓을 수 있으며, 추후 이를 다른 정원 지역으로 옮겨 재사용 할 수도 있다.

개조 또는 임시 시설 신축의 경우, 이것이 부지 분석과 보조를 같이해야 하고 기획자들은 이 구조물의 미래에 대해서도 고려해야 한다. 특히 다른 직원 용도로 추후 재사용할 수 있는지 또는

사례 연구 : 신축 정원의 구조물

사례 연구: 신축 정원의 구조물

현재 세계적 수준의 시설을 가지고 있는 애틀랜타식물원은 2대가 연결된 트레일러로 조그마하게 시작하였다. 이사회는 어떤 정원 및 실질적 구조물이 부지에 있어야 할 필요성을 깨달았다. 이 트레일러를 1977년에 부지로 옮겨와, 직원 사무실 공간, 작은 기념품점과 교육 프로그램 및 회의를 위한 다목적 공간으로 사용하였다. 이 2대가 연결된 트레일러는, 애틀랜타식물원의 새 정문이자 매표소와 큰 기념품점, 직원 사무실, 회의실 등을 갖춘 정원건물이 문을 연 1985년까지 사용하였다. 2009년에 신규 하딘(Hardin) 방문객 센터가 문을 열면서, 방문객 서비스 부서는 이 정원건물에서 분리되었다. 애틀랜타 식물원의 성장은 시설 사용을 잘 고려한 발전 가치를 보여준다.

노스캐롤라이나주 샬럿 근처에 있는 다니엘 스토우 식물원(Daniel Stowe Botanical Gardens)은 480에이커의 오래된 농경지와 숲이 있는 곳에 자리 잡고 있다. 이사회 및 설립 이사는 임시 구조물과 정원으로 이 식물원을 설립하였다. 2,400ft²의 2층짜리 모듈식 주택을 1991년에 이 부지로 옮겨왔다. 곧 추가공간이 필요하여서, 2개의 컨테이너가 연결된 또 다른 1층 구조물을 추가하여, 회의실과 교실 공간으로 사용하였다. 이후 이 전체 단지는 덱과 지붕으로 덮인 포치(건물 입구 쪽에 지붕이 얹혀 있는 공간. 보통 세 면이 벽으로 싸여 있음)로 둘러싸였다. 통나무 구조물이 이 부지로 옮겨와 복구되어, 기념품점으로 활용되었다. 진열용 화단은 계속해서 커져, 규모를 확장하였다.

신규 방문객 센터와 마스터플랜에 따른 정원이 1999년 문을 열자, 이러한 시설들은 직원 사무실로 바뀌었다. "새" 정원이 문을 열고 처음 2년 동안, 방문객들은 예전 정원을 보고 싶어 하였다. 이제까지 임시 정원이 무료였기 때문에, 일부 방문객들은 새로운 유료 입장에 의문을 제기하였다. 임시 부지는 매우 매력적이었지만, 정원의 두 번째 원장인 마이크 부시(Mike Bush)는 이제, 미래의 영구적 정원 및 구조물에 에너지와 기금을 집중시키고 그들을 더 빨리 현실화하고자 하였고, 그에 비해 임시 정원 개발과 운영에 너무 많은 자금을 들인 것은 아닌지 하는 의문을 가졌다.

그림 12-6】애틀랜타 식물원의 초라한 시작 – 이 식물원이 시작된 사무실/접수처 공간

Atlanta Botanical Garden

그림 12-7】 애틀랜타식물원의 정원 가옥은 1985년 만들어져, 다양한 정원의 기능을 제공한다.
Atlanta Botanical Garden

그림 12-8】 방문객 서비스 기능은 2009년 새 하딘(Hardin) 방문객 센터가 문을 열면서 분리되었다.
Atlanta Botanical Garden

미래 정원에 속하게 할 것인지에 대해 고려해보아야 한다. 이러한 질문에 대한 답은 개조, 증축, 조립식 구조물에 대한 투자 타당성을 결정하는 데 도움을 준다.

구조물이 없는 부지

구조물이 없는 부지(또는 계획 과정에서 사용할 수 없는 것으로 결정된 구조물이 포함된 부지)는 다른 전략이 필요하다. 신규

구조물이 영구적 건물이 되거나 향후 정원에 포함될 것이라면, 이 건물을 부지의 정확한 위치에 건설하기 위해 우선 마스터플랜을 완성하여야 한다. 모든 공공시설도 마찬가지이다.

미래의 구조물과 정원의 위치를 정하는 것 외에도 공공시설과 도로의 배치도 계획하여야 한다. 조경사와 협력하는 기술자는 대단히 중요한 문서인, 공공시설 마스터플랜을 개발할 수 있다. 일반적으로 계획에서 소홀해지는 부분이 충분한 용량의 전화선,

수도설치 및 정원 내 길 등을 충분히 설치하지 않는 것이다.

미래 시설들을 위하여 수천 달러의 자금이 지하에 투자되기 때문에, 마스터플랜 및 공공시설 계획은 세심하게 이뤄질 필요가 있다.

| 공공시설

공공시설 마스터플랜은 정원의 향후 개발에 영향을 줄 수 있는 현재 공공시설 설치에 관한 지침을 제공한다. 예를 들어, 물 공급은(상업용 용수로 수돗물을 공급할지 아니면 부지에 있는 우물이나 연못으로부터 물을 공급할지에 상관없이) 정원의 미래의 요구량을 충족시킬 수 있는 크기여야 한다. 또한, 정원의 주 관개선 또한 미래의 추가적인 관개 요구를 만족시킬 수 있는 적절한 크기가 되어야 한다. 전기, 가스, 식수, 위생 시스템도 마찬가지이다. 향후의 물과 전기선을 위해서 산책로와 도로 아래 빈 도관을 설치하는 것은 매우 저렴하다. 이렇게 건설 초기에 크기를 늘리는 것은 몇 년 후에 완성된 정원을 파헤쳐서 시설을 업그레이드하는 것에 비해 훨씬 저렴하다. 일반적으로 최소 이상의 양으로 크기를 늘리거나 품질을 높이는 것은 그 투자비용을 단기간에 보상받을 수 있다.

작은 규모의 정원이라도 지하에 수 마일에 이르는 파이프와 전선을 설치하게 된다. 설치자료는 문서화 되어야 하며 그 위치는 전체 준공 공공시설 계획에 정확하게 기록하여야 한다. 기억

력은 감퇴하기 마련이며, 직원들도 이직하기 때문에, 모든 작업, 증축, 보수 내용은 규모, 밸브 및 접속 배선함과 함께 정확하게 기록하여야 한다. 복잡한 공공시설 설치를 문서로 만들기 위한 디지털 사진 파일을 개발하는 것은 아주 큰 가치가 있다.

관개

정원에는 기본적으로 서로 섞여서는 안 되는 두 가지 수계(water system)가 있다. 식수 시스템은 정원 전체에 걸쳐 대중이 음수대 및 건물에서 사용하기 위한 것이다. 관개 체계는 식수 및 비음용수로 모두 사용될 수 있지만, 무조건 식수로 간주하여서는 안 된다. 모든 관개 밸브는 이런 식으로 표시되어야 하며, 관개 시스템은 규정에 따라 식수 시스템에서 분리되도록, 역류 방지 장치가 필요하다. 역류 방지 장치가 없다면, 관개 시스템이 역류하여 식수 시스템을 오염시킬 가능성이 있다.

정원 도로와 길

정원의 길, 트롤리 길 및 정비 도로는 정원 내 주요한 교통망이다. 정원 트롤리는 방문객이 정원을 둘러보거나 방문객들이 정원을 산책할 수 있도록 정원의 중심지로 이동시켜주는 교통수단 역할을 할 수 있다. 트롤리는 정원 길을 따라 운행할 수 있으며, 이는 걸어 다니는 방문객들에게는 불편할 수 있다. 또한, 트롤리 길과 보행자 길을 따로 만들 수도 있지만, 비용이 더 든다.

그림 12-11】 지하 공공시설: 미래를 위하여, 미로 같은 배관을 사진으로 문서화 한다.
Powell Gardens

모든 정원 차량과 정비 차량은 정원을 통과하여 이동해야 하므로, 정원의 길은 최소 8~10ft 너비이어야 한다.

지역의 건물 규정은 소방차와 응급차가 주요 구조물로 접근할 수 있도록 명시하기 때문에, 도로는 무거운 하중을 견딜 수 있도록 건설되어야 하고, 특정 경로에 맞추어 건설하여야 한다.

신규 구조물 건축

정원의 미션에 따라, 구조물의 배치 순서는 달라지지만, 대부분의 공공정원은 방문객 접수 공간, 직원 사무실 및 일종의 교육 목적의 공간으로 시작된다. 모든 정원에 다 적용될 수 있는 정답은 존재하지 않으며, 새로운 영구 건축물의 설계는 마스터플랜, 정원의 미션, 기금조성, 수요, 많은 그 밖의 문제들에 따라 달라질 것이다. 이러한 결정을 내리기 전에 할 수 있는 가장 좋은 투자는, 건축가, 기획가, 이사회 구성원들이 유사한 기관들을 현장 방문하는 것이다. 이러한 방문이 불가능하다면, 직원들은 다른 정원에서 근무하는 친구들에게 전화해 보아야 한다. 이러한 시설을 사용해 본 직원들로부터, 많은 양의 정보를 얻을 수 있다.

미래의 구조물이 완성된 후 용도변경을 할 계획을 마련해 놓고, 초기 목적을 위해 건물을 지을 수 있다. 이 경우 세심하게 잘 계획된 마스터플랜과 함께 복잡한 장기 전략이 필요하며, 계획을 따르는 것에 초점을 맞춘 잘 훈련된 직원들과 이사회가 필요하다.

또 다른 전략은 수요 및 가용 자금에 따라, 단계별로 구조물을 건축하는 것이다. 하나의 건물이나, 여러 건물로 이뤄진 캠퍼스는 단계적 시공 계획을 세우도록 설계할 수 있다. 예를 들어, 사무실이 많이 필요하지 않은 방문객 접수 공간은, 1단계에서 건축할 수 있다. 필요성이 커짐에 따라, 더 많은 사무실, 화장실, 교육을 위한 다목적 공간을 추가할 수도 있다. 다음 단계는 별도의 시설에 교육 공간을 갖추고, 본래의 방문객 접수 공간은 방문객 편의시설, 방문객 오리엔테이션, 화장실, 기념품점, 음식 서비스에 주안점을 두도록 바꿀 수 있다.

정원 시설의 미래

녹색 건축 및 지속 가능한 건축 관행은, 모든 정원 시설의 설계에 통합할 수 있다. 피프스 온실 및 식물원(Phipps Conservatory and Botanical Gardens)은 에너지를 가장 많이 사용하는 온실이 어떻게 지속할 수 있는 구조로 지어질 수 있는지를 보여주었다. 투자 수준은 시간과 금전만 제한해야 한다. 정원이 발전해 가면서, 녹색 건물은 특별한 건물이 아닌 표준적인 건물이 될 것이다. 미국 친환경 건축물 인증제도, 그린 글로브(Green Globe), 지속할 수 있는 부지 이니셔티브(Sustainable Sites Initiative)와 같은 녹색/지속 가능 운동들에 관해 잘 알고 있어야 할 것이다.

일반적인 식물원 시설

모든 식물원은 모두 다르다. 예를 들어 그들은 다른 미션을 갖고 다른 위치와 기후대에 자리 잡고 있다. 시설들은 유사한 점이 있을 수 있지만, 모든 정원이 같은 유형의 시설을 갖추고 있지는 않을 것이며, 같은 유형의 시설이라도 그 안의 요소들이 다를 것이다. 다음의 사항들은 많은 정원에서 일반적으로 볼 수 있는 주요 시설들과 이러한 시설의 주요한 요소들이다.

방문객 센터

방문객 센터는 부지구획의 관점으로 볼 때 가장 중요한 건물이다. 이곳은 정원의 정문이자, 방문객 접수, 매표, 정보 및 화장실, 기념품점, 음식 서비스와 같은 방문객 편의시설이 위치한다. 또한, 직원 사무실을 포함하기도 하며, 전시 공간 및 다목적 공간의 역할을 하기도 한다.

교육시설

교육시설은 학교 버스가 오기에 좋은 그곳에 있어야 하고 주 차공간이 필요하다. 소음 및 혼란 때문에, 교육시설의 입구는 일반 방문객 입구와 분리되어 있어야 한다. 강의실은 학교 학생들을 가르칠 수 있는 크기가 되어야 하지만, 융통성을 높이기 위해 칸막이를 사용할 경우 더 큰 규모의 다목적 공간이나 옥외 테라스의 일부를 사용할 수 있다.

행정실

행정실이 독립된 시설이라면, 이곳이 중앙부의 부지를 차지하고 있을 필요는 없다. 하지만 기부자, 이사회 구성원 등이 편리하게 접근할 수 있어야 한다. 행정실 건물은 행정실 직원뿐 아니라, 회계, 개발, 인적 자원 및 마케팅뿐 아니라, 회의 공간을 수용할 수도 있다.

정비시설

정비시설은 납품, 연료 보관, 대형 트럭과 쓰레기에 대한 접근성이 좋아야 한다. 공공 기물 파손 행위를 막고, 법적 책임을 줄일 수 있도록, 대중의 시야에서 벗어난 그곳에 있어야 하며 울타리가 있어야 한다. 일반적인 보관 창고, 배관이나 전기를 수리하는 곳, 일반 장비 정비를 위한 차고지가 여기에 속한다.

재배 복합단지

정원이 전시, 수집, 연구, 판매 용도의 식물 재배 여부에 따라 재배 복합단지의 규모를 결정한다. 플라스틱으로 된 이중 폴리 온실은 가장 경제적이다. 표준 유리 온실은 더 비싸지만, 수명이 더 길고, 공공장소에서 더 매력적인 외관을 제공한다. 여러 채의 온실을 운영하는 경우, 주 온실은 다른 온실들과 연결되며, 이곳은 식물을 모으고 배분하기 위한 공간과 화분에 식물을 심는 공간으로 사용된다. 또한, 이곳은 사무실 공간과 화분, 토양, 비료를 보관하는 장소도 포함된다. 그늘이나 차광 육묘 실내의 야외 식물의 보관실도 이 영역에 포함된다.

원예/모밭

재배 복합단지에 통합되지 않는다면, 이곳은 원예직원 사무실, 정원관리 도구와 장비를 위한 공간과 대량 뿌리 덮개와 퇴비화 시설을 위한 공간을 포함한다. 퇴비 생산에 관한 더 자세한 정보는 제13장 참조.

온실

온실은 건축, 운영, 및 유지 보수에 가장 큰 비용이 드는 정원의 구조물이며, 물리적 시설 유지 및 원예 작업을 위한 전문 인력을 요구한다. 온실(conservatory)은 일반적으로 진열 및 전시용이며, 일반적인 온실(greenhouse)보다 더 고차원적으로 설계한다. 여기에는 제작된 유리를 끼운 지붕과 함께 전문 냉난방 시설이 필요하다. 현재, 실질적으로 지속 가능하며, 최소한의 연료를 요구하는 온실을 설계할 수 있는 기술이 이미 존재하고 있다.

연구 시설

연구 건물은 독립적으로 건축할 수 있고, 도서관, 식물 표본실, 미세번식 실험실과 일반 실험실 그리고 좀 더 기술적인 연구 온실을 포함할 수 있다.

정원 특징

설계에 따라, 분수대, 정자, 수목, 폭포, 수영장, 계단, 조각상을 비롯한 많은 하드 스케이프들이 공공정원에 포함될 수 있다. 다른 구조물과 마찬가지로, 이러한 요소들을 설계, 건축할 때에는 규정, 정비, 유연성 등을 모두 잘 고려하여야 한다. 또한, 설계팀은 각각의 기능의 형태가 정원의 전반적인 형태와 얼마나 잘 어울릴 것인지를 고려해야 한다.

공연 공간

공연 예술 프로그램을 운영하는 많은 정원은 야외 원형 극장을 건설했다. 이들 야외 원형 극장은 단순하게는 경사진 잔디부터, 무대, 조명, 음향 시스템, 출연자 휴게실을 갖춘 일반 크기의 야외극장까지 다양한 규모를 갖는다.

요약

25년 혹은 100년의 훌륭한 식물원은 계획 없이 이뤄지지 않는다. 부지 접근성, 공공시설, 도로, 구조물에 대한 적절한 계획은, 첫날부터 정원의 미래에 영향을 미칠 것이다. 훌륭한 식물원은 경험이 풍부한 전문가가 개발한 마스터플랜과 결합한 강력한 미션과 수집식물 제안서로부터 시작한다.

정원에서 대규모 식재가 이뤄지기 전에, 기반 시설 요소들에 대한 상당한 투자가 이뤄질 것이며, 이러한 구조 대부분은 지하에 매장된다. 수반되는 비용과 미래 정원에 일으킬 수 있는 잠재적 혼란 가능성을 고려할 때, 이러한 항목들의 설계 및 설치에 대한 적절한 고려가 필수적이다.

지속 가능한 녹색 시설들은 점점 더 중요해질 것이다. 신설 정원들은 지속 가능한 신규 시설을 쉽게 계획하고 설계할 수 있으며, 기존 시설 개조를 위한 계획에 지속 가능한 실천사항을 포함하여야 한다.

참고 문헌

American with Disabilities Act(www.ada.gov/stdspdf.htm). ADA standards for accessible design are listed on this site.

Green Building Initiative(www.gbi.org). Not-for-profit organization promoting green building approaches and Green Globe certification.

U.S. Green Building Council(www.usbgc.org/LEED). Lists complete information on the LEED certification program.

Sustainable Sites Initiative(www.sustainablesites.org). Website describing the mission and activities of this group.

U.S. Department of the Interior, U.S. Geologic Survey(http://topomaps.usgs.gov). Information on U.S. topographic maps.

CHAPTER 13

Grounds Management and Security
정원 대지관리와 안전

VINCENT A. SIMEONE   빈센트 A. 시미온

서론

우수한 대지관리는 공공정원의 성공에 중요한 요소이다. 부지를 관리하는 방법은 공공정원을 공원이나 골프장과 구별해주는 주요 기준 중의 하나이며, 그러한 부지관리를 통하여 훌륭한 정원이 탄생하게 된다. 잔디를 중요시하는 골프장이나 수목과 그 수목들이 만들어내는 그늘을 중요시하는 공원과는 대조적으로, 공공정원 부지관리 프로그램은 식물에 주안점을 둔다. 양질의 정원 부지관리 프로그램은 식물 전체를 돌보는 것이 본질에서 중요하다는 사실과 그 식물들이 단순히 조경적인 요소보다는 수집품 집단의 부분으로 관리되는 것을 확신하는 것이다. 정원 부지관리의 한 요소인 안전 프로그램을 통하여 정원의 모든 물질적 자원들을 적절히 보호할 수 있으며, 직원과 방문객들이 정원 부지 내에 있는 동안 안전을 보장할 수 있다.

조경부지의 조건과 정원 설계, 그리고 적절한 식물 선택 등이 조화를 이룰 경우, 공공정원의 유지관리가 훨씬 쉽다. 식물 등을 심어 정원을 조성할 때, 다른 요소들과 함께 이러한 핵심 요소 각각을 고려할 경우, 이후에 정원을 유지 관리하는데 걸리는 시간을 줄일 수 있을 것이다. 해충에 저항력이 있고, 다른 곳으로 번져나가지 않으며, 집중적인 유지관리가 필요치 않은 식물을 선택할 경우, 전반적인 유지관리에 필요한 노동력을 감소시키는데, 장기간 도움이 된다. 심을 식물과 정원의 하드스케이프(hardscape: 정원이나 공원 등을 장식하기 위한 길, 담, 벤치, 분수 등과 같은 인공조형물) 등을 결정할 때 유지관리 수준을 고려하여 조경 설계를 하는 것 또한 도움이 된다.

대지의 유지관리에 필요한 요소

정원 대지 관리자는 먼저 전체 조경을 고려하여 각 정원 구역들에 필요한 유지관리 수준을 결정하여야 한다. 이러한 분석을 통하여, 관리자는 채소정원이나 허브 식재구역 및 정원 주변에 조성하는 다년생 및 일년생 식물 식재지 등과 같이 매주 집중적인 제초작업 및 관리가 필요한 구역은 어디인지, 그리고 목본식물 집단 식재지와 목초지 등과 같이 계절적 주기의 유지관리가 필요한 구역은 어디인지 식별할 수 있다. 설계할 때, 미적인 관점과 집단 식재지 관리에 필요한 요소들 교육 프로그램 등도 반드시 고려해야 하지만, 최선의 정원 설계 방법은 필요한 유지관리 수준에 따라 식물을 구분하여 심는 것일 것이다.

정원 부지 분석

모든 공공정원은 종합적인 유지관리 계획이 필요한데, 이 계획은 그때그때의 계절과 년에 적합하게 개선과 업데이트를 해야 한다. 유지관리 수준에 대하여 구체적인 결정을 내리기 전에, 각 정원 지역에 대한 다음과 같은 측면들을 재검토하고 분석해야 한다.

- **관람 거리.** 이 정원 지역을 보기 위해 대중들이 얼마나 가까이 접근하는가?

- **특정 식물.** 이 식물들을 건강하고 화려하게 유지하기 위해 어느 정도의 유지관리 수준이 필요한가?

- **접근성.** 지형은 그 지역의 접근성에 어떠한 영향을 주는지, 그리고 해당 지역에 대한 장비의 접근성 수준은 어떠한가?

퇴비: 토양개량용의 완전히 썩은 유기물. 짙은 색을 띠며, 악취가 없고, 영양소가 풍부하다.

하향 생장 습성(Decurrent growth habit): 수관부(crown)와 다수의 주지(main branches)가 퍼지는 현상을 보이는 나무의 생장 습성

비상 관리계획: 지방자치 단체나 기관에 발생할 수 있는 모든 잠재적 비상상황을 예상하여, 그러한 각각의 시나리오에 대한 즉각적인 대응 및 장기적 대응을 제공하기 위한 계획.

철쭉과 식물: 철쭉과에 속하는 모든 식물. 대부분의 철쭉과에 속하는 식물은 유기물 함량이 높은 산성토양이 필요하다.

돌출상 생장 습성(Excurrent growth habit): 가지 골격(scaffold of branches)에서 주간연장지(主幹延長枝)나 줄기가 나오는 나무의 생장 습성.

푸석한: 식물의 뿌리 성장에 이상적인 토양을 만드는 푸석푸석한 질감을 지닌. 푸석한 토양은 보통 양토(loam)로 분류한다.

생육온도 일수(Growing degree days): 축적한 계절 온도를 바탕으로 개화일이나 해충 부화일 등과 같은 생물학적 사건들을 예측하는 방법. 보통 다음과 같이 계산한다.

$$\frac{최고온도 + 최저온도}{2} - \frac{기준\ 온도}{(base\ temp.)} = \frac{일일\ GDD.\ 이것에서\ 기본}{온도를\ 미리\ 결정한다.}$$

하드 스케이프(Hardscape): 도로와 오솔길, 주차장, 광장, 분수, 조각품 등을 포함하여, 조경의 모든 비생물적 요소들.

통합 해충관리: 환경과 건강 및 경제적 리스크를 최소화하는 지속 가능한 해충 관리법의 개발을 주요 목표로 하는 정원관리 접근법.

침입식물(Invasive plant): 번성하여 천연 서식지를 벗어나 공격적으로 퍼져나가는 능력을 지닌 식물. 선천적으로 공격적인 식물은 새로운 서식지에 도입될 경우 특히 침입적일 수 있다.

초본식물: 성장시즌이 끝나면 죽어서 토양층으로 떨어지는 잎과 줄기를 가지고 있는 일년생 또는 다년생 식물. 이것들은 지표면 위에 다년생 줄기를 가지고 있지 않다.

멀칭(Mulch): 주로 토양환경을 변경하거나 잡초 성장을 감소시킬 목적으로 토양 위에 덮는 보호 덮개.

리사이클링: 잠재적으로 유용한 물질의 낭비를 방지하고, 원료소비나 에너지 사용을 줄일 뿐 아니라, 대기 오염을 방지하기 위해 사용된 물질을 새로운 제품으로 가공하는 것.

지속가능한 개발: 미래 세대가 그들이 필요한 것을 충족시킬 수 있는 능력을 훼손하지 않고 현재에 필요한 것을 충족시키는 개발.

건식 조경(Xeriscaping): 가뭄에 취약한 지역이나 절수(water conservation)사업이 시행되고 있는 구내를 위해 특별히 설계한 조경. "건조한"의 의미를 지닌 그리스어 xeros로부터 유래된 용어로서 문자 그대로 "건식조경"을 의미한다.

• **토양 및 물.** 토양 및 정원 관개에 어떤 문제가 있는가?

토지의 종합적인 관리 프로그램을 개발하기 전에, 모든 식물과 그것들이 식재된 장소에 대한 목록을 준비하는 것이 중요하다. 각각의 유지관리 필요조건이 기재된 식물 리스트가 준비되면, 그다음 단계는 계절이나 월별로 필요한 토지 관리 작업에 대한 프로그램을 개발하는 것이다. 이 프로그램에는 정원을 최적으로 관리하는 데 필요한 모든 주요 원예 작업의 개요를 포함한다.

유지관리 수준에 따른 식물 그룹 분류

모든 식물이 유지관리를 필요로 하지만, 모든 식물이 같은 수준의 유지관리를 필요로 하는 것은 아니다. 많은 수목은 죽은 가지를 제거하거나 구조적인 유지관리를 위해 3년~5년에 한 번씩 가지치기를 해주는 것으로 족하지만, 유실수의 경우 품질 좋은 과일을 생산하려면 매년 가지치기 작업이 필요하다. 화훼의 경우에도 마찬가지이다: 일부 화훼식물은 계속 꽃을 피우기 위해 지속해서 시든 꽃을 제거해야 하지만, 다른 것들은 거의 또는 전혀 유지관리를 하지 않아도 시즌 내내 계속 꽃을 피운다.

미국은 지역에 따라 서로 다른 식물 유지관리 체제를 가지고 있다. 예를 들어, 남서부 지역 대부분에는 정기적인 관개가 필요하지만, 중서부 지역 북부에서는 극심한 추위로부터 식물을 보호하는 것이 당연한 일이다. 전문적인 부지 유지관리 웹사이트와 잡지, 서적들은 정원 지역에 특정적인 프로그램의 예를 제공하고 있다.

대지 관리 직원

일관된 품질의 대지관리 프로그램을 시행하기 위해서는 정원 유지관리의 모든 분야에 대한 전문 지식을 요구한다. 직원들은 식물(목본식물과 초본식물, 그리고 잔디)뿐만 아니라 하드 스케이프 유지관리(통로, 주차장, 가장자리, 물의 특성, 지형, 침식 방지) 등에 대한 지식을 갖추어야 한다. 다음은 핵심적인 토지 유지관리 업무를 분류해 놓은 것이다:

수목 재배가(Arborist): 모든 목본식물을 관리한다; 기본적인

표 13-1】토지 관리 스케줄 샘플

작업 유형	1월	2월	3월	4월	5월	6월	7월	8월	9월	10월	11월	12월
식재												
화분 기르기			X	X	X	X	X	X	X	X	X	
분 뜨기 및 마대감기			X	X	X	X			X	X	X	
시비												
교목			X	X	X	X			X	X	X	
관목			X	X	X	X			X	X	X	
초본 식물			X	X	X	X			X	X	X	
전정												
봄 개화 교목 및 관목(개화 후)					X	X	X					
여름 개화 교목 및 관목		X	X	X								
침엽수(캔들 전정)					X	X						
광엽 상록수			X	X	X	X	X	X				
멀칭	X	X	X	X	X	X	X	X	X	X	X	X
잡초 억제 작업												
발아 전		X	X	X						X	X	
발아 후		X	X	X	X	X		X	X	X		
잔디												
조성			X	X	X	X			X	X		
추파(秋播 overseeding)									X	X	X	
통기 작업			X	X	X	X			X	X		
태칭(Thatching)		X	X		X	X						

(원문 "Balled and burlapped"를 "분 뜨기 및 마대감기"로 번역)

전정 기술을 알고 있어야 하고, 수목재배학 뿐만 아니라 정원의 집단 식재지에 있는 나무들의 일반적인 질병과 해충, 그리고 비생물적 문제들에 관한 최신 지식을 갖추고 있어야 한다. 실제로 나무에 올라가 큰 나무의 전정을 하는 계약업체를 관리하거나, 공인 수목 재배일 때 나무 전정을 한다.

장비 운전자: 고소 작업차(bucket truck)와 트랙터, 프런트-앤드 로더(front-end loader), 그라인더, 덤프트럭 등과 같은 면허가 필요한 중장비를 운전한다. 중량물 운반법과 아우트리거 사용법, 하적물의 균형 잡는 법 등에 대한 이해가 필요하다.

가드너(Gardener): 식재와 잡초제거, 멀칭, 포기나누기(dividing), 그리고 가지치기 등과 같은 기본적인 정원관리 업무를 수행한다. 식물에 문제가 발생할 때 그것을 탐지할 수 있는 능력을 갖추어야 하며, 그러한 문제에 직접 대응하거나 전문성을 갖춘 직원에게 의뢰한다.

대지 관리자/감독자: 인사 관리와 업무의 신속한 처리 및 체계화, 그리고 교육 및 멀티태스킹 등의 능력을 갖추고 있어야 한다.

원예가(Horticulturist): 정원 전체 지역의 계획과 설계 및 설치를 한다. 식물의 모든 측면의 지식과 원예학의 기초지식을 갖추고 있어야 하며, 조경에 발생한 문제의 분석 및 해결 능력을 갖추고 있어야 한다.

관개 전문가(Irrigation specialist): 이미 설치한 선진 전자 시스템이나 수동 시스템 및 휴대용 시스템 등 모든 관개 시스템을 관리한다. 전자공학과 배관의 기초지식과 토양 구조 및 기본적인 식물 요구조건의 이해가 요구된다.

병충해 통합 관리자: 곤충과 질병, 잡초 및 재배상의 문제 등과 같은 모든 식물 해충 관련 문제를 관리한다. 원예학이나 곤충학, 병리학, 또는 식물학 등의 학위와 뛰어난 문제해결 및 기록 보존에 관한 기술이 유용하다.

잔디 전문가: 모든 잔디 구역을 관리한다. 모든 종류의 잔디의 지식을 갖추고 있어야 하며; 잔디 관련 문의에 대해 직원들에게 조언할 수 있어야 하고, 양질의 잔디 관리의 중요 요소인 물 관리를 관개 전문가와 긴밀히 협조해야 한다. 잔디 깎는 계약자나 직원을 이해 및 관리하여야 한다.

직원 업무 편성

직원 업무편성은 부지 관리의 중요한 부분이며, 시설의 필요에 따라 결정한다. 대부분 직원은 토지와 온실, 건물 등의 유지관리를 쉽게 하려고 주중의 정규 업무 시간에 근무하지만, 일부 전문 업무 직원들은 특별 행사의 업무를 하거나 취약한 온실식재 식물들을 관리하기 위해 주말과 휴일, 그리고 정규 근무시간 후에도 근무하여야 한다. 업무편성은 계절이 바뀜에 따라 변하는 업무의 우선순위를 반영하여 정기적으로 평가 및 수정할 필요가 있다.

일부 경우에, 공공정원의 모든 직원 또는 일부 직원들이 노조에 가입하여, 단체교섭 협약의 한 부분으로서 특정 권리를 지닐 수 있다. 노조에 가입된 직원을 다룰 때는, 특정 지위의 의무와 수당, 업무 스케줄, 그리고 징계절차 등을 준수해야 한다. 노조 가입 직원을 관리할 경우, 흔히 감독자는 비노조 직원을 관리할 때와 같은 같은 감독 유연성을 갖지 못한다.

대지 유지관리 아웃소싱

일부 공공정원은 특정 대지 유지관리 서비스를 외부 업체에 도급 주기로 한다. 아웃소싱의 장단점은 자원과 특정 제약, 그리고 시설 구조 등이 좌우한다. 일부 경우에, 업무를 완수할 수 있는 전문 기술을 지니고 있지 못하거나 정원에 작업을 위한 적절한 장비가 갖추어져 있지 않을 때, 대지 유지관리 업무를 아웃소싱한다. 아스팔트 포장 작업이 2년 또는 3년에 한 번 실시할 경우, 공공정원이 아스팔트 포장 기계를 소유한다는 것은 재정적으로 적절치 않을 것이다. 아웃소싱이 조직 내 직원들의 핵심 업무 및 책임을 집중할 수 있게 하므로, 가끔 비용 면에서 더욱 효율적이다. 흔히 아웃소싱하는 업무들에는 잔디 관리와 인프라에 대한 유지관리, 농약 살포, 그리고 전정이나 큰 수목 제거 등과 같은 일부 수목 재배 작업 등이 포함된다.

부정적인 측면을 보면, 정원 관리자는 자신들의 직원들에 대한 통제력보다 계약업체 직원들에 대한 통제력이 더 약하다는 것이다. 또한, 특히 눈보라나 폭풍 등과 같은 비상상황 후의 경우와 같이, 작업이 이루어져야 할 때, 계약업체 직원들을 항상 가용할 수 없을 수도 있다.

그림 13-1】 완전한 토양 분석을 통하여 토양 비옥도와 pH, 구성성분 등의 개요를 얻을 수 있다. 식물이 필요로 하는 것을 충족시키기 위해 토양을 최상으로 변경할 방법을 결정하기 전에 이와 같은 분석이 이루어져야 한다.
Smithsonian Institution, Smithsonian Gardens

총체적 식물 건강 관리

부지 관리 프로그램은 토양과 잔디, 초본 및 목본식물 재료, 멀칭, 잡초, 관개, 비료, 농약, 전정 등과 같은 정원의 모든 측면을 고려하여야 한다. 각각의 식물 집단 식재지에 대한 유지관리 계획은 해당 식재지 내의 식물들에 특이한 식물 건강의 모든 측면을 반영하여야 한다.

토양 준비

모든 정원사는 정원이 건강해지려면 토양이 건강해야 한다는 사실을 알고 있다. 토양준비에 투자한 시간은 노력할만한 가치가 있는데, 특히 식재하기 전의 토양준비가 그러하다. 이상적인 정원 토양은 푸석푸석하고 식물을 건강하게 하기에 충분할 정도로 영양소가 풍부하다. 현지의 일선 지도서비스 기관(local extension service)나 사설 토양 연구소들이 토양 분석을 제공할 수 있다. 각 토양 검사를 통해 백분율로 표시된 토양 구성(점토, 사토, 양토, 유기물)뿐만 아니라 토양 pH와 더불어 질소와 칼륨, 인산 등과 같은 중요 요소들의 상태를 알 수 있다.

토양 분석 결과는 특정 지역에 어떤 식물을 재배해야 적절한지를 결정하는 데 도움이 된다. 예를 들어, 토양 산도가 알칼리 범주 안에 있을 경우, Rhododendron(진달래속 식물)과 같은 철쭉과 식물에는 적합하지 않을 것이다. 단단히 다져졌거나 배수가 불량한 토양은 다량의 유기물을 투입하거나, 또는 극단적인 경우, 배수용 도기관을 설치하여 일정 정도 개선할 수 있다. 아니면, 해당 지역을 담당하고 있는 원예사가 그와 같은 토양에

그림 13–2] 나무에 멀칭을 할 경우, 정원의 미적 매력을 더해주면서, 토양의 수분 손실을 경감시키고 잡초 성장을 억제한다.

Alexis Alvey

잘 견디는 식물군에서 식재 식물을 선택할 수 있을 것이다. 토양 검사 및 개량은 정원이 존재하는 동안 내내 일상적으로 실시해야 한다.

멀칭

모든 공공정원은 조경지 곳곳에 멀칭 기법을 활용한다. 멀칭 자재는 천연 형태(우드칩이나 잘게 부순 나무껍질, 부엽토, 짚, 솔잎, 견과류 껍질 등)와 무기물 형태(검은 비닐과 조경용 부직포 등을 포함)로 나눌 수 있다. 모든 상황에 다 이상적인 멀칭 재료는 존재하지 않지만, 공공정원 환경에서는 기능과 미적인 외관 둘 모두를 고려해야 한다. 멀칭을 이용하는 장점은 수없이 많다: 멀칭은 수분 손실을 줄여주고, 과도한 열 및 서리로부터 뿌리를 보호해주며, 잡초 문제를 경감시키고, 흔히 조경의 미적 특질을 개선한다. 또한, 유기물을 이용한 멀칭은 그것들이 분해된 후 토양에 흡수되면 식물을 위한 완효성 영양소를 공급한다.

멀칭은 비현실적인 기대를 하고 적용할 경우, 조경에 문제가 될 수 있다. 멀칭은 다년생 잡초를 억제하는 데는 효과적이지 않다. 그러한 멀칭이 일시적으로 문제를 가릴 수는 있지만(정원의 특정 구역을 급히 깔끔하게 해야 할 필요가 있으면, 이러한 멀칭이 정당화될 수도 있을 것이다), 그 문제는 수주 또는 수개월 내에 다시 발생할 것이다. 멀칭 층의 두께는 3인치 미만이어야 하는데, 특히 나무의 기부 둘레에는 3인치를 넘으면 안 된다. 연구에 의하면, 나무 몸통 둘레에 과도하게 멀칭할 경우, 몸통 크랙과 병원균 침입에 더 취약해질 수 있다고 한다.

잡초제거

잡초가 무성한 경관은 공공정원 풍광의 전반적인 품질에 심각한 영향을 미친다. 잡초관리 계획을 개발하기 전에, 관리자는 잡초의 종류를 확인하여 그것들이 다년생(덩굴성 잡초, 개밀)인지, 2년생 잡초(알리아리아, 야생 당근, 광대나물)인지, 아니면 1년생 잡초(바랭이, 별꽃)인지 알아내야 한다. 1년생 및 2년생 잡초와 모든 잡초의 유묘는 보통 손이나 괭이 또는 경운기를 이용하여 제거할 수 있다.

가장 제거하기가 어려운 잡초는 끈질긴 다년생 종들이다. 씨앗이 날려 확산되기 전에 잡초제거 작업을 실시하는 것이 이상적이다. 다년생 잡초나 씨앗이 매우 많은 2년생 잡초는 김매기를 통해 제거하는 것이 어렵거나 거의 불가능하다. 덩굴성 잡초와 같은 다년생 잡초들은 근경을 가지고 있어서, 손으로 김을 맬 경우, 그 근경을 여러 조각으로 쪼개는 결과를 초래하는데, 쪼개진 각각의 근경들이 새로운 식물체를 만들어낸다. 알리아리아와 같은 2년생 잡초들 또한 마찬가지로 완전히 제거하기가 어려우며, 김매기는 단순히 짧은 시간 동안 문제를 덮어주는 역할만을 할 것이다. 끈질긴 잡초들을 처리하는 한 방법은 8인치 깊이까지 기존의 토양을 제거한 다음, 하층 기부를 검은 비닐이나 조경용 부직포로 덮은 다음, 마지막으로 잡초가 없는 새로운 토양으로 그것을 덮는 방법이다. 다른 방법으로는, 2년 동안 검은 비닐을 표면에 덮어서 햇빛이 잡초에 도달하는 것을 막아, 그것들을 약화하거나 제거하는 방법이 있을 수 있다. 이러한 방법은 명아주과 잡초에 효과적인 것으로 밝혀졌다.

또 하나의 노동집약적인 접근법은 글리포세이트를 함유한 것과 같은 비선택성 제초제를 사용하는 것이다. 대부분 주에서, 면허를 가진 농약 살포자만이 제초제를 살포할 수 있다. 또한, 비선택성 제초제는 문제가 되는 식물의 잎에 직접 스펀지로 닦아내기와 같은 특별한 적용 기법을 사용하지 않을 경우, 이미 조성된 다년생 또는 피복식물 묘상에는 사용할 수 없다. 잡초를 줄이는 또 하나의 효과적인 방법은 햇빛에 노출된 맨땅이 거의 없도록 묘상에 밀식으로 씨를 뿌리는 방법이다.

관개

필요한 관개 시스템 타입을 설계하거나 결정할 때, 일차적으로 고려해야 할 사항은 관리하는 식물 집단 식재지의 성격이다. 공공정원의 조경은 일반적으로 잔디와 초본식물과 목본식물이 있는 파종상(planting bed), 독립적으로 식재된 나무, 상록수, 그리고 열대성 식물 등으로 이루어져 있다. 이러한 범주 각각은 그것들 각자 고유의 관개 수준이 필요할 것이다. 관개 시스템을 설계 및 선택할 때, 잔디와 관목, 그리고 기타 선택한 집단 식재지에 대한 특정의 관개 수두(irrigation heads)를 고려해야 한다.

관개 시스템은 저급의 수동 시스템으로부터 고급의 자동 시스템까지 있다. 조경 상황과 예산에 따라, 둘 다 장단점이 있다. 수동 시스템은 저비용이며 수리가 더 쉬운 경향이 있지만, 가동하는데 더 많은 노동력이 필요하다. 정교한 시스템일수록 설치 및 유지하는데 비용이 많이 소요되지만, 더욱더 자동화되어 있다. 호스와 호스용 수전, 스프링클러 연결 장치 등은 저급 수동 시스템의 한 예가 될 수 있을 것이다. 호스와 호스용 수전은 1/2인치와 3/4인치가 일반적인 사이즈이다. 그러나 이러한 시스템들은 정기적인 모니터링이 필요하고, 비효율적이고 비경제적이 될 수 있다.

더욱 진보된 관개 시스템의 영역에도 역시 복잡성의 다양한 수준이 존재한다. 더욱 단순한 시스템의 경우에는 일정 타입의 매립된 배관으로 구성되어 있다. 시중에서 구매할 수 있는 배관의 두 가지 주요 유형은 딱딱한 PVC 배관과 더욱 유연한 폴리에틸렌 배관이다. PVC는 보다 고가이고 설치하기가 더 어렵지만, 폴리에틸렌 배관보다 더 튼튼해서 더 오래 사용할 수 있다.

매립 시스템의 한 타입은 퀵 커플러(quick couplers)를 활용한다. 이러한 내구성 있는 커플러는 일반적으로 황동 재질이며, 1/2인치와 3/4인치, 그리고 1인치 사이즈의 소켓이 공급되고 있다. 황동 스프링클러는 특별히 이러한 소켓에 연결할 수 있는데, 이것들은 지상고(ground level)에 위치한다. 설치할 때에 이러한 자재들은 비록 비용이 많이 들 수 있지만, 그것들의 내구성과 긴 사용 연한으로 인해 시간이 지남에 따라 퀵 커플러가 더 경제적이다. 이러한 유형의 관개 시스템은 좀 구식이고 비효율적이긴 하지만, 관개시설이 필요한 조경지에 풍부한 수량을 확실히 공급해준다. 이 시스템들은 보통 높은 수압에서 가동되지만, 최소한의 유지관리만이 필요하다.

기술이 진보함에 따라, 매립 스프링클러 헤드는 훨씬 더 효율적이고 효과적이게 되었다. 신형 스프링클러는 원하는 분사 폭과 거리까지 자동으로 회전하는 팝업 헤드를 가지고 있다. 이것들은 로터 스프링클러로도 알려져 있는데, 적은 양의 물을 균일하게 살포하도록 설계되어 있다(Grounds Maintenance 2010). 이러한 스프링클러 헤드는 주로 경량 플라스틱과 스테인리스 스틸 또는 기타의 내구성이 뛰어난 금속으로 만들어진다. 이것들의 유형에는, 사용하지 않을 때는 지하로 들어가는 잔디밭 스프링클러부터 초목이 더 높이 자란 관목 경계지에 사용되는, 더 높게 확장된 헤드 등이 있을 수 있다. 물 보전과 가용성이 중요한 이슈로 부상됨에 따라, 이 기술은 계속해서 더욱 효율성

을 강조하는 방향으로 발전하고 있다.

고려해볼 가치가 있는 관개 시스템의 다른 유형으로, 더 적은 양의 물로 가동할 수 있는 시스템에는 점적 또는 위퍼 시스템이 있다. 점적관수는 화단이나 관목 경계지, 화분, 그리고 온실에 사용될 수 있다. 위퍼 또는 소우커 호스는 화단과 교목 및 관목의 둘레에 사용할 수 있다. 매립형 팝-업 스프링클러와 점적 또는 위퍼 시스템 둘 모두에게 유리한 점은 그것들이 비교적 설치 및 보수가 쉽고, 가격이 합리적이라는 것이다. 이 시스템들은 수동으로 제어하거나 프로그램 가능 시계를 이용하여 제어할 수 있다. 배관과 스프링클러의 발전 및 효율성에 덧붙여, 관개 제어 시스템에도 혁신이 일어났다. 이 기술의 많은 부분이 일반적으로 농장이나 골프장, 운동 경기장, 그리고 기타 상업용 용지에 적용되고 있지만, 공공정원에도 역시 매우 효율적일 수 있다. 이 시스템들은 전산화를 통해 자동화율이 높아서 매우 효율적이며, 전화나 무선 송신기, 또는 무선 연결 등을 통해 관개를 제어할 수 있는 능력을 제공한다. 토양수분 측정 센서 네트워크를 관개 시스템에 연결하여 원격 장소에서의 모니터링과 제어를 할 수 있다. 이 시스템들은 현장의 여러 변수를 기반으로 관수량과 빈도를 제어할 수 있다. 이러한 신기술 시스템은 유출수와 영양분 침출 등과 같은 환경에 미치는 영향을 최소화하면서, 조경지에 물을 보다 효율적으로 공급할 수 있다(Bauerle 2010).

효율성을 위해서, 정원 전체 부분들을 단 하나의 자동화 관개 시스템하에 두는 것에 마음이 끌릴 수도 있을 것이다. 그러나 많은 공공정원의 경우, 그와 같은 방법은 개별적인 식물 분류군 개개의 관수 필요성을 정확히 반영하지 못할 것이다. 예를 들어, 허브 정원의 경우, 일부 허브는 물을 상당히 많이 필요로 하지만, 다른 것들은 적당히 건조한 상태가 유지될 때 가장 잘 생존할 수 있다. 전자의 경우 두상 관수 스프링클러가 적합하지만, 후자는 물에 잠겨 죽고 말 것이다. 관수가 적절치 못하거나 토양 속 수분량의 변동이 심한 환경의 식물은 원치 않는 스트레스를 받는데, 이러한 스트레스는 생장률과 개화 능력, 그리고 식물의 전반적인 건강을 해칠 수 있다.

일반적으로, 짧은 시간 동안 자주 관수 하는 것보다 긴 시간에 걸쳐 가끔 관수 하는 것이 더 낫다. 관수량은 토양 타입과 식물의 사이즈 및 타입, 식재 밀도(특히 서로 엉킨 뿌리 덩어리가 막대한 양의 물을 순식간에 빨아들이는 밀식으로 식재된 다년생 묘상), 관개할 지역의 규모 등에 의해 결정된다. 예를 들어, 한여름에 식재 묘상의 식물들이 충분한 자연 강우를 받고 있지 못할 때는 2~4시간 동안 일주일에 한두 번씩 관수를 하면 물이 깊숙이 스며들 것이다. 심층 관수는 건강한 근계의 형성을 조장할 것

표 13-2] 식물 영양소

1차 영양소	2차 영양소	미량 영양소
		철(Fe)
		망간(Mn)
질소(N)	칼슘(Ca)	붕소(B)
인(P)	마그네슘(Mg)	아연(Zn)
칼륨(K)	황(S)	구리(Cu)
		몰리브덴(Mo)
		니켈(Ni)

이다. 용기 식재는 관수 기법에서 특별한 범주에 속한다. 특히 한여름 동안과 햇살이 강한 곳에서 자라고 있는 경우, 위조를 방지하기 위해 매일 관수를 해야 한다. 토양을 흠뻑 적시는 것이 필수적인데, 이것은 일반적으로 포트 바닥에서 잉여된 물이 흘러나올 때까지 관수를 하면 된다.

자리를 잡은 식물들과는 달리, 새로 식재한 관목과 교목은 식재 후 최소한 처음 2년 동안은 지속해서 물을 주어야 제대로 자리를 잡는다. 이렇게 추가로 물을 주면 식물들의 적절한 근계 발달에 도움이 될 것이다. 대부분은, 2~3년 후에 이 식물들은 정원에 이미 자리를 잡은 다른 식물들을 위해 진행 중인 관개 스케줄에 편입될 수 있다. 그러나 일부 철쭉(철쭉과)과 같은 특정 종들은 섬유상의 천근성 근계로 인해 자리를 잡을 때까지 좀 더 긴 기간이 필요할 수 있다.

시비(Fertilizing)

잔디용 비료나 교목이나 관목용 비료, 초본 식물용 비료, 또는 온실작물용 비료 등과 같이, 많은 종류의 비료를 판매하고 있다. 표 13-2는 비료 배합에 함유된 주 영양소와 부영양소를 기술한 것이다.

비료는 일반적으로 유기질 또는 무기질 비료와 속효성 또는 지효성비료로 나누어진다. 방출속도는 질소 성분이 뿌리 흡수가 가능하게 되는 상대 속도를 나타낸다. 질소는 단백질의 주요 구성성분으로서, 보통 다른 어떤 영양소보다 식물 성장을 늘리는데 역할을 더 많이 담당하고 있다. 유기질 비료는 배설물이나 면실박, 또는 건혈분등과 같은 식물이나 동물 소스로 만든다. 유기질 비료는 미생물이 유기 질소를 더욱 잘 녹여 이용 가능한 형태로 분해해야 하므로 지효성을 보이는 경향이 있다.

무기질이나 화학 비료는 일반적으로 질소 단위 당 더 낮은 비용으로 이용할 수 있다. 이러한 비료들은 각각의 화학 구조에 따라 지효성이 될 수도 있고 속효성이 될 수도 있다. 지효성비료는 더 오랫동안 잔류하고, 휘발 잠재성이 더 낮으며, 수용성이 더 낮아서, 일반적으로 가격이 더 비싸다. 지효성비료는 속효성 비료가 휘발이 발생할 수 있는 기온이 높은 시기에 사용하는 것이 더 적합하다. Isobutylidene diurea(IBDU)와 황으로 코팅한 요소(SCU), 그리고 Osmocote와 같이 플라스틱으로 코팅한 비료 등을 포함하여 몇 가지 타입의 지효성 화학비료를 판매하고 있다.

속효성 또는 가용성 비료는 암모니아 질소 또는 기타의 암모니아 화합물이나 요소 화합물로 제조한다. 수용성 또는 액상 비료는 질소성분을 신속히 공급하는 것이 바람직할 때 온실작물이나 초본식물에 사용할 수 있다. 예를 들어, 용기에 식재된 식물들은 일반적으로 가용성 비료와 함께 주 단위로 물을 준다.

시비하기 전에 비료 포대나 용기에 표시된 성분과 사용법을 읽어보아야 한다. 시비량은 비료의 유형과 작물, 토양 타입, 날씨, 연중 시기 등을 포함하여 많은 변수에 따라 결정한다.

칠레이트 철은 철쭉과 진달래속 식물, 그리고 그 밖의 산이 있어야 하는 식물들의 철분 부족을 예방하거나 관리하기 위하여 광범위하게 사용한다. 또한, 다양한 배합의 석회석 제품(그리고 목질의 재)들은 알칼리 토양을 필요로 하는 식물들을 위해 토양 pH를 높이기 위해 사용한다. 그러나 이러한 제품들의 효과는 바람직한 pH 수준을 달성하는 데 필요한 변화의 정도와 강력한 연관이 있다. 가능할 때는 항상, 공공정원은 해당 식물들이 필요로 하는 pH 및 영양 성분과 유사한 토양에 식물을 식재하여야 한다.

그림 13-5】 겨울은 나무의 무결성을 평가할 수 있는 적기이다. TRAP 기록은 종이 파일이나 FileMaker와 같은 전자 데이터베이스로 보관할 수 있다.

Photo by Donna Levy, courtesy Cornell Plantations

그림 13-6】 성공적인 IPM 프로그램은 해충에 대한 정기적이고도 철저한 모니터링을 바탕으로 한다.

Photo by Donna Levy, courtesy Cornell Plantations

전정(Pruning)

공공정원의 교목과 관목은 개별적인 표본수(specimens: 정원에 흥미로움을 더하기 위해 심는 특이한 식물)이나; 그로브 (grove: 특정 종류의 식물이 심겨 있는 구역)나 뭉텅이 심기, 또는 생울타리 등의 형태로 그룹을 짓든가; 또는 폴라드(pollards: 아래 가지들이 잘 자라도록 윗가지들을 잘라낸 형태의 나무)나 에스팔리에(espalier: 벽에 붙여 놓은 틀을 타고 납작하게 붙어 자라는 나무)와 같이 특별한 모양 등의 형태로 가꿔 전시할 수 있다. 모든 목본식물은 의도하는 결과를 얻고 최대한의 심미적 매력을 지닌 건강한 식물로 가꾸기 위해 지속적인 전정이 필요하다.

어렸을 때부터 나무를 전정하고 다듬으면, 구조적으로 튼튼하여 더욱 안전한 표본수를 만드는 것을 확신할 수 있으며, 또한 성목이 되었을 때 교정하기 위한 전정이 덜 필요하게 될 것이다. 다듬기는 해당 나무가 강하고 직선적인 줄기(돌출상 습성)를 가지고 있든, 펼쳐져 확산하는 형태(익상하향 습성)를 지니고 있든, 아니면 가지가 가늘어져 아래로 처지는 습성을 지니고 있든, 고유의 생장 습성을 이용해야 한다.

꽃을 피우는 교목과 관목은 다음과 같은 두 가지 다른 유형의 생장 가지에서 꽃을 피운다: 새로 나왔거나 해당 시즌의 성장 가지에서 꽃을 피우는 유형과 나이가 들었거나 이전 시즌의 성장 가지에 꽃을 피우는 유형. 예를 들어, 흔한 브들레아(Buddleia davidii)는 그해 시즌의 가지에 꽃이 피지만, 서양개나리 (Forsythia x intermedia)는 이전 시즌의 성장 가지에서 꽃을 피운다. 이전 시즌 성장 가지에 꽃을 피우는 목본식물은 일반적으로 모양을 잡거나 다듬기 위해 한여름에 전정을 한다. 나무의 원기를 회복시키기 위한 강전정은 식물이 휴면에 들어가 있는 늦겨울이나 이른 봄에 실시해야 한다; 그러나 그렇게 할 경우, 봄에 피는 꽃이 감소할 것이다. 당해 시즌의 성장 가지에서 꽃이 피는 교목과 관목들은 일반적으로 식물이 휴면기에 있을 시기인 개화 전에 전정을 한다. 특정 수형이나 사이즈를 유지하기 위해 성장시즌에도 적당한 양의 전정을 할 수 있다.

통합 해충관리

통합 해충관리(IPM)는 환경과 건강, 그리고 경제적 리스크를 최소화하기 위하여 해충관리의 지속 가능한 방법을 개발하는 것을 주요 목표로 하는 정원 유지관리의 접근법이다. 성공적인 IPM 프로그램의 해충관리 주요 유형에는 적절한 식물의 선택뿐만 아니라, 생물학적, 재배적, 물리적, 또는 기계적 및 화학적 수단 등을 포함한다.

그림 13-5】 겨울은 나무의 무결성을 평가할 수 있는 적기이다.
TRAP 기록은 종이 파일이나 FileMaker와 같은 전자 데이터베이스로
보관할 수 있다.

Photo by Donna Levy, courtesy Cornell Plantations

그림 13-6】 성공적인 IPM 프로그램은 해충에 대한 정기적이고도
철저한 모니터링을 바탕으로 한다.

Photo by Donna Levy, courtesy Cornell Plantations

IPM과 관련하여 가장 중요한 실천업무는 존재하고 있는 해충의 수량 및 유형을 관찰하기 위하여 조경지를 모니터링하고 순찰하는 것이다. 특정한 식물 종에 대한 특정 해충의 허용 수준 한계점을 설정할 필요가 있다. 일부 해충 개체군은 페로몬 트랩이나 끈끈이와 같은 해충 트랩을 이용하여 모니터링 할 수 있다. 일단 해충 개체 수가 특정 한계점 또는 우려 수준에 도달하면, 조처할 필요가 있을 수 있다.

일반적으로, IPM에서 적절한 식물 건강관리와 예방 조치가 방어의 제1선이다. 국부적으로 해충이 들끓는 부분이나 질병에 감염된 부분을 전정하는 것과 같은 기계적 방법은 해충 발생을 예방할 수 있다. 생물학적 방제 또한 효과적일 수 있으며, 온실에 기생벌을 방사하거나 유익 선충을 토양에 접종하는 것 등을 포함하여 유익한 곤충과 기타 생물체를 이용하는 방법 등이 있다. 마지막으로, 생물학적 농약과 최소 리스크 농약, 그리고 리스크 저감 농약 등은 최소 독성 방제 옵션으로 선택할 수 있다.

화학 농약의 사용은 보통 효과적인 IPM 프로그램의 마지막

방제 수단으로 간주한다. 해충을 방제하기 위하여 농약이 필요할 경우, 환경에 최소한으로 유해한 제품을 우선 고려해야 한다. 저독성 농약의 좋은 예에는 원예용 오일과 비누가 있는데, 이것들은 거의 잔류물 없이 환경에서 신속히 분해한다.

역시 매우 효과적일 수 있는 IPM의 또 다른 측면은 유전학적으로 뛰어난 새로운 식물 품종을 이용하는 것이다. 이러한 식물들은 해충에 대한 저항성과 내건성, 그리고 개선된 미적 가치 등을 위해 품종을 개량한다. 많은 전문가는 적합한 장소에 더욱 강한 식물을 식재하면 해충 문제와 농약 사용을 상당히 감소시킬 것으로 믿고 있다. 그것들의 공공정원에 대한 적합성은 해당 정원의 집단 식재지 정책에 기술되어 있다.

침입성 잡초의 억제와 침입성 잡초의 침입 위험을 줄이기 위

리스크 저감 농약 ▼

1993년부터 환경보호국(EPA)은 어류와 조류를 포함한 비대상 생물과 인간에 대한 초저독성, 지하수나 지표 우수 감염에 대해 낮은 위험성, 농약 내성에 대한 낮은 잠재성, 증명된 약효, 그리고 IPM과의 양립성 등과 같은 특성을 보인 재래식 농약의 등록을 촉진해왔다. 이러한 기준을 충족시키는 물질들을 EPA는 "저감된 리스크(Reduced-risk)"로 명명하고 있다. 최소 리스크 농약(Minimum-risk pesticides)은 EPA 등록에서 면제되는 특정 제품들이다(그래서 EPA 등록번호가 없다). EPA가 정의한 생물 농약(biopesticides) 또는 생물학적 농약(biological pesticides)은 동물이나 식물, 박테리아, 그리고 광물질 등과 같은 천연 물질에서 유래된 특정 타입의 농약이다. (Cornell Cooperative Extension Pest Management Guidelines 2010)

하여 조경지의 식물들을 모니터링 하는 것 또한 마찬가지로 중요하다. 침입성 식물은 우리의 환경과 경제에 지속해서 심각한 영향을 미치고 있어서, 면밀히 평가할 필요가 있다. 많은 대학교에서 새로운 품종이 침입성에 대한 잠재성을 보이는지 밝혀내기 위해 식물평가 및 육종 프로그램을 운영하고 있다. 점점 더 많은 수의 공공정원이 모든 침입성 또는 침입성 의심 식물들을 자신들이 재배하고 있는 집단 식재지로부터 제거하기 위해 Voluntary Codes of Conduct for Botanic Gardens and Arboreta에 접속하고 있다(Center for Plant Conservation 2002).

기록을 보존하는 것과 농약 사용 및 IPM 절차와 관련된 중요 정보를 기록하는 것은 매우 중요하며, 일부의 경우, 법으로 규정하여 있다. 주 정부의 환경보호 기관들은 특정 기록 및 정보를 해충 관리 프로그램의 한 부분으로써 유지하도록 요구하고 있다. 또한, 주 당국은 현장 조사 때 기록물들을 쉽게 접근할 수 있도록 요청할 수도 있다. 농약을 사용하고 있을 경우, 적절한 훈련과 더불어 인증서와 라이선스를 흔히 요청한다. 농약에는 살충제와 살비제(miticide), 살진균제, 제초제, 쥐약, 기피제 등이 포함된다. EPA 등록번호가 있는 물질들은 법에 규제를 받는다.

원예 전문가들이 관리하는 기록의 유형에는 농약 명칭과 농도, 양 또는 사용된 처치 방법뿐만 아니라, 해충이 발견된 날짜와 숙주 식물(들), 생육온도일 정보, 증상, 취한 조치, 조치 날짜, 정원의 해충 위치 등이 포함된다. 효능 추적 노트 또한 중요하다. 이러한 기록들은 해충 개체군을 추적하고 평가할 때 참조할 수 있는 내력 및 연대표가 된다.

도로와 통로, 그리고 기타 인프라

기능적이고 안전한 도로와 통로는 공공정원에서 매우 중요하다. 도로와 통로는 정원과 온실, 건물, 그리고 기타 중요한 시설에 접근할 수 있도록 할 뿐만 아니라, 정원의 미적 특질을 더해주는 시각적 요소들이다. 안전하고 평탄하며, 길 찾기가 쉬운 도로와 통로는 방문객들의 경험에 중요한 요소이다.

도로의 유지관리

도로의 유지관리는 노면 재료에 따라 결정한다. 대부분은, 공공정원의 주요 도로들은 아스팔트(블랙톱)로 건설한다. 아스팔트의 무결성과 수명은 준비 및 시공의 품질로 결정한다. 노반(roadbed)은 최대 6인치로 시공하며, 아스팔트를 깔기 전에 일정 타입의 쇄석을 다져서 만든다. 아스팔트층의 두께가 보통 도로의 수명을 좌우할 것이다. 쇄석 자갈 노반 위에 최소한 3~5인치의 블랙톱을 깐다. 2급 도로와 3급 도로는 보통 덜 정교하며, 헐거운 자갈이나 흙으로 건설할 수 있다. 이러한 도로들은 바퀴자국과 침식 부분을 제거하기 위하여 정기적인 유지관리 및 평탄작업이 필요하다.

통로 노면 또한 다양할 수 있다. 통로는 블랙톱이나 콘크리트, 포장용 돌, 자갈, 우드칩, 그리고 흙 등으로 건설할 수 있다. 각각의 재료들에는 고려해야 할 장단점들이 있다.

- **블랙톱(아스팔트).** 콘크리트보다 내후성이 더 높고, 자갈보다 더욱더 안정적인 블랙톱은 유연하며, 손상을 입지 않으면서 수축 팽창하는 능력이 있다. 내구성 및 수명과 비교하면, 아스팔트 노면은 제법 저렴하며, 보수가 쉽다. 단점으로는 더운 기후에서 내구성이 제한적이라는 것과 시간이 지남에 따라 크랙과 움푹 파인 곳을 보수하기 위해 정기적인 유지관리가 필요하다는 것 등이 있다.

- **콘크리트.** 콘크리트는 내구성이 있고, 가격이 적당하며, 수명이 오래간다. 그러나 이것은 동결융해에 따른 크랙 및 파손에 취약한데, 특히 추운 기후에서 그러하다. 아스팔트와는 달리, 콘크리트는 크랙이나 파손이 발생했을 때 보수가 쉽지 않다. 콘크리트 보도(walkway) 또한 추운 기후에서 제설용 소금과 기타 화학물질에 의한 손상에 취약하다.

- **콩 자갈(pea gravel)과 청석 미분(bluestone dust), 그리고 기타 석재 부산물.** 헐거운 자갈 제품의 장점은 시공 및 유지하기가 쉽고, 저렴하며, 미적으로 만족스럽다는 점이다. 그러나 이러한 노면은 특히 경사노면에서 쉽게 움직일 수 있으며, 발에 걸려 넘어지는 위험을 방지하기 위해 정기적으로 안정시킬 필요가 있다. 재생 콘크리트(RCA)를 3~5인치 두께로 깔아 노반을 견고히 만들면 표층의 장식용 자갈을 안정시키는 데 도움이 될 것이다.

- **포장용 보도블록(Pavers).** 포장용 블록은 공공장소에서 인기가 좋으며, 다양한 색상과 사이즈로 공급된다. 일단 모래 또는 RCA 노반이 완성되면, 벽돌이나 다른 헐거운 석재처럼 보도블록을 시공한다. 보도블록은 내구성을 갖추고 있어서 오래가며, 가격은 재료의 품질과 두께에 따라 중간 가격부터 고가까지 있을 수 있다.

- **우드칩.** 우드칩은 시공이 쉽고 가격이 저렴하거나 무료이며, 쉽게 구할 수 있으므로 흔히 바람직한 통로 노면 자재이다. 입자 크기가 더 작을수록 걷기가 더 쉬우며, 더 잘 다져져서 더 평탄한 표면을 얻을 수 있다. 그러나 정기적인 모니터링과 유지보수를 해야 하며, 물에 씻겨나가거나 침식에 의한 도랑 등

을 보수하기 위해 다시 채워주는 것이 필요하다. 일반적으로 우드칩은 겨우 1년 정도 견디기 때문에 매년 새로 깔아야 한다. 가뭄이 심한 시기에는 화재의 위험을 감소시키기 위해 우드칩 통로에 물을 뿌려 축이는 것이 필요할 수도 있다.

- **흙.** 흙으로 되어 있는 도로나 통로를 유지 관리하는 것은 제법 어려울 수 있다. 그것들은 모든 노면에 대한 제일 많은 모니터링과 유지보수가 필요하다. 초기 투자비용은 없는 반면에, 침식을 보수하기 위한 정기적인 땅 고르기 및 평탄작업은 많은 시간과 장비, 노동력이 필요할 것이다. 또한, 흙으로 된 도로는 비가 심하게 오는 날씨 동안에는 접근할 수 없을 수 있으며, 가뭄 동안에는 먼지가 날릴 수 있다. 흙으로 된 노면은 일반적으로 특히 삼림지역과 정원의 덜 경작되는 지역의 2급 도로와 통로에만 적합하다.

도로와 통로를 건설할 때, 도로 중앙을 약간 높게 하여 지표 우수가 흘러내려서 물웅덩이가 형성되지 않도록 해야 한다는 점을 유의해야 한다. 훨씬 더 중요한 것은 건물이나 정원의 볼거리(garden feature)로 이어지는 도로와 통로는 미국 장애인 보호법을 준수해야 한다는 점이다.

눈과 얼음 제거 옵션

겨울이 추운 나라의 지역에서는 안전하고 접근 가능한 도로와 통로를 유지하는 것에 대해 특별한 고려를 해야 하며, 또한 어려움도 있다. 겨울의 악천후는 공공정원의 일반적인 방문과 특별 행사, 그리고 시설의 유지관리에 영향을 주는 심각한 안전 문제를 초래할 수 있다. 일부 공공정원은 제설의 필요성을 줄이고 방문객들이 겨울 스포츠를 즐길 수 있는 특별한 장소를 제공하기 위해 특정 도로를 폐쇄한다.

다음은 공공정원에서 겨울 악천후를 해결 가능한 도구와 기법들에 대한 목록이다:

- **제설기를 이용한 제설(Plowing).** 제설기를 이용한 제설은 일반적으로 넓고 개방된 지역에서 많은 양의 눈을 제거하는데 가장 신속하고 가장 효과적인 방법이다. 그러나 장비의 구매 및 유지에 비용이 많이 소요될 수 있으며, 직원들이 안전한 사용을 위해 적절한 훈련을 받아야 한다. 또한, 제설기에 의한 하드스케이프나 잔디, 그리고 정원의 다른 미적 특징들의 손상이 흔히 불가피하여, 보수가 필요하다.

- **트럭에 탑재된 회전 브러시.** 회전 브러시 또한 악천후와 싸우는데 효과적인 도구가 될 수 있다. 이것은 아스팔트와 정원에 있는 다른 하드스케이프에 손상을 덜 입히는 방법이다. 그러나 브러시는 일반적으로 눈이 많이 쌓이지 않은 도로와 통로에만

그림 13-7】 정상적으로 작동하는 제설 장비는 폭설이 내리는 정원에 필수적이다.
Smithsonian Institution, Smithsonian Gardens

사용된다.

- **모래 뿌리기.** 많이 쌓인 눈과 얼음이 제거된 후 또는 눈이 최소한으로 쌓였지만, 노면이 미끄러울 가능성이 여전히 존재할 때 모래 뿌리기를 사용할 수 있다. 모래는 도로와 통로 노면에 정지 마찰력을 만들어낼 수 있는 저렴한 방법이다. 모래 뿌리기의 한 가지 단점은 도로와 같은 넓은 지역을 위해서는 모래 살포 장비가 필요하다는 것인데, 이것은 비용이 상당할 수 있다. 모래가 양탄자와 마루 표면에 상당한 손상을 초래할 수 있으므로 빌딩 근처에서는 특별한 주의를 기울여야 한다.

- **제빙제(De-icers).** 제빙제는 암염(염화나트륨)으로도 알려진 기존의 도로제설용 염을 상당 부분 대체했는데, 암염은 장비와 차량, 도로, 그리고 기타 하드스케이프 표면에 제법 많은 손상을 입힐 수 있고, 더 중요한 것은 식물을 손상할 수 있다는 것이다. 제빙제는 일반적으로 모래나 모래 혼합물, 그리고 암염보다 더 비싸지만, 매우 효과적이며 보다 친환경적이다. 제빙제는 염화칼슘이나 염화마그네슘, 염화칼륨, 또는 요소를 함유할 수 있다. 특히 대용량으로 사용할 경우, 모든 것들이 식물에 일정 수준 손상을 초래할 수 있지만, 기존의 암염만큼은 아니다. Calcium magnesium acetate(CMA)와 같은 신제품들은 대부분의 다른 제빙제들보다 더 친환경적이고, 식물에 손상을 입히거나 환경을 오염시킬 가능성이 더 낮다.

수경 시설

공공정원의 수경시설은 평화롭고 고요한 분위기와 미적인 매력을 연출할 뿐만 아니라, 기능적 가치도 가지고 있다. 수경시설

이 연출하는 분위기는 흔히 저평가되고 있다. 수경시설은 인공물(man-made)이나 자연물(naturally occurring)일 수 있다. 대형 호수에서부터 작은 연못이나 수영장까지 모든 물은 평온한 느낌을 제공한다. 수경시설은 또한 관개수 저장 장소와 폭우에 의한 우수 정체 연못과 같은 기능적 가치도 지니고 있다. 물론 수경시설은 내재적인 위험 요소와 법적 책임에 관한 우려 등도 존재하지만, 그것들을 제대로 계획하고 설계하여 실행할 경우, 방문객의 체험을 상당 부분 높일 수 있다.

수질 관리

수질은 수경시설을 유지하는 데 있어서 중요한 이슈이다. 양호한 수질은 다음과 같이 정의할 수 있다:

• 역겨운 냄새가 나거나 색상이 비정상적이지 않은 물.

• 지나치게 탁하지 않은 물. 혼탁도는 물의 투명성과 관련이 있다. 요구되는 물 투명도는 비탁법혼탁도 단위(NTU)로 측정한다. 이 측정치는 물의 투명성을 나타낸다.

• 충분히 순환되는 물

• 수면에 섬유상 조류나 부유 조류, 쓰레기와 거품이 최소한으로 있는 물.

정기적으로 모니터링을 해야 하는 또 하나의 수질 문제는 수중 동식물과 비료, 우수, 또는 물새 등에 의해 초래되는 영양소 적체(nutrient loading)이다. 염분과 산성도, 인, 질소, 침전물 등의 축적 또한 문제를 초래할 수 있다.

조류와 부유성 고형물은 수질과 어류 및 유익 미생물의 건강과 생존에 문제를 일으킬 수 있다. 양호한 필터 및 펌핑 시스템과 폭기(aeration), 그리고 순환은 조류 성장과 부유성 고형물의 축적을 감소시키는 데 도움이 된다. 소형 연못의 경우, 수초를 적절히 이용하여 수면에 비추는 햇빛을 감소시키는 것 또한 조류 성장을 감소시키는 데 도움이 될 것이다.

수질은 최적 관리 방안(best management practice/BMP)을 통해 관리할 수 있다. 이 관리 방법은 분수계 관리와 지표 우수 문제를 다루는데, 이것은 공공정원이 건강한 수경시설을 유지하고 오염된 물의 위험을 감소시키는 데 도움이 될 수 있다(Stevens 2003).

관개를 위한 수경시설

공공정원의 수경시설을 관개에 이용할 가능성은 수경시설의 규모와 물 재충전 방법, 그리고 현지 물 관리 당국 또는 환경 담당 기관들이 그와 같은 활동을 허용하는지에 달려 있다. 허용될 경우, 수역(水域)으로부터 관개 시스템으로 물을 펌핑할 수 있는 특수 양수기를 설계한다. 이 물을 관개에 이용하면, 돈을 절약할 수 있지만, 식물 식재지에 손상을 주지 않을 정도로 양질의 물이라는 것이 보장되어야 한다.

지속 가능한 조경 방안

지속가능성의 개념은 IPM과 식물 건강관리, 리사이클링, 퇴비화, 친환경적 정원 가꾸기, 에너지 효율, 대체 연료의 사용, 물 보전, 그리고 기타 다수를 포함하여, 조경 업무의 많은 측면에 통합되어 있다. 우리의 자원 활용에 의한 환경 영향을 감소시키는 것은 바로 이러한 종합적인 노력의 결과이다.

적합한 식물의 선택

지속가능성의 가장 중요한 요소 중의 하나는 자원 필요성이 감소한 식물의 개발 및 선택이다. 이것들은 내충성과 내건성, 내한성, 그리고 제한적인 비료 필요량 등 그것들의 유전적 우월성을 기준으로 선택된 식물들이다. 많은 대학교에서 우월한 식물을 소개하기 위해 식물평가 및 육종 프로그램을 운영하고 있다. 이러한 프로그램들의 결과는 묘목장 운영자와 정원사, 소매업자, 그리고 주택 소유자들을 위해서 공공정원에 반영된다.

많은 공공정원 또한 그들 지역 고유의 식물들 이용을 늘려왔다. 고유 식물들이 반드시 해충이나 재배상의 문제들이 없는 것

표 13-3: 기본적인 물 투명도 측정치

영양 상태(영양소 축적 정도)	섹키(Secchi) 디스크 투명도 범위(미터)
부(富)영양(매우 많이 축적됨)	0-3.0
중(中)영양(중간 정도로 축적됨)	3.0-5.5
빈(貧)영양(영양소 결핍)	>5.5

은 아니지만, 그것들은 토종이 아닌 식물들에 비해 현지의 토양 조건과 습도 및 온도 극단치에 적응할 가능성이 더 크다. 결과적으로, 그것들은 토종이 아닌 식물들에 비해 흔히 토양개량을 덜 필요로 하고 비료와 농약 또한 덜 사용한다.

리사이클링

현재는 그 어느 때보다도 공공정원은 재생 물질을 사용하고, 자체 폐기물을 재생하는 것이 필요하다. 재생할 수 있는 물질에는 종이와 판지, 캔, 플라스틱, 유리 등이 포함된다. 식사 지역이나 건물의 전략적 장소에 있는 디자인이 예쁘고 식별하기 쉬운 용기는 직원이나 자원봉사자, 그리고 대중들이 리사이클링 노력에 도움을 주는 것을 고양할 수 있을 것이다.

또한, 재생 물질은 정원에서 가능할 경우 항상 사용해야 한다. 예를 들어, 아동정원은 법에 따라 접근이 쉬워야 하며, 바닥 표면은 부드러워서 아동이 넘어졌을 때 부상을 줄일 수 있도록 충격을 흡수할 수 있어야 한다. 이러한 목적으로 흔히 사용되는 재생제품의 유형에는 가공된 목재 섬유와 고무를 입힌 멀칭 자재, 현지 주입 고무(poured-in-place rubber), 고무 타일 등이 있다. 고무 제품들은 재생 타이어로 만들며, 색상과 사이즈가 다양하다. 재생고무는 교량이나 난간, 계단 등으로도 제작할 수 있다.

현명한 물 관리

물의 재생 이용은 공공정원에서 재활용하는 또 하나의 중요한 방법이다. 빗물을 건물이나 온실에서 모아 저장하여 관개 용도로 사용할 수 있다. 큰 통이나 기타 수집 장치를 홈통이나 도수관에 연결하여 빗물을 모을 수 있다. 매사추세츠주의 케임브리지에 있는 Mount Auburn 양묘장에서 2009년에 온실단지로부

터 12,000갤런의 빗물을 받아서 재사용하였다(Barnett 2010).

1981년에 Denver Water District는 물 절약 정원 가꾸기(water-wise gardening)의 한 접근법을 기술하기 위해 xeriscaping(건식 조경)이라는 용어를 만들어냈다. 건식조경은 습윤 온대 지역보다 북동부 지역과 같이 가뭄이 심한 지역에 더욱더 적합하지만, 건식조경 원칙은 북아메리카 전 지역의 공공정원에서 채택할 수 있을 것이다.

예취 습관(Mowing Habits)

공공정원에서 예취 습관을 변경 및 개선할 경우, 공공정원의 미관에는 최소한의 영향을 주면서도 조경지의 건강을 상당히 개선할 수 있다. 많은 정원이 단순히 노동 자원이 감소하거나 운영비를 절약하기 위해 예취 지역을 줄이거나 예취 횟수를 줄이고 있다. 눈에 덜 띄거나 덜 자주 사용되는 지역을 한 달에 한 번 또는 일 년에 한두 번 예취할 경우, 유지관리 비용을 상당히 줄일 수 있다. 예취높이를 높이는 것 또한 유지관리 비용을 감소시킬 것이다. 예취물(grass clippings)을 자루에 넣어 처리하는 대신 멀칭에 사용하면, 영양소를 잔디에 다시 돌려주어 화학 비료의 사용을 줄일 수 있다. 목초지로 되돌리기 위해 남겨진 장소는 곤충과 조류, 그리고 기타 유익 생명체의 서식처가 될 수 있을 것이다. 성장한 나무 아래에 잔디를 길게 남겨둘 때 특히 가뭄 시기에 도움이 된다. 이러한 관행의 한 변형 형태는 전통적인 잔디 구역을 토종 잔디밭으로 변경하는 것이다. 지역에 따라 적절한 종자 혼합은 다양하겠지만, 기본 개념은 잘 준비된 양묘장에 토종잔디와 기타의 다른 엷은 잎의 종을 파종하는 것이다. 새로 파종한 장소와 마찬가지로, 여기에도 새싹이 나올 때까지 매일 가볍게 물을 주는 것이 필요할 것이다. 일단 양묘장을 조성하면, 예초와 시비, 관수 등은 전통적인 잔디의 경우보다 훨씬 적을 것이다.

마지막으로, 공공정원을 방문한 방문객 중에 잔디의 질을 칭찬하는 사람은 거의 없다는 것을 명심하여야 한다. 그들은 집단 식재지의 질과 조경 설계의 아름다움, 그리고 교육 프로그램의 다양성 등에 관심을 보인다. 그래서 눈에 잘 띄고 자주 사용하는 지역의 잔디가 푸르고 정기적으로 애초 작업을 하면, 일반적으로 방문객들은 잔디밭이 조금 덜 완벽하더라도 불평하지 않는다.

퇴비 만들기(Composting)

퇴비를 제대로 만들기 위해서는 원재료 혼합물과 충분히 넓은 지역, 정기적인 뒤집기, 그리고 물과 산소 등이 필요하다. 퇴비 더미에 있는 다양한 종류의 유기물 요소들을 분해하기 위해 많

표 13-4] 토양개량

유기물	무기물
퇴비(휴머스)	자갈
동물 배설물	버미큘라이트 또는 펄라이트
물이끼 피트모스(Sphagnum peat moss)	모래
우드칩	석회석
부엽토(Leaf mold)	석고
바이오 숯	
목질 재(Wood ash)	

은 종류의 미생물들이 필요하다. 퇴비화 과정 초기(0-40℃)에는 고온성 미생물들이 번성한다. 마지막으로, 최고 온도에서 Thermus 속 미생물들이 분리되지만, 추가적인 분해는 거의 일어나지 않는다. 퇴비 더미를 자주 뒤집어주어 통기 시키면 이 범위까지 온도가 올라가는 것을 방지할 수 있다.

퇴비에서, 균류(fungi)는 질긴 조각들을 분해하여, 대부분의 섬유소가 고갈된 후에도 박테리아가 분해 과정을 지속하는 것을 가능하게 하므로 중요하다. 균류는 많은 세포와 섬유를 만들어 냄으로써 활발히 확산 및 성장하여, 박테리아 분해하기에는 너무 건조하거나, 산성이거나, 또는 질소함량이 낮은 유기 잔류물을 공격할 수 있다(Trautmann and Olynciw 1996).

완성된 퇴비는 화분용 토양과 잔디의 웃거름, 토양개량, 그리고 퇴비 차 만들 때 등등을 포함하여 여러 가지 방법으로 사용될 수 있다. 퇴비 차를 제조하는 것은 토양과 퇴비의 특정 지식을 요구하는 매우 복잡한 절차가 필요하다. 퇴비 차 만드는 도구(Compost tea brewer)는 조립된 상태로 구매하거나 가용 자원에 따라 주문 제작할 수 있다. 근본적으로, 제대로 제조된 차는 토양에 살포 또는 관주하거나, 엽면에 살포하여 토양의 생물학적 상태를 개선하거나 식물의 활력을 증진할 수 있다. 이 방법은 비교적 새로운 관행이며, 이 분야에 관한 연구가 지속하고 있다.

바이오 숯(Biochar)

조경지를 더욱 지속할 수 있게 만들어주는 또 하나의 신기술은 바이오 숯을 이용하는 것이다. 바이오 숯은 대기 중의 탄소를 포집하여 저장하는 데 주로 사용하는 숯의 한 종류이다. 바이오 숯은 이산화탄소와 기타 온실가스 배출로 초래한 기후변화의 우려 때문에 관심이 증가하고 있다. 바이오 숯은 대기로부터 탄소를 끌어당기며, 영농의 영향을 감소시키는 도구로써 평가되고 있다. 이것은 수질을 향상하고, 토양 비옥도를 증가시키며, 오래

된 숲에 가해지는 압력을 감소시킬 수 있다.

연료효율이 높은 기계류

연료효율이 높은 기계류와 그로 인한 배출가스 저감은 지속 가능한 조경 방안에 있어서 또 하나의 중요한 요소이다. 많은 기업이 현재 연료효율이 더 높고 오염을 덜 시키는 승용차와 트럭, 유틸리티 카트, 체인 톱, 다듬는 기계(trimmer), 그리고 송풍기 등을 제조하고 있다. 신기술에 의해 작동 및 유지관리가 더 쉽고, 정원에서 필요로 하는 것을 충족시키기에 충분한 동력을 지닌 전기 차량이 생산되고 있다.

공공정원의 보안

예산이 안전 프로그램의 유형과 규모를 결정하는데 주요 역할을 하고 있지만, 직원과 자원봉사자, 그리고 방문객들의 안전과 보안은 모든 공공정원의 최우선 순위이다. 정원을 위해 충분한 보안을 제공함으로써, 정원의 귀중한 시설과 자원을 보호할 수 있을 것이다. 대중 안전의 책임과 위협의 우려가 증가함에 따라, 공공시설의 안전과 보안을 유지하기 위해서는 상당한 계획과 자원이 요구된다. 절도와 공공기물 파손행위(vandalism), 그리고 훨씬 더 심각한 범죄 등 이 모든 것은 공공정원을 운영할 때 잠재적인 문제가 될 수 있다. 안전과 보안에 영향을 미치는 요인들에는 시설의 위치 및 사이즈, 직원 수, 방문객 수, 행사 횟수 및 유형, 건물의 유형과 중요도, 정원 설치물 및 식물 집단 식재지 등이 있으며, 물론 예산도 여기에 포함된다.

대부분은, 보안직원들은 무장하고 있지는 않지만, 현지 경찰들과 긴밀히 접촉하고 있다. 보안직원들은 유니폼과 뚜렷이 구별되는 차량을 통해 쉽게 식별할 수 있어야 한다. 그들의 역할은 부정적인 행동을 제지하는 것과 방문객들에게 길을 찾거나 다른 것을 필요로 할 때 도움을 주는 것, 정원을 모니터하는 것, 그리고 사건이 발생하면 필요에 따라 대응하는 것 등이다. 보안직원을 채용하는 방법에는 두 가지 방법이 있다: 내부에서 채용하는 것과 또는 아웃소싱을 통해 채용하는 방법. 큰 정원들은 내부에서 보안직원을 채용하는데, 그 이유는 이 방법이 일정관리와 지휘에 대한 통제 및 관리에 더 쉬우며, 때로는 비용 면에서도 효율적이기 때문이다. 그러나 임금 세(payroll taxes)와 수당 등을 위한 비용이 증가함에 따라, 많은 공공정원들은 보안직원 채용을 위해 사기업과 계약하는 방식을 선택하고 있는데, 이러한 관행은 보안의 필요성이 크지 않은 보다 작은 규모의 공공정원에게 특히 유익할 수 있다. 아웃소싱 방법을 선택하는 정원들은

보통 내부 직원들을 훈련하고 감독하는데 요구되는 시간과 책임을 제거하기 위해서와 정원 행정가들이 미션과 관련된 활동과 시설의 전반적인 운영에 더욱 집중할 수 있게 하려고 그렇게 하고 있다.

보안 장비

능력 있고 잘 훈련된 보안직원과 더불어, 모니터링과 발달한 기술의 보안 장비들이 공공정원의 리스크를 줄이고 안전을 보장하기 위한 효과적인 도구가 될 수 있다. 보안 카메라와 동작 감지기, 그리고 원격지 전화 등 이 모든 것들이 보안 시스템에 통합될 수 있다. 보안직원들뿐만 아니라 운영 및 원예 담당 직원들 또한 효율적인 커뮤니케이션을 위해 신뢰할 수 있는 양방향 무전기를 지니고 있어야 한다.

일반적으로, 카메라와 기타 모니터링 장치들은 빌딩 내와 주변, 그리고 잠재적으로 문제가 있을 수 있는 지역에 위치한다. 이 시스템들은 보안직원들이 더 넓은 지역을 모니터하는 것을 가능하게 할 뿐만 아니라, 잠재적인 범죄행위를 억제하는 역할도 할 수 있다.

흔히 대학교에서 사용되는 원격지 전화(remote-area phones) 또한 독특한 형태의 보안을 제공할 수 있다. 전략적으로 배치한 전화부스는 곤경에 처한 사람들이 공공시설 내에서 범죄나 비상상황을 신고할 수 있도록 한다. 이 시스템들은 일반 전기나 태양광 패널을 통해 전력을 공급받을 수 있다. 원격지 전화에는 비상 방송 시스템의 한 부분으로서 스피커와 같은 설비도 포함될 수 있다. 많은 시설에서, 장내 방송 시설은 직원들에게 비상상황이나 중요한 사건을 알리기 위해 휴대전화기와 이메일, 그리고 음성 메일과 연결되어 있다.

기타 보안 조치들

첨단기술을 이용한 노력 이외에, 일상적인 운영의 한 부분으로 되어 있는 간단한 조치도 공공정원에서의 절도와 공공기물파괴를 감소시키는 데 도움이 될 수 있다. 적절하게 조명된 지역은 범죄행위를 억제할 뿐만 아니라, 방문객들에게 안전하다는 느낌을 더 많이 줄 수 있다. 펜스나 잠겨있는 도로 진입 게이트, 잠겨있는 건물 진입 문 등과 같은 물리적 장벽으로 차량 또는 도보에 의한 접근 지점을 제한하는 것 또한 범죄 리스크를 감소시킬 수 있다. 각자 모든 직원이 주의를 기울여서, 범죄가 발생했을 때 신속히 처리할 수 있도록 발생한 즉시 보고하는 것은 매우 중요하다. 예를 들어, 공공기물파괴가 발생했을 경우, 당국에 신고한 다음 즉시 손상된 부분을 보수할 경우, 해당 정원이 깨끗하고 전

문적인 인프라를 유지하는 것에 대해 진지하다는 메시지를 전달할 것이다.

행사 보안

많은 공공정원들은 차량 및 보행자의 통행과 주차 등을 포함하여 다양한 어려움이 있을 수 있는 특별 행사를 개최한다. 흔히, 정원들은 특별 행사를 진행할 추가적인 보안요원들을 고용하거나 대형 행사를 관리하기 위해 현지 경찰력과 함께 일하기도 하고, 두 가지 모두를 이용하는 때도 있다. 보안직원과 정원 직원, 그리고 경찰이나 소방서와 같은 현지 당국 사이에 양호한 커뮤니케이션을 포함하여, 특별 행사를 시작하기 전에 보안 프로그램의 모든 측면을 시행하는 것이 중요하다. 이렇게 함으로써, 적절한 수준의 직원들 배치뿐만 아니라, 특별 지역 및 활동에 대한 위치결정과 모니터링을 할 수 있다.

비상상황 관리 계획

사이즈와 유형에 상관없이, 공공정원을 위한 보안플랜에서 하나의 매우 중요한 요소는 비상상황 관리 계획(EMP)이다. 비상상황 관리계획은 재난 계획과 비상상황 대비태세에 매우 중요한 정보를 제공하며, 여기에는 비상연락정보와 건물과 시설의 대피 계획, 그리고 표준 관행 및 절차 등을 포함한다. EMP의 목적은 비상상황에 대처하기 위한 정책과 절차, 그리고 조직의 구조를 수립하는 것이다. 화재와 홍수, 폭풍, 지진, 위험물질 그리고 기타 잠재적인 재해에서 비롯된 비상상황을 다루기 위한 사고현장 지휘 시스템(Incident Command System/ICS)에 나와 있는 운영 절차가 많은 계획에 포함되어 있다. 그 목표는 비상상황에 신속히 대응할 수 있도록, 정원 직원들과 보안직원, 현지 경찰, 소방서, 그리고 EMT 서비스 등을 조율하는 것이다. ICS 훈련 정보는 Emergency Management Institute를 통해서 얻을 수 있으며, Federal Emergency Management Agency에 의해 조정된다(Emergency Management Institute 2010).

공공정원에서 근무하는 보안직원들의 역할은 시간이 지나면서 변해왔다는 것을 주의해야 한다. 보안직원들은 더는 단순히 원치 않는 행동을 제지하거나 범죄행위 또는 비상상황에 대처하기 위해 존재하는 것이 아니다. 많은 공공정원에서, 보안직원들은 제일 먼저 방문객을 맞이하고 응대할 뿐만 아니라, 유용한 정보를 제공하고 방문객들이 특별히 필요로 하는 것들을 지원한다. 보안직원들은 정원의 대사이며, 정원 방문객들 사이의 공감 및 협조뿐만 아니라 다른 내부 직원들과의 동지애를 강화한다(Shakespear 2003).

요약

대지관리 방안의 품질은 대중들이 특정 공공정원을 어떻게 인식하는가에 지대한 영향을 미칠 수 있다. 대지관리 프로그램은 식물 집단 식재지에 초점을 두어야 하지만, 이미 조성되어 존재하고 있는 조경지의 모든 구성요소가 전반적인 인상에 영향을 준다. 성공적인 대지관리 프로그램은 적절한 직원 채용과 장비, 제대로 개발된 일정, 적절한 조경 설계 그리고 활동의 조율 등을 기반으로 한다. 지속 가능한 관행은 대지 관리에서 그 중요도가 점점 더 증가하고 있으며, 여기에는 재활용과 퇴비 만들기, 물의 현명한 사용, 예초 빈도 줄이기 등이 포함된다. 잘 설계된 보안 프로그램은 집단 식재지와 시설, 그리고 사람을 보호할 것이다. 보안직원은 방문객을 응대하며, 문제가 발생했을 때, 최초의 대응자로서 역할을 한다.

참고문헌

Grounds Maintenance(http://www.grounds-mag.com). An exceptionally informative website with detailed articles and information on irrigation, equipment, turf, and general grounds maintenance practices.

Trautmann, N., and E. Olynciw. 1996. *Compost microorganisms*. http://compost.css.cornell.edu/microorg.html. Basic biological information on the composting process.

Trowbridge, P., and N. Bassuk. 2004. *Trees in the urban landscape: Site assessment, design, and installation*. Hoboken, N.J.: John Wiley and Sons. Despite the title, provides detailed instructions on all aspects of site assessment.

United States Access Board Website(www.access-board.gov/). Guidelines for historic sites and modern construction on how to provide full accessibility and to be in compliance with the Americans with Disabilities Act.

PART IV

Programmatic
Functions

프로그램의 기능

CHAPTER 14

Public Gardens and Their Communities: The Value of Outreach

공공정원과 지역사회: 대외봉사의 가치

SUSAN LACERTE 수산 라세트

서론

일부 학자는 지역 주민을 위한 대외봉사(outreach)를 정원 밖에서 이루어지는 프로그램과 활동으로 정의하는 반면, 다른 학자는 정원의 내·외부에서 정원 시설과 서비스에 관해 모르는 사람들이 정원에 관심을 두도록 하는 프로그램이나 활동으로 정의한다.

봉사계획은 사람들이 기관에 관한 정보를 알 수 없도록 차단하는 장벽이 있다는 사실을 인정하는 것으로부터 추진한다. 이런 장벽은 물리적일 수 있으며(강이나 고속도로), 정치적인 장벽이거나(한 도시에 있거나 근교 도시의 이름을 딴 정원) 실제적인 장벽(운송과 접근성 문제) 또는 자체적으로 부과된 장벽(입장료 징수) 등이 있을 수 있다. 사회적 장벽을 다른 문제로 기존의 프로그램으로 특정 연령대에 봉사를 덜 하거나 관련 기관이 다문화 출신 사람의 관습이나 습관에 익숙하지 않을 때 또는 재정지원과 물리적이거나 정신적 또는 학습 여건이 부족하여 일부 집단이 제외되는 경우가 해당한다.

대부분의 공공정원은 식물의 정보를 알리는 것이 하는 일이며, 봉사활동은 이러한 임무를 진행하는 데 도움이 되는 확실한 수단이다. 봉사활동이란 정원 전문가와 자원봉사자가 지식을 공유하고 식물에 대해 많이 이해하도록 알리면서 지역 주민이 정보와 필요성에 대해 생각을 공유할 수 있는 논의의 장을 제공한다는 점에서 정보를 교환하는 양방향 소통방식이다.

학교, 성인 교육, 자원봉사 프로그램과 다양한 전시 계획도 봉사활동을 통해 제공하지만 다른 장에서 자세히 다루고자 한다.

핵심 용어

커뮤니티 정원: 지역 공동체의 이익을 위해 한 집단을 이루는 사람들이 설계하고, 제작하여 유지하는 정원

인구통계학: 마케팅 연구 목적에 맞게 사람을 나이, 성별, 소득 그리고 기타 요인을 기준으로 통계적으로 분류하는 학문

원예치료: 치료를 목적으로 식물을 사용하는 치료법

사이코그래픽스: 사람들을 태도, 가치관 그리고 기타 심리적 요인에 따라 분류하는 마케팅 조사

특수 요구 관람객: 정서적, 정신적, 육체적 또는 다른 요인 및 다양한 요인이 복합되어 나타나는 어려움을 가지고 있는 그룹

방문자 설문조사: 다양한 시설과 서비스 그리고 프로그램에 대한 태도와 지식을 방문객이 얼마나 활용하는지를 알아보는 설문조사

봉사활동 방법은 어떤 것들이 있는가?

지역 공동체를 대상으로 가장 널리 사용하는 기술로는 대중 프로그램 확대, 공연예술, 커뮤니티 정원 관리 그리고 원예 치료법과 건강 프로그램이 있다. 또한, 봉사를 확대하기 위해 정원은 자동차 경기대회, 행사진행자를 활용하여 홍보활동을 펼치기도 한다. 마지막으로 다수의 정원은 지역사회에 직접 정보를 전달하거나, 프로그래밍을 통해 임시 전시회를 진행하기도 한다. 창의성을 증진하기 위해 여러 가지 기술과 기회가 혼합된다.

휴일 및 문화행사 활용

새로운 대상과 만나는 것이 지역사회에서 관련된 핵심요건이며, 교육이라는 목적을 완수하는 것이 대다수 공공정원의 핵심목표이다. 봉사활동을 진행하기 위해 작물 재배와 수확 그리고 식품을 통해 휴일을 활용하는 것이 자연스러운 방법이다. 대다수의 문화권에서 온 사람들은 전통이나 역사적 기념일을 축하하기 위해 모인다. 점차 이해를 높이기 위해 정원은 다양한 출신의 사람을 서로 만나고 새로운 경험을 창출하고 공유하기 위한 장으로써 문화와 국가 기념일, 종교 기념일 등의 행사장으로 정원을 활용하고 있다.

| 문화 공동체와 작업

북아메리카는 오랫동안 원주민과 세계 각국에서 건너온 이민자로 구성된 다민족 인구를 가진 용광로(melting pot)이다. 다양한 문화 공동체와 작업할 때, 위원회와 직원과 자원 봉사단에 다른 문화 공동체의 구성원을 포함하는 것과 마찬가지로 파트너십이 주요한 핵심이다. 리더나 연장자를 거쳐 일하는 것도 가장 효과적이다. 다양한 문화권 안에 저마다의 사회적 규범과 관습이 있으며, 이민자 1세대와 2세대 간의 요구하는 사항과 바라는 것에는 차이가 있다. 일부 문화권 출신 사람은 노인을 공경하며, 다른 민족은 남성을 우위에 둔다. 모든 행사 일자를 확인하여 불편함이 발생하지 않도록 하며 개념상 적절하다면 "좋은 날" 인지 결정해야 한다. 가장 중요한 규칙은 종교상의 축일에 행사를 되도록 잡지 않도록 하는 것이며, 다양한 민족이 함께 일을 하는 데 있어서 민족별 역사가 중요하게 작용한다. 또한, 민족마다 시간관념과 색상 사용법이 다르다. 모두가 존경받고자 하지만, 일부 집단은 이용당하는 것과 생색내기로 사용되는 것을 원치 않으므로, 상호 관계를 확립하는 방식에 있어서 진실한 마음과 세심한 주의를 갖고 접근해야 한다.

퀸스 식물원(QBG)은 뉴욕 퀸스를 본 거주지로 하는 많은 이

그림 14-1〕 공공정원에는 다양한 문화권 출신의 사람이 전통행사를 하고 새로운 전통을 창출하기 위해 모이는 훌륭한 공간이다. 사진에 보이는 것처럼 퀸스식물원에서 번영과 행운을 상징하는 사자춤 공연이 열렸다.
Queens Botanical Garden

민자를 근무자로 채용하고 있다. 미국 이민자에게 가장 주목받는 지역 중 한 곳이자 130개 국어가 사용되는 고장인 퀸스는 다양한 문화권의 공동체와 함께 일하는 성공적인 모습을 보여주는 대표적인 사례이다.

새 관람객을 개발하기 위한 메커니즘으로서 공연예술 활용

지난 20년간 공공정원에서 열리는 공연예술의 역할에 대한 사람의 인식이 크게 변했다. 몇 해 전만 해도 공공정원은 식물과 정원을 연구하는 데 열심인 사람들의 성지로 여겨졌는데, 정원에서 공연을 개최한다는 생각조차도 하지 않았다. 이제는 많은 정원이 관객을 끌어모으고 기존의 공원 방문자를 즐겁게 하기 위한 최고의 메커니즘으로서 공연을 대폭 수용하여 개최하고 있다. 펜실베이니아에 있는 롱우드가든은 공연예술을 개최하고 장

번역 이용의 장점과 어려움 ▼

프로그램 안내서와 전시물에 번역문을 넣음으로써, 다양한 문화권 사람이 기관에서 다양한 사람을 연결하려 큰 노력을 한다는 것을 알 수 있다. 하지만 번역문을 사용하게 되면, 정원의 다른 부분에서도 번역을 제공한다고 착각할 수 있다.

번역문은 인사말, 제목이나 핵심 정보와 같이 선별적이어야 하며, 예산이 충분하면 더 많은 내용을 번역하여 프로그램이나 계획을 개선해야 한다. 일부 문화 또는 사회 서비스 관계자와 대학, 병원, 은행과 정부 기관이 무료나 저렴한 비용으로 번역 서비스를 제공한다. 일부 컴퓨터 프로그램과 출력기는 외국어 문자를 텍스트가 아닌 그래픽으로 처리하지만, 다양한 문화그룹의 웹사이트에서 사용할 수 있다. 다른 언어로 작성된 문안은 더 넓은 지면을 차지하므로 짜임새 있는 편집이 필요하다. 관련 단체 이사회 위원과 자원봉사자는 자료를 검토하고 국가별 언론사에서 작성한 기사를 검색하고, 저장하여 번역하는 일을 맡는다. 2개 국어를 하는 기자가 있으므로 보도자료는 번역하지 않아도 된다.

프로그램에 참여한다고 해서 방문객의 인구통계학적 특성이 나타나는 것이 아니라는 것을 확인한 퀸스식물원은 주민을 파악하기 위해 정해진 접근법을 사용했다. 퀸스식물원은 대상 문화권에서 가장 중요한 10가지 식물과 휴일은 무엇인가? 지역 대표는 누구인가? 커뮤니케이션에서 가장 중요한 원리는 무엇인가? 와 같은 문제에 답변할 문화 자문 위원회를 발족하는 데 도움을 줄 "문화 전문가들"을 영입했다.

그 결과, QBG는 정원에 식물을 추가로 심었다: 중국인을 위한 모란, 한국인을 위한 무궁화, 라틴 아메리카를 위한 부겐빌레아 등이다. 이를 통해 습득한 지식을 보존하기 위해, 그 결과는 퀸스의 중국, 한국, 중남미 지역사회에 대한 식물문화 안내서인 'Harvesting Our History'에 실렸다. 특별한 기능 외에 규칙적인 정원 가꾸기 주제를 통합한 연례 정원 가꾸기 프로그램이 개발되었다. 문화 전문가들은 발표자, 번역자, 통역자를 선발하여, 지역사회 지도자와 기자에게 소개했다.

첫해에 목련 특집에는 참가자의 56%가 아시아계였다. 꽃꽂이 참여율 중에 히스패닉과 남미계 출신의 참여율은 35%였으며, 난초에 대한 지역사회-집중 프로그램의 한국인 프로그램 참여율은 76%였다. 매년 프로그램 자료를 언어별로 번역하여 발행했다. 퀸스식물원은 다국어 광고회사 창립자를 영입한 후에 상담원과 함께 4개 국어로 방문객 설문조사를 시행했다. 그 결과 방문객의 75%가 자국에서 영어 외에 1개 국어를 구사하는 것으로 나타나 다양한 국적의 사람들에게 필요한 프로그램과 전시자료를 설계하는 데 있어서 문화적 시각과 어려움 그리고 기회가 중요함을 확인했다. 직원은 퀸스의 다양한 민족이 운영하는 마켓을 관람하고, 식물학에서 구비 설화와 식물에 관련된 문서, 다민족 자원봉사자 "앰배서더" 프로그램 그리고 달 축제와 새해, 디왈리, 미얀마 물 축제, 고인을 위한 날, 팬케이크와 등불 등의 행사를 공동 지원하는 등의 봉사계획을 지속해서 개발하고 있다.

정원에는 계획과 축하 행사와 관련하여 다양한 문화권의 사람을 참여시키고 건설 사업을 착수하기에 앞서, 대지를 기리기 위해 현인을 불태우는 의식을 진행하고자 미국 원주민을 초청하기도 했다. 한국 교포사회는 대규모 태극권 수련생을 위해 열린 정원 프로그램에 친선 그룹을 맺는 행사를 시작했다. 퀸스식물원에서 진행한 활동 덕분에 다양한 문화권 출신의 사람이 직접 정원의 진정성을 느끼고 나무와 의자를 직접 고르며, 회원으로 가입하고, 공공 프로그램을 통해 도움을 받고, 선출된 직원의 봉사자로 활약하며, 나아가 기반이 확고한 정원과 지역사회를 구축하는 데 도움을 줄 수 있다는 점에서 봉사 방식이 다양해졌다.

그림 14-2】 공공정원이 아름다우면 야외 활동을 하기에 완벽한 장소가 된다. 음악회와 극장 그리고 걸어 다니는 통역사가 입장객을 모으고 기존의 후원자를 만족시킨다. 펜실베이니아주 케네트 스퀘어에 위치한 롱우드가든의 로즈 아버에서 열리는 3회 공연 시간표가 제시되어 있다.

Longwood Garden/L. Albee

관인 분수대 옆에서 진행하는 대형 오케스트라 공연과 불꽃놀이 그리고 방문객과 상호교류하기 위해 복장을 갖춰 입은 예술가들이 퍼레이드 등의 행사를 오래전부터 기획하여 열고 있다.

많은 정원, 특히 예산이 적거나 다양한 문화권 사람이 거주하는 지역에 있는 정원들은 예술을 공유할 기회를 조건으로 프로그램을 저렴하거나 무료로 제공하는 지역 연주자와의 인맥에 중심을 두는 풀뿌리 접근법을 활용한다. 정원은 제대로 협력하고 공연자가 받게 될 수당은 얼마인지, 정원을 어떻게 개선할 것인지 그리고 어떤 음악으로 공연할지 답변해야 하는 문제 등에 대해 공연자에게 확실히 기대사항을 제시해야 한다. 이러한 방법을 활용하면 정원의 흥미로운 시설과 더불어 다른 기관에 있는 관람객과 연결할 수 있다.

예술가를 한 자리에 모으면 정원을 방문하지 않을 것 같던 사람까지 모을 수 있다. 그 결과 정원은 예술가가 보조금과 관련된 지원 요건을 충족하는 데 도움이 되는 최적의 장소가 된다. 주 및 지역 예술기관은 지역 예술가나 예술 발표자를 맺어주는 중요한 역할을 한다. 예술진흥기구 웹사이트에는 예술기관의 정보가 게시되어 있다. 다른 예술 발표자는 예술가의 비용을 분할상환하고 저렴한 공연료를 낼 수 있도록 팀을 구성하여 국내외 예술가를 소개하는 비율을 낮추고자 예약 또는 전송 컨소시엄을 일부 담당한다. 음악회 홍보 담당자나 지역 공연예술회관과 협력하여 새로운 방문객에게 정원을 소개하고 이를 통해 수입을 증진하는 데 도움이 된다. 검증된 매표업체도 유명한 행사를 진행하는 데 따르는 마케팅 부담을 줄이는 데 도움이 된다. 하지만 이들 업체가 공공정원 직원과 같은 수준으로 고객에게 서비스를 제공하지 않을 수 있다. 유명 예술가와 공연을 하면 직원과 물류 그리고 마케팅 관리에 있어서 상당한 노력이 필요하다. 티켓 가격에 정원 입장료를 포함시키고 방문객들이 일찍 도착하도록 안내하면 음악회 관객은 정원을 둘러볼 수 있게 될 것이다.

봉사 활동 차량 활용

많은 정원이 광고판을 이용해 프로그램을 지역 공동체로 전달하기 위해 봉사 활동 차량을 이용한다. 정원 기관명을 방문객에게 크게 눈에 띌 모든 기회를 활용해야 한다. 미국 자연사박물관에 있는 이동 박물관과 같이 미네소타 자연경관 수목원 식물경관이나 퀸스 식물원의 실내 전시용 차량이거나 작은 트럭에 장착된 전시용 차량이든 관계없이 기관명과 로고 그리고 눈길을 끌 수 있을 만한 그래픽이나 문구가 간판에 인쇄되어 있거나 자석으로 고정되어 있도록 한다.

일정이 상당히 중요하여 중복 예약이 되어 있지 않고 충분한

이동과 주차 시간이 설정되어 있어야한다. 차량 크기에 따라 특별 면허와 운전 기술이 필요하다. 차량을 가능한 한 효율적인 에너지원으로 활용함으로써 대중은 정원이 공지하는 것을 볼 수 있게 된다. 그리고 직원을 지정하여 차량을 적절하게 관리하고 최신 상태를 유지하도록 한다. 차량 사용을 추적하고 비용을 적절하게 사용하는 데 도움이 되는 차량 일지를 가지고 있어야 한다.

안내, 협력부서와 그 외

만약 일반 회원이 직원에게 연락할 경우, 다시 연락을 받을 방법을 찾아야 한다. 바로 이러한 문의 작업에 지역 공동체가 필요하다. 정원에 공식 직함을 부여한 안내 부서가 있든 없든 대부분 정원에는 발표자에 대한 요구가 존재한다. 체옌 식물원(Cheyenne Botanic Garden) 직원은 여성단체와 시민단체 그리고 서비스 관계자 모임과의 오찬에 참석하는 것을 정원의 봉사활동을 위해 가장 비용상 효과적이며 효율적인 방법으로 평가한다. 마찬가지로 콜로라도주 배일에 있는 베티 포드 알파인 정원에 식재된 작고 흥미로운 식물은 눈이 녹거나 눈이 내리는 한겨울 시기 사이에만 볼 수 있어서 봉사활동 프로그램이 더더욱 중요하다. 저명한 협력 확대 기관의 수석 정원사 프로그램과 연계하면 이 지역과 인근 지역의 식물군을 늘릴 수 있다.

안내실의 요청사항을 들어주는 일은 바닥이 없는 물독을 채우는 것과 같다. 무료로 프로그램을 제공해야 할 때도 있지만 항상 조직의 장기적인 재정 지속가능성을 생각해야 한다. 준비와 이전과 관련된 비용을 인지하는 적절한 비용 일정표를 제작해야 하며, 적절한 지도 자료도 확보해야 한다. 예를 들어 동물원과 지구과학센터가 있는 애리조나 소노라 사막 박물관에서 자원봉

그림 14-3】 차량이 광고판을 달고 다니고 있다! 정원 방문객에게 기관명이 크게 눈에 띌 모든 기회를 활용해야 한다.

Minnesota Landscape Arboretum

세계에서 온 연구 과학자들이 근무하고 있는 미주리식물원(MOBOT)은 인근에 있는 일리노이주 남서부를 도와 봉사활동의 지역적인 수준을 한 단계 도약시켰다. 미시시피강이 두 주를 물리적으로나 심리적인 경계로 나누고 있으므로 쇼 박사는 이러한 경계를 연결하고 일리노이주에 거주하는 중심부 주민의 25%를 대상으로 정원에 대해 더욱 많이 알도록 정원 동부 계획(Garden East Initiative)을 개발했다. 이 계획의 목적은 지역주의를 알리고 방문객과 회원 그리고 일리노이주에서 온 교육 프로그램 참가자 수를 늘리기 위함에 있다. 미주리식물원은 지역 분리라는 틀을 완화하고자 정원 창립자인 헨리 쇼 박사의 이름을 따서 명칭을 지었다. 핵심 운영 대표가 등장했고 계획을 선도하여 마음이 맞는 위원회 위원들을 찾아달라는 부탁을 받았다. 24명으로 구성된 위원회에는 대학 총장과 기업 및 지역사회 대표가 있으며, 정직원은 총관리자 역할을 했다. 회원과의 면담과 정기 회의를 통해 직원은 잠재적인 동반관계를 찾고 정원 프로그램과 작업에 지역 대표를 초청할 수 있다. 시장 분석 보고서에 따르면 핵심은 자원이 너무 분산되지 않도록 차량으로 15분에서 45분 거리 내에 있는 세 도시에 집중되어야 한다는 것을 확인했다. 처음에 미시시피강 미주리 지역에서 원활히 진행되었던 교사 전문 역량 개발, 지역 정원 그리고 양로원에서 진행된 원예치료 프로그램과 같은 전문 프로그램을 도입하여 실시했다.

직원들도 선호도를 통해 공원과 다른 위원회에 가입하여 참여했다. 미주리식물원이 승인하거나 "브랜드로 만든" 시그니처 정원(대표 정원, Signature Garden)이라는 개념이 만들어졌다. 이는 승인을 받은 미주리식물원처럼 일리노이주에 있는 정원과 같다. 현장의 회의 계획과 원예, 보수 및 관리, 공공 접근성 기준에 따라 승인 여부가 결정된다. 첫 번째 시그니처정원은 루이스 앤 클라크대학교에 자리 잡고 있다. 그다음으로 두 대학에 정원이 조성되었는데 각각 자체 예산으로 운영되며 매년 심사를 받는다. 미주리식물원은 계획에 보조금을 지급했고, 후원사는 특정 프로그램에 지원금을 제공했다. 대학 캠퍼스에 있는 아름다운 3개의 정원은 혁신적인 봉사 프로그램의 영구적인 유산으로 남게 될 것이다.

사자는 무료 안내실을 운영하며, 직원은 동물과 함께 진행되는 프레젠테이션 요청 업무를 담당한다.

특별한 요구를 하는 방문객 대처

상당수 정원은 건강 프로그램으로 지역사회에 알려져 있다. 미네소타 주립대의 소유인 미네소타 조경 수목원은 가정폭력 쉼터와 식습관 장애 치료소, 감옥, 화학물질 의존센터, 파킨슨병 및 알츠하이머 질환 보건소와의 협조를 통해 서비스가 필요한 사람에게 프로그램을 제공하고자 기존의 지역사회를 연결하는 특별한 일을 진행했다.

건강과 관련된 기관과 협력하는 정원의 확실한 부분은 일반적으로 이러한 프로그램은 서비스에 필요한 비용으로 운영되며, 고금에 대한 압박을 낮춰 프로그램의 장기적인 재정 지속가능성이 보장된다는 것이다.

식물과 정원에 중점을 맞춘 봉사 활동

많은 정원은 식물과 관련된 일을 처리하는 프로그램에 중점을 두지만, 다른 정원은 지역 공동체 내의 식물과 정원 그리고 관리자에 관한 업무를 처리한다. 생각해 볼 만한 식품에 관한 사례가 몇 가지 있다.

펜실베이니아주 피츠버그에 있는 핍스 온실식물원은 공공정원이 심도 있고 폭넓은 방식으로 봉사 활동 프로그램에 필요한 다양한 사항을 융합하는 작업을 진행했다. 그린 하트 프로젝트(Project Green Heart)는 수상 경력의 온실을 통해 수행된 사항으로, 세계에서 가장 친환경적인 온실로 평가받았고, 현지 지역사회와 묘목재배 농가에까지 확대되었다. 이 개념은 단순하다. 즉, 물과 영양소 그리고 해충 퇴치와 같은 자원이 거의 필요하지 않고 보수 유지도 덜 드는 식물 수요를 만드는 것이다. 매년 웹사이트에서는 지속할 수 있는 식물 10위 목록과 식물 사진 그리고 식물을 구매할 수 있는 묘포상의 정보를 제공하고 있다. 상위 10위권에 드는 식물을 정원에 심어 일련의 프로그램을 통해 가정집과 조경사에게 전달할 수 있다. 집주인은 이웃집의 잘 가꿔진 정원을 보면서 정원에 문의하여 기존의 정원 관리 방식을 바꾸기도 한다.

일대일 대면 방식이 가장 효과적인 소통방식이라는 것을 깨달은 모튼수목원은 전문기술과 일리노이주에서 급성장하는 지역 가운데 한 곳에 거주하는 시 의원과 주택자의 수요를 연결하기 위해 수목 봉사 프로그램을 마련했다. 활동 사항으로는 주택자 협회와 최고의 품종과 방식에 관한 정보를 교환하고, 수목을 공동 구매하고 식재하는 사업을 마련하고, 건설 프로젝트의 하나로 식목에 필요한 세부정보를 검토하고, 수목 해충 정보를 알려주어 돕고, 수목보존 입법 제정을 지지하는 일이었다.

원주민과 최근에 이주한 퀘벡 주민 간에 서로 이해하고 생각하는 격차가 크다는 사실을 파악한 몬트리올식물원(MBG)은 뉴

사례 연구 : 애니드 A. 하웁트 유리정원(ENID A. HAUPT GLASS GARDEN)

유리정원의 낸시 챔버스 국장

미국인 다섯 명 중의 한 명꼴로 청각, 신체, 심리 또는 인지 장애를 앓고 있다. 미국에서 가장 규모가 큰 소수 그룹이며, 이들은 집계되지 않았지만, 공공정원 봉사활동 혜택의 다수를 이룬다. 장애인이 필요한 서비스를 제공하는 데는 전문 원예 치료사의 기술과 훈련이 필요하다.

애니드 A. 하웁트 유리정원은 대규모 병원과 대학교 교육 단지의 일부로 1959년에 문을 연 뉴욕 중심부에 있는 작은 정원이다. 이 정원이 특별한 것은 일곱 명으로 구성된 전문가들이 전부 원예 치료사이기 때문이다. 이로 인해서 유리정원은 병동과 노소 구분 없이 모든 환자에게 치료 프로그램을 제공하고, 지역에서 특별한 도움이 필요한 사람들을 찾아가는 서비스를 제공할 수 있었다.

대표적인 예로 유리정원과 중증 장애우를 위해 P.S 811 뉴욕에 있는 고등학교와 협력한 사례이다. 학생 대부분은 언어능력이 없고, 옷을 입고 몸을 씻고 먹는 데 도움이 필요하다. 학교에서는 정규 교과과정의 하나로 이 학생들을 위한 맞춤형 과학 수업을 개설하지만, 유리정원 직원에게서 학생들이 광합성과 씨앗, 주거지 그리고 약용식물에 관해 직접 배울 수 있도록 했다. 애초 학교 당국은 수업 다섯 강좌만 계약했지만, 성공적인 결과로 75개 수업을 추가로 개설했다.

또한, 유리정원은 보통 수준의 심리 또는 인지적 장애가 있는 사람을 위한 직업 교육 프로그램을 개발했다. 여러 임상 및 행정부서에서 병원 전역에 식물을 관리하는 유리정원 직원에게 월급을 지급했다. 이러한 관리법을 통해 훈련받는 직원이 최근 뉴욕시에서 규모를 확장하고 있는 식물경관 산업에서 경쟁력 있는 일자리를 구할 수 있도록 한다. 이 훈련 프로그램은 미 국무부의 직업 재활부의 승인을 받아 학생을 위한 교육과 구직 지원금을 받는다.

원예치료 봉사 프로그램을 제공하여 새로운 토대와 지역 공동체 그룹을 연결하여 공공정원에 도움이 될 수 있다. 구체적으로 보면 새로운 보조금과 비용 공유 방식이 가능해졌고, 가족과 보호자와 특별 도움이 필요한 사람도 참여할 수 있게 되었으며, 직원이 새롭고 혁신적인 생각을 할 수 있고, 언론 보도와 파생된 결과물 그리고 특별한 사건에 맞는 기회를 제공하게 되었다.

그림 14-4】 원예치료 훈련 프로그램으로 인해 공공정원이 지역사회의 건강에 중요한 역할을 담당한다. 사진을 보면 뉴욕 러스크 연구소의 유리 정원에서 교육생이 식물경관 산업에 취업 문이 열리게 된 식물 관리법을 배우고 있다.
Glass Garden, Rusk Institute, NYU Medical Center

프랑스와 북아메리카 초기 39개국 간의 평화조약 체결 300주년 기념식에서 퍼스트 네이션스 가든 프로젝트(First Nations Garden project)를 개시했다. 몬트리올식물원은 퀘벡과 라브라도르 국가 의회에 본 프로젝트 초안을 제출했다. 의회 상원의원의 승인을 받아 원주민에게 설문지를 전달했고, 이어 인터뷰가 진행되었다. 원주민은 해석과 교육적인 주제 측면에서 정원에 심을 식물을 파악하는 데 도움을 주었고, 정원 건설 계획안에 관한 결정에 영향을 미쳤다. 식재작업을 완료한 후에 원주민 공연과 안내서, 발행물 그리고 포스터를 이용해 행사와 투어를 진행하여 방문객에게 원주민이 하는 정원 관리법과 식물 사용법을 배우도록 했다. 몬트리올식물원은 전통의학을 이용해 과학과 전통의학지식을 가르치고자 예비 프로그램을 개설하여 원주민과 작업을 계속 진행했다. 또한, 청년들에게 조언을 제공하고 고등교육의 참여율을 높이고자 기후변화와 툰드라에 관한 프로젝트에 이누이트족 학교를 참여시켰다. 모든 프로젝트는 지역 공동체를 기반으로 한, 참여형으로 진행되었다.

지역 공동체 정원 작업을 통한 봉사 활동

많은 공공정원의 본래 임무와 목적 내에서 공원의 자원을 공공 영역으로 확대하는 것과 관련된 목표가 있다. 커뮤니티 정원을 통해 이러한 목적을 달성하기 위한 공원의 영역을 확장하기 위한 기회가 있다.

유서 깊은 필라델피아 꽃박람회를 주관하고 필라델피아 지역의 500개 커뮤니티 정원을 지원하는 일을 담당하는 펜실베이니아원예학회(PHS)는 지역 교도소와 협력하여 죄수들에게 마케팅 기술을 가르치고, 영양가 있는 식품을 제대로 사들일 수 없는 사람들에게 식품을 직접 재배하는 기술을 가르쳐, 변화하는 기후 기금을 마련하고 있다. 뉴욕원예학회도 교도소 수감자들을 동원하고 지역 도서관과 협력하여 독서 정원과 독서 프로그램을 제작하는 눈부신 성과를 거두고 있다.

시카고식물원은 몇십 년간 지역 정원 사업에 참여하고 있으며 변화하는 사회적 요구를 맞추고자 프로그램을 개발했다. 정부보조금을 사용해 원예학적으로 중요한 정원 개선 계획 및 인력

사례 연구 : 자연적 동맹체로서의 지역 공동체 정원과 공공정원

엘렌 커비(Ellen Kirby)

대체로 지역의 이익을 위해 사람들이 모여 지역 공동체 정원(Community gardens)을 조성하고 관리한다. 지역 공동체 정원은 기관 정원과 달리 시민이 직접 설계하고 관리한다. 최근에 공공정원의 수가 대폭 증가했다.

지역 공동체 정원사는 쓰레기 더미의 부지를 인간과 식물이 살 수 있는 지역으로 탈바꿈시켰다. 이들은 사회적으로 교류하고 공동체 개발을 빠르게 진행하고, 신선하고 지역에서 재배한 식품을 원하는 소비자의 요구를 충족시키고, 야생동물과 지역에 자생하는 식물을 위한 서식지를 조성하며, 시비교육을 진행했다.

지역 공동체 정원에는 많은 종류가 있는데, 아래와 같이 유형과 기능이 혼합되기도 한다.

어린이와 청년을 위한 정원
시장 정원과 식품 은행 정원과 같은 식자재를 재배하는 정원
이웃의 미관 작업을 위한 정원
특정 민족/언어 집단이 만든 정원
명상과 휴식 그리고 즐기기 위한 정원
예술과 음악을 위한 정원
원예치료를 위한 정원
지속 가능한 작업이 가능한 정원

공공정원은 다음과 같은 분야에서 지역 공동체 정원과 동맹을 결성할 수 있다.

· 원예 자원 제공: 식물, 교육 및 수단
· 지역 공동체 정원 후원(가끔 현장에서)
· 단체와 회의 그리고 학회를 통해 네트워킹(인맥 형성)할 공간 제공
· 가지치기와 퇴비 제작 교육과 같은 강좌 개설
· 야생식물, 지역 자생식물과 감각 식물로 정원을 가꾸는 시범 정원을 마련
· 지역 공동체 정원에 관한 보도자료와 예상자료 제작
· 특별한 식목과 워크숍을 진행하는 데 보조할 직원과 자원봉사자 지명
· 지원금 지급에 관해 다른 기관과 협조

최근 몇 년간 많은 지역 공동체 정원이 예산(자원) 부족으로 인해 성과를 거두지 못했지만, 공공정원과 협조하면 성공 확률이 높아질 것이다. 공공정원의 경우에 원예학에서 공공정원으로 확장될 경우 혜택이 무궁무진하다. 지역 공동체 정원은 많은 사람에게 알려지지 않은 식물을 알려주는 첫 단추가 될 것이다. 공공정원과 지역 공동체 정원을 연계하면 상호 확인하고 봉사를 하는 데 도움이 된다.

그림 14-5】 시카고 웨스트사이드에 있는
노스 라운데일에서 진행된 시카고 식물원의
그린 청년 농사 프로그램에 참여한 두 명의 학생이
청년이 운영하는 도시 농장으로 성공적으로
정착되기 전 현장에서 찍은 사진.
Chicago Botanic Garden

과 "친환경 일자리" 창출은 물론 지역 식품 생산을 통해 지속할 수 있는 지역 공동체를 만드는 데 중점을 둔 계획을 진행했다. 활기찬 정원 작업으로 인해 개발 담당 부서는 지역 공동체의 요구와 보조금을 받을 기회를 확보하고자 보조금을 신청하고 미국 농업부와 미국 환경 보호기관, 박물관 도서 서비스 기관 그리고 토지관리부, 주 정부 및 지역정부단체, 기초단체, 기업 그리고 개인들과 같은 연방 보조금 지원기관과 협력하고 있다.

문제 중심의 계획과 협력의 장점

지난 몇십 년간 쓰레기 배출 감소와 영양가 있고 저렴한 음식 접근성, 수자원 보존, 지역 공동체 개발, 환경 행동주의와 같은 구체적인 문제를 해결하기 위한 비영리 기관이 폭발적으로 증가했다. 지역 공동체와 동반관계를 맺는 방식처럼 정원 계획을 통해 공공정원이 지역사회와 협력할 기회가 마련되어 비영리 단체와 정부 기관이 협력하여 정원의 규모를 확대하고 효과적인 방식으로 다른 자원과 결합할 수 있게 된다.

그림 14-6】 시카고식물원은 지역 보안관과 함께
쿡 카운티 부트 캠프 정원 가꾸기 프로그램을
진행하고 있다. 수감자들은 교도소 내 식사와
지역 식품 저장고로 공급될 유기농 채소를
직접 재배하고 관리하고 수확하는 방법을 배운다.
이 프로젝트는 윈디 시티 수확(Windy City Harvest)
과 정원 인력 교육 및 도시 농업 생산 프로그램의
하나로 진행된다.
Chicago Botanic Garden

폐기물 감소

뉴욕에 있는 공공정원은 대표적으로 브루클린식물원, 뉴욕식물원, 퀸스식물원 그리고 스태튼 아일랜드 식물원이 있다. 전부 1990년대 중반 뉴욕시 위생부가 시행한 뉴욕시 전역 시비 프로그램을 만들면서 봉사 프로그램이 시행된 덕분에 크게 성장했다. 이 계획을 활용해 사람들과 소통을 잘 하기로 알려진 기관과 함께 시 당국이 쓰레기양을 줄이는 데 성공했다. 이러한 정원은 퇴비화와 쓰레기 배출 줄이기, 나무 관리 그리고 친환경적인 정원 관리법과 같은 더 강화된 봉사 활동 프로그램을 개발했다. 뉴욕시 시비 프로젝트는 대규모의 협동 작업의 위력을 보여준다.

식품

텍사스주 휴스턴에 있는 어반 하베스트(Urban Harvest)는 20년 이상 사람들에게 집 근처에서 영양이 있는 식품을 직접 재배하는 법을 가르쳐 기근 문제를 해결하는 데 역점을 두었다. 이 기관에서는 공통된 요청이 많은 것을 파악하여 청년 교육과 권한을 부여하고 공원과 공공장소에서 농가 직거래 장터를 열어 프로그램을 지원하여 지역 공동체를 개발하는 매개 역할을 했다.

공공정원은 아니지만 성인 교육과 공동체 정원사 교육, 구체적으로 리더십 개발과 자원봉사자 관리 기금 모집과 같은 중요한 원예학과는 무관한 기술 교육 등의 상당수 같은 서비스를 제공한다. 도시 농업 프로그램을 통해 기초단체와 기업, 정부 그리고 언론의 주목을 받아 공공정원이 봉사라는 목적을 달성하는 데 도움을 받을 수 있다.

물

샌디에이고에 있는 수자원 보호정원(Water Conservation Garden, WCG)이 담당하는 일은 "캘리포니아 남부 지역의 물을 보전"하는 것이다. 이곳은 지역에서 발생하는 가뭄을 해결하기 위한 수자원 기관이 처음 정원을 운영하기 시작했으며, 주요 재정 지원기관이다. 물 소비량을 줄이고자 수자원 규정과 벌금을 변경하지 않고 교육을 통해 정원에 대한 벌금을 부과하는 방식을 택했다. 정원 직원은 주민을 접촉한 결과 첫 번째 질문이 "내 집 잔디를 어떻게 깎습니까?"와 두 번째 질문이 "그다음에 무엇을 합니까?"라는 것을 알았다. 이에 두 질문의 예시가 될 정원 프로그램인 "토스 더 터프"와 "H2O 911"을 제작했다. WCG 관계자는 가능한 모든 공지할 기회에 수자원 기관의 연락망에 정보를 배포하는 일을 담당한다. 매년 정원을 방문하는 비율이 50% 증가했으며, 정원을 방문한 후에 지역 경관도 달라졌다.

그림 14-7] 다른 방식으로 사람과 식물을 연결하는 비영리 단체인 어반 하베스트의 목적은 사람들에게 식물과 지역에서 생산되는 식품의 가치를 조기에 알리는 것이다. 사진은 아이들과 강사가 교실 밖에 있는 연못을 바라보고 있다.
Bob Randall, Ph.D.

지역 공동체 발전

시카고 가필드 공원 대형유리온실 연맹은 프렌즈 오브 파크 (Freinds of Park)와 시카고 공원 구역과 같은 여러 비정부 단체가 모여 조직했다. 시카고 서부를 재개발하기 위한 계획이 진행되고 있었을 때 이 보전 연맹은 지역 공동체 개발로 주민들을 돕는 데 주력하는 국립 비영리 단체인 지역 계획 지원 동맹체의 명실상부한 파트너였다. 가필드 공원 보전을 복구하는 것이 핵심이었다. 시카고시는 미국을 강타하기 시작한 친환경 개발 물결의 선두주자였다. 토지와 주택 개발자에게 재활용 재료와 환경에 민감한 물 관리법을 시행하도록 다양한 인센티브를 제공하고 있었다. 덕분에 "환경 인식"이 자리를 잡게 되었다. 이 연맹체는 대규모 계획에 결과적으로 더 많은 사람이 참여하고 다른 지역에 정원이 조성되어 일대를 획기적으로 바꾼 참여형 모델이 된 지역 공동체 시범 정원을 조성하고 관리하는 주역이 되었다. 다양한 파트너사가 청소년 위원회와 손을 잡고 영업과 인력 개발에 필요한 훈련 프로그램을 개발했다. 평가를 마친 후에 원활하게 작동했던 요인을 계속 활용했고, 실패한 요인을 제거했다. 가필드 공원 보전 복원 작업을 통해 공공정원이 사회와 공동체의 요구를 충족하는 역할을 할 수 있음을 확인했다.

대회와 수상

학교 과학전과 공장협회에서 주관하는 행사 그리고 농업 박람회는 지원 도구로 대회와 수상대회를 활용하기 위한 대표적인 사례이다. 대회에는 사회경제, 문화 그리고 지리적 배경이 다양한 사람들이 참가하여 기량을 뽐낸다. 만약 대회가 자세하면서도 공정하게 진행될 때 이 대회는 공공정원 서비스를 많은 사람에게 알릴 수 있는 가장 효과적인 방법의 하나가 된다. 애리조나 수자원부는 사람들에게 지역 및 저수위 식물과 방법을 경관에 통합하는 사람들에게 알리는 연례 세티스케입(Xeriscape) 대회를 지원하고자 투선식물원(Tucson Botanical Gardens)과 협력했다. 캘리포니아 경관 친화대회는 물을 효율적으로 활용하는 정원에 상을 수여하고자 하는 목적에서 수자원 지역에서 먼저 시작되었다.

봉사 프로그램 계획

일부 공공정원은 봉사를 전문으로 담당하는 독립 부서가 있지만, 다른 정원은 봉사 부문에 교육, 공공 프로그램, 마케팅 또는 회원 부서가 포함되어 있다. 회계와 세법에 따라 "행정적이자 일

그림 14-8】 공공정원의 진입 지점은 방문객에게 정보를 얻기 위한 최적의 장소이다. 사진은 캘리포니아주 샌디에이고에 있는 수자원 보호정원 (WCG)에 가는 사람들은 물을 절약하는 식물과 방법 그리고 경관을 배운다.

Helix Water District

그림 14-9] 풀턴 정원(Fulton Garden)은 가필드 파크 온실연합회에서 관리하는 지역 정원 중 한 곳이다. 이 사진을 보면 정원사가 작품 결과에 만족하며 관리방법을 공유한다.

Garfield Park Conservatory Alliance

브루클린 대회에서의 친환경 블록

베고니아보다 베이글로 더 유명한 지역에서 뉴욕시를 개선하기 위해 시민에게 참여를 독려하는 목적으로 브루클린식물원(BBG)은 1994년에 브루클린에서 진행하는 친환경 지역 대회를 개최했다. 식물원은 참여를 독려하기 위해 다양한 수단과 기술을 활용하였다. 가령 저렴한 가격에 윈도우박스 키트를 제공하거나 참가자에게 도구와 재료를 무료로 제공하거나 좋은 식물 관리와 정원 가꾸기 기법을 시범으로 보여주고자 인접한 곳에 있는 진료소를 확보하고, 지역 블록을 확보하기 위한 기자회견 개최와 퀸스식물원 웹사이트에 우승자의 사진을 게시하고 수상식에서 현금 수여와 우승자의 서명 게시, 우승한 정원의 엽서를 출력하는 것이다.

평가단은 지역 원예기관과 지역 단체에서 선발한다. 대회는 브루클린 구와 지역 기초단체, 브루클린식물원이 지원하며, 세 기관의 명칭과 로고가 함께 제시된다. 대회는 라디오와 텔레비전 방송국에서 주요하게 다뤄졌으며, 후원 관계자와 정원 관리사를 인터뷰 하도록 했다.

게재된 기사는 후원자와 다른 관계자가 보게 되어 지역 공동체는 자부심으로 브루클린식물원과의 관계가 확고해졌다. 브루클린에 있는 아름답고 잘 관리된 많은 정원 외에 브루클린식물원의 지역별 회원 수가 폭발적으로 증가하여, 참여율도 상승했다. 그 결과 대회에 점포, 상업 및 지역 공동체 정원관련 단체의 참여율이 늘었다.

그림 14-10] 브루클린식물원의 친환경 블록 대회 덕분에 정원을 보기 위해 플랫부시(Flatbush)와 브루클린을 찾는 반더비어 (Vanderveer) 주민이 폭발적으로 늘었다. 최고의 윈도우 박스부터 최고의 점포 앞 정원에 이르는 다양한 영역과 아름다운 지역에 많은 시상품 등으로 참여도 면에서 눈에 띄게 증가했다.

Photo courtesy of GreenBridge/BBG

반적인" 부문으로 볼 수 있는 프로그램상 마케팅으로 정의되는 봉사 중에서 미세한 차이가 있다.

봉사활동이 기관에서 어떤 위치에 있든 꼼꼼하게 계획되면 기반이 확고해지며 높은 성과를 창출할 수 있다. 봉사계획에서는 어떤 프로그램을 계획하든 같은 원칙과 방법을 이용한다. 즉, 목표를 기술하고, 자금 모집과 마케팅 전문인 중요한 참가자와 잠재적 파트너사를 확인하여 프로젝트 제작과 진행 그리고 평가에 참여시킨다.

목표를 구체적으로 설정

해결해야 할 문제는 무엇인가? 대상 공동체는 무엇인가? 두 질문을 파악하면 목표를 기술하는 데 도움이 된다. 문제들을 살펴보면서 답변을 구체화한다. 정원을 가보는 사람과 프로그램에 등록하는 사람들은 다른가? 정원, 정문 바로밖에 있는 지역에 사는 사람들이 정원을 방문하는가? 이웃 주의 인구 통계적 구성비율이 바뀌었는가? 목표를 달성하는 데 도움이 되는 정부 계획안이 있는가? 정원을 통해 지역에 거주하는 주민이나 특정한 지역의 주민들을 유입시키는가? 등 일반적인 특징을 살펴보도록 하자.

파트너십 구축

파트너십을 구축하고자 가장 먼저 하는 일은 대상인 지역 공동체에 있는 주민에게 도움을 주는 단체가 있는지 확인하는 것이다. 성공적으로 파트너십을 맺으려면 대상 집단의 사람들이 요건을 전부 충족해야 한다는 사실을 확신시키는 것이 중요하다. 파트너십을 맺으면 직접 계획에 대해 각 기관의 가장 확고한 요소를 확립할 수 있다. 정원에는 부동산과 식물 채집 그리고 교육 기법이 있다. 반면 다른 파트너사는 대상 지역 공동체와 더불어 지역 공동체를 지원하는 언론과 사회단체에 접근하기 수월하다.

베이스라인 정보 구축

정원을 방문하지 않은 사람이나 서비스를 이용하지 않은 사람을 파악하는 것이 가장 중요하다. 성공 여부를 판단하려면 다음에 비교하는 데 좋은 정보를 수집하여 기준선 자료를 구축해야 한다. 예를 들어 목적이 정원 방문객 구성을 다양하게 하는 것이라면 처음부터 문화적 구성분포 표본을 선정해야 한다. 만약 회원권을 구축하는 것이 목적이라면 현재 정원 회원 수부터 파악해야 한다. 만약 다른 지역에서 온 사람을 모으는 것이 목적이라면 프로젝트 초반에 방문객에게 우편 주소를 물어보고 마지막에

설문조사를 해야 한다. 매년 주요 정보를 보관하여 나중에 분석 기초자료로 사용할 수 있다. 기부금과 회원권, 사은품 판매 그리고 주차 영수증의 변화와 같은 관련 정보는 새로운 고객층을 끌어모으는 데 미치는 정원의 영향을 부수적으로 측정하는 정보이다. 간단한 스프레드시트를 정리하여 정보를 정리하고 패턴을 파악하기 쉽다.

진입점: 장벽 및 기회

입장료는 진입 장벽이자 방문객의 정보를 얻을 기회이기도 하다. 일부 공공정원에서는 입장료를 금지하고 있지만, 다른 정원에서는 입장 구간이 여러 곳이 있어서 입장료를 받는 것이 효율적이지 못하거나 재정상 실시하기 어렵다. 그러나 진입점을 통해 정보를 얻을 수 있는 최적의 장소와 누가 방문하는지 그리고 왜 방문하는지에 관한 정보가 제시된다. 이러한 정보는 직원과 마케팅 자원을 활용하는 방법을 일목요연하게 정리하여 쉽게 파악할 수 있고, 방문객을 참가자와 기부자로 바꾸기 위한 전략을 수립하는 데 유용하다.

정원에서 입장료를 받거나 무료에서 유료로 전환할 때 봉사 프로그램을 시행할 당위성이 커진다. 프로그램과 다른 서비스를 통해서 사람들이 정원을 통해 얻을 수 있는 가치에 주목하고 정원에 입장하고 시간이 지나면 다시 정원 밖으로 나오게 된다.

| 방문객 설문조사

방문객 설문조사를 통해 방문객의 인구통계정보와 사이코그래픽스에 관한 정보를 얻을 수 있다. 인구통계 정보는 나이, 성별, 민족 및 문화 출신 배경, 가족원, 거주지, 교육 및 소득 수준, 구사 언어 등의 개인정보를 제시한다. 사이코그래픽스 정보는 방문 동기와 생활습관 선택사항 등의 심리적 변수와 관련되어 있다. 방문객 설문조사는 목표 대상에 도달하기 위한 정원 전략은 효과적이거나 수정해야 하는 점을 확인하는 데 쓰인다. 설문조사는 가장 효과적인 부문에 지원과 마케팅 비용을 투자하면 되는지를 파악하는 데 도움이 된다(가령, 많은 참가자가 참가자 인원보다 많은 결과물을 창출할 것으로 예상하는 지역에 메일을 전달). 결과에 대한 요구와 보고사항을 전달하는 능력은 자금 봉사자와 선출된 관계자 그리고 지역 대표를 양성하고 이들에게 보고할 때 특히 중요하다.

입구 설문조사는 방문객의 기본적인 신상정보와 기관에 대해 방문객이 알고 있는지에 대해 얻는 조사다. 출구 조사는 정원과 프로그램 그리고 편의시설(식당, 화장실, 주차장)에 대해 방문객의 경험과 만족도를 파악하기 위해 시행되었다. 방문객 설문조

사를 통해 방문할 때 정원의 경쟁사와 방문객이 선호하는 홍보물(출력물, 전자, 라디오, 영상)과 교통수단이 무엇인지 파악한다. 일부 설문지에는 열린 결말 형식의 질문이 포함되어 있다. 입구에서 인원을 집계하는 프로그램이 없는 정원의 경우에 같은 방식의 하나로 방문객 수를 집계할 수 있다.

경험이 많은 관객 연구 컨설턴트와 함께 작업하는 것도 도움이 된다. 컨설턴트는 전문 기관과 시작 또는 관객 연구 전문회사처럼 방법을 제시할 수 있다. 나중에 계약을 체결하는 컨설턴트는 자금을 모집하는 제안서에서 가장 중요한 필요성을 파악하고 기술하는 데 적극적으로 도움을 준다. 경영, 관광 및 마케팅 전공 교수는 학생들에게 필요한 프로젝트를 발굴하고 설문조사를 설계하고 진행하는 데 적극적으로 돕는다. 점차 많은 정원 관계자들은 피드백과 제안사항을 받고자 행사를 진행한 후 이메일 설문조사법을 활용하고 있다. 이러한 방법은 일반 시민들을 대상으로 진행된다.

일부 컨설턴트는 설문지 초안 작성부터 결과를 도식화하고 보고서를 작성하기 위한 자료수집을 하기 위해 사람들을 구하고 교육하는 등의 프로젝트 전반을 진행하게 된다. 일부 컨설턴트는 일을 분담하여 설문지 초안을 작성하고, 표로 도식화하고, 계획하고 결과를 파악하는 일을 전담하는 반면, 정원을 통해 직원과 자원봉사자를 설문조사에 참여시킬 수 있도록 한다. 정보를 얻을 수 있는 다른 경제적인 방법으로는 상무부와 문화기관 그리고 관광기관 등의 기타 기관에 설문조사에 정원에 관한 질문 몇 가지를 포함해 달라고 요청하는 것이다.

일반적으로 대면 설문조사를 하면 가장 포괄적이고 객관적인 결과를 얻을 수 있다. 한편 우편이나 전화, 전자메일 또는 온라인 설문조사를 하면 회원권 연구나 시장 연구를 통해 앞으로 확보할 수 있는 고객에 다가가는 방법 등의 구체적인 프로젝트를 생각하는 데 도움이 된다.

봉사 자금지원

봉사계획에 대해 자금지원을 하려면 창의성만큼이나 자금지원 프로그램이 필요하다. 재단은 변화시키거나 지역사회의 다양한 부문에 참여하지 않는 사람을 지원하는 유사한 과제를 갖추

성공적인 방문객 설문조사를 위한 TIP

- 알고 싶은 내용을 정해야 한다. 확실하지 않으면 다음과 같은 기본 질문으로 시작하면 된다.

  방문객은 누구인가?(나이, 성별, 소득, 교육)
  방문단은 어떻게 구성되는가?
  방문객들은 어디에 거주하는가?
  사람들이 방문하기로 한 이유는 무엇인가?
  사람들이 방문하는 횟수는?
  방문객들도 기관 회원들인가?
  방문객들이 방문한 결과 얼마나 만족했는가?
  방문객들이 정원에 대해 어떻게 알게 되었는가?

- 빨리 얻고 쉽게 계획할 수 있는 우편번호 정보를 항상 수집해야 한다.
- 최고의 결과를 위해 조사결과를 한 장에 양면으로 제시해야 한다.
- 질문을 명확하게 만들어야 한다.
- 기간을 포함하고 체크박스를 넣으면 도움이 된다. 가령 "작년에 1~2번 방문했습니까? 아니면 3~6번 방문했습니까? 아니면 6번 이상 방문했습니까?"
- 보고서를 마무리하기 전에 설문조사를 점검한다.
- 확실한 표본을 얻는다. 질문이 많으면 더 완벽한 설문지가 필요하다.

- 통계적으로 유의한 설문조사를 진행해야 한다면 전문가에게 완성된 설문지가 얼마나 필요한지 자문해야 한다. 전문가는 상호 표 분석을 할 때 최소 셀 당 50개의 질문에 답변해야 한다고 말한다.
- 만약 기본적인 정보를 제공하는 정보가 필요하다면 정보를 직접 얻을 수 있는 확실하고 객관적인 표본이 될 만한 것을 선택한다.
- 계절과 날씨가 크게 작용한다는 걸 파악해야 한다. 모든 요일에 자료를 수집한다.
- 설문조사를 진행하는 데 도와줄 자원봉사자들을 모집하고 교육한다.
- 직접 여분의 클립보드를 가져와 필기구로 작성한다.
- 표본을 얻고 실험상의 편견을 제외하기 위한 계획을 수립한다. 가령 조사원들에게 몇 번째 사람(가령 5번째)을 표본으로 지정하도록 가르친다.
- 설문조사를 끝내기 위해 집단의 성인에게 의사결정을 하도록 한다.
- 간단하게 감사하다는 표현을 넣으면 사람들이 설문조사에 많이 참여하게 된다. 간혹 사은품(연필)을 주기도 한다.
- 문화적 민감성을 고려해야 한다.
- 설문조사는 익명으로 진행되며, 소득에 관한 질문일 때 특히 익명에 가깝게 진행된다는 것을 응답자들에게 전달해야 한다.

고 있다. 이를 통해 지역사회에 정원이 필요하다는 사례를 마련할 좋은 기회가 된다. 기업은 자체적으로 영업하는 지역에 후원금을 제공할 수 있지만, 프로젝트나 지역, 전국적인 규모가 아니라면 기업의 본부를 정면 돌파하기보다는 지역 기업에 접근하는 것이 훨씬 수월하다. 선출된 관리자가 가능성 있는 기회를 찾고 예산을 분배하는 데 심혈을 기울인다. 연방 정부와 주 정부 그리고 지방정부는 다양한 문제를 해결하는 데 필요한 프로그램이 있으며 거대한 사회적 목표를 실현하는 데 도움을 줄 수 있는 관계자에게 자금을 제공한다. 중요한 점은 자금이 필요한 관계자는 투자를 통해 의미 있는 결과를 얻을 수 있다는 것을 증명해야 한다는 것이다.

봉사란 지역 공동체에 관한 일로 좋은 목적의 일을 하고자 하는 사람과 협력하기 위한 기관에 많은 기회를 제공한다. 모든 프로그램이나 계획에는 시작과 끝이 있기 마련이다. 계획을 통해 다른 계획으로 진행될 수 있도록 해야 한다. 기부금에 의존해서는 안 된다. 사회적 요구와 자금을 통해 운영될 수 있는 프로그램을 마련해야 한다. 이것이 바로 진정한 지속 가능한 길이다.

성공 평가

결과를 평가할 때 주의해야 할 점은 피드백 대부분이 이야기로 정량화하기 어려운 일상 대화라는 것이다. 결과가 판매된 품목과 수익을 숫자로 산출하는 업무와 달리 공공정원의 결과와 혜택은 무형이며, 개선된 삶의 질과 관련이 있다. 그렇지만 하드 데이터만으로는 어려워, 존중이 필요하여 인정을 받고자 한다. 출간물을 통해 이야기를 공유하고 인정받는다는 사실을 기념한다. 정원 웹사이트에 멋진 사진이나 이야기를 게시하여 정원 계획을 단순히 행사나 프로그램에 그치는 것이 아니라 봉사 혜택을 더 확대하는 역할을 한다.

봉사활동의 장점은 다양한 방식으로 나타난다. 봉사활동은 지역사회에 보다 강력한 기반을 구축하는 데 도움이 될 수 있다.(변화를 이끌어내고 정원에 대한 선의와 존중을 일깨움으로써) 기관 내에서(업무를 확인하고 언론의 관심과 재정 지원을 제공함으로써). 봉사활동은 더 확실한 정보를 제공하는 구역이 됨으로써 모두에게 혜택을 주게 된다.

요약

이 장에서 봉사활동을 하는 이유를 살펴보았다. 첫 번째 이유는 사람들이 이용할 수 없는 장벽을 허물어야 하기 때문이다. 사람들이 봉사 혜택을 받을 수 있도록 필요한 다양한 기법에 대해

언급했으며, 성공하고 실패하지 않는 다양한 사례를 제시했다.

마지막으로 봉사활동을 시작하는 방향과 중요한 구성에 세부 정보를 제시했다. 봉사를 통해 지역 공동체 내에서 공공정원의 역할이 더욱 강화되어 급변하는 세상에 공공정원의 연관성과 지속가능성이 더욱 확고해질 것이다.

참고 문헌

American Association of Museums(aam-us.org) has many resources, including a Museum Marketplace page for finding visitor survey consultants and a Committee on Audience Research and Evaluation.

American Community Gardening Association (communitygarden.org).

American Horticultural Therapy Association(ahta.org).

American Public Gardens Association(publicgardens.org) is also known by its previous name, American Association of Botanical Gardens and Arboreta. *The Public Garden,* its journal, is an excellent source for information on gardens, programs, services, and outreach activities.

Association of Performing Arts Presenters(artspresenters.org) has a listing of state arts agencies on its website.

ESRI Press. 2009. *Source book of county demographics.* Redlands, Calif.: ESRI Press. Regularly updated information book.

Kirby, E., and E. Peters. 2008. *Community gardening.* Brooklyn Botanic Garden All-Region Guides, Handbook #190. Brooklyn: Brooklyn Botanic Garden.

Regional arts organizations and foundations, including:

The Southern Arts Federation(southarts.org)

Arts Midwest(artsmidwest.org)

Western Arts Alliance(westarts.org)

New England Foundation for the Arts(nefa.org)

Mid Atlantic Arts Foundation(midatlanticarts.org)

Relf, D., ed. 1992. *Role of horticulture in human well-being and social development.* Portland, Ore.: Timber Press. A comprehensive collection of papers related to human issues in horticulture.

Rothert, G. 1994. *Enabling garden.* Dallas, Tex.: Taylor Publishing. Describes how to garden with disabilities.

Simson, S., and M. Straus, eds. 1998. *Horticulture as therapy: Principles and practice.* Binghamton, N.Y.: Haworth Press. A complete textbook on horticultural therapy including history and program implementation.

USDA(United States Department of Agriculture) Cooperative

Extension System(csrees.usda.gov/Extension, ahs.org/master_gardeners). The extension system is a nationwide educational network in the United States. Each state and territory has an office at its land grant university as well as a network of local offices. The Master Gardener Program, conducted throughout the United States and Canada, trains avid gardeners to become leaders in sharing information within the community.

CHAPTER 15

Formal Education for Students, Teachers, and Youth at Public Gardens
학생, 교사, 청소년층을 위한 정규 교육

PATSY BENVENISTE AND JENNIFER SCHWARZ-BALLARD
팻시 벤베니스트 / 제니퍼 슈바르츠 발라드

서론

과연 정원이 교육의 장소이어야 하는가에 관한 질문에 대하여 창세기에는 다음과 같이 명확한 답변이 적혀 있다. "선악 나무(Tree of knowledge)의 열매를 먹지 마라!"

아담과 이브가 불복종으로 겪었던 가혹한 벌에도 불구하고, 지난 역사를 통틀어 정원은 즐거움, 아름다움, 건강을 위해 그리고 인간이 자연과 그 안에서의 인간의 위치를 더 잘 이해하고 공유하는 중대한 수단이 되어왔다.

유럽에서 식물원들이 학생들의 정규 교육을 위한 중심지로 등장한 시기는 16세기 말경이었다. 저명한 미국의 조경학자이자 정원 역사가인 미셸 코난(Michel Conan)은 식물원의 부흥을 '본질에서 현대적인 현상, 과학 혁명의 절묘한 부산물, 학계와 과학계의 탄생을 목격하는 과정'으로 묘사한다. 코난은 기존에 확립된 학술적 제도와 연관하여 정원들이 현대 과학에 대한 의식 발달을 촉진했다는 점에 주목하였다. 그 과정에서 코난은 "자신의 지식을 제자들과 공유하고 이 연구를 동료들의 연구와 대조, 가늠하여 "더 많은 장소에서 더 많은 동료와"[molti amichi

---

핵심 용어 ▼

민간참여: 정치적 또는 비정치적 과정을 통해 커뮤니티 내 삶의 질 개선을 위한 개인적 소임을 다하기.

생태이해력: 생태계와 인간이 상호작용하는 방식에 대해 비판적, 통합적으로 사유하기 위한 지식, 능력, 동기 등.

환경교육: 자연계의 구조, 기능, 연관성과 인류가 어떻게 행동하면 생태계를 온전히 잘 유지할 수 있을지에 대해 가르치려는 체계화된 노력.

체험학습: 직접적인 체험으로부터 의미를 만들어내는 과정, 실천에 의한 학습을 뜻함.

정규교육: 안내된 활동 및 특정 학습 목적을 가진 체계화되고 유도된 교육적 경험을 통해 제공되는 학습.

탐구 기반학습: 자연계 혹은 물질계를 탐구하는 방식으로 어떤 주제에 관해 질문하기, 탐구하기, 발견하기로 연결되는 학습방식.

도덕성 발달: 어린이들이 예시, 직접적 교습, 사회적 상호작용을 통해

살아있는 다른 생명체들에 대한 책임 있는 태도와 행동을 발달시키는 과정.

식물 기반학습: 다양한 학과들 내, 또는 다양한 학과들을 아우르는 통합적 교육의 기반으로 자연계, 특히 식물의 생물학을 이용하는 학습.

프로젝트 기반학습: 학습자의 적극적인 참여와 문제 해결을 해야 하는 이슈 또는 프로젝트를 중심으로 구성된 학습.

표준/기준 정렬: 국가의 과학교육 혹은 지역(state)의 학문적 표준/기준마다 부여된 정규 과목의 요건과 주어진 교육 프로그램 간에 깊이와 내용 면에서의 유사성.

학생-주도적 학습: 학습자가 스스로 설계하고 주도하는 학습 활동.

지속 가능한 교육: 삶의 선택과 행동들이 어떻게 미래 세대를 위한 지구의 자원, 생물 다양성, 생태계를 보전하는 데 도움을 줄 수 있는지 가르치는 교육.

in molti luoghi] 연계하고자 하는 마음이 들었다"라고 했다.(Conan, 2005).

400년이 지난 지금, 현대의 공공정원들은 선조들이 일반적 관행으로 확립하도록 도움을 준 핵심적인 학습 전략들 즉, 학생들의 직접적 관찰, 묘사, 입증, 질문, 실험을 포함한 실험적 학습 방법과 과학 혁명의 혜택을 누리고 있다.

일반적으로 전 세계 선진국과 개발도상국 모두에서 교육은 공공정원의 주요한 제도적 미션으로 여겨진다. 하지만 교육학적으로 건전하고, 발달적 차원에서 적절하며, 전문적으로 가르치는 프로그램을 통해 아이들, 청소년, 교사들에게 제공되는 교육은 정원마다 매우 다르다. 이들을 위한 탄탄한 교육 프로그램을 뒷받침하는 데에 필요한 자원과 전문성은 매우 중요한 부분이지만 소규모로 운영되는 기관들에는 벅찬 부분일 수 있다.

이 장은 비용 문제에도 불구하고 공공정원에 의해 운영되는 탄탄한 pre K-12 교육에 대한 설득력 있는 논거를 조사하는 것을 목표로 한다. 또한, 더 좋은 교육 프로그램의 확립과 유지를 위해 널리 인정받고 있는 기준을 제시하며, 공공정원 교육에 있어 실천되고 있는 가장 좋은 교육방식들의 사례를 독자들과 공유하는 것이다. 이 장에서, 정규교육이란 용어는 학교의 교실 안에서 몇 주 또는 몇 달간 이루어지는 교육지도를 의미하는 것이 아니라, 그보다는 정원에서 이루어지는 수업 및 활동의 의미로, 자격을 갖춘 교사의 지도로 아이들과 교사가 체계적인 방식으로 모여 연관된 교과과정 및 교재들로 교육 목표들을 정의하고, 평가와 재현하는 것을 의미한다.

이론적 해석

공적 의무를 지닌 모든 박물관이 그러하듯, 정규교육 프로그램들은 공공정원이 다음의 사항을 수행하기 위한 주요 수단으로 여겨진다.

• 공공정원의 철학, 가치, 미래의 방향 제시
• 더욱 큰 지식 공동체와의 깊이 있는 소통
• 변화를 일으킴

사실과 데이터에 숙달하는 것만을 강조하는 전통적인 교육의 인지-결과 모델(cognitive-outcome model)은 공공정원이 미션을 수행하고, 방문객의 요구를 충족하며, 공익을 추구하는 방식의 한 단면일 뿐이다. 정원이 이런 업무들을 완수하는 데에 매우 적합하고, 우리의 미래에 아주 필수적인 부분으로 여겨지기 때문에 교육 부문에 의욕적인 공공정원은 어린이와 청소년의 도덕적 감성, 생태이해력, 민간 참여도를 발달시키는 데 도움을 주

는 프로그램에 특별히 노력을 기울이고 있다.

도덕성 발달

도덕성 발달이란 한 개인이 개인의 복지, 권리, 공정한 대우를 인식하기 위한 감성, 개념, 태도, 행동을 습득하는 과정이며 (Nucci, 1997) 다시 말해, 성숙한 개인들이 윤리적으로 서로 간이나 공동체에서 환경과 윤리적으로 상호작용하도록 하는 규칙들을 말한다. 도덕적 발달의 중요한 요소 중 하나는 공감이다. 공공정원의 정규교육은 새롭고 매력적인 삶과 만나는 의미 있고 기억에 남을 순간들을 통해 어린이의 공감 능력을 개발하는 체계적인 포맷을 제공한다. 식물과 서식지에 대한 아이들의 경험, 인솔자의 안내로 이루어지는 활동, 주변 사람들의 행동을 통해, 아이들은 살아있는 다른 생명체를 돌보는 풍조와 생명에 대한 존중 및 책임감을 보고 접하게 된다. 정원이라는 렌즈를 통해, 그들은 규칙이 행동을 어떻게 이끄는지, 특정 행동이 개인과 공동체에 긍정적 영향과 부정적 영향 모두를 줄 수 있다는 점, 그리고 행동을 이끄는 선의 보편적 기준이 존재한다는 점 등을 관찰할 수 있다.

생태이해력

자연수집물 소장기관(natural collection institutions) 중 공공정원은 방문객이 생태이해력을 갖추도록 도움을 줄 준비가 가장 잘 되어있다. 이는 어린이, 학생, 교사에 대한 교육에서 가장 우선시 된다. 과학자이자 저자이고 캘리포니아의 버클리에 있는 생태이해력 센터(Center for Ecoliteracy)의 설립자인 프리트조프 카프라(Fritjof Capra)는 다음과 같이 말했다.

> 지속 가능한 공동체를 구축하고 양성하기 위한 노력의 첫 단계는 생태계가 생물망(web of life)을 유지하기 위해 만든 체계의 원칙을 이해하는 것이다. 이에 대한 이해가 바로 우리가 생태이해력(ecoliteratcy)이라고 부르는 것이다. 이런 생태적 지식을 가르치는 것은 다음 세기 교육의 가장 중요한 역할이 될 것이다.

풍부한 지식을 갖춘 스태프가 진행하는 정규 프로그램들은 어린이가 자연 체험을 함으로써 깊은 반성의 마음을 갖거나 연결성을 만들 수 있게 하는데, 이를 통해 전에는 생각해보지 않았던 사실이나 물리적 현상에 대해 의미를 부여할 수 있는 필수적인 체계를 제공한다. 학생에게 씨앗의 성장에 있어 숲의 생태계가 크게 의존하고 있는 낙엽의 상당량을 북아메리카에서 흔히 볼

그림15-1】 시카고식물원의 '사이언스 퍼스트'(Science First)의 한 학생이 수업에서 추가적인 탐구활동을 위한 수생 생물군을 수집하고 있다.
Photo by Robin Carlson, courtesy of the Chicago Botanic Garden

수 있는 외래유입종인 붉은 지렁이가 먹어 치우고 있고, 그러므로 붉은 지렁이가 임상(forest floor)의 생물 다양성을 파괴하는 데 일조한다고 말하는 것은 사실을 전달하는 것이다. 이와 반대로, 생태이해력을 위한 교육 과정에서, 학생에게 다른 생태계 내 유사한 과정에 관해 생각해 본 다음, 그런 활동이 살아있는 유기체의 광범위한 네트워크에서 일으키는 상대적 유익함 혹은 피해에 관해 생각해보도록 권할 수도 있다.

가장 좋은 경우는, 정원들이 자연계의 역학관계를 실질적으로 보여 줄 수 있는 물리적 자원과 그런 자원들에 대해 가르치고, 태도와 실천의 본보기를 보여주는 지적 자본을 보유하고 있다. 정원에서 이루어지는 정규 프로그램들과 교사들의 훈련 및 교육적 지원 활동을 통해 생태이해력을 가르치고 육성하는 일은 공공정원의 가장 바탕이 되는 기본적 역할이다.

민간참여

기후 변화, 환경 악화, 종의 고갈은 현재 미디어의 자주 등장하는 주제 이자 국가적 정책 결정과 국제적 정책 결정에 있어 관심의 대상이다. 미국 내 대다수 지역에서 환경적 영향은 아직 명확하게 드러나지 않고 삶의 질을 심하게 훼손하고 있지 않기 때문에, 그런 영향들이 직접적인 우려 사항들보다 부차적인 것으로 인식되고 있다. 결과적으로, 교육을 받은 사람들로조차 반드시 행동을 바꾸거나 고차원적인 정치적 결정에 참여해야겠다는 생각을 높이거나 동기부여를 받지 못한다(Schwarz, Havens, Vitt, 2008).

공공정원은 환경이 인간의 행동으로부터 어떤 영향을 받는지 구체적으로 예시하는 활동에 청소년을 참여시킬 수 있다. 정규 교육 프로그램은 우리의 행동의 중요성, 우리의 행동이 환경에 미치는 영향, 차이점을 만들어내는 개개인의 행동들에 대해 소통하기 위한 포럼을 제공한다. 수질, 생태계의 상호작용, 기후 변화에 대한 식물의 반응, 침입성 종, 종 다양성에 대한 짜임새 있는 탐구를 통해, 정원은 이 지구의 환경이 실제로 매우 가시적이고 식별 가능한 정도로 변하고 있음을 명확히 입증할 수 있다.

사례 연구: 베른하임 수목원 연구림(BERHEIM ARBORETUM AND RESEARCH FOREST)

교육담당이사 클로드 스테픈(Claude Stephens)

　베른하임 수목원 연구림이 학생들에게 특별히 가치 있는 이유는 열정적인 환경 교육자들과 아름다운 자연환경 때문이다. 켄터키 중부의 15,000에이커의 수목원과 자연 지역을 가진 베른하임에서, 학생들은 다음과 같은 활동을 할 수 있다.

- 건강한 자생 생태계를 주로 최초로 경험한다.
- 인간과 자연의 관계에 전력을 다하는 사람들과 소통한다.
- 뭔가 중요하고 기억에 남을 만한 것을 배운다.

지붕에서 하천으로 - 물의 흐름을 통한 교육

　베른하임 프로그램은 인위적으로 구축된 환경(built environment)과 하천 생태계 간의 연관성을 탐구한다. 학생들은 버스에서 내리는 순간부터 물과 관련된 모험을 하고 인간들이 수자원에 어떤 영향을 미치는지에 관한 토론에 참여한다. 베른하임의 교사들은 만약 버스에서 기름이 샌다면 어디로 흘러갈지를 확인하기 위해 자신들의 발 옆에(때로는 발 위에) 한 양동이의 물을 붓는다. 이 물은 오염된 빗물을 처리하기 위한 생태수로, 균을 통한 정화 기법(myco-remediation techniques)을 이용하여 오염된 물을 처리하는 경사진 주차용 패드(parking pad)를 거쳐 방문객 센터로 흘러간다. 학생들은 화장실에서 물을 내리는 데 쓰기 위해 지붕에서 수집된 물을 저장하는, 지하 저수지를 지나간다. 학생들이 화장실을 다녀오는 쉬는 시간을 가진 후, 묘목장 관개에 이용되

기 전 시커먼 물을 깨끗하게 하는 베른하임의 생물학적 이탄 여과 시스템(biological peat filtration system)을 탐구하여 폐수의 흐름을 계속 추적해 나간다. 학생들은 이제 세면대, 실험용 녹화 지붕 묘판, 자생경관, 침식 통제 등 수목원이 귀중한 물을 보존할 수 있도록 도움을 주는 여러 디자인 전략들을 더욱 잘 탐구하기 위해 유급직이나 자원봉사 교육자가 각각 이끄는 소규모 그룹으로 나누어 움직인다.

　이 그룹들은 인위적으로 구축된 환경으로부터 윌슨 개울(Wilson Creek)로 이동한다. 이곳은 보존을 위한 꾸준한 노력을 통해 400피트의 하천을 여울과 연못이 함께 굽이치는 계천으로 되돌려 놓은 곳이다. 켄터키 중앙 지역에 있는 대다수 하천처럼, 윌슨 개울은 오랜 역사를 가진 농경지의 수로를 따라 흐른다. 학생들은 생물 다양성에 관해 배우고, 그물 낚시를 해보고, 용존 산소량을 측정하며, 범람원과 분리된 습지대를 탐구한다.

　놀이는 학생들이 경험에 있어 빠질 수 없는 요소이다. 수목원의 스태프들과 자원봉사자들은 학생들이(또한, 교사들과 수업 감독관들이) 물에서 – 잔물결의 소리를 들어보기, 진흙을 가지고 놀기, 돌 쌓기 등 – 물을 가지고 즐겁게 지낼 수 있도록 돕는다. 학생들은 막대기를 보트라고 상상하며 하천이 이를 어디로 데려가는지 지켜본다. 몇몇 아이들은 다른 곳에서는 하천의 물을 만지도록 허락받은 적이 없다고 말한다. 하천에서 노는 아이들을 상상해 보라. 레이철 칼슨(Rachel Carson)이 말했듯, "아이에게 자연 세계의 흥미로운 점을 소개할 때, 이에 대해 아는 것은 직접 느끼는 것에 비해 별로 중요하지 않다."

그림15-2】 '지붕에서 하천으로' 프로그램에서 현장실습 중인 학생들이 수목원의 개울 복원 프로젝트를 탐구한다.
Bernheim Arboretum and Research Forest

이 프로그램들, 특히 서비스-학습 요소(service-learning component)를 지닌 프로그램에 참여함으로써, 청소년들은 지속 가능한 사회를 만드는 일에 개인적으로도 공적으로도 참여할 수 있게 된다.

공공정원에서 정규교육의 범위와 성격

미국에는 약 700개 이상의 공공정원이 있지만, 이 중 일부만이 정말로 훌륭한 정규 교육 프로그램을 달성하는 데 필수적인 계획, 기금, 인력, 정원의 전체적 조율에 필요한 투자를 한다.

정규교육은 여름 캠프, 스카우트, 가족 프로그램, 그리고 현장 실습, 학생 인턴십 프로그램 같은 학교 관련 프로그램들과 교사 연수와 개발을 포함한, 공공정원에서 이루어지는 체계화된 프로그램들의 전 범위를 포괄한다. 정원의 조경, 식물의 종, 생태계 특징과 같이 정원의 다양한 측면들에 초점을 맞추고 조사함으로써, 정규 교육 프로그램들은 자유롭게 선택하는 비정규적인 활동(이런 활동이 보람 여부와는 상관없이)으로는 결코 얻을 수 없는 방식으로 학습자의 경험을 심화시킨다.

신경 써서 만들어져 올바르게 가르치는 교육 프로그램에 있어 어린이가 참여할 기회는 매우 중요하다. 아동기의 상상력을 심도 있게 연구했던 영향력 있는 저자인 에디트 코브(Edith Cobb)는 대략 5~6세부터 11~12세까지(동물의 초기 생존을 위한 노력과 청소년기의 질풍노도 시기 사이의)의 중간 아동기 즉, 자연계를 경험하며 무언가를 떠올리고, 아이들이 자연적 과정들에 대한 심오한 연속성을 느끼고 직관적 통찰의 생물학적 토대에 대한 명백한 증거를 보게 되는 "특별한 시기가 존재한다고 믿었다(Cobb 1959).

공공정원들이 이 시기의 어린이들의 그런 성향을 포착, 조성할 기회를 잡아 충분히 활용해야 하는 이유는, 이것이 미래에 큰 영향을 미치기 때문이다. 자신을 환경적 차원에서 의식 있는 사람으로 묘사하는 대다수 성인은 자연에 관한 자신들의 관심 근원이, 그 이전의 세대들이 유지했던 자연 속에서 어린 시절을 보냈던 의미 있고 긍정적인 경험 때문이란 걸 발견할 수 있었다(Chawla 1986). 따라서 공공정원에 있어 정규 교육 프로그램들은 사회가 직면한 핵심적 도전과제들을 다루는 데에 도움을 준다.

학생을 위한 교육 모델

특히 지난 20년간, 공공정원에서 이루어진 유치원생부터 고등학생까지 아이들을 대상으로 하는 교육 프로그램의 기획들은 유의미한 증가세를 보여 왔다. 뉴욕식물원(New York Botanical Garden), 브루클린식물원(Brooklyn Botanic Garden), 미주리식물원(Missouri Botanical Garden) 같이 오래된 미국의 정원들은 널리 인용되는 교육의 질에 관한 표준을 확립하는 데에 도움이 되어왔다. 브루클린식물원은 물리적 캠퍼스와 환경평가의 전문성을 통해, 뉴욕 공립학교 시스템과 협력하여, 400명 이상의 9~12학년 학생들을 위한 과학과 환경 아카데미를 운영하고 있다. 캘리포니아 산마리노(San Marino, California)에 있는 헌팅턴식물원(Huntington Botanical Gardens)은 거대한 수중 실험실, 매력적인 식물 관련 기술 전시관과 초등학생 나이 아이들의 관심을 끌기 위한 디자인을 선보이는 전시정원을 포함해 광범위하고 새로운 학습 시설을 자랑한다.

펜실베이니아대학(University of Pennsylvania)의 모리스수목원(Morris Arboretum)은 K-12를 위한 어린이 교육 프로그램을 운영하고 있는데 이는 교육개선 세액공제 혜택을 통해 펜실베이니아주의 지원을 받아 K-12 공립학교 교과과정 및 프로그램의 일반적인 강의 과목을 넘어 교육을 촉진하는 방식을 채택하였다.

버클리(Berkeley)에 있는 캘리포니아대학 식물원(University of California Botanical Garden)과 코넬 플랜테이션(Cornell Plantation) 같은 대학 정원들은 학술적 전문성에 깊이 있게 접근하고 매우 수준 높은 교육용 자료를 만들어낼 수 있다. 로런스 과학관(Lawrence Hall of Science)과 협력하여 개발된 버클리의 '정원 수학(Math in the Garden)'은 '내 접시 위의 식물(Botany on My Plate)'처럼 전국적으로 사용되고 있는 교과과정이다.

교외 프로그램

학교 밖 프로그램들이란 교실에서 이루어지는 수업 시간 외에 정원을 찾아온 아이들(혹은 정원이 직접 아이들을 찾아간)과 청소년들을 위한 교육이다. 이들을 학교 밖 프로그램으로 인도하는 통로로는 스카우트 프로그램, 공원 구역 혹은 민간 여름 캠프, 그리고 체계화된 교육적 경험을 찾고 있는 가족 그룹들이 있다. 공공정원에 의해 그리고 공공정원에서 개최되는 체계적이고 유료로 운영되는 여름 캠프들은 이런 카테고리 안에 들어가는 또 다른 주요 요소 중 하나이다. 교육적 지원을 충분히 받지 못하는 청소년들을 위한 교육, 멘토링, 직업 경험을 제공하기 위해 학교 밖 학생을 지원하고자 하는 더욱 큰 노력이 공공정원에 의해 점차 만들어지고 있다. 시카고 식물원(Chicago Botanic Garden)의 사이언스 퍼스트(Science First), 컬리지 퍼스트(College First), 그린 청소년 농장 프로그램(Green Youth

그림15-3】 시카고식물원의
15에이커 규모의 자생 초원에서
수분 매개체들을 채취하고 있는
여름 캠프 학생들
Photo by Robin Carlson, courtesy
of the Chicago Botanic Garden

Farm Project)이 이런 사례에 해당하며, 이들은 모두 여름 동안 정원과 부지 밖(off-site)의 지역들에서 이루어지고, 정원교육 인력이 여러 학교와 협력하여 프로그램 참가자들을 직접 선발한다.

몇몇 공공정원이 제공하는 학교 밖 프로그램을 찾는 또 다른 흥미로운 참가자들은 홈스쿨링을 받는 아이들이다. 부모들과 함께 온 홈스쿨링을 받는 아이들이 공공정원이 맞이하는 주요 그룹 중 하나는 아닐 수 있지만, 피닉스(Phoenix)에 있는 사막식

물원(Desert Botanical Garden)은 정원을 기반으로 한 K-8 프로그램과 홈스쿨러를 위한 학습 연구실의 폭넓은 선택지를 통해 이들을 적극적으로 유치하고 있다.

교사를 위한 교육 모델

미주리식물원(Missouri Botanical Garden, MOBOT)은 광범위한 학생 교육에 대한 헌신뿐 아니라, 정원 전용 교실, 학습

그림15-4】 교사에게 숲의
종 다양성에 관해 설명 중인,
시카고식물원의 삼림지 큐레이터,
짐 스태픈(Jim Steffen)
Photo by Robin Carlson, courtesy
of the Chicago Botanic Garden

연구실, 온실을 통해 교사들을 위한 훈련 수업을 제공하기 위해, 세인트루이스(St. Louis) 교육구(School District)와 항시적 협약을 맺고 있다. 지난 20년간 세인트루이스 지역 교사 수천 명이 MOBOT의 교사 직업 개발 프로그램을 경험해 왔다.

다른 여러 공공정원처럼 시카고식물원은 막대한 재정자원과 노력을 교사 직업 개발 프로그램에 쏟아붓고 있다. 매년 이 정원은 다른 환경 및 식물교육 기관들과 제휴하여 2주 간의 교사들을 위한 정원 캠프를 열고, 지역 교육자들을 위해 매년 학교 원예회의를 개최한다. 또한, 교실 내 학업 수행을 향상하고 교육적 지지를 얻고자 하는 교사들을 위한 그 밖의 다양한 워크숍을 열고 있다.

해외사례

공공정원의 교육을 받는 학생이 가장 효과적이고 최고로 운영을 잘하고 있는 프로그램의 사례를 찾고 있다면 반드시 해외사례를 살펴야 한다. 영국의 서리(Surrey)에 본부를 둔 세계 식물보존 협회(BGCI: Botanic Gardens Conservation International)는 여러 지적 자원과 교과과정 자료를 소장하고 있는 도서관은 물론 전 세계 정원교육 프로그램과 연결된 상당한 웹사이트를 가지고 있다. 1994년에 BGCI는 '식물원에서의 환경교육: 개별적 전략 개발을 위한 지침'을 출간했으며, 이 책은 식물과 보존 교육에 대한 전체 정원 접근법(a whole-garden approach)의 이행을 위한 심도 있고 시대를 초월한 훌륭한 교본으로서 여전히 자리매김하고 있다.

정규교육 프로그램의 바람직한 특성

박물관에서의 경험으로부터 오는 긍정적인 단기적, 장기적 영향은 프로그램의 질과 직접적인 연관이 있으며, 참여자/경험자가 개인적 관계를 맺고, 새롭고 신기한 경험을 하고, 개인적인 목표를 이루는 기회와도 직접 연관이 있다. 정규 프로그램의 구축을 통해 정원은 위의 조건들이 적절히 충족될 수 있도록 방문객들을 경험으로 이끈다. 체계적인 프로그램은 참가자들을 위해 콘텐츠의 맥락에 맞는 틀을 구성하고, 참가자들이 정원의 흥미진진하고 모범적인 면에 집중하도록 이끌며, 참가자들의 관심과 요구에 맞춰 프로그램을 유연하게 진행할 수 있는 교육 강사를 제공하여야 한다. 실제로 가장 효과적인 교육 중 일부는 학교 이외의 환경에서 찾을 수 있는 풍부한 체험학습에 근거한다. 공공정원에 있는 물리적, 지적 자원들은 아이들, 청소년, 전문 교육자들이 해당 주제를 직접적이고 다각적으로 경험할 수 있는 독특한 교육 플랫폼을 제공한다. 체계적인 프로그램의 구축은 개개인이 정원의 스태프들 및 다른 이들과 함께 어울리며 경험과 배움을 강화할 기회를 제공한다.

정원의 자원, 개별 프로그램의 목표, 타겟 관람객 등이 프로그램의 특징을 만드는 데에 영향을 미치지만, 일반적으로 성공적인 정규 교육 프로그램은 다음과 같은 특징 중 많은 것들을 반영 혹은 포괄한다.

• 장소 기반: 어떤 개념 혹은 활동에 관한 관심을 불러일으키는 특정 위치나 조경의 새로움과 특징에 직접 의존하는 교육 프로그램은 정원이 가진 자원에 대한 이해와 평가를 향상한다.

• 프로젝트 기반: 실제 경험을 하는 상호적 접근법은 탐구하고, 문제를 해결하고, 실험하고, 현장을 조사하는 등의 경험을 통해 아이들과 성인들 모두의 흥미와 참여 욕구를 불러일으킨다.

• 발달적 차원에서 적절성: 프로그램 참가자들의 발달 요구를 충족하려면 광범위한 활동들과 다양한 난이도가 요구될 수 있으며, 특히 여러 연령대나 세대가 혼합되어 함께 진행되는 프로그램의 상황에 해당한다.

• 접근 가능성: 성공적인 프로그램들은 내용, 일정, 위치 등을 의도하는 관람객의 요구에 맞게 구성하여 접근 가능성을 높인다.

• 내부적 협력: 한 정원 내 다른 부서들의 식물 및 원예 전문성을 수용하고 이용함으로써 교육 프로그램의 구축을 질적으로 향상하게 시킨다.

• 학교 정규 교육 요건의 민감성: 부모와 교사 모두 학교에서 아이들에게 도움을 줄 교육 프로그램들을 찾고 있다. 지역의 학습 표준이 적절한 경우, 그 표준을 수용하여 프로그램을 더욱 적합하게 만들 수 있다.

• 평가: 초기 및 지속적인 프로그램 평가를 통해, 프로그램이 교육 목표와 참가자의 기대치 모두를 충족하고 있음을 보장한다.

특정 프로그램 구축의 이런 측면들은 정원의 더욱 큰 미션, 자원, 광범위한 교육 목표의 맥락에서 개발되어야 한다.

어디에서 시작하면 좋을까: 구조와 운영

정원의 미션, 자원, 광범위한 교육 목표, 관람객, 위치에 따라, 교육부서의 구조와 운영이 좌우된다. 개별적인 프로그램을 개발하기 전에, 정원의 다른 부서들과 협력하여 집중적 수요/요구 의견(a focused needs assessment)을 미리 수렴한다면 큰 도움

샌타바버라 식물원(Santa Barbara Botanic Garden)의 교육 감독관인
샐리 아이작슨(Sally Isaacson)

지역의 자생 식물군을 전시한 공공정원들, 특히 토착 식물로 이뤄진 자연지대들을 포함한 공공정원들은 지역 생태계를 집중적으로 가르칠 특별한 기회를(그리고 의무도 함께) 지니고 있다.

아이든 어른이든, 자생종들과 해당 종의 자연 서식지를 보전하려는 마음은 호기심에서부터 비롯되어야 한다. 지역의 흥미로운 종들, 생존을 위한 독특한 적응 방식, 동식물 간 상호작용에 초점을 맞춘 실습 프로그램들은 아이들에게 특히 필수적이다.

샌타바버라 식물원(SBBG)은 캘리포니아의 토착 식물들에 집중하여, 식물원의 가족, 아이들을 위한 교육 프로그램을 지역의 생태계에 중점을 두고 지난 10년간 이를 점차 발전시켜왔다는 특징을 가지고 있다. 정원 교육자들은 아이들에게 해당 지역에서 자주 발견할 수 있는 종들에 관해 교육하는 것이 가장 중요하다고 믿고 있다.

샌타바버라 식물원은 학생들에게 캘리포니아의 참나무 삼림지, 강가에 있는 삼림지, 떡갈나무 덤불의 생태계에 관해 가르치기 위한 현장연구실 및 투어 프로그램들을 개발해 왔다. 야외에 있는 동안, 아이들은 식물들을 가까이 접하고 식물의 수분작용을 관찰하며, 나중에 연구실에서 연구할 하천의 무척추동물(invertebrates)을 잡는다. 야외에서 아이들은 현미경을 사용하여 꽃을 들여다보고, 나비와 다른 곤충들을 조사하며, 종자 확산의 메커니즘 등을 연구한다.

샌타바버라 식물원의 가장 성공적으로 인정받는 생태계 기반의 프로그램 중 하나는 '팸(Fam) 캠프'로 정원과 숲을 거치는 자연 속에서의 모험이다. 2002년 이래로, 샌타바버라 식물원과 로스 파드리스(Los Padres) 국유림은 형편이 어려운 취학 연령의 아동을 둔 가족들을 대상으로 국유림 내에 조성된 야영지에서 만 하루 동안 이루어지는 교육용 캠핑 프로그램을 공동 후원해 왔다.

강사들과 준비자들은 식물원과 국유림 출신의 경험 많은 교육자들로 이루어져 있다. 캠프의 오리엔테이션 슬라이드쇼는 지역의 공립학교들 방과 후 프로그램을 통해 소개된다. 통학 버스, 음식, 교재, 인력 충원을 위한 비용은 보조 기금을 통해 충당하고, 텐트, 침낭, 폼 패드, 요리 장비는 국유림 측에서 제공한다.

각 프로그램 기간 중, 가족들은 텐트를 세우고 해체하고, 야외에서 요리하며, 자신들의 야영지를 관리하는 법을 배운다. 자연 도보 여행, 하천 탐험, 짧은 캠프파이어와 대화, 해당 지역의 지질학, 동물군, 식물상, 역사에 대한 전시도 함께 이뤄진다. 캠프 중 지역의 자원봉사단체들은 천문학 시연을 선보이고, 국유림 직원 및 자원봉사자들은 소화 장비와 호스를 완비한 프레젠테이션을 진행한다.

최근에 이주한 이민자들과 1세대 미국인들을 포함한 다양한 가족들은 그들 주변의 자연환경과 지역의 식물 및 동물들에 대한 높은 호기심과 깊은 이해력을 얻어 집으로 돌아간다. 이 캠프 프로그램의 참가자들은 이 프로그램이 교육적이면서도 재미있고, 또 저렴한 가족 활동이란 점을 경험하고 나중에 친구들과 함께 그 지역을 탐구하러 다시 오곤 한다.

그림15–5】 샌타바버라 식물원의 팸 캠프 프로그램에서 아이들과 어른들이 로드 파드리스 국유림에 있는 하천과 하천 주변의 삼림지를 탐구하고 있다.
Photo by Sally Isaacson

이 될 수 있다. 이런 결과들은 교육부서의 조직 및 운영 구조와 해당 부서의 여러 프로그램 전체에 적용될 수 있다.

목표 평가

정원의 더욱 큰 미션을 자세히 살펴보고 그 미션을 교육 목표로 전환하는 일은 전반적으로 일관된 메시지를 확립하고 적절한 교육 프로그램을 개발하는 데에 매우 중요하다. 가령, 특정 보존 미션을 중심으로 개발된 교육 프로그램은 치료적 혹은 미학적 미션을 중심으로 개발된 교육 프로그램과 매우 다르게 보일 것이다. 그렇다고 해서, 하나의 정원이 여러 가지의 다양한 프로그램의 초점들을 동시에 진행할 수 없다는 말은 아니다. 그렇지만 그보다, 교육 프로그램을 구축/개발하기 전에 이런 다양한 초점들을 명확히 식별하고 이해해야만 한다. 가장 우선시되는 세 가지의 교육 목표를 파악하고, 그 목표들이 전반적인 미션과 어떤 연관이 있는지 정의한 다음, 그런 목표를 달성하기 위해 그 정원의 자원들을 어떻게 이용할 수 있는지 묘사해본다면 아마 매우 흥미로운 결과가 나올 것이다.

물리적 맥락과 자원

공공정원에서 프로그램을 구축할 때의 독창적인 장점 중 하나는 참가자들을 자연에 완전히 스며들 수 있게 할 수 있다는 점이다. 이를 효과적으로 이행하기 위해서는, 정원의 물리적 자원에 대한 목록을 작성해야 한다. 조경 유형, 토착 서식지, 수경요소, 계절의 변화, 영구적이거나 변화 중인 전시물들, 도서관에 소장 중인 자료, 프로그램에 이용 가능한 공간은 고려돼야 할 변수들이다. 다른 정원 부서들과의 내부적 소통은 자연 영역이나 프로그램을 위한 장소를 이용할 때의 요건이나 제약들을 식별하는 데 필수적이다. 교육 프로그램에 사용되는 풍부한 환경들과 이 환경들이 혹시 여러 방해요소에 민감할 수 있는지 등에 대해 원예가들 및 큐레이터들과 정기적인 대화를 나누는 것 또한 유용할 수 있다. 특정 지역에 대한 접근을 제한하기도 하는 복원 활동 등이 그런 방해요소들의 예 중 하나이다.

관람객

영향력 있는 공공정원의 교육자라면 지리학과 인구통계학, 사람들의 가치, 믿음, 지식수준, 사회적, 경제적 관련 요소들을 포함한 자신이 몸담은 공동체를 잘 알아야 한다. 개인의 지식뿐 아니라, 공동체의 구성원에 대한 데이터베이스가 만약 존재한다면 그 데이터베이스나 과거의 프로그램 참가자의 기록들로부터 정보를 수집할 수 있다. 정규 프로그램의 참가자들에 관한 정보를

보존하고 그 정보들에 대한 접근을 관리하는 장소들은 학교 시스템, 지역 정부, 교회 등 지역 공동체를 위해 일하는 기관들이다. 일단 대상 관람객이 정해지면, 적절한 프로그램의 시스템을 개발할 수 있다. 정원에는 주로 다양한 관람객이 오며, 이들에겐 각각 다른 전략적 접근법을 요구될 것이다. 학교를 위한 프로그램의 구축은 교사들에게 제공하고 학습 표준과 학교 일정에 맞춰 의논, 조율해야 할 것이다. 교사를 대상으로 하는 직업 개발 프로그램은 교실 내에서 소위 '잘 먹힐만한' 흥미로운 콘텐츠를 반드시 제공하고, 평생교육 과정과 대학원 학점 등을 적절히 제공하여야 한다. 가족 프로그램에서는 부모의 근무 일정, 세대 간 역학관계, 특별히 관심 있는 주제들을 고려하여야 한다.

내부 협력

각 정원은 기능들을 다르게 구분할 수 있지만, 교육 프로그램을 구축하려면 정원 내 다양한 영역들 즉, 업무 조직 관련 영역과 독립적 영역 간의 협력이 요구된다. 프로그램의 인력 충원, 참가자들의 안전, 적절한 배치 등을 확실히 하기 위해서는 보안, 유지, 방문객 관리, 자원봉사자들의 서비스 등의 다양한 협력이 필요하다. 다른 부서의 직원과의 예의 바르고 친절한 대화, 다른 부서의 요구와 한계에 대한 고려, 도움을 주는 사람들에게 감사하는 태도가 교육 프로그램의 성공적 구축과 운영을 촉진한다.

또한, 교육 프로그램의 개발 과정에서, 정원 연구원들과 원예가들의 지식과 전문성을 늘리면 얻을 수 있는 것이 많다. 특히 전략적 연구 기획을 보유한 정원의 경우, 새로운 전문가의 정보와 연구 결과들을 정규 교육 프로그램에 포함하면, 프로그램의 깊이와 의미가 향상된다. 식물과 환경에 관한 새로운 지식과 기존 지식을 전달해야 하는 임무를 생각한다면, 정원은 국내 혹은 광범위한 영역에서 얻은 그런 지식을 접근이 쉽고 이해 가능한 방식으로 공유하려고 노력해야 한다.

공동체 파트너십

정원 교육자가 인근 박물관, 공원 지구, 문화 단체 내 이용 가능한 프로그램과 자원을 잘 알아두면, 기존 정원교육 프로그램의 빈틈을 채울 잠재적인 협력자들을 찾는 데에 유용할 수 있다. 또한, 이를 통해 현재는 프로그램이 놓치고 있는 잠재적 고객을 대상으로 삼을 수 있다. 인근 지역의 박물관, 과학 센터, 자연센터, 공교육 기관들의 교육 목표가 공공정원이 가지고 있는 목표와 상호보완 되는 경우가 많다. 이런 종류의 조직들과 자원을 결합하면 환경교육 프로그램의 구축을 더욱 풍부하게 만들 수 있고, 협력자들 또한 프로그램의 선택지를 확장하여 공동체와 더

욱 깊이 있는 연계 방안을 마련할 수 있다.

한 가지 예로서, 시카고 식물원(Chicago Botanic Garden)과 시카고 자연사 박물관(Field Museum in Chicago)은 20여 개의 다양한 학교의 고등학생 200여 명이 참여한 청소년 과학 연례 심포지엄을 위해 협력을 맺었다. 시카고식물원은 사회자와 학교 참여에 관련된 부분을 편성하고, 자연사 박물관은 심포지엄이 중심가에서 개최될 수 있도록 인력과 공간을 제공했다. 이러한 협력 관계는 환경에 집중하는 단체들에 국한되지 않는다. 음악, 미술, 역사 같은 다양한 콘텐츠 영역들과 환경 과학을 조합하면 여러 활동이 활기를 띠게 되고 관람객의 관심도 확대할 수 있다. 플로리다의 코랄 게이블즈(Coral Gables)에 있는 페어차일드 열대식물원(Fairchild Tropical Botanic Garden)에서 개발하고 전국적으로(그리고 국제적으로) 여러 공공정원이 도입한 '페어차일드 챌린지'(Fairchild Challenge)는 고등학교 학생들이 음악, 시, 패션, 사진 등의 다양한 미디어를 이용해 환경에 대해 소통할 수 있도록 한다.

새로운 정원에 전문적인 시스템을 제공할 수 있는 성공적이고 재현 가능한 프로그램 모델들이 많다. 위스콘신-매디슨대학 수목원(University of Wisconsin-Madison Arboretum)에서 학교 교과과정과 교사들의 직업 개발 프로그램의 하나로 개발된 '지구와의 파트너십'(Earth Partnership)은 검증이 잘 된 프로그램으로 알려져 있다. 이 프로그램은 원래 공공정원이 서식지 복원 프로젝트를 학생들의 수업에 도입시키고 싶어 하는 K-12 교사들을 위한 심도 있는 훈련을 제공할 수 있도록 하는 국가 과학재단(National Science Foundation)의 기금 지원을 받아 이루어졌다. 뉴욕의 이시카(Ithaca)에 위치한 코넬 플랜테이션(Cornell Plantation)은 '디스커버리 트레일 파트너십'(Discovery Trail Partnership)을 통해 지역 박물관 6곳, 해당 군의 도서관과 협력하여, 이시카 시 교육구 내 유치원부터 5학년까지 해당하는 모든 학생에 한해 총 8개 기관 전체를 체계적으로 탐구할 수 있게 하였다. 마지막으로 소개하고자 하는 중요한 또 하나의 사례는, '성장하는 과학을 위한 파트너들'(Partners for Growing Science) 미국 공공정원협회에서 1998년 우수상을 받은 중서부 공공정원 공동협력 프로젝트(Midwest Public Garden Collaborative)이다. '성장하는 과학을 위한 파트너들'은 미네소타 경관수목원(Minnesota Landscape Arboretum), 미주리식물원(Missouri Botanical Garden), 모턴수목원(Morton Arboretum), 시카고식물원(Chicago Botanic Garden)에 있는 교육자들이 공동으로 개발한 K-8 식물 과학 교과과정이다.

그림15-6] 브라우니(Brownies)들은 방과 후 배지(badge) 프로그램의 하나로 수목원 화단 정리를 돕는다.
Photo by Robin Carlson, courtesy of the Chicago Botanic Garden

비즈니스처럼 생각하기

사업 계획서를 만들면 투입하는 비용 대비 예상되는 참여율과 정원이 얻을 기타 긍정적 이점들을 구체적으로 파악할 수 있으므로 프로그램의 성공 가능성을 더 쉽게 가늠해 볼 수 있다. 정원이 얻을 수 있는 긍정적 이점들에는 금전적, 질적 공적 관계, 기증자의 만족도, 가치 있는 네트워크와 기타 정원 운영에 미치는 지렛대(leverage) 효과 등이 있다. 어떤 사례에서는 이 모든 것들이 해당하기도 하고, 또 몇몇 사례들에서는 사업 계획 수립이 투자 대비 얻는 수익이나 이득이 그에 상응하지 않는다는 것을 밝혀줄 것이다.

교육 프로그램의 전반적인 목표가 수익 창출이 아닐 수 있지만, 프로그램의 운영은 비용을 상쇄할 만큼의 수익을 내며, 어떤 경우에는 정원의 수익에도 이바지할 수 있다. 우수한 정원 교육자들은 재료, 인력, 간접비, 판촉, 교통을 포함한 모든 프로그램 비용을 파악한 다음, 프로그램의 한 세션을 진행하는 데 얼마의 비용이 들지를 판단한다. 수익 목표가 어느 정도인지에 따라, 이런 계산의 산출은 등록 비용, 비용을 상쇄하는 수익을 내는 데 필요한 등록자의 수 혹은 증액시켜야 하는 보조 기금을 정하는 데 도움이 된다.

다른 공공 서비스처럼, 성공적인 교육 프로그램은 훌륭한 상품 개발과 마케팅, 전달, 고객 지원 등 이 모든 것들은 재정 차원에서 책임 있게 이행되어야 한다. 관람객의 요구, 정원의 목표, 가용 자원을 토대로 프로그램 개발 방향을 정해야 한다. 특히, 유로로 운영되는 프로그램의 경우, 참가자의 혼란을 막기 위해 수용, 등록, 취소 과정과 정책을 미리 명확히 정해야 한다. 프로그램의 성공적인 마케팅은 잠재적 참가자를 대상으로 이뤄지고 인쇄물이든 전자 방식이든 혹은 둘 다이든 참가자들에게 가장 효과적으로 도달할 수 있는 미디어를 거쳐 전달되어야 한다.

프로그램의 성공적인 전달을 위해서는 두 가지의 기본적인 요소가 존재한다. 참가자의 기대와 교육/프로그램의 질이다. 프로그램 참가자로서 한 개인이 무엇을 기대해야 하는지, 가령 프로그램이 야외에서 이뤄질 것이라 던 지, 참가자들이 집에 가져 갈 수 있는 물품을 받을 것이라 던 지, 수업 규모, 참가자들이 어떤 수준에서 교육받게 되는지 등을 명확히 알려주는 것이 중요하다.

올바르게 운영되는 공공정원들은 교육 프로그램의 참가자들이 중요한 고객이며, 그들이 정원 방문 시 일련의 요구사항을 가지고 온다는 점을 이해한다. 유능한 교육자는 프로그램의 교과과정을 단순하게 다루지 않는다. 그들은 정원 방문의 모든 측면에서 자세히 주의를 기울이고 참가자들이 2살 어린이이든 간부급 교사이든 그들이 모든 방면에서 만족스러운 경험을 하고 갈 수 있도록 노력한다. 고객들이 가관이나 학교, 교사, 부모를 통해 같은 장소를 다시 방문하게 되는 이유는 그들이 교육적, 미학적, 여가, 심지어 식도락 면에서 즐겁게 지냈기 때문이다.

부서와 프로그램 개발

수준이 높고 잘 훈련된 스태프는 어떤 교육 환경에서도 프로그램의 성공 보증한다. 공공정원도 예외는 아니다.

스태프와 함께 시작하기

대다수의 북미 공공정원은 원예 수집품을 수용하고 전시하기 위해 설립되었다. 보통 수집품에 관한 연구와 교육은 그 후에 일어났다. 이로 인해 대다수 공공정원에는 아직도 정규 교육을 위한 스태프의 규모가 매우 작다. 아마도 2~3명의 정규직 교육자들과 계약직 교육자들로 이루어져 있을 것이며, 그들의 업무는 자원봉사자들의 노력으로 보완된다. 이 모델은 정원의 교육 임무가 자체적으로 혹은 공동체에 의해 그리 주요한 것으로 인식되지 않거나, 보다 야심 찬 프로그램의 구축을 지원하기 위한 자본이 없는 현실로 주로 나타난다.

상당한 권한 위임(impowerment)이 이뤄지거나 재단과 기업들이 매년 후한 지원을 해주는 대규모 정원들은 인적 역량을 구축할 기회를 얻는다. 교육 스태프 전문화는 초기 아동기부터 십대들과 함께 작업하기까지 다양한 범위를 포함하는데 이는 학교의 교육자들에게 필요한 내용이나 표준 정렬 요건을 이해하여

이를 교실에서 이루어지는 식물-기반의 교과과정으로 전환하는 데 필요로 하는 것들이다. 경험 있는 공공정원의 교육 스태프들이 모두 원예, 식물, 환경 과학의 배경을 지닌 것은 아니다. 교과과정 및 지도, 평가, 인문학, 심지어 직업적 테라피 치료와 같은 건강 관련 분야에서 석사 수준의 훈련을 받은 스태프들로부터 공공정원 프로그램 개발 및 운영 전문성을 찾을 수 있다.

하지만 가장 전형적인 경우는, 공공 원예 프로그램의 졸업생, 전직 담임 과학교사들, 비공식적 환경 교육자 신분인 사람 중에 정원교육 인력을 선발하는 것이다. 이런 사람들의 기술, 훈련, 성격이 공공정원 교육 프로그램의 질과 미래의 전망을 형성하는 데 직접적 영향을 끼칠 것이므로, 최고의 자질을 갖춘 사람들을 찾는 것이 중요하다. 세 명의 평범한 인력보다 자질이 우수하고 강한 동기를 가진 교육자를 한 명 보유하는 게 낫다. 주로 여러 명보다 한 명이 정원의 발전에 도움을 줄 수 있는 새로운 자금 조달의 출구를 마련할 때에 더 창의적이고 풍부한 지략을 보여준다.

교육 인력의 전문직업 개발

전문 인력 개발은 교육자가 지속해서 동기부여를 받도록 돕고 지속적인 프로그램의 혁신과 생명력을 지원하는 요소이다. 미국의 공공정원 협회(American Public Gardens Association)와 회의들, 이익 단체들이 공공정원 교육자들을 위한 주요 직업 자원을 구성하며, 전미 과학교사 협회(National Science Teachers Association), 북미 환경교육협회(North American Association for Environmental Education), 미국 식물학회(Botanical society of America), 미국 과학발전협회(American Association for the Advancement of Science), 미국 박물관협회, (American Association of Museums) 기타 미국의 여러 전문 기관들은 교과과정, 정보 공유, 그리고 교육자의 경험과 지식을 질적으로 크게 향상할 수 있는 같은 분야 종사자들끼리의 관련 문제에 관한 대화 등의 기회들을 제공한다.

지역적으로, 전문직업의 개발은 주로 주(state)의 자연자원 부서, 지역사회 실습 네트워크, 지역자치 정부의 지원 프로그램, 그리고 일반적으로 담임 교사들을 위해 기획되지만, 정원 교육자들에게 적합하고, 보조금 지원을 받는 대학 내 훈련 과정들 같은 주(state)기관 프로그램을 통해 이뤄질 수 있다. 오롯이 여행 및 전문직업 개발을 위한 자본의 부족이 걸림돌이 되어서는 안된다. 창의적인 네트워크 구축, 무료이거나 저비용인 웹 기반의 프로그램, 정원에서 이루어지는 비공식 교육 회의는 동종업계 관계자들 간의 소통에 대한 교육자들의 욕구, 제자들 간의 정보

공유, 가장 좋은 실습 방안의 개발을 이루는 데에 도움이 될 수 있다.

정규 교육 기금 지원

다른 살아있는 수집품들, 과학, 문화를 다루는 조직들처럼 공공정원들은 입장료와 프로그램 등록에서 발생하는 이윤, 회원제 운용, 정부 보조금, 개인, 재단, 기업의 후원으로부터 얻은 이익에 의존한다. 이러한 것들과 기금에서 나오는 이자로 공공정원의 하루하루를 꾸려가는 것이다.

정규 교육 프로그램은 다행히 민간 부문 기증자와 정부 기관 모두가 기금 지원을 선호하는 대상 중 하나이다. 여러 민간 재단들은 자신들의 자선기금 중 일부 혹은 전부를 학생 교육과 교사의 훈련을 돕는 프로그램을 지원하는 데 쓴다. 소수 집단의 학생과 경제적으로 혜택을 받지 못하는 학생들은 여러 많은 연방 기관 보조금의 대상과 같이, 기업과 재단 지원의 주 대상이다.

인력이 골고루 잘 배치된 개발 및 후원 부서를 둔 정원들의 경우, 프로그램과 기금 제공자를 연결할 좋은 기회가 있다. 미국의, 박물관과 도서관 사업기구(Institute of Museum and Library Services)는 공공정원의 주요 연방 기금지원기관이다. 미국 과학재단(National Science Foundation)은 자체적인 비정규 과학교육프로그램을 통해, 공공정원과 같은 자유로운 환경에서 전달되는 환경 과학 및 STEM(Science Technology, Engineering, and Mathematics: 과학 기술, 공학, 수학) 프로그램들의 개발과 보급을 위한 기금을 지원한다. 미 항공우주국을 포함한 여러 기관은 정원의 후원을 받는 시민과학(citizen science) 분야의 프로그램 구축도 지원하고 있다. 미국의 교육부, 보건복지부, 노동부, 농업부 역시 기금 지원의 원천(funding source)이 될 수 있다. 2010년 초등 및 중등 교육법에 대한 재연장(reauthorization)의 한 부분으로 '한 명의 아이도 남겨져선 안 된다'(NCLI: No Child Left Inside)법이 포함된 것은 공공정원에게는 중요한 발전 요인이 되었다. NCLI 연합이 언급했듯이, "그 법안은 여러 주(state)가 질 높은 환경 교육 지도를 제공하도록 기금 지원을 승인한다. 기금은 학교와 비정규 환경교육 센터 모두에서 야외 학습 활동, 교사 직업 개발, 주변 환경에 대한 이해력 증진 계획 조성 등에 지원된다."

마지막으로, 공공정원에서 정규 교육 프로그램의 비용을 상쇄하는 데 도움을 줄 가장 직접적이고 신뢰할 만한 방안은 사람들이 바라고 그들이 기꺼이 비용을 지급할 만한 프로그램을 운영하는 것이다. 꾸준한 수익의 흐름을 생성하는 경쟁적인 유료 프로그램들을 개발하는 일은 대다수 공공정원의 토대가 된다. 최근 사례들을 보면, 정원들은 다른 단체들이나 및 교육구들과 훈련 및 서비스에 대한 상담 계약을 통해 수수료도 벌 수 있다.

지속적인 운영

자질을 갖춘 인력과 탄탄한 프로그램 메뉴를 통해 일단 교육 부서가 가동되기 시작하면, 유지 및 지속적인 개선이 주요 고민거리로 떠오른다. 우수한 운영 계획을 위해서는 연속성과 성장, 협력, 개선 등을 고려해야 한다.

프로그램의 연속성과 성장

정원의 교육 프로그램은 참가자들이 정원의 성격에 대해 이해하고, 주요 정책과 여론 주도자들을 정원에 이익이 되는 방향으로 움직이는 데에 도움을 줄 수 있다. 교육 프로그램을 구축할 시에 면밀한 주의를 기울이면 상당한 보상을 받을 수 있다. 가능하면 언제든 프로그램은 정원의 자연 수집품, 자연 서식지, 식물과학 연구 분야의 전문성과 긴밀하게 연계되어야 한다. 이렇게 고안된 피드백의 순환 과정은 소규모 프로그램들이 독립적으로 진행될 수 있도록 돕고, 관람객의 관심이 대상인 주제들이 변하고 새로운 과학적 발견이 이뤄짐에 따라 크고 작은, 모든 프로그

만족도 조사 설문 예상지 ▼

프로그램 참여에 관해 물어볼 수 있는 질문들
프로그램 등록 수에 만족하는가?
대상 관람객이 참여하고 있는가?
마케팅 전략이 대상 관람객에게 도달하고 있는가?
참가자들이 만족하는가?
참가자들은 이제 이 자료를 스스로 학습할 수 있다고 느끼는가?
참가자들이 추가 프로그램을 받으려 재방문을 하는가?

교과과정, 콘텐츠, 주제에 관해 묻어볼 수 있는 질문들
참가자들이 열심히 참여하는가?
지도/교육 목표가 충족되었는가?
의도한 대로 활동들이 받아들여졌는가?
프로그램이 정원의 자원을 효과적으로 활용하는가?
프로그램이 정원의 미션과 관련이 있는가?

지도의 질에 관해 묻어볼 수 있는 질문들
참가자들이 열심히 참여하는가?
강사의 자질이 충분한가?
실습 지도가 이뤄지는가?
교습 스타일이 과목과 관람객에게 적합한가?

패어차일드 열대식물원, 전직 교육 감독관 캐롤린 루이스(Caroline Lewis)

공공교육 분야에서 정원의 역할이 늘어나면서, 교육자들의 공공지원 활동이 더욱 의욕적이고 창의적으로 이루어질 수 있도록 촉진되고 있다. 기관의 미션을 묘사하는 방법은 다양하지만, 자연의 아름다움과 가치를 아는 평생 배움을 제공하는 것이 공통된 의제로 포함되어 있다. '페어차일드 챌린지' 같은 프로그램은 공공정원이 다양한 배경을 가진 대규모의 관람객들을 육성하고 식물 및 환경에 대한 의식, 학문, 관리자의 책무를 촉진하는 데에 도움이 될 수 있다.

페어차일드 챌린지는 청소년들, 그리고 넓게 보면 교사들, 부모들, 친구들, 지역사회를 대상으로 무료로 제공되고, 자발적의(voluntary), 기준기반의(standards-based), 학제간의(interdisciplinary) 연례(annual) 프로그램이다. 이 프로그램의 미션은 다음을 통해 환경에 관한 관심을 장려하는 것이다: 1.젊은 사람들이 자연의 아름다움과 가치를 알고, 2.비판적 사고 능력을 키우고, 3.생물 다양성과 보존의 필요성을 이해하고, 4.지역사회의 자원들을 활용하고, 5.적극적으로 참여하는 시민이 되어 실제로 변화를 일으키는 것은 개인이라는 점을 인식하는 것이다.

학생들과 학교를 대상으로 하는 목표는 각각의 명시된 요건, 점수, 마감일 등의 장치를 통해 지난 학년도 동안 사람들을 깜짝 놀라게 했던 도전 선택지에 참여하게 하여 점수를 축적할 수 있도록 하는 것이다. 챌린지 콘테스트가 제공하는 선택지는 다양하다. 가령, 의견이나 연구 논문 쓰기; 노래, 시, 촌극 공연하기; 학교 정원 조성 및 미술작품, 영상물, 뉴스레터 제작하기; 세대 간(intergenerational) 민족식물학(ethnobotany) 관련 인터뷰하기; 학교 내 에너지, 물, 나무 천개 등의 데이터 수집하기; 태양광 장치 설계하기; 친환경적인 요리 메뉴 만들기

등이 있다. 챌린지의 선택지들이 제공하는 학제적 특징을 통해 청소년들은 물리적, 정서적, 창의적, 지적으로 자연과 연결될 수 있다.

여러 학교를 통한 프로그램의 홍보는 청소년의 참여를 극대화하고, 나이, 인종, 종교, 사회 경제적 지위, 능력과 무관하게 젊은 사람들의 일상생활에서의 자연에 관한 관심을 만들어낼 수 있다. 참여한 학교들은 규모가 큰 학교, 작은 학교, 공립학교, 독립 학교, 우수 학교와 우량 학교(magnet school), 특수 장애 아동학교, 위험에 처한 학생들을 위한 지역사회/방과 후 센터들로 매우 다양하다. 챌린지는 매우 유연하게 다른 자연 친화적 프로젝트들을 포괄, 포용, 촉진할 수 있고, 같은 뜻을 가진 기관들의 일을 지원한다. 챌린지는 단과대학, 종합대학, 공원, 자연센터, 정부 기관, 지역사회 네트워크, 민간 기업과 제휴를 맺고 페어차일드 챌린지에 참여한 학생, 교사, 학교들을 지원하고 촉진한다. 교육구, 기금 제공자, 파트너들, 후원자들이 해당 프로그램을 포용하는 이유는 다양한 학습자들의 관심을 끈다는 점, 청소년과 자연의 연계에 대한 실습적 접근법, 학교 분위기에 미치는 긍정적 영향, 활기찬 디자인 때문이다.

페어차일드 챌린지는 전체 학교 시스템에 의미 있고, 매력적인 환경 교육의 기회를 제공하는 측정 가능하고 재현 가능한 프로그램으로 입증되고 있다. 페어차일드 챌린지는 현재 플로리다, 일리노이, 캘리포니아, 유타, 펜실베이니아, 코스타리카에서 진행되고 있다. 46개 주 출신의 교육자들은 현재 국내외 여러 도시에서 페어차일드 챌린지를 재현하도록 훈련을 받고 있다. 이 프로그램은 환경 문제를 중심으로 교사와 학생들을 연계하는 심오한 잠재성과 가능성을 지니고 있다. 이 프로그램은 국내 학교의 중등 교육 전략에 영감을 불어넣고 새로운 구상을 하도록 도움을 줄 수 있는 모델이기도 하다.

그림 15-7】 페어차일드 열대식물원에서 페어차일드 챌린지가 열리는 동안 발표 대회를 준비 중인 고등학생들
Fairchild Tropical Botanic Garden

램이 적절히 진화할 수 있도록 한다.

적재적소에 최상의 시스템을 갖추고 있더라도, 스태프의 이동이 발생하면, 성공적인 프로그램에도 방해요소로 작용할 수 있다. 몇몇 프로그램의 관리 절차들은 스태프가 떠날 때 인수인계가 원활히 이뤄지도록 할 수 있다. 각 프로그램이 시작될 때, 책임 있는 스태프는 프로그램 운영의 모든 세부 사항들 즉, 예산, 채용, 자료, 위치, 내부 및 외부 협력자들, 기타 프로그램 운영과 관련된 정보를 포괄하는 운영 매뉴얼을 만드는 데에 일조해야 한다. 또한, 프로그램은 시간이 지남에 따라 발전하고 계속 변하기 때문에, 운영 매뉴얼을 매년 혹은 필요에 따라 업데이트하는 것을 권장한다. 프로그램을 조율하는 보다 효율적이고 효과적인 방안들이 나올 때마다, 그 방안들을 매뉴얼에 추가해야 한다. 신입 스태프에 대한 감독이나 작업 숙지 등으로 인해 일시적 빈틈이 생긴 경우, 운영 매뉴얼을 유지하고 있으면, 어떤 스태프든 프로그램을 효과적으로 관리하는 데 필요한 정보를 확보할 수 있을 것이다.

운영 매뉴얼이 분명 도움이 되지만, 실습 훈련과 경험을 대체할 수 있는 건 없으므로, 병행 훈련(cross-training)을 받은 스태프가 있으면 일시적 인력 감소에도 불구하고 프로그램이 원활히 지속할 수 있다. 프로그램 운영을 논의하고, 적절한 자원봉사 훈련에 참여하고, 서로 주기적으로 도움을 줄 기회들이 자주 주어

진다면 스태프들이 모든 교육 프로그램에 대한 업무 지식을 쌓는 데에 큰 도움이 된다.

평가와 프로그램 개선

평가에 대해서는 제18장에서 더 자세히 다루었는데, 성공적이고 지속적인 프로그램 운영을 위한 요건 중 하나이다. 주의 깊게 신경을 써서 계획했더라도, 프로그램 운영이나 콘텐츠 측면에 변화를 주어야 할 때도 있다. 지속적인 평가는 장기적인 교육 프로그램 구축의 성공에 필수적인 부분이다. 즉, 평가는 참가자들이 프로그램에 즐겁게 참여하고 관람객에게 지속해서 콘텐츠가 적합하도록 보장하는 데에 도움이 된다. 이유를 잘 알아낼 수 없는 프로그램의 저조한 성과 측면들이 나오면, 참가자들이 작성하는 만족도 조사서가 도움이 될 수 있다.

생태이해력을 가르치기 위해 공공정원의 포지셔닝

'생태이해력: 지속 가능한 세계를 위해 우리 아이들 교육하기'(2005)에서, 미국의 선도적인 환경 교육자 중 한 명인 데이비드 오르(David Orr)는 다음과 같은 중요한 요점들을 제시한다.

• 생태 위기는 모든 면에서 교육의 위기이다.

• 모든 교육은 환경교육이며... 환경에 속하는 것과 속하지 않는

그림 15-8】 화분 재배법에 관한 지도를 받는 시카고식물원 여름 캠프인 "그린썸(green thumbs)"
Photo by Robin Carlson, courtesy of the Chicago Botanic Garden

것에 따라 우리는 청소년들에게 자연의 일부인 것과 별도인 것에 대해 가르쳐야 한다.

• 교육의 목표는 단지 특정 과목의 숙달이 아니라 머리, 손, 심장을 조화롭게 연결하고 여러 시스템을 분별하는 능력을 키우는 것이다.

만일 모든 교육이 환경에 대한 교육이라면, 공공정원은 전통적인 학교 교실보다 헤아릴 수 없이 많은 이점을 누리고 있다. 적절하게 잘 만들고 운영되는 공공정원의 프로그램들은 일종의 교육 경험을 모델로 삼을 수 있으며 그 경험의 근원적 의미에 충실하게, 학생이 자신의 잠재성에 대한 충분한 통제력을 '발휘할 수 있도록' 한다. 우수한 교육자들이 풍요롭고 가치 있는 물리적 환경의 맥락에서 최상의 교육학적 방법들을 채택하도록 함으로써, 공공정원은 일반적으로 취학 연령 아동부터 이용 가능한 다른 모든 교육 현장보다 훨씬 우위에 서게 된다.

요약

이 장에서 논의한 프로그램들은 상당한 범위의 교과과정 목표 및 접근법들을 반영하고 있을 뿐 아니라 탁월한 경험, 장소의 힘, 세심한 준비와 우수한 교습의 필수불가결함에 대한 강한 믿음을 공유한다. 여기에 포함된 세 가지 사례 연구들은 이런 경험들이 학생들이 자연에 관한 이야기가 그 학생들 자신에 관한 이야기가 될 수 있도록 연결하여 지속적인 변화를 만들 수 있다고 생각하는 교육자들의 믿음을 기반으로 한 프로그램들을 소개했다. 이런 프로그램들과 이 장에서 언급된 그에 못지않은 다른 프로그램들은 정원들의 철학과 가치를 전하며, 더욱 큰 지식 공동체와 소통하고, 심오한 방식으로 변화를 일으키고자 한다.

우리는 지속 가능한 사회를 위해 우리의 지역사회, 주(state), 국가가 무엇을 필요로 하는지에 관한 논의를 이어가기 위해 교육받은 시민들을 계속 믿을 것이다. 지속 가능성은 식물과 동물의 종 및 생태계의 건강과 그런 생태계에 의존하는 인간 공동체들의 건강을 통해 측정된다. 공공정원에서의 정규 pre-K12 교육은 과학 이해력, 보존 의식 및 보존 지원, 개인의 인간 성장을 위한 강력한 엔진에 비유할 수 있다. 하지만 이 엔진은 지금까지 쉽게 시동이 걸리지 않았기 때문에, 우리는 정원에서 이루어질 혁신적 수업의 그 미래를 기대해본다.

참고문헌

Research, Best Practice, and Program Development Guides

Center for Ecoliteracy(www.ecoliteracy.org/strategies/place-based-learning). Web-based guides to place-based and project-based learning.

Lewis, S. P. 2005. *Uses of active plant-based learning in K–12 educational settings*. A white paper prepared for the Partnership for Plant-Based Learning. www.ahs.org/youth_gardening/plant_based_education.htm.

No Child Left Inside(NCLI) Consortium(www.cbf.org/Page.aspx?pid=687).

North American Association for Environmental Education(NAAEE)(www.naaee.org/programs-and-initiatives/guidelines-for-excellence).

School Garden Wizard(www.schoolgardenwizard.org). Website created by the United States Botanic Garden and Chicago Botanic Garden.

Schwarz-Ballard, J. *Summer science: Reaching urban youth through environmental science*. Chicago: Chicago Botanic Garden. www.chicagobotanic.org/ctl/publications.

Sobel, D. 2005. *Place-based education: Connecting classrooms and communities*. Great Barrington, Mass.: Orion Society. www.orionmagazine.org/cart/index.php?crn=207&rn=517&action=show_detail.

White, H. 2008. *Connecting today's kids with nature: A policy action plan*. Reston, Va.: National Wildlife Federation. www.nwf.org/News-and-Magazines/Media-Center/Reports/Archive/2008/Connecting-Todays-Kids-With-Nature.aspx.

Willison, J. *1994. Environmental education in botanic gardens: Guidelines for developing individual strategies*. Richmond, U.K.: Botanic Gardens Conservation International. www.bgci.org/files/Worldwide/Education/EE_guidelines/ee_guidelines_english.pdf.

Curricula

Activities Integrating Math and Science(www.aimsedu.org).

Garden Mosaics(www.gardenmosaics.cornell.edu).

Great Explorations in Math and Science(www.lhsgems.org).

Growing in the Garden. Iowa State University 4-H Youth Development(www.extension.iastate.edu/growinginthegarden). Multidisciplinary curriculum with garden applications.

CHAPTER 16

Continuing, Professional, and Higher Education

평생교육, 전문 교육, 고등 교육

LARRY DeBUHR 래리 드버어

서론

수집식물과 도서관, 전문 인력, 연구 시설로 인해 공공정원은 성인을 위한 지속적이고, 전문적인 고등 교육의 중심지가 되고 있다. 일부에서는 공공정원이 지역사회 내 원예, 식물학 및 관련 교육의 학문적 지도자가 되는 예도 있다. 또 다른 경우에는 식물, 원예, 자연 세계에 호기심을 가진 성인들에게 연간 수천 시간의 여가 학습 시간을 제공하기도 한다. 공공정원이 주변 지역 사회에 거주하는 성인들을 교육하면서, 동시에 원예 관련 저변을 확대할 많은 기회가 있으며 여기에 이용될 수 있는 접근 방식 또한 다양하고 이 과정에 많은 지역 주민들이 참여할 수 있다.

이 장에서는 관람객, 공공정원에서 제공되는 프로그램 유형과 새로운 프로그램 개발 방법 및 이러한 프로그램의 품질을 보장하는 방법에 대해 알아본다.

교육 대상 지역 주민

공공정원은 많은 지역 주민들에게 다양한 교육 프로그램을 제공한다. 어떤 접근 방식 또는 모델도 모든 공공정원에 적용될 수는 없다. 각 정원은 자신들이 가장 성과를 낼 수 있는 것을 결정하면서 동시에 평생교육, 전문 교육, 고등 교육을 정원의 운영 및 프로그램에 조화시킬 방법 역시 결정한다. 하지만 이때 반드

핵심 용어

평생 성인 교육: 개인의 자기 계발 및 개인적 지식 습득을 위해 성인에게 제공되는 활동, 수업, 프로그램

여가 학습: 학습에 대한 욕구를 충족시키기 위해 여가를 활용할 교육 프로그램에 등록하는 성인을 일컫는 용어이며, 여가를 보낼 방법에 관한 결정 중 하나이다. 이 용어는 흔히 박물관 학습에 적용된다.

평생 학습: 공식 학교 교육 이후 기간에 개인 성장 및 발전을 위해 자발적으로 이루어지는 학습

전문 교육: 구직자의 준비를 돕는 또는 특정 분야 종사자들의 역량 개발을 위해 새로운 정보, 기술, 지식을 제공하는 교육 활동.

자격 인증 프로그램: 참가자가 특정 분야의 특수한 지식을 습득했다는 것을 인증하는 체계적 교육

인턴십: 전문 멘토와 함께 이루어지는 현장 경험과 실무 경험을 제공

하는 학생 교육 프로그램. 그 기간은 다양하며 프로그램에 따라 보수가 지급되기도 한다.

평생교육 학점(Continuing education unit; CEU): 전문가 교육을 이수했다는 증거를 제공하는 데에 이용되는 수단. 자격을 갖춘 강사가 인증된 프로그램에서 제공하는 교육에 10시간 참여한 경우 일반적으로 1학점이 부여된다.

국제 평생교육 훈련협회(International Association for Continuing Education and Training; IACET): CEU 부여를 위한 표준을 수립한 기관

평생교육 인증 위원회(Accrediting Council for Continuing Education and Training; ACCET): 평생교육 및 훈련 프로그램이 최소 기준을 충족하도록 심사하여 인가하는 기관.

시 지켜야 할 규칙이 있다면 바로 성공을 위해서는 자신들의 교육 대상에 대해 많은 정보를 가지고 있고 그에 따라 교육을 진행해야 한다는 점이다. 즉 정원이 속한 지역사회를 이해해야 한다. 그리고 정원이 가진 임무와 강점에 대해 정확히 알고 있어야 하며 그러한 요인들을 이용해 지역 주민들에게 가장 도움이 되는 프로그램을 선택하는 과정에 대한 정확한 이해도 필요하다.

도시 지역에 위치하는 공공정원의 교육 대상에는 토지와 공간이 제한적인 아파트 거주자와 주택 소유자들이 포함된다. 도시 근교 지역의 주민들은 넓은 부지와 더 큰 정원을 소유하고 있을 것이다. 정원에 소속된 교육 인력들은 이 두 집단에 어떤 프로그램과 운영 방식이 가장 도움이 될지를 고려해야 한다. 예를 들어 넓은 자연 구역이 있는 근교 지역의 수목원은 아마추어 박물학자, 조류 연구가, 야생화 애호가들을 위한 프로그램을 계획할 수도 있다.

새로운 지식과 삶의 개선을 원하는 성인들

공공정원에서의 평생교육 대상에서 가장 높은 비율을 차지하는 집단은 자신들의 여가 활동 일부로서 새로운 지식과 삶의 개선을 원하는 지역 주민들이다. 그들은 대개 자신의 잔디를 유지하고 주택을 조경하는 방법을 알고자 하는 주택 소유자들이다. 그중 일부는 베란다에서 식물을 기르는 방법을 찾고 있는 아파트 거주자들일 수도 있으며 또 일부는 유기농을 통해 농작물을 더 크게 재배하려고 하는 과일과 채소 재배 종사자일 수도 있다. 조류 연구가, 사진작가, 미술가들 역시 공공정원에서의 수업을 통해 자신이 관심을 가진 여가 활동에 대한 지식을 얻을 수 있는 집단이다. 프로그램 제공을 통해 동식물 및 자연 세계에 대해 더 많은 것을 알고자 하는 호기심 많은 자연주의자는 물론 자신의 정원을 관리하는 방법을 배우려고 하는 사람들도 고려해야 한다.

여가 활동을 위한 학습자들에는 직업을 가지고 있어서 저녁이나 주말 시간을 이용한 단기 과정을 선호하는 직장인층 그리고 보수 교육을 통해 자신의 삶을 더욱 풍성하게 하고 호기심을 충족시키려고 하는 은퇴한 노년층이 있다. 이들은 대개 그러한 학습과 함께 이루어지는 사회적 교류를 즐기며 양질의 수업을 기대하고 강사의 의견에 대해 적극적으로 이의를 제기하거나 질문을 하는 경우가 많다. 호기심과 관심을 가진 이러한 집단은 강사로서도 매우 만족스러운 수업을 만들어 준다. 그들은 수업에 대한 만족감과 불만을 강사에게 직접 표현할 것이다. 자신이 선호하는 강사를 진심으로 따르는 경우가 많으며 이와 관련해 기분 좋은 경험을 하게 된다면 그러한 진심이 기부금 또는 회원 가입

기간 연장을 통해 공공정원으로 이어질 수도 있다. 미주리 식물원(Missouri Botanical Garden)에서 가장 규모가 큰 개인 기부자들과 인연을 맺게 된 계기는 이 식물원에서 진행하는 성인 평생교육 수업이었다.

구직 또는 이직을 원하는 성인들

새로운 직업을 찾는 성인들은 공공정원에서 교육을 받을 수 있는 또 다른 집단을 형성한다. 그들 중 일부는 원예, 정원설계 또는 관련 분야의 직업이 자신의 적성에 맞는지 확신하지 못하기 때문에 평생교육을 통해 이 분야를 좀 더 알아보려고 한다. 또는 이직을 계획하면서 원예의 일을 준비할 수 있는 교육 프로그램을 공공정원에서 찾는 사람들도 있다. 뉴욕식물원(New York Botanical Garden)이 운영하는 원예학교(School of Professional Horticulture)는 주 정부가 허가하고 공인한 직업 훈련의 훌륭한 모델이 되고 있다.

전문 자격 또는 새로운 업무 지식이 있어야 하는 성인들

공공정원의 성인 교육 프로그램 참가자 중 상당수는 원예, 조경, 조경 건축 및 관련된 식물 및 녹색 산업(green industry) 분야 종사자들이다. 많은 전문 직종들은 평생 지속 교육을 자격 유지의 필수 조건으로 정하고 있다. 많은 분야의 연구 발전들은 새로운 지식, 기술, 정보를 생산하며 해당 분야 종사자들은 자신의 업무와 관련된 이러한 가장 최근의 흐름에 뒤처지지 않아야 한다. 공공정원은 자신의 직원을 포함한 이러한 참가자들에게 매우 다양한 접근 방식을 통해 가치 있는 기회를 제공한다. 예를 들어 시카고식물원(Chicago Botanic Garden)은 병원과 기타 의료기관에서 좀 더 건강에 도움이 되는 정원을 만들 수 있도록 이와 관련된 보건의료 시설 설계자, 건축가, 조경 설계자를 대상으로 보건의료 정원설계 인증(Healthcare Garden Design Certificate) 프로그램을 운영하고 있다. 미주리식물원은 매년 식물학 연구자들을 위한 식물학 심포지엄을 후원한다.

대학생과 대학원생

일부 정원들은 식물학이나 원예학 분야의 연구 또는 특정한 공공정원 프로그램 영역에서 오랜 역사와 명성을 가지고 있다. 이 정원들은 우수한 인력을 보유하고 있으며 대학생과 대학원생들을 교육할 수 있는 역량을 가지고 있다. 이 경우에는 공공정원과 대학 간에 동반 관계가 구축된다. 이 장의 후반부에 소개될 이러한 프로그램의 예는 란초 산타아나 식물원(Rancho Santa

Ana Botanic Garden), 뉴욕식물원, 미주리식물원, 시카고식물원 등과 같은 공공정원들이 있다.

성인 평생교육 및 평생 학습

공공정원이 운영하기에 가장 쉽고 경제적으로 수익성이 높은 프로그램은 여가, 오락, 평생 학습에 관심을 가진 사람들을 대상으로 하는 성인 평생교육 프로그램이다.

위스콘신-매디슨 대학교는 1907년에 미국에서 대학 최초로 평생교육 프로그램을 시작했다(Gooch 1995). 그 이후로 많은 대학 특히 국공립 전문대학들은 다양한 학문 분야의 성인 평생교육을 제공하는 전문 기관들이 되어서 지역사회를 위한 중요한 기능을 하고 있다. 하지만 평생교육을 제공하는 기관이 대학만은 아니다. 미술관, 공원, 시의 여가 관련 부서, 비영리 교육기관 역시 여가 활용을 위한 학습 기회를 찾고 있는 성인들에게 문호를 열고 있다.

공공정원들이 이 분야에서 많은 경쟁자를 가지고 있다는 점은 분명하지만, 그 경쟁에서 상당한 성과를 거두었다. 공공정원들은 전체적으로 수십만 명의 회원을 보유하고 있으며 매년 방문객은 수백만 명에 달하며 그들은 모두 정원에서 제공하는 프로그램의 잠재적 교육생들이다. 공공정원은 학습이 진행될 수 있는 아름다운 장소이기 때문에 다른 기관에 비해 장점이 있다. 더욱 중요한 점으로 공공정원들은 원예, 조류 관찰, 그림 그리기, 사진 촬영, 일반적인 자연사와 같이 기존의 수백만 명의 성인들을 위한 프로그램을 쉽게 제공할 수 있다.

평생 학습

"평생 학습"(lifelong learning)이라는 용어는 불과 수십 년 전에 등장했으며 공식 교육 과정 이외의 모든 성인 대상 교육 활동에 적용되고 있다. 공식적인 교육 과정 이후까지의 학습 연장이라는 개념이 완전히 새로운 것은 아니며 직업 보수 교육은 훨씬 더 오래전부터 있었었다. 철학적 의미에서의 평생 학습 개념은, 성인들은 평생 자발적으로 새로운 지식을 계속 추구할 것이라고 주장한다. 학습자는 스스로 부여된 동기가 있다. 그에 대한 보상은 학위, 학력, 또는 경력이 아니라 내부로부터의 개인적 성장과 발전이다. 또한, 평생 학습에 수반되는 사회적 상호작용이라는 분명한 요인이 있다. 공공정원이 여가 활동 학습자들을 위해 제공하는 수업, 강의, 현장 실습 및 기타 활동들은 평생 학습으로 불릴 수 있는 조건들을 모두 충족시킨다.

전통적 학문 프로그램

전통적 학문 프로그램은 여러 면에서 평생 학습과 구분된다. 전통적 학문 프로그램은 학위 또는 자격증 취득으로 이어지는 공식 교육 제공을 목표로 진행된다. 이 프로그램을 통해 학위를 취득하기 위해서는 정해진 커리큘럼 요건을 완수해야 한다. 이 프로그램들은 학습자가 취업을 준비할 수 있도록 설계된다. 여기에서 학습자들의 동기는 학위나 자격증 취득이다.

공공정원을 위한 기회들

공공정원은 성인 평생교육 프로그램을 운영하는 이유에는 여러 가지가 있다. 첫째, 성인 평생교육은 정원 회원과 구성원들의 이익에 부합한다. 둘째 성인 평생교육은 공공정원의 임무 달성에 도움이 된다. 많은 공공정원은 교육을 임무에서 중요한 요소로 포함하고 있다. 마지막으로 성인 평생교육 프로그램은 상당한 재정적 수익을 발생시킨다. 많은 공공정원은 일정 수준의 성인 평생교육을 제공하며 규모가 좀 더 큰 정원들은 장기적이고 다양하며 활동적인 프로그램들을 진행한다.

뉴욕식물원이 운영하는 프로그램은 식물 세밀화(botanical art)와 정원 관련 글쓰기부터 원예치료 및 조경 설계에 이르기까

그림 16–1】 성인 화환제작 수업

표 16-1】 시카고식물원 학교: 프로그램과 등록자 수

	1996	1997	1998	1999	2000	2001	2002
프로그램 수	154	158	167	274	366	380	383
등록자 수	2,467	2,660	3,178	4,338	6,710	6,191	8,365

지 전문가, 취미 생활자, 여가 활용 학습자들을 위한 수업을 제공한다. 미주리식물원의 프로그램 역시 원예, 요리, 공예와 꽃꽂이, 정원 산책과 방문, 조경, 자연학습 등 똑같이 광범위한 과정을 다룬다. 시카고식물원 산하의 식물원 학교(School of the Botanic Garden)는 정원설계, 원예, 생태학과 자연학, 식물 세밀화와 인문학, 식물과 인간의 상호작용 다섯 개 분야에서 평생교육 및 전문 교실을 제공한다. [표 16-1]은 초기 수년간 이 프로그램들의 빠른 성장세를 보여준다(Jones 2002).

하지만 대규모 예산을 가진 공공정원만 성인 평생교육을 제공할 수 있는 것은 아니다. 더 적은 예산과 인력을 가진 공공정원도 풍부한 성인 프로그램을 제공할 수 있다. 예를 들어 포트워스 식물원(Fort Worth Botanic Garden)은 텍사스 크리스천대학(Texas Christian University)의 장기 교육 프로그램과 공동으로 성인 교실을 제공한다. 마리에 셀비 식물원(Marie Selby Botanical Garden)은 미술, 사진, 원예, 그린 빌딩, 건강에 관한 수업을 운영한다. 또한, 프레더릭 마이어 정원 조각 공원(Frederick Meijer Gardens and Sculpture Park)이 증명해 주듯이, 오랜 역사를 가진 공공정원만이 성인 프로그램을 제공할 수 있는 것은 아니다.

하지만 공공정원의 예산 규모와 성인 교육 프로그램 운영 여부 간에는 분명히 연관성이 있다. 154개 정원과 수목원의 웹사이트에 대한 조사에서 대형 공공정원들의 69%가 성인 교육 프로그램을 운영하는 반면, 중형과 소형 정원들은 각각 51%와 41%인 것으로 나타났다(대형: 연간 예산 200만 달러 이상, 중형: 100~200만 달러, 소형: 100만 달러 미만).

전문가 교육

고등학교, 대학교, 또는 취업 후에 반드시 학업을 중단해야 한다는 원칙은 없다. 새로운 정보가 끝없이 생성되며 새로운 관상용 식물들이 계속 발견된다. 또한, 관련 연구들은 더욱 환경친화적인 방식을 포함해 좀 더 우수한 원예 기법들을 개발하고 있다.

공공정원 종사자들만이 아니라 다른 많은 관련 분야의 종사자들 역시 이러한 최신 정보들에 뒤처지지 않아야 할 의무를 진다.

공공정원들은 조경 설계 및 건축, 원예, 식물학 연구, 관람객 서비스를 포함한 관련 분야들의 종사자들로 구성된 단체들의 이익 및 전문 교육 필요성의 충족에 상당히 이바지하고 있다. 미국 공공정원 협회(American Public Gardens Association)는 공공정원 종사자들을 위한 역량 개발 워크숍을 후원한다.

전문 평생교육 범주에 속하는 프로그램 형태는 그 대상자들만큼 매우 다양하다. 다음에서 그중 일부를 더욱 상세하게 소개한다. 이 목록에는 심포지엄, 워크숍, 학술회의, 다른 지역 동료에 대한 비공식적 방문, 그리고 저널 논문 발표까지도 포함될 수 있다.

자격 인증 프로그램

자격 인증 프로그램 참가자들은 특정 분야에 대한 전문 지식을 습득할 수 있다. 이는 대학 학위에 상응하지는 않지만, 응급구호, 살충제 이용, 장비의 안전한 이용과 같은 특정 분야에 대한 교육을 이수했다는 증명이 될 수 있다. 인증 프로그램의 형태는 다양하며 여기에는 비정기적으로 이루어지는 필수 프로그램에 대한 교육, 또는 연속적 활동이나 수업을 통해 전달되는 체계적 커리큘럼이 포함된다.

공공정원의 자격 인증 프로그램은 다른 어떤 목적도 없이 특정 주제에 대한 좀 더 깊은 이해를 원하는 관련 분야 종사자는 물론 여가 학습자들을 대상으로 한다. 예를 들어 모튼 수목원(Morton Arboretum)은 여가를 활용하고자 하는 지역 주민을 대상으로 자연주의자 인증 프로그램을 성공적으로 진행하고 있다. 이러한 프로그램 진행을 통해 정원들은 학습자들을 좀 더 장기적으로 정원 활동에 참여시킬 수 있다는 이익을 얻게 된다.

관련 분야 종사자를 대상으로 하는 자격 인증 프로그램들은 레저 활동가들을 위한 경우보다 좀 더 엄격한 요건을 두고 있으며 참가자들에 대한 기대치 역시 더 높다. 여러 규모의 공공정원들이 원예, 조경 설계 및 유지보수, 원예치료, 식물 세밀화, 자

[표 16-2] 9개 공공정원에서 운영 중인 자격 인증 프로그램들

아널드수목원	노스캐롤라이나식물원	뉴욕식물원
조경 설계	자생식물 연구	원예: 식물 재배
조경 설계 역사	식물 세밀화	원예: 조경 관리
조경 보존		원예: 관상용 식물 ID
	필립스 온실식물원	원예: 정원설계
시카고식물원	자생식물	정원 관리
관상용 식물	식물 세밀화	식물학
전문 정원사 1급, 2급	환경 원예	식물 세밀화
미국 중서부 원예	조경 및 정원설계	자연 과학 일러스트레이션
정원설계	꽃꽂이	원예치료
보건의료 시설 정원설계		꽃꽂이
식물 세밀화	**브루클린식물원**	조경 설계
	원예	환경친화적 정원 관리
모톤 수목원	꽃꽂이	
가정 조경 원예		**조지아 주립 식물원**
자연경관 사진학	**덴버식물원**	자생식물
식물 세밀화	로키산맥 원예	
조류학	식물 세밀화	
박물학		

연, 식물학과 같은 분야의 인증 프로그램을 운영하고 있다(표 16-2 참조).

학생 인턴 제도

대학의 원예 관련 학위 프로그램 중 많은 수는 필수 과정에 인턴 프로그램 참여를 포함한다. 이러한 인턴 제도의 목적은 학생 및 잠재적인 공공정원 종사자들에게 전문가와 함께 현장에서 실습할 기회 제공이다. 공공정원은 이러한 인턴 프로그램을 운영할 수 있는 최적의 조건을 가지고 있다. 일부 공공정원들은 이러한 학위 이수를 위한 인턴 참가자 외에도 고등 교육 기관과 무관한 청년층에게도 인턴 프로그램의 문호를 개방하고 있다.

공공정원은 인턴 제도 운용을 통해 많은 보상을 받을 수 있다. 그리고 더욱 중요한 점으로서 이러한 제도는 이 분야에 이바지할 차세대 정원 종사자들이 더욱 우수한 인재가 되도록 도울 수 있다. 실제로 인턴 제도는 잠재적 신규 채용 후보자를 찾을 수 있는 좋은 방법이다. 실제로, 정원 인력에 공석이 생겼을 때 인턴 프로그램 참여자를 채용하는 경우를 흔히 볼 수 있다. 마지막으로, 모든 공공정원은 인턴에 제공하는 부수적인 도움을 얻을 수 있다.

공공정원이 운영하는 인턴 제도는 다양한 형태를 취한다. 일부는 여름에만 운영되며 기간은 예를 들어 6개월 또는 12개월일 수도 있다. 일부 정원은 인턴 제도를 인력을 보충하는 방법으로 이용한다. 대부분은 인턴에게는 자신이 하는 작업에 대한 보수가 제공되지만, 일부는 그렇지 않다.

인턴 제도가 학생들에게 유의미하고 정원의 입장에서 생산적으로 되기 위해서는 전문 인력들이 멘토의 역할을 하면서 감독 및 안내 그리고 진정한 교육 경험을 제공해야 한다. 롱우드 가든(Longwood Garden)은 원예에 관심을 가진 고등학생, 대학생, 외국 학생들을 대상으로 하는 매우 특수한 인턴 프로그램을 운영하고 있다.

시카고식물원에서는 원예치료 전문가 및 치료용 정원설계 전문가들과의 인터뷰를 포함한 장기간의 시장 조사 결과를 바탕으로 5년 전부터 보건의료 정원설계 자격 인증(Healthcare Garden Design Certificate) 프로그램을 운영하고 있다.

보건 의료 시설에서 치료 목적의 정원을 설치하는 경우가 점차 증가하고 있다. 이 정원들의 설계에서 보건 의료 시설의 정원은 임상적 치료의 효과를 극대화하고 의료 인력의 스트레스와 결근율을 크게 낮추어 주며 환자 건강을 개선하고 고객 만족도를 높여 준다는 것을 증명하는 연구에서 제시된 정보가 활용된다.

이 인증 프로그램 참여자들로는 의료 시설 경영자, 프로그램 운영자, 의료 시설 마케팅 책임자는 물론 조경 건축가, 정원 설계사, 건축가, 인테리어 디자이너, 간호사, 치료사, 그리고 레크리에이션 강사까지도 포함된다.

프로그램의 신뢰도는 커리큘럼 결정에 자문하고 직접 수업을 진행하는 이 분야들의 유명한 전문가들로 구성된 강사진을 통해 보장된다.

초기에는 2주간의 합숙 교육을 조건으로 했지만, 참가자들과 강사들의 피드백을 통해 시카고에서 2주간 체류는 불필요하다는 결론을 내렸고 연속 9일간의 수업으로 변경했다. 정원은 이제 강사들의 2주간의 체류 비용을 부담할 필요가 없어졌으며 이에 따라 프로그램 참가비용도 낮아졌다.

수업 방법에는 강의, 집단 프로젝트, 사례 연구, 현장 실습이 있다. 보건의료 시설 정원 견학을 통해 개념을 강화한다. 수업 내용에는 보건 의료 시설 정원의 형태, 건강 개선으로 이어지는 정원 경험, ADA 및 기타 규제 기관들의 식물 선택, 정원설계와 건설 및 유지보수 관련 규정들이 포함된다.

그림 16-2] Shaw 자연보전 구역에서 수분 연구를 돕고 있는 인턴

정원 간의 인력 교환

일부에서는 공공정원들이 일정 기간 상호 인력을 교환한다. Cox and Edwards(1994)에 따르면 그러한 인력 교환은 다른 정원의 운영 방식 관찰, 새로운 접근 방식과 기법의 학습, 다른 환경에서 새로운 아이디어에 대한 실험을 포함해 여러 긍정적 효과를 가진다. 장기간 같은 업무에 종사하다 보면 타성에 젖게 될 수도 있다. 인력 교환은 일시적으로 새로운 업무 환경 및 동료들을 경험함으로써 정원 종사자들이 업무 면에서 새로운 에너지를 얻는 데에 도움이 될 수 있다.

평생교육 학점(CEU)

전문 조경 설계인 협회(Association of Professional Landscape Designers), 국제 수목 재배협회(International Society of Arboriculture), 미국 수목 요법협회(American Horticultural Therapy Association), 미국 골프코스 관리자협회(Golf Course Superintendents Association of America)를 포함해 많은 직종 단체들은 자신의 회원들에게 공식 교육 완료 후에도 전문성 개발 교육을 계속 이수하도록 요구 또는 권장하고 있다. 이 요건을 충족시켰다는 증빙에 흔히 이용되는 방법의 하나로 평생교육 학점(Continuing Education Unit, CEU)이 있다. 자격을 갖춘 강사가 인증된 프로그램에서 제공하는 교육에 10시간 참여한 경우 일반적으로 1학점이 부여된다. 국제 평생교육 훈련협회(International Association for Continuing Education and Training)는 CEU에 대한 표준을 펜실베이니아 대학 산하의 모리스 수목원의 인턴 프로그램은 30년 이상 운영되면서 원예 산업, 공공정원, 정부, 연구 기관, 교육 분야의 200명이 훨씬 넘는 리더들을 배출했다.

8년 기간의 인턴을 채용하는 분야는 수목 재배, 교육, 원예, 식물 보호, 도시 임업, 펜실베이니아 식물, 식물번식, 장미 정원이다. 이 각 분야에서는 각기 다른 자격 및 경험이 필요하다. 이 프로그램은 인턴들이 모든 분야를 단기간에 경험하는 체험 행사가 아니며, 한 분야에서의 실무 응용 및 관리 기술 개발이 조합된 집중적 경험이다.

모든 인턴은 펜실베이니아 대학이 조경 건축개발(Department of Landscape Architecture)과 지역 계획수립(Regional Planning)의 두 개 과정을 통해 제공하는 2년 기간의 수목 관리 대학원 프로그램에 등록한다. 커리큘럼에는 수목원의 수목을 소개하고 그들이 식물 식별, 이용, 재배 기술을 익힐 수 있도록 돕는 수집품에 관한 수업이 포함된다. 이 과정에 등록한 인턴들은 자신이 직업에 관해 가진 관심을 자극하고

보고서 작성 방법을 익히며 수목원 직원들을 대상으로 한 구두 발표 능력을 훈련하도록 하기 위한 자신의 연구 프로젝트를 완수해야 한다.

또한, 인턴들은 일련의 비공식 교육 활동들에 참여한다. 연중 진행되는 다양한 주제에 관한 세미나 및 실습 과정을 통해 인턴들은 수목원 직원 및 다른 기관의 전문가들과 교류한다. 공공정원, 박물관, 자연 보호 구역으로의 현장 실습은 인턴들이 다른 기관의 운영 방식을 체험할 기회가 된다. 인턴들은 또한 일반인들에게 식물 해충 및 질병 그리고 식물 식별에 관한 정보를 제공하는 방문/전화 서비스인 수목원 식물 클리닉(Arboretum's Plant Clinic) 활동에 참여한다.

모리스 수목원의 인턴십 프로그램은 우수한 이수자들을 1년간 가능한 인턴 참여 분야에 가까운 현업에 배치한다. 인턴들은 매주 40시간에 대한 시급을 받고 펜실베이니아 대학을 통해 의료, 안과, 치과 복지 혜택을 받으며, 유급 휴가, 병가, 유급 휴일을 보장받고 펜실베이니아 대학 및 협력 대학들로부터 장학금을 받을 수 있는 자격을 가진다.

수립했으며 많은 공공정원은 이 요건 중 일부를 충족시키도록 설계된 평생 프로그램을 제공한다.

교사 전문 역량 개발

교사를 위한 전문 역량 개발 프로그램을 제공하는 정원이 점차 증가하고 있다. 이러한 프로그램이 우수한 교사 전문 역량 개발 프로그램이 되기 위해서는 국가 과학 표준(National Science Standards)의 권고 사항을 준수하고 주 정부와 지방 정부의 커리큘럼 기준에 부합해야 한다. 예를 들어 버클리에 있는 캘리포니아 대학의 수목원은 여름 방학 기간에 교사들이 주 정부 커리큘럼 및 각자가 속한 분야의 요건을 충족시키는 데에 이용할 수 있는 식물학 또는 원예 커리큘럼을 운영한다.

고등 교육

과거 약 25년간 대학에서 나타난 주목할 만한 추세 중 하나는 원예와 식물학 교육의 성격을 크게 변화시켰다. 즉 많은 대학은 세포 및 분자 생물학에 초점을 맞춘 연구와 교육 프로그램의 운영을 시작했다. 원예와 식물 관련 학과들은 폐지되거나 다른 분야에 흡수되어 그 중요성과 규모가 축소되고 있다.

코넬 대학교, 아이오와 주립 대학교, 퍼듀대학교, 미시간 주립 대학교, 펜실베이니아 주립 대학교와 같이 원예와 식물 분야의 명성을 가진 학과들이 남아 있지만, 공공정원들은 독자적인 연

구와 교육을 통해 이 분야의 리더를 육성해야 할 필요성을 절감하고 있다. 현재 전 세계에서 가장 유명한 식물학 연구 및 원예 분야의 연구소들은 대학이 아닌 미주리 수목원, 뉴욕 수목원, 영국의 큐 국립식물원, 남아프리카 공화국의 커스텐보쉬 국립식물원(Kirstenbosch National Botanic Garden)과 같은 공공정원들이다.

하지만 공공정원들이 대학의 연구 및 교육 역할 중 많은 부분을 맡는다고 하더라도 대학과 같은 학점을 제공할 수는 없다. 이 정원들은 학위를 부여할 권한을 부여받지 못했으며 독자적으로 대학원 프로그램을 운영할 수 없다. 그러므로 학문 기관과 공공정원 간의 파트너십이 필수적이다.

파트너십

펜실베이니아 대학(모리스 수목원), 캘리포니아 대학교, 노스캐롤라이나 대학교, 하버드 대학교(아널드 수목원)와 같은 대학들이 공공정원을 보유 및 운영하고 있다. 미국 공공정원협회에 소속된 대학 산하 공공정원의 수는 80개 이상에 이른다. 이러한 정원들은 자연적으로 파트너십이 형성된다.

대학과 무관한 공공정원들은 대학들과 다양한 파트너십을 체결했다. 그중 일부는 공공정원과 대학 간의 시설 공유처럼 단순한 형태이며 다른 경우에는 공공정원 인력들이 대학에서 강의하기도 한다. 또한, 추가적인 수업료를 내는 공공정원 프로그램 참가자들은 대학이 학점을 인정하는 수업을 들을 수 있는 경우를

흔히 볼 수 있다.

공공정원들은 대학 파트너에게 많은 것들을 제공할 수 있는 위치에 있다. 가장 먼저, 공공정원들은 원예, 식물학, 토양학, 유전학, 세포 생물학 및 기타 전문 분야의 교육을 받은 양질의 인력들을 채용한다. 대학의 전문가들이 파트너 관계 고등 교육 기관의 인력을 보조하기도 하며 또 다른 경우에는 동반 관계를 위한 중요한 지식 기초로서 그러한 관계가 유지되기도 한다. 예를 들어 일리노이주의 에번스턴에 있는 노스웨스턴대학은 시카고 식물원과의 파트너십 체결 전까지 26년 이상 교수진 중에 식물학자가 없었다.

공공정원들은 연구실, 사무 공간, 연구용 식물을 재배할 수 있는 정원 공간, 연구용 컬렉션을 보관할 수 있는 온실과 같은 물리적 시설들을 보유하고 있다. 대형 공공정원 중 많은 수는 또한 많은 양의 자료를 보유한 식물학 도서관, 연구와 학습용의 많은 식물, 고등 교육에 필요한 많은 식물 표본 및 기타 표본들을 가지고 있다. 마지막으로, 공공정원에서 운영하는 대형 식물학 교육 및 연구 센터들은 국제적인 명성을 얻고 있으며 이는 전 세계의 학자와 학생들을 유치하는 데에 도움이 된다.

대학들은 전문 인력, 시설, 연구 공간, 도서관, 강의실 이외에도 학점을 부여할 수 있는 권한을 가진다. 현재 어떤 정원도 이러한 자격을 가지고 있지 않다. 대학들은 또한 행정, 등록, 기록, 재정적 지원, 학생 서비스와 같이 고등 교육 프로그램에 필요한 행정 기능 및 그 기반시설을 가지고 있다.

학부 프로그램

그림 16-3] 헌팅턴 식물원의 현대화되고 첨단 장비가 설치된 강의실

역사적으로 보면 정원들은 대학에 등록된 식물학과 원예학 전공 학생들을 위한 비공식적인 학습의 공간이었다. 이러한 관계가 가장 강하게 작용하는 경우는 학생들의 식물학 연구 지원에 관한 오랜 역사가 있는 하버드 대학의 아널드 수목원과 같이 대학이 보유하고 운영하는 공공정원들이다.

더욱 최근에는 메릴랜드 대학이 캠퍼스를 공공정원으로 개축했으며 메릴랜드 대학 식물원 원장인 말라 매킨토시(Marla McIntosh) 교수는 2009년 3월 5일에 실린 기사에서 정원의 가치에 대해 다음과 같이 말했다. "도시의 대학에서 임학을 전공하는 학생들이 이제 우수한 인력이 되는 데에 필요한 전문 기술을 배울 수 있게 되었습니다. 환경학과 학생들은 수목이 가지는 생태학적 가치를 도시 생태계에 적용할 수 있고 행정학과 학생들은 수목이 삶의 질에 미치는 영향을 조사할 수 있게 되었습니다."

란초 산타아나 식물원(Rancho Santa Ana Botanic Garden)과 포모나대학(Pomona College)은 오랜 제휴 관계를 맺고 있다. 이 대학의 생물학과 학부생들은 연구 프로젝트 수행을 위해 란초 식물원에서 대학원 과정을 이수할 수 있다. 이 두 기관이 공동으로 관리하는 식물 표본실은 정원 시설에 위치한다.

대학원 프로그램

미국에서 대학과 수립된 최초의 고등 교육 동반 관계는 미주리식물원 설립자인 헨리 쇼(Henry Shaw)가 세인트루이스 주의 워싱턴 대학에 식물 학교를 세웠을 때였다. 현재 이 학교는 사라졌지만, 이 파트너십은 대학원 프로그램 및 공동 연구 형태로 계속 유지되고 있다.

1927년에 수산나 빅스비 브라이언트(Susanna Bixby Bryant)는 란초 산타아나 식물원을 열었고 이 식물원은 클레어몬트 대학원(Claremont Graduate University) 생물학과의 본거지가 되었다. 즉 대학원 강의실, 연구실, 교수실, 학생회실, 학생들이 이용하는 모든 연구 시설들이 정원 내에 있었다.

뉴욕식물원의 대학원 프로그램은 뉴욕의 시티 대학교(City University), 컬럼비아 대학교, 코넬 대학교, 뉴욕 대학교, 예일대학교, 포덤 대학교의 6개 대학교와의 동반 관계를 통해 학생들을 유치한다. 다른 공공정원들은 한 개의 대학과 고등 교육 프로그램을 운영한다. 그중 가장 잘 알려진 경우는 델라웨어 대학교와 공동으로 운영되는 롱우드대학원 프로그램(Longwood Graduate Program)이다. 1967년에 시작된(Skelly and Hetzel 2005) 롱우드 프로그램은 공공 원예 행정 분야의 석사 학위를 부여한다. 이 프로그램에 등록한 학생들은 자신들이 관심을 가진 세부 분야로의 진출을 준비할 수 있는 이수 과목, 연구, 특수 프로젝트를 선택할 수 있다.

코넬 플랜테이션(Cornell Plantation)은 석사 학위를 받을 수 있는 4학기의 공공정원 리더십 분야의 대학원 연구자 프로그램을 원예학과와 공동으로 운영하고 있다. 1차연도와 2차연도 사이에는 인턴십 과정이 필수 과목이다. 등록 연구원들은 대학원 연구를 위한 주제를 선택하고 졸업 전에 해당 주제에 관한 프로젝트를 완수한다.

시카고식물원은 2006년에 노스웨스턴대학과 함께 식물학과 보존학 분야의 석사 학위 공동 대학원 프로그램을 시작했으며 2년 후에는 이 프로그램에 박사 과정도 포함되었다. 페어차일드 열대식물원(Fairchild Tropical Botanic Garden)은 플로리다 국제대학교 및 마이애미 대학과 공동으로 대학원 프로그램을 운영한다.

인가된 프로그램들

뉴욕식물원에서 운영하는 원예학교는 북미 지역의 공공정원 중 유일하게 독립적으로 인가를 받은 고등 교육 프로그램이다. 이 학교는 뉴욕주 교육부가 허가하고 평생교육 인가 위원회(Accrediting Council for Continuing Education and Training; ACCET)로부터 인가받은 사립학교다. 주 정부의 허가 및 ACCET의 인가 조건으로서 이 학교는 운영의 모든 부문에서 최소 표준 요건을 준수해야 한다. 이 학교는 또한 교육부로부터 자격을 갖춘 학생들을 위해 연방정부 학비 보조금을 운영할 수 있는 자격을 인정받았지만, 학위 수여 기관 인증은 받지 못했다. 인증과 허가는 또한 해당 학교의 프로그램을 이수한 학생들을 모집하고 배치를 할 때 고려되는 학교의 신뢰도에 영향을 미친다.

그림 16-4】 뉴욕식물원의 전문 원예학교 카탈로그

사례 연구: 뉴욕식물원(NEW YORK BOTANICAL GARDEN) 원예학교

원예학교(The School of Professional Horticulture)는 1919년에 참전용사들을 위한 직업 훈련 프로그램으로 시작되었다. 이 프로그램은 1932년에 전문 정원 교육 프로그램이 되었으며 현재는 "동기를 부여받은 개인들이 공공 및 민간 분야 리더 역할을 할 수 있도록 좀 더 높은 수준의 원예가를 위한 교육의 제공"을 임무로 하고 있다.

이 프로그램의 등록 자격은 19세 이상, 고등학교 졸업 또는 그에 상응하는 교육 이수, 1,800시간 이상의 경험이다. 2년 기간의 고등 교육이 권장된다.

본 과정은 총 26개월이 소요된다. 학생들은 식물학, 원예학, 통신, 조경 설계에서 최소 685시간의 강의를 이수해야 하며 추가로 60시간의 선택 과목을 신청할 수도 있다. 학생들은 식물 관찰 야외 학습에 참여하며 하루 동안 시행되는 식물 식별 시험에서 70점 이상을 기록해야 한다. 공식 수업에는 다른 기관 견학 및 정규 수업 이외에 제공되는 전문가 강의 출석도 포함된다.

커리큘럼에서는 또한 장시간의 실습 경험이 포함된다. 학생들은 수목 재배, 전시, Bronx Green-Up, 가족 정원, 보존원, 잔디와 토양, 장미 재배, 병충해 종합관리, 온실, 식물 기록 및 맵핑, 고산 식물과 자생식물 재배를 포함해 정원의 11개 분야에서 최소 1,000시간의 실무 실습을 완수해야 한다. 1차 연도 학생들은 가로 6피트, 세로 6피트의 개인 정원을 설계, 설치, 유지보수 해야 한다. 2차 연도에는 봄과 여름에 기업이나 식물원에서 6개월의 인턴 과정을 이수해야 한다.

신규 프로그램 개발

어떤 공공정원도 운영하는 모든 프로그램에서 성공할 수는 없지만, 전체적으로 실패보다는 성공하는 프로그램들이 더 많다. 성공 확률을 높이고 시간과 예산을 절약하기 위해서는 공공정원이 새로운 과정 아니면 완전히 새로운 과정을 신설하는지는 중요하지 않으며 신중한 연구와 계획수립이 필요하다.

가능성 조사

신규 프로그램 개발의 첫 단계는 자금과 시간을 집중해 프로그램의 전략적 방향에 관한 결정에 도움이 될 수 있는 정보를 수집하는 것이다.

▎공공정원의 임무 및 강점

공공정원의 강점, 약점 및 기본적 성격에 대한 분석과 그 임무는 신규 프로그램의 방향을 설정하는 데에 도움이 될 것이다. 롱우드 정원과 같이 관상용 식물 및 전형적 전시에 전문화된 공공정원들은 산타바버라 식물원(Santa Barbara Botanic Garden)과 같이 토종 식물을 좀 더 상세하게 다루는 정원과는 다른 구성의 프로그램을 운영할 것이다. 마찬가지로 전형적 정원을 가진 공공정원은 방대한 수목 식물 수집품을 가진 수목원과 다른 프로그램들을 운영할 것이다. 초원 또는 숲과 같은 넓은 자연 구역을 가진 공공정원에서의 야외 학습은 모두 도시 지역의 공공정원에서의 야외 수업보다 효과적일 것이다. 신규 프로그램 개발에서는 정원의 임무, 그 주변 환경, 입지, 지역사회, 수집품, 인력 구성의 장단점들을 고려해야 한다.

▎시장 분석

시장 분석을 위해서는, 가능한 많은 정보의 수집이 중요하다. 자연 센터, 공원 또는 다른 공공정원과 같이 인근의 다른 기관들은 어떤 프로그램을 운영하고 있는가? 그 프로그램들의 수강료는 어떤 수준인가? 인근 고등 교육 기관들은 보수 교육 프로그램을 제공하고 있는가? 지역의 묘목 산업, 조경 산업, 청정 산업의 규모는 어떠한가? 오듀본 소사이어티(Audubon Society; 미국에서 가장 큰 환경 단체)와 정원 동호회들의 회원 규모는 어떠한가? 지역의 직업과 산업 구성 역시 어떤 산업이 변하고, 성장하고 축소되고 있는지 중요하다.

▎외부 자문

잠재적 프로그램 대상자들을 만나 그들이 무엇에 관심을 가지고 어떤 것을 필요로 하는지를 알아본다. 정원의 회원 관리 책임자에게 프로그램 방향과 관련해 아이디어가 될 수 있는 회원들의 의견이 있는지를 묻는다. 정원, 조경, 수목 또는 관련 산업 종사자들의 모임에 참석한다. 현지 자연 동호회 구성원들도 만나본다. 아마도 학생을 포함해 잠재적 프로그램 대상자들에게 설문지를 보내 피드백을 받을 수 있으며 이는 매우 중요한 정보가될 것이다. Anderson(2004)는 신규 프로그램 결정에서 학생들의 평가 및 등록 패턴을 활용하는 뉴욕식물원의 학생 중심 접근방식을 소개한다.

▎프로그램 범위 결정

정보를 수집한 후에는 데이터를 이용해 프로그램의 범위를 결정할 수 있다. 지식이 풍부한 정원 직원 및 지역 주민으로 구성된 계획수립 위원회에서 프로그램의 방향을 제시한다. 조경, 원예, 묘목 산업의 종사자들을 자문 위원으로 초빙한다. 다양한 분야의 우수한 인력으로 구성된 자문 위원회가 신중하게 제시하는 의견은 많은 실수를 방지하는 데에 도움이 될 것이다.

▎교육 대상 결정

가장 먼저 결정해야 하는 것은 교육 대상이다. 그들은 새로운 지식 습득과 자기 계발을 모색하고 있는 성인 여가시간 활용 학습자들인가 아니면 대학생들인가? 이 결정은 추가적인 계획수립의 필수 조건이며 신규 프로그램이 좀 더 특정 집단에 초점을 맞출 수 있도록 해 준다. Jones(2002)는 시카고식물원에서 식물원 학교를 계획하고 설립하는 과정과 함께 그 학교가 대상으로 했던 교육 대상에 대한 분석을 소개한다.

▎내용의 범위 결정

신규 프로그램 개발 초기 단계에서는 수업의 내용 범위를 결정해야 하며 이때 해당 공공정원의 임무와 강점이 반드시 고려되어야 한다.

미술, 사진과 같은 일부 내용 영역에서는 공공정원이 제공하는 과목의 유형이 정원 주변 환경의 영향을 거의 받지 않는다. 식물 세밀화, 디지털 사진 입문 과정의 수업은 공공정원의 임무나 위치와 무관하게 거의 유사할 것이다. 하지만 원예, 정원 관리, 정원설계에서는 정원의 임무와 위치에 따라 프로그램의 내용 범위가 달라질 것이다. 예를 들어 플로리다주의 Sarasota에 있는 마리에 셀비 식물원은 난초와 아나니스과 식물의 재배에 중점을 둔 원예 수업을 진행하는 반면 애리조나주의 Phoenix에 있는 사막식물원(Desert Botanical Garden)은 선인장과 다육 식물에 관한 수업을 제공한다.

| 수업의 포맷 결정

성인 평생교육 프로그램 개발에서는 교육 대상 인원, 수업에 포함되는 자료의 양, 프로그램의 목표에 따라 많은 포맷을 고려할 수 있다. 이러한 포맷들은 일반인 대상은 물론 전문가 및 해당 분야 종사자를 위한 교육에도 적용될 수 있다. [표 16-3]은 다양한 평생교육 프로그램 포맷의 요약이다.

다양한 강의 기법이 이용되도록 해야 한다. 가장 흥미롭지 않은 강의는 강사가 수업하고 학생들은 필기하거나 파워포인트 발표를 듣는 강의다. 성인 평생교육에 참여한 학생들에게는 식물 옮겨심기, 가지치기, 접붙이기, 또는 그 외 수백 가지의 원예와 조경 활동에 학생들을 직접 참여시키는 수업이 훨씬 더 흥미롭고 효과가 우수하다. 학생들은 또한 자신들이 인쇄된 수업 자료를 받거나 온라인 자료를 스스로 찾는 수업에서 더 높은 호응을 보인다.

이용되는 포맷 또는 수업 기법과는 무관하게, 대학을 통해 학점을 취득할 수도 있다. 학점이 부여되는 경우에는 대학 파트너에게 관련된 세부 사항을 결정하도록 요청해야 한다. 수업의 내용이 대학이 학점을 부여하기에 적합한지 아닌지와 강사가 자격을 갖추고 있는지를 사전에 확인해야 한다. 학점이 수여되는 수업에 대해서는 일반적으로 더 높은 수업료가 책정된다.

| 사업 계획 및 예산 결정

신규 프로그램 실행 전에 프로그램 참가자의 규모 및 시장 분석을 바탕으로 사업 계획을 수립해야 한다.

[표 16-4]는 세 종류의 성인 평생교육 프로그램의 2008년 예산이다. 그중 하나는 대규모의 다양한 프로그램이며 나머지는 각각 소규모의 외부 프로그램과 일회성 행사이다. 수입은 예상 전체 등록자 수 및 각 수업의 비용을 바탕으로 결정된다. 이 표에서 알 수 있듯 일부 지출은 고정 비용(프로그램 등록자 수와 무관하게 발생하는 지출)이며 여기에는 마케팅과 판촉, 인쇄, 우편 요금, 전화세, 강사료, 출장비용이 포함된다. 가변 비용은 각 참가자와 관련된 지출이며 여기에는 강의용 비품과 자료 준비 비용, 중식비, 신용 카드 서비스가 포함된다.

표에서 제시된 세 개의 예 중 두 프로그램은 수익으로 이 비용을 충당할 수 있었지만, 나머지 한 프로그램은 그렇지 못했다. 프로그램 운영비용이 많이 들고 예상 수입이 그보다 적다면 프로그램을 취소하는 결정이 있을 수도 있다. 또는 수익률이 높은 수업에서 발생하는 수익을 비용을 충당하지 못하는 수업을 보조

표 16-3] 다양한 보수 교육 포맷의 특징

포맷	학급 규모	수업 횟수	내용	강사/연사	수업 기법
단기 강의	20~40명	1회 수업	한 개의 특정한 주제	일반적으로 강사 1인	강의, 토론, 시연, 직접 활동
1인 강의	대규모 청중	약 1시간의 강의	한 개의 주요 주제	강사 1인	강의, 가능한 경우 슬라이드 또는 파워포인트
장기 수업	20~40명	5-10회 수업	한 개의 폭넓은 주제와 관련된 여러 주제	1명 이상의 강사들	강의, 토론, 시연, 직접 활동, 야외 실습
심포지엄	대규모 청중	1~2일간의 발표	한 개의 폭넓은 주제와 관련된 여러 주제	여러 발표자	슬라이드나 파워포인트를 이용한 강의
자격 인증 프로그램	20~40명	다양한 기간에 걸쳐 진행되는 일련의 수업들	많은 주제	과목별 여러 강사	강의, 토론, 시연, 직접 활동, 야외 실습

하는 데에 이용할 수도 있다.

공공정원의 미션와 상당히 부합하는 프로그램은 수입이 지출을 충당하는지와 무관하게 진행하기로 결정될 수도 있다. 이 경우 프로그램의 지출은 부분적으로 정원의 일반 운영 예산 또는 다른 수익성 있는 프로그램으로 충당될 수 있으며 또는 그러한 충당을 위한 보조금을 모색할 수도 있다. 시카고식물원의 원예치료 프로그램은 전통적으로 자체 수익은 물론 보건의료 기관들이 제공하는 보조금을 통해 충당됐다.

[표 16-4]에 제시된 3가지 프로그램의 경우에 대규모 프로그램 및 일회성 행사는 계속되었으며 나머지 프로그램은 수년간 계속 발생한 적자로 인해 중단되었다.

양질의 프로그램을 위한 평가

양질의 프로그램이 되기 위해서는 그 세부 사항 및 평가에 대한 지속적 주의가 필요하다. 프로그램에 등록한 학생들은 가장 중요한 정보 제공자들이다. 모든 보수 교육 프로그램들은 그 과정에 다음과 같은 두 종류의 평가를 반드시 포함해야 한다.

첫 번째는 개별 과목, 수업, 심포지엄 또는 프로그램의 수업의 질 및 프로그램의 구성을 평가에 대한 지속적 평가이다. 이 평가의 목적은 강사에 관한 판단이 아니라 개선될 필요가 있는 문제의 파악, 효과적인 방법과 그렇지 않은 방법의 구분, 그리고 프로그램 개선에 도움이 될 수 있는 학생들의 피드백 수집이다. 그 용어가 피드백인지 아니면 평가인지와 무관하게 학생들에게 수업 종료 후 정원에서 준비한 양식을 귀가 전에 작성하도록 요청해야 한다. 학생들에게 양식을 배포하고 귀가 후에 작성해 제출하도록 하면 수거율이 상당히 낮아진다.

둘째, 공공정원들은 수업 소개 카탈로그, 등록 과정의 불편 사항, 시설의 질, 의사소통의 효율성 등을 포함해 프로그램의 다른 행정적 면들에 대해 학생들로부터 정기적으로 피드백을 받아야 한다. 학생들이 개선을 위한 의견을 가졌는지 아니면 어떤 점이 문제라고 생각하는지를 물어야 한다. 성인 평생교육 프로그램에서는 학생이 고객이며 일반 소매 기업이 고객을 대할 때와 같은 방식으로 그들을 대해야 한다는 점을 염두에 두어야 한다.

어떤 문제와 쟁점도 내버려 두지 않아야 한다. 문제점을 찾고 해결한 후에 어떤 문제가 어떻게 해결되었는지를 학생들이 알 수 있도록 한다. 학생들은 해결되지 않은 문제를 계속 대화의 주제로 삼을 것이다. 학생들이 공공정원에 대해 가지는 충성도에

[표 16-4] 세 보수 교육 프로그램의 실제 예산(단위: 100달러)

	대규모 프로그램	소규모 프로그램	일회성 행사
구성	수업 100회	외부 수업 19회	1일 심포지엄
수입	161,300	14,800	16,300
고정 비용			
강사료	46,000	3,300	2,500
마케팅	58,000	10,300	3,000
우편 요금	16,200	5,500	1,700
복사 비용	2,100	400	
전화 비용	3,300		
강의실 임대료		5,000	
강사 출장비	4,000	300	2,000
가변 비용			
수업 비품	12,300	2,100	
기타 비품	1,100		300
중식비			4,400
신용 카드 서비스	3,900	300	400
총지출	147,800	27,000	14,300
총수익	13,500	(12,400)	2,000

따라 다른 프로그램에 대한 참여 여부가 결정될 수도 있다는 점에 유의해야 한다.

요약

공공정원에서 진행되는 성인 평생교육 프로그램은 매우 다양하다. 즉 그 대상, 이용되는 프로그램 형식, 프로그램 규모, 수반되는 파트너십의 종류와 개수에 따라 프로그램의 성격이 결정되며 여러 종류의 관리 과정 중 하나 또는 그 조합을 선택할 수 있다. 공공정원들은 자신의 임무 및 강점을 반영한 고유의 평생교육 프로그램을 진행한다.

평생교육 프로그램의 성공을 보장하기 위해 가장 염두에 두어야 하는 점은 포괄적 계획수립, 차별화된 고객 서비스, 지속적 평가, 양질의 강의 및 시설이다. 성공적 프로그램들은 학생들로부터 피드백을 받아 이를 프로그램 내용, 진행 방법, 관리의 개선에 활용한다.

참고문헌

Anderson, N. 2004. A marketing driven continuing education program: Formula for success. *The Public Garden* 19(1): 36–39. A good account of the ways to market a continuing education program at a large public garden.

Cox, M., and I. Edwards. 1994. Changing places. *Roots* 1(9), bgci.org/education/article/0462/. A short personal description of the effect of a job change on the careers of two public garden professionals.

Gooch, J. 1995. *Transplanting extension: A new look at the Wisconsin idea*. Madison: University of Wisconsin Extension Printing Services. A history of the beginning of continuing adult education as started at the University of Wisconsin in 1907.

Jones, L. 2002. To serve broadly: The mission of the School of the Chicago Botanic Garden. *The Public Garden* 17(3): 28–30. A look at the planning and development of the School of the Chicago Botanic Garden.

McFarlan, J. 2005. The Morris Arboretum internship program: Training public garden managers for 26 years. *The Public Garden* 20(3): 32–34. An outline of the Morris Arboretum internship program.

Skelly, S. M., and C. Hetzel. 2005. The role of academic institutions in developing future leaders. *The Public Garden* 20(3): 14–17. A description of the Longwood Graduate Program with some comments on the benefits of university and public garden partnerships.

Sutherland, P., and J. Crowther. 2008. *Lifelong learning concepts and context*. New York: Routledge. A comprehensive description of lifelong learning.

CHAPTER 17

Interpreting Gardens to Visitors

방문객에게 정원 해설하기

KITTY CONNOLLY 키티 코널리

서론

비공식 교육 프로그램을 통해 방문객들은 정원의 미션과 집단 수집품, 전시물 등을 스스로 알게 된다. 그러한 면에서, 비공식 교육 프로그램은 자기 주도적이지 않은 공식적 교육 프로그램과 근본적으로 구별된다. 방문객을 위한 표지판 및 전시품과 같은 해설 매체(interpretive media)는 정원의 교육적 메시지를 방문객들에게 직접 제공한다. 그것들은 직원이나 자원봉사자가 없이 관람객이 혼자 있을 때 가장 가까이에서 관람객과 접촉한다. 효과적인 교육은 방문객들에게 호기심을 유발하여 공공정원을 감상하고 이해할 기회를 제공하는 것이다.

특히 정원의 셀프 가이드 요소와 상시적 요소들이 미치는 영향을 포함하여, 비공식적인 교육 프로그램이 미치는 긍정적인 영향은 그 교육 프로그램에 드는 경비에 비해 더 클 수 있다. 정원에 오는 모든 사람은 그들을 마주칠 기회가 있지만, 공공 프로그램이나 학교 프로그램 중 가장 야심 찬 프로그램조차도 비공식 교육 프로그램만큼 많은 이에게 영향을 미칠 가능성이 작다. 상시적 전시회와 같은 프로젝트는 수백만 달러의 경비가 소요될 수 있지만, 셀프 가이드 투어를 위한 브로슈어는 많지 않은 금액으로 제작할 수 있다.

강력하고도 오래가는 관계는 비공식 교육을 통해 강화될 수 있다. 매년 수백만 명의 사람들이 식물과 녹색의 공간에 이끌려 공공정원에 오는 것을 선택한다. 어느 정도 이러한 사람들은 공공정원이 제공하는 메시지, 즉 정원은 소중하고 아주 흥미로우며, 즐거운 장소라는 메시지를 받아들일 준비가 되어있다. 비공식 교육자들은 프로그램과 전시회를 기획할 때 그와 같은 기

회를 이용할 수 있다.

비공식 교육이란?

비공식 교육이란 사람들이 자신들의 레저 시간 동안 수행하는

핵심 용어 ▼

전시회(Exhibition): 메시지나 주제를 전달하는 사물이나 텍스트, 그리고 그래픽 등의 3차원적 환경; 때로는 쇼(show)라고도 부른다.

전시물(Exhibit): 전시회의 한 구성요소; 라벨이나 그래픽, 견본, 진품, 또는 재탄생된 소품 등과 같은 전시 요소들로 구성되어 있다.

비공식 교육: 가족과 이웃, 일과 놀이, 시장, 도서관, 그리고 대중매체 등을 포함하여 자신이 속한 환경의 교육적 영향을 미치는 것들과 자원들, 그리고 일상의 체험 등으로부터 개인들이 사고방식이나 가치관, 기술, 지식 등을 습득하는 평생 과정.

비공식 교육자: 관람객들에게 정원과 수집품, 그리고 특정 식물 등을 포함한 자원을 해설해주는 전문가.

해설: 관람객의 흥미와 자원에 내재한 의미 간의 감정적, 지적 연관성을 형성하는 임무 기반의 커뮤니케이션 과정

해설 매체: 해설 메시지를 대중들에게 제시할 때 사용되는 수단이나 방법, 장치, 또는 기구.

해설 목적: 희망했던 측정 가능한 산물과 결과, 그리고 해설 서비스의 영향

해설 주제: 해설자가 관람객들에게 전달하고자 하는 관심 화제에 관한 간단명료한 중심 메시지.

타깃 관람객: 프로그램이 목표로 하는 한정된 방문객 집단.

자기 주도적이고 자발적인 학습을 말한다. 때로 자유-선택 학습으로 불린다. 학습자는 특정 과정에 참여하여, 구체적인 결과보다는 의식 고양을 위해 학습한다. 넓은 의미에서, 비공식 교육에는 독서와 TV 시청, 시사 문제에 관한 토론, 그리고 요리 학습 등이 포함된다. 비공식 교육은 지속적인 것이며, 결과를 예측할 수 없다. 본 장에서는 공공정원이 제공하는 비공식 교육의 형태에 관해서만 논의하기로 한다.

그에 반해, 공식적 교육은 타인에 의해 주도되고, 평가되며, 지식이나 기술 또는 증명서의 획득과 같은 목적에 의해 추진된다(제15장 참조). 전문적인 교사가 체계적인 강의를 통해 학생들의 연구를 배정하고 평가한다. 많은 공식적 교육은 학교처럼 의무적이다. 비공식 교육 또한 학습 목표가 있지만, 자발적이며, 일반적으로 평가하지 않는다. 교사는 시간제 교육자 또는 자원봉사자일 수 있다. 수업과 워크숍, 그리고 현장학습(field trip) 등이 공공정원에서 제공되는 전형적인 비공식 교육이다.

비공식 교육은 의미를 드러낸다.

비공식 교육은 사고방식과 관행의 감동 범위에 영향을 미치며(Committee on Learning Science in Informal Environments 2009), 한 사람의 평생에 걸쳐 심오한 영향을 미칠 수 있다. 정원은 복잡한 정보의 보고이며, 다양한 주제의 권위자 역할을 하지만, 많은 방문객은 식물에 관한 선진 정보를 다룰 준비가 되어 있지 않은 채 정원에 온다. 사실, 많은 사람은 단순히 휴식을 취하거나 레크리에이션을 위해 정원에 온다. 비공식 교육은 정원에 대한 해설을 통해 정원의 자원들과 방문객의 출발점 사이에 가교를 놓아준다. 이 교육의 목표는 방문객들이 자신의 관심사와 지식, 기술을 함양할 수 있도록 자원들의 의미를 드러내 주는 것이다.

대부분 사회에서, 식물들은 간과되는 경향이 있다. Wandersee & Schussler(1999)는 자신들의 환경에 있는 식물들에 주의를 기울이지 못하는 현상에 대해 "식물에 대한 무지(plant blindness)"라는 용어로 불렀으며, 이러한 현상을 식물에 관한 관심의 시각적 및 문화적 편견의 결과로 보았다. 식물은 정적인 속성과 외견상의 같음으로 인해 시각적으로나 지적으로 배경에 묻혀버리게 되어 사람들은 흔히 생태학적이나 사회적, 그리고 심미적 면에서 식물을 과소평가하고, 동물보다 열등하다고 생각한다. 그러나 공공정원에서 식물은 어떤 다른 것을 위한 배경이 아니라 주제 그 자체이다. 공공정원의 비공식 교육은 식물의 사회적 적합성을 드러내고 식물 세계에 대한 흥분을 유발함으로써 식물에 대한 무지를 깨뜨릴 수 있다.

비공식적 배경에서의 학습 결과 ▼

비공식 교육은 방문객들이 다음과 같은 것들을 개발하는 데 도움을 준다:

- 주제와 그것의 중요성에 대한 의식.

- 주제에 관한 관심.

- 더 많은 것을 학습하고 학습한 것에 따라 행동하고자 하는 동기 유발

- 주제에 관해 알고, 돌보며, 학습하는 사람으로서의 정체성.

- 주제와의 관계에서 편안하고 자신감 있는 사람으로서의 사회적 역량

- 주제와 관련된 관행.

- 주제에 대한 함양된 지식

- 추가적인 학습 및 실천을 허용하는 사고 습관

(Committee on Learning Science in Informal Environments 2009)

사람들은 왜 공공정원에 오는가?

방문객들을 성공적으로 응대하기 위해서, 비공식 교육자들은 무엇이 사람들을 공공정원에 오도록 동기를 유발하는지 이해하는 것이 필요하다. 정원 그 자체가 놀라울 정도로 다양한 것처럼, 관객들 또한 다양하지만, 그들은 어느 정도 유사성을 지니고 있다. 사람들이 박물관을 방문하는 이유는 대략 다섯 가지 범주로 나뉘는데, 단 한 번의 방문에도 몇 가지 동기가 있을 수 있다(Packer & Ballantyne 2002; Falk 2006).

- **학습 및 발견.** 일부 방문자는 "탐험가"로서 새로운 것을 배우고 많은 주제와 장소에 대해 배우기를 원한다. 그들의 만족감은 발견이나 재발견의 느낌을 기반으로 한다.

- **사회적 상호작용.** 일부 방문객들은 주로 타인들, 특히 아동들을 위해 참여하는 "조력자(facilitator)"들이다. 그들은 공공정원을 가족이나 친구들과 시간을 보내기 위한 장소 또는 그들 동반자가 필요로 하는 것을 충족시키기 위한 장소로 생각한다. 그들의 방문에 관해 질문에 조력자는 그 경험이 그들 그룹의 다른 사람들에게 어땠는지 되돌아볼 것이다.)

- **소극적 즐거움(Passive enjoyment).** "체험 추구자", 즉 흔히 무엇을 하는 것이 중요하고, "반드시 보아야 할 것(must-sees)"이 무엇인지에 대한 추천에 따라 행동하며 장소와 행사를 즐기는 사람들도 있다. 그들은 시간을 즐겁게 보내고, 대접을 받으며, 즐기기 위해 온다. 그들이 재미있게 놀았다면, 그

방문은 성공이다.

- **회복** "영적 순례자"로서 방문하는 사람들은 휴식을 취하여 그들의 심신을 재충전하기 위해 방문한다. 그들이 기운을 회복했다고 느낀다면, 그 방문은 성공적인 방문이다.

- **자기실현** 전문가들과 취미를 즐기는 사람들은 자신의 지식을 재확인하거나 확대하기 위해 방문하는데, 이것은 성공적인 방문을 위해 필요한 조건이다.

비공식적 배경에서의 학습

공공정원에서의 학습은 사회적 배경과 물리적 배경 내에서 발생하며, 학습자의 준비와 동기에 따라 결정된다. 방문객들이 준비되어 있지 않고 동기유발이 되어있지 않다면, 그들이 정원을 방문하는 동안 얻는 것이 거의 없을 수 있다. 동시에, 흔히 공식적 교육에서의 경우처럼, 비공식적 학습은 사실과 개념의 습득에만 한정되지 않는다. 이번 장은 학습 과정에 초점을 맞추어 기술할 것이다.

| 학습은 개인적이다

비공식적 교육자가 그들 자신의 교육 어젠더(teaching agenda)를 제시하지만, 방문객들은 그들 자신의 학습 과제를 가지고 온다. 방문객의 이전 경험, 관심사 및 위에 언급된 다양한 동기는 발생 가능한 많은 결과 중 어떤 것이 발생할 수 있는지를 결정한다. 이러한 학습 어젠더는 방문객이 노출되었던 특정 주제나 체험과 그날의 방문에 대한 그들의 동기 등에 의해 결정된다.

비공식적 배경에서의 학습은 다수의 수준에 대한 개인의 선택 과정이기도 하다. 선택한 것은 단순히 정원을 방문하는 것일 뿐, 매 방문은 개인의 필요에 맞추어진다. 모든 개인과 집단은 정원 체험의 순서와 요소, 그리고 그 요소들에 대해 그들이 어느 정도의 관심을 가질지를 선택한다. 선택의 표현은 비공식 교육의 주요 매력 중의 하나이다.

| 학습은 맥락적이다

학습은 사회적 그룹 내에서 다른 방문객들이나 자원봉사자, 또는 정원 직원들과의 상호작용을 통해 이루어진다. 일부 방문객들은 혼자서 정원을 체험하는 것을 선호하기도 하지만, 대다수 방문객은 분명히 다른 사람과 상호 교류하기 위해서 오거나, 배경에 의해 제공되는 상호작용을 좋아한다. 그들은 그들이 보는 것과 하는 것, 그리고 읽는 것들에 관한 대화를 통해 학습한다.

방문객들은 하나의 장소에서도 학습한다. 정원은 명백히 물리적으로 둘러싸인 환경이다. 방문객들은 그들의 경험과 경험 순서에 영향을 미치는 살아있고 보존된 수집품, 풍경 및 예술 작품으로 둘러싸여 있다. 물론 이것은 조경 설계의 기본 원리이며 공공정원에서는 새로운 개념은 아니다. 그러나 그것이 교육에 미치는 영향은 쉽게 간과될 수 있다. 새로운 정원 설계에 있어서 하나의 목표는 정원의 교육적 잠재성을 최대화하는 것일 수 있다. 비공식 교육자들의 목표 중 하나는 정원에서 그 잠재력을 개발하는 것이다.

그림 17-1】 일부 사람들은 그들 가족 구성원들이 어린 시절에 자연에 접할 수 있게 하려고 정원에 온다.

Photo by Lisa Blackburn. Courtesy of The Huntington Library, Art Collections, and Botanical Gardens

그림 17-2] 정원은 고독을 즐기는 장소가 될 수 있다. 이 남자는 파리 외곽의 보르비콩트 궁전에서 휴식을 취하고 있다.

Kitty Connolly

| 학습은 시간이 걸린다.

학습은 공공정원을 방문하는 과정에서 이루어지기도 하지만, 삶의 과정을 통해서 이루어지기도 한다. 그것은 비공식 교육 요소들에 참여와 참여 후 그 관찰결과가 다른 정보 및 체험과 얼마나 일치하는지 결정하는 성찰의 산물이다. 이러한 과정의 점증적인 속성은 정원 방문에 의한 즉각적인 효과의 측정을 어렵게 한다. 비공식 교육 기관 방문객들에 관한 연구 논문(Packer 2006)의 다음과 같은 언급은 학습에서 시간의 역할을 입증하고 있다: "당신이 어떤 것을 다음에 볼 때는 당신은 그것에 대해 더 잘 이해할 수 있을 것이다. 그때에는 그것으로부터 다른 어떤 것을 얻으려고 시도할 수 있다." 비공식적 학습은 지속적인 것이며, 그 결과를 예측할 수 없다.

효과적인 해설의 특징들

관객들에게 해설을 효과적으로 전달하는 모든 비공식 교육의 노력은 몇몇 특징을 공유하고 있다. 프로그램의 주제나 예산과는 상관없이, 프로젝트 개발 동안 이러한 특징들을 명심하고 있어야 한다.

관람객과의 관련성

공공정원에서의 해설은 흥미 있을 때 보다 더 성공적일 수 있다. 이것은 확실한 주장인 것처럼 들리지만, 많은 경우의 프로그램 개발은 "방문객들이 이것을 알기를 원할 것이다."라는 접근법보다는 "방문객들이 이것을 알아야 한다."라는 식의 원칙으로부터 출발한다. 전문가들이 화제를 선택해야 하지만, 화제에 대한 접근법은 효과적인 커뮤니케이션이라는 목표를 마음에 두고 개발해야 한다.

사람들은 서로 다른 방식으로 학습을 하기에, 많은 유형의 학습자들에게 접근 가능한 해설을 하는 것 또한 중요하다. 일부 사람들은 사물을 조작하는 것을 통해서, 어떤 사람들은 그룹으로 이루어지는 작업을 통해서, 또 다른 사람들은 자연 속의 패턴을 발견하는 것을 통해서 가장 잘 학습한다. 내용에 몰입시키는 다양한 방법에 대해 계획함으로써, 서로 다른 학습 스타일을 지닌 사람들을 끌어들이게 될 것이다.

다양한 주제 접근법

스토리텔링은 하나의 효과적인 해설 매체이다. 사람들은 이야기를 기억하며, 그들은 결말을 듣기를 원한다. 정원에서의 스토리텔링 비법은 이야기 시간이 짧아야 한다는 것이다. 평균적으로 방문객들은 교육용 전시물 앞에서는 약 30초간 시간을 보내고, 한 정원 영역에서는 겨우 잠깐 머문다. 게다가, 방문객이 정원을 둘러보기 위해 택할 경로를 통제하는 것이 어려우므로, 흔히 스토리는 연속되지 않는 짧은 단편들로 구성될 필요가 있다. 예를 들어, 어떤 식물들을 살리고 키워야 하는지는 별개의 단편으로 쪼개어 어떠한 순서로도 배열할 수 있지만, 하나의 독립적인 스토리로도 사용할 수 있는 주제이다.

또 하나의 접근법은 비생물적 요소들을 해설에 통합하는 것이다. 많은 공공정원은 독립형 존재가 아니다: 그것들은 사적지나 대학 또는 대학교에 부속되어 있거나, 예술품과 도서관 보유단체 또는 식물 표본관에 부속되어 있다. 이질적인 수집품들을 가지고 있는 정원들에 대해서 대중들이 서로 분리된 이미지를 지닐 수 있다.: 어떤 관람객은 해당 장소를 정원으로 볼 수 있는 반면에, 다른 사람들은 그것을 도서관이나 예술품 또는 역사적 유물에 대한 배경으로 볼 수도 있을 것이다. 다양한 수집품은 해설 우선순위에 있어서 내적 충돌을 유발할 수도 있다. 그러나 이러한 정원들은 풍부한 기회 역시 얻고 있다. 이러한 정원들이 그들의 수집품들을 통합하고 생물 및 무생물 수집품들 모두를 주제와 관련된 하나의 완전체로 연관시킨 전시장을 만든다면, 더욱더 많은 대중이 접근 가능한 주제를 만들고 내적으로 그것들의 통일성을 강화할 수 있을 것이다.

주제와 미션과의 관련성

비공식 교육은 정원의 미션을 강화한다. 방문객들은 공공정원을 떠날 때, 해당 공공정원에 대해서 뿐만 아니라, 공유된 문화

및 자연 유산을 지원하는 데 있어 그 조직의 역할에 관한 것들을 알게 된다. 단 하나의 주제에만 집중하여 해설하는 공원은 거의 없으며, 많은 정원이 복합적인 미션을 가지고 있다. 각 프로그램은 하나 또는 두 가지의 해설 주제만을 강조해야 한다.

예를 들어, "삶을 풍부하게"라는 Missouri Botanical Garden의 미션은 다른 주제뿐만 아니라 식물의 약효 및 의식 절차상의 가치와 환경에서 식물이 수행하는 생태학적 기능, 그리고 조경설계가 미를 창조하기 위해 하는 역할 등에 집중할 수 있게 한다. 이러한 주제들 각각은 정원 해설의 다른 여러 측면에서 구현된다.

특정 관람객들을 대상으로 한 해설

해설은 관람객들을 염두에 두고 이루어질 필요가 있다. 성인 비전문가들은 그와 같은 관람객 중의 하나이며 정원 방문객 중에서 가장 많은 부분을 차지한다. 2세부터 7세 사이의 아동들을 동반한 가족들은 또 하나의 관람객 집단이며, 이외에도 여러 관람객 집단들이 있다. 대상 관람객을 정할 때 해야 할 많은 선택이 존재하며, 비공식 교육 프로그램을 개발하는 직원들이 그와 같은 선택을 해야 한다. 신중하게 설계된 프로그램은 여러 인구집단에 걸쳐 효과가 있을 수 있지만, 그러한 것들조차도 하나의 관람객층을 염두에 두고 설계되어야 한다. 특히 매우 어린 아동들은 나이 든 관람객들에게 효과적인 방법과는 근본적으로 다른 해설방법이 요구된다. 모든 관람객층에 어설피 효과가 있는 프로그램보다는, 하나의 관람객층에 효과적인 프로그램이 더 낫다.

에덴 프로젝트의 지속 가능성이라는 미션은 그 프로젝트의 초기 구상부터 운영의 모든 면에까지 확실히 드러나 있지만, 프로그램을 방문객들에게 의미 있게 하는 것은 바로 일관되고 종합적인 해설 매체의 사용으로 인해서이다. 영국 남서부 Cornwall의 채석장으로 사용되었던 움푹 들어간 곳에 건설된 에덴의 기원 자체가 재생과 재건의 스토리를 담고 있다. 에덴은 방문객들이 그 변화에 경탄할 수 있도록 에덴이 들어선 장소의 "이전" 사진을 시선을 끌도록 배치한 해설 표지판을 통해 이 정원 역사의 한 측면을 한껏 홍보하고 있다. 폐기된 채석장을 문화적 용도의 장소로 변모시키기 위해 사용된 현지의 자원 및 재료의 양에 쉽게 공감이 된다. 현재 운영에 사용되는 자원들 또한 마찬가지로 투명하다: 모든 관개수는 현장에서 모은 빗물이며, 전기는 풍력발전기로부터 생산되고, 카페의 음식조차 가능할 경우 현지에서 조달된 재료를 이용하고 있다.

자판기에 부착된 열대림 보존을 강조하는 특별한 그래픽부터 남성용 화장실의 물을 사용하지 않는 소변기까지 지속 가능성을 최우선에 두고 있다는 것을 보여주고 있다. 이는 카페에 가장 잘 드러나 있다. 식당 안뜰은 식재료로 사용되는 식물들이 전시된 채소정원으로 둘러싸여 있다. 토지와 신선한 식재료 사이의 연계성을 확실히 보여주고 있다. 인간의 식물 의존성이라는 핵심적인 해설 메시지가 현장 곳곳에 명백히 드러나 있다. 실제로, 교육관은 코어(Core: 핵심)라고 명명되어 있으며, 강의실뿐만 아니라 식물원도 갖추고 있다. 실외 정원에는 과일부터 섬유까지 다양한 용도를 위해 사람들이 필요로 하는 여러 식물군이 전시되어 있다. 생물 군계(biome) 돔의 해설 표지판과 소품 삽화들은 인간의 식물 이용을 강조하고 있다. 이러한 정보 관련 교육 요소들은 오늘날 사람들에게 식물이 얼마나 유용한가를 강조하는 동시에, 장기적으로 이러한 주변 식물들을 보존하는 것이 얼마나 중요한지를 강조하고 있다.

그림 17–3】 에덴 프로젝트의 야외 테라스 식당을 둘러싸고 있는 채원은 현지에서 조달된 식품을 먹는 것이 얼마나 중요한지를 일깨워주고 있다.

Photo by Karina White. Courtesy of The Huntington Library, Art Collections, and Botanical Gardens

비공식 교육 개발하기

비공식 교육 프로젝트 개발 프로세스는 직원의 수준과 예산, 그리고 정원과 방문객과의 관계에 따라 정원마다 다 다르지만, 몇몇 일반적인 가이드라인이 유용하게 사용될 수 있다.

빅 아이디어를 정하라.

빅 아이디어는 유명한 저서 Exhibit Labels: An Interpretive Approach(Serrell 1996)에 의해 대중화된 개념이다. 빅 아이디어란 전시회가 무엇에 관한 것인지, 그리고 사람들이 왜 관심을 가져야 하는지에 대해 명확하게 한 문장으로 표현한 것이다. 빅 아이디어는 프로그램 개발에도 마찬가지로 유용하다. 빅 아이디어는 개발팀을 위한 강력한 지침을 제공한다. 강력한 빅 아이디어가 없으면, 모든 주제가 다 잠재적으로 전시회에 적합할 수 있을'것이다. 빅 아이디어가 있으면, 개발팀은 그 아이디어를 중심으로 집중하여 한계를 정할 수 있다. "각각의 모든 것들이 중요하다"라는 말은 진실일 수 있지만, 그와 같은 접근법은 대부분 방문객에게 과도한 세부적인 사항들에 실망하게 하거나, 의미 있는 완전체가 되지 않는 외견상 무작위적인 정보의 삽입에 당황하게 할 것이다. 빅 아이디어는 화제의 폭을 좁혀줌으로써, 화제를 이해하는데 제한적인 관심과 역량을 지닌 방문객들과 전문가가 아닌 사람들에게 다가가는 데 도움이 된다.

타깃 관람객을 확인하라.

타깃 관람객의 인구집단과 주제에 대한 그들의 친숙도를 확인해야 한다. 방문객 숫자를 가늠하는 것 또한 중요하다. 참석 수준은 특정 정원에서 실시할 수 있는 비공식 교육 방법에 결정적인 영향을 미친다. 스미스소니언 협회와 같이, 1년에 수백만 명의 방문객이 오는 정원은 방문객이 적은 장소에서 가능한 해설 유형을 사용할 수 없다.

"식물들은 무엇인가를 하고 있다."는 헌팅턴식물원(Huntington Botanical Gardens)의 상설전시 주제이다. 이 전시회의 빅 아이디어는 방문객들이 관찰과 비교, 측정, 그리고 분석 등과 같은 과학적 기술을 이용하여 식물들이 하는 놀라운 것들을 이해하도록 하는 것이었다. 평가를 통해, 이 전시회가 대상 관람객인 아동들뿐만 아니라 성인들에게 과학적 기술과 식물학적 내용을 가르치는데 효과적인 것으로 밝혀졌다. 다음과 같은 것들이 핵심 전시물 개발의 기준이었다:

1. 전시물은 관찰될 수 있는 정확한 개념이나 현상에 관한 것이다.

- 어떤 특정 개념 또는 현상이 전달되고 있는가?

- 이러한 특정 개념 또는 현상을 전달하는 것이 왜 중요한가?

a. 이 개념 또는 현상에 대한 세 가지 다른 예들에는 어떤 것들이 있는가?
b. 방문객들은 무엇을 할 것인가?
c. 이 전시물의 체험 목표는 무엇인가?
d. 이 전시물의 학습 목표는 무엇인가?
e. 이 전시물의 정서적 목표는 무엇인가?

2. 전시물은 가능할 경우 항상 식물의 역동적이고 관찰 가능한 프로세스를 가지고 있다.

a. 대부분 정보가 추상적이지 않고 구체적으로 제시되어 있는가?
b. 이 전시물의 개념은 책이나 프로그램, 또는 게임을 통해 더 잘 전달될 수 있는가?
c. 이 특정한 식물 프로세스는 지각할 수 있는 시간 또는 공간적 규모로 발생하는가? 그렇지 않을 경우, 그것을 어떻게 보여줄 것인가?

3. 전시물은 가능할 경우 항상 살아있는 식물을 사용한다.

a. 어떤 식물이 전시 주제를 가장 잘 보여줄 것인가?
b. 이러한 식물들을 사들일 수 있는가?
c. 이러한 식물들의 유지관리 요건은 무엇인가?

그림 17-4 이 전시물은 "잎은 구멍들로 가득하다"라는 광합성에 관한 것으로서, 방문객들에게 기공을 보여주고 있다: 돋보기가 함께 비치된 살아있는 식물과 기공에 대한 현미경 사진, 모니터를 통해 함께 볼 수 있는 살아있는 잎의 확대된 모습.

Photo by Kitty Connolly. Courtesy of The Huntington Library, Art Collections, and Botanical Gardens

방문객들이 체험할 것을 정하라.

전시회의 각 전시물과 같은 프로그램의 각 요소에 대해 팀의 핵심적인 인물이 동의한 서면으로 된 목표는 매우 중요하다. 이 목표란 교육이나 해설 활동 또는 체험으로부터의 특정적이고, 측정 가능하며, 식별할 수 있는 원하는 결과에 대한 진술이다. 목표가 명확하지 않고 일반적인 것들이 아닐 경우, 달성될 개연성이 높지 않을 것이다. 방문객들의 체험 관련 목표에는 다음과 같은 세 가지 주요 영역들이 포함되어야 하며, 프로그램의 각 요소는 복수의 목적이 있을 수 있다:

- **행동적 측면.** 방문객들이 무엇을 할 것인가? 그들이 무엇을 보거나, 읽고, 냄새 맡고, 만지고, 듣고, 맛보고, 또는 말하게 될 것인가?

- **인지적 측면.** 방문객들이 무엇을 생각할 것인가? 그들이 무엇인가를 기억하거나, 새로운 것을 깨닫거나, 또는 관계를 형성하게 될 것인가?

- **정서적 측면.** 방문객들이 무엇을 느낄 것인가? 그들은 안심하거나, 흥미를 느끼거나, 기뻐하거나, 깨달음을 얻거나, 염려하거나, 또는 놀랄 것인가?

행동적 측면의 목표의 경우, 야심 찬 해설가들은 목표를 설정할 때, 방문 그 이후에 대해서도 계획한다. 방문객들이 정원을 떠난 후에는 무엇을 할 것인가? 예를 들어, 그들은 보존 이슈에 적극적으로 참여하게 될 것인가? 그들은 그들 자신의 정원을 가꾸기 시작할 것인가? 그들은 식물과 정원 가꾸기에 관해 더 학습할 것인가? 이러한 장기적 목표는 비공식 교육이 존재하는 주된 이유이다. 공공정원의 교육가들이 그러한 행동들을 관찰하기 위해 결코 그 현장에 있을 수는 없겠지만, 그것들이야말로 궁극적인 목표이다.

예산과 프로젝트의 범위를 고려하라.

물론 예산은 어떠한 프로그램에서도 가장 중요하다. 계획할 때, 프로그램의 개발뿐만 아니라 장기적으로 필요한 것들 또한 고려해야 한다. 해당 프로그램이 소모품을 사용할 것인가? 재료들을 얼마나 자주 교체 또는 업데이트해야 할 것인가? 직원채용 비용을 프로그램 예산에 포함해야 할 것인가?

비공식 교육 프로그램을 개발할 때, 유지관리 비용은 주요 예산 고려사항이다. 이것들은 셀프 가이드에 의한 체험이기 때문에, 직원들이 일상적으로 주의를 기울이지 않아도 되어야 한다. 비공식 교육 요소들은 비록 비정기적일지라도 그것들에 주어지는 유지관리 때문에 기능할 수 있고 좋아 보이도록 설계할 필요가 있다. 재료는 초기 비용과 교체 비용 및 지속적 관리의 필요성 둘 사이의 균형을 이루도록 선택해야 한다.

프로그램 범위와 예산은 서로 영향을 미친다. 서로 다른 여러 시나리오에 대해 계획을 하는 것이 현명하다. 원하는 모든 요소가 원하는 만큼 최대한으로 정교하게 짜일 수 있도록 충분히 예산을 투입하는 하나의 예산을 예상할 수 있을 것이다. 이것은 "좋긴 하지만 비현실적인(blue sky)" 예산이다. 또 다른 하나는, 정교한 요소들이 그만큼 많지 않거나 전반적으로 요소들이 더 적은, 그래서 합리적으로 예상할 수 있는 투자를 반영한 보다 현실적인 예산이 있을 수 있다. 이것은 대부분이 가장 잘 기능하는 예산이다. 세 번째는 자금이 투자되지 않더라도 프로젝트의 목표를 충족시키기 위해 이루어질 수 있는 것들을 기대하는 빈약한 예산(barebones budget)이다. 보유하고 있는 재료와 소모품을 사용할 수 있는가? 이것은 소극적 예산(fallback budget)이다.

적합한 직원을 찾아라.

프로젝트별로 직원들을 변경할 필요가 있다. 전시회와 기타 셀프 가이드 프로젝트들은 내용 전문가와 해설 전문가 둘 다 필요하다. 실행이 가능한 한, 프로젝트 직원의 역할을 정의하는 것은 진행에 있어 매우 중요하다. 어떤 팀에서든지, 해당 팀이 상부에 보고할 때라도, 결정권자가 한 명 있어야 한다. 어떠한 크기의 조직에서도, 세 명으로 구성된 핵심 팀이 가장 잘 기능하는 것으로 보인다. 작은 집단은 복잡한 일정조정의 염려 없이 빈번한 상호작용이 가능하며, 각각의 사람들이 책임을 지도록 한다. 조직이 클 경우, 교열 담당자와 그래픽 디자이너, 설비 책임자, 마케팅 전문가, 그리고 개발 담당 간부 등을 추가하는 것을 고려해야 한다. 저널리즘의 배경을 지닌 사람들은 전시 프로젝트의 뛰어난 직원이 될 수 있다.

직원에게 전념할 수 있는 시간을 주는 것은 고품질의 프로젝트를 위해서 필수적이다. 교육 직원과 큐레이터 직원들은 보통 시간을 너무 많이 빼앗길지라도, 충분히 생각하지 않고, 제대로

그림 17–5〉 미완성 견본일지라도 개발자들이 상호작용 요소들이 효과적인지 결정하는 데 도움이 될 수 있다. 위 사진은 물이끼의 물 보유력에 관한 전시물의 견본이다.

계획되지도 않은, 현실성이 떨어지는 프로젝트를 개발하느니, 차라리 프로젝트를 개발하지 않는 것이 낫다. 그러한 프로젝트는 모든 관련된 사람들, 즉 관람객이나 직원, 관리자, 그리고 투자자들을 실망하게 하는 결과를 초래한다.

▎컨설턴트를 고용하라.

컨설턴트는 다음과 같은 두 가지 주요 기능을 제공한다: 정규 직원의 전문성 보완과 전용 노동력의 제공에 대한 기능이다. 그 규모에 상관없이, 매 프로젝트에 필요한 모든 경험과 기술, 재능을 보유하고 있는 정원 직원은 없다. 때때로, 외부의 지원이 필수적인데, 특히 정원은 거의 경험해보지 못한 새로운 유형의 해설을 시작할 때 그러하다. 컨설턴트는 개념화와 해설 계획, 연구, 글쓰기, 디자인, 매체, 마케팅, 평가, 그리고 구성 등에 도움이 될 수 있다. 컨설턴트는 보통 고용직으로 정원에서 일하는데, 이것은 정원이 그 일의 결과물을 소유한다는 것을 의미한다.

▎고문을 초빙하라.

프로젝트 고문은 컨설턴트와는 완전히 구분된다. 컨설턴트는 흔히 자신들의 서비스에 대한 수수료를 받지만, 고문은 같은 방식으로 정원에서 근무하지 않는다. 큰 전시회의 고문은 여행경비를 배상받기도 하며, 예산이 허용할 경우, 사례비를 받는다. 프로젝트와 직접 관련이 있는 분야에서 고문을 선택해야 한다. 고문은 특정 내용과 해설방법, 관람객 접근방법, 적합한 매체, 그리고 지속 가능 관행 등에 관해 설명할 수 있다. 고문을 선택

전통적인 식물 라벨이 담고 있는 제한적인 정보에 실망하고, 호주의 앨리스 스프링 사막공원(Alice Springs Desert Park)에서의 근무 경험으로부터 영감을 얻어서, 카와줄루-나탈 국립식물원의 직원들은 식물 라벨의 교육적 잠재성을 최대화하려는 방법을 개발했다(Roff 2002). 그들은 방문객들에게 의미 있는 중요한 큐레이션 정보와 해설을 담고 있는 라벨을 설계했다.

각 라벨은 다음과 같은 표준 식물 데이터를 담고 있다: 학명, 과명, 보통명(다양한 언어로 된), 그리고 분포. 또한, 라벨에는 과의 보통명과 보통명을 강조하는 식물에 대한 한 문장의 설명을 포함하고 있다. 이러한 유형의 라벨에 있어서 중요한 것은 텍스트의 간결성이다. 라벨에 단어를 적게 쓰면 쓸수록, 방문객들이 그것을 읽을 개연성이 더 높아진다.

예를 들어:
야생 박잎으로 만든 허브차는 기침과 감기를 치료하는 데 이용된다.
민트 과명(Lamiaceae)
Mentha Longifolia
Ufuthane Lomhlange
Kruisement

이 라벨들의 짧은 이야기는 인간의 식물 이용과 같은 해설을 강화하고 있다. 이러한 식물 라벨의 체계적이고 절제된 첨부 이야기는 비용이 많이 들고 거슬리는 표지판 없이도 공공정원 토지 전체에 정원의 해설 주제를 확산시킬 수 있다.

그림 17-6】 이 라벨은 야생 무화과나무를 식별해줄 뿐만 아니라, 그것의 생태학적 기능을 설명하고 있다.
Photo by John Roff. Courtesy of Hilton College

할 때에는 다음과 같은 두 가지 중요한 자질을 기반으로 해야 한다: 해당 사람이 본 프로젝트에 얼마나 많은 기여를 할 수 있는가와 해당 사람이 얼마나 즐겁게 함께 일할 수 있는가이다.

견본 만들기의 역할

견본 만들기는 라벨과 상호작용 요소들을 개발하는데 매우 중요하다. 견본 만들기는 해설 자료의 실물 모형을 만들어 방문객들이 볼 수 있도록 진열할 경우 그 결과를 이용하면 신속히 반영할 수 있다. 골판지로 모형을 만들어 손으로 색칠한 라벨을 붙이면 전시물 모형 만들기에 충분할 것이다. 기관에서 마무리되지 않았거나 다듬어지지 않은 견본을 전시하는 것에 대해 불편해할 경우, 해당 정원에서 새로운 해설 모형을 개발 중이며, 그것의 개선을 위한 방문객들의 조언이 필요하다는 문구를 게시하면 될 것이다. 대부분 사람은 자신의 의견이 공유되는 것을 좋아하고, 그러한 요청을 받는 것을 기뻐한다.

평가의 역할

가능하면, 모든 프로젝트 요소들을 대상 관람객을 이용하여 평가해야 한다(평가에 대한 전체 토론은 제18장 참조). 한 사람도 방문하지 않는다면, 그 전시회는 실패한 것이지만, 참석률은 성공에 대한 단지 하나의 척도일 뿐이다. 프로젝트를 개발하는 동안 목표들을 설정했다면, 목표 달성을 측정하는 것이 가능하다. 방문객들을 인터뷰하여, 그들이 무엇을 했는지, 그것이 의미하는 것이 무엇이라고 생각하는지, 그리고 그것들에 대해 어떻게 느꼈는지 물어보아야 한다. 그들에게 개선사항을 제안해달라고 요청해야 한다. 방문객들이 개선을 위한 귀중한 방향을 제공할 가능성이 크다.

해설 매체의 범위

정원에서의 비공식 교육은 현장에서든, 온라인을 통해서든, 아니면 인쇄물을 통해서든, 방문객이 인지한 첫 번째 해설 메시지로 시작된다. 정원의 메시지는 다양한 매체를 통해 현장 방문 내내 계속 전달된다.

해설용 식물 라벨

거의 모든 정원이 다음과 같은 인식 정보들을 지닌 라벨을 식물에 부착한다: 학명, 과명, 보통명, 분포, 그리고 등록번호. 이 정보는 집단 식재식물의 큐레이션(curation: 다른 사람이 만들어놓은 콘텐츠를 목적에 따라 분류하고 배포하는 일)에 매우 중요하며, 방문객들은 식물의 라벨을 이해하게 된다. 그러나 식물에 관해 이야기할 때, 식물의 이름보다 더 흥미로운 이야기들이 존재한다. 해설 라벨(표지판)은 이러한 이야기들을 전달하여, 그 의미를 추가하고 흥분을 불러일으킬 수가 있다.

| 해설 표지판

정원의 표지판은 아마도 방문객들이 접하는 비공식 교육의 가장 일반적인 형태일 것이다. 표지판은 정원 지역을 식별하고, 그 지역이나 전시물의 화제 또는 주제를 소개하는데 사용될 수 있다. 그것들은 또한 특정 식물 혹은 경관에 주의를 끌거나, 단기 행사(ephemeral event)를 강조하는 데도 사용될 수 있다. 표식 체계는 강력한 해설 도구이며, 특히 표지판이 드물게 설치될 경우 주의를 끌 수 있다. 표지판이 너무 많으면 피로감을 유발하여 그냥 지나칠 수 있다. 방문객들은 표지판이 전달할 중요한 내용을 담고 있지 않을 경우, 정원이 매력적이지 않다고 생각한다.

표지판을 간결하면서도 의미를 담고 있는 매력적인 것으로 만들기 위해, 다음과 같은 요건에 주의해야 한다:

- 특히 방문객들이 같은 문화적 배경을 지니고 있지 않을 경우, 의도치 않은 의미와 이중적 의미를 지니지 않도록 표지판의 글쓰기에 주의를 기울여야 한다. 구어적 표현과 유머는 오해를 불러일으키기 쉽다.

- 친숙하지 않지만 중요한 단어들에 대한 정의 및 발음을 반드시 포함해야 한다.

- 표지판을 읽은 것에 대한 대가, 즉 "그래서 뭐?"에 대한 대답이 있어야 한다.

- 표지판의 디자인은 메시지를 뒷받침하면서 가독성을 보장해야 한다.

- 텍스트와 삽화는 서로 강화하고 보완할 수 있어야 한다.

- 표지판은 주제물에 대한 시선을 차단하지 않고 그것에 주의를 집중시킬 수 있도록 위치시켜야 한다.

브로슈어

브로슈어는 정원을 방문하는 많은 방문객에게 직접 전달되며, 정원 이외 외부에도 널리 알릴 수 있는 홍보 매체이다. 브로슈어는 흔히 방문 기념품이기도 하며, 잠재적 방문객에게 흥미를 유발하기도 한다. 주로 마케팅과 오리엔테이션에 사용되는 전형적인 브로슈어는 정원의 미션과 역사, 강조할 수집품, 정원 지도, 운영 시간, 입장료, 그리고 규칙 등을 담고 있다.

특별히 제작된 브로슈어는 특정 관람객 군을 위한 가이드 역할을 할 수 있다. 가족과 아동을 위한 이러한 가이드는 나이-특별한 해설을 지원할 수 있다. 여러 다른 언어로 쓰인 브로슈어는 언어적으로 다양한 공동체들이 이용하는 정원에서 유용하다. 특별 행사나 전시회, 또는 특정 집단 식재식물들 또한 특별히 제작된 브로슈어를 이용할 수 있다.

관람객의 관심 또한 브로슈어 제작을 유도할 수 있다. Copenhagen Botanical Garden and Museum 대학교에서는, 두 가지의 2개 언어 브로슈어가 제공되는데, 둘 다 방문객들의 관심으로 제작되었다: 하나는 독초에 대한 가이드이고 다른 하나는 성경의 식물에 대한 가이드이다.

그림 17-7】 "다윈의 정원"은 그의 이론 발전에서 식물이 한 중요한 역할을 환기하기 위해 자연주의자의 연구를 책상 위 그의 노트와 그의 창문 밖 광경에 재창조하였다.
Photo by Mick Hales. Courtesy of The New York Botanical Garden

전시회

교육적 목적과 즐거움을 위한 식물 프레젠테이션은 공공정원의 가장 오래된 전통 중의 하나이다. 전시회는 일반적으로 다음과 같은 세 가지 목표 중의 하나를 가지고 있다.

- 미학적 전시회는 전시회 주제 물의 가장 아름다운 측면을 제공하며, 대부분 텍스트가 없다.

- 환기적 목적의 전시회(evocative exhibitions)는 에워싸고 있는 주변 환경에 방문객들의 감각을 몰입시키는 것을 통해 방문객들에게 정서적 반응을 불러일으킨다.

- 교훈적 전시회는 보통 텍스트를 이용하여 알리고, 교육하며, 정보를 전달한다.

목표가 무엇이든 간에, 전시회는 방문객으로부터 다음과 같은 반응을 불러일으켜야 한다: 기쁨, 경이로움, 오락, 깨우침, 자율. 전시회는 강력한 효과를 내는 비공식 교육의 한 형태가 될 수 있다.

전시회 또는 쇼는 사물이나 식물과 사물의 결합체, 상호작용적인 실내 또는 실외 전시물, 해설 경관, 또는 산책길 등이 없이, 단순한 그래픽과 텍스트가 적혀있는 표지판 등의 형태로 이루어진다. 개별 전시물들이 전시회가 되며, 사물이나 텍스트 패널, 그래픽 등과 같은 전시 요소들로 구성되어 있다.

| 사물 기반의 전시회

변하는 전시물이든 영구적인 전시물이든 사물들은 사물 기반 전시회를 이끈다. 내용은 전시물이나 전시물의 물리적 특성이나 생태학적, 역사적, 문화적 맥락에서 발생한다. 예를 들어, 수분증후군(pollination syndromes)에 관한 전시회를 개발하고 예로서 난초를 이용하기보다는, 사물 기반 전시회는 화제인 난초에 관한 쇼를 개발하고자 하는 결정으로 시작한다. 다음 결정은 난초에 관해 무엇을 이야기할 것인가이다. 주제는 무엇인가? 전시회는 구조나 기능, 또는 물리적 외양에 관한 것일 수 있다. 그것은 난초 보존에 관한 것일 수 있다. 차이점은 미묘한 것처럼 보일 수 있지만, 그것은 사물 선정에 결정적인 영향을 미친다. 주제가 무엇이든 간에, 전시회는 쇼의 초점인 난초를 중심으로 진행될 것이다.

사물 기반의 전시회는 단 하나의 사물에 초점을 맞출 수도 있고, 또는 다양한 사물들을 포함할 수도 있다. 도서관과 예술 수집품, 유물, 상업적 제품들도 전시 주제가 될 수 있지만, 대부분 공공정원은 살아있는 식물을 전시한다.

| 개념 기반의 전시회

주제나 이슈, 또는 스토리를 기반으로 하는 전시회는 개념 기반이다. 이러한 전시회들은 흔히 특정한 순서로 체험되도록 의도되어 있다. 샘플 화제에는 광합성(가필드 파크온실의 "태양으로부터 얻은 당")과 다윈의 개념 발전에서 식물학 연구의 역할(뉴욕식물원의 "다윈의 정원: 진화의 모험"), 그리고 식물 진화(영국 큐(Kew)지역에 있는 왕립식물원의 "진화의 집") 등이 있다. 개념기반 전시회에서, 우선 주제를 선정과 개발한 다음, 식물과 사물의 개념을 명확히 하거나 그 개념을 기반으로 하는 텍스트 및 상호작용적 요소들과 결합한다.

| 상설 전시회와 한시적 전시회

전시회는 종료가 예정되어 있지 않은 상설 전시회일 수도 있고, 일반적으로 3개월부터 1년 이상까지 지속하지만 미리 결정된 종료일이 있는 한시적 전시회일 수 있다. 정의상, 상설 전시회는 지속적인 타당성을 지니고 있어야 해서, 부분적이 아닌 핵심적인 메시지가 이 전시회에 들어 있다. 그것들은 방문객들을 반복해서 볼 수도 있기 때문에, 새로운 경험을 드러낼 수 있을 만큼 충분히 다양해야 한다. 상설 전시회 내에 일부 전시 요소들을 변경하는 것은 전시회의 신선함을 유지하는 한 방법이다. 상설 전시회는 시간의 흐름에도 물리적으로 견뎌야 한다. 그것들은 살아있는 구성요소든 살아있지 않은 구성요소든 유지 관리면에서 지속 가능하도록 설계되어야 한다.

한시적 전시회는 계절적 변화와 현안, 그리고 수집품의 깊이 등을 특징으로 하는 혁신적인 전시를 통해 새로운 관람객들과 방문객들을 끌어들일 수 있다. 따뜻한 온실에 있는 난초를 볼 수 있는 2월 방문은 많은 북미의 미국인들에게 환영받는 여행이다. 실외 예술품 전시를 변경하면 조경 설계와 조각품의 연대감을 지속시키는 반면에, 도서관이나 식물표본관이 있는 정원(공원)은 주관하는 전시회를 이용하여 자신들의 수집품을 강조할 수 있다. 순회전시회를 임대할 경우, 정원은 보도자료부터 전시용 선반까지 완비된 이미 만들어진 쇼를 이용함으로써 그들의 일정을 향상할 수 있다.

한시적 전시회의 한 부류인 대형 순회전시회는 엄청난 군중을 끌어모으고, 흔히 상당한 수익과 홍보 효과를 낸다. 그러나 대형 순회전시회에는 일부 잠재적 단점들이 존재한다. 조율하기 위해 상당한 직원들의 시간을 요구할 뿐만 아니라, 일련의 대형 전시회는 해당 정원이 대형 전시회를 할 때만 방문할 가치가 있다는 인상을 심어줄 수 있다. 대형 전시회를 포함하여, 기관의 수집품 및 관행과 밀접하게 연관된 전시회는 해당 장소를 다른 레저 장소와 크게 다른 바 없는 공간으로 만드는 것 보다 그 장소의 가치를 증대 시키게 된다. 미션에 대한 주목을 신중하게 고려하지 않을 경우, 수익과 참석 인원을 증가시키려는 욕구로 인해 공공 정원의 독특한 성격이 사라질 수 있다.

전자 매체

새로운 매체들은 방문객과의 관계뿐만 아니라 비 방문객과 새로운 관계도 열어주었다. 기술의 급격한 변화는 다양한 유형에 대한 상세한 논의를 헛되게 만들고 있지만, 기술의 기저를 이루고 있는 일부 결정들은 세월이 흘러도 변함이 없다.

질 좋은 전자 매체를 이용한 해설은, 매체가 그 자체로 목표가 되기보다 정원의 해설 목표에 도움이 되게 하려고, 시간과 자금의 상당한 투자가 필요하다. 기술의 이용이 정원의 미션이나 주제를 전달하기 위해서가 아니라, 전자 매체의 앞에 정원을 위치 시키려는 의도라면, 아마도 그것은 교육적인 면에서 적합하지 않을 것이다. 모든 교육 프로그램의 목표처럼, 모든 교육용 기술의 목표는 방문객들을 정원의 미션과 주제, 그리고 수집품에 더욱 가까이 끌어들이는 것이어야 한다.

새로운 매체에 의해 열린 하나의 흥미진진한 방향은 참여적 해설을 만들어낼 가능성이다. 방문객들이 그들의 아이디어와 자료를 정원에 기여할 수 있도록 하는 것은 수세기에 걸친 큐레이터의 관행을 거스르는 위험한 생각이지만, 그것은 분명히 필요하다. 모든 정보 교육처럼, 그것은 사려 깊게 존경심을 가지고

그림 17-9】 롤링 카트에서 자원봉사자가 미국식물원(U.S. Botanic Garden) 컨서버토리 내부의 난초를 해설하고 있다. 더욱 작은 디스커버리 카트는 좁은 통로와 건물 내에서 조작하기 쉽다.
Photo by Kitty Connolly. Courtesy of The Huntington Library, Art Collections, and Botanical Gardens

수행할 필요가 있다. 예를 들어, 방문객에게 그들의 어린 시절 정원 가꾸기에 대한 기억을 공유하자고 요청할 경우, 그러한 기여들에 의해 어떤 일이 일어나겠는가? 방문객들이 방문객 센터의 구석으로 내몰릴 것인가? 아니면, 정원의 공간들을 설계하여 그들이 기억하고 있는 정원을 재현할 것인가? 물리적인 재현은 극단적인 예이지만, 방문객들의 기여는 그것들에 대한 목적이 존재하고, 그것들이 의미 있는 방법으로 사용 및 공유될 때만, 요청되어야 한다. 그것은 복잡한 일이지만, 모든 공공정원에 대한 새로운 타당성을 만들어낼 수 있을 것이다.

| 모바일 가이드

기술이 보다 보급력이 강해지고 정교해짐에 따라, 브로슈어와 웹사이트가 현재 수행하고 있는 기능 일부를 모바일 가이드가 수행하게 될 것이다. 그러나 그것들은 그에 국한되지는 않는다. 가장 성공적인 전자식 해설은 겉으로 들어나지 않는 투어나 정원에 대한 큐레이터의 관점 등과 같은, 현장에서 가능하지 않은 것들을 제공한다. 전문화된 투어와 다중 언어로 된 정보, 그리고 주제가 있는 해설 등은 모바일 가이드를 위해 만들어질 수 있는 프로그램 일부이다. 전자 가이드에 음성 해설이 함께 있다면, 그것들에는 그 목적에 대해 적혀있어야 하며, 단순히 인쇄 매체의 오디오 녹음이어서는 안 되는데, 그것은 큰소리로 읽을 때 부자연스럽게 들릴 수 있기 때문이다.

그림 17-8】 디스커버리 카트는 펜실베이니아 대학교의 모리스수목원(Morris Arboretum)에 있는 전기 카트처럼 정교할 수 있다. 이것은 이동이 쉽다는 확실한 장점이 있다.
Photo by Kitty Connolly. Courtesy of The Huntington Library, Art Collections, and Botanical Gardens

고정식 상호작용 도구

전자 광고탑(electronic kiosks)은 일반적으로 오리엔테이션 및 수집품이나 정원 안내로서 흔히 사용되고 있다. 비록 방문객 친화적인 특수 인터페이스를 가지고 있지만, 일반적으로 이 안내판들은 포괄적이지는 않아도, 생물 수집품 데이터베이스로부터 가져온 중요 내용과 인기 있는 것들을 보여준다. 모바일 기술이 더욱더 정교해짐에 따라, 모바일 가이드는 정확히 필요한 장소와 시간에 참고할 수 있고 물리적 장비에 대한 투자가 더 적게 요구되기 때문에, 고정식 해설 모드를 대체할 수 있을 것이다.

웹 자료들

정원 밖의 사람들에게 다가가기 위한 수단으로서 웹에 필적하는 수단은 없다. 일단 사이트를 개설하면, 자료 포스팅에 대한 투자가 비교적 저렴하며, 자료의 깊이 또한 놀랄 만큼 깊어질 수 있다. 현재 웹은 애호가와 전문가가 기대하는 주제에 대한 특정 정보를 충족시키는 제일 좋은 방법이다. 그러나 대부분의 전자 매체처럼, 웹사이트는 신선함과 흥미를 유지하기 위해서 정기적인 업데이트가 필요한데, 이것은 직원들의 시간과 자원을 필요로 한다.

드롭-인 프로그램(예약 없이 이용할 수 있는 프로그램)

많은 정원이 방문객들을 위해 기회주의적 프로그램(Opportunistic Programs)을 제공한다. 이 프로그램은 항상 사전에 알려주는 것은 아니다: 그것들은 페스티벌과 같은 특별 행사의 일부이거나, 정규 일정에 따라 이루어질 수 있다. 드롭-인 프로그램은 보통 짧은 기간 동안 진행되도록 설계되며, 책 읽기와 같은 수행 기반(performance-based)이거나, 공예 활동처럼 생산적이거나, 식물 가지치기 시연과 같은 시연식 프로그램일 수 있다. 특히 재료가 소모되지 않을 경우, 프로그램에 대한 투자 금액이 매우 적을 수 있지만, 일본 정원 페스티벌의 분재 워크숍과 같이 제법 경비가 들 수도 있다. 투자는 자금의 가용성과 해당 프로그램에 전념할 수 있는 직원 시간의 양에 의해 결정된다. 모든 드롭-인 프로그램은 정원의 미션 및 주제와 명확히 연결되어야 한다.

디스커버리 카트

디스커버리 카트(Discovery Carts)는 필요에 따라 정원에서 이동할 수 있는 유인 해설 스테이션(manned interpretive stations)이다. 이 카트는 보통 정원 전체 또는 정원 내 특정 지역에 대한 해설 주제를 뒷받침하는 상호작용적 전시물이나 진열

물을 보유하고 있다. 마찬가지로, 카트 위에서의 활동은 특정 관람객을 위한 것일 수도 있고, 아니면 다양한 관람객 군에 영향을 미칠 수 있도록 설계될 수도 있다.

카트는 바퀴가 달린 다용도 카트처럼 간단할 수도 있고, 전환식 전기 카트처럼 정교할 수도 있다. 그것들은 계절 변화에 따라가기 위해서, 또는 특별 행사에 사용되기 위해서 해설을 변경할 수 있도록 설계되어야 한다. 디스커버리 카트는 일반적으로 직원이나 자원봉사자들과 교류하기를 열망하는 방문객들을 끌어들이기 때문에, 여러 해설 방식을 시도해 보기에 아주 적합한 장소이다.

요약

비공식 교육은 공공정원의 방문객들이 선택적으로 참여하는 과정이다. 교육자는 사람들이 정원을 왜 오는지와 그들이 정원에 있을 때 어떻게 학습하는지를 유념하고 있을 때, 보다 더 효과적인 다양한 프로그램을 만들 수 있다. 비공식 교육의 개발을 위한 집중적인 접근법은 정원의 미션 및 주제를 전달하고, 정원을 방문하는 체험에 의미를 부여하며, 모든 학습자들을 수용하고, 방문객과 공공정원 사이를 평생 동안 연결함으로서 보답할 것이다.

참고문헌

American Association of Museums(AAM)(www.aam-us.org). The umbrella organization for all object-based museums, including those with living collections. It is the authority on standards and best practices, a central source for information and networking, and the leading advocate on museum issues.

Association of Science-Technology Centers(ASTC)(www.astc.org). An international organization that aims to promote public understanding of science through professional development and publications.

Center for the Advancement of Informal Science Education(CAISE)(caise.insci.org). Serves to advance informal science education through documenting and promoting its impact, encouraging improved practice, and alerting practitioners to relevant funding opportunities.

ExhibitFiles.org(www.exhibitfiles.org). An international, online community of museum professionals who share case studies and reviews of exhibitions.

Falk, J. H., and L. D. Dierking. 2000. *Learning from museums:*

Visitor experiences and the making of meaning. Walnut Creek, Calif.: Altamira Press. Supplies an in-depth examination of informal education in museums.

Hein, G. E., and M. Alexander. 1998. *Museums: Places of learning*. Washington, D.C.: American Association of Museums/AAM Education Committee. An excellent, concise summary of learning theory and practice in informal education.

Honig, M. 2000. *Making your garden come alive! Environmental interpretation in botanical gardens*. Southern African Botanical Diversity Network Report No. 9. Pretoria: SABONET. http://www.bgci.org/education/making_your_garden_come_a/. An accessible guide full of practical guidance for real-world projects.

InformalScience.org(www.informalscience.org). Has a searchable database of research and evaluation studies that is a valuable resource for those wishing to learn from other projects.

McLean, K. 1993. *Planning for people in museum exhibitions*. Washington, D.C.: Association of Science-Technology Centers. Provides wide-ranging guidance for developing interpretive experiences.

National Association of Interpretation(NAI)(www.interpnet.com). Its mission is inspiring leadership and excellence in heritage interpretation through national and international meetings, training and certification, and helpful online resources.

Serrell, B. 1996. *Exhibit labels: An interpretive approach*. Walnut Creek, Calif.: Altamira Press. An invaluable reference for project development and writing for the public.

Serrell, B. 2006. *Judging exhibitions: Assessing excellence in exhibitions from a visitor-centered perspective*. Walnut Creek, Calif.: Left Coast Press. This framework for individually assessing exhibitions and then sharing it with a group not only creates a collective understanding of criteria for exhibition development but also helps to internalize standards for excellence.

Smithsonian Accessibility Program. 1996. *Smithsonian guidelines for accessible exhibition design*. Washington, D.C.: Smithsonian Institution Press. A complete reference for creating accessible labels and print materials. http://www.si.edu/opa/accessibility/exdesign/start.htm

Wandersee, J. H. and E. E. Schussler. 1999. Preventing plant blindness. *American Biology Teacher* 61(2): 82, 84, 86. Reports on the preference that young people have for animals over plants, and describes reasons for this "plant blindness."

CHAPTER 18

Evaluation of Garden Programming and Planning
정원 프로그램 및 계획 평가

JULIE WARSOWE 줄리 워소위

서론

교육은 공공정원 임무의 초석이다. 하지만 단순히 교육 프로그램을 제공하는 것만으로는 충분치 않다. 이런 프로그램들이 성공적이라는 점을 증명할 수 있어야 한다. 제대로 운영되지 않는 프로그램들 때문에 비용, 시간, 노력을 낭비하게 되고 설상가상으로, 정원의 기본임무에 집중하지 못하게 된다. 공공정원이 점차 방문객 중심, 서비스 지향적인 정원이 됨에 따라, 교육 프로그램에 대한 정원의 접근법이 변하고 있다. 공공정원들은 이제는 피드백 없는 상태에서 프로그램들을 창안하지 못한다. 즉, 자신들과 상담한 적이 없는 참가자들의 요구를 자신 있게 판단하지 못한다. 그러므로 공공정원과 정원의 설립자들은 프로젝트들이 프로그램에 의도된 목표와 영향을 달성할지, 만일 달성하지 못한다면 그것들을 지속해 가야 할지 혹은 어떻게 개선할 수 있을지 알아야 한다. 평가 연구는 이러한 정보를 제공해 준다.

평가란 무엇인가?

공공정원에 대한 평가란 프로젝트나 프로그램에 관해 실용적이고 집중적인 피드백을 제공할 특정 관람객을 위해 모은 정보의 체계적 수집과 평가를 말한다(Trochim 206; Hein 1998). 평가 연구들은 프로젝트나 프로그램이 진행되는 모든 단계에서 발생할 수 있고 중요하다.

누가 평가 데이터를 이용하는가?

교육 프로그램 계획자들은 의도된 프로그램의 목표 및 학습 목적들이 충족됐는지 판단함은 물론 참가자들의 인구 통계, 요구, 동기 요소들, 사전 지식, 관심 사항, 만족도를 이해하기 위해, 평가 데이터를 이용한다.

다른 정원 직원도 교육 프로그램 평가를 이용한다. 이런 프로그램은 마케팅 직원이 출석 및 참여를 증가시키는 쪽으로 노력을 기울이는 데 도움을 주며, 전시 디자이너와 그래픽 디자이너들이 전시 개발 기간 중 실질적인 개선을 이루도록 인도하고, 현재의 기금 제공자와 관리자들에게 그들의 자본이 제대로 쓰였는지 알려주며, 기금 제공자들이 새로운 기금을 제공해야 하는지에 대한 향후 결정에 영향을 미친다.

핵심 용어 ▼

평가: 프로그램이나 프로젝트에 대한 체계적인 검토. 때로는 관람객 조사 혹은 방문객 연구라고 불린다.

내부 평가: 상담사들의 도움 없이, 공공정원 직원이 한 평가 연구들. 때로는 사내 평가라고 불린다.

외부 평가: 상담사들이나 대학 연구원들이 공공정원에 대해 실시한 평가 연구들

전단 평가: 프로그램이 존재하기 전에 새로운 개념들을 탐구하고, 관람객들을 이해하며, 개발을 정당화하기 위해 실시하는 평가

형성적 평가: 하나의 프로그램 혹은 프로젝트를 개시하기 전 개발 중일 때, 그것을 개선하기 위해 실행하는 평가

총괄 평가: 일단 프로그램이나 프로젝트가 완료 및 개선되면 실행하는 평가

왜 평가하는가?

평가는 판단을 요구할 수 있지만, '직관, 견해, 훈련된 감각에 의존하지 않고' 엄격한 과학적 방식으로 장점이나 가치를 판단해야 한다. 비공식적 피드백이 가치 있을 수 있지만, 일화적 증거와 직감은 평가와 같지 않으며 의미 있고 실증적인 데이터를 토대로 권고 사항을 제공하는 데 있어, 평가를 대체하지 못한다. 타인들이 검토가 합당하다고 신뢰할 수 있고, 변화를 위해 권고 사항을 따르거나 장점에 관한 판단을 믿게 하려면, 공공정원에서 이뤄지는 평가는 엄격하고 체계적이어야 한다. 요컨대 어떤 검토를 평가로 고려할 수 있으려면,

1. 공식적, 의도적으로 계획되고 이행되어야 한다.

2. 견실하고 확립된 방법들을 이용해 자료를 수집해야 한다.

3. 내부 프로그램을 조사, 개선, 개발하기 위해 사용되는 분석, 권고 사항들, 결론들을 수용해야 한다.

학술적 연구와 달리, 평가 연구는 원인과 결과 관계를 구하거나 종적 조사를 하지 않는 경향이 있다. 또한, 평가 결과들이 특정 상황 이외의 경우에는 일반화할 수 없고 광범위한 관람객을 위해 발표되지 않는 게 보통이다. 공공정원에서, 평가의 목표는 즉각적인 내부 이용이나 외부 기금 제공자를 위해 도움이 될 관찰 결과들을 산출하는 것이다. 즉, 평가는 관리 도구인 셈이다.

박물관 프로그램 평가의 짧은 역사

1970년대에, 사회 프로그램에 대한 정부의 평가에서 고안된 박물관 기금 지원 기관들과 박물관들은 새롭거나 지속적인 재정 지원을 정당화하는 근거로써 평가를 장려하기 시작했다. 1996년의 박물관과 도서관 서비스법을 통해, 오래된 연방 기관 두 곳이 합병되어, 박물관과 도서관 서비스 기관(Institute of Museum and Library Services, IMLS)이라고 불리는 하나의 새로운 기관이 되었다. 이 기관은 박물관과 도서관들을 증진하고 지원하기 위한 전용 기관이다. 박물관과 도서관 서비스법은 기금 지원을 받는 모든 프로젝트를 검토와 평가하기 위한 절차의 생성을 요구한다.

IMLS와 국립 과학재단(National Science Foundation, NSF) 같은 대규모 기금 지원 단체들은 그들의 기금 지원을 받는 프로젝트들에 대한 평가를 최초로 장려하고 요구하는 과정에서, 박물관 계획, 특히 전시 개발 과정에 평가를 포함하는 데 큰 이바지를 해왔다. 민간 후원사들을 포함한 다른 기금 지원 기관들은 그런 선례를 따르기 시작했다. 즉, '많은 박물관이 방문객 연구를 시작하는 유일한 이유는, 그들의 기금을 지원하는 사람들의 요구 사항으로서 방문객 연구를 강제로 이행해야 하기 때문이었지만, 지금은 자발적으로 시작한다.'(Hein 1998). Weil에 따르면, '기증자와 보조금 조성자 중, 수혜자인 박물관이 그들의 교육적 결과나 의도된 결과를 달성해왔다는 점을 단순히 신뢰한다는 이유로 기꺼이 수긍하는 경우가 감소하고 있다. 더 나아가, 그들은 성과의 증거를 요구하고 있다.'(2003)

평가 실행의 장애 요소들

평가 연구를 포괄하기 어렵게 만드는, 실질적인 혹은 지각된 장애 요소들이 많다. 평가를 수행하고자 할 때 오해와 이해 부족을 해결해야 한다. 공통된 장애 요소들은 다음과 같다.

• 평가와 학술 연구 간의 혼동으로 인해, 평가가 너무 어렵고, 비용과 시간이 많이 소요된다는 오해

• 내부적으로 평가를 이행할 능력에 대한 자신감 결여

• 평가가 직원 성과에 대한 사정이라는 두려움

• 평가가 필요하지 않다는 믿음 즉, 직원이 이미 무엇이 최고인지 알고 있다는 신뢰, 직원이 프로그램 결정에 대한 통제권을 상실할지 모른다는 우려, 일화적 증거로 충분하다는 자신감, 프로그램이 평가하기에 너무 새로운 것이라는 관점.

• 평가에 지출되는 자본이 실제 프로그램들로부터 자원을 빼간다는 우려

• 데이터 혹은 데이터 분석의 정확도에 대한 신뢰 결여

• 평가가 어떤 실질적인 영향을 미칠 것이란 의심

• 정원이 평가 비용을 지급할 여유가 없다는 우려

내부 점검

평가 프로젝트의 첫 단계는 조직 내에서 이런 부정적 태도를 타파하는 것이다. 평가에 관한 기관의 이해와 지원을 진전시키고 평가 과정을 더욱 지원하도록 조직 문화 내 태도를 변화시키기는 쉽지 않은 일이다. 처음부터 평가에 관한 우려와 오해에 대한 진지한 주의, 평가를 둘러싼 정서적 민감도에 대한 의식, 반응 적이고 개방적인 태도는 평가가 실패할 수 있게 하는 부정적 태도들을 타파하는 데 큰 영향을 미칠 것이다.

누가 평가를 하는가?

내부 평가

사내 평가라고도 불리는 내부 평가는 평가 중인 프로그램의 편성 시점부터, 직원이 계획, 실행, 분석하고 주로 사용한다. 평가할 프로그램을 계획 및 운영하는 개인이나 팀, 사람들 혹은 정원의 다른 영역 출신의 직원이 내부 평가 연구를 실행할 수 있다.

외부 평가

외부 평가는 외부자들 즉, 일반적으로 컨설팅 회사나 학술 연구원이 수행한다. 외부 평가자는 평가를 계획, 이행하고 평가에 관해 보고하며 공공정원 직원의 견해를 참고하지만, 제한적인 도움을 받는다. 정원은 평가 권고 사항을 활용할 책임이 있다. 일반적으로 직원 연락 담당은 외부 평가자와 긴밀히 협력한다.

외부 평가자를 고용한다고 해서, 정원의 책임이 마법처럼 면제되지는 않는다. 외부 평가자와의 협력은 시간을 들여 계획을 세우게 된다. 공공정원의 직원들은 평가자가 조직, 프로그램, 프로그램의 참가자들에 관해 파악하도록 도와야 한다. 외부 평가자는 프로그램의 목표, 목적을 정할 수 없고, 평가해야 할 바람직한 결과나 영향을 조성할 수 없다. 일단 평가가 완료되면, 결

과의 이용 및 권장 사항들의 이행을 정원 직원이 담당하게 될 것이다. 평가가 내부적으로 수행되든 외부적으로 수행되든, 고려해야 할 장단점이 존재한다(표 18-1 참조).

혼합 평가 시, 공공정원의 직원과 외부의 컨설팅 회사나 대학이 책임을 공유한다. 가령, 컨설턴트가 공공 직원이 시행할 조사서를 마련하거나, 외부 회사가 사내 직원이 한 인터뷰 내용을 필사하고 분석할 수 있다.

외부 평가자에게 무엇을 기대할까?

RFP(제안 요청서)나 RFQ(참가의향서 모집)는 평가자들이 평가해야 할 프로그램을 이해하는 데 도움을 줄 것이다. 평가자들의 목록은 InformalScience.org, 미국 평가 협회 혹은 미국 박물관 협회의 관람객 연구 위원회를 통해 찾을 수 있다. 공공정원 직원은 공공정원과 공원에서의 평가 실행에 이미 익숙해진 외부 평가자이자 평가할 프로그램의 유형 및 살아있는 수집품의 독특한 도전 과제들을 이해하는 외부 평가자를 찾아야 한다.

만일 평가 예산 규모가 작다면, 지역 컨설턴트를 활용하여 출장 경비를 줄일 수 있다. 마찬가지로 통계, 사회 과학, 교육, 박물관 연구 분야의 전문가들은 정원 프로그램 평가를 정원 측의 비용 부담이 거의 또는 전혀 없는, 석사 혹은 학사들을 이용해

표 18-1】 내부 평가자와 외부 평가자의 장단점

장점	단점
내부 평가자	
기관, 임무, 역사에 매우 익숙함	기관을 새로운 눈으로 보기 어려움
평가 중인 프로그램에 대한 우수한 지식	평가 분야에 공식적 훈련을 받지 않은 직원이 평가의 엄격성을 훼손할 수 있음
타인들에게 결과를 상기시키고 활용을 감독하기 위해 존재함	매일 업무를 보다 보니, 평가를 실행하거나 권장 사항을 이행하는 데 방해가 됨
개방적 소통을 가능하게 하는, 다른 직원과 이미 확립된 관계, 신뢰, 신용	객관적 시도가 어려울 수 있음, 참가자들이 자신들이 아는 사람을 공격하기 보다 긍정적 피드백을 과장할 수 있다.
프로그램 일정이 바뀔 경우, 평가 시점도 조정 가능	프로그램 평가 혹은 운영에 걸리는 시간 때문에 평가 시간이 감소할 수 있음
외부 평가자	
더욱 나은 객관적 평가 가능	기관, 프로그램, 조직 문화에 익숙해지는 데 오랜 시간이 걸림
평가 기법에 대한 우수한 지식과 더욱 많은 경험	직원이 외부 평가자들과 여전히 긴밀히 협력해야 함, 그래서 컨설턴트를 감독하는 데 시간과 에너지 소요
다른 비슷한 프로그램이 어떻게 작동하는지 알고 있음	높은 비용
프로젝트에만 시간을 쏟음	우선권을 지닌 다른 기관의 프로젝트에 대한 평가를 동시에 진행할 수 있음

(Fitzpatrick, Sanders, and Worthen 2004; Posavac and Carey 2007; Diamond 1999)

실질적인 서비스 및 학습 기회로 활용할 수 있다.

타이밍이 중요하다.

프로젝트의 처음, 중간, 끝에서 전단 평가, 형성적 평가, 총괄 평가가 발생하는 각각의 시점이 있다. 물론 실무에서, 특히 실질적인 끝이 없는 프로그램들의 경우 이런 구별이 모호할 수 있다. 프로그램 계획에 평가가 포함될 때, 정확한 끝이나 시작이 없는 순환적 과정이 될 수 있다. 이 세 시기는 지금도 언제 어떤 종류의 평가가 필요한지 결정하는 데 흔히 사용되고 도움이 된다.

전단 평가

어떤 프로그램이 존재하기 전에 수질을 검사하고, 정보를 모으고, 요구를 평가하고, 개발을 정당화하기 위해 시행하는 평가를 전단 평가라고 한다. 프로그램 개발의 초기 단계에 전단 평가를 통해 이해관계자들과 의도된 참가자들로부터 정보를 모은다.

전단 평가를 통해, 전반적인 주제와 특정 주제들에 대한 프로그램이 의도한 관람객들의 관심 수준, 그들의 사전 지식 및 혹은 주제에 관한 오해를 연구할 수 있다. 전단 평가를 통해, 어떤 공동체가 새로운 프로그램을 해야 하는지, 그 공동체 내 다른 조직들이 비슷한 프로그램들을 제공하는지, 어떤 쟁점들을 토대로 그 프로그램이 형성될 수 있는지 혹은 어떤 자원이 필요한지 탐구할 수 있다.

형성적 평가

어떤 프로그램을 개발할 때 시행한 평가를 형성적 평가라고 부른다. 형성적 평가를 통해, 여전히 개발 중인 프로그램을 개선하거나 수정할 수 있게 하려고 무엇이 작동하고, 작동하지 않는지 식별하는 시도가 이뤄진다. 형성적 평가는 진행 과정에 있는 프로그램의 맥을 짚음으로써, 프로그램을 완전히 이행하기 전에, 오류, 난관, 혼란스러운 영역들을 발견할 수 있다.

형성적 평가는 반복이 가능한 과정이 될 수 있다. 말하자면,

표 18-1] 평가가 어디에 적합한가?

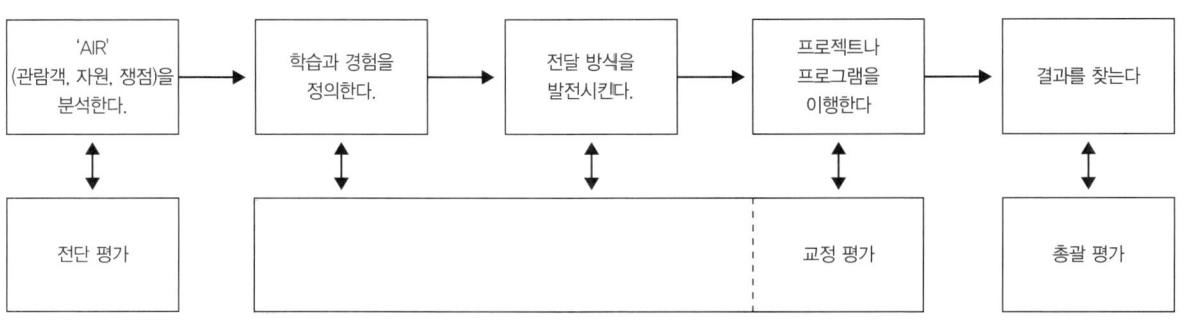

(Parsons 2009)

평가 결과들은 어떤 개선을 시사할 수 있으며, 일단 개선이 이뤄지면, 변화를 통해 바람직한 효과를 일으켰는지 평가를 통해 검사할 수 있다. 평가의 이러한 순환, 변화, 재평가를 통해, 더욱 탄탄한 프로그램이 산출될 수 있지만, 반복 횟수는 시간과 예산에 따라 좌우될 것이다.

총괄 평가

일단 프로그램이나 프로젝트가 완성되고 개시된 후에 이뤄지는 평가를 총괄 평가라고 한다. 일반적으로, 총괄 평가는 프로젝트를 개선하기 위해 할 수 있는 변화들을 제시하지 않는다. 그런 변화를 제시할 경우, 때때로 교정 평가라고 불린다. 프로그램이 의도된 대로 이행되고 있는지 검사하는 평가는 때때로 이행 평가라고 불린다. 총괄 평가는 프로그램이나 프로젝트의 결과로서 사람들이 얼마나 변했는지 즉, 그들이 직접적인 결과로서 뭔가를 다르게 느끼고, 말하고, 행하는지 측정한다. 총괄 평가는 주로 기금 제공자와 행정가를 대상으로 시행되지만, 교육가들은 향후 프로그램을 위해 평가 결과를 이용할 수도 있다.

표 18-1】 평가 데이터 유형

데이터 유형	예
A. 기술적 데이터: 상품, 번호, 인구 통계	얼마나 많은 사람이 프로그램에 참여하는가? 그들은 인근 어느 지역 출신이었을까?
B. 사이코그래픽 데이터: 참가자들의 동기, 관심, 호기심, 사전 지식, 기대 사항	참가자들이 프로그램 주제에 관심이 있을까? 참가자들은 프로그램에 참여하기 전에 이 주제에 관해 이미 무엇을 알고 있는가?
C. 만족도 데이터: 성공에 대한 참가자들의 인식	참가자들이 즐겁게 지냈을까? 그들이 가치 있는 경험이라고 여겼을까?
D. 단기 결과들: 단기 학습: 참가자들의 지식이나 태도의 즉각적 변화	방문객들은 경험하는 중 혹은 경험한 직후 무엇을 하고, 생각하고, 느끼는가?
E. 장기적인 영향과 유익함: 장기적인 학습: 참가자들의 지식, 기량, 태도, 행동, 지위, 삶의 조건 변화; 사회적 이익	방문객들이 그 경험으로부터 무엇을 얻을까? 그들은 경험의 결과로서 어떻게 다르게 행할까?

(Wells and Butler 2004; Institute of Museum and Library Services 2009a and 2009b)

평가를 통해 무엇을 배울 수 있을까?

평가를 통해 5가지 기본 데이터 유형을 측정할 수 있다(표 18-3 참조). 하나의 평가 연구가 해답을 제시하려 하는 의문점들은 이런 유형 중 하나 혹은 그 이상에 속해야 한다. Wells와 Butler(2004)는 이런 데이터 유형을 하나의 평가 계층 즉, 측정의 난이도와 복잡도 증가를 나타내는 피라미드로 편성했다. 말하자면 기술적 데이터를 측정하는 것(A)이 장기적인 효과를 연구하는 것(E)보다 간단하다.

이 모든 데이터 유형들은 가치가 있으며, 일반적으로 프로그램 평가 계획을 통해 하나의 조합을 탐구하게 된다. 수집된 데이터가 '아무도 묻지 않는 질문에 대한 대답을 생성하지 않는 것이 중요하다... 이러한 일탈은 행동 혹은 의사 결정 지향 연구를 실현하기 어렵게 할 수 있다.' 주요 핵심적 질문에 답하지 못하거나 유용한 개선점을 제시하지 못하는 평가는 결국 사용되지 않을 것이다.

평가가 어려운 것

몇몇 영향은 현실적으로 평가할 수 없거나, 아니면 복잡한 평가 도구를 이용하는 매우 숙련된 평가자들에 의해서만 평가될 수 있다. 무엇보다 중요한 사회적 이익과 정말로 장기적인 영향은 공공정원의 비공식 학습 환경처럼 복잡한 상황이어서 상당히 측정하기 어렵다. 참가자들은 공공정원 교육 프로그램 이외에 여러 복잡한 요소들에 의해 영향을 받기 때문에, 정원의 교육 프로그램들과 장기적인 학습 혹은 태도와 행동 변화 간의 인과 관계를 확정하는 일은 어려운 것으로 악명이 높다. 개별적인 공공정원에서 혹은 단기적인 프로젝트로 이런 커다란 변화가 효과적으로 파악되는 경우는 드물다. 어떤 학교 시스템을 통해 나온 시험 점수처럼, 평가를 통해 프로그램의 범위를 넘어서는 결과나 통제가 어려운 시스템과 연관된 결과들을 측정할 수 없다. 공공정원은 이런 영향들을 측정한다고 약속한 평가자를 주의해야 한다.

교육 프로그램들은 공공 참가자들에게 긍정적이고 장기적인 행동 변화를 일으키려 여전히 노력해야 한다. 그런 변화는 측정하기가 매우 어렵다. 공공정원 교육가들의 높은 목표에는, 가령 환경적 의식과 관리자의 책무, 정신적, 신체적 건강 개선, 경제적 안정성, 공동체의 결속이 포함되어야 하지만 이런 영향들을 측정하는 일은 무척 어렵다. 내부 계획이든 외부 계획이든, 하나의 평가 계획을 세울 때, 평가 범위와 평가자의 능력을 현실적으로 파악하는 게 중요하다.

전적으로 다른 관점 ▼

몇몇 사람들은 결과와 영향(표 18–3의 D와 E)을 조사하는 평가들은 전통적인 공립학교 환경에 기인하며, 따라서 공공정원과 같은 비공식적 학습 환경을 전반적으로 다루지 못하는, 교습 및 학습 모델을 토대로 구축된다. Hein(1995)에 따르면, 이런 평가 방법은 타당하지만 가르치려는 그릇된 경향이 있다. 즉, '교육 이론이 교사가 학습할 것을 결정하고 교육의 과제는 교재를 편성하고 그것을 학생에게 전달하는 방식으로 제시하는 것으로 규정하는 상황에서, 평가자들이 자주 다루도록 요청받는 질문들은 교사의 관점에 기반을 둔 학습 및 교습 모델 내에서 이해할 수 있다.' Hein은 이어서 다음과 같이 말한다. '우리가 개방적이고 여러 방식으로 해석 가능하며, 학습자에 의해 다양한 방식으로 조작될 수 있는 뭔가를 구성하려 할수록... 우리는 학습된 것이 무엇인지 정확하게 예측하기 어려워진다.'

NSF도 공공정원과 같은 비공식 과학 학습 환경에서 적절한 학습 결과들을 정의하려 한다. 자체적인 비공식적 과학 교육부를 통해, NSF는 국가연구 위원회(NRC)가 수행한 연구에 기금을 제공했다. 이를 통해, 전통적인 학술적 성취 결과들이 제한된 가치를 지니는 이유는 그 결과들이 다음과 같기 때문이라는 점이 확인된다.

1. 비공식적 환경이 촉진할 수 있는 역량 범위를 포괄하지 않는다.

2. 여가 기반 혹은 자발적 경험, 비표준화된 교과과정에 맞춰진 초점처럼, 이런 환경들에 관한 중요한 가정에 어긋난다.

3. 대부분 유치원부터 고교 졸업생에 해당하지 않는 참가자들의 범위를 위해 설계되지 않았다(국가연구 위원회, 2009).

NRC는 전혀 새로운 '과학 학습의 요소들'이란 프레임워크를 제안함으로써 이런 우려들을 해소하고 있다……. 그 요소들은 학교에서 이상적으로 발달하는, 과학에 특정된 지식, 기술, 태도, 성향과 구별되지만 중첩되기도 한다. '가령, 하나의 요소를 보면, 참가자는 자연적, 물리적 세계 내 현상에 관해 학습할 동기, 흥미, 즐거움'을 경험한다. '그 보고서는 교육 프로그램들이 마음속으로 특정 학습 목표를 염두에 두고 설계되어야 하지만, 그런 목표들은 공식적이지 않은 비공식적 학습 이론과 구성주의 접근법을 기반으로 해야 한다는 점을 강조한다. 이 새로운 모델이 공공정원들 내에서 통용될지는 두고 볼 일이다.

자료수집

일단 프로그램 개발 중에 언제 평가가 필요한지, 누가 평가를 실행할지, 모아야 할 데이터의 유형이 결정되면, 그다음으로 자료수집 방법을 고른다. 무엇보다도 중요한 두 가지 방법론은 질적, 양적 방법론이다. 여러 평가 연구들이 각 방법의 강점을 이용하고 약점을 최소화하기 위해 질적, 양적 방법들을 조합하는 혼합 방식 전략을 사용한다. 둘 중 어느 방법론이 더 쉬운 것은 아니다. 두 방법론이 발전하고 효과적으로 이행되려면, 둘 다 추가 연구가 필요하다. 마찬가지로, 표본화(참가자를 선별하는 과정)는 복잡하고 별도의 연구를 요구한다.

정량적 방법

양적 데이터는 본질에서 숫자 데이터이다. 양적 도구들은 여러 수와 측정치, 백분율, 말하자면 미리 결정된 범주에 속하는 응답들을 생성한다. 이런 정보는 통계적으로 분석할 수 있어서,

그 결과들은 일반적으로 더욱 신뢰할 만한 것으로 고려된다. 신뢰도는 방법의 일관성에 대한 측정치이다. 하나의 방법을 신뢰할 수 있을 때, 그 방법은 매번 같은 것을 같은 방식으로 측정해야 한다. 일단 하나의 측정 도구가 만들어지면, 질적 데이터를 더 간단하게 모을 수 있게 되어, 더욱 일반화가 가능하고 분석하기 쉬운 대규모의 데이터 집합을 얻게 되는 경우가 많다.

양적 방법들은 기본적으로 숫자에 관한 것이기 때문에, 그것들은 풍부한 정서나 깊이가 없을 수 있다.

질적 방법들

질적 데이터는 본질에서 서사적이다. 질적 도구들은 대화와 개방형 질문들을 사용한다. 질적 방법들은 일반적으로 풍부하고 맥락과 관련된 데이터를 생성한다. 이런 방법들은 전반적인 경향을 드러낼 수 있지만 예상치 못한 데이터, 예외 사항들, 복잡한 반응들을 참작하기도 한다. Wells와 Butler(2004)가 언급하듯, 질적 방법들을 통해, 평가자들은 방문객이 말한 것과 행한 것을 넘어 더욱 깊이 있는 평가를 할 수 있다. 그런 방법들은 평가자가 '창의성, 개념 형성, 태도, 믿음, 가치 획득과 같은 과정에' 주의를 더욱 잘 기울이도록 한다(Munley, 1987). 질적 접근법을 통해, 평가자는 '외부에서 초연하게 서 있기보다, 내부로부터 프로그램을 이해'할 수도 있다……. 현실적으로, 질적 평가자는 측정 도구로 여겨진다. '(Rosavac와 Carey 2007).

양적 방법들은 더욱 신뢰할 만한 것으로 고려되지만, 질적 방법들은 주보다 타당한 것으로 고려된다. Wells와 Butler(2004)가 언급하듯, '질적 측정을 통해, 어떤 현상의 진정한 혹은 실질적인 의미가 더욱 잘 포착된다.' 연구의 타당도는 도구와 결과가 얼마나 적절하고 정확한지에 대한 측정치이다. 그것은 연구 대

상인 참가자들과 환경 안에 정확성을 가리키면 내적 타당도가 될 수 있다. 혹은 해당 주제의 외부 전문가들이 도구의 정확성을 어떻게 평가할지 혹은 '여러분의 연구 결론들이 다른 장소, 다른 시간대의 타인들에게 유효한 정도를 가리킬 경우, 외적 타당도가 될 수 있다(Trochim 2006).

질적 도구들은 예상치 못한 응답을 생성하기 쉬우므로, 전단 탐구 단계에서 유용하다. 주요 논점들과 개념들이 아직 명확하지 않을 때, 평가 과정을 통해 그것들을 생성할 수 있다. 질적 데이터는 많은 시간이 소요되며 모으기 어려우므로 표본 크기가 일반적으로 작고 결과들을 일반화하거나 분석하기 어렵다. 가령, 데이터를 묘사하거나 필사할 때 그렇듯, 질적 데이터를 이용하여 자료를 수집할 때, 같거나 더 많은 시간이 소요된다. 즉, 인터뷰 시간마다, 방문객이 필사하고 오디오 녹음을 부호화하는 데 일반적으로 한 시간이 소요되는 반면, 영상 녹화를 한 시간 하면, 철저히 필사하는 데 최대 16시간이 걸릴 수 있다.

동일한 개념, 다른 이야기

질적, 양적 방법들을 동일한 데이터 유형을 모으는 데 사용될 수 있다. 가령, 만족도 데이터를 리커트-척도 조사(즉, '~ 의 척도로 평가')로 혹은(질적인) 개방형 인터뷰를 통해 모을 수 있지만, 그 결과들은 달라질 수 있다. 마찬가지로, 데이터를 양적으로 부호화할 수 있다. 개인의 경험을 더욱 잘 이해하기 위해 일기들을 질적으로 이용할 수 있지만, 일기들을 미리 정한 표현의 빈도(식물학 용어를 언급한 횟수)를 토대로 분석할 경우, 분석은 양적으로 고려할 수 있다.

내재한 방법들

자료수집 도구들은 평가 중인 프로그램의 일부이거나 아니면 추가 도구들을 만들 수 있다. 특히, 내부 평가에서, 고유의 방법들은 자료를 수집하기 위해 효율적이고 비용 효과적인 방법을 제시하며, 그 방법들은 데이터를 실제로 수집하고, 분석하고, 요약할 가능성을 증가시킨다. 고유의 방법들은 질적, 양적이거나 두 가지 모두일 수 있다. 그것들은 때로 고고학자들이 사람들이 남긴 흔적을 관찰하는 방식에 비유해 흔적으로도 불린다. 예를 들어, 다음과 같은 방법들이 있다.

- 게이트 수, 입장 기록
- 멤버십 기록
- 아카이브 데이터
- 참가자의 일기 및 포트폴리오
- 회의록, 과제, 노트
- 업무 일지
- 코멘트 카드
- 파괴 보고서, 유지 보수 보고서

특별 고려 사항

내용

평가는 인간 피실험자를 이용한 실험과 같다. 법적, 윤리적 이유로, 평가자들은 평가 대상인 사람들의 권한을 보호해야 한다. 공공정원 내 대다수 프로젝트는 프라이버시, 신체적 건강, 정서적 건강에 위험을 가하지 않지만, 참가자들에게 평가 프로젝트 및 프로젝트가 그들에게 어떤 영향을 미칠 수 있는지 알려야 한다(Diamond 1999). 만일 평가 대상이 아이들인 경우, 이는 특히 중요하다. 때때로 사전 동의서는 관찰 대상인 영역의 입구에 있는 표지처럼 간단하며, 프로젝트, 평가 방법, 방문객이 연구에서 탈퇴할 수 있는 법을 설명해 준다. 그 밖의 경우, 참가자들이나 기타 정원사들이 읽고 서명할 수 있는 문서로 된 동의서 서식이 필요할 수 있다. 개인 정보를 이용할 때마다 기밀성이 유지되어야 한다. 만일 기밀이 불가능한 경우, 즉, 그런 사정을 명확히 전해줘야 한다. 즉, 지나치다 싶을 정도로 조심해야 한다.

평가가 시간이 소모되거나 다소 부담이 되는 경우, 보상이 흔히 이뤄진다(큰 보상은 필요 없는 경우가 많다. 주로 무료 기념품이나 입장권이면 충분하다.).

편향성

개인적 가치, 대인 관계, 재무 관계, 조직 관계는 모두 데이터에 대한 편향된 해석과 신뢰성 감소로 이어질 수 있다. 오늘날, 객관성과 주관성에 관한 논쟁보다 편향성 최소화에 관한 논쟁이 더 많이 이뤄진다. 질적 접근법과 양적 접근법 모두에서 특정 정도의 편향성은 피할 수 없다.

양적 평가는 주로 질적 평가보다 덜 편향된 것으로 지각되지만 질문의 틀을 잡는 방식, 표본화와 변수들의 선택, 평가자가 참가자에 관해 생각한 가정들 때문에, 수치 데이터의 조사나 해석에서도 편향성이 나타날 것이다. 관람객에 대해 알게 되고, 양적 도구들을 예비 검사하면 편향성의 균형을 잡는 데 도움이 될 수 있다.

질적 접근법에서, 평가자가 더 열심히 참여하고, 평가 중인 프로그램이나 프로젝트 등의 경우, 참가자가 더 열심히 참여할 수 있다. 이런 몰입으로 객관성을 확보하기 더 어려워져 보일 것이다. 하지만 이런 접근법은 몰입감이 강해서, 질적 평가자들은 파트너와 협력 연구 결과들을 비교하기 같이 편향성을 피할 전략들을 정기적으로 채택한다.

질적, 양적 접근법 모두의 경우, 특정 행동들을 찾기보다 무엇이 발생하는지 찾는 게 더 중요하다. '우리가 사람들에 관해 직접 분별할 수 있는 것은 그들이 행하는 것과 말하는 것이다. 우리는 사람들이 무엇을 생각하고 느끼는지도 비슷하게 분별할 수 있다고 말할 수 없다.'(Hein 1995). 가령, 평가자는 방문객이 식물 태그를 보는 모습이 관찰되었다는 이유만으로 식물 태그를 읽었다고 가정할 수 없다. 질적, 양적 접근법 면에서 가장 높은 신뢰성을 보장하려면 좋은 프로그램 평가 기준들을 따르고, 복합된 평가 방법을 고르고, 편향성의 출처 즉, 내적, 외적 출처 모두를 의식해야 한다.

평가 계획 세우기

어떤 평가를 위한 계획 세우기는 핵심 이해관계자들로부터 평가에 대한 의뢰를 받으면서 시작된다. 이는 승인된 예산을 받고, 팀을 꾸리고, 계획의 윤곽을 잡는다는 의미이다. 평가 계획은 평가 연구를 정의해준다. 문서로 된 평가 계획에는 다음 사항이 포함되어야 한다.

- 범위와 프레임워크
  a. 프로그램 묘사: 언제 평가될까? 평가의 범위는 무엇인가?

사례연구: 헌팅턴 식물원(HUNTINGTON BOTANICAL GARDENS)

'Plants Are Up to Something(식물은 뭔가에 달려 있다)'은 헌팅턴 도서관, 아트 컬렉션, 식물원의 새로운 온실에서 NSF의 기금 지원을 받는 영구 전시회이다. NSF에서 요구한 대로, 헌팅턴은 사내 직원과 외부 컨설턴트와의 조합을 이용해 전단 평가, 형성적 평가, 총괄 평가를 실행했다.

전단 평가는 그 전시회의 핵심 주제를 개발하고 참가자들의 기준 지식을 발견하기 위해 사용되었다. 대부분 시간은 형성적 평가에 든다. 형성적 평가 시, 헌팅턴은 의도된 참가자들과 직접 협력하며 전문가 자문 위원회를 모집했다. 형성적 검사를 여러 차례 반복하면서, 해석적 계획을 세우고, 개념들을 검사하고, 상호작용적인 조사 기반의 활동을 개선하기 위해, 수백 번의 인터뷰가 시행되었다. 형성적 평가를 통해, 어떤 활동이 수정을 필요로 하는지 뿐 아니라, 어떤 활동을 삭제해야

하는지 드러났다. 즉, 많은 활동이 원칙적으로 이상적인 것으로 보였지만 실제로 잘못된 메시지를 전달하거나 사용하기에 흥미롭고 쉽지 않았다. 교정과 총괄 단계에서 전반적인 효과성과 전시를 개선하는 방안을 조사하기 위해(온실을 방문한 사람들은 물론 방문하지 않은 사람들에 대한) 인터뷰, 추적 및 타이밍 연구, 관찰 결과들을 이용해 자료를 수집했다.

이 전시회의 성공은 평가 노력과 명확히 연관되어 있고, 기관의 전반에 걸쳐, 방문객들을 유치하고 평가하는 것에 대한 새롭고 긍정적인 태도가 조성된 점이다. 이것은 완벽하고 충분한 기금 지원을 받는 평가의 한 예이다. 대다수의 프로그램 평가는 소규모로 진행되는 반면에, 헌팅턴은 충분한 기금으로 진행된 모델이다.

성과기반 평가(OBE)란 무엇인가?

평가 모델은 다양하다. 각각의 모델은 여러 질문 및 질문들을 다루는 방식에 대해 다른 접근법을 취한다. 성과 기반 평가는 하나의 모델이다. 그것은 의도된 결과들에 대한 명확한 정의에 기반을 둔다. 성과 기반 평가가 공공정원과 박물관에서 인기가 높은 일차적인 이유는 그것이 기금 제공자들이 주로 요구하는 모델이기 때문이다. '그것은 여러분이 어떤 전반적인 영향을 얻고자 하는지, 어떤 성과가 그런 영향을 유도할지, 성과들이 어떻게 보이는지, 성과들을 어떻게 측정할 수 있는지 질문함으로써, 말 그대로 결말을 염두에 둔 채 계획을 세우기 시작하는 방법이다'(Klmmer 2004).

박물관과 도서관 서비스 기관에 따르면(2009), '성과 평가는 여러분의 프로그램이 의도된 결과를 창출한다는 점을 여러분이 알고(보여주는 데) 도움을 준다. 성과 기반 프로그램과 논리 모델을 개발하는 조직

화된 과정은 기관들이 명확한 프로그램의 이점(성과들)을 분명하게 설명하고 확인하며, 그런 프로그램의 이점(지표들)을 측정하는 방식들을 식별하고, 프로그램의 이점이 어떤 개인이나 그룹(대상 관람객)을 위해 의도된 것인지 명확히 밝히고, 프로그램 서비스들이 그런 관람객에게 다가가고 원하는 결과를 달성하도록 설계하는 데 도움이 된다.'

성과 기반 평가는 '후향적 연구 설계(backward research design)' 접근법 일부이며, 여기서 대상 관람객과 의도된 성과 및 영향은 프로그램을 만들기 전에 고려한다. 성과 기반의 평가가 유용한 이유는, 이해관계자들이 프로그램과 프로그램의 목표들을 명확히 설명할 것을 요구하고, 수행할 업무에 대한 공동의 이해를 구축하며 여러 조직을 결과와 연결해주기 때문이다.

b. 상황: 프로그램의 맥락이 무엇인가? 왜 평가가 필요한가?

c. 자원: 누가 자료를 수집할까? 예산이란 무엇인가? 누가 이해관계자들인가?

• 초점

a. 초점: 어떤 종류의 데이터를 모아야 하는가? 중대한 질문은 무엇인가?

• 디자인

a. 방법들: 평가는 전단적, 형성적, 총괄적인가? 아니면 조합인가? 어떤 자료수집 기법이 질문에 가장 잘 답변할까? 누가 평가 대상인가?

• 업무 계획

a. 타이밍: 언제 평가가 이뤄질까?

b. 특별한 고려 사항들: 가령, 합의가 필요한가?(즉, 소수자를 인터뷰하기 위해?)

• 활용

a. 분석과 보고서: 데이터는 어떻게, 누구에 의해 분석될까? 연구 결과들을 어떻게, 언제, 누구에게 전달할까? 평가 결과들은 어떻게 이용될까?

논리 모델이라는 용어는 새로운 프로그램들에 대해 주로 사용되는 평가 계획의 한 유형을 나타낸다. 논리 모델은 평가를 별도의 과정으로 첨가하기보다, 프로그램 계획안에 포함한다. 논리 모델은 새로운 프로그램(맥락, 필요한 자원, 활동, 전략)과 그것의 평가(의도된 결과, 성과, 영향, 지표) 모두를 정의한다 (Klemmer 2004; Kellogg Foundation 2004; Institute of Museum and Library Science 2009).

몇몇 보조금 제안서들은 평가 계획서를 요구한다. 그러므로 프로그램이 기금 지원을 받기 전에도, 직원의 평가가 내부 평가가 될지, 외부 평가가 될지 판단해야 하고, 계획을 세우고, 평가자를 선정해야 하는 경우가 많다.

요약

프로그램 평가는 그 자체로 하나의 목표가 아니다. 그것은 더욱 큰 계획으로 가는 과정의 일부이며 일단 그 과정이 진행되면, 더욱 효과적인 프로그램이 만들어진다. 공공정원의 교육가들과 행정가들은 전문적인 평가자가 될 필요는 없지만 좋은 교육 프로그램을 개발하려면 체계적인 평가는 필요하다. 이번 장은 평가의 기본 근거와 과정에 대한 기초 지식을 전달하며, 평가 이행을 위해, 구체적인 자료수집 방법에 관한 추가 연구가 필요할 것이다.

교육가들은 매일 피드백을 모은다. 즉, 그들은 아이들이 현장 견학 후 버스를 타고 돌아올 때 현장 견학에서 가장 좋았던 부분에 관해 물어보거나 불만을 제기한 방문객이 남긴 코멘트 카드를 읽어본다. 그들은 그런 응답들을 토대로 실용적인 변화를 이루기도 한다. 프로젝트의 처음, 중간, 끝에 철저히 계획된 평가는 프로그램들이 일화적 증거, 가설, 좋은 의도가 아니라, 이해관계자와 참가자로부터 체계적으로 모인 실질적인 증거를 토대로 이루어지도록 한다. 프로그램 개발자들이 '평가를 전체 계획 및 교습 과정의 필수적인 부분으로 여기고 개선이 지속해서 필요하다는 태도를 견지'할 때만(Bennett 1989), 공공정원들은 그들의 교육 임무를 이행할 수 있다.

참고사항

Evaluation Techniques

General, Practical

Bond, S. L., S. E. Boyd, and K. A. Rapp. 1997. *Taking stock: A practical guide to evaluating your own programs*. Chapel Hill, N.C.: Horizon Research. Retrieved September 20, 2009, from www.horizon-research.com/reports/1997/stock.pdf. Great overview that assumes no prior knowledge of evaluation theory or techniques, but lacks the detail to serve as a stand-alone manual.

Diamond, J. 1999. *Practical evaluation guide: Tools for museums and other informal educational settings*. Walnut Creek, Calif.: AltaMira Press. Covers evaluation in museums and informal education settings. The focus is on how-to techniques without much theory.

Posavac, E. J., and R. G. Carey. 2007. *Program evaluation: Methods and case studies*, 7th ed. Upper Saddle River, N.J.: Pearson Prentice Hall. Introductory text for evaluation students. Covers the basics with real-world(though not garden-world) case studies. Not a stand-alone manual, but addresses how to justify, plan, and encourage utilization of evaluation.

Robson, C. 2000. *Small-scale evaluation*. London: Sage Publications. Great internal evaluation resource. End-of-chapter tasks enable the reader to create, perform, analyze, and report on a real evaluation by the book's conclusion.

Focus Groups

Morgan, D. L. 1997. *Focus groups as qualitative research*, 2nd ed. Thousand Oaks, Calif.: Sage Publications. Short enough to read in one sitting but with all the information necessary to design, conduct, and analyze a focus group. Geared more toward the academic researcher, but public garden staff will find more in common with academic research than market research.

Surveys

Salant, P., and D. Dillman. 1994. *How to conduct your own survey*. New York: John Wiley and Sons. Clear, step-by-step approach. Doesn't include online or email surveys and the analysis section is dated, but the information on developing questions, managing, coding, and reporting data is solid.

Interviews

Weiss, R. 1994. *Learning from strangers: The art and method of qualitative interview studies*. New York: Free Press. Conversational book that covers all the bases: choosing and recruiting respondents, creating an interview guide, length and format, ethics and confidentiality, interviewer bias, data coding, and analysis.

Observation

Lofland, J., and L. H. Lofland. 1995. *Analyzing social settings: A guide to qualitative observation and analysis,* 3rd ed. Belmont, Calif.: Wadsworth Publishing. Great book for learning about naturalistic research and participant observation. Information on carrying out participant observation and how to log, analyze, and report data.

Mahoney, C. 1997. Common qualitative methods. In *User-friendly handbook for mixed method evaluations,* ed. J. Frechtling and L. Sharp. Washington, D.C.: National Science Foundation, Division of Research, Evaluation and Communication. Retrieved September 20, 2009, from www.nsf.gov/pubs/1997/nsf97153/chap_3.htm. Nice summary of the pros and cons of observation as a formal method of data collection and what information can be gathered through observation. Does not give as much information on creating your own observation form. Link to the full document: www.nsf.gov/pubs/1997/nsf97153/start.htm.

Web Resources

Association of Science and Technology Centers(ASTC) (www.astc.org). Public gardens have a lot in common with science centers. See the Visitor Studies section of the Resources tab.

Committee on Audience Research and Evaluation(CARE) (www.care-aam.org). A committee of the American Association of Museums, CARE posts a biannual list of evaluators and PDFs of conference presentations.

Informal Science(www.informalscience.org). Evaluation section features a database of evaluation projects and evaluators, numerous links to other sites offering how-to guides, and other online evaluation resources.

Innovation Network(www.innonet.org). Lots of free resources and tools are available to those who register. The Logic Model Builder and Evaluation Plan Builder allows for the creation of customized plans.

My Environmental Education Evaluation Resource Assistant(www.meera.snre.umich.edu). Online tutorial intended for environmental education programs but works for public garden programs.

Shaping Outcomes(www.shapingoutcomes.org). On-line tutorial in outcomes-based evaluation.

Research Methods Knowledge Base(www.socialresearchmethods.net/kb). Essentially an online undergraduate course in social research methods, with clear definitions of terms and concepts.

Visitor Studies Association(www.visitorstudies.org). VSA members include researchers, educators, exhibit designers, and administrators from organizations that serve visitors.

CHAPTER 19

Public Relations and Marketing Communications
홍보 및 마케팅 커뮤니케이션

LEEANN LAVIN AND ELIZABETH RANDOLPH
리안 래빈 / 엘리자베스 랜돌프

서론

　모든 공공정원은 다양한 관람객에게 영감을 주고 유용한 정보를 제공하는 식물 세계의 이야기를 간직하고 있다. 이러한 이야기는 안내 책자 및 언론기사로부터 블로그와 유튜브 비디오에 이르기까지 여러 가지 형태로 정원 관람객에게 다가가지만, 대중에게 외면당하는 정원은 아무 쓸모가 없으므로 이들 이야기는 대중에게 이바지하는 정원의 가치를 전하는 필수적인 기능을 공통으로 지니고 있다. 정원에 근무하는 직원이 이러한 일을 홍보

혹은 커뮤니케이션이라고 말하거나, 넓은 의미에서 마케팅이라고 언급할지라도 그 목표는 같다. 즉, 핵심 관람객의 정원에 관한 관심과 지원을 조성하기 위함이다. 이들은 지역사회 지도자와 관리, 직원과 이사회의 내부 관람객뿐만 아니라, 주로 기존 및 향후 방문객, 지역사회 구성원, 자원봉사자, 기부자로 구성된다. 일부 정원은 입장료와 공적 프로그램을 통한 수입 창출을 위해 주 전체에 걸쳐, 혹은 전국적으로 사람들의 관심을 끌어야 한다. 모든 정원, 그중에서도 특히 무료 정원은 운영을 계속하기 위해 정당, 기업, 제도적•사회적 지원 대책을 구축해야 한다. 어

핵심 용어

브랜드 : 정원이 대중에게 비치는 인상. 여기에는 널리 알려진 정원의 생산물(예: 교육 프로그램), 정원의 개성을 알리는 말, 이미지, 정서를 포함한다. 브랜드의 두 가지 핵심적인 특징은 경쟁 공원보다 차별화된 시설과 방문객의 적절한 시설수준이다.

핵심 메시지 : 전체 커뮤니케이션 도구를 통하여 반복적으로 사용하고 있는 정원 시설의 고유한 특성을 반영하는 문구, 용어, 정의.

로고 : 정원이나 기관을 쉽게 인식할 수 있는 상징.

마케팅 : 정원 관람객 및 잠재적인 관람객을 위한 적절성과 가치를 지닌 아이디어, 정보, 경험을 창출, 소통, 전달, 교환하는 비즈니스(미국마케팅협회 2010).

마케팅 포트폴리오 : 정원이 하는 일과 그것이 대중에게 왜 중요한지를 소통하는 자원의 모음집.

시장 세분화 : 시장을 같은 방식이나 유사한 요구사항을 지닌 각기 다른 고객 단위로 나누는 과정(미국마케팅협회 2010).

매체 관계 : 웹사이트, 블로그, 텔레비전, 라디오, 신문, 잡지, 저널을 포함한 대중매체와의 지속적인 상호작용 관계.

소셜 미디어 : 고도의 접근성을 지닌 가변적인 출판기법을 사용하여, 사회적인 상호작용을 통해 전파하도록 설계된 매체.

SWOT 분석 : 내부의 강점 및 약점과 외부의 기회 및 위협을 조사하는 것. 흔히 마케팅 계획과정 내에서 이루어진다.

태그 라인(tagline) : 주요한 개념을 몇 마디의 인상적인 단어로 요약한 구두 혹은 문자로 구성한 일부 메시지(미국마케팅협회 2010).

대상 고객 : 마케팅 소통이 지향하는 주요 인구집단. 대상 고객은 특정 연령대나 성별 집단, 혹은 가정원예 같은 특정 관심 사항에 따라 확인할 수 있다. 제품이나 서비스를 마케팅하기 위한 적절한 목표 고객을 찾아내는 것은 가장 중요한 시장조사 결과 중의 하나이다.

가치 제안 : 마케팅 노력으로 약속하고, 그 전달 및 고객 서비스 과정에서 성취되는 것(미국마케팅협회 2010).

쨌든 정원의 지원 대책을 확인하고, 정원이 서비스를 제공하는 대중으로부터 지원을 끌어낸다는 목표는 여전히 같다.

매체 관계, 구성원과의 소통, 방문객과의 소통, 내부 소통, 특별 이벤트, 관광, 지역사회 관계 및 이벤트, 홍보, 광고, 온라인 매체는 모두가 마케팅 일부이다. 이 장은 정원에 관한 다음과 같은 마케팅 소통의 기본사항에 초점을 맞춘다. 즉, 미션과 관련된 정원 브랜드를 만드는 방법, 마케팅 포트폴리오의 정의 및 그 평가 방법, 시장조사와 공식적인 마케팅 계획이 중요한 이유, 마케팅 소통 플랫폼으로서의 매체 관계 및 소셜 네트워킹 사용 방법에 중점을 둔다. 마케팅담당 직원 또는 자원봉사자는 흔히 몇 가지 소통 책임을 맡기 때문에, 이 장은 위기관리 소통 계획도 다룬다.

정원 마케팅을 위한 미션 활용

4장은 강령(mission statement)이 조직의 존재 이유, 주요 활동 내용, 서비스 대상을 규정하고 있음을 강조한다. 효과적인 마케팅은 직원과 이사회의 관점뿐만 아니라, 대중의 시각에서 강령을 살피고, 다음과 같은 질문을 한다. "정원의 어떤 점이 나의 관심을 끄는가? 나에게 정원이 중요한 이유는 무엇인가?"

기존 및 잠재적인 관람객의 관점에서 정원의 미션을 조사하는 것은 정원이나 어떤 기관이 대중에게 깊은 인상을 주기 위한 강한 정체성 혹은 대체 가능한 용어로서의 브랜드를 창출하는 데 매우 중요하다. 브랜드는 대중의 마음속에서 해당 조직을 차별화시킨다. 브랜드는 지지 행위를 고무하는 사고(思考), 이미지, 정서를 유발하는 정원의 개성을 반영한다. 이들 행위에는 정원 방문, 강좌 참가, 회원 가입, 기부, 다른 사람에게 해당 정원 추천 행위를 포함한다. 지속 가능한 브랜드는 정원의 미션에 충실하면서도 대내외적인 변화를 수용하는 것으로 발전한다.

아래 질문에 대한 구체적인 해답은 마케팅담당 직원이 정원 관람객 및 잠재적인 관람객에 대한 정원의 가치 및 적절성을 명료화하는 데 도움을 줄 수 있다.

• 정원이 서비스를 제공하는 대상은 어떤 사람들인가? 아마추어와 전문 원예가, 관광객(일반, 교육목적), 시 거주자, 대학생과 교수, 초등학생, 다세대의 대가족, 과학자들인가?

• 정원이 이들 관람객에게 제공하는 기능적 혜택은 무엇인가(예: 겨울에 즐길 수 있는 아름다운 온실, 돌아다닐 수 있는 녹색 공간)?

• 정원이 제공하는 정서적 혜택은 무엇인가(스트레스 해소, 정신

적 고양)?

• 정원의 어떤 프로그램, 수집물, 이벤트가 정원을 방문하거나 후원하는 사람의 숫자를 현저하게 늘리는가?

• 정원이 현재 서비스를 제공하고 있는 사람들에게 중요한 이유는 무엇인가? 인근에 있기 때문인가? 지역의 다른 곳에는 없는 녹색 공간을 제공하기 때문인가? 지역사회 만남의 공간 역할을 하고 있는가? 긴요한 교육 프로그램을 제공하고 있기 때문인가?

정원의 미션을 명확하게 표현하는 핵심 메시지

정원 미션의 특징을 반영하는 핵심 메시지는 각 정원의 미션에 가장 적절한 사안을 반영하는 전체 소통 자원에서 반복적으로 사용되는 중요한 문구, 용어, 정의를 담고 있다. 통상 이들 메시지는 정원이 제공하는 프로그램 및 서비스가 주는 혜택을 전달한다. 핵심 메시지는 세심하게 다듬어져서 기억하기 쉬운 태그 라인이 된다.

페어차일드 열대식물원(Fairchild Tropical Botanic Garden)의 미션은 "열대식물계를 탐구, 설명, 보전함으로써 열대식물의 다양성을 지키는 것이다. 이러한 과업의 토대는 식물에 대한 더욱 다양한 지식과 사랑을 고취하여, 모두가 열대 세계의 아름다움과 관대함을 즐길 수 있도록 하는 것이다." 정원 미션의 핵심 메시지를 기존의 많은 관람객 및 잠재적 관람객에게 확실히 알리기 위해, 쉽게 기억할 수 있는 정원 태그라인인 "열대식물계를 탐구하고 설명하여 보전하자"라는 문구를 웹사이트, 전화 인사말, 뉴스 보도, 표지판, 화제(話題), 안내 책자, 광고를 포함한 모든 소통 수단에 사용한다.

핍스 온실식물원(Phipps Conservatory and Botanical Gardens)은 자신을 스스로 "피츠버그의 녹색 심장"으로 정의한다. 이 식물원의 미션인 "방문객들에게 식물의 아름다움과 중요성을 고양하고 교육하며, 행동과 연구를 통하여 지속가능성과 전 세계적인 생물 다양성을 증진하고, 유서 깊은 온실을 기리는 것"을 소통 수단을 통하여 반복적으로 반영시킨다.

마케팅 포트폴리오

의도적이든 아니든, 모든 정원은 그 하는 일과 그 일이 왜 중요한가에 관해 대중과 소통하는 자료를 모아 놓은 마케팅 포트폴리오를 가지고 있다. 이들 자료는 사람들이 정원을 직접 경험할 수 없는 경우라도, 깊은 인상을 심어주는 정원의 모습과 표현하고 싶은 것을 보여준다. 웹사이트, 광고, 안내 책자와 같이 외

부로 나가는 마케팅 자료는 표지판과 기념품점의 상품 같은 마케팅의 범주 내에 들지 않을 수도 있는 정원 내의 소통 자료와도 연관되어야 한다.

일관성은 효과적인 포트폴리오의 핵심 요소이다. 모든 정원은 자료의 일관성 유지를 위해 스타일과 용도에 대한 필자의 인용 지침을 포함하여, 그래픽 디자인과 언어의 기본지침을 수립해야 한다. 쉽게 인식할 수 있는 정원 로고는 정원을 나타내기 위해 가장 자주 사용하는 그래픽 요소이다. 지침은 로고의 색깔, 크기, 배치, 태그 라인과 함께 혹은 그것 없이 사용하는 데 따른 사항을 다루어야 한다. 기본 색상과 서체사용 지침은 그래픽 디자인 과정을 더욱 수월하게 만들고, 최종결과에 더 높은 일관성을 부여할 수 있다. 인턴으로부터 계약직 디자이너에 이르기까지, 마케팅 자료를 만드는 데 일익을 담당하는 모든 사람에게 이러한 지침을 알려주어야 한다.

효율성 판단을 위해, 정기적으로 정원 마케팅 포트폴리오 자료를 평가해야 한다. 평가에는 양식, 내용, 그래픽 스타일, 언어 스타일, 그리고 각 적용에 따른 전파 방식과 대상 관람객도 포함해야 한다. 강력한 포트폴리오에는 통상 인구통계 정보와 라이프스타일 혹은 행동지표 둘 다를 토대로 한 다양한 관람객 계층에 적합한 자료를 담는다.

정원이 가능한 가장 강한 호소력을 지닌 소통 자료를 가지고 있을지라도, 그것을 효과적으로 전파하지 못한다면 정원에 도움이 될 수 없다. 전파 대안은 여러 가지이며, 목표 관람객, 그들의 인구 통계적 분포와 라이프스타일에 좌우된다. 예를 들어, 정원이 젊은 관람객에게 접근을 시도한다면, 페이스북과 트위터 같은 소셜 미디어 소스를 통한 전파가 가장 적절할 수도 있다. 그러나 그러한 접근방식은 나이 많은 소수민족 관람객에게는 전혀 통하지 않을 수도 있으며, 오히려 그들 고유 언어로 만든 지역사회 뉴스레터가 훨씬 더 효과적일 수도 있다. 마찬가지로, 가족 위주 이벤트의 광고는 지역 뉴스 방송을 통하여 접근하는 것이 가능성이 더 크다. 그러한 접근방식을 단순히 저차원적 기법이라고 무시해서는 안 된다. 그것이 어떤 특별한 관람객이 요구하는 바로 그런 방식일 수도 있다.

의도한 목표를 달성하기 위해 때로는 다양한 매체를 통한 반복적인 메시지로 목표 관람객에게 접근하는 것이 필요하다. 대안으로는 안내 책자나 기타 인쇄물 배포, 유료 혹은 무료 광고 배포(프린트, 방송, 웹), 전자도구(이메일과 웹사이트), 소셜 네트워킹을 포함한다. 효율성을 측정하기 위해 사전에 구축된 측정기준에 따라 각 접근방식을 정기적으로 평가해야 한다. 비효율적으로 간주하는 접근방식은 배제해야 한다.

> ## 마케팅 소통 포트폴리오 검토 ▼
>
> - 포트폴리오가 어떤 형태의 정보를 소통하는가?
> - 그러한 정보를 소통하는 데 어떤 양식을 사용하는가?
> - 정원 로고를 어떻게 어디서 사용하는가?
> - 다른 목표 관람객에 대해 다른 자료를 반영하기 위해 그래픽 및 언어 스타일을 변경하는가?
> - 자료를 어떻게 배포하는가?
> - 자료가 정확하고 일관성이 있으며, 호소력을 지니고 있는가?
> - 자료가 정원 브랜드를 반영하고 있는가?

정원은 시각적으로 눈길을 끄는 장소이므로, 이미지는 정원 마케팅 포트폴리오에 매우 중요한 사항이 된다. 가능하면, 정원은 다른 소통 수단이 요구하는 다양한 기술적 양식에 필요하고 이미지를 살릴 수 있는 방식으로 정확하게 촬영하는 방법을 알고 있는 전문 사진작가 혹은 전문적으로 훈련된 직원과 작업해야 한다. 많은 방송 매체, 상업적인 사업체, 관광기관은 아름다운 계절적 이미지가 필요한 경우, 공공정원에 눈을 돌린다. 사용하기 쉬운 기존 이미지 저장 파일은 무료 홍보 기회를 제공해준다.

성공적인 마케팅 계획

경관 디자인, 식물 수집정책 혹은 모금 캠페인과 마찬가지로, 마케팅도 관련 종사자가 개발하고 승인하여 실행하는 문서로 된 목표와 전략이 있는 경우, 훨씬 효과적이다. 계획과정에는 목표 규정, 시장조사 수행(이는 목표에 영향을 미친다), 목표 관람객 확인, 전략과 전술 개발, 시간표 및 예산 계획, 효율성 평가를 포함한다.

목표

마케팅 계획의 목표는 정원 미션을 지원하기 위해 개발해야 한다. 정원의 전략계획 및 예산이 종종 정원의 특정 요구사항을 뒷받침하는 마케팅 목표를 요약하기도 한다. 목표는 지역사회와 사업공동체, 미디어, 공급업체, 자원봉사자, 직원, 이사회 구성원들뿐만 아니라, 과거와 현재, 미래의 방문객, 회원, 기부자를 포함한 모든 이해당사자를 고려해야 한다.

목표는 측정할 수 있고 계량적이어야 하며, 금전적•비금전적 측정 대안을 포함할 수도 있다. 예를 들면, 마케팅 목표로 연간 방문객 수를 10% 늘리거나, 매체 관계를 지역 매체에 25% 증대 반영하는 것으로 개선할 수도 있다. 목표가 정원에 근무하려는 구직 신청자 수의 증가, 워크숍 참가 인원의 증가, 그리고/혹은 방문객의 회원 전환율 증가를 반영할 수도 있다.

시장 트랜드 조사

공공정원은 정기적으로 대중에게 중요한 사안, 지역 공동체와 지역사회의 전반적인 소비자 태도, 의사소통 트랜드, 방문객의 요구와 기대사항에 관한 정보를 수집해야 한다. 이러한 조사는 일화적(anecdotal) 데이터를 보완하고, 직원의 태도와 인상에 대한 균형을 잡아주는 직접적인 데이터를 제공하는 데 도움을 줄 수 있다. 이 데이터가 여론의 단편만을 제공하는 것이긴 하지만, 정원에 관심을 가지는 특정 대상 관람객과 관련된 중요한 사안을 확인하는 데 유용하다. 시장조사를 통하여, 미네소타 조경 수목원(Minnesota Landscape Arboretum)은 트윈시티 지역 (그리고 전국적으로)에서 신체단련(physical fitness) 추세가 점차 높아지고 있다는 유익한 정보를 얻었다. 이러한 정보를 토대로, 수목원 직원은 수목원의 12.5마일에 달하는 정원 보도 및 하이킹 코스, 스키투어링 및 설화(snowshoe) 코스, 연중 개방하는 3마일 길이의 도보, 자전거, 달리기용 도로의 홍보촉진을 위해, 레크리에이션 기획자와 지역사회 신체단련 단체를 대상으로 한 건강 및 신체단련 주제를 개발하였다.

| 관람객 연구

정원의 기존과 잠재적 관람객을 잘 아는 것은 성공적인 마케팅 계획의 중요한 부분이다. 이러한 지식은 마케팅 노력을 어디에 가장 초점을 두어야 하는지를 판단하는 데 도움을 준다. 14장은 방문객이 어디에 살고 있는지와 같은 지리적 요소와 라이프 스타일, 태도, 가치관, 동기부여에 초점을 맞춘 심리학적 요소들뿐만 아니라, 나이, 성별, 민족, 교육수준, 세대수입, 직업 같은 인구통계 자료 수집의 정보를 제공한다.

| SWOT 분석

내부에서 수행한 SWOT(강점, 약점, 기회, 위협) 분석도 공공정원의 마케팅 확장을 개선하는 데 도움을 줄 수 있다. 정원이 어떤 일을 잘하고 있는가? 지역사회 연계성, 정원의 역사, 식물 수집, 교육 및 봉사 활동 프로그램, 매체와 연관된 이사회 구성원, 웹사이트 설계 경험을 지닌 자원봉사자 등에서 정원의 가장

강한 자원은 어떤 것인가? 정원은 약점과도 대면해야 한다. 정원의 결함에는 어떤 것이 있나? 어떤 실수를 저질렀으며, 그 이유는 무엇인가? 그다음, 정원은 잠재적인 마케팅 기회와 위험요소도 살펴야 한다. 정원이 지역사회 사안에 대하여 지도적 역할을 맡을 수 있는가? 정원이 자연보호와 기타 사안을 기반으로 한 추세를 기회로 활용할 수 있는가? 정원이 어떻게 소셜 미디어를 마케팅에 활용할 수 있는가? 경제 부진, 이웃 주의 공원, 교통량을 변화시킬 새로운 고속도로, 정원 근처의 개발이 어떤 압력으로 정원에 문제점을 일으킬 수 있는가? Bradley(2002)는 정원이 긍정적, 부정적 도전 사항에 대하여 모니터해야 할 다섯 가지 환경 형태를 경쟁적, 정치적, 경제적, 기술적, 문화적 형태로 확인하고 있다. 이러한 형태의 분석을 사용하면 마케팅 노력이 제 역할을 할 수 있는 핵심 영역을 확인하는 데 도움이 될 수 있다.

마케팅 계획

모튼수목원(Morton Arboretum)의 마케팅팀은 수목원의 전반적인 전략계획 및 예산과 직접 연관되는 연간 종합 전략 마케팅 계획을 개발하고 있다. 동 마케팅 계획에는 수입, 관람객 수, 자금조달에 대한 예상 통계자료와 함께 간단명료한 목표 및 대상이 포함된다. 마케팅팀원들은 교육, 멤버십, 시설대여, 레스토랑, 기념품점, 단체관광 관람객들을 대상으로 하는 맞춤형 마케팅 계획 초안을 만들기 위해 다른 부서와 함께 작업한다. 그들은 디지털 홍보 확장 혹은 주요 전시회 같은 새로운 선도계획에 대한 별도의 마케팅 계획을 개발하기도 한다.

미네소타조경수목원(Minnesota Landscape Arboretum) 경영층은 방문객, 멤버십 수입, 특별 이벤트에 의한 기금조성 수입, 선정된 웹페이지 방문, e-뉴스 구독자 수치를 포함한, 매년 구체적이고 측정 가능한 목표를 설정한다. 연간 서면 전략 마케팅 그룹 계획을 만드는 과정에는 팀원들이 아이디어와 전략을 공유하고, 이를 서면이나 스크린 위에 기록하는 창의적 세션이 포함된다. 이러한 과정은 어떤 프로젝트를 작업 중인지, 직원이 어떤 새로운 전략을 시험해 보고 싶은지, 성공적인 어떤 전략을 재생시켜야 하는지, 직원 간의 협력을 어떻게 증진할 수 있는지에 관한 건전한 논의를 하도록 만든다.

수목원의 방문객 서비스, 교육 및 프로그래밍, 운영 및 내부 부서의 의견을 취합하여, 마케팅팀은 협업으로 방문객 및 마케팅 목표뿐만 아니라, 수입 및 방문 목표 달성을 돕기 위한 각 사업 부문(멤버십, 시설대여, 성인 및 아동 교육 프로그램, 기념품점, 레스토랑, 전시회, 이벤트)에 대한 마케팅 서비스도 분명히 확인할 수 있는 전략계획을 개발한다. 이들 전술계획은 각 단계

타일러수목원 전시 마케팅 계획 요약

목표

- 타일러 수목원의 멤버십, 방문, 가시성(visibility)의 증대
- "살아있는 세계의 이해를 촉진하기 위해 우리의 다양한 원예학적, 역사적, 자연적인 현장 자원을 보존, 개발, 공유하려는" 타일러 미션의 일부로서 나무와 그 생태계적 · 문화적 중요성에 관하여 더욱 광범위한 지역사회를 대상으로 한 교육
- 지역사회에 타일러를 지원하는 토대 구축

대상 관람객

- 지리적 초점 : 현지 및 필라델피아 광역 주변
- 가족
- 디자인에 관심을 가진 사람
- 자연, 나무, 원예에 관심을 가진 사람
- 볼거리를 찾는 필라델피아 지역 관광객

전략

- 현지 및 지역 온라인 매체, 신문, 라디오, TV, 잡지에 홍보
- 지역 관광 지부에 홍보
- 초등학교와 중학교에 홍보
- 정원 관련 전문작가와 사진작가에게 홍보
- 회원 소통창구 및 타일러 웹사이트를 통한 판촉 활동
- 롱우드 가든의 나무 위의 집 전시회와 결부하여 그들과 협업 마케팅

에 대해 누가 실행 파트너로서 책임을 지는지에 초점을 맞춘다. 이 계획은 잠재적 공동체 혹은 홍보촉진 파트너를 위한 요구사항을 확인하는 목적에도 이바지한다.

사막식물원(Desert Botanical Garden)은 관람객을 신규 회원(2년 미만 회원), 장기 회원(2년 이상 회원), 현지, 관광객으로 집단화하는 마케팅 계획의 큰 그림을 보유하고 있다. 매일의 운영을 위해, 이 정원은 계절 별 연간 마케팅 계획을 구성한다. 계절 별 계획 내에 유료 광고, 정원 회원들에 대한 광고 우편물, 지역 관광 관련 사업체에 안내 책자 배포, 계절 및 관련 이벤트를 홍보하는 매체 관계, 웹사이트와 e-뉴스레터 및 소셜 미디어를 포함한 온라인 매체 등의 다섯 가지 구성요소가 있다. 피닉스 도시 지역 외의 관람객들을 접촉하기 위해서는 그들의 현지 관광 지부에 의존한다.

페어차일드 열대식물원(Fairchild Tropical Botanic Garden)은 모든 마케팅 구조를 3개월에서 18개월 범위의 종합 계획으로 통합했다. 국제 망고 페스티벌과 국제 초콜릿 페스티벌 같은 특별 이벤트는 특정 임무를 띤 메시지로는 관심을 끌지 못하는 관람객에게 어필하기 때문에 이 계획의 매우 중요한 구성요소이다. 마케팅담당 직원은 사람들이 페어차일드에 와서, 열대식물의 세계를 경험하고, 궁극적으로는 페어차일드가 그들 삶의 일부가 되도록 만드는 매력적인 이유를 창출하기 위해 다른 부서와 협업한다. 그들 방문객의 10~20%가 회원이 된다.

타일러수목원(Tyler Arboretum)이 계절 전시회를 위한 최초의 공식적인 마케팅 계획을 개발하여 실행하기로 했을 때, 그 결과가 이미 드러나고 있었다. 지역 장인들이 설계하고 건축한 나무 위의 집(tree house) 전시회는 식물원을 새로운 차원으로 진입시켰다. 입장료 수입은 600% 넘게 증가했고, 기념품점 수입은 230% 증가하였다. 전시회의 성공은 개별 전시품의 매력, 방문객 프로그램의 질, 마케팅 계획이 같이 한몫한 덕분이었다. 마케팅 목표 수립, 목표 관람객 확인, 마케팅 전략 기획의 사려 깊은 과정이 타일러 홍보 활동의 효율성과 효능을 극적으로 향상하였다.

세부사항 구성

마케팅 전략을 실행하는 방법의 세부적인 지시를 담은 작업문서는 훨씬 수월하게 과업을 완수하도록 만든다. 또한, 갑작스러운 직원 교체가 생길 경우, 이들 문서는 매우 중요한 정보를 제공하게 되며, 향후 계획을 위한 유용한 참고자료 역할을 하기도 한다. 스프레드시트 혹은 기타 가변적인 양식은 다른 기준에 따라 계획, 책임 사항, 편성 및 재편성되는 비용의 세부적인 정보 제공을 가능하게 한다.

스케줄 정보는 시간 프레임 및 프로젝트, 즉 뉴스레터, 웹사이트 업데이트, 편집 매체, 광고 매체, 디자이너, 인쇄업체, 직원 리뷰에 적합한 모든 기한들을 종합해야 한다. 책임 사항 정보는 다가오는 클래스에 대한 언론 홍보자료를 작성하는 연속교육 담당 인턴직원으로부터 새로운 홍보 우편 멤버십 캠페인 작업을 하는 계약직 그래픽 디자이너에 이르기까지, 누가 무엇을 하는지 확인해 주어야 한다. 비용에 대한 세부 정보는 마케팅 목적에 따라 경비를 세분하기 쉽게 만들어야 한다. 또한, 그 정보는 향후 예산에 대한 기준치도 제공해야 한다.

마케팅 효율성 평가

Conolly(2010)는 마케팅 과정에서 중요한 과정은 마케팅 투자 결과의 평가와 측정이라고 주장한다. 모든 정원은 사용된 마

케팅 전략의 효율성과 효능을 평가해야 한다. 그 결과는 중요한 함축성을 지니고 있을 수 있다. 마케팅 전문가에게는 그 결과가 마케팅 프로그램이 순수입을 증대시키고, 미션과 관련된 목표에 부합하는 능력에 미치는 영향을 입증하는 기회를 제공한다. 고위 경영층과 이사에게는 마케팅 비용과 연관된 그러한 영향을 이해하는 유용한 도구를 제공한다.

원래의 마케팅 목표가 측정할 수 있고 계량화되어 있으면, 효율성을 평가할 수 있다. 평가에는 금전적•비금전적 측정을 포함해야 하며, 평가가 단순하거나 복잡할 수도 있다. 그것이 장기적 혹은 단기적 효과를 반영할 수도 있다. 핵심은 인과적(因果的) 마케팅 전략을 뒤이은 결과와 연계시키는 방법을 찾는 것이다.

표준적인 도구는 프로그램 및 문서와 사용된 도구의 효율성에 대한 포괄적인 개관을 하는, 마케팅 프로그램의 완료 시점에서 한 요약보고서이다. 많은 정원이 이벤트 후에 단기 현장 조사, 혹은 클래스에 등록하거나 이벤트에 대한 표를 구매하는 경우에 알게 되는 주소로 보낸 표준화된 이메일을 통하여 방문객들을 대상으로 설문조사를 한다. 또한, 요약보고서는 직원이 향후 프로그램 계획을 할 경우, 참여자 통계자료나 관여 매체 목록, 혹은 광고 배치 자료보다도 더 효과적인 방향을 제공해준다.

어디서 도움을 구할 것인가?

많은 정원의 마케팅은 멤버십, 자원봉사자 관리, 해설, 방문객 프로그램, 혹은 관리·감독을 포함한 기타 책임 사항과 겹쳐진다. 마케팅 계획을 개발하기 위한 시간, 자원, 전문지식을 구하는 것이 도전과제가 될 수도 있다. 무료나 저렴한 조건으로 기꺼이 도우려는 외부 기관과 컨설턴트의 전문적인 도움이 계획과정을 더욱 수월하게 만들 수 있다.

지역사회 자원 ▼

- 커뮤니케이션 및 마케팅 전문가 협회
- 상공회의소
- 비즈니스, 마케팅, 관광 프로그램을 갖춘 단과대학 및 종합대학
- 지역, 군, 주의 관광청
- 동료 기관
- 지역 문화연맹
- RSVP(전국 및 지역사회 서비스 기업의 일부)

스와스모어대학(Swarthmor College) 부속 스코트수목원(Scott Arboretum)은 미국 박물관협회의 박물관 평가 프로그램(MAP)을 통하여 도움을 구했다. 이 수목원은 2009년에 공공차원 평가를 완료하여, 수목원에서 뒷순위였던 마케팅을 우선순위로 만드는 데 도움을 받았다. MAP 컨설턴트는 수목원이 지역사회와 회원에 대한 간단한 관람객 조사를 설계하고 수행하도록 지도했다. 주립대학 마케팅 교수는 더욱 정밀한 조사와 분석으로 그들을 도왔다. 그 결과, 수목원은 근처 기차역의 표지판 제작과 가장 많은 방문객이 몰리는 주말에 수목원 사무실 직원 배치 건과 같은 직원이 우선 취할 수 있는 단계를 확인할 수 있다. 또한, MAP 연구는 공공 프로그래밍 계획에서 유료 광고를 포함하는 것과 같은, 고려해야 할 중요한 전략들을 강조했다.

마케팅 계획 개발과 관람객 연구를 원하는 공공정원은 많은 훌륭한 지역사회 자원을 이용할 수 있다. 이들 같은 자원이 네트워킹 기회와 협업 마케팅 벤처를 제공할 수도 있다.

매체 관계

매체와의 돈독한 관계 함양은 강력한 마케팅 전략이 된다. 마케팅 계획을 위한 정원 관람객을 정의하는 과정은 결과적으로 웹사이트, 텔레비전, 라디오, 신문, 잡지, 기타 매체를 적절히 활용하여 목표를 설정하는 데 도움을 준다.

대상 관람객, 배포 범위, 정보 요구사항에 따라 쉽게 분류할 수 있는 업데이트된 매체 데이터베이스가 매우 중요하다. 매체가 자료를 원하는지를 확인하기 위한 정기적인 조사하고, 원하면 커뮤니케이션과 이미지를 위한 적절한 접촉, 리드 타임, 선호하는 양식을 고려한다. 대부분의 소통이 전자적으로 이루어지긴 하지만, 정원은 우편물 배달을 위한 최신의 주소를 알려야 한다.

접대는 매체 관계를 함양하는 쉽고도 효과적인 방법이다. 현장으로 매체를 불러들이는 이벤트는 그들이 개인적으로 직원 및 정원과 연관되는 기회를 제공한다. 롱우드가든(Longwood Gardens)은 새로운 전시회의 미디어 사전 참관, 정원 개원, 기타 이벤트로 가벼운 다과, 맞춤형 투어, 사진과 비디오 영상, 인터뷰를 곁들인 저널리스트를 위한 환영행사를 개최한다. 롱우드 직원은 "당신이 보도 자료를 요청해 주셔서 매우 기쁩니다"라는, 궁극적으로 롱우드가 꾸준히 강력한 매체 보도를 생성하는 데 도움이 되는 즐거운 마음으로 매체로부터의 특별한 요청을 수용한다.

매체 인터뷰 대상으로서의 직원과 자원봉사자는 흥미로운 이야기와 매력적인 주제를 제공하는 훌륭한 원천이다. 실제로 식

간략한 공지에도 뉴스 보도 순간을 포착할 준비 하고 있다는 것은 매체 관계에서 매우 중요한 부분이다. 브루클린 식물원(BBG)의 타이탄 아룸(Titan arum, 일명 시체꽃), 즉 베이비(Baby)가 개화하여 고약한 냄새를 풍길 준비가 되었음을 알리는 전시 표지를 붙이기 시작하면서, 식물원은 이 주요 식물 이벤트를 알리기 위한 팀을 재빨리 구성했다. 뉴욕시에서 67년 만에 처음으로 타이탄 아룸이 꽃을 피우는 것이다. 이런 자연 현상으로 인해, BBG는 식물에 관해 배울 수 있는 재미있고 인상적인 장소로 자리매김할 수 있는 절호의 기회를 잡게 되었다.

원예, 안전, 유지보수, 교육, 기념품점, 방문객 서비스, 커뮤니케이션 부서의 대표로 태스크포스팀이 구성되었다. 타이탄 아룸은 방문객들이 이 큰 식물을 쉽게 볼 수 있도록 분재 박물관의 전시구역으로 옮겼다. 온라인 관람객이 베이비의 성장 과정을 일주일 밤낮으로 볼 수 있도록 비디오카메라도 설치하였다. 안전팀이 브리핑을 받고, 예상되는 방문객의 증가에 대비하여 추가 경비인력을 소집하였다.

방문객 서비스와 교육팀은 이 식물과 품종의 안내 간판을 신속히 마련하였다. 교육팀은 방문객이 줄을 많이 서는 곳 인근에 교육용 식물 손수레를 담당할 직원으로 이 팀의 수습 프로그램 학생을 주선했다. 독

자에게 Baby 개화와 예상되는 악취에 대한 막후(幕後) 이해를 돕기 위해 BBG에 처음으로 블로그를 만들었다.

커뮤니케이션 팀은 거대한 식물이 하루에 몇 인치씩이나 자라는 매우 시각적인, 한 세대에 한 번밖에 볼 수 없는 기대되는 뉴스를 BBG가 제공한다는 사실을 매체에 전파했다. 매체 경보를 작성하여 모든 관련 매체에 전하고, 주요 저널리스트에게 전화하여 베이비의 개화 -그리고 그에 따른 악취- 가 임박했음을 긴급히 알렸다. 금요일 경에는 매체 보도가 명백하게 급증하였다. 전화벨 소리가 요란하였다. 식물원 원장, 원예담당 이사, 식물증식 담당 이사를 포함한 핵심 대변인은 끊임없이 걸려오는 전화와 현장 인터뷰 요청에 응하였다. 토요일과 일요일 즈음에는 브루클린 매체에 더하여 전국과 국제 뉴스기관에서 이를 주요 뉴스로 보도하였다.

식물원 방문객 수는 특히 정상적인 더운 8월 주말과 비교해서도 엄청나게 늘었다. 많은 방문객이 처음으로 이 식물원을 찾았다. BBG는 대규모 관람객을 지속해서 맞았고, 그다음 주일 내내 매체의 보도가 이어졌다.

기술이 매체와의 소통 방식을 계속 변화시키고는 있지만, 그 내용은 여전히 디지털 전환방식을 지닌 전통적인 체제를 따르고 있다.

연간 주요 행사 목록 : 진행 중인 프로그램, 계절별 전시회, 특별 이벤트의 간단한 목록

보도 자료 : 전시회, 이벤트, 그리고 희귀식물의 개화 혹은 새로운 정원의 개원 같은 특별한 이야기

매체 경보 : 단기 통보로 열리는 흥미로운 이벤트의 간략한 통보, 혹은 전시회 중 정원에서 펼쳐지는 아름다운 광경의 간결한 귀띔

사진과 비디오 : 한 장의 사진은 특히 스스로 사진을 찍을 시간이 없는 저널리스트에게는 천 마디 말의 가치가 있다

자료표(fact sheet) : 설립연도, 역사, 담당기관, 면적, 수집물, 혹은 자원봉사자 통계자료 같은 정원의 짧고 흥미로운 사실과 그림

웹사이트 미디어 룸 : 보도 자료, 이미지, 기타 매체 자료의 종합적인 온라인 원천 자료 제공

없는 진실한 울림을 전한다. 어떻게 효과적인 대변인이 될 수 있는지에 대한 실질적인 조언과 지도는 아직 그런 역할에 익숙하지 않은 직원에게는 매우 중요하다. 정원의 매체 담당 선임직원은 외부 컨설턴트의 공식적인 교육 혜택을 누릴 수도 있으며, 그에 따라 다른 직원을 가르치는 역할도 할 수 있다. 시카고식물원(Chicago Botanic Garden)은 직원의 매체 교육으로 전국 뉴스 네트워크와 그 웹사이트에서 방영된 3분 30초 길이의 일본 정원 프로의 성공에 이바지하였다(Markgraf 2002).

매체 추적서비스의 범위는 무료 구글 알리미(Google alerts)로부터 정원의 매체 홍보 노력의 결과인 보고서 및 프린트 복사물, 방송, 온라인 뉴스 보도를 제공하는 유료 서비스 회사에까지 이른다.

디지털 마케팅과 소셜 네트워킹

웹사이트는 이제 정원 마케팅 포트폴리오의 표준이 되고 있으며, 흔히 정원 소통을 위한 중심점 역할을 한다. 웹사이트가 효과적인 마케팅 도구가 되기 위해서는 빈번한 유지보수가 필요하다. 정원 웹사이트를 외부 기업이 유지하는 경우, 정원은 누군가가 해주기를 기다리기보다는 직원이나 자원봉사자가 시간에 민

물원을 돌보고 휴일에 조명을 설치하거나, 식물의 연구를 수행하는 사람이 직접 들려주는 이야기는 홍보 관리자가 흉내 낼 수

사막식물원 마케팅 매니저 John Sallot

사막 식물원(DBG)에서의 최근 일주일은 우리의 소셜 미디어 참여에서 하나의 전환점이 된 시기였다. 그 주 수요일 밤에 수목원은 900명의 적극적인 Yelp.com 온라인 비평가가 서로 인사하는 특별 이벤트인 Yelp in Bloom 행사를 주최했다. 그들 대부분은 초등학생 시절 이후로는 식물원을 처음 방문하는 셈이었고, 몇몇은 생전 처음 하는 경험이었다.

그 이벤트에서 우리는 알찬 봄 계절의 전시회, 제반 활동, 알코올음료가 포함된(Spiked!) 이벤트뿐만 아니라, 우리의 미션도 이들에게 홍보할 수 있었다. DGB에서는 목요일마다 매주 수목원의 새로운 장소로 옮겨서 칵테일 타임을 가지고, 특별 밴드, DJ, 음식을 즐긴다. 이 시간은 이들 관람객과 소통할 수 있는 절호의 기회였다.

그다음 날 저녁 Spiked! 이벤트에서, 나는 우리 대신 소셜 미디어를 모니터하는 사람으로부터 Spiked! 이벤트에 참석한 Yelp in Bloom 중 한 사람이 불쾌하다는 트위팅(트위터에 코멘트 포스팅)을 했다는 전화 메시지를 받았다. 수목원 웹사이트에서 채식주의자 옵션이 있다고 언급되었는데, 실제로는 없다는 것이다. 급히 이벤트 코디네이터를 수배하여 알아보니, 음식 공급업체가 수목원에 통보하지도 않고 그 옵션을 제외했다. 우리는 아직 Spiked! 이벤트에 참석하고 있는 그 손님에게 연락하여, 이 건을 완전히 조사하는 데는 시간이 약간 걸리므로, 다음 날 말씀을 드리겠다고 양해를 구했다. 아울러 직접 만나서 대화를 나눌 수 있

는지도 물었다. 그 손님은 트위터에 1,500명의 팔로워가 있었고, 우리는 이런 내용이 우리 손에서 벗어나는 것을 원치 않았다. 그는 우리 제안에 동의했다.

다음 날 아침, 우리 이벤트 코디네이터가 이메일로 그와 직접 소통하여 사과와 사유 설명을 하고, 향후 Spiked! 이벤트의 티켓 증정이나 전액 환불을 제안했다. 그 손님은 우리의 대응에 만족하고, 이 사실을 트위터의 팔로워들에게도 알렸다.

이 경험은 우리가 소셜 미디어 운용 현실을 알 좋은 기회를 제공했다. 우리가 소셜 미디어 현장을 모니터하고 있지 않았다면, 직접, 편지, 이메일, 혹은 전화로 받는 것과 마찬가지로 타당한 불평 사항에 대해 결코 대응하지 못했을 것이다. 그리고 이 불평 사항은 1,500명의 팔로워를 거느린 관람객에게서 나온 것이었다. 그 사람이 우리 근처 어디에서 그 이벤트에 참석하고 있었지만, 우리는 전혀 그를 알아채거나 말을 걸 수도 없었다. 이 모든 상황은 인터넷을 통해 일어났다.

우리가 소셜 미디어 현장을 일주일 밤낮으로 모니터해야 한다고 제안하는 것은 결코 아니지만, 소셜 미디어에 관여할 수도 있는 사람들을 상대로 한 이벤트나 활동을 주최하고 있는 경우에는 반드시 누군가가 모니터링을 하고 있어야 한다. 즉각적으로 대응할 필요는 없지만, 향후 24시간 이내에 반드시 대응해야 한다.

감한 정보를 업데이트하도록 훈련해야 한다. 정원이 웹사이트를 업데이트하지 않는 경우, 관람객과 신뢰를 잃는 위험을 무릅쓰게 된다.

많은 정원에서 e-뉴스레터가 늘어나거나 종이 버전으로 대체하고 있다. 정원은 다가오는 활동과 이벤트의 짧고 시의적절한 메시지와 상기 사항을 전달하기 위해 e-뉴스레터를 이용한다. 사람들이 e-뉴스레터를 열도록 권장하는 데는 제목란이 매우 중요하다. 스프링 그릭 정원(Gardens of Spring Creek)이 e-뉴스레터를 시작했을 때, 클래스 출석자와 이벤트 참여자 수가 거의 20% 증가했다. 오자크스 식물원(Botanical Garden of the Ozarks)이 e-뉴스레터를 배포하자, 온라인 티켓 구매와 멤버십 갱신이 급증하고, 뉴스레터의 내용이 지역신문에 실리고 있다(King and Provaznik 2009).

온라인 소셜 미디어는 공공정원에는 아직 비교적 새로운 마케팅 포럼이긴 하지만, 대중이 그것을 기대하고 또한 잘 운용될 수 있어서 정원은 급속히 온라인 네트워킹을 수용하고 있다. 정원들은 소셜 미디어를 숙고하여 철저한 분석을 하고, 소셜 미디어 전문가 및 동료 기관들과 협의해야 한다. 또한, 정원은 해당 포럼이 시류에 뒤떨어지게 되는 경우, 소셜 미디어를 위해 창안된

새로운 구성요소와 콘셉트는 다른 목적으로 사용될 수도 있다는 것을 명심해야 한다.

위기 소통

모든 공공정원은 허리케인, 토네이도, 화재나 사고 같은 재난에 직면했을 때, 최선의 판단을 할 수 있도록 돕는 위기 소통 계획을 보유해야 한다. 주요한 프로젝트에서는 잠재적인 위기상황에 대해서도 이러한 계획을 마련해야 한다.

애틀랜타식물원(Atlanta Botanical Garden)의 사비나 호웰(Sabina Howell Carr) 마케팅 이사는 위기상황에 처한 정원을 위한 다음과 같은 다섯 가지 기본적인 조언을 한다.

- 침착하라
- 위기 전문 카운슬러를 고용하라
- 당신의 메시지를 끈질기게 고수하고, 관련자들에게 문의하라
- 어떤 것도 추측하지 마라.; 매체를 대하는 정확한 프로토콜을 직원들이 확실히 알게 하라
- 대중, 이해당사자, 매체와 투명하게 소통하라

애틀랜타식물원 사비나 호웰(Sabina Howell Carr) 마케팅담당 이사

2008년 12월 19일 아침, 애틀랜타 식물원은 새로운 명소의 최근 공사단계를 필름에 담고 사진 촬영을 하려는 몇 명의 리포터를 기다리고 있었다. 우드랜드 가든 위 40피트 높이에 설계된 캐노피 워크(Canopy Walk)는 수백만 달러가 투입된 확장공사의 주요 부분이었다.

그런데 비극이 덮쳤다. 공사 인부들이 워크웨이에 콘크리트 타설을 시작하자, 구조물이 붕괴했다. 식물원의 매리 팻 매터슨(Mary Pat Matheson) 전무이사와 커뮤니케이션 팀의 사비나 이사, 대니 플랜더스(Danny Flanders)가 제일 먼저 현장에 도착했다. 응급대원이 곧바로 건설 인부 1명이 사망하고, 17명이 부상했음을 확인했다.

사비나 이사와 그녀의 팀은 즉시 상황 평가를 시작했다. "전적으로 침착함을 유지해야 했어요. 우리는 앞으로 몇 분간, 그 다음 10분간, 그 다음 1시간에 대한 계획을 시작해야 했어요."라고 사비나 이사가 말했다. 식물원의 리더는 책무와 다양한 이해당사자 간의 정보의 흐름에 대해 협력했다. 매터슨은 정오 뉴스 방송 시간에 언론을 상대로 짤막한 언급을 했다.

식물원의 대응팀은 위기관리 업무수행으로 잘 알려진 커뮤니케이션 기업인 에델만 홍보사(Edelman Public Relations)를 관여시키기로 했다. "우리 팀은 위기 소통업무에 특별히 훈련되어 있지 않습니다. 심각한 일이 발생할 경우, 전문 기업을 불러야 한다는 것을 항상 숙지하고 있었죠."라고 사비나 이사는 언급했다.

에델만 홍보사의 전문가는 부상에 관한 매체 질문은 응급대원에게 물어보게 하고, 사고에 관한 질문은 건설회사가 답하게 하라고 식물원 측에 조언했다. 그러한 전략은 식물원이 대중에게 제공할 정보뿐만 아니라, 식물원의 평판을 보호하는 메시지 초안 작업에만 집중할 수 있도록 했다. "우리는 이성과 동정의 목소리를 내기로 했습니다. 식물원은 비극이 아닌, 치유의 장소라는 것을 거듭 언급했습니다."라고 플랜더스가 말했다.

식물원 이사진은 모든 사람이 각기 다르게 반응하기 때문에 어떤 것도 절대 추측하지 말라는 위기관리의 소중한 교훈을 배웠다. 사비나 이사와 플랜더스는 전화 응답을 하는 직원들에게 특히 매체의 질문에는 리포터 성명, 뉴스기관, 마감 시간 등을 상세히 일지에 기록하도록 단단히 지시했다. 일부 직원이 본능적으로 리포터에게 가용한 정보가 없다고 말하고 그냥 전화를 끊은 것은 선의의 행동일지라도 잠재적으로 대응조치를 훼손시키는 행위였다.

사고일이 지나감에 따라, 식물원 리더들은 뉴스 보도가 애틀랜타를 훨씬 넘어 퍼질 것으로 인식했다. 커뮤니케이션 팀은 사전조치를 취하기로 하고, 전국의 식물원 리더들에게 무슨 일이 일어났는지를 설명하는 이메일을 보냈다.

또한, 24시간 이내에 팀은 사고로 인한 장기적인 영향에 관해 생각하기 시작했다. 마케팅 계획을 얼마나 많이 변경시켜야 하는가? 새로운 명소의 위치를 어떻게 변경시키고 소통할 것인가? 식물원은 인부들의 가족에게 어떻게 위로의 표현을 할 것인가?

식물원은 주관 건설회사를 포함한 다른 관련 업체와의 강한 파트너십을 구축하고, 추모기금을 조성한다고 발표했다. 또한, 커뮤니케이션 팀은 이해당사자 및 매체들과 공개적이고 투명하게 결정하는 캐노피 워크 재건축에 대한 소통을 어떻게 할 것인지를 계획하기 시작했다.

모튼수목원(Morton Arboretum)은 핵심 직원에게 다음과 같은 특정 위기 소통 책임을 부여하고 있다.

- 위기 대응 메시지 송출은 마케팅담당 부사장, 홍보 매니저, 안전 감독관 그리고 방문객 프로그램 담당 이사가 처리한다. 필요한 경우, 사장과 CEO도 포함될 수 있다.

- 대변인은 홍보 매니저나 때로는 사장과 CEO가 된다.

- 매체 연락 담당자 역할(매체 응대와 매체 질문에 대한 응답 조정 활동)은 홍보 매니저와 홍보 코디네이터가 한다.

- 긴급 상황 담당 인력과의 상호접촉과 관련된 긴급 인력 연락 의무는 안전 감독관에게 있다.

- 운영 및 프로그램 계획과 중단을 관리하는 운영/프로그램 연락책임자는 방문객 프로그램 담당 이사이다.

- 카운슬링 제공 같은 잠재적 직원 지원 대응을 관리하는 인적자원 연락책임자는 인적자원 담당 이사이다.

요약

마케팅은 공공정원의 잠재적 가치를 개인의 삶에 소통하여 전달한다. 일부 기관들은 이러한 일을 홍보 혹은 소통이라고 언급하는 반면, 다른 기관들은 마케팅 혹은 판촉이라고 부르기도 하지만, 지역사회의 참여와 지원을 함양한다는 목표는 같다. 대중의 관점에서 정원의 미션을 살피는 것은 정원에 대한 오래갈 브랜드 창출 및 핵심 메시지 개발이 매우 중요하다.

정원의 마케팅 포트폴리오는 정원이 어떤 일을 하고, 그것이 대중에게 왜 중요한지를 소통한다. 사람들이 직접 정원을 경험할 수 없는 경우에도 그것은 깊은 인상을 심어주는 정원의 모습과 언어를 보여준다. 마케팅 자료는 효율성을 위해 일관되고 정확하며, 호소력을 지녀야 한다. 양식, 내용, 분포, 그래픽 스타일, 언어 스타일을 일상적으로 평가해야 한다.

공식적인 마케팅 계획은 공공정원의 성공에 크게 이바지한다. 정원과 그 환경, 관람객의 분석은 현실적이고 구체적인 목표와 전략을 개발하는 데 필요한 정보를 제공한다. 조직화한 스케줄과 예산은 기한, 목적, 비용, 책임에 대한 궤도를 더 쉽게 지키도록 해준다. 매체 관계와 소셜 네트워킹은 모든 공공정원을 위한 강력하고 경제적인 마케팅 전략이다. 마케팅 프로젝트의 평가는 다음 해에 선도계획을 위한 유용한 정보를 제공한다.

긴급사항 발생 전에 위기 소통 계획을 개발하면, 공공정원이 위기를 맞게 되면 그 책임, 절차, 정책을 차분하게 확인하고 평가할 수 있게 된다.

참고 문헌

American Marketing Association(www.marketingpower.com). A useful source of information about marketing terms, trends, and current issues.

Andreasen, A., and P. Kotler. 1995. *Strategic marketing for nonprofit organizations.* Upper Saddle River, N.J.: Prentice Hall. A practical examination of marketing in nonprofit organizations that encompasses the entire marketing process, including strategic evaluations, positioning, and market targeting.

Colbert, F., S. Bilodeau, J. Brunet, J. Nantel, and J. D. Rich. 2007. *Marketing culture and the arts*, 3rd ed. Montreal: Presses HEC. Takes traditional marketing concepts and applies them to the special cases of culture and the arts.

Convince and Convert(www.convinceandconvert.com/jason-baer). Social media strategy consultant Jay Baer, founder of Convince & Convert, provides social media consulting and training to leading companies and public relations firms and writes the Convince and Convert blog.

Durham, S. 2010. *Brandraising: How nonprofits raise visibility and money through smart communications.* San Francisco: Jossey-Bass.

Getting Attention(www.gettingattention.org). The focus of this e-newsletter is assisting nonprofits to develop marketing tools and strategies that will enable them to thrive.

Holland, D. K. 2006. *Branding for nonprofits: Developing identity with integrity.* New York: Allworth Press. A useful guide to the processes, tools, and thinking needed to brand or to rebrand, with case studies of nonprofits that have successfully created branding opportunities.

International Association of Business Communicators(www.iabc.com). Provides a professional network of more than 15,500 business communication professionals in more than 80 countries.

Kotler, N., and P. Kotler. 2008. *Museum marketing and strategy: Designing missions, building audiences, generating revenue and resources.* San Francisco: Jossey-Bass. Classic resource on museum marketing and strategy. It provides a proven framework for examining marketing and strategic goals in relation to a museum's mission, resources, opportunities, and challenges.

Pew Research Center(http://people-press.org). A nonpartisan "fact tank" that provides information on the issues, attitudes, and trends shaping America and the world. Current survey results are made available free of charge on its website.

CHAPTER 20

Collections Management
수집품 관리

DAVID C. MICHENER 데이비드 C. 미체너

서론

여느 박물관 성격의 기관들처럼, 공공정원은 수집품 및 그 수집품의 관리에 초점을 맞추고 있다. 정원에는 예술작품, 식물표본, 서적을 포함한 다양한 범위의 수집품이 있을 수 있지만, 모든 공공정원의 가장 핵심적인 수집품은 바로 살아있는 식물 생체들이다. 이러한 식물 생체들은 아름다움과 과학적 가치 이외에도, 다양한 관람객들이 즐거워하고, 생각하며, 참여하고, 학습하고 싶은 마음이 들게 하므로 더욱 가치 있게 여겨진다.

살아있는 수집품들의 크기와 범위가 증가함에 따라, 그에 관련된 정보의 양과 세부 사항도 증가한다. 그 정보를 수집, 추적, 평가하고, 정원사와 광범위한 방문객들에게 유용하도록 정보를 선별하는 일은, 그 수집품들의 관리를 위임받은 사람들의 책임이다. 이러한 정보화 작업은 주로 사용자의 요구에 맞춰 특정 용도의 보고서, 서류 또는 디지털화된 목록, 지도, 웹 페이지 등의 형식으로 만들어지며, 기록된 정보들은 특정 식물에 대한 방문객들의 궁금증 해소에서부터 수집물의 이력이 필요한 연구자의 요구를 충족시키는 등 다양하게 활용된다. 수집물의 정보화 작업에 더해 수집품의 적절성과 질을 평가하고 수집계획을 수립하는 등 수집물 관리에 관한 업무 전체를 일컬어 "큐레이션"이라고 부른다.

수집품 큐레이터는 수집품들에 관한 전반적인 관리를 책임진다. 여기서 말하는 관리란(주로 원예가, 연구자, 교육가, 조경 디자이너와 상담 시) 어떤 식물을 등록된 수집품에 추가시켜야 할지, 언제 특정 표본을 처분해야 할지, 식물 기록을 어떻게 관리할지, 어떤 학명(nomenclature)의 출처를 사용할지 결정을 내리는 일 등이 포함된다. 식물 기록자는 큐레이터가 내린 결정에 따라, 모든 새로운 등록과 처분을 기록하고, 몇몇 경우에는, 등록된 분류군에 대한 정확한 학명을 판단한다. 그들은 수집품들의 등록을 위한 GIS 좌표 측량을 책임지는 경우도 많지만, 대규모 정원에선 이 일을 별도의 GIS 관리자가 맡을 수 있다.

살아있는 수집품들을 관리하는 데 있어, 가장 최선이거나 가장 정확하다고 할 수 있는 단 하나의 방법은 있을 수 없다. 따라서 각 기관은 수집품을 관리하면서 공동으로 받아들일 만한 현재의 모범 기준(best practice)을 참고한 후 그 기관의 임무와 상황, 특히 수집품의 목표와 범위 등을 고려하여 수집품 관리 방법을 마련하면 된다. 이번 장에선 각 기관이 수집한 식물의 관리와 수집식물의 정보 관리에 연관된 주요 논점들을 살펴보고자 한다. Hohn(2008)은 『식물원의 수집품 관리 정책 및 실행』에 대해 우리가 고려해 볼 필요가 있는 사항들을 제시하였고, The Darwin Technical Manual(Leadlay와 Greene 1998)은 식물 종 보존에 초점을 맞춘 정원들이 유용하게 활용할 만하다. 수집품 관리에 관한 여러 프로토콜(진행 절차 및 용어)들의 기원이 되는 박물관 용어에 익숙하지 않은 독자들은 이번 장의 주석 자료는 물론 미국 박물관협회, 미국 공공정원협회, 세계 식물보존협회에서 제공하는 자료를 먼저 살펴볼 필요가 있다.

살아있는 수집품이란 무엇인가?

수집품들을 관리하려면, 먼저 그것들을 정의해야 한다. 가장 광범위한 의미에서, 『살아있는 수집품들』이란 『정보를 가진 모든 식물과 경관들』이라고 할 수 있으며, 수집품의 유형에 따라

등록: 같은 시기에 하나의 출처에서 나온 같은 계통의 개별적인 식물이나 식물군(단일 분류군), 추적 목적으로 코드나 숫자가 할당됨.

획득: 등록하거나 카탈로그에 담기 위해, 정원으로 가져온 식물이나 번식체

미학: 디자인과 스타일 감각, 주로 우아함과 아름다움의 조화로운 통합을 의미하기 위해 사용됨.

카탈로그: 전통적으로 종이로 작성했지만, 지금은 대부분 컴퓨터 데이터베이스로 대체하여 작성하는 추가 정보와 등록 물의 목록. 카탈로그는 종이나 디지털 형태로 정보를 추가하고 그런 파일들을 만드는 일을 일컬을 수도 있다.

수집품: 목적을 위해 모아둔 식물들의 집합. 하나의 등록 물은 동시에 다양한 수집품에 속할 수 있다.

보존: 식물보존을 위해, 하나의 개체군과 궁극적으로 하나의 종을 보존하는 행위를 일컫는다. 어떤 정원의 역사적 종과 핵심적 특징들을 위해, 무한한 미래의 기간 개별 사물이나 역사적 요소를 안정시키는 행위를 일컫는다.

큐레이션: 전문적, 윤리적 방식으로 수집품들의 식재 및 관리와 관련된 활동

데이터베이스: 기관의 기록물인 디지털 테이블 안의 정보, Access나 BG-BASE 같은 데이터와 상호작용하는 소프트웨어와 뚜렷하게 구별됨

디자인: 정원이나 조경 내 살아있는 대상과 살아있지 않은 대상의 물리적 배치. 정원의 디자인 역사는 수집품 기록물과 지도 안에 부분적으로 기록되며 주로 그런 것들로부터 추론된다.

전시: 한 지역 내 식물들의 배열. 전시물은 일시적(사용 후 폐기됨), 순환(저장 및 재소생(reinvigoration) 후 재사용되고 화분에 심음) 또는 식재되거나, 영구적인 전시일 수 있다.

윤리: 결정을 좌우하는 가치 집합. 현금 가액이나 법적 규제로 획득 및 처분할 책임을 지닌 직원들 간에 이익이 상충할 가능성이 있는 경우, 주로 획득 및 처분 문제에 초점을 맞춘 이번 장과 관련이 있다.

빈틈(gap): 역사적 품종인 수집품의 빠진 연도나 수집품이 분류학 대상이면 빠진 종처럼, 수집품의 개념적 틈 또는 수집품의 개념상 중단된 부분, 역사적인 품종 컬렉션의 누락 된 세트 또는 컬렉션이 분류학적인 누락 된 종.

침입 식물: 원래 지형적 범위 밖으로 탈출하거나 번창하는 도입된 식물들에 적용되는 용어

인벤토리: 특정일 자, 특정 지역에 존재하는 식물 또는 등록 물의 물리적 목록이나 디지털 목록, 혹은 그런 목록을 만드는 행위. 조건과 크기 같은 특정 등록 물에 관한 추가 정보는 주로 이런 목록을 만들 때 기록된다.

라벨: 대중을 위해 식물을 식별하는 표시. 추가 정보가 존재할 수 있지만, 식물의 명칭이 없는 경우, 설명용 표시. 인벤토리 번호와 관련 정보가 담긴 작은 태그들은 특수 라벨들이다.

지도: 현장 확인을 위한 부지의 특징이나 인벤토리를 위한 등록과 같이 선택된 특징들을 보여주는 계획, 지금은 일반적으로, 지리 정보 데이터베이스에서 나오는 출력물

자연 영역: 하나의 생태계로서 관리되는 영역으로, 일반적으로 정착 전(presettlement) 초목을 의미한다. 자연 영역은 한때 널리 퍼진 초목 유형들이 손상되지 않은 파생물, 간척되거나 복원된 거친 부지 혹은 감시 대상인 개체들과 개체군들을 포괄하는 조합일 수 있다.

학명: 시대 및 문화들에 걸쳐 일관된 기술 명칭을 창작하는, 국제적으로 존중받는 규칙과 시스템들

소유권: 통제 권한을 부여하는 법적 지위. 살아있는 수집품 속 식물 기록들은 구매, 선물, 혹은 기타 목적별 식물들의 소유권에 대한 증거를 제공한다.

식물 기록물: 기관의 살아있는 수집품들에 대한 증거를 제공하는 소장 정책, 데이터베이스, 지도 및 관련 파일들 집합

정책: 목표를 달성하기 위한 목적과 절차를 설명하는 서면 가이드라인. 수집 정책과 침입 식물 정책은 두 가지 일반적인 예이다.

기원: 본래의 출처, 특정 지역(야생 개체군 vs 묘목장에서 성장)과 개념(야생에서 수집 vs 재배된 수집품)으로 사용됨.

분류군(Taxon, 복수형; taxa): 모든 구성 요소들을 포함해, 명칭을 지닌 단위를 형성하는 식물들의 그룹, 속과 종은 익숙한 분류학적 계급이다.

그 기록 정보들은 개별 식물들에 특정되거나 특정 경관들과 연관될 수 있다. 식물의 출처 정보와 관리 이력을 적절히 기록하는 것은 모든 공공정원을 다른 기관과 구별 짓는 요소이며, 이러한 행위가 이루어지느냐 아니냐에 따라 – 해당 기관이 식물원, 수목원, 역사적 경관, 연구 수집기관이든 아니면 자연 지역이든 – 공공정원의 범주에 포함할 수 있다. 따라서 기록이 관리되는 식물들은 데스칸소 식물원(Descanso Gardens)에 있는 동백나무들처럼 전통적인 수집품에 속할 수도 있고, 가든 인 더 우드(Garden in the Woods)에 있는 것과 비슷한 자연주의 정원들 혹은 크로스비 수목원(Crosby Arboretum)과 같은 자연 지역에 있는 나무일 수도 있다.

또한, 하와이 대학의 해롤드 리온수목원(Harold I. Lyon Arboretum)에 보관 중인 멸종 위기 식물 종의 종자, 꽃가루, 혹은 식물 조직 배양체 등도 살아있는 수집품에 해당한다. 각각의

그림 20-1】 1927년에 공개된 미시간 대학에 있는 작약(모란) 수집품은 거의 400여 쌍의 품종에 달하며, 이 품종들은 원래 비교목적으로 수집되었었는데, 지금은 40여 미국, 캐나다, 유럽의 품종 개발자들로 구성된 북아메리카 식물 수집 컨소시엄의 일원으로서 역사적인 품종 보존 역할을 하고 있다.

Matthaei Botanical Gardens and Nichols Arboretum

수집품 유형은 기본적으로 비슷한 정보 및 관리 필요성을 지닌다. 이번 장에서는 전통적인 수집품에 대해서 언급할 예정이며, 따라서 이 외 다른 수집품들은 일종의 변형이라고 볼 수 있다.

수집품들은 어떤 목적을 가지고
모으는 대상들이다.

이런 기능적 정의는 박물관과 도서관 문화에 깊이 내재하여 있으며, 살아있는 수집품들도 예외가 아니다. 이 경우, 식물들은 기록, 감시, 평가되는 대상들이다. 한 식물이 언제나 하나의 개체인 것만은 아니다. 보존 목적 수집품의 클론(Clone)들은 여러 개체로 나눠질 수 있지만, 그것은(마치 중복된 도서로 인해 도서관의 책이 더 다양해지지 않듯) 여전히 하나의 유전적 개체를 나타낸다.

이와 반대로, 장식용 재료들의 대량 식재는 하나의 대상(ojbect)으로 취급될 수 있다. 비록 그 각각은 유전적으로 구별되더라도 말이다. 또 다른 미묘한 점은 전형적인 박물관의 수집 대상들과 달리 살아있는 수집품들은 궁극적으로 죽는다. 기록 시스템은 식물의 수명 기간 관련 정보를 맞춰 나가야 하고, 그 식물이 복제되어 다른 지역에서 계속 살아가는 경우를 포함해 물리적 죽음에 이르러 마감해야 한다.

살아있는 수집품의 관점에서 볼 때, 수집품을 모은다는 것은 식물이 그 기관에 조달되는 방식을 말하며, 이러한 조달은 교환, 증식, 구매, 직원에 의한 수집 및 탐사 등에 의해 이루어진다. 이런 과정에서 정보가 주요한 이유는 야생 개체군 출신의 식물들은 명칭은 같지만, 묘목장에서 자란 식물들과 달리 보존 가치를 지니기 때문이다. 마찬가지로, 특정 품종을 선보인 묘목장에서 재배된 식물들은 개방 거래(open trade, 추적이 되지 않는 거래)를 통해 얻은 식물들보다 참조 가치가 더 높다. 수집행위의 목표는 기관의 임무 수행을 위해 특정 수집품이 필요한 이유에 해당하며, 예를 들면 미학, 문화적 정체성, 생태적 다양성, 장식적 가치, 식물 지리학, 역사적 특정 시기, 자생식물 등과 같은 분야에 포커스를 맞춰 수집행위의 목표를 정할 수 있다.

수집 유형

각각의 공공정원은 그 기관의 임무와 전통에 따라 수집 분야를 설정하지만, 여러 기관마다, 살아있는 수집 분야에는 광범위한 범주들이 존재하며, 그런 범주들은 주제적, 분류적, 보존적, 정기 전시적, 선발과 연구적 필요에 의한 것 등으로 일반화될 수 있다. 따라서 어떤 수집품이든 각 수집 분야의 기준을 충족하기만 하면, 다양한 수집품 범주에 속할 수 있다.

• **주제별 수집**은 인간 문화,(대륙 혹은 생물 군계/지역 같은) 지형 혹은 원예/생태적 니즈(다년생 식물, 습지 식물, 착생식물)에 기반을 두고 시대의 변화에 맞춰 함께 변화해 가는 수집방식이라고 표현할 수 있다. 인간 문화는 광범위하며, 역사적 기간 및 빅토리아풍의 정원 같은 디자인 스타일, 문화적 의미(가령, 셰익스피어의 작품에 등장하는 식물들) 및 기타 인간 구조물들을 포괄할 수 있다.

• **분류별 수집**은 여러 표본을 가장 가까운 친족으로 이뤄진 진화 집단들로 모아 구성하는 과정이다. 예를 들면 식물을 과단위 또는 속단위로 수집하는 방식이다(예 야자나무과).

• **보존 및 참조적 수집**은 식물 다양성(주로 멸종 위기에 처한)을 미래 세대를 위해 보존하는 것이며, 이런 수집품들은 야생에서 기원한 종이거나 역사성을 지닌 품종일 수 있다.

• **정기 전시적 수집**은 일시적 또는 계절적 목적을 가진다. 예를 들어 난초류, 아나나스류, 난지 구근류(nonhardy bulbs), 분재/분경류 등을 수집·전시하는 것 등이 있다.

• **선발을 위한 수집**은 관찰 중인 식물들을 평가하기 위한 것들이다. 일반적인 예로는 전미 로즈 셀렉션 실험 정원과 크랩 애플 국가 평가 프로그램이 있다.

• **연구용 수집**은 잠재적으로 큰 가치를 지닌 것들을 탐구해 나가는데 특화된 수집이라고 할 수 있다. 전통적으로, 이런 수집품

그림 20-2】 다웨스 수목원에 있는 상당한 침엽수 수집품은 속(genus)들이 혼합되어 있다. 여기에 있는 소나무와 가문비나무들은 다른 속들을 부각해주는 골격이 되는 종들을 제공한다.

Photo courtesy of the Dawes Arboretum

들은 연구자들이 프로젝트를 완료한 이후 별다른 계획 없이 모았지만, 점차 적절한 기록을 지니면서, 모든 수집품은 연구 가치가 있는 것으로 평가되는 경우가 많다.

신규 수집품은 구성 요소들이다

영구적인 수집품들은 거의 언제나 신규 수집하여 등록된 식물들로 구성된다. 하나의 식물을 등록하는 일은 소장 관리 면에서 중요한 시작점이다. 등록을 통해 한 식물이 다른 식물, 현재 개체들 혹은 미래의 개체들로 차별화되고, 향후 몇 년간 만들어지고 해당 식물과 연관된 독특한 기록들이 나올 준비가 이뤄진다. 기본 정체성, 출처, 위치 외에 각 등록물 기록의 복잡성은 수집 범주의 기준들에 따라 달라진다.

그림 20-3】 뉴잉글랜드 와일드 플라워 소사이어티의 일부에 대한 자연주의 디자인을 통해, 시각적 환경은 물론 여기에 보존된 지역을 위한 생태학적, 원예학적으로 적절한 마이크로사이트가 조성되었다.

© New England Wild Flower Society/Steven Ziglar

그림 20-4】 스피겔리아 마리란디카는 보존되고 전시되는, 지역적으로 유의미한 종 중 하나이다.

© New England Wild Flower Society/Steven Ziglar

그림 20-5】 난초는 보통 꽃이 피었을 때 전시된다. 전시물들은 전체 수집품 중 작은 일부만 보여준다. 미국 식물원(Botanic Garden)에 있는 난초 전시물은 바위 및 고사리류가 함께 있는 초록색 무대로 되어 있어서, 화분들이 가려진다.

U.S. Botanic Garden

등록된 식물들에는 코드(일반적으로 번호)가 주어져 지상에 심겨있는 대상과 디지털 및 종이 장부 파일에 저장된 기록과 연계된다. 이런 연계성을 안정화하기 위한 중요한 단계는 주로 명칭 및 등록 코드를 세긴 금속 태그를 식물에 붙이는 것이다.

흔히 볼 수 있는 미등록 수집품들에는 임시 재료이거나 사람들이 개체를 추적하여 등록할 수 없는 야생 수집품 및 야생지역 등이 있다. 임시 수집품들의 예로는 정체성, 출처, 조건에 관한 분류 기준 정보에 따라 검토 및 수행 평가를 위해 가져온 실험용 및 계절용 전시물들이다. 이 경우, 수집품의 기능은 지속하지만, 재료들은 일시적(fleeting)인 것들이다. 즉, 실용적 차원에서, 의미 있는 기록물로 장기적인 복구를 위한 등록이 필요하지 않다.

자연성이 높은 지역 내의 몇몇 특정 개체들이 데이터 확보를 위해 등록될 수 있으며, 그 지역 내 해당 분류군의 다른 개체들의 상징적 표식 역할을 한다. 더 나아가, 식물들이 처음 계획한 (establishment) 규모로 살아남은 경우에만 기관이 등록 번호를 할당할 경우, 묘목장 및 증식 시스템 내 식물들은 등록되지 않을 수 있다. 이런 경우, 임시 라벨링과 기록물들을 통해, 그 식물들이 등록되기 전까지 기본 정보를 유지한다.

수집품, 구역, 전시물

구역, 수집품, 전시물은 때때로 서로 혼동되지만, 관리 목적에 따라 구별된다.

공공정원들은 방문객에게 시각적으로 풍성한 조경 즉, 각각 고유의 정체성을 지니고 있고 명칭이 있는 공간들로 구성된 태피스트리를 제공한다. 박물관과 정원에서, 구역이란 공간을 구성하고, 재료들을 해당 임무의 목적에 따라 전시하며, 방문객의 경험을 구성 연출하고, 직원의 책임을 할당하는 데 필수적이다. 하지만 그런 공간들이 수집품을 정의하지는 않는다. 수집품은 식물 종들을 현재 식재한 장소가 아니라, 기관의 수집 목표를 기준으로 정해진다. 결과적으로, 구역을 구분하는 것은 유용하지만 수집품 관리 면에서 완벽하게 조합된 개념은 아니다. 가령, 샌디에이고 식물원의, 야자나무 캐년에는 여러 거대한 야자나무 종들이 있지만, 그 기관의 야자나무 수집품 중 모든 종이 그 장소에 있지는 않다. 대다수 정원에서 이런 경우가 흔히 발생하는 이유는, 토양, 디자인 의도, 역사, 기타 상황이 서로 다르기 때문이다. 수집품 관리 측면에서 볼 때, 특정 유형의 같은 수집품 모두의 위치를 알고 그것들을 단일 수집품의 일부로서 관리하는

그림 20-6】 시크레스트 수목원에 있는 크랩 애플 품종은 비교 평가가 쉽고 아름다운 꽃의 전시가 원활히 이뤄지도록 배열되었다. 마찬가지로 과일 전시물도 매력적이며 유용한 정보를 제공한다.

Seacrest Arboretum, Ohio State University

것은 매우 중요하다.

박물관 갤러리와 정원 영역에서 전시물의 품질이 중요하다. 대다수 예술작품과 달리, 식물은 뚜렷한 계절별 변화를 보이며, 여러 일반 관람객들은 식물이 꽃을 피울 때만 그런 변화를 알아차린다. 요컨대 영구적으로 식재된 수집품들은 해마다 전시 가치가 변하지만, 제거하거나 쉽게 변경할 수도 없다. 수집품은 그것이 전시 모드이던 아니던 계속 존재한다.

화분에 담긴 난초나 분재처럼 수명이 길고 옮길 수 있는 단위의 전시물들은 가장 보기 좋을 때, 공공 영역에 선보여진다. 그 전시물은 한 영역에서 선보여지는 경우가 많지만, 각 개체는 전체적으로 보기 좋도록 가장 조건을 가진 것으로 전시영역 안팎으로 계속 순환되어 진다. 이런 경우, 현재의 전시물 혹은 전시 영역보다 그 수집품의 규모는 더욱 크다는 것을 알아야 한다.

또 다른 눈여겨볼 만한 것은 임시 전시물이다. 임시 전시물의 전형적인 예는 1년생, 구근 혹은 포인세티아(홍성초)로 구성되는 특별 행사이다. 이런 재료들은 수명이 짧으며, 보존되지 않기 때문에, 종종 등록에서 배제된다. 위에 나온 모든 예에서 보면, 전시물과 수집품은 서로 다른 개체들이다.

성공적 수집의 필수요건

왜 몇몇 정원들은 수집품의 유형, 기관의 규모, 지형적 위치와 상관없이 살아있는 수집품들로 인해 그토록 유명할까? 훌륭한 수집품은 품질, 깊이, 미학이라는 세 가지 요소들을 동시에 만족시키는 모범적 형태이다. 표준(standard)이란 이 세 가지 기준들의 집합이며, 수집품들은 그런 기준을 달성하도록 개발되고 관리된다. Dosmann(2006)은 크기나 수가 아닌, 내재한 품질 표준이 살아있는 수집품을 구성하는 데 핵심적인 역할을 한다고 명확히 설명한다.

• 품질은 특정 수집품의 목표에 부합하는 정도를 말하며, 이러한 품질은 원천 출처를 문서로 만드는 것을 포함한다. 원천 출처

사례 연구: 시카고 식물원(CHICAGO BOTANIC GARDEN)

시카고 식물원은 자연계와 식물들에 대한 이해와 보존 및 그것들을 통해 즐거움을 촉진해야 하는 기관의 임무를 이행하면서 국제적으로 인정받는 새로운 수집품들을 구축해 왔다. 개념적 차원에서, 살아있는 수집품들은 시카고 식물원의 네 가지 임무 요소 중 하나이다. 나머지 세 가지는 교육, 연구 및 보존, 공공 서비스이다. 의미 있는 수집품을 구축하기 위해, 시카고식물원은 수집품, 교육, 연구 통합을 보강하는 동시에 증진하기 위해 독특한 발전계획을 수립했고, 이 발전계획은 유의미한 수집계획으로 이어졌다.

이 식물원의 수집품 개발 계획은 살아있는 수집품들을 특수 그룹과 일반 그룹의 두 개 그룹으로 구분하고, 여기에는 역할, 기대 사항, 자원 우선순위 등에서 상호 공유되는 어떤 것이 있다. 구체적인 계획들이 정해지고 나면, 각 수집품은 분류 그룹 선택을 위한 고유의 기준에 따라 분류된다.

• 특별한 수집품들은 국가적으로 유의미한 중요한 임무가 될 수 있다. 이 식물원은 이런 수집품 유형을 감당하는 담당 기관(authority)이 된다. 특수 수집품들을 통해 수집품의 깊이가 조성되며, 현재 그런 수집품은 17가지이다.

• 일반 수집품들은 아름다움을 위한 것으로, 조경적 요구를 충족하고, 교육을 지원한다. 이것들은 수집품의 폭을 생성한다.

이런 접근법은 해당 기관이 유의미성을 지닌 재료들을 수집하는 데, 기관의 노력을 집중하도록 해주고, 단지 쉽게 구해지고, 일시적 매력이나 받음으로 인해 계획 없이 획득한 '불필요한 수집(collection creep)'을 피하도록 해준다.

수집품 범위는 일련의 프로그램과 연계되어 있고, 시카고식물원은 가능한 한 여러 범위를 충족하는 재료들을 선호한다. 그 재료는 방문객부터 직원에 이르는 관계자들에게 유용해야 한다. 일반 수집품들은 일차적으로 방문객의 니즈에 의해 좌우되는 반면, 특수 수집품들은 연구와 교육에 깊이를 더해주며, 이런 연구나 교육 분야에서, 더 까다로운 기준이 적용된다는 점에 주목한다.

• 기관의 지원 대상에는 하나의 식물군과 관련해 발견한 것들의 획득, 개발, 연구, 보급을 위한 건물 및 토지 시설들, 장비 용량, 재정적 자원, 필수적인 큐레이터 인력 자원이 있다.

• 미션에 대한 가치는 연구 기회를 확장하고 보존, 자연 영역 관리, 식물군과 관련된 지식의 발전이나 보급의 측면에서 가치를 추가해야 한다.

• 문화적 적절성은 미국 중서부의 토양 및 날씨 조건과 식물의 적합도이다.

• 조경의 가치는 전체적 관점에서 평가하며, 계절 전체 기간 내내 미학적 관심, 다양해지는 조경의 조건들, 성장 형태, 상업적 가용성 등을 포괄한다.

수집품 업무에 대한 시카고 식물원의 접근법으로부터 몇몇 핵심적 교훈을 배울 수 있다. 그 주요 교훈은 식물원의 설립부터 계획된 일들이 가치가 있음은 물론, 수집품들을 다루고, 관리하고, 공유하고, 이해하도록 직원 훈련에 대한 투자가 또한 가치가 있으며, 철저한 수집품의 문서화를 조율하는 계획이 가치 있는 일이란 점이다. 또 한 가지 중요한 요소는 개별 책임 및 공동 책임 문화의 개발과 유지이다.

우수한 성과를 이루려면 표준과 수량화할 수 있는 목표들이 요구된다. 전 세계에 선도적인 정원들에 관한 집중적 연구 이후, 시카고 식물원(CBG)의 직원(Gates, 2006)은 모범적인 살아있는 식물 수집품들의 12가지 특징들을 밝혀냈다. 모든 선도적 기관들은 고유의 특징들을 지니고 있지만, CBG 만큼 그런 특징들을 문서로 규정한 경우가 드물다. CBG는 단지 선택된 기준만이 아니라 이런 모든 기준을 달성했다.

1. 수집품 정책과 개발 계획: 명확한 목표를 가진 통일된 비전을 기반으로 함

2. 높은 다양성: 대표적인 분류군과 생식질 면에서의 폭

3. 전문성의 깊이: 이중의 노력이 투입되는 것을 방지하기 위해 다른 기관들과 수집품 네트워크 구축

4. 철저한 기록 유지: 단지 등록 및 유지 기록뿐 아니라 연구 및 교육을 위한 우수한 문서화

5. 관리와 유지: 번성하고 잘 육성된 수집품들

6. 검증: 재료의 정확한 이름과 인증을 위한 지속적인 평가

7. 원본 재료: 알려진 야생 개체군이나 처음 도입 묘목장이나 기타 인증된 출처의 재료

8. 보존 가치: 생태계의 이익을 위해 개별 식물들은 물론 식물 군락들을 관리한다.

9. 전문 인력: 획득한 지식은 고유한 자산이며 이런 인식하에 파급된다.

10. 대중의 접근: 전문 인력으로부터 획득한 광범위한 지식의 공유가 가능한 사용자 친화적 수집품들

11. 지역적 혹은 국제적 식물 탐구: 목표로 삼은 분류군 획득을 위해

12. 연관성: 시간이 지남에 따라, 다양한 관람객들의 니즈를 충족하기 위한 정보, 전문성, 수집품들의 연관성

문서화 대상에는 야생 유전자형, 원산지로부터 증식 개체의 획득 또는 이미 알려진 참조 집합(reference set)과 같은 것이 있다. 공인된 전문가의 식별 및 관련 기록의 명확성과 완전성 또한 중요하다.

- 깊이는 수집품 주제를 완결하는 정도와 관련이 있다. 만일 그 주제가(속(genus)과 같은) 분류학적 주제라면, 깊이란 어떤 풍토에서 성장할 수 있는 식물 종의 비율에 해당한다. 만일 주제가 역사적 혹은 문화적 깊이라면, 깊이는 잠재적으로 특정 주제에 맞으며 이용 가능한 식물 집합의 비율이다. 깊이는 재료의 적격성과 관련 있다. 가령, 만일 어떤 주제가 꽃을 필요로 하는 경우, 꽃이 피지 않는 종은 깊이를 제공하지 못한다.

- 미학은 개별적인 꽃들의 원예적 관리와 조건은 물론 방문객의 관심을 끄는 시각적으로 만족스러운 꽃들의 배치와도 관련이 있다.

수집 정책

수집품 정책의 목표는 수집품들이 정원의 임무 및 프로그램을 지원하도록, 수집품 개발 및 평가를 유도하는 것이다. 이 정책을 통해, 일반적으로 정책 결정 및 후속 관리에 누가 관여하는지 나타내는 관리 과정이 확립된다. 수집품 정책은 주로 다음과 같은 특정 요소들을 포괄한다.

- 수집품의 임무

- 침입 식물 정책을 포함한 수집품 범위

- 획득 및 문서화 표준

- 처분 및 폐기 표준

- 접근, 지적권, 윤리학

모든 정원은 기관의 구체적 상황 및 역사에 부합하기 위해 이런 요소들과 추가 요소들을 조정한다. 또한, 기증자를 대우하고 기념수 및 기념하는 대상들을 다루는 방식, 검토를 실행하는 방식 혹은 미술 작품을 정원과 조경에 통합하는 방식과 같은, 특정 상황을 위해 다른 유형의 보고서들과 정책들이 필요할 수 있다.

수집품의 임무

기관은 살아있는 수집품을 구체적으로 어떻게 활용할지를 명확하게 규정하고 있어야 한다. 이런 경우는 일반적으로, 중요한 수집품들이 식별되고, 문서화의 표준이 자세히 열거되고, 수집품을 관리할 때 예상되는 관람객을 한정한 상황에 해당한다. 이런 요점들은 모든 수집품 개발에 방향을 제시한다. 예를 들면, 기관의 임무란 보존을 말하는 것일 수 있으며, 수집품의 임무를 통해, 생식질 보존과 관련된 보존 프로그램, 이런 기후에서의 재도입(reintroduction)에 관한 연구, 지역적으로 보존 요구도가 높은 종들의 식재 혹은 이런 요소들의 조합과 같은 것들의 의미

하는 바가 정의된다.

수집품들의 범위와 침입 식물 정책

일단 수집품의 임무를 통해 우선순위가 정해지면, 수집품 범위는 다양한 수집품들이 얼마나 심도가 있어야 하는지와 수집품들이 여러 자원에 의존 필요성을 밝히는 데 도움이 된다. 시카고 식물원 사례 연구에서는 수집품 부류를 특수 수집품과 일반 수집품으로 나눔으로써 수집품 임무를 직접 다룬다. 다른 정원들은 모든 수집품에 동등한 우선순위를 부여한다. 이런 접근법의 결함은 자원이 부족할 때, 모든 수집품이 자원들에 대해 동등한 권한을 보유하고 있다고 가정하는 반면, 현실에서는 몇몇 수집품들이 다른 수집품보다 더 중요하다. 이런 접근법과 무관하게, 기관은 '무엇이 충분하고 언제 자원이 고갈될까?'란 질문에 답하기 위해 각 수집품의 확장된 범위를 알고 있어야 한다.

한 가지 예로서, 만일 Rosa가 우선순위에 있다면, 여기에서 "수집품의 범위"는 그 목적 대상(target)이 종, 품종 아니면 어떤 혼합물인지 명확히 나타내 준다. 다수의 분류군을 고려할 때, 그 범위는 어떤 속(genus) 단위들, 다양한 형태, 특정 결실 (fruiting)의 특징들, 특정 재배사들과 그들의 작업 혹은 해당 지역의 순수한 아름다움과 재배의 편의성 등과 같은 물리적 혹은 개념적 특징들이 바람직한지 나타낸다. 분명한 점은, 각 수집품

이 모든 사람의 비위를 맞출 수 없다는 점이다.

침입종들은 점점 유의미한 생태적 문제가 되고 있으며 정원들은 역사적으로, 침입 식물들의 주요 원천이자 이들을 분산시키는 기관들이다. 이런 역사적 현실은 정원들이 자신들의 새로운 침입 식물들이 자체 수집품에 속하지 않도록 하고 이미 존재하는 침입 식물들을 처리하는 데 주의를 기울여야 함을 시사한다. 이것이 기본적으로 심오한 윤리적 문제인 이유는, 여러 기관이 공익과 공적 서비스를 전달해야 하기 때문이다. Jefferson, Havens, Ault(2004)는 정원 내에서 잠재적 침입 식물들을 평가할 현재의 모범 규준 접근법을 제시한다.

침입성 종에 대한 정책에는, 세인트루이스 선언의 행동 규약 내의 요점들(22장 참조)이 포함되어야 한다. 새로운 식물들(알려지지 않은 침입 식물들)에 대한 정책은 해당 기관이 새로운 획득물을 어떻게 감시하고 평가해야 하는지 제시해야 한다.

획득 및 문서화 표준

기관의 수집 정책을 공표할 때, 식물들을 합법적, 윤리적으로 그리고 기관의 부가적인 문서화 표준에 따라 획득한다는 사실을 알리는 것이 중요하다. 이 정책은 기관을 대표해 누가 식물을 조달하거나 수용하는지 기술해야 한다. 식물의 명칭, 출처, 획득한 재료의 유형, 획득 날짜에 등에 대한 기록 시스템 등록은 여기에

서 목록으로 제시한 결정 사항들을 논리적으로 적용한 경우이며, 수집한 등록물에 대한 합법적 소유권을 확립하는 데 중요하다.

보존용, 참조용 수집품들의 경우, 출처와 식물의 특징에 관한 세부 정보가 필요하다. 후자의 경우, 그 식물이 일정 기간 성장한 후에야 분명해지겠지만, 관련 정보를 획득해야 한다. 특정 주제용 수집품들은 꽃이나 잎의 기록들 및 지리적 기원이 필요할 수 있다. 역사적 품종 소장 시, 같은 속(genus0 내 다른 식물에 비해 실제 꽃의 형태, 색의 표식, 향기, 개화 시기와 같은 식재 후(post-planting) 정보가 필요할 수 있다. 중요한 요소는 문서화 표준을 최소한의 요소들로 줄여서 기록되도록 한다. 흥미로운 속성들을 위한 긴 목록들은 작업 노력을 저하할 뿐이다.

처분 및 폐기 표준

수집품의 고사와 질병 같은 자연적 원인 이외의 이유로 제거 결정을 내려야 할 때가 있다. 수집 정책을 통해 그런 결정 기준을 제시해야 한다. 등록물의 재료가 획득 표준을 충족하지 못하고, 미학적 요건을 충족하지 못하거나 아니면 더 이상 소장의 목표를 충족하지 못하면 제거해야 한다. 기타 이유로는, 더욱 우수한 재료의 가용성 혹은 현재 재료가 침입성이고 바람직하지 않은 것으로 입증된 때도 있다. 여러 기록을 통해, 재료가 요건을 충족하지 못하는 이유를 식별해야 한다. 처분된 재료는 일반적으로 비료로 만들어지지만, 일부는 거래, 판매, 증여될 수 있다. 해당 정책은 그런 결정 조건들이 무엇인지, 누가 결정을 내리는지 공표해야 한다. 이익의 상충을 피하려고 수령자는 식물 제거의 결정에 관여할 수 없다.

윤리, 지적권, 접근

정원들은 물리적으로 대중에게 개방되어 있지만, 그렇다고 해서 모든 수집품에 대중이 접근할 수 있어야 하고, 모든 기록을 완벽히 이용 가능해야 하거나, 연구 재료에 대한 모든 요청이 받아들여지는 것은 아니다. 이런 정책의 주된 관심 사항은 획득 시부터 현재의 윤리적 표준을 충족하는 것이다. 보존 작업의 한 가지 토대가 되는 건 생물다양성협약(22장 참조)이다. 특히 새로운 공개, 식물 상품,(DNA를 포함한) 추출물 같은 상업화와 관련된 경우, 상당한 윤리적 문제들이 존재한다(Galbraith 1998). 미국의 대다수 정원은 재료들이 개념상 완전히 접근 가능하며, 지적권이 해당 조직에 귀속된다는 점을 전제로 운영된다. 수집품들을 보호하기 위해, 식물의 희귀성, 대체의 어려움, 지적 문제들을 토대로 접근이 제한되는 경우가 많다. 관련 정책을 통해 기관의 접근 제한의 근거를 대략 제시해야 한다.

기록 시스템들

수집품 관리자가 개발한 기록 시스템은 기관의 작업 기억(working memory) 즉, 각 세대에 의해 구축되고 다음 세대로 전해지는 일련의 과정을 거치는 진화하는 주요한 자원에 해당한다. 이러한 기관의 기억은 전략적 결정의 토대가 되며, 일단 아카이브에 전송되면 어떠한 프로젝트, 직원 혹은 팀보다 훨씬 더 오래 유지되는 유산이 된다.

적절한 관리의 핵심이 되는 두 가지 논점은 다음과 같다. 첫째, 시스템이 추적할 선택적 정보보다 필수적 정보는 무엇인지 정의하기, 둘째, 어떤 소프트웨어 시스템이 그 기관의 자원들 안에 정보를 유지하는지 식별하기. 모든 필수 정보가 존재하고 완벽하며, 선택적 정보에 대한 기록물에 접근 가능한지가 중요하다. 이런 핵심 데이터는 수집품들에 개념적 가치를 부여한다. 소프트웨어 플랫폼은 기관을 위해 작동하며 진화하는 니즈를 충족시킬 수 있어야 한다.

필수 정보

획득 표준을 토대로, 모든 식물은 완벽히 추적되는 핵심 정보를 보유해야 한다. 일반적으로, 이런 정보는 다음 사항을 포함하고 있다.

과학적 명칭과 일반 명칭
식물과
출처 유형
출처
수용된 재료 유형
수용된 재료의 수
수용된 날짜
등록 번호
등록 시 조건과 날짜
등록 위치와 날짜
처분 이유
처분 날짜

이런 정보는 마이크로소프트 액세스나 BG-BASE 같은 관계 데이터베이스 안에서 효과적으로 저장되고 관리된다. 이 정보는 두 가지 범주 즉, 명칭과 관련된 정보와 특정 등록과 관련된 정보로 나뉜다. 이러한 구별이 중요한 이유는, 하나의 집합으로부터 알게 된 정보를 다른 정보와 겹쳐 쓰면 안 되기 때문이다. 가령, 한 식물의 명칭으로부터, 그 식물이 어느 곳의 토착 식물 종인지, 서식지가 어느 곳인지, 꽃을 피운 식물이라면, 꽃잎의 색을 즉시 알 수 있다. 하지만 어떤 개체의 등록을 확인할 때, 꽃의 색이 일치하지 않는 경우, 그 개체에 대한 기록을 유지하고 이상 상태를 표시해야 한다(anomaly flagged). 이런 경우, 꽃의 색은 실제로, 두 가지 개별 필드(separate fields)인 명칭에게 맞는 색과 실제 색으로 구별된다. 이런 구별이 중요한 이유는 기록들이 급격히 복잡해질 경우 신중한 개발이 요구되기 때문이다.

일관된 기록들은 시간이 지남에 따라 수집품들을 평가하는 데 필수적이다. 특수 수집품 유형들의 경우, 위 목록으로 제시한 것 외에 추가 정보가 필요하다. 각각의 유형은 필드를 확인해야 하는(field-confirmed) 논리적으로 파생된 정보를 보유해야 할 것이다. 모든 유형의 경우, 정기적인 유지 및 생장력에 대한 기록들이 일반적으로 개발된다. 이것들은 때때로 조건 기록이라고 불린다. 여기에서 높이, 폭, 전반적인 건강 상태를 포함한 일관된 식물의 속성들을 획득하여 의미 있는 수집품 관리를 위한 기본 데이터를 제공해야 한다.

관계 데이터베이스

역사적으로, 기관의 식물 기록들을 추적·관리하기 위해 카드 파일들을 사용했다. 이후 몇몇 기관들은 마이크로 액셀과 같은 회계 소프트웨어를 사용하게 되었다. 이러한 비용 면에서 효과적이고 시간 면에서 효율적인 시스템들은 등록물이 500개 미만이고 추적하는 필드의 수가 제한적일 때는 유효하다. 일단 정보가 더욱 복잡해지면, 정보를 관계 데이터베이스로 옮기는 게 더욱 효율적이다.

관계 데이터베이스의 효율성은 많은 정보를 다 한 번에 입력할 수 있는 데 있다. 같은 논리적 연결(링크)을 공유하는 그다음 기록은 관련된 데이터로 채워진다. 마찬가지로, 여러 업데이트가 한 차례 이뤄지면 모든 곳에 적용된다. 가령, Penstemon 속이 현삼과(Scrophulariaceae)에서 질경이과(Plantaginaceae)로 옮겨가면, 이런 변화는 모든 Penstemon 기록이 아닌 관계 데이터 내에서 한 차례 이뤄진다. 관계 데이터들은 사진, 지도, 그리고 그 밖에 리포트와 웹 기반의 조회와 같은 디지털화된 정보와도 효과적으로 연결된다. 이런 기능들은 모두 카드 파일이나 단순한 스프레드시트의 기능을 넘어선다.

BG-BASE는 32개 국가에 있는 거의 200개 기관에 의해 널리 사용되고 있다. 그것은 스크린, 필드, 리포트가 이미 마련된 턴키 시스템이다. 기관이 요구하는 대로 끄거나(turn off) 맞춤형으로 제작 가능한 정보의 레이어(층)들이 존재한다. 지속적인 기술적 지원과 지속적인 업그레이드가 가능하다. 지도제작 모듈들이 BG-Map(오토캐드)와 ArcGIS(ESRI)를 통해 이용할 수 있다. 모든 정원이 BG-BASE를 사용하지는 못하는 다양한 이유로는,

---

구역 단위 인벤토리(INVENTORIES) ▼

처음엔 인벤토리들이 어렵게 여겨질 수 있다. 모든 등록물을 찾아야 하기 때문이다. 구역별 인벤토리에 접근하면 과제를 일련의 적당한 단위들로 나누는 동시에 완료 상태를 시각적으로 추적할 수 있다는 장점이 있다. 손으로 그리든 아니면 BG-Map이나 GIS 소프트웨어로 출력하든 지도로 표시하면 작업이 크게 수월해진다. 핵심적 단계는 다음과 같다.

• 인벤토리에 넣을 공간, 즉 일반적으로 기본의 관리 지대를 정의한다. 혼란을 일으킬 만큼 규모가 클 경우, 공간들을 길이나 화단 가장자리 등으로 나눌 수 있다.

• 존재해야 하는 등록 물들의 목록(일반적으로 데이터베이스 리포트)을 생성한다. 각 등록물의 값에는 명칭과 등록 번호가 포함된다. 사용하기 간편하도록 알파벳이나 숫자 별로 목록을 구성한다. 부지로 가서 등록물 태그를 지닌 식물들을 찾는다. 발견된 각 등록물의 목록을 점검한다. 등록물 태그 번호가 목록에 없는 경우, 그런 잘못된 위치 문제는 완전한 기록물로 해결해야 한다. 태그가 이동하거나 식물이 이동하면, 기록물들은 업데이트되지 않는다. 어떤 경우인지 판단해 기록물을 수정한다. 이런 문제들은 일반적으로, 야외 작업 집

중에 방해가 되지 않게 하려고, 각 구역의 조사 종점에서 일괄적으로 해결한다.

• 등록물 태그가 없거나 기록물과 명확히 연결할 수 없는 모든 식물의 위치를 파악한다. 그런 식물들을 가능한 만큼 식별한다.*존재해야 하거나 지난 인벤토리에 있었던 것들의 목록을 통해, 식물의 크기와 식재 날짜가 합리적으로 부합하는 경우, 현재의 식물을 그것의 기록물과 재연결하는 시도를 한다. 만일 같은 명칭을 지닌 한 가지 이상의 등록물이 존재하더라도, 기록물에 따라 그것들이 서로 다른 출처에서 비롯된 것인 경우, '혼합된' 출처를 지닌 새로운 등록 번호를 할당하고 예전 번호(들)이 포함될 수 있음을 나타낸다. 예전 번호들은 비활성 상태이고, 포인터가 출처에 대해 혼합된 새 등록물을 가리키는지 확인해야 한다. 이런 경우, 인벤토리 프로세스가 기록물들을 업데이트하여, 향후 기록물을 살펴보면, 수집품의 품질이 저하됐는지 검출할 수 있다.

• 만일 식물들이 여전히 설명되지 않는다면, 그 영역을 담당하는 직원을 대상으로 부지 역사에 대해 인터뷰를 해야 한다. 이런 식물들은 기록물을 적절히 업데이트하는 규정을 지키지 않았거나, 직원과 이용객들에 의해 비정상적으로 반입된 식물로 볼 수 있다.

그것의 비교적 높은 초기 비용(소규모 기관의 경우 사용을 어렵게 하는 요인) 혹은(정부 단위에 신청하는) 소프트웨어 구매 및 지원 결정이 있다.

액세스는 상업적으로 강력한 소프트웨어 집합의 일부로서 제공되는 마이크로소프트사의 제품이다. 액세스를 사용하는 정원들은 일반적으로 그들 고유의 정보 기술 인력과 기술을 토대로 스크래치(scratch)로부터 고유의 시스템과 리포트를 개발한다. 이런 기관들은 IT에 정통하며, 구글 어스를 포함한 애플리케이션 간에 자유롭게 데이터를 조작하고 연계하는 것을 원하는 경향이 있다.

인벤토리(수집품 목록 조사)

인벤토리는 중요한 리뷰 및 평가 도구로서 모든 전략 계획의 기초가 된다. 그것들을 통해 미진한 빈틈을 알아내고 정량화할

수 있다. 인벤토리를 통해, 정원사는 등록물이 여전히 존재하는지 최근 기록된 바와 같은 상태인지 판단할 수 있다. 인벤토리는 기록물과 해당 토지의 실제 상태(ground reality)가 서로 부합하도록 유지한다. 정기 인벤토리는 일반적으로 주기적 사이클 즉, 3년, 5년 혹은 7년마다, 고려 중인 재료의 유형에 따라 이행된다. 실용적 차원에서, 인벤토리들은 보통 일차적으로 영역(가령, 지중해 정원, 수중 정원)이나 분류학적 차원(가령, 모든 무환자나뭇과(Sapindaceae)나 모든 참나무 속(Quercus))에 의해 구조화된다. 영역별 작업의 장점은 영역들을 검토할 때 완료된 것을 명확히 인식할 수 있다는 점이다. 분류군별 작업의 장점은 어떤 학명 문제가 나타나든 한 번에 처리할 수 있고, 따라서 시간을 크게 절약할 수 있다는 점이다. GIS 기반의 정보 시스템으로 이전함으로써, 인벤토리 작업 중 사용되는 소프트웨어 및 리포트 기술은 바뀌지만, 인벤토리의 역할과 중요성은 바뀌지 않는다. 하지만 인벤토리의 완료 시점에서(실제 상황이나 기록 면에서 없는 경우처럼) 설명되지 않는 등록물은 없어야 한다.

식물 표본집의 확증표본은 참조 및 연구용 수집품들의 경우 등록물의 정체성, 존재, 생물계절학을 문서로 만들 수 있는 특수 도구이다. 확증표본은 물리적 표본들이기 때문에 그것들을 통해 다른 전문가들은 연중 언제든 혹은 등록물이 죽은 후 수십 년 뒤에도 인벤토리의 식별 사항의 정확성을 평가할 수 있다. 식물 표본집의 표본들은 인벤토리 등록 번호들을 기록할 때와 식별을 위한 핵심적 특징들을 보존할 때 모두 중요하다. Elsik(1989)와 Michener(1989)는 표준 프로토콜들을 제시한다. 새로운 DNA 기반의 프로토콜들이 향후 등장할 것이다.

기록물 내 식물의 명칭

정원 내 식물들을 정확히 식별되어야 한다. 광범위한 방문객들과 소통하기 위해, 정원들은 일반 식물 명칭과 학문적 식물 명칭을 함께 사용한다. 명칭의 목표는 정확하고 일관된 소통을 가능하게 하는 것이기 때문에, 직관적으로 보면 일반 명칭이 이상적인 듯하다. 실제로는, 일반 용어들은 지리적 혹은 문화적 지역별로 다양해질 수 있다. 또한, 모든 식물은 학명을 지니지만 일부 식물만 일반 명칭을 지닌다. 요컨대 일반 명칭은 비교적 제한적인 상황에서 유용하다. 어떤 한 식물을 식별하는 데 있어, 명료성과 정밀성을 위해 학명만 한 것이 없다. 지난 250년간, 서양에서 훈련받은 과학자들은 식물을 분류하고 명칭을 붙이는 시스템들을 고안해 왔다. 현재 규약이라 불리는 몇몇 국제 학명 협약이 존재하며, 이런 협약들을 통해, 야생 식물과 배양된 식물의

표 20-1】 식물 기록 시스템을 지질정보 환경으로 통합하는 사례가 거의 언제나 증가 중이다. UC 데이비스 수목원 내 직원은 통합의 진행 상황에 대한 개요를 마련하기 위해 여러 기관과 협력해 왔다. 리포트와 같이 높은 수준의 결과에 대한 수요를 맞추려면 기존 자원 및 직원 채용 요구에 투자해야 한다.

	간이 소프트웨어	일반 소프트웨어	강력한 소프트웨어	초강력 소프트웨어
식물 기록물	인덱스카드 노트북	엑셀 파일 메이커(플랫-파일) 액세스(플랫-파일)	관계 DB 툴: 액세스 BG-베이스 파일 메이커 등	첨단 DB 툴: SQL-오라클 등
시설 기반 지도	항공기 사진- 일반적으로 기증됨	항공기 사진- 일반적으로 구매됨	시설에 대한 디지털 베이스 맵 혹은 캐드 기반 지도 (주로 여러 도시나 캠퍼스에서 이미 이용 가능함)	시설조사에 기반을 둔 지도들: 매우 정확함; 이미 이용 가능할 듯
데이터 캡처 툴	워킹 어라운드- 매직펜, 펜, 연필 종이	'헤드의 업 디지털화'- 사무용 컴퓨터의 확실한 디지털 레이어로 '스크린 위에' 그린다.	점들의 포착을 위한 러기다이즈드 PDA(트림블 등)과 GPS 장비-위도/길이, 6-12 정확도' - 중간급 워크스테이션	'토털 스테이션'-식물과 지형지물의 측량 점을 디지털로 캡처한다. 매우 정확하다. 일반적으로 사용되는 중급 및 고급 워크 스테이션
GIS-분석	제한됨- 경험 많은 직원에게 접근 요함	아크뷰	ArcGIS 혹은 오픈소스 GIS	ArcGis 혹은 오픈 소스 GIS
'리포트' 정보 결과물	리스트, 바인더 카피 머신들은 웹상에 발표할 수 없다.	아크뷰 리포트- 식물 수집품과 시설 인벤토리들: 웹 준비	매일 작업 흐름을 관리하기 위한 정교한 GIS 리포트: 웹 준비	매일 작업 흐름을 관리하기 위한 정교한 GIS 리포트: 웹 준비
시설 계획 및 전시 개발을 위한 유용성	리포트는 조경 건축가와 계획가를 위한 기준선 정보로서 유용할 것이다. '다음 단계'에 드는 비용은 각 프로젝트를 위한 캐드 드로잉에 의해 발생할 것이다.	조경 건축가와 계획자에게 상대적으로 정확한 데이터 세트가 유용할 것이다. 그들의 사내캐드 시스템으로 쉽게 입력할 수 있다.	시설 및 전시 계획과 개발을 위해 매우 정확한 GIS 데이터 세트가 직접 조경 건축가와 계획자들에게 전해질 수 있다.	시설 및 전시 구축을 위해 가장 정확한 GIS 데이터 세트가 건축가와 엔지니어들에게 직접 전달될 수 있다. 즉, 이것은 조사된 데이터이다.

Chart courtesy of M. Burke, UC Davis Arboretum

사례 연구: UC 데이비스 수목원(UC DAVIS ARBORETUM)

1982년. UC 데이비스 수목원은 약 100에이커의 관리 책임을 갖고 있었고, 그중 60에이커에서 식물을 재배 중이었다. 가장 최근의 인벤토리는 1960년대의 것이었고, 수년간 심각한 인력 감축으로, 종이 기록물, 지도, 노트들을 연결(링크)하기 어려웠지만 적어도 식물들은 태그를 지니고 있었다. 무엇이 어디 있는지 판단하기 위한 최상의 해법은 극도로 천천히 조사하는 것이었다. 즉, 지도와 수집품을 통해 모든 식물을 하나씩 확인 작업했다. 이 접근법의 장점은 모든 식물을 설명하게 되고, 모든 등록 태그가 있는 식물을 회복하게 되는 것이며, 강사, 학생, 연구원을 포함한 모든 사용자가 직원의 큰 도움 없이 식물들을 발견할 수 있다는 점이다.

첫 '카툰' 지도(1982~1989)는 종이, 펜, 벨럼지로 제작했다. 이것은 저렴했고 쉬웠으며 자료수집을 하는 데 도움이 되었다. 하지만 이런 지도들은 금세 낡고 업데이트를 하기 어려웠다. 그다음으로 현재 단종된 소프트웨어로 만든 디지털 맵(1988)을 이용했다. 조경 디자인, 지리학-작도법, 원예 분야의 교수들로 이뤄진 캠퍼스 팀을 선발했고, 교습 개선 보조금을 얻었으며, 작은 영역에 대한 최초의 디지털 맵들이 제작되었다. 이것들의 장점은 가용 인적 자원을 감안해 디지털 지도제작에 대한 보다 나은 접근법을 선택하기 위한 경험을 갖게 했고, 새로운 파트너들과 원-원(win-win) 관계가 확립되었다는 점이다. 그리고 복잡한 정원 영역에 대해 마침내 적절한 지도와 기록물을 얻었다는 것이었다. 2003년 이후, 모든 협력(collaborating) 관람객들은 수목원의 지도와 정보가 대학 및 교육용 실험실에서 하는 다른 프로젝트들과 연결(링크)되게 하려고 ArcGis로 만든 지도들을 원했다. 이것은 소프트웨어가 복잡하더라도 조사 결과의 질을 업그레이드할 기회였다. 이런 노력을 통해, 도서박물관 서비스 기관은 어떤 정원이든 이용 가능한 표준 GIS 데이터 모델을 개발하도록 몇몇 동물원과 정원에 보조금을 지원했다. 이를 통해 공공정원 GIS를 위한 연합이 생겨났다.

정확한 명명이 이뤄진다. Moore(2006)는 이런 사항들에 대한 개요를 제시한다.

수집품/인벤토리 지도

지도는 기록 정보와 공간 정보를 시각적으로 보여준다. 지도는 세 가지 요소 즉, 점, 선, 도형들로만 구성되어 있으므로, 보여줄 수 있는 정보를 새로이 변형해야 한다. 지도를 명확한 커뮤니케이션 도구로 만드는 것이 바로 이 단순함이다. 색, 팝업(지도가 웹상에서 동적으로 나타내질 때), 애니메이션 그래픽 같은 부가물들은 기본적으로 단순한 지도들을 재미있게 꾸며준 것이다.

일단 기본적인 인벤토리의 니즈가 충족되면 지도들은 살아있는 수집품 관리를 위한 중요한 도구들이다. 인벤토리 프로세스 대신 지도제작(맵핑)을 수행해선 안 된다. 일단 디지털 지도제작 프로그램이 성공적으로 설치되면, 그 프로그램은 원래 관람객 외에 내부 및 외부 사용자가 신속히 사용할 수 있게 된다(Burke와 Morgan 2009).

지도가 수집품 관리자들을 위해 수행하는 핵심적 역할들은 다음과 같다.

- **등록물 위치의 명료화.** 축적 지도상의 점과 도형은 말로는 설명하기 어려운 명료함을 준다.
- **이해의 쉬움**: 지도들은 공간 차원의 정보를 제공한다. 텍스트와 표는 선상의 정보 집합이다.
- **지도들은 시간 경과에 따른 변화를 보여줄 수 있다.** 텍스트와 표는 그런 변화를 보여주지 못한다. 대신, 관련 차트를 구성해야 한다.
- **지도들은 심층적 질문을 제기**하며 식물이 번창하거나 부족한 곳의 패턴들과 같이, 영역이나 상황에 대해 생각할 수 있는 또 다른 방식을 전달한다.
- **지도들은 새로운 관람객들과 연결되고 기관이 새로운 니즈를 충족할 수 있게 한다.** 이를 통해 수집품들과 기관의 유용성이 증가하고 새로운 관계가 구축된다.
- **지도들은 시각적으로 매력적이다.** 사람들은 아름다운 방식으로 제시된 정보를 보고, 정보에 관해 생각하는 것을 즐거워한다.

기록물을 웹으로 가져가기

웹에 접근 가능한 기록물을 만드는 건 외부 사용자와 잠재적 협력자들을 돕는 기본 단계이다. 이러한 기관의 변화로 온라인 방문객들이 물리적인 정원을 방문하지 않아도 유용한 정보를 찾을 수 있다. 여러 정원은 온라인으로 이용 가능한 광범위한 인벤토리를 보유한 상황이다. 해당 기관이 얻은 한 가지 내부 이점은 정확한 수준의 기록물들을 어떤 사용자든 명백히 볼 수 있게 된다는 점이다. 가령, 미시간 대학의 마테이 식물원과 니콜스 수목원은 모든 기념수와 벤치에 관한 정보를 온라인으로 옮김으로써, 더욱 많은 직원이 해당 프로그램을 인식하고, 책임을 공유하며, 기념되는 역사(tribute history)를 분석할 수 있게 되었다.

네트워크화의 한 부분인 온라인 교류를 통해, 정원사는 다른 정원에 보유한 것들을 볼 수 있게 된다. 이런 예로는 BG-BASE 기관들과 NAPCC 참가자들이 공유하는 인벤토리들이 있다. 결국, 이런 네트워크화는 북미 전역의 기관들 내 수집품들을 합리화하고 우선순위를 다시 정하는 데 도움이 될 수 있으며, 다양한 기관의 수집품 관리에 대한 보다 포괄적 접근을 유도한다.

수집품의 다양성 기념

살아있는 수집 유형, 그 역사 그리고 그에 따른 임무의 다양성은 수집 관리를 도전적이고 보람 있게 만든다. 수집품들을 여러 개념에 대한 물리적 표현으로 이해하는 것은 관리를 위한 핵심적 토대이다. 이런 개념들(수집품을 모으거나 자연 영역 관리에 대한 명시된 목표들)은 적절한 기록물 유형과 관리 접근법을 안내하는 데 도움이 된다. 다시 말해, 다양한 수집품 유형들을 생각해, 어떤 결과 즉, 수집품의 목표와 관련된 유용한 정보를 얻기 위해 관리를 하게 된다.

이번 장에선, 일반화된 수집품 관리 문제와 과정들을 다뤄왔다. 하지만 북미 내에서 공공정원은 수집품 관리와 관련해 자주 언급되는 대상들이다. 모든 정원에서 발견되는 이슈들은 아니지만, 고려해 볼 만한 이슈 중에는, 일반 수집과 심층 수집(deep collecting), 역사적 정원과 유산 식물들, 미학을 위한 수집품 관리와 자연 지역과 수집품 관리, 토착 식물과 자연 영역 그리고 토착 민족에 대한 이슈가 있다.

일반 소장과 심층 소장

수집품에는 일반 수집품부터 심층적 수집품까지 있다. 일반 수집품이든 심층 수집품이든 본질에서 어느 하나가 더 나은 건 아니다. 어떤 기관이 일반 수집부터 심층 수집까지의 스펙트럼 상에 어디에 위치할지 정하는 건 기관의 임무와 관람객의 니즈에 달려 있다.

광범위하지만 얕은 범위의 다양성을 지닌 일반 수집품들은 여

그림 20–8】 마운트 어번 묘지의 독특하고 유서 깊은 조경은 각 요소의 온전성을 보존하는 동시에 활성화된 묘지의 서서히 변하는 니즈, 역사적 조경, 다양한 식물 수집품의 균형을 유지한다.
Mount Auburn Cemetery

러 주제를 포괄할 수 있고, 수집품들에 대한 비교적 작은 변화로 새로운 방향성이 제시될 수 있다. 수집품 관리를 위한 핵심적 요인은 재료의 선택을 좌우하는 것과 과거의 선택들을 시간이 지난 후 존중할지를 식별하고 명확히 파악하는 것이다.

이와 반대로, 심층 수집품들은 매우 협소하게 정의되고 완벽성을 목표로 한다. 대상의 규모에 따라, 심층 수집품들은 작지만, 매우 질 좋은 수집품이 될 수 있다. 여러 정원은 하나의 일반 수집품보다 다양하면서도 유의미한 깊이를 지닌 다양한 수집품들을 개발할 수 있다.

심층 수집품들은 분화를 통해 구별을 이루는 수단이지만, 인정받는 참조 대상이 되려면 기관이 자신들의 임무를 진척시키기 위한 기본 도구로서 수집품을 개발하는 데 전념해야 한다. 심층 수집품의 예로는 마리셸비 식물원에 있는 난초와 기타 착생 식물들과 헌팅턴 식물원에 있는 다육 식물들이 있다.

역사적 수집품들과 유산 식물들

공공정원들은 수 세기 동안 지속하도록 의도되었기 때문에, 시간이 지남에 따라, 의도하든 의도하지 않았든, 역사적 수집품들이 모든 정원에서 생겨난다. 북미의 여러 정원은 지난 세기에 확립되었고 그곳의 수집품 중 일부는 기본 골격을 형성하는 식물들의 전형적인 수명이 끝날 때까지 유지되어, 디자인 및 콘텐츠 역사의 잠재적 손실을 초래한다. 살아있는 수집품들의 자연적인 교체 문제로 인해, 몇몇 수집품 계획 논점들이 표면화된다. 수집품들이 주어진 규모 및 자원 할당 수준으로 유지될 것이라고 가정할 경우, 수집품의 역사적 기원에 계속 초점을 맞춰야 할까? 아니면 과거와 현재에 최상의 수집품들에 맞춰 초점을 조정해야 할까? 아니면 역사적 요소들은 폐기하고 수집품이 새롭게 거듭나기 시작하게 해야 할까? 이런 질문에 대한 해답은 정원의 임무나 관람객의 니즈에 달려 있을 것이다. Barnett(1996)은 몇 가지 예를 제시한다.

역사 속에서 완결성을 높이려면 오래된 등록물을 보관만 해선 안 되고, 질 좋은 문서화도 요구된다. 추가적인 문서화란 것은 시기적 진실성을 재확인, 지역의 출처들과 식물 무리들(companies)에 대한 맥락적 문서화, 왜 특정 식물들이 다른 시기의 표준에 따르면 가치 있게 여겨지는지 등을 포함한다. 지역 식물 재료들을 지역의 역사 및 지역 사람들이 흥미를 느끼는 이야기들과 연관 지은 문서를 보유하는 것은 특별히 가치 있는 일일 수 있다. 국립공원 서비스와 역사 보존을 위한 내셔널 트러스트의 웹사이트들이 추가 자원을 제공한다.

유산 품종들이 멸종해 가는 비율이 높다는 사실은 여러 기관과 정원들이 유산 종자, 정원, 작물은 물론 역사적 디자인을 우려하게 만드는 주요 이슈이다. 역사적 정원의 보존 및 품종 문제

그림 20-9】 Lotusland의 분수 정원은 미학적 시설로서 관리된다. Lotusland는 수집품 깊이와 명확한 디자인 감각의 통합으로 유명하다.
Bill Dewy

를 지속해서 다루는 기관으로는, Filioi, 유서 깊은 허드슨 계곡, 몬티셀로, 마운트 어번 묘지, 플랜팅 필즈 수목원, 빈터투어 등이 있다.

미학을 위해 관리되는 수집품들

모든 정원은 아름다워지려 노력한다(이 맥락에서 미학의 의미에 대한 논의는 Folsom 2000과 Meinig 1976을 참고한다). 몇몇 기관들은 수집품을 미학적 단위로 전시할 것을 요구한다. 이처럼 중요한 미학적 니즈를 서술하고, 문서로 만들고, 가능함으로써, 향후 직원은 정원을 자신 있게 유지하거나 복원할 수 있다. 다양한 전문가들이 향후 몇 년간 사용할 개념적 참조 프레임을 새롭게 발견하기 위해, 서술된 이미지 기반의 문서화는 매우 명확히 이뤄져야 한다.

미학적 기준에는 경치, 울타리, 평온함, 조화(독특한 장소감을 창출하기 위해 모든 요소를 함께 있게 하는 방식)이 있다. 평온함 자체는 정신이 산만하지 않은 상태를 나타내는 포괄적 용어이며, 다채로운 과일과 개화의 세부 사항부터 소리 및 동작에 대한 느낌의 세심한 조절과 관련된 다양한 심리적 논점들에 이르

그림 20-10】 코커 수목원에는 전통적인 캠퍼스 환경의 수집품들이 있다.
P.S.White

그림 20-11】 노스캐롤라이나 식물원에 있는 코스탈 플레인 정원은 생태 구역의 식물들로 이뤄진 자연주의 전시물이자 수집품이다.
P.S.White

노스캐롤라이나 식물원은 두 곳의 수목원, 토종 식물 전시 정원, 복원된 지역, 그리고 멸종 위기의 종의 개체군이 서식하는 자연/연구 지역을 포함하는 다양한 특성의 부지 위에 놓여있다. 이러한 수집품 유형 및 조경들은 일관된 세트로 지각되고 관리된다. 보존 생물학, 생태학, 지역의 자연 및 문화유산이라는 통일된 주제들은 부지의 역사와 식물들에 따라 다양하게 표현된다. 그곳들 고유의 자연 시스템의 환경 안에 식재된 정원, 자연화된 정원, 자연 영역을 배치함으로써, 수분 매개체, 빗물 보존, 분해/재활용 같은 생태계 서비스들이 드러난다.

자연 영역 관리를 이해하기 위해, 대학교수와 주요 직원은 물론, 자연보호단체(Nature Conservancy) 내 동료들의 전문성과 주의 유산 프로그램을 통한 지원이 환영받아왔다. 핵심적인 계획 요소는 다음과 같다.

- 침입성 종들
- 화재 관리 규약
- 둘레길 위험 요소
- 감시 계획과 규약
- 방문객 접근 규약
- 심층적 통제 규약

수집품처럼 여겨지는 자연 보전구역들을 통해 방문객들은 자연주의 정원에서 연구되고, 계획되며, 재해석되는 지역의 생태계의 유물들을 볼 수 있다. 마찬가지로, 조경 경관·부지·수집품들은 수분 매개체·열매 분산 동물(fruit disperser)·관련 야생동물 등과 같이 어떤 지역 내에 깃든 생명에게 삶의 영위가 가능하도록 돕는다. 이는 또한 방문객들에게 매력적인 공간을 제공하는 역할도 한다.

자연 영역과 복원된 영역에 존재하는 모든 식물 종들은 노스캐롤라이나 정원의 자연계와 살아있는 수집품의 필수적인 부분들로 고려된다. 다음과 같은 기본 정보를 통해 직원은 과거, 현재, 미래의 관리 방식과 시간의 경과 같은 방해 요인과 관련된 종의 존재 변화를 감지할 수 있다.

- **완전한 식물 종 대조표.** 모든 종은 구역별로 목록으로 작성되고 기록된다. 하나의 개체는 개체군을 대표하는 개체로써 지도 제작용 및 참조용으로 등록될 수 있다.

- **독특한 개체들.** 이런 개체들로는 가장 큰 나무들, 참조용 표본, 주목할 만한 식물들이 있다. 이것들은 개별적인 기록 추적을 위해 등록될 수 있다. 극도로 희귀한 식물들의 경우, 영구적으로 구획된 작은 터(plot)들을 확립하고, 모든 개체를 지도로 작성한다. 이를 통해 하나의 등록물로 개별적 추적이 이뤄진다.

- **토양, 지질, 지형학 지도들.** 이것들을 조사한 후 제작할 수 있다.

- **부지 역사에 대한 철저한 문서화.** 여기에는 식민지 시대에서부터 대학 스튜어드십(university stewardship)에 의한 관리에 이르기까지의 행위뿐만 아니라 유럽 접촉 전에 원주민이 사용하던 부지에 관한 연구/인식이 포함된다.

- **서지학. 이것들은 종류가 다양하다.** 이것들은 학생의 연구, 특히 학생의 논문과 프로젝트를 담고 있다.

이 모든 것들은 장기적인 업데이트가 필요하고 이를 통해 유지된다. 이 지역 부지에 대한 기본 정보들도 참조용 자료로 기록·관리되어왔으며, 정원 및 대학의 도서관에 누적되어왔다.

그림 20-12】 이 자연 구역들은 식생 단위와 함께 기본 요소로서 노스캐롤라이나 식물원의 수집품 중 필수적인 부분으로 고려된다.
P.S. White

기까지 다양하다. 주기적인 미학적 검토는 일반적으로 수집품 관리자보다는 디자인 훈련을 받은 개인들에 의해 시행된다. 다른 모든 수집품처럼, 그런 식물들은 기록물들, 특히 의도된 미학에 일조하는 식물의 역할 및 위치와 관련된 기록물들이 필요하다. 모범적인 미학적 체험으로 유명한 정원들로는, 브로델 리저브, 챈티클리어, Ganna Walska Lotusland, 롱우드 가든, 나움케악이 있다.

자연 영역과 수집품 관리

만일 수집품이 어떤 목적을 위해 모은 대상들이라고 한다면, 이러한 수집품에 대한 정의가 움직일 수 없는 대상이나 복잡한 조경들에 대한 관리로 확장될 수 있을까? 확장이 가능한 건 분명하며, 여러 정원이 자연 영역과 복원된 영역을 전통적인 수집품들처럼 관리한다(Parsons 19950. 실제로, 이런 세 가지 세트인 자연 영역, 자연화된(naturalized) 수집품, 전통적인 수집품들은 집중적인 기록관리와 정보화가 필요하다. 어떤 식물이 어디에 있는지와 그것들의 상태에 관한 정보, 관리 케어는 기본 단위들의 규모 별로만 달라지며, 그런 기본 단위란 전통적인 수집품들의 개별 등록보다는, 자연 영역 내 여러 집단 혹은 개체군들을 말한다. 마찬가지로, 자연 영역과 자연화된 수집품들은 그것들의 역할, 그것들이 무엇을 포함할지, 기록 문서화 표준에 관한 수집품 정책 규칙이 필요하다. 수집품 관리를 목적으로 하는 필수적인 기본 정보는 다음과 같다.

• 이런 영역들을 관리하는 목표들의 서술

• 이런 식으로 관리 중인 부동산들의 한계 설정

• 식물 기록 시스템이 종의 보존 및 풍부함에 대해 정확해지도록 부동산에 대한 주기적인 재고 조사

• 초목과 자연 시스템에 맞춰 조정된 프로토콜 및 관리 계획들

• (의도되거나 그렇지 않은) 영향과 유효성을 확인하기 위해 부분 지구(subarea)에서 사용되는 관리 실천 방안에 관한 오래된 기록들/지도들

한때 흔치 않았던, 자연 보전구역으로 알려졌던 정원들이 그 세력을 널리 확장하고 있다. 특히 몇몇 정원들은 그저 한 마을에 있기보다, 밖으로 뻗어 나가 지역의 네트워크들을 발전시켜왔다. 명확히 확인되는 예로는 바른 하임 수목원과 연구용 숲, 코넬 플랜테이션, 미주리주 수목원, 정원 및 덤블 수목원, 마테이 식물원과 니콜스 수목원, 뉴잉글랜드 야생 학회/삼림 안에 정원(Garden in the Woods)이 있다.

토착 식물, 자연 구역, 원주민들

북미의 정원들이 토착 식물 수집품들을 개발시키고 자연주의 조경 및 유의미한 자연 구역들을 관리함에 따라, 그 부지들의 토착 문화를 보유했던 원주민 노인들의 견해와 식물 군락들이 관리 대상으로 고려될 것으로 예상한다.

대다수 아메리카 원주민들은 자신들이 추방되었던 여러 장소와 그곳의 식물들에 관한 지식을 보유하고 있었다. 하지만 살아있는 수집품 개발 및 조경지 관리에 대한 토착민의 목소리, 견해가 반영된 경우가 드물고, 그들이 그런 개발이나 관리에 참여한 때도 흔치 않았다.

기존의 민족 식물 수집품 및 현지 부족의 협력 없이 조성되고 해석됐던 둘레길은, 해당 부족이 그 지역에서 완전히 추방되었더라도 진지한 검토가 필요하다. 살아있는 수집품 개발 및 원주민들과 협의 과정에서의 해석이라는 복잡한 영역에서 리더십이 발현되는 기관은 비교적 드물다. 가장 먼저 몬트리올 식물원이 다양한 토착민들과 다년간의 협력에 착수했다(Cuerrier과 Pare 2006). 미국에서, 애리조나-소노라 사막 박물관과 덴버 식물원은 살아있는 수집품들 및 그것들의 개발과 관련해, 아메리카 원주민의 견해를 유의미하게 수용했다.

요약

살아있는 수집품들은 모든 정원의 핵심이다. 기본적으로, 의미 있는 살아있는 수집품들은 지속적인 사회적 목적을 위해 모으고 관리한 식물들이다. 살아있는 수집품의 유형들로는 문화 중심의 주제부터, 연구 및 관리 목적에 도움을 주는 보존 중심의 수집품까지 다양하다.

명확히 서술된 수집 정책은 기본적인 관리 도구이다. 이 정책을 통해 수집품을 인도하는 목적이 시간이 지나도 일관되게 유지된다. 핵심적인 요소에는 수집품의 임무, 침입 식물, 획득, 문서화, 처분 표준, 윤리학, 지적권, 접근성이 있다. 이 정책을 통해, 필요한 수준의 기록물 정확성, 주제의 깊이, 미학적 질과 의도된 목표가 가장 잘 부합하게 하려고, 집중 수집 대상(개별 단위는 물론 조합된 전체)을 조정하기 위한 주기적인 검토가 가능해진다.

등록물은 대다수 살아있는 수집품들의 기본적인 단위이다. 기록 시스템은 시간이 지남에 따라 등록물을 추적하고 출처, 위치, 지속적인 상태에 관한 주요 정보를 유지해야 한다. 각각의 수집품 유형의 경우, 여러 다른 분야들이 필요할 것이다. 관계 데이터베이스는 아주 기본적인 수준을 넘어 식물 기록물들을 유지하

는 데 필수적이다. 데이터베이스를 통해, 건전한 수집품 관리를 촉진하는 보고서들을 개발하기 수월해진다. 그것의 기본 요소는 인벤토리이다. 인벤토리는 집중 등록물 및 수집품 검토와 업데이트를 가능케 하는 동시에, 기록물들과 토양을 연결된(링크된) 상태로 유지하기 위한 장치들이다. 어떤 기관이 식물군에 대한 활동적 기관(active authority)이 아니라면, 대개 학명은 보수적 방식으로 다루는 게 최선이다. 왜냐하면, 명칭의 목표는 사람들이 자신이 원하는 식물들과 정보를 찾도록 돕는 것이기 때문이다.

지도는 아마도 수집품 기록물과 직원을 포함한 대다수 방문객 간에 가장 유용한 접촉수단(인터페이스)일 것이다. 지도제작용 소프트웨어와 관련 정보 처리학의 혁명은 현대 식물 기록관리의 가장 역동적 측면 중 하나이다. 지도 및 사진들과 연결된, 기록들에서 나오는 기관 전체의 실시간 정보를 웹상에서 이용할 수 있고, 이에 따라, 휴대용 기기로 내려받을 수 있다. 이러한 기본 정보는 정확하고 완벽하고 적절해야 한다. 식물 기록물들이 기관의 정보 관리로 이전될 때 이런 요건의 충족 여부가 중요해진다.

살아있는 수집품들의 광범위한 영역은 우리의 문화유산 일부이다. 어떤 한 기관이 전체 수집품 유형을 모두 보유하고 있지 않으며, 보유하기도 쉽지 않다. 기관들과 기관들의 수집품들의 이런 다양성은 사회적 강점이며, 특히 수집품들이 북미 식물 수집품 컨소시엄 같은 공식적 네트워크와 작업에 활용될 때 다양성이 중요하다. 하지만 각 기관은 가능한 한 최고의 표준적 수집품들을 유지해야 하며, 그 유지를 위해 열심히 노력하는 것이 수집품 관리의 핵심적 역할이다.

참고문헌

Armstrong, G. D. 2003. Collections profile: University of Wisconsin Arboretum. *The Public Garden* 18(4): 42–44. Thumbnail sketch of the range of collections at the UW Arboretum, from taxonomic collections to the classic restored biological communities envisioned by Leopold, Longnecker, and Fassett in the 1930s.

Barnett, D. P. 1996. Historic landscape preservation: Obstacle to change? *The Public Garden* 11(2): 21–23, 39. A comparison of how four historic institutions approach living collection issues of preservation, restoration, rehabilitation, and reconstruction.

Burke, M. T., and B. J. Morgan. 2009. Digital mapping: Beyond living collection curation. *The Public Garden* 24(3): 9–10. A call to take maps beyond their origin in collection management.

Carter, D., and A. K. Walker, eds. 1999. *Care and conservation of natural history collections*. Oxford: Butterworth-Heinemann. A contemporary review of the natural history museum protocol, the tradition in which living collection management practices is rooted.

Collins, D. 2008. Collaboration on a large scale: The NAPCC multi-institutional *Quercus* collection. *The Public Garden* 23(1): 27–30. Showing benefits of a specific collection, in which fifteen institutions collaborate to house 168 taxa(more than 2,300 accessions) and target the priority of unrepresented taxa as a team. See Otis(2001) for another perspective.

Cuerrier, A., and S. Paré. 2006. The First Nations Garden: Where cultural diversity meets biodiversity. *The Public Garden* 21(4): 22–25. The inclusion of First Nations perspectives in living collection development.

Dosmann, M. S. 2006. Research in the garden: Averting the collection crisis. *Botanical Review* 72: 207–34. A thoughtful articulation of the important roles of living collections based on shared information, collaboration, and new research agendas, as well as the critical issue of intrinsic value of the collections based on their quality, not size.

Elsik, S. 1989. From each a voucher: Collecting in the living collections. *Arnoldia* 49(1): 21–27. A case study of how to voucher the accessions with teams of trained volunteers.

Folsom, J. P. 2000. The terms of beauty. *The Public Garden* 15(2): 3–6. What is meant by beauty in gardens and its components?

Galbraith, D. A. 1998. Biodiversity ethics: A challenge to botanical gardens for the next millennium. *The Public Garden* 13(3): 16–19. A call to consider the ethical challenge in addressing the use of living collections as genetic resources.

Gardner, J. B., and E. Merritt. 2004. *The AAM guide to collections planning*. AAM Professional Education Series. Washington, D.C.: American Association of Museums. A lucid guide to writing a collection plan.

Gates, G. 2006. Characteristics of an exemplary plant collection. *The Public Garden* 21(1): 28–31. Synopsis from a study of leading gardens as to what features contribute to superior living collections and their management.

Hohn, T. C. 2008. *Curatorial practices for botanical gardens*. Lanham, N.Y.: AltaMira Press. The extensive bibliography reviews the literature to the publication date.

Jefferson, L., K. Havens, and J. Ault. 2004. Implementing invasive screening procedures: The Chicago Botanic Garden model. *Weed Technology* 18: 1434–40. Discussion of the logic-and-actions model for assessing potential weediness of unfamiliar plants.

Kister, S. 2008. Sustaining a living legacy: Longwood's tree management program. *The Public Garden* 23(3–4): 32–34. Tree management, assessment, and monitoring as a special case of collection management.

Leadlay, E., and J. Greene, eds. 1998. *The Darwin technical manual for botanic gardens*. London: Botanic Gardens Conservation International. Chapter 4 outlines conservation collection types and reviews acquisition, labeling, identification, evaluation, and deaccessioning objectives.

Lowe, C. 1995. Managing the woodland garden. *The Public Garden* 10(3): 11–13. An experienced perspective on woodland gardens as collections.

Meinig, D. W. 1976. The beholding eye: Ten versions of the same scene. *Landscape Architecture* 66: 47–56. Ten perspectives of one landscape; a classic reference on learning to recognize and shift conceptual frames of reference.

Michener, D. 1989. To each a name: Verifying the living collections. *Arnoldia* 49(1): 36–41. A case study of the process of verifying vouchers using staff and experts around the world.

Moore, G. 2006. Current state of botanical nomenclature. *The Public Garden* 21(3): 34–37. An overview of the issues in plant nomenclature relevant to collection management.

Otis, D. 2001. Maples in North America: Developing a network of NAPCC *Acer* collections. *The Public Garden* 16(1): 22–27. A perspective on building multi-institution living collections, outlining the steps to make a focused consortium work.

Parsons, B. 1995. The role of woodlands at the Holden Arboretum. *The Public Garden* 10(3): 21–23. An overview of the division of the arboretum into different categories of lands management.

Reibel, D. B. 1997. *Registration methods for the small museum*. 3rd ed. American Association for State and Local History Book Series. Walnut Creek, Calif.: AltaMira Press. This is especially useful for small institutions that are intending to include the grounds, gardens, or landscapes.

Ripley, N. 2006. Re-exploring the known: The mystique of native plants. *The Public Garden* 21(4): 26–28. The native habitat approach to displaying alpines at the Betty Ford Alpine Garden.

Roggenkamp, K., and S. Woodbury. 2009. Native plant gardens at the Shaw Nature Reserve. *The Public Garden* 24(4): 12–14. Development of native plant gardens focused on educating gardeners in the use of local natives.

Simmons, J. 2006. *Things great and small: Collections management policies*. Washington, D.C.: American Association of Museums. A clear presentation of the range of management policies and their purposes, all with real-world examples.

Stansfield, G., J. Mathias, and G. Reid, eds. 1994. *Manual of natural history curatorship*. London: HMSO. Another perspective on natural history collection management, the tradition in which living collection management is rooted.

Tan, B. 2001. Mesoamerican cloud forest at Strybing Arboretum. *The Public Garden* 16(1): 36, 38–40, 42–43. An overview of a distinctive ecogeographic collection, its intended roles, and how it was developed.

CHAPTER 21

Research at Public Gardens
공공정원 연구

KAYRI HAVENS 케리 해븐스

서론

연구는 공공정원의 발전에 있어 항상 중요한 역할을 해왔다. 실제로, 초기 대부분 정원은 식물분류와 식물의 의약적 또는 경제적 이용에 관한 연구를 지원하기 위한 수집기관으로 특화되어 발전해왔다. 르네상스 시대 이후 공공정원의 역사를 살펴보면, 공공정원은 주로 세계각지의 원예식물을 수집하는 역할을 담당했다. 이와 같은 특이하고 이국적인 수집식물들은 방문객들에게 흥미와 즐거움을 주었다. 지난 수십 년간, 멸종위기종에 대한 인식과 함께 공공정원의 임무는 원예 식물들을 수집하는 것에서 식물보존과 관련된 연구에 적극적인 역할을 하는 것으로 발전했다.

보존 활동은 단순한 교육적 노력에서부터 종자저장 활동, 자연 관리 및 복원, 관련된 기초 및 응용 연구에 이르기까지 다양한 형태로 이루어질 수 있다. 21장에서는 기초 및 응용 연구에 초점을 두고, 22장은 그 외의 다른 보존 활동을 다룬다. 식물학 연구의 필요성은 그 어느 때 보다 크다. 식물학적 전문 지식은 기후 변화, 침입종 문제, 재생 가능 에너지 문제, 생태계 복원 및 생물 다양성의 보존과 지속 가능한 이용 등을 해결하는 데 있어서 필수적이다. 이런 중대한 요구는 많은 대학교에서 식물학 프로그램의 계속되는 소멸이나 감소와 동시에 커지고 있다 (Eshbaugh and Wilson, 1969; Affolter, 2003; Sundberg, 2004). 현재 미국에서는 식물 수집도 감소하고 있으며(Prather et al., 2004), 이에 따른 자연사 단체들의 수집에 기반을 둔 연구도 감소하고 있다(Dosmann, 2006).

대부분의 토지 관리 기관들은 식물전문가의 부족을 겪고 있다. 예를 들어, 토지 관리국 식물학자 한 명은 평균적으로 거의 4백만 에이커의 토지 관리를 담당하고 있으며, 이런 상황은 다른 연방기관에서도 비슷하다(Roberson, 2002). 국제 식물원 보존 연맹(Botanic Gardens Conservation International)(미국)과 시카고 식물원은 최근 미국의 여러 식물 과학 단체를 대상으로 (학계, 정부, 비영리 단체 및 컨설팅 회사 등) 국가의 식물 연구 및 관리 수요를 맞추기에(주로 직원 수 및 전문 지식 면에서) 충분한 능력이 되는지를 평가하기 위하여 설문조사를 했다. 설문 조사 결과, 특히 정부 부문에서 식물학적 능력을 향상할 필요가 있는 것으로 나타났으며 응답자의 91%는 본인이 소속된 기관이 지금의 식물 문제를 해결할 직원이 충분하지 않다고 답했다. 이런 경향은 앞으로도 지속할 가능성이 큰데, 헤븐스 크라머 (Havens Kramer) 및 존-아널드(Zorn-Arnold)가 수집한 미게재 데이터에 따르면, 설문에 응답한 연방기관의 식물학자 중 45%는 10년 안에, 그리고 60%는 15년 안에 은퇴할 것이기 때문이다.

식물원은 식물학적 연구, 식물의 보존 및 교육의 공백을 채우는 이상적인 위치에 있다. 모든 식물원은 생체 수집에 대한 기록을 유지하고 있으며, 이 중 대부분은 표본 제작 및 종자 수집도 병행하고 있다. 식물학적 능력을 키우는 데 있어서 정원이 갖는 다양한 역할에 대해 정부와 국제기구들의 인식이 확대되고 있다. 많은 정원이 종자저장, 식물증식, 식물 재도입, 서식지 관리 및 복원 등을 위한 새로운 기술을 개발하고 있다. 국제 식물원 보존 연맹과 식물보존센터(Plant Conservation Center)와 같은 식물원 네트워크는 정원 간 활동을 조정하는 데 도움을 준다 (Wyse Jackson and Sutherland, 2000).

정원들이 수행하는 식물학적 연구 활동은 전통계통학에서부

비생물의(Abiotic): 환경에서의 비생물적(화학적 및 물리적) 요인들.

개체생태학(Autecology): 개별 유기체 또는 단일 종과 환경 간의 상호작용에 관한 연구.

생물 기후학적 범위 모델링(Bioclimatic envelope modeling): 종의 현재 분포 및 최근의 역사적 기록 분포를 사용하여, 어느 곳의 기후와 환경 조건이 그 종에 적당한지 결정하는 것. 이 범위는 향후의 기후 시나리오에서 종이 생존할 수 있는 곳을 예측하는 데 사용될 수 있다.

생물상(Biotic): 환경에 존재하는 생물적 요인들.

생태형(Ecotype): 지역 환경 조건에 적응하여 유전적으로 구별되는 특정 종 내의 개체군 혹은 종족

민족 식물학(Ethnobotany): 사람과 식물 사이에 존재하는 관계에 관한 연구.

현지 외 보존(Ex situ conservation): 생물체의 자연적 서식지 밖에서(즉, 식물원이나 동물원 같은 곳에서) 그 생물체를 보존하는 것.

식물 구계학(Floristics): 지리적 영역에서 식물종의 분포와 관계에 관한 연구.

좌표 참조(Georeferencing): 개별 식물이나 식물 개체와 같은 무언가의 위치를 정의하는 접근법으로, 보통 지도 또는 좌표계에 위치를 설정한다. GPS(Global Positioning System) 기술이 오늘날 가장 많이 사용된다.

식물 표본관(Herbarium): 보존된 식물 표본의 모음. 표본은 보통 가압 건조되어 종이 위에 올려지며 수집 위치와 기타 정보의 표가 부착된다. 표본은 보존되는 재료에 따라 알코올이나 다른 방부제에 보관될 수도 있다. 식물 표본집의 표본은 연구에 대한 영구적 기록을 제공하기 때문에 때론 바우처(voucher)라고 불린다.

자식약세(Inbreeding depression): 유전적으로 연관된 개체가 교배하거나 식물이 자가수분하는 경우 자손의 적합성이나 수확이 감소하는 것.

현지 내 보존(In situ conservation): 생물체의 자연적 서식지 내에서 생물체를 보존하는 것.

균근(Mycorrhizae): 식물 뿌리와의 연관성을 형성하는 균. 이 공생 관계에서 균류는 식물이 물과 미네랄을 흡수하도록 돕고 식물은 균류에 당분을 제공한다.

외교배약세(Outbreeding depression): 상당히 떨어진 개체군에서 온 식물들처럼 유전적으로 다른 개체가 교배하는 경우 자손 적합성 또는 수확량 감소하는 것.

생물계절학(Phenology): 첫 잎새 돋기, 첫 개화, 최대 개화기 등의 자연 현상의 시기에 관한 연구. 동물의 이주 시기에도 생물계절학이 적용된다.

계통 발생론(Phylogeny): 생물군의 진화 이력이나 계통의 유형.

개체군 생존력 분석(Population viability analysis(PVA)): 주어진 기간 동안 개체군의 지속성 또는 멸종 가능성을 규정하기 위한 모델링 접근법. PVA는 한 종에 대한 여러 위협 또는 관리 행동을 고려하고 주요 회복 행동을 식별할 수 있다.

번식체(Propagule): 종자, 포자, 꺾꽂이 순, 구근, 괴경 및 기타 식물 생식 구조와 같은 새로운 식물을 생산하는 데 사용되는 모든 식물의 일부분.

복원 생태학(Restoration ecology): 손상되거나 파괴된 생태계가 인간의 개입을 통해 어떻게 회복될 수 있는지에 대한 연구. 복원 활동에는 침입종의 제거, 화재 및 수문과 같은 자연적 과정의 재구축, 고유종의 재도입이 포함될 수 있다.

계통학(Systematics): 살아있는 생물체의 과거 및 현재의 다변화에 관한 연구, 그리고 시간에 걸친 생물체 간의 관계에 관한 연구.

분류학(Taxonomy): 생물체를 기술하고, 식별하고, 분류하고 명명하는 과학.

터 보존연구, 원예학적 연구, 인간/식물 상호작용의 새로운 분야의 출현까지 범위가 상당히 넓고 다양하다. 이처럼 다양한 분야들에 대해서는 21장 뒷부분에 논하기로 한다.

연구 프로그램을 수립하는 방법

연구 프로그램은 자금의 수준과 규모에 따라 성립될 수 있다. 성공적인 연구가 되기 위해서는 계획 수립이 중요하다. 새로운 연구 프로그램을 개발하든, 기존의 연구 프로그램을 재구성하든 간에, 계획을 전략적으로 수립하는 것은 매우 유익한 출발점이

라 할 수 있다. 전략적으로 잘 수립된 계획은 공공정원이 지속 가능한 연구 프로그램을 개발할 가능성을 극대화할 수 있는 적절한 대상과 파트너를 결정할 수 있게 한다. 연구의 전략적인 계획 수립은 기관의 전략적 계획 수립의 과정과 닮았다. 이 과정은 The Darwin Technical Manual for Botanic(Leadlay and Greene, 1998)에 자세히 설명되어 있다.

기금 조달 및 기반구조(인프라) 고려 사항

공공정원 연구 프로그램의 규모와 비용은 매우 다양하다. 일부 정원에서는 단 한 명의 상근직 또는 임시직을 고용하기도 하

- **연구의 임무 결정.** 가치 있는 연구가 무엇인지, 정원이 어떤 부분에 중요한 기여를 할 수 있는지, 연구를 지원하기 위해서 수집식물을 어떻게 활용할 수 있는지, 그리고 정원이 수행하면 안 되는 연구의 종류는 무엇인지 등에 의문을 가져라. 특정 지역이나 다른 국가의 식물관련 기관에서 수행하는 연구를 벤치마킹하는 것은 연구의 목적을 결정하는 데 유용하다.

- **목표와 목적 규정.** 목표와 목적은 임무를 성취 가능한 것으로 바꿔준다.

- **필요한 자원 평가.** 목표를 달성하기 위해 어떤 자원(인력, 재정, 그리고 실험실과 장비 포함한 자본)이 필요한지 결정한다. 이러한 자원을 확보하기 위한 계획을 수립한다.

- **타임라인의 설정.** 대부분의 전략 계획은 중기 또는 장기 관점을(3년에서 10년) 가진다. 짧은 운영 계획은 예산 편성 과정의 하나로 매년 수행하는 것도 유용하다.

- **SWOT 분석 시행.** 이런 유형의 분석을 통해 정원은 강점을 바탕으로 약점을 해결하고 기회를 활용하며 위협을 피할 수 있다.

- **되도록 많은 사람을 참여시키기.** 전략적인 계획은 최대한 많은 목소리를 대변해야 한다. 연구 직원뿐만 아니라 교육, 개발, 커뮤니케이션 및 원예 분야의 직원들도 포함하는 것은 시각을 넓히고 제도적 합의를 이루는 데 도움이 된다. 아울러 외부의 연구 검토위원회는 유익한 피드백을 제공할 수 있다.

- **성공의 척도 결정. 좋은 계획은 SMART 하다** (specific, measurable, achievable, relevant and time-bound: 구체적이고, 측정 가능하며, 달성할 수 있고, 관련성이 있으며, 시한이 있다). 무엇을 달성해야 하는지, 그것을 언제 해야 하는지, 그리고 성공을 어떻게 측정할 것인지 결정한다.

고, 다른 정원에서는 수십, 수백 명의 연구직을 고용하기도 한다. 마찬가지로 비용 또한 적을 수도 있고(연간 수백만 달러에 달할 정도로) 아주 많을 수도 있다. 일부 정원은 자체 연구 시설을 현장에 마련하기도 하고, 다른 정원은 대학이나 기관과 협력하여 실험실을 사용하기도 한다.

과학 활동을 위한 지원 기금이 있기는 하지만 연구 프로그램이 완전히 자립하기를 기대하기는 어려울 것이다. 20개의 공공정원의 연구에 따르면, 일반적으로 기관의 지원과 보조금 지원을 약 50:50의 비율로 자금을 마련한 것을 알 수 있다.(Havens, 미발표 자료) 일부 연구를 정부 기관의 우선순위에 맞추면 자금 조달의 폭을 넓힐 수 있다. 연방 기관은 복원, 침입종 통제, 기후 변화에 대한 적응, 산불, 토종식물 물질 개발 등과 관련된 응용 연구에 종종 관심이 있다. 대학, 지역의 다른 공공정원, 그리고 기타 수집 기반 기관과의 파트너십을 통해 제한된 기금 조달의 범위를 넓힐 수 있다. 예를 들어, 파트너십을 통해 도서관, 식물 표본집, 종자저장 시설 또는 분자 유전학 연구소 등의 자료에 접근할 수 있다면 이 부분에 기금을 투입할 필요가 없다.

정원은 외부 연구자들이 자신의 수집품을 사용하도록 하여 제한된 자금을 절약할 수 있다. 때로 정원은 협업 기회, 소규모 연구 보조금, 공간(사무실, 실험실, 또는 온실) 및 소장하고 있는 식물에 대한 접근 권한을 제공하면 외부 과학자를 비교적 경제적으로 초빙할 수 있다(Dosmann, 2006). 미주리식물원, 시카고 식물원, 페어차일드 열대식물원을 포함한 여러 정원은 연구 협력 프로그램이 활성화되어 있으며, 외부 과학자들에게 정원 회원 혜택도 제공하고 있다. Primack과 Miller-Rushing(2009)은 식물과 기후 변화에 관한 연구를 위해 아널드 수목원(Arnold Arboretum)에 있는 다양한 수집품(살아있는 수집품, 표본 수집품 및 사진 수집품 등)을 사용했던 방법들을 강조한다. 정원이 자금량을 늘릴 수 있는 또 다른 방법은 정원과 토지 관리 기관 간의 협력을 강화하는 것이다. 조지아 식물보존 연합(Georgia Plant Conservation Alliance)은 연구를 수행할 수 있도록 정원과 기관 간의 협력을 촉진한 네트워크의 좋은 사례라 할 수 있다.

마지막으로, 많은 정원에서는 연구 프로그램의 범위를 확장하

그림 21-1】 시카고식물원에서 프로젝트 버드버스트(Project BudBurst) 하나로 식물 계절학 데이터를 수집하고 있는 고등학생
Courtesy Chicago Botanic Garden; photo by Robin Carlson

기 위해 시민 과학자들을 매우 성공적으로 활용했다. 뉴잉글랜드 야생화협회(New Flower Wild Flower Society)가 편성한 '식물보존 자원봉사단'(Plant Conservation Volunteer Corps)과 시카고 식물원이 편성한 '관심 식물'(Plants of Concern) 등과 같은 희귀식물 모니터링 프로그램 자원봉사단은 식물 개체군 관리를 위한 중요한 데이터를 제공한다. 다른 성공적인 시민 과학 프로젝트로는 프로젝트 버드버스트(Project BudBurst)(그림 21-1, www.budburst.org)라고 불리는 전국적인 식물 계절학 모니터링 프로그램과 외래식물 모니터링이 있다. 그 어떤 과학자도 혼자서는 감당하기 어려운 대량의 데이터 세트를 수집하는 일 외에도 시민 과학 프로젝트는 참가자를 과학적 과정에 참여시킴으로써 과학적 소양을 증진하는 부가적인 이점을 가지고 있다. 코넬 조류학 연구소(Cornell Lab of Ornithology)는 시민 과학 프로젝트(http://www.birds.cornell.edu/citscitoolkit)의 개발 또는 참여에 관한 많은 온라인 자료를 가지고 있다.

계통학, 식물구계학 및 식물 표본집 관련 연구

식물 분류학, 계통학 및 구계학은 오랫동안 많은 식물원의 전통적인 역할이었으며 계속해서 초점을 두는 분야이다. 미주리식물원, 뉴욕식물원, 큐 왕립식물원(Royal Botanic Gardens, Kew)등은 이 분야에 관한 연구로 전 세계적으로 유명하다. 그 외 다른 정원들도 상당한 기여를 하고 있는데 종종 특정 식물군이나 집단을 전문적으로 연구한다. 페어차일드 열대식물원은 야자류와 소철류에 관한 연구, 뉴잉글랜드 야생화협회와 조지아 주립식물원(State Botanical Garden of Georgia)은 지역 식물군의 생산에 주력하는 것을 예로 들 수 있다. 생물 다양성이 급격히 감소하고 있는 오늘날, 식물종이 멸종하기 전에 그들을 묘사하고 명명하는 일이 더욱 시급해지고 있다. 지구 식물보전전략(Global Strategy for Plant Conservation, GSPC)의 초기 목표는 세계 식물군의 작업 실제 목록을 발전시키는 것이다.

사례 연구: 식물원과 IUCN 적색목록

George Schatz, 미주리식물원

식물원과 그곳에 연계된 식물 표본실은 IUCN 적색목록 상의 식물 표본이 급속히 늘어나는 것을 더 잘 알려, 보존 계획에 대한 정보를 제공하는 중요한 역할을 해야 한다. 식물 표본실의 표본들은 식물종의 다양성과 분포에 관한 우리의 모든 지식의 토대가 된다. 실제로, 많은 식물종은 식물 표본으로만 알려져 있고, 극단적인 경우에는 식물종의 원본 묘사를 위한 기초가 되는 기준표본으로만 알려져 있다. 더구나 식물 표본집의 표본들은 식물종의 지리적 범위를 문서로 만드는 주요 발생 데이터를 발생 범위 또는 점유 면적의 형태로 나타내는데, 이 두 가지는 IUCN 적색목록 평가에서 중요한 요소이다. 여러 위협과 그것들이 개체군의 규모에 미칠 잠재적 영향에 대한 지식을 결합해서 지리적 범위, 크기에 대한 일련의 임계치에 따라 멸종 위험을 손쉽게 평가할 수 있다(그림 21-2).

미주리식물원은 IUCN과 협력해서 세계적인 명소 세 곳(코카서스 지역, 케냐와 탄자니아의 동부 아크 산맥과 해안 숲, 그리고 마다가스카르)의 특산 식물의 보존 상태를 평가해오고 있다. 세 가지 프로젝트 모두 기본적인 GIS 도구를 사용하여 대상종의 지리적 범위와 역사에 대한 그림을 그리는데, 이를 위해 식물 표본실 표본들의 종합정보 및 위치 정보에 의존한다. 그러나 현지의 위협에 대한 확실한 이해가 없는 경우, 지리적 범위 크기의 값을 적색목록 기준 임계치와 기계적으로 단순하게 비교하는 것은 유효한 평가에 도달하기에 불충분하다. 따라서 각 프로젝트의 성공은 종 자체와 종의 서식지에 대한 위협 모두에 대해 전문 지식을 갖춘 지역 식물학자 네트워크의 형성에 달려있다. 지역

전문가들로 구성된 이런 기본적인 네트워크들은 평가를 인증하고, 지역의 식물보존 전략을 수립하고, 궁극적으로는 식물 다양성의 손실을 완화하기 위한 정부 및 비정부기구에 대한 권고 사항 작성하는 일에 도움을 준다.

그림 21-2】 초롱꽃 다양성 중심지인 코카서스 지역의 초롱꽃, *Campanula raddeana* Trautv. 이 종은 IUCN 적색목록 절차에 따라 멸종위기(EN)로 평가되었다.
Photo by George E. Schatz

한 지역 안에서 어떤 식물들이 자라며, 그 식물들이 상대적으로 얼마나 풍부한지 파악하는 것은 대부분 국가에서 적용하는 국제자연보전연맹(IUCN)의 적색목록에 포함되거나 북미의 NatureServe가 정하는 식물의 보존 활동을 위한 그리고 궁극적으로 종의 법적 보호를 위한 첫 번째 단계이다.

IUCN 적색목록(IUCN Red List of Threatened Species)이 종의 보존 상태에 대한 정보의 표준으로 채택 적용되는 것이 늘고 있지만 안타깝게도 식물의 목록화 과정은 척추동물 및 다른 동물 목록화 작업보다 상대적으로 느리게 진행되고 있다. 2009년 현재 IUCN 적색목록 카테고리 및 기준을 사용하여 평가한 관속식물은 4% 미만이며 두 집단에 대해서만(침엽수와 소철류) 종합적인 평가가 이루어졌다(Schatz, 2009). 특히 미주리식물원과 큐 왕립식물원 과학자들은 보존 평가에 적극적이다.

표본실의 표본정보에 대한 웹 접근이 가능해지고 적색목록이 작성되면서 토지 취득과 보호 대상 지역으로서 우선순위가 높은 주요 식물지역(IPA)의 지정을 촉진했다. 주요 식물지역은 이례적으로 식물종이 풍부한 지역으로서 종종 멸종위기에 처한 종이나 그 서식지를 포함한다. IPA는 2010년까지 식물 다양성 보전을 위한 세계에서 가장 중요한 지역의 50% 보호를 목표로 하는 세계식물보존전략의 목표 5의 실행을 지원한다. 유럽에 있는 플랜트라이프 인터내셔널(Plantlife International)이 지금까지 IPA 지정에 관한 많은 작업을 수행해 왔고 지금도 IPA 프로세스 수행 방법론을 타 국가에 교육하고 있다.

최근 식물 표본관의 표본들은 전 세계적으로 멸종되었거나 야생에서 멸종된 종에 관한 연구를 포함하여, 계통학 작업을 위한 DNA의 원천으로 사용되고 있다. 연구원은 식물 표본의 시트에서 작은 잎 또는 잎 부분을 떼어내어 DNA를 추출한다. 향후 이러한 종류의 작업을 쉽게 하려고 많은 식물 표본관이 식물 표본집 시트와 연결된 DNA 바우처를 유지 관리하고 있다. DNA 바우처는 일반적으로 표본집 바우처와 동일한 개체에서 온 잎 한두 장으로 구성되어 있으며 그것들을 실리카 젤과 동결을 통해 건조상태를 유지하여 보관한다. 이런 방법을 통해서 DNA를 더욱 잘 보존할 수 있으며 표본관 표본을 온전한 상태로 유지할 수 있다.

더욱 증가하고 있는 식물 표본관의 또 다른 역할은 지구 변화에 관한 연구이다. 우리는 기후 변화에 따라 많은 종의 개화 시기가 변하고 있다는 것을 안다. 식물 표본 시트들은 주어진 날짜의 개별 식물의 계절학적 단계에 대한 영구적인 기록물의 역할을 한다. 이런 표본 시트들은 현대의 개화 날짜들과 대조해 볼 수 있다. 일부 수명이 긴 종의 경우, 정원의 살아있는 개체의 수집품의 바우처는 수집될 당시 해당 식물의 바우처와 연관이 있을 수 있는데,(그림 21-3) 시간 경과에 따른 같은 개체에서의 개화 날짜(Primack 및 Miller-Rushing, 2009) 비교 등이 가능하다. 기후 변화에 따른 식물의 지리적 범위의 변동을 예측하기 위해서 생물 기후적 범위모델링이 점점 더 많이 사용되고 있다. 이런 모델들은 때론 식물 표본기록에서 얻은 종의 현재 및 역사적 범위에 대한 데이터에 의존한다(Donaldson, 2009).

보존 중점 연구

개체생태학

특정 종에 초점을 두는 개체생태학 연구들은 보존 계획을 수립하는 데 중요하다. 특정 종과 그 종의 비생물적 그리고 생물적 환경 요인들이 상호 작용하는 방식을 이해하는 것은 현지 내 관리와 재도입 계획을 설계하는 데 모두 필요하다. 많은 식물 종은 꽃가루 매개자, 종자 분산 매개체, 균근균, 숙주 식물과 보모 식물을 포함해서 다른 생물체들과 필수적 관계를 맺고 있다. 실패할 수밖에 없는 곳에서 종을 관리하거나 재도입하는 것은 자원의 낭비이므로 특정 토양의 유형, 수분, 양상, 노출 및 교란 체계에 대한 요구 사항은 물론이고 이런 상리 공생을 연구하는 것은 중요한 조사 영역이다.

식물보전센터(Center for Plant Conservation) 네트워크 내의 많은 공공정원은 실험적인 희귀식물 재도입을 했고 이런 실

그림 21-3】 Abe Miller-Rushing(왼쪽)과 Richard Primack(오른쪽)은 1938년에 수집된 진달래속 식물의 표본집 표본과 살아있는 수집 개체의 표본 개화 일자를 비교하고 있다.

Photo by Anica Miller-Rushing

험들은 유익한 연구 분야로 남아 있다. 재도입에서는 다양한 변수들을 시험할 수 있는데, 번식체 유형(종자 또는 이식), 근원 개체군의 수, 재도입 개체군의 수 및 관련성, 서식지 특성, 부지 준비, 재식 후 돌봄 및 재식 시기 등의 변수를 포함하되 이것들에만 국한되지 않는다(Guerrant 1996, Guerrant and Kaye 2007). 예를 들어, 베리 식물원(Berry Botanic Garden) 연구원은 씨앗 나이, 현장 외 저장, 번식체 유형(종자 vs. 구근) 및 지피식물의 제거가 서양 백합(Lilium occidentale)의 재도입 성공에 미치는 영향을 연구했다. 노스캐롤라이나 식물원(North Carolina Botanical Garden)의 과학자들은 부지 준비가 수생식물 하퍼렐라(Ptilimnium nodosum)의 생존에 미치는 영향을 조사했는데(그림 21-4), 빨리 흐르는 유속에서 코코넛 매트, 자갈 및 기타 기술을 사용해서 식재식물을 고정하는 방법을 실험하는 것이 작업의 초점이었다. 모튼수목원(Morton Arboretum)과 시카고식물원의 연구원들은 일리노이주에서 종자 근원이 엉겅퀴 종의 하나인 투수(Pitcher's thistle: Cirsium pitcheri)의 재도입 성공에 미치는 영향을 연구했다. 그들은 또한 자연적 개체군과 재도입된 개체군에 대한 개체군 생존분석(PVA)을 사용해서 성공 여부를 측정했다.

군집생태학

군집생태학 연구는 종종 군집의 구조와 탄력성에 있어서 종간의 상호작용(예를 들어, 식물/동물 또는 식물/균 관계)의 역할에 초점을 둔다. 수많은 인간에 의한 위협으로 인해 발생하는 환경 변화는 생태 공동체와 생태계 기능에 영향을 줄 수 있다. 토지 개발과 같은 일부 위협은 정책 솔루션에 도움이 되지만 다른 위협들은(예를 들어, 기후 변화, 침입종, 서식지 분열) 정책 및 법률적 접근과 동시에 수행되는 연구에서 크게 도움을 받을 수 있다. 예를 들어, 종들이 새로운 기후에서 어떻게 적응하는지에 대한 이해는 공공정원에서 수행하기에 적합한 연구 분야이다(Primack and Miller-Rushing, 2009). 정원들은 이미 수천 가지 종을 토착 범위 밖에서 재배하고 있고 미래에 종들의 생존할 가능성이 있는 곳을 예측하는 것을 목표로 삼는 생물 기후적 범위모델링 노력을 개선하기 위해서 협력할 수 있다.

침입종은 서식지 훼손 이후 생물 다양성에 두 번째로 큰 위협으로 인식된다. 침입성 식물종 대부분은 원예와 농업을 통해 의도적으로 도입되었고 계속해서 도입되고 있다. 도입 이전에 이러한 종과 품종의 잠재적인 침입 위험을 규명하는 것이 유익한 연구 영역이다(Jefferson, Havens, and Ault, 2004). 최근 수행되는 다른 연구 분야로는 모수와 마찬가지로 우수한 관상식물로

그림 21-4】 노스캐롤라이나 식물원이 수행한 재도입 사례로서 코코넛 매트 방식을 이용하여 물에 떠내려가지 않도록 심은 희귀 수생식물인 하퍼렐라(Harperella, Ptilimnium nodosum)
Photo by Johnny Randall

써 침입성은 갖되 불임인 품종을 육종하는 분야가 있다(Li et al., 2004; Anderson, Gomez, and Galatowitsch, 2006; Anderson, Galatowitsch and Gomez, 2006). 침입종과 관련된 다른 연구는 문제가 있는 종의 영향을 근절하거나 최소화하기 위해서 생물적 방제 방법을 포함한 관리 기법에 중점을 둔다. 코넬 대학(Cornell University)은 생물적 방제 인자에 관한 대규모 연구 프로그램(예를 들어, Blossey, Skinner and Taylor, 2001)을 운영하고 있다.

복원 생태학

퇴화하거나 파괴된 자연적 군집의 복구를 돕는 과학인 복원생태학은 공공정원의 또 다른 활발한 연구 분야이다. 복원 프로젝트에서 사용되는 종의 생태형 변이와 지역 적응의 패턴을 이해하는 것은 복원 현장에서 가장 적합한 식물 또는 종자의 원천을 결정하는 데 도움이 된다. 이와 유사하게 유전적 변이의 패턴을 공간적으로(즉, 개체군 내부 그리고 개체군 사이에서) 그리고 시간상으로 이해하는 것은 다량의 유전적 변이를 포함하는 종자 수집 전략의 개발에 도움이 될 것이다. 양적 및 분자 유전적 접근법의 결합은 일반적으로 한 가지 접근법만 사용하는 것에 비해서 더 좋은 정보를 제공하여 복원실행에 도움이 된다(Kramer and Havens, 2009).

서식지 복원은 땅의 기초 다지기에서 시작되며 종종 토착 식물 군집의 성공적인 구축에 초점을 둔다. 복원 연구자와 실무자 모두는 식물 복원 노력의 확실한 성공을 위해서는 적절한 재료

그림 21-5】 Penstemon deustus 개체들 사이에 보이는 꽃의 형태적 변이. A열: 작은 벌(〈6mm)만 방문하는 데사토야 산맥(고도 2,025m, 6,643ft) 개체군의 꽃. B열: 중소 크기의 벌(5~10mm)이 방문하는 파인너트 산맥(고도 1,861m, 6,105ft.) 개체군의 꽃. C열: 주로 중대형 벌(〉8mm)이 방문하는 셸 크리크 산맥 (Schell Creek Range)(고도 2,649m, 8,691ft) 개체군의 꽃.

Courtesy Chicago Botanic Garden; photos by Rebecca Tonietto and drawings by Jeremie Fant

선택의 중요성을 인식하고 있다(McKay et al. 2005 참조). 대부분은, 이것에 근접하는 기본 방법은 본 서식지와 복원 현장 간의 기후 조건을 일치시켜 복원지에 식재된 식물들이 기후 변화에 쉽게 적응해서 견딜 수 있도록 하는 것이다.

그러나 식물과 기후는 생태 복원 퍼즐의 두 조각에 불과하다. 성공적인 생태 기능을 위해서는 수분, 종자 분산 및 포식자와 먹이 관계와 같은 식물과 동물의 상호작용을 포함해 수많은 다른 생물학적 요소들이 필요하다. 이러한 상호작용은 특정 복원 현장에 가장 적합한 근본 기초재료가 무엇인지를 고려하고, 적용할 수 있게 해준다. 일례로, 시카고 식물원의 Andrea Kramer, Jeremie Fant, 그리고 Becky Tonietto는 Penstemon 속의 3종에 대해 개체군 간의 여러 특성의 차이점을 연구했다. 그 결과, Penstemon deustus의 서로 다른 개체군 사이에 관찰된 꽃 모양과 크기를 포함한 상당한 차이점들이 비생물적 요인보다 지역의 생물학적 상호작용과 더 연관되어 있다는 것을 발견했다. 식물/꽃가루 매개자의 상호작용이 꽃에서 관찰되는 차이를 좌우하는지 조사하기 위해 세 명의 과학자는 그 지역 전체에 걸쳐 다른 산맥에 있는 수분 매개자 군집을 조사했다. 꽃의 형태적 특성과 수분 매개자의 데이터를 결합한 결과, 다른 수분 매개자 군집에 적응하는 모습과 아울러 해당 지역의 복원에 대한 중요한 시사점을 확인했다(그림 21-5). 이 지역의 서쪽 산맥에 있는 식물은 작고 짧은 꽃을 생산하고 있었으며, 작은 벌들이 거의 독점적으로 각 꽃 안을 드나들고 있었다. 동쪽으로 약 500km(1,640ft) 떨어진 곳의 동종 식물 개체군은 더 큰 꽃을 생산하고 있었고, 주로 호박벌(bumblebees)이 꽃 밖을 맴돌고 있었다. 이런 관측 결과들은 서쪽 자생지에서 동쪽의 복원 현장으로 종자를 옮기는 것이 꽃과 수분 매개자 간의 모양 및 크기 불일치를 초래할 수 있다는 점을 분명히 보여준다. 아울러 그런 불일치로 인해 수분이 성공적으로 이루어지지 않고 그에 따라 다음 세대를 위한 종자가 생산되지 못하면 복원 실패로 이어질 수 있다.

종자 생물학

종자저장 업무는 많은 공공정원의 기본적인 활동이다. 꽃을 피우는 대부분의 식물종의 씨앗은 건조 저항성을 가지고 있어서 장기 저장에 필요한 건조 및 결빙을 견딜 수 있다. 적절히 건조되고(-20℃에서) 냉동된 저장성 종자는 수십 년에서 수백 년 동안 생존력을 유지할 수 있으며, 액체 질소에서의 냉동 보존은 종자 저장 수명을 한 자릿수 또는 그 이상으로 연장할 수 있다(Li and Pritchard, 2009). 저장 조건, 건조 실행, 그리고 저장성 종자와 난저장성 종자(증, 건조 및 결빙을 견디지 못하는 종자) 및 종자 노화의 영향에 관한 연구는 종자의 수명을 연장했으며 계속해서 연장하고 있다(Smith et al. 2003; Walters, 2004; Pritchard, 2004, Li and Pritchard, 2009). 주기적인 종자 활력 검사는 특정 종의 발아 절차에 대한 지식이 있어야 하는데, 이는 공공정원의 또 다른 연구 분야이다. Carol과 Jerry Baskin(2004)은 종자가 휴면 상태에서 깨어나서 발아하기 위한 요건을 규명하기 위한 일련의 실험을 제시하여 종자 발아 연구에 효과적인 본보기를 제공했다. 이들의 지침은 최소한의 종자에서 최대한의 정보를 얻는 것으로, 희귀식물 연구에서 전형적으로 나타나는 작은 규모의 표본을 최대한 활용하는 것이다. 약 5명의 직원을 가진 작은 규모의 정원인 베리 식물원(Berry Botanic Garden)은 종자저장 및 발아 작업으로 유명하며, 어떤 규모의 정원이라도 높은 품질의 연구가 가능하다는 것을 증명하고 있다.

개체군 생물학과 유전학

야생 개체군의 생태적 및 유전적 역학 관계를 이해하는 것은

Edward O. Guerrant Jr., 전 베리 식물원 연구원

베리 식물원 과학자들은 종자 발아와 관련해서 광범위한 연구 프로젝트를 수행하고 있다. 모든 프로젝트는 두 개의 질문을 중심으로 이루어진다. 특정 종을 발아시키는 가장 좋은 방법이 무엇인가? 그리고 그 종자가 장기 저장을 얼마나 견뎌낼 것인가?

개별 표본 크기가 매우 작은 점을 고려할 때, 일반적으로 5~10개의 종자만을 사용해서 두 가지 변인, 즉 냉층적법(0, 8 또는 16주, 5C 냉장고에서) 및 온상(상시 20C 또는 변동 10C/20C) 조건을 중심으로 여섯 가지 실험을 진행한다. 사전 지식(예를 들어, 필수 냉층적법)이 있는 경우 일부 처리를 생략하고, 단단한 씨앗을 가진 종자(예를 들어, 다양한 콩과 식물들, Fabaceae)를 물리적으로 골라내는 것과 같은 기술을 사용하기도 한다. 비록 실험의 처리나 시도들을 구별하기에 통계적으로 유의성이 낮거나 실험 결과가 다른 해에 나타나더라도(Guerrant and Fielder, 2004), 실험에 따른 결과는 항상 유용한 정보가 될 수 있다. 특정 종에 대한 지식이 없어도 이와 관련 종이나 속에 대해 알려진 정보를 통해 가치 있는 정보를 얻을 수 있다. Baskin and Buskin(1998, 2004)은 계통 발생, 배아 유형 및 휴면 유형 간의 관계와 더불어 발아 요건과의 상관관계에 대한 가치 있는 자료를 제시한다.

발아 방법에 따른 발아 후 생존을 규명하기 위한 종자 은행 도입의 표준 관리 검사 및 재검사 이외에도 일반 및 희귀종과 관련된 연구도 수행한다. 진행 중인 프로젝트 중 하나는 미국 정부가 추진하는 대형 사업의 일부로 화재와 같은 기타 대규모 토지 교란 후 공공 토지를 복원하는 데 사용할 수 있는 유전적으로 적절한 토착 식물을 개발하는 것이다. 우리는 Intermountain West에 자생하는 일반적인 19종(그림 21-6)을 대상으로 각종에 대해 최대 3개의 개체군에서 표본을 수집했고, 이전보다 훨씬 큰 표본(각 200 씨앗)에 대해 위에서 설명한 여섯 가지 처리를 수행하는 것으로 연구를 시작했다. 각 개체군에 따라 가장 적절한 방법으로 처리를 하고 1년, 2년, 그리고 4년 ??동안 저장한 후

재검사한 결과, 차갑고(15C) 건조한(22% RH) 조건과 동결상태로 저장된 조건이 같은 결과를 나타냈다. 동일 종 내 개체군 간에 발아 요건의 생태적 차이가 있는지 알아보기 위해 멀리 떨어진 현장에서 온 일부 표본을 검사했고, 실제로 상당한 차이가 있음을 확인했다. 이런 연구들은 종자원의 환경 조건을 복원 현장과 일치시키는 데 도움을 주어 복원 결과를 개선하게 된다.

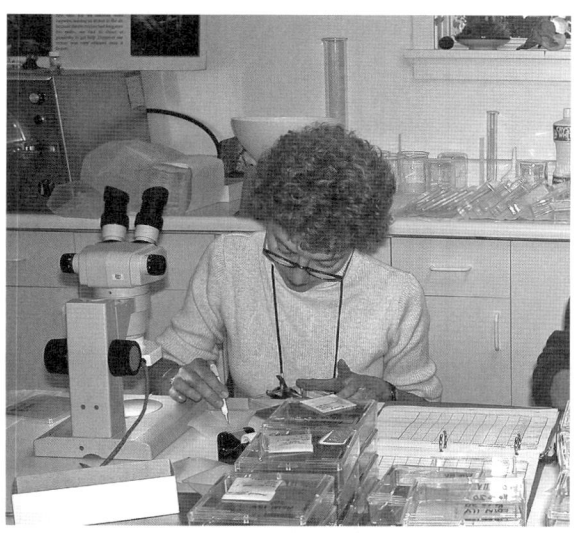

그림 21-6】 베리 식물원의 자원 봉사자인 Chris Sarda는 저장한 지 2년이 지난 씨앗의 발아를 검사하기 위해 40개의 씨앗이 각각 담긴 5개의 복제 발아 상자를 조심스럽게 준비하고 있다.
Photo by Edward O. Guerrant Jr.

그것들의 보존 노력에도 상당히 중요하다. 공공정원의 많은 과학자는 토착 식물 개체군의 개체군학 및 유전학에 관한 연구를 수행하고 있으며 여기에는 서식지 파편화와 같은 요인이 개체군 생존 능력에 미치는 영향에 관한 연구도 포함된다. 예를 들어, 유전적 다양성이 적은 작거나 파편화된 개체군은 근친교배로 인한 근교약세 또는 생식 실패를 겪을 수 있다(Wagenius, 2006). 개체군학적 연구는 개체 증가를 제한할 수 있는 묘목의 활착 또는 개화 시기와 같은 특정 생육단계를 강조할 수 있다. 이런 취약 시기의 개체 관리는 개체군 규모를 키울 수 있다. 마찬가지로, 침입종에 대한 개체군학적 연구는 침입종의 통제 또는 제거가 특히 효과적일 수 있는 특정 생육단계를 목표로 하는 것이 도움이 될 수 있다. 종의 생식기관에 관한 연구도 개체군학적 정보

를 제공할 수 있다. 예를 들어, 멸종위기에 직면한 난초인 Platanthera leucophaea(그림 21-7)의 인공 수분을 통한 열매 증가의 개체군학적 결과에 관한 연구는 개체군 지속을 위한 최적의 수분 조건과 복원을 위한 종자 생산에 대한 가이드라인을 제시했다(Vitt, 2001).

토양 과학

토양은 물과 무기 양분의 저장소일 뿐만 아니라 토양의 물리적 및 화학적 특성에 영향을 미치는 식물, 미생물과 동물의 다양성을 지니고 있다. 이러한 생물적 및 비생물적 요인들은 지상의 식물 군집에 영향을 미치며 탄소 저장 및 개선된 수질과 같은 생태계 기능을 제공한다. 오늘날 과학자들은 토양 환경 내의 유기

그림 21-7】 시카고 식물원 인턴 Jennifer Taylor는
제비난초속 동부 초원 흰색 해오라기난초
(Platanthera leucophaea)를 손으로 수분하고 있다.

Courtesy Chicago Botanic Garden, photo by Pati Vitt

체의 다양성과 기능에 대해 자세히 알지 못하며, 유기체들이 기후 변화와 질소 오염과 같은 인위적 요인들에 의해 어떻게 변화할 수 있는지에 대한 이해가 부족하다. 토양 생태학이 식물과 지구 생태계 전반에 중요하지만, 현재 토양 과학과 토양 생태학을 연구하는 공공정원은 거의 없다. 이와 같은 상황에서 예외적으로 홀든 수목원(Holden Arboretum), 모튼수목원(Morten Arboretum), 시카고 식물원, 그리고 킹스 파크식물원(Kings Park and Botanic Garden)이 이와 관련한 연구를 하고 있다. 예를 들어, 홀든 수목원의 과학자들은 지상에서 자라는 나무의 개체 수 차이와 뿌리 조직 탄소 요구량의 차이에 어떠한 함수 관계를 보이는지 조사하고 있다. 그들은 테다 소나무(loblolly pine, Pinus taeda) 개체군 간에 실뿌리 시스템 생산량과 수명이 다르고, 이는 지상 수확량의 변화와 관련이 있을 수 있다는 것을 발견했다. 모튼수목원과 시카고 식물원의 과학자들은 도시 토양 및 복원된 식물 군집 아래에 있는 토양을 포함하여 여러 토

사례 연구: 과잉 수확으로 인해 위협받는 눈 연꽃(SNOW LOTUS)

Jan Salick과 Wayne Law, 미주리식물원

우리의 민족 식물학적 연구는 문화적으로 중요하고 가치 있으며 수확량에 차이가 나는 두 가지 snow lotus 종에 초점을 맞추고 있다. snow lotus(덤불취 종: Saussurea spp.)은 멸종위기종으로서, 동부 히말라야산맥(4,000m; 13,123ft. 이상)의 가장 높은 지점에 자생하고 있으며 티베트 전통 의학에서 중요한 약용 식물이다. 우리는 S. laniceps 및 S. medusa을 다루면서 인간의 수확이 식물의 형태학 및 개체 증가율에 미치는 영향을 분석하고 결과적으로 지속 가능한 수확의 표본을 마련코자 한다.

수확으로 인한 진화론적 결과는 불과 몇 세대 만에 매우 급격하게 바뀔 수 있다. 왜냐하면, 채취자가 효능이 우수하거나 금전적으로 가치가 있는 대량의 식물들을 우선적으로 채취함으로써 강력한 선택 압력을 가하기 때문이다. 초기에 수집한 S. laniceps의 표본과 현재의 식물 표본을 분석해본바, 우리는 100년 이상의 기간 S. laniceps의 크기와 관련하여 유의한 부정적 경향을 발견했다. 게다가 이와 같은 크기의 차이는 오늘날 많이 수확되는 개체군에서 관찰되었는데, 이 개체군은 적게 수확되는 개체군보다 보다 9cm(0.3ft) 더 작다. 크기가 작은 식물의 종자 수확량이 적기 때문에 이러한 발견은 특히 중요하고 할 수 있다.(Law and Salick, 2005).

마지막으로, 우리는 앞서 말한 정보들과 snow lotus 개체군의 연간 변화 추이를 반영하여 개체 성장 표본을 만들었다. S. laniceps의 경우 현재의 수확 수준은 지속할 수 있지 않으며, 꽃가루의 한계치를 고려하면 S. medusa의 경우도 지속 가능한 수확 수준이 아니다. 게다가 snow lotus의 히말라야 고산 서식지에서 기후 변화의 영향은 심각하므

로 틀림없이 개체군 동태를 더 변화시킬 것이다. 이 종의 수확량을 티베트 의사들이 수확했던 전통적 관습 수준으로 제한하고, 상업을 위한 무분별한 수확을 금지한다면 snow lotus의 개체군은 안정될 것이다. 이러한 결과는 보존을 위한 적극적 조치와 보존 의사를 결정하는 지역 시민의 참여가 절실히 필요하다는 것을 보여준다. 사람과 식물의 상호작용에 대한 인식은 여전히 미미하지만, 성공적인 관리 방법을 개발하기 위한 인간의 역할을 이해해야 한다

그림 21-8】 중국 윈난(Yunnan)의 가파른 고산 절벽에서 자라는 snow lotus(Saussurea laniceps).

Photo by Wayne Law

양의 탄소 및 질소 역학을 조사하고 있다. 호주 퍼스(Perth)에 있는 킹스 파크 식물원에서는 난초와 진균류 사이의 관계를 이해하는 데 상당한 진전이 있었다. 그곳의 과학자들은 난초 뿌리에 서식하는 진균의 다양성과 기능적 중요성을 규명하기 위해 토양 분석, 뿌리 분석 및 토양 내 곰팡이 균류 유인(baiting)과 같은 다양한 방법을 사용하고 있다(Swarts and Dixon, 2009).

인간과 식물의 상호작용

미주리식물원과 뉴욕식물원을 비롯한 일부 정원은 과거와 현재의 사람과 식물 간의 관계를 연구하는 민족 식물학에 초점을 둔 연구 프로그램을 운영하고 있으며, 그들의 연구를 발전시키고자 유용한 식물 종과 전통 지식을 후대를 위해 보존하고 있다. 민족 식물학자들은 일반적으로 원주민들과 함께 작업하며 식물 자원의 지속 가능한 사용 방법을 이해하고 개발한다. 또한, 민족 식물학자들은 의약품 및 농산물 회사와 협력하여 약, 작물, 기타 제품들을 새롭게 개발하는데 전망이 있는 식물의 화학 물질을 연구하기도 한다.

유용한 식물의 경우, 해당 식물의 개체군에 피해를 최대한 입히지 않도록 수확하는 것이 중요하다. 인간에게 필요한 식물은 어떠한 방법으로라도 수확되겠지만, 이는 대상 식물군의 유전 다양성 및 개체 수를 변화시킬 수 있다. 지속 가능한 수확은 개발이 무한하게 이루어질 수 있는 수준에서 천연자원을 추출하는 것이다. 가능한 한 이용할 식물에 대한 지속 가능한 수확의 정도는 경험에 따라 결정되어야 하며(Peters, 1994), 미주리식물원의 snow lotus 수확량에 관한 연구가 이와 관련한 탁월한 사례라 할 수 있다.

환경 원예학 연구, 식물 육종 및 평가

환경 원예학은 인간이 일하고 즐기기 위해 만든 조경과 정원의 품질, 지속 가능성 및 미관을 향상하기 위해 실습하는 학문이다. 바람직한 원예 실습은 가뭄에 강한 식물을 사용하여 물 사용을 줄이고, 해충 및 질병에 강한 식물을 사용하여 화학 물질의 사용을 줄이며, 토종 동물군을 위해 쉼터와 음식을 제공할 수 있는 식물을 사용한다. 그리고 이러한 실습은 도시의 경관을 발전시킬 뿐만 아니라 인접한 자연 서식지에 필요한 인간의 손길을 궁극적으로 줄일 수 있다.

몇몇 공공정원은 잘 설계된 원예 연구 프로그램을 운영하고 있다. 많은 정원에서는 전통적 기술과 조직 배양 방법을 사용하는 식물 번식 전문가가 상주하고 있다. 많은 종은 발아뿐만 아니라 스스로 원숙해지기까지 성장하기가 어려움에도, 공공정원의 원예학자들은 종종 이 두 가지를 모두 가능하게 하는 방법을 최초로 개발하기도 한다. 예를 들어, 몇몇 정원의 과학자들은 남아프리카의 핀보스(Brown 1993), 호주 남서부의 뱅크시아 삼림지대(Rokich and Dixon 2007), 미국의 장초 대초원(Jefferson et al. 2008)과 같이 화재 발생 가능성이 큰 환경에서 식물에서 발생한 연기가 종들의 휴면 상태를 깨우는 데에 어떠한 역할을 하는지 조사해왔다. 조직 배양은 원예 및 보존 모두에 적용될 수 있다. 예를 들어 현장 외 보존 활동은 많은 종의 종자를 보존하기 위한 충분한 양을 생산하지 못하였으며, 건조하거나 추위에 약한 난저장성 종자를 생산한다. 이러한 종들은 조직 배양을 통해 번식 및 중장기 저장 방법을 마련할 수 있다. 하와이의 해럴드 리온 수목원(Harold L. Lyon Arboretum)에는 멸종위기에 놓인 수많은 하와이 특산종을 다루는 조직 배양 프로그램이 활발히 이루어지고 있다. 조직 배양 방법은 씨가 없는 선태류와 양치류를 위해서도 개발되고 있다.(Pence, 2004).

캐나다의 브리티시 컬럼비아 대학 식물원, 호주의 킹스 파크 식물원 및 미국의 시카고 식물원을 포함한 많은 정원이 새로운 관상용 작물을 적극적으로 개발하고 있다. 시카고 식물원의 육종 프로그램은 주로 미국 자생종들을 전통적 방법으로 육종하여 중서부 및 그에 상응하는 조경 상황에 잘 적응할 수 있는 새로운 다년초 품종 개발에 중점을 두고 있다. 관상용 기능이 뛰어나고 환경친화적인 식물은 비침입성 종으로 추위, 가뭄, 열, 해충에 강하여 화학 물질 사용을 줄일 수 있는 것들이다. 육종 프로그램

그림 21-9】 미국 중서부 위쪽 정원 사용을 위해 Richard Hawke가 시카고 식물원에서 자주 닭의장풀(Tradescantia)속의 분류근을 평가하고 있다.

Courtesy Chicago Botanic Garden, photo by Robin Carlson

Richard Hawke, 시카고식물원

시카고식물원의 식물 평가 프로그램은 대상 식물 속의 종과 품종을 평가하는 비교 실험을 나란히 붙은 부지에서 시행하여 더욱 쉽게 평가할 수 있다. 정해진 기간 식물들을 현장에서 평가하며 여러해살이는 4년, 덩굴과 관목은 6년 동안 평가한다. 이를 통해 정기적으로 수집되는 정보들은 관상용 특징, 실험 현장의 토양과 환경 조건에 대한 적응성, 침입성, 질병 및 해충에 대한 민감성 및 내동성(winter hardiness)이다. 실험 현장의 조도, 풍량, 토양의 종류 및 pH는 지속해서 관리되고 있으며, 물은 필요한 만큼 공급되고, 수분 보존과 잡초 억제에 도움이 되는 부서진 잎과 나무 조각들로 부지를 덮는다. 식물에 비료를 주거나, 겨울철 덮개 혹은 해충이나 질병 문제를 해결하기 위한 화학적 처리는 하지 않는다. 시카고 정원은 관리에 필요한 조치를 최소한으로 하여 식물들이 자연적인 조건에서 살아남거나 고사하는데 관여하지 않는 지속 가능한 접근 방식을 취해 왔다. 이러한 방법으로, 지속 가능한 원예 환경에서 자란 식물들을 목록에 기록한다.

식물의 생육 능력을 평가 기간 추적하기 위해 30가지의 특성을 기준으로 사용하여 정기적으로 식물을 관찰한다. 여러 데이터 가운데 특히 수집하는 것은 관상적 특징(개화 기간, 꽃의 색과 크기, 습성 평가, 높이 및 너비, 잡초 또는 침입 잠재성, 단풍 효과, 겨울의 특성) 및 조경 능력과 적응성(토양과 배수 또는 기후와 관련된 건강 및 문화적, 환경적 문제) 질병 및 해충 문제, 그리고 겨울 생존 가능성(수관 손상 정도와 목질 잎마름병)이라 할 수 있다.

실험 결과를 보고하는 것은 식물 평가 프로그램의 필수 요소이다. 시카고 식물원의 실험 결과가 담긴 식물 평가 노트(Plant Evaluation Notes)는 인쇄물 및 전자 형식으로 널리 배포되어 연구자, 원예 전문가 및 원예에 관심이 있는 수십만 명의 독자에게 전달된다. 또한, 실험 결과는 Horticulture, The American Gardener, American Nurseryman, NMPro, Perennial Plants, Gartenpraxis 와 같은 원예 및 무역 간행물에 정기적으로 인용되며 추천 목록은 연간 식물 판매, 식물 정보 서비스 및 일리노이 최고의 식물 웹사이트와 같은 식물원의 프로그램을 통해서도 배포된다.

은 넓은 종묘 공간이 있어야 하는데, 이는 잠재적으로 판매를 고려할 의지가 있는 몇몇 기관과 협력하는 것이 최선이다. 시장 출시에 앞서 새로운 식물이 다양한 기후 조건에서 어떻게 자라는지 파악하는 것은 매우 중요하다.

세계 무역으로 더욱 빠르게 연결되는 세계화 시대에서, 새로운 식물을 다양한 기후에서 종합적으로 검사를 하는 것은 중요하다. 왜냐하면, 이러한 식물들은 자생지에 상관없이 인터넷을 통해 널리 유통되기 때문이다. 게다가 시장은 새로운 식물들로 넘쳐나고 있고, 모든 정원의 조건을 고려하여 강하고 지리적으로 적절한 식물을 선택하는 것은 매우 어려운 일이 될 것이다. 공공정원은 식물의 평가 결과를 활용하여 원예 산업계와 가정의 정원사들에게 지역에 알맞은 아름답고 강하며, 잡초가 우거지거나 질병에 잘 걸리지 않는 최선의 식물을 안내할 수 있다. 미국에서 가장 큰 식물 평가 프로그램인 시카고 식물원의 프로그램은 가정 및 상업용 조경을 위한 다년생 식물, 덩굴 및 관목에 초점을 두고 있고, 최근에는 옥상 녹화에 사용되는 식물에도 주력하고 있다.

요약

식물 연구 능력의 증진에 대한 필요성은 그 어느 때 보다 크다. 오늘날 가장 시급한 환경 문제인 기후 변화, 침입종, 서식지 손실 및 분열, 바이오 연료의 개발 및 영향은 식물에 관한 지식이 필요하다. 그러나 우리는 해가 갈수록 대학에서 식물학 프로그램이 폐지되고, 토지 관리 기관에서 식물학자들이 퇴직하여 식물에 관한 능력을 잃고 있다. 그리고 날이 갈수록 많은 종류의 식물이 우리 곁에서 영원히 사라지고 있다.

공공정원은 이미 식물 과학에 상당한 이바지하였으며, 중요한 연구를 더 해나갈 수 있는 이상적인 위치에 있다. 공공정원은 식물 종의 분류, 식물군 간의 관계 규명, 세계 식물 활용법의 이해와 같은 생물 다양성 보존에 관한 필수적인 연구들을 수행하고 있다. 또 다른 정원 과학자들은 식물을 위협하는 인위적 요소들을 관리하는 것에 관한 중요한 발견을 하고 있다. 이러한 발견은 식물과 그 군집의 생물학에 대한 인식을 향상해주어 우리가 더욱 효율적이고 성공적으로 식물을 보존하고 복원할 수 있게 한다.

공공정원의 연구는 기본적인 식물 과학을 넘어 보존 응용과학이다. 원예 연구는 식물의 번식 문제에 관여하며, 새로운 관상용 식물을 길러내고, 다양한 기후와 용도에 따른 식물들을 평가함으로써 가정 원예사와 식물 산업 전문가가 활용할 수 있는 식물의 범위를 넓힌다. 정원 연구의 공통적인 주제는 식물을 기반으로 한 환경 문제 개선 방법이 절실히 필요한 이 세상에서 인간의 복지를 개선하고, 식물에 대한 이해를 높이기 위한 노력이라 할 수 있다.

참고문헌

Convention on Biological Diversity. 2002. *The global strategy for plant conservation*. Montreal: Secretariat of the Convention on Biological Diversity. Document approved and adopted at the sixth Conference of the Parties to the Convention on Biological Diversity(CBD). The decision represents the first time plant conservation received detailed scrutiny by the governments of the 183 countries that are parties to the CBD and the first time targets were set to guide plant conservation action on a global scale.

Crane, P. R., S. D. Hopper, P. H. Raven, and D. W. Stevenson. 2009. Plant science research in botanic gardens. *Trends in Plant Science* 14: 575–77. An introduction to a special issue of *Trends in Plant Science* titled "Plant science research in botanic gardens." Articles in this special issue focus on a number of timely issues, including orchid science and conservation(Swarts and Dixon), conservation genetics(Kramer and Havens), conservation and global change research(Donaldson), *ex situ* plant conservation(Li and Pritchard), plant diversity information management(Lughadha and Miller), biodiversity informatics(Paton), plant red-listing(Schatz), *in situ* conservation in the tropics(Chen, Cannon, and Hu), tree conservation(Oldfield), and the Global Strategy for Plant Conservation(Wyse Jackson and Kennedy).

Dosmann, M. S. 2006. Research in the garden: Averting the collections crisis. *The Botanical Review* 72: 207–34. An extensive review of the importance of collections-based research and how to increase the use of living plant collections.

Leadlay, E., and J. Greene. 1998. *The Darwin technical manual for botanic gardens.* London: Botanic Gardens Conservation International. This manual does not explicitly address research, but contains a wealth of information on public garden planning and management.

Primack, R. B., and A. J. Miller-Rushing. 2009. The role of botanical gardens in climate change research. *New Phytologist* 182: 303–13. A very nice review of how public gardens have contributed to climate change research and how they can continue to contribute in the future.

Wyse Jackson, P. S., and L. A. Sutherland. 2000. *International agenda for botanic gardens in conservation*. London: Botanic Gardens Conservation International. A framework for how public gardens can develop programs and policies in support of global plant conservation regardless of garden size, history, or collections.

CHAPTER 22

Conservation Practices at Public Gardens

공공정원의 보전 방식

SARAH REICHARD 사라 레이차드

서론

지구는 빠르게 변하고 있다. 인구는 계속 증가하고 있으며 UN은 출생률과 사망률이 현재 수준으로 유지된다면 세계인구가 2050년에는 110억 명에 달할 것으로 예측하고 있다. 현재 세계인구는 연간 7천4백만 명이 증가하고 있으며, 2050년에 이르면 그 수는 1억 6천9백만 명에 이를 것이다. 이에 전 세계인들이 자원을 소비하는 수준은 각기 다르지만, 기본적으로 주택과 식량과 기타 기본적 자원들을 필요할 것이다. 또한, 지난 세기에 목격했듯이 농업과 주택 건설의 확대는 황무지의 감소를 가져왔으며 앞으로 식물과 동물의 서식지는 계속 사라져갈 것이다.

미국 멸종위기종 보호법(Endangered Species Act)에 따라 특정 종의 목록 등재가 되면 관련 기관들은 미국 연방관보(U.S. Federal Register)에 목록을 게시하면서 왜 과학자들이 해당 종을 멸종위기종이라고 판단하는지 그 이유를 설명한다. 위 목록에 관한 연구결과에 따르면, 미국에서 서식지의 손실, 붕괴 및 파괴 등 식물들의 멸종위기에 가장 큰 영향을 미치고 있으며(Wilcove et al., 1999) 그 외에 외래 침입종의 침투, 야생 식물에 대한 과

핵심 용어 ▼

인위적 선택(Artificial selection): 인간에 의한 특정 기질에 대한 선택. 이는 품종 개량 목적으로 의도적일 수도 있다. 하지만 종들이 장기간 재배를 통해 성장하면 생존 식물들은 성장 조건에 대한 의도하지 않은 선택할 수도 있다. 묘포장에서 자란 증식식물들은 야생 개체군에서는 유전적으로 불리할 수도 있다.

동종/동족(Congeners/conspecifics): 동일 속의 종들을 동종이라고 부르며 동종의 개체 또는 개체군들을 동족이라고 부른다.

생태계 서비스(Ecosystem service): 자연이 인류에게 주는 이점. 사례로 물의 유출 속도를 조절하여 침식을 방지해 주고 숲과 토양, 작물 종들의 수분 작용, 내연 기관이 배출하는 탄소의 처리 등이 있다.

현지 외 보전(*Ex situ* conservation): 생명체에 대한 자연 서식지 이외 장소(예, 식물원, 동물원)에서의 보전.

멸종위기종(Imperiled species): 중재 조치가 없이는 멸종할 가능성이 있는 종

현지 내 보전(*In situ* conservation): 생명체에 대한 자연 서식지에서의 보전.

모계(Maternal line): 단일 개체의 후대인 식물들. 채집된 종자는 모계에 따라 기록되고 보관되어야 한다.

저장성 종자(Orthodox seeds): 건조 및 결빙에서 생존하는 종자들로서 그러한 조건에서 장기간 생존, 보관이 가능한 종자 많은 온대성 기후의 종들이 저장성 종자에 해당함.

식물 호흡(Plant respiration): 식물의 대사과정 중에 광합성을 통해서 생산되고 저장된 에너지원으로부터 방출되는 에너지

난저장성 종자(Recalcitrant seeds): 건조 및 결빙에서 생존하지 못하는 종자들. 대부분 열대종과 참나무 같은 일부 온대종이 난저장성 종자에 해당함.

도한 채취와 질병 또한 피해를 주고 있는 것으로 나타났으며, 이런 결과는 전 세계적 수준으로 확대될 것으로 예상한다.

기후 변화 또한 서식지 파괴로 이어질 것이다. 이산화탄소, 메탄, 아산화질소 및 기타 온실가스의 증가는 전 세계 거의 모든 지역의 평균 온도 상승 및 강우 유형의 변화를 포함해 여러 영향을 미치고 있다(IPCC 2007). 이런 변화는 지구상의 모든 생명체에 영향을 미치지만, 식물은 그런 악영향을 피해 이동하는 분산 능력이 제한적이기 때문에 특히 더 심각한 타격을 받는다. 식물 중에서도 산간지대 종들이 가장 큰 어려움을 겪는다. 즉, 고산지대 종들은 그동안 기온이 높아짐에 따라 좀 더 낮은 기온을 찾아 더욱 높은 지대로 그 분포가 이동했다. 171종의 유럽 산간지대 종을 대상으로 한 연구에서는 10년마다 그 고도가 약 29m 상승한 것으로 나타났다(Lenoir et al., 2008). 어느 시점에 이르면 이 식물들은 산 정상에 도달해 더는 오를 산이 없게 된다. 일부 산간지대 종들은 현재 그런 상황에 놓여 있다. 고산지대 종들은 대부분 종 번식에 필요한 확산능력이 없으므로 자신들의 생리학적 내성을 좀 더 따뜻한 기온에 적응하지 못한다면 멸종하게 될 것이다.

식물 종의 수는 급격하게 줄어들고 있다. 현재 우리가 알고 있는 30만 종의 식물 중 10만 종이 2050년까지 거의 또는 완전히 사라질 것이며(Raven, 1999), 21세기 말까지 추가로 10만 종이 더 사라질 것이다. 30만 종으로 추정되는 지구상에 있는 식물에는 우리가 아직 발견하지 못한 5만 종도 포함되며, 이런 경우에 우리가 무엇을 잃게 되는지도 알지 못할 것이다. 여기에는 우리가 알고 있는 곡물 종과의 교잡을 통해 질병에 대한 저항성을 키워서 암의 치료에 이용될 수 있는 종들과 생태계에서 우리에게 이로운 기능을 하는 종들도 포함된다. 식물은 우리에게 영양분을 공급하고 토양을 안정적으로 유지하며 탄소를 흡수하여 지구 온난화를 완화하고 시각적 아름다움으로 우리를 즐겁게 해준다.

한편 안타까운 소식은 전 세계적으로 대학 내 식물학 분야의 전문가들이 점차 줄어들고 있다는 것이다. 공공정원은 식물학 및 원예학 전문가와 관련 시설을 갖추고 있어 보전 문제를 다룰 수 있는 매우 좋은 위치에 있다고 할 수 있다. 일부 정원들, 특히 대학에 소속된 정원들은 관련 업무를 하는 정부기관이나 비영리 기관에 취업을 원하는 대학원생들에게 관련 교육을 제공할 수도 있다. 이 정원들은 자신들이 관리하는 토지를 이용해 복원 작업을 하거나 시설을 이용해 식물을 길러 다시 야생에서 번식시킬 수도 있다. 실험실을 갖춘 정원들은 중요한 응용 연구를 수행할 수도 있다. 이 정원들은 식물보전 작업을 위한 지원의 매개체가 될 일반 대중을 위한 교실, 강의, 전시회를 제공할 수도 있다. 전

체적으로 매년 1억5,000만 명이 이런 정원을 방문하기 때문에 공공정원은 우수한 교육 기회를 제공한다(Wyse Jackson and Sutherland, 2000). 여기에서 중요한 것은 정원의 규모와 관계 없이 모든 정원은 전 세계 식물을 안전하게 보전하는데 이바지하는 바가 있다는 것이다.

식물 보전에 대한 접근 방식

현지 내 보전

"현지 내(in situ)"는 "바로 그 자리"를 의미하며 그 종이 자연에서 서식하는 장소에서 이루어지는 보전 작업을 가리킨다. 이 방식은 생태계 환경 내에서 해당 종의 다양성을 그대로 유지하기 때문에 항상 선호되는 방식이다.

| 자연구역(Natural Area)

많은 공공정원은 전시용 정원 이외에 자연구역을 관리한다. 미국과 캐나다의 공공정원들은 총 62,539에이커의 자연구역을 관리하고 있다(Garcia-Dominguez and Kennedy, 2003). 일부는 규모가 커서 켄터키주의 번 하임 수목원연구수림(Bernheim Arboretum and Research Forest)은 14,000에이커의 자연구역을 보유하고 있다. 이런 방대한 자연구역들은 토지관리 연구 기술, 복원 또는 희귀식물 식재에 적절히 이용될 수 있다. 이보다 작은 규모의 자연구역들은 대부분 "가장자리" 일 수도 있으며 강한 조명의 교란과 같은 서식지의 적합도를 떨어뜨리는 가장자리 효과에 노출되어 있다(Galbraith, 2003). 여기에서 가장자리는 경계부로부터 서식지 안쪽으로 약 100m까지로 본다. 가르시아 도밍고Garcia-Dominguez)와 케네디가 보고한 가장 좁은 자연구역인 델라웨어 원예센터(Delaware Center for Horticulture)의 1에이커는 현지 내 보전에 유용하게 이용되어서 사람들이 자생식물을 관찰 등, 현장 체험이 될 수 있다. 하지만 자연구역 관리는 정원 관리와는 다르며 정원 인력들이 다양한 지식 및 기술들을 갖추어야 관리할 수 있다.

정원들은 가능하면 현지 내 보전을 목적으로 접근하는 것이 중요하다. 기본계획 단계 전 미국 어류와 야생동물 관리국(U.S. Fish and Wildlife Service; USFWS)과 같은 희귀종을 지켜보는 기관들 및 각 주의 자연 유산 프로그램들에 사전 협의를 해야 한다. 작업 현장의 토지가 정원 소유가 아니라면 토지 주인에게도 사전 협의하여 그들의 우선순위를 결정해야 한다. 모든 보전 활동은 종을 복원하기 위한 체계화된 계획하에 진행되어야 한다. USFWS는 공식적으로 멸종위기종으로 등재된 종들을 위한

자료수집을 보조하는 훈련된 자원봉사자들은 정원 인력의 활동 범위 확장에 도움이 되는 것은 물론이고 식물 보전에 관한 유용한 현장활동 방안을 제공한다. 정원 직원들과 함께 또는 독립적으로 일하는 자원봉사자들에게는 위치를 파악하고 기록할 희귀종이 지정되거나 특정한 침입종을 찾는 담당 역할이 부여된다. 정원에 보고된 사항 그리고 토지 관리자와 주 정부의 추적 기관들에 주어진 정보를 바탕으로 해당종 및 개체군을 더욱 효과적으로 관리할 수 있다.

2001년부터 워싱턴 대학 식물원(University of Washington Botanic Garden)의 희귀종 보호 프로그램(Rare Care Program)은 희귀종 개체군들의 상태를 독립적으로 모니터하기 위해 자원봉사자들을 훈련해 왔다. 모든 자원봉사자는 전문대학에서 최소한 2년 이상 생물학 훈련 경력을 가지고 있어야 한다. 그들은 현장 위치 정보를 보호하기 위한 기밀 서약서에 서명하고 희귀종 보호에 관한 교육(1일)을 받는다. 식물 식별 및 위치 찾기에 대한 추가적인 교육도 제공된다. 희귀종 보호 프로그램은 관련 기관들과 협력해 어떤 개체군을 지켜봐야 할지를 결정하며 자원봉사자들은 해당 자료를 작성하고 이를 토지 소유자와 주 정부가 관리하는 자료에 공유한다. 2001년부터 2009년까지 200개 이상 종과 거의 500개의 개체군이 모니터링되었다. 기존에 알려진 개체군의 이주과정에서 25개의 새로운 개체군들이 발견되었다.

뉴잉글랜드 침입성 식물지도(Invasive Plant Atlas of New England; IPANE)의 목표는 지역 내 침입성 종들에 대한 포괄적인 웹 기반 데이터베이스의 구축이다. 이 데이터베이스는 분석, 교육 및 새로운 종에 대한 조기 발견에 이용될 수 있다. 전문 식물학자들이 자료수집에 참여하지만, 대부분 데이터는 "가든 인더 우즈"에 있는 뉴잉글랜드 야생화협회 정원(New England Wild flower Society's Garden)에서 교육을 받은 자원봉사자들에 의해 수집된다. 교육은 매년 진행되며 자원봉사자

그림 22-1】 희귀종 보호 자원봉사자가 워싱턴의 희귀종을 관찰하면서 현장 기록을 하고 있다.
Photo by Katie Messick

들은 자신의 조사 결과를 데이터베이스에 입력한다.

플로리다주의 마이애미 인근에 있는 페어차일드 열대 식물원은 페어차일드 도전 프로그램인 'If You Plant It, Will They Come?'에 지역 주민들 특히 아동들을 초청해서 그들의 동네를 탐험한다. 참가자들은 지역 내 자생식물 종 중 세 가지 중 하나를 찾아 어떤 곤충이나 동물이 그 식물을 찾아오는지를 관찰한다. 그리고 이 관찰 내용을 정원이 관리하는 지도에 게재한다. 이 프로그램의 목표는 자생종을 위한 서식지 지대(pocket)와 통로(corridors)를 만들고 아동과 성인들을 조경 식물 선택에 참여시키고 그 영향을 알아보도록 하는 것이다.

계획 수립을 주관하고 있지만, 일부 미등재 종들도 그 계획에 포함되어있다. 종에 대한 지식을 갖춘 여러 기관과 정원의 생물학자들에게 계획 수립 참여를 요청할 수도 있으며 이들은 해당 종을 안전하게 보전하는 데에 필요한 단계들 그리고 기존의 지식과 연구 우선순위 사이의 틈에 대해서도 논의할 것이다. 또한, 특정한 토양 요건을 가진 종과 같은 일부 종들은 자연적으로 희소할 수밖에 없고 그 상태가 모두 위험한 상황은 아닐 수도 있으므로 반드시 최고의 우선순위를 가질 필요는 없다. 관련 기관들과 협력하는 일은 우선순위 종의 결정에 도움이 될 것이다.

| 기관의 현지 내 보전 작업 지원하기

소유 토지 내에 자연구역을 가지고 있지 않은 공공정원도 현지 내 보전을 지원할 수 있다. 연방, 주, 지방의 공공기관 및 비영리 기관들 또한 야생 개체군들을 지켜보고 유지할 식물학자

인력을 충분히 보유하고 있지 못하다. 정원들은 소속 직원들에게 기관들과 협력하여 개체군의 관리에서 도움을 주고 정원의 활동 영역을 넓히도록 독려할 수 있다. 기관들은 개체군의 위치 파악, 종의 식별, 수분 매개자 관찰, 정확한 위협요인의 탐색은 물론 통제화입(controlled burn) 및 관련 자생종 식재와 같은 복원사업에 대한 지원에서 도움이 필요한 경우가 많다. 정원은 또한 자신들의 전문인력과 시설을 희귀식물 종을 증식시켜 개체군 도입 및 강화에 이용할 수도 있다.

현장 외 보전

| 생채 수집(Live collections)

야생 서식지를 벗어난 장소에서 이루어지는 보전을 "현지 외"(ex situ) 보전이라고 부른다. 현지 외 보전은 단독으로 또는

농부이자 초기 미국의 식물 연구자인 존 바트람(John Bartram)은 자기 아들 윌리엄과 함께 조지아 지역 알타마하 강(Altamaha River)을 따라 자라고 있는 특이한 작은 나무를 보았다. 이 나무는 크고 흰 동백나무 모양의 꽃을 가지고 있었고 이 꽃은 늦여름에 개화했다. 그는 이 나무를 자신의 친구인 벤저민 프랭클린의 이름을 따서 프랭클리니아 알라타마하(Franklinia alatamaha)로 명명했다. 윌리엄은 그 후에 이 식물의 종자를 채집해 영국으로 보내면서 자신들이 그 개체군 하나만 보았다고 언급했다. 알 수 없는 이유로 그 개체군은 이제는 존재하지 않으며 다른 개체군도 발견되지 않았다. 1800년대 이후로 이 식물은 야생에서 발견되지 않았다. 바트람의 개입이 없었다면 이 종은 멸종되었을 것이다. 1998년부터 2000년까지(필라델피아 인근에서 현재까지도 일반인들에게 개방되고 있는) 바트람 정원(Bartram's Garden)은 전 세계적으로 이 식물의 개체 수를 조사했으며 여러 국가에 걸쳐 약 2,000그루로 추정했다. 이 식물은 윌리엄이 채집했던 상당히 적은 양의 종자로 후손이기 때문에 야생에서 형성되는 새로운 개체군은 환경 변화에 적응할 진화적 잠재력에 떨어질 수도 있다. 정원에서 보전하는 경우에 그나마 우리는 이 아름다운 종을 여전히 알고 감상할 수 있다.

최근의 예는 1994년에 호주에서 발견된 울레미아 노빌리스(Wollemia nobilis; 올레미 소나무)다. 이 식물은 쥐라기 화석을 통해서 공룡과 동시대 식물로 알려져 있었는데, 약 100그루가 호주 서부의 깊은 골짜기에서 자라고 있었다. 이 개체군은 엄중하게 보호받고 있으며 체계적인

계획을 통해서 해당 종의 증식된 식물은 공공정원의 이용과 상업적 이용이 가능하여(2005년부터) 판매 수익의 일부를 그 종의 보전에 이용되고 있다. 만일 1700년대에 프랭클리니아에 대해서도 이와 같은 보호조치가 이루어졌다면 얼마나 좋았을까.

그림 22-2】 프랭클리니아는 야생에서는 멸종했지만 많은 공공정원의 수집품으로 남아 있다.
Photo by Michael Dosmann

현지 보전과 연계해 진행될 수도 있다. 식물들을 자생지에서 삽목을 하거나 종자를 채집하고 해당 장소를 정확히 기록한다.(근래에는 채집 설명과 함께 정밀한 GPS 데이터를 기록하는 경우가 많다) 정원에서 이루어지는 현지 외 보전의 방법은 식물들을 전시 또는 보전을 위한 시설로 이용될 것이다. 동물원 방문객이 보전되는 동물을 본 후에 호랑이 보전을 더욱 지지하게 되는 것과 마찬가지로 공공정원 방문객은 희귀식물을 감상한 후 식물보전에 더욱 적극적으로 참여할 수도 있다. 하지만 이런 방법의 작업이 효과적인 보전의 수단으로 활용되기에는 부족한 부분이 있다. 그 이유는 자생에서 생육하는 식물들은 유전 다양성이 없다는 점이다. 특히, 초본의 경우 상대적으로 좁은 장소에서 유전 다양성의 유지가 가능한 때도 있지만 현지 외 보전에 적합한 것은 아니다. 이런 식물들은 상대적으로 수명이 짧아지고 지속적인 재번식을 해야 할 가능성이 있다. 접목(cuttings) 또는 다른 무성 번식법을 이용한 재번식은 유전적으로 안정적이라고 볼 수 있지만 그런 식물에서 채집되는 종자들은 "정원 기원" 종자로 봐야 하고 야생 개체군을 유전적으로 대표한다고 볼 수 없다. 이

종자들은 정원에서 생장한 종들로부터의 교잡 또는 인위적 선택의 결과일 수도 있다. 정원에서 야생으로의 재도입을 위해 생장한 식물들을 야생에 심을 때에는 식재 전에 종자, 해충, 병원체의 전달이 일어나지 않도록 특히 유의해야 한다.

희귀식물을 지갑에 넣어서 몰래 가져가거나, 관목 등 식물을 망가뜨리며, 마구잡이로 가지를 꺾어가는 일은 많은 정원에서 흔히 벌어진다. 사려 깊은 방문객들을 포용하는 목적에는 어긋나지만, 일부 정원은 희귀종에 안내판을 설치하지 않는 방식을 선호한다. 도난에 대비해 전시 구역 바깥쪽에 추가적인 식물을 배치해 접근을 막는 것도 좋은 방법이다. 희귀식물이 시들기 시작하면 정원 내에서의 재건을 위한 꺾꽂이를 해야 한다.

정원의 조성 방향이 야생 개체군을 보전하기 위한 방향이 다를 경우, 정원에서 성장한 식물들이 자생으로 재도입에 적합할지는 의문이다. 자연적 선택이 주변 환경에 가장 적합한 개체들의 생존과 번식으로 이어지는 것과 마찬가지로 인위적 선택은 정원 조건에 가장 적합한 식물로 이어진다. 재도입을 하기 위해 인위적 선택을 해야만 한다면, 정원은 각 개체의 계통에 대한 완

벽한 기록을 유지하여 단 하나 또는 극소수의 모수원(mother plant)에서의 유전자형의 후대만이 재도입되어야 한다. 또 다른 문제는 동종과 심지어는 정원에서 자란 동종과의 교잡이다. 이는 재도입에 부적합한 개체의 생산으로 이어질 수 있다. 생체 (living) 식물을 자생 도입에 이용하고자 한다면 유사한 종들과의 유전적 흐름을 차단해야 한다.

종자 은행

희귀 개체군 현장에서 떨어진 곳에서 희귀종들의 유전 다양성을 보전하는 방법으로써 더 실현 가능한 것은 종자 은행을 통해서이다. 종자는 반영구적인 살아있는 생명체로서 배아 식물(embryonic plant), 배유(endosperm; 영양 공급원), 그리고 배아와 배유를 보호하는 단단한 외피로 구성되어 있다. 이 견고한 생명체는 올바르게만 취급한다면 수십 년간 보전될 수 있다. 신중한 채집과 그 뒤에 이은 보관은 식물 보전에서 매우 중요한 도구다. 여기에는 희귀종의 채집은 물론 이후 복원 이용을 위한 더욱 일반적인 종자의 채집도 포함된다. 모든 종자가 저장에 적합한 것은 아니라는 점에 유의해야 한다. 일명 저장성 종자는 보관성이 좋은 종자를 가리키며 많은 온대성 기후의 종들이 포함된다. 참나무 및 기타 많은 열대 종들은 난 저장성 종자에 해당하는데, 이는 장기간 보관이 불가능하며, 종들의 보관을 위해서는 조직 배양 또는 냉동보관이 필요하지만, 대부분 공공정원은 이런 능력을 갖추고 있기 어렵다(Guerrant, Havens and Maunder, 2004).

첫 단계는 유전적 다양성의 극대화를 위해 종자를 신중히 채집하는 것이다. 개체군이 사라질 운명에 있는 경우가 아니라면 한 개체군으로부터 모든 종자를 채집하는 것은 무책임한 행동이기 때문에, 각 개체군에서 소량의 샘플을 채취하는 것이 중요하다. 이때 신중히 처리하여 대부분 종자가 각 개체군에 남아서 재생시키도록 해야 하고 그 어떤 모계도 완전히 사라지지 않도록 해야 한다. 특히, 전체 개체군의 유전적 다양성을 표본이 대표할 수 있도록 주의를 기울여야 한다. 한 개체군에서 채집하는 종자의 양을 결정하는 문제는 다소 까다롭다. 이에 대한 훌륭한 상세 지침이 붙임 3에 Guerrant, Havens, 및 Maunder(2004)의 글에 제시되어 있다. 일반적으로 많은 개체로부터 소량의 종자들을 채집하여 개체별로 보관하는 것이 중요하다. 이는 이후 종자의 활용 계획 수립에서 결정적 중대한 사항이다. 모든 개체군에서 수집하여 종이상자와 같이 환기되는 용기에 임시 보관한다. 수집된 종자들에서 껍질, 겉겨(chaff), 기타 이물질을 신중하게 제거해야 한다. 그 수를 세려야 하고, 각 모계는 별도의 수납 항

그림 22-3】 자원봉사자가 종자의 장기 보관을 위한 봉인 전에 종자를 씻고 조사하고 그 수를 세고 있다. 각 수납 항목에는 하나의 식물에서 채집한 종자만 포함되며 모든 기록은 세심하게 추적되도록 한다.
Photo by Jennifer Youngman

목으로 장부나 파일에 입력하고 이력번호를 부여해야 한다. 여러 개체군에서 채집하는 것은 일반적으로 종자 은행 내 종자들의 유전적 다양성을 상승시킨다.

종, 종자 나이, 보관 조건을 포함해 여러 요인이 종자의 수명을 결정한다. 종자 호흡(seed respiration)은 종자 수명을 위해 최소화하도록 한다. 이는 낮은 온도 유지 그리고 더 중요하게는 낮은 습도를 통해 달성된다. 하지만 극단적인 저온 또는 건조함 또한 종자를 죽일 수 있다. 채집된 종자들을 가능하면 신속하게 저온 보관시켜야 한다. 종자를 우선 약 15~20%의 상대 습도로 건조하는 것이 이상적이다. 대형 정원들은 습도 조절기를 갖춘 종자 저장실을 세울 수도 있지만 상대 습도를 기록하는 데이터 기록기 또는 기타 장치들을 이용한다면 건조용 젤 또는 제습기를 이용할 수도 있다. 종자를 충분히 건조한 후에는(금속 용기, 항아리와 같은 많은 종류가 이용 가능) 용기에 봉인된 후에 영하 20~25℃로 냉동된다. Pritchard(2004)과 Guerrant, Havens, 및 Maunder(2004)에서 더 많은 정보를 확인할 수 있다. 적절하게 취급되고 보관된 종자들은 30~100년 또는 그보다 더 오래 생존할 수 있다. 일부 이끼류와 양치류 또한 유사한 조건에서 보관될 수 있다.(Peace, 2004). 최근의 연구에서는 초저온 액체 질소에서 종자의 냉동보전 또는 동결이 저장성 종자에도 최상의 보관 방법이라는 것이 증명되었다. 하지만 큰 비용이 소요되기 때문에 극소수의 정원만이 이 방법을 이용할 가능성이 있다. 조직 배양도 같은 경우인데 이 방법은 영양소 및 호르몬 젤에서 아주 작은 식물 조직을 이용해서 무성 방식(asexual method)을 통해 종을 보전하고 번식시키는 것이다. 전통적인 종자 보관 방법은 지금까지도 대부분 종의 보전에서 우수한 성과를 제공한다.

희귀식물 중 자생종들의 채집에 관심이 있지만 기후 조절 시설을 설치할 전용 공간이 마련되지 않은 정원들은 다른 정원과 협력 관계를 맺을 수도 있다. 식물보전센터(참고자료 참조)의 회원사인 많은 정원이 훌륭한 파트너가 될 수 있다. 콜로라도주의 포트 콜린스에 있는 국립 유전자원 보전센터(National Center for Genetic Resources Preservation)와 밀레니엄 종자은행(Millennium Seed Bank)는 사전 협약을 한다면 종자를 보관해주기로 한다.

이상적인 경우라면 채집할 때 여러 모계에 걸쳐 소량의 무작위 표본을 발아시켜서 종자의 생존력을 알아본다. 다른 생존력 검사들이 이용될 수도 있다. 해당 개체군에서 재채집이 필요한지를 결정하기 위해 약 5년 주기로 종자를 저장고에서 꺼내어 생존력 재검사해야 한다. 희귀식물 종 대부분은 번식에 관한 사항이 거의 알려지지 않았고 공공정원들은 대부분 상당한 전문지식을 보유하고 있으므로 채집 시에 이루어지는 실험적인 발아는 향후 재도입을 위한 유용한 정보를 제공할 수도 있다.

희귀식물 종에 초점을 두지는 않지만, Seeds of Success(SOS)와 같은 궁극적인 복원 프로젝트로 일반적인 자생종들의 종자를 보관한다(Bryne and Olwell, 2008). 이 프로젝트는 전 세계의 전문가 그룹을 활용해서 종자를 수집하고 수집한 종자를 영국의 밀레니엄 종자 은행으로 보낸다. 이 은행은 다른 국가에서도 유사한 채집 작업을 한다. 일부 종자는 미국 농무부의 국가 식물유전자원시스템(National Plant Germplasm System)으로도 보내진다.

현지 외 보전의 목표는 유전 다양성 보전이지만 보전과정의 각 단계에서 유전 다양성의 기능을 조금씩 잃게 된다. 예를 들어, 종자 채집 때에는 개체군 내 종자의 일부만 채집되기 때문에 이 종자들은 개체군 내 유전 다양성 중 일부만을 대표한다. 이 종자 중 일부는 생존력이 없으며 또 일부는 번식, 증식 생산 및 이식 과정에서 상실된다. 현지 외 보전은 그 차제로서 가치 있는 도구지만 현지 외 보전보다 선호되는 대안으로 간주하여서는 안 되며 좀 더 광범위한 보전계획의 한 구성 요소로 인식되어야 한다.

보전 작업에 정원 참여시키기

보전 정원(conservation garden)은 노스캐롤라이나식물원

과 에덴 프로젝트가 해온 것처럼 정원 운용의 모든 면에 보전을 포함하는 정원이다. 정원의 전시는 그 자체로 식물 보전은 아니지만, 보전에 영향을 미치며, 보전 활동을 촉진할 수 있다. 예를 들어, 물 보전은 중요한 관심 대상이다. 담수는 제한적이며 그중 많은 부분은 불투수성 표면을 흐르면서 낭비되고 오염된다. 공공정원들은 수조 또는 빗물 통으로 빗물 포집을 전시하고 빗물 정원(rain garden)이나 생태수로(bioswale)를 이용해서 물이 자연 수원과 합류하기 전에 정화되는 것을 시연할 수도 있다. 정원들은 또한 내건 조경(xeriscaping) 정원이 얼마나 매력적일 수 있는지 보여주는 식물을 전시할 수도 있다(Eberhardt, 2008). 이러한 교육적인 시도들은 보전 전반에 도움이 된다.

새로운 건물을 세울 때 그 자재는 가능한 내구성이 높아야 하며 현지의 자원을 이용해야 한다. 그리고 에너지 효율성은 우선으로 고려되어야 한다. 일부 지역에서는 태양열이나 지열 에너지원이 초기에는 비싸지만, 시간이 흐르면서 그만큼의 효율을 가진다. 녹색 건축위원회(Green Building Council)의 친환경 건물 인증체계(Energy and Environmental Design; LEED) 프

사례 연구: 베티 포드 고산 정원

해발 8,200피트 지역에 있는 베티 포드 고산 정원(Betty Ford Alpine Garden)은 전 세계에서 가장 높은 곳에 있는 정원으로 전 세계 고산 식물 종의 전시와 보전을 목표로 한다. 이 정원은 1985년에 베일 고산정원 재단(Vail Alpine Garden Foundation)에 의해 설립되었으며 1988년에는 미국의 제38대 대통령인 제럴드 포드 대통령 부인의 이름을 따 현재의 명칭을 가지게 되었다. 이 정원은 규모는 작지만 3,000종 이상의 고산 종을 보유하고 있다. 정원의 운영진과 직원들은 다양한 방법으로 고산식물들의 보전을 시도하고 있다. 그들은 계획 수립과 프로그램 개발의 모든 면에서 세계식물보전전략(Global Strategy for Plant Conservation)을 염두에 두고 있다.(이 전략에 관한 추가 정보는 참고자료 참조) 그들은 자원봉사자를 활용한 고산지대 희귀식물 종에 대한 모니터링을 포함해 연방과 주 정부의 보전 관련 기관 간 협력을 통해 프로젝트를 진행한다. 아고산지대 습지를 가로지르는 등산로가 희귀식물 종의 보전에 악영향을 미치며, 정원 측은 습지가 스스로 회복할 수 있도록 인위적인 산책로를 만들어서 등산객들을 식물로부터 간섭되지 않도록 유도하였다. 이 정원의 수집 정책에는 보전을 목적으로 야생에서 수집된 식물을 포함하는 일의 중요성과 수집을 위한 책임감 있는 수행절차에 대해 정확한 선언이 담겨 있다. 마지막으로, 이 정원은 식물 보전 문제와 관련해서 세계식물원보전연맹(Botanic Gardens Conservation International) 및 국제보전협회(Conservation International)와 같은 상급 기관들과 협력하고 있다.

로그램은 건물에 관한 많은 아이디어를 제공한다.

정원의 운영도 보전 정원의 일부가 될 수 있다. 관람객용 전차와 원예 직원용 카트도 에너지 효율성을 고려한 것이어야 한다. 식음료 서비스에서는 현지 식재료 및 유기농 식품, 조류 서식지를 보호하는 그늘 재배 커피, 재활용 및 분해 가능한 접시와 식기구를 이용하려고 노력할 수도 있다. 정원의 보전 참여 수준을 결정하는 일에 직원, 운영 위원회, 회원 모두 역할을 할 수 있다.

적절한 보전 통합 결정하기

| 볼거리와 즐길 거리가 가득한 정원

식물 전시를 주요 임무로 하는 정원들은 여전히 식물 보전의 중요성을 대중에게 전달할 효과적인 방법을 찾고 있다. 보안 시설을 잘 갖춘 정원에서는 일부 희귀식물과 그에 대한 설명을 전시에 포함할 수 있다. 지역의 자생종에 대한 생태 지리학적 전시에는 지역 자생종이 위험에 처하게 된 원인에 대한 설명이 포함

사례연구: 레이디 버드 존슨 야생화 센터(LADY BIRD JOHNSON WILDFLOWER CENTER; LBJWC)

레이디 버드 존슨 야생화 센터는 텍사스주의 오스틴에 위치한다. 이 지역의 연간 강수량은 812mm로(보스턴의 1,066mm 그리고 뉴욕시의 1,524mm에 비해) 매우 낮으며 그 대부분은 폭우 형태다. 이 센터는 에드워즈 대수층(Edwards Aquifer)의 북동쪽 끝에 위치한다. 에드워즈 대수층은 전 세계에서 가장 큰 대수층 중 하나로 오스틴 시와 샌 안토니오 시의 200만 명의 인구를 위한 생활용수는 물론 농업용수로도 이용된다. LBJWC는 건물 지붕에서 떨어지는 낙수를 모아 연간 최대 30만 갤런의

물을 수조에 관개용으로 저장한다. 집수 파이프는 일반인들에게 공개되며 정원 입구에 21,000갤런 규모의 수조가 놓여 있어서 빗물 수확 및 보전을 관람객들에게 분명하게 설명한다. 이 센터의 연간 최대 집수량은 376,000갤런에 이른다. LBJWC는 자신들의 활동 대부분에 보전 활동을 통합하고 이를 관람객들에게 해설하는 정원의 좋은 예다. 정원들은 또한 투수성 포장도로, 빗물정원과 옥상 녹화를 통해서 물 보전을 설명할 수도 있다.

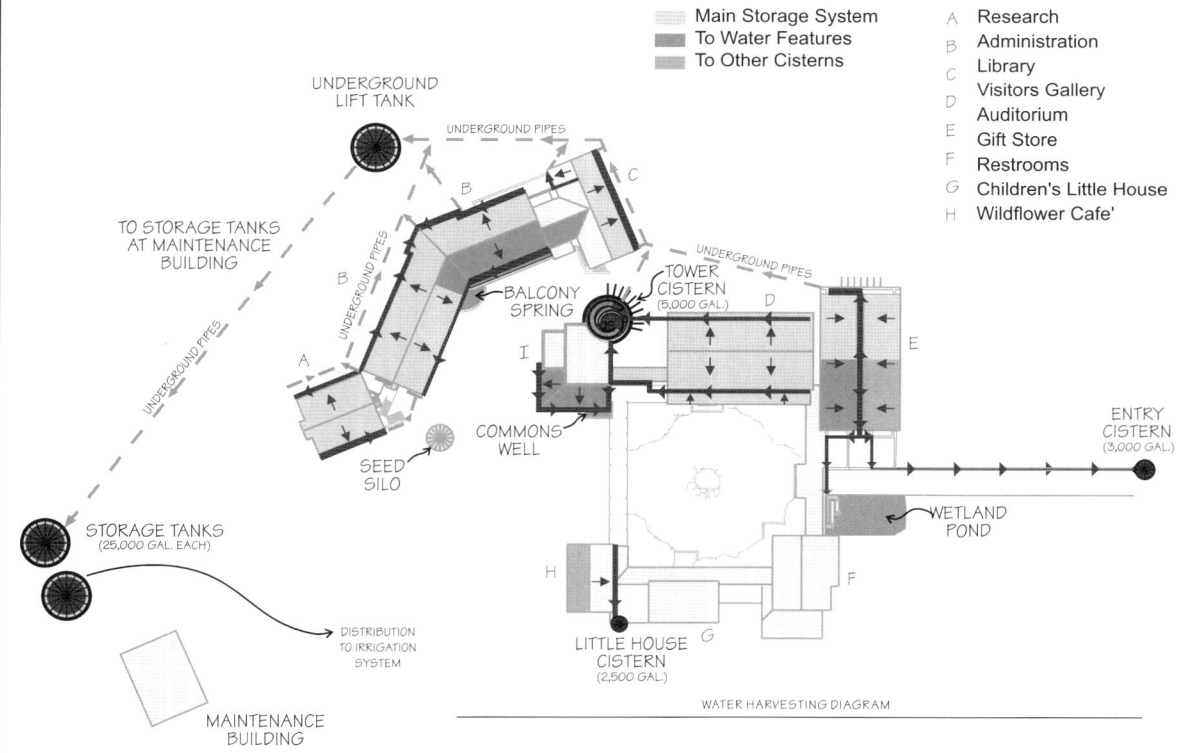

그림 22-4】 레이디 버드 존슨 야생화 센터 지붕에서 모은 빗물은 우수는 여러 수조로 보내져서 관개에 이용된다.

Map courtesy of Lady Bird Johnson Wildflower Center

될 수 있다. 미국 서부 지역 식물에 관한 전시회에는 미국 인삼(Panex quinquefolius)의 과수확이 미친 영향에 관한 해설이 포함될 수도 있다. 비료의 작용, 물 보전 문제, 청정 건물 기법에 대한 설명 역시 보전에 관한 방문객들의 참여를 모을 수 있다. 이 정원들의 역할이 임무가 교육에 초점을 맞춘 것이 아닐 수 있지만, 간접적인 메시지 전달은 방문객의 경험을 풍부하게 하고 보전 문제에 대한 일반적인 지식을 전달할 수 있다.

| 기획정원(Advocacy garden)

공공정원 분야에서 상대적으로 새로운 개념인 기획정원은 문제 중심적이며 인간이 지구와 관계를 맺는 방식에 변화를 꾀하는 일을 주 임무로 한다(Hoversten and Jones, 2002). 이 정원들은 모든 활동에서 그런 메시지를 담고 있다. 식물, 토양, 기후, 사람의 치료 및 예술 등에 관한 정보를 활동에 담을 수도 있다. 그 좋은 예는 영국 콘월(Cornwall)에서 진행하는 에덴 프로젝트(Eden Project)다. 이 프로젝트는 "자연에 대한 인간의 의존성

사례연구: 미주리식물원(MISSOURI BOTANICAL GARDEN; MOBOT)

미주리 식물원은 1859년에 Henry Shaw에 의해 설립되었다. 이 식물원은 매우 훌륭한 전시용 정원들을 보유하고 있지만, 대부분 관람객은 이 정원의 가장 큰 장점을 보지 못한다. MOBOT는 수십 명의 박사 학위 연구자들을 채용했으며 그중 많은 수는 다른 국가에서 기초과학 및 응용과학 연구에 종사한다. 그들 대부분의 연구는 식물분류학이지만 보전 관련 문제에 관한 연구를 하는 이들도 많다. MOBOT는 식물보전센터(Center for Plant Conservation)의 주무 기관이며 미주리 자생종의 보전에서 이 기관과 협력하고 있다. 연구자들은 또한 아시아, 남미, 아프리카 지역의 식물들을 연구하며 여러 국가에서 교육 프로그램을 운영하고 있다. 그 들은 현지 대학과의 협력을 통해 약 30명의 대학원생을 연구에 참여시키고 있으며 그 중 약 절반은 미국이 아닌 다른 국가 출신이다. 이 정원의 가장 가치 있는 공헌은 웹사이트를 통해 제공되는 많은 데이터베이스다. 페루 또는 마다가스카르의 식물들의 체크목록이 필요하다면 그곳에서 찾을 수 있다. 희귀종의 염색체 수에 대해서 알고 싶다면 그 정보는 이 사이트의 식물 염색체 수 목록(Index to Plant Chromosome Numbers)에서 분명히 찾을 수 있을 것이다. 보전을 위한 MOBOT의 노력은 단지 연구 분야에만 국한되어 있지 않다. MOBOT은 보전 활동을 모든 업무 분야에 포함한 여러 정원 중 하나이다. 이 식물원은 1998년 기준으로 정원 내 신규 건물에 지속 가능성 요건을 최초로 적용해서 재활용 재료, 친환경적으로 벌채한 목재, 높은 에너지 효율성, 불투수층 표면의 극소화 등으로 건물을 지었다. MOBOT 만큼 국제 식물 보전에 헌신하는 공공정원은 없을 것이고 MOBOT 보다 더 나은 영감을 주는 정원은 없을 것이다.

을 알아보면서 많은 사람의 삶에서 서서히 사라져가는 이해의 관련성을 재건하는 것을 목표로 한다. "(www.edenproject.com) 이 웹사이트의 상당 부분은 식물이 어떻게 우리의 사회적, 경제적, 환경적 안녕에 도움이 되는지에 대한 이야기를 전하고 있다. 에덴 프로젝트는 식물 및 지구에 대한 전시, 교육 이외에도 환경 미술을 보유하고 있다. 또한, 정원의 식음료 서비스 부분에서의 폭넓은 재활용과 더불어 정원이 재활용 폐기하는 것보다 더 많은 재활용 물품을 구매하는 정책을 통해서도 보전 메시지를 전달하고 있다. 애리조나-소노라 사막 박물관(Arizona-Sonora Desert Museum)은 소노라 사막 생태계와 동식물, 지질, 미술의 해설에 초점을 맞춘 기획정원의 한 예다. 이 정원은 고유한 시스템에 대한 이해 및 그 보전의 중요성을 강조한다. 모든 정원이 반드시 기획정원이 될 필요는 없지만 다른 정원들이 하지 않는 보전에 대한 메시지를 담은 전시를 포함할 수는 있을 것이다.

| 연구 및 교육 정원

연구 및 교육 정원들은 대개 규모가 크고 그 구조가 복잡하다. 많은 대학, 특히 미국의 토지 공여 대학(land grant university)들은 공공정원을 두고 있어서 보전 연구에 이바지하고 학생들에게 보전 활동에 대해 교육한다. 노스캐롤라이나 식물원은 보전 임무를 강조하고 보전 정원임을 자칭한다(White 1996). 이 정원은 지역 자생식물들에 초점을 맞추고 있으며 건물, 수집 정책, 교육과 해설, 기획을 포함해서 정원의 모든 면에서 보전에 주력한다. 이 정원은 대학에 인접한 본 정원과 캠퍼스 내의 식물원 이외에도 노스캐롤라이나주 곳곳에 여러 공공 및 사유지 자연구역을 관리하면서 희귀종 및 자생종의 복원을 위해 노력하고 있다.

비영리 기관과 정부의 산하 정원들도 방대한 프로그램을 운영한다. 예를 들어, 미주리식물원은 미국에서 가장 오래된 식물원 중 하나로 교육 및 연구 분야에서 국제적 명성을 가지고 있다. 이곳의 직원들은 대학과 연계되어 있을 수도 있지만 모두 식물원 직원이다. 이와 유사하게 시카고식물원도 1972년에 개장한 이후 얼마 지나지 않아 훌륭한 프로그램을 개발했다.

보전 통합을 지원하는 기관 및 계획

일부 공공정원에 구체적으로 적용되는 내용을 포함해서 식물 보전을 다루는 기관 및 국제 전략과 보전 활동이 있다. 이를 통해 많은 보전 활동이 이루어지고 있으며 그중 정원과 보전에 목표를 두고 강조하는 일부는 모든 정원에게 중요하고 또 다른 일부는 보전을 강조하는 정원들에 중요하다.

| 국제식물원보존연맹

보전을 주요 목표로 하는 정원들은 유사한 공공정원들로 구성된 네트워크에 가입할 수도 있는데 전 세계 모든 수준의 정원들에 기술 지원 및 정보를 제공하는 국제식물원보존연맹(Botanic Gardens Conservation International; BGCI)도 그런 네트워크 중 하나다. 전 세계 118개 국가에 회원을 두고 있는 BGCI는 아마도 식물 보전 분야에서 활동하는 가장 큰 국제단체일 것이다. 그 BGCI 회원에는 보전에 대해 다양한 수준의 관심이 있는 정원들이 포함되며 다른 회원 정원들의 활동이 국내의 새로운 프로젝트에 영감을 주는 경우가 많다. 영국에 본부를 둔 BGCI는 미국, 싱가포르, 중국에 사무소를 두고 있으며 관련 자료를 여러 언어로 배포하고 있다. BGCI는 또한 아프리카 식물원 네트워크(African Botanic Gardens Network)와 같은 다른 네트워크와의 연계를 제공한다.

| 식물보전센터

식물보전센터(Center for Plant Conservation; CPC)는 미국 내에서 보전에 전념한 몇몇 정원을 연계하는 곳이다. 관심이 있는 정원들은 신청하고 심사 과정을 거쳐 네트워크 구성원이 될 수 있다. 식물보전센터는 지역 기반 접근 방식을 택하여 지역에서 분포하는 멸종위기종을 해당 지역 정원에서 수집 및 보전할 수 있도록 주도하고 있다. 정원들은 매년 그런 식물 종들의 현지 내외 보전 업무에 관한 보고서를 제출해야 한다. 정원들은 이 목록에 등재되지 않은 종에 관한 활동도 할 수 있지만 이런 접근 방식을 통해서 전 세계에서 가장 희귀한 종들을 정확히 구분하고 연구하는 기관으로 자리매김할 수 있다. 식물보전센터는 미주리식물원에 본부를 두고 있으며 식물보전센터 소속의 모든 정원은 지역 내 관계 기관들과 긴밀한 협력 관계를 맺고 있다.

| 멸종위기에 처한 야생동식물의 국제교역에 관한 협약

국제자연보전연맹(International Union for the Conservation of Nature; IUCN)은 멸종위기종의 국제거래에 관한 협약(Convention on International Trade in Endangered Species; CITES)을 관리하고 개정한다. 이 협약은 무역을 통한 생물 다양성 상실을 방지하기 위한 국가 간 협약이다. CITES는 1975년에 미국을 포함한 8개 국가 간에 체결되었으며, 현재는 정기적으로 수집된 종 목록을 확인할 수 있다. 특히, 위기종 목록은 30,000종 이상의 동·식물이 등재되어 있다. 이 협약은 국내법을 대체할 수 없지만 각 정부가 자국의 기준을 개발할 수 있는 기본적인 틀을 제공한다. 등재된 종들에 대한 합법적 활동을 위해서는 일반적으로 승인이 필요하다. www.cites.org에서 추가 정보를 확인할 수 있다.

| 생물다양성 협약

생물다양성 협약(Convention on Biological Diversity; CBD)은 1993년에 발표되었다. 이 협약의 목표는 생물학적 다양성의 보전 및 지속 가능한 활용 그리고 자원의 평등한 공유다. 각 국가에서 이 협약 발표일 이후에 수입된 식물들은 물론이고 그들의 후대 및 DNA를 통해서 취득한 금전적 이익은 해당 식물이 채집된 국가와 공유되어야 한다. 상업적 원예 그리고 제약업체도 원천 재료를 구하기 위해 식물원을 이용하기 때문에 식물을 이용한 경제 활동은 그 채집 국가가 보상을 받는 방식으로 이루어져야 한다. 미국은 CBD를 비준하지 않았지만, 대부분 국가는 비준했으며 모든 공공정원은 이 기준을 준수하고 있다.(www.cbd.int에서 확인 가능)

| 세계식물보전전략

세계식물보전전략(Global Strategy for Plant Conservation, GSPC)은 CBD에 따라 식물을 관리하도록 수립되었으며, 2002년에 180개 국가로부터 승인을 받았다. 공공정원은 이 전략의 개발 및 실행에 중요한 역할을 했다(Oldfield. 2007). 이 전략은 16개 세부 목표를 두고 있으며, 그것들을 달성하기 위한 야심 찬 일정이 있다.(www.cbd.int/gspc 참조). 이 전략에서는 알려진 식물 종에 대한 작업 목록 작성과 그 식물들의 보전 상태에 대한 평가를 촉구하고 있다. 특정 식물 분류군이나 지역 식물상에 대

그림 22–5】 아시아 원산지 덩굴인 칡(*Pueraria montana* var. *lobata*)이 테네시 동부의 자연 수풀림을 덮고 있다. 이 식물은 원래 관상용으로 도입되었지만, 침식 방지 목적으로도 사용되고 있다.
Photo by Sarah Reichard

1. 침입종의 확산을 저지하고 방문객에게 정보를 제공하는 모든 부서 및 활동에 대하여 조직 전반에 걸쳐서 검토 조사를 시행한다. 예를 들어, 이 주제를 다루는 수집 정책을 검토하거나 수립하고 종자 판매, 식물 판매, 서점 납품, 화환 만들기 워크숍과 같은 활동들을 조사한다.

2. 침입종 식물 평가 절차를 수립하여 침입종 식물의 도입을 방지한다. 예측성 위험 평가가 바람직하며 공공정원 현장에 대한 책임감 있는 모니터링이나 다른 기관과의 적극적 협력 관계 수립도 포함되어야 한다. 기관들은 유전자 흐름에 대한 생물학적 방해와 수분 매개자 관계의 붕괴 등과 같은 식물 도입 시 발생하는 직간접적인 영향들을 사전에 인지해야 한다.

3. 식물 수집단계에서 침입종의 제외를 고려한다. 침입종 반입이 필요하다면 철저한 관리방안을 수립하고 공공정원에서 그 식물의 위험성과 기능을 일반인들에게 설명하도록 한다.

4. 공공정원이 관리하는 자연구역 내 해로운 침입종에 대한 관리방안을 모색하고 가능한 경우 다른 정원들의 그런 활동을 지원한다.

5. 비침입성 대안 식물을 홍보하거나, 식물 선택이나 품종 개량을 통한 비침입성 대안 종의 개발을 돕는다.

6. 자신의 기관이 종자목록/인덱스 세미넘(Index Seminum)을 포함해서 종자 또는 식물의 보급에 참여하고 있다면, 알려진 침입종 식물들은 연구 목적 이외에는 보급되지 않도록 하고 자신의 생물지리

학적 지역을 벗어난 유출이 가져올 결과를 항상 염두에 둔다. 잠재적으로 침입성이 있다고 보이지만 아직 그 진위가 증명되지 않은 종들에 대해서는 안내문을 부착하는 것을 고려한다.

7. 침입종 식물에 대한 일반인들의 인식을 높인다. 기원, 유해 메커니즘, 예방과 관리의 필요성을 포함해 왜 침입종 식물이 문제가 되는지 알려 준다. 현지 묘포장 및 종자 관련 업체와 협력해서 일반인들이 환경적으로 안전한 정원 관리 및 판매를 할 수 있도록 도움을 준다. 대학에서 실시하는 원예 교육 프로그램도 교육과 외부 활동 사업에 포함되어야 한다. 일반인들이 자신의 정원 관리 방식을 평가할 수 있도록 유도한다.

8. 즉각적 보고 및 관리를 위해 국가, 지역, 현지의 조기 경보시스템을 개발하고 실행하거나 지원하는 일에 참여한다. 또한, 지역 중점 관리 사항의 결정에도 참여한다.

9. 식물원들은 다른 생물지리학 지역에서 자신들의 종이 침입성을 갖게 되면 이에 관한 정보를 수집해야 하며 이 정보를 종합해 모든 사람이 이용할 수 있는 방식을 통해 공유해야 한다.

10. 유해 침입종에 대해 관리하면서 다른 기관들과 협력한다.

11. 외국을 포함해 정치적 경계를 넘는 식물 물질의 수입, 수출, 검역, 유통에 관한 모든 법률을 준수한다. 이 주제를 다루는 협약 및 조약에 주의해야 하며, 소속 기관들(식물 협회, 정원 동호회 등) 역시 그렇게 하도록 유도해야 한다.

해 상당한 전문지식을 갖춘 공공정원들이 이 노력에 이바지할 수 있다. 이 전략 외에도 미국, 캐나다, 멕시코의 많은 공공정원이 참여하는 식물 보전을 위한 북미식물원 식물보전전략(North American Botanic Garden Strategy for Plant Conservation)과 같은 지역별 계획들도 있다.

식물원 식물보전 국제 아젠다
(International Agenda for Botanic Gardens in Plant Conservation; GSPC)

식물 보전을 위한 아젠다는 공공정원들이 CBD를 다루는 틀을 제공하기 위해 2000년에 개발되었다.(www.bgci.org/ourwork/international_agenda 참조). GSPC가 2002년에 개발되면서 일부 공공정원은 자극을 받아 구체적인 계획을 수립했다. 하지만 위 아젠다는 공공정원을 통해 CBD 문제를 다루기 위한 최초의 시도였다. 의제의 구조는 GSPC의 구조와는 다르지만 동일 주제를 다룬다. 공공정원들은 위 의제를 지지하고 BGCI 웹사이트에 등록함으로써 GSPC에 대한 지지를 보여주고 국제적 노력에 도움을 줄 수 있다.

기후 변화 및 식물 보전 제2차 그란카나리아 선언
(Gran Canaria Declaration on Climate Change and Plant Conservation II)

2006년의 이 선언은 그 이전 노력을 개정한 것이며 GSPC의 2010년 기한 이후를 내다보고 있다. 이 선언은 공공정원들이 기후 변화라는 조건으로 현지 외 보전 및 교육을 통해 식물을 보전하는 일에 중대한 역할을 갖는다는 점을 확인한다. 이 선언은 특정한 연구 주제와 정책 우선순위를 권장한다(www.bgci.org/ourwork/gcdccpc 참조).

침입성 식물 문제에 관한 리더십

22장은 희귀종의 보전에 초점을 두었지만, 모든 정원이 적극적으로 참여할 수 있는 보전 활동은 지역 침입종의 전시 및 확산 방지이다. 현지 자생종만 다루는 극소수의 정원을 제외하고 대부분 공공정원은 외래 식물을 보유하고 있으며, 그중 대부분은 문화적인 면과 보전의 관점에서 지역적으로 구분된다. 하지만 소수의 종은 문제가 될 수 있다. 이런 외래 침입성 식물들은 야생에서 물, 태양광 및 토양 등 영양분과 같은 자원들 두고 자생

종들과 경쟁한다(Mack et al. 2000). 이 침입성 종들은 또한 토양 영양소 순환과정과 같은 생태계 우선순위에도 영향을 미칠 수 있으며, 그 변화는 되돌리기 어려울 수도 있다(Vitousek and Walker, 1989; Sala, Smith, and Devitt, 1996; Mack et al., 2000; Dougherty and Reichard, 2004). 미국의 경우 이런 침입성 종들로 인한 통제 비용과 피해로 매년 수십억 달러의 비용이 발생한다고 추정된다(Pimental, Zuniga, and Morrison, 2005). 안타깝게도 이런 야생 침입종의 대부분은 원예에 이용되고 있으며 정원에서도 흔히 볼 수 있다.(Reichard, 1997).

　2001년에 미주리식물원이 개최한 워크숍에는 외래 식물을 기르고 홍보하는 공공정원, 묘포장, 조경·건축 분야, 정부기관 소속 전문가와 일반 정원사 등 약 100명이 참여했다. 각 그룹은 침입종의 문제에 관한 저마다의 행동 규약 또는 최상의 관리 방식을 수립했다. 아울러 모든 참가자는 자신들의 규약에 기초가 되는 기본 지침에 동의했다. 참가자들은 이 워크숍의 결과물로서 세인트루이스 선언(St. Louis Declaration)을 도출해 냈다. 이 워크숍 및 이후 시카고식물원에서 만들어진 모든 기본 지침, 행동 규약 및 공식 기록은 CPC의 웹사이트에서 확인할 수 있다.(참고자료 참조).

규약 이행 및 보전 정책 수립

　미국 공공정원 협회(American Public Gardens Association) 및 기타 많은 개별 정원들은 세인트루이스 선언에 서명했지만, 그 이행은 여전히 어려운 과제로 남아 있다. 규약의 첫째 조항은 기관 전반에 걸친 평가를 촉구한다. 많은 정원의 경우, 기관(institution)에 대한 정의는 단순한 문제일 수 있지만, 대학 정원들은 전체 조직을 기관으로 하고자 할 수도 있다. 이 규약은 다루는 범위가 넓어서 그 실행에는 전시 기획, 교육, 보전을 포함해서 정원의 여러 관련 영역들의 관계자가 관여해야 한다(Havens, 2002).

　이 규약의 실행은 좀 더 상위의 보전계획 개발의 일부로서 이루어질 수도 있다. 정원의 규모나 임무와는 무관하게, 모든 기관이 보전 정책을 개발하는 것이 유용하다. 대부분 정원은 수집의 방향을 정해 주는 수집 정책을 보유하고 있지만, 이 정책에 보전 관련 내용을 포함한 경우는 드물다. 보전 정책이 수집 정책에 포함될 수는 있지만, 수집 식물에 대한 취득 및 처분 이외의 주제들을 다루는 개별적인 정책의 수립은 그 나름의 가치를 가진다. 확장된 정책에는 또한 수자원과 에너지의 보전, 식음료 서비스에서 분해 가능 식기 이용 및 기타 문제가 포함될 수도 있다.

보전프로그램 성공의 측정(평가)

　많은 다른 형태의 비영리 기관들과 마찬가지로 많은 공공정원은 자신들의 노력이 언제 성공했는지 알기 어렵다. 보전 정책을 수립한 후 몇 년 지난 시점에 자체 평가를 하는 것이 바람직하다. 정책에서 수립된 목표를 이용해 각 업무 부서의 직원과 자원봉사자들은 목표 달성 수준에 대한 자기 평가를 수행해야 한다. 그 외에도, 정원의 모든 업무 부서는 다른 부서를 서로를 독립적으로 평가해야 한다. 마지막으로(특정 복원 작업에서 정원과 협력하는 연방 기관 및 현지 비영리 기관들과 같은) 지원 기관들과 외부 협력 기관들에도 평가를 요청해야 한다. 이런 평가가 충분한 정보를 바탕으로 하지 못할 수도 있지만, 평가 결과들은 성공적인 활동에 대한 상호 의사소통이 부족한 부분들을 보여줄 것이다.

　여러 집단의 평가 결과를 비교해보면 어떤 부분에서 보전 목표를 충족하고 있는지, 그리고 어떤 노력이 만족스럽지 못한지에 대해 비교적 정확한 그림을 얻을 수 있다. 이러한 정보는 새로운 목표를 설정하거나 기존 목표를 달성하기 위한 더 좋은 계획을 수립하는 데 활용될 수 있다.

요약

　성공적인 보전프로그램의 수립에는 많은 시간과 노력이 따른다. 공공정원 대부분은 지구상의 식물 및 기타 동물들이 인간에게 미치는 중요성에 대한 인식을 장려할 소명이 있다. 공공정원들은 공통의 가치를 공유하기 때문에 정원 직원들은 대부분 이러한 비전을 위해 헌신하며 보전 노력을 더욱 열심히 수행하는 일에 큰 만족감을 느낀다. 모범적 실천과 명확한 교육은 기후 변화와 서식지 파괴에 대한 영향을 완화하기 위해 단계적으로 정보를 제공한다. 적극적인 식물 보전 노력을 기울이는 공공정원들은 지구상에서 멸종할 종들을 미래에 생존할 수 있도록 생육 조건과 환경을 마련할 수 있다. 모든 공공정원은 보전을 촉진하기 위해 자신들의 역할과 계획 수립에 적절한 방안을 사전에 마련되어야 할 것이다.

참고문헌

Botanical Gardens Conservation International website(www .bgci.org). Links to several important publications and to networks of gardens doing conservation work throughout the world.

Center for Plant Conservation(www. centerforplantconservation .org). Offers valuable information about plant conservation in the United States, invasive species, and the St. Louis Declaration. Provides links to public gardens doing conservation in the United States and other plant conservation professionals. CPC maintains the National Collection of Endangered Plants, tracking several hundred rare U.S. species.

Leadership in Energy and Environmental Design Web page(www.usgbc.org/DisplayPage.aspx?CategoryID=19). Gives information about green building. The Sustainable Sites Initiative, an effort to extend green building strategies to the landscape, is managed by the same group at www.sustainablesites.org.

Byrne, M., and P. Olwell. 2008. Seeds of success: The national native seed collection program in the United States. *The Public Garden*. 23(3): 24–25. Describes a seed collection program in the United States.

Eberhardt, M. 2007. The water conservation garden: A good idea that has become a necessity. *The Public Garden* 22 (1): 30–31. Describes xeriscaping and how to make it interesting in a public garden.

Guerrant, E. O., K. Havens, and M. Maunder. 2004. Ex situ *plant conservation: Supporting species survival in the wild*. Washington, D.C.: Island Press. The definitive book on *ex situ* conservation, with both theoretical and applied information.

Havens, K., P. Vitt, M. Maunder, E. O. Guerrant, and K. Dixon. 2006. *Ex situ* plant conservation and beyond. *BioScience* 56: 525–31. This paper provides an excellent overview of *ex situ* plant conservation.

IPCC. 2007. Climate change 2007: Synthesis report. Contribution of working groups I, II and III to the fourth assessment report of the Intergovernmental Panel on Climate Change, ed. R. K. Pachauri and A. Reisinger. Geneva, Switzerland: IPCC. Definitive document on climate change.

National Center for Germplasm Resources Preservation (http://www.ars.usda.gov/Main/docs.htm?docid=17923). Contains good details about seed collection and storage.

Oldfield, S. 2007. Working together in plant conservation. *The Public Garden* 22 (2): 8–9. Article about Botanic Gardens Conservation International.

PART V

Long-Term Initiatives
장기 계획

CHAPTER 23

A Strategic Approach to Leadership and Management

리더십과 경영에 대한 전략적 접근방식

KATHLEEN SOCOLOFSKY AND MARY BURKE

캐서린 소콜로프스키 / 메리 버크

서론

유능한 지도자로 태어나는 사람은 없다. 훌륭한 경영자가 되는 법을 본능적으로 아는 사람도 흔하지 않다. 그러나 식물 증식이나 전시 기획과 마찬가지로 능률적인 지도자와 훌륭한 경영자가 되기 위해 배울 수 있는 핵심 기술들이 있다. 경영과 리더십 분야는 수십 년 동안 재계에서 치열한 연구 및 실행의 초점이 되어왔다. 혁신적인 공공정원의 리더는 부족한 자원을 가지고 더 많은 일을 해나가기 위해 지속적으로 도전하며, 최선의 노력을 통해 이익을 만들어 낸다. 즉 그들은 지속해서 새로운 앞선 기술을 연구하고, 제한된 공공정원의 직원과 자금을 활용하고 잘 조직해 최고의 협력을 끌어낼 수 있는 새로운 접근법을 시험하게 된다.

공공정원 지도자와 경영자는 지도력 및 경영 기술을 사용하여 사람, 예산, 조직 안팎의 파트너십, 에너지, 관심 및 열정 등의 모든 이용 가능한 자원들을 신중하게 고려한 다음 조정한다. 이는 자신의 지역 사회와 때에 따라서는 전 세계에 좋은 변화를 줄 수 있는 분명한 목표들을 이루기 위해서이다. 무엇보다도 모든 부서와 모든 직급의 직원 모두에 걸쳐 경영 및 리더십 기술을 장려하는 공공정원은 직원들의 일상 업무의 영향을 정원의 경계를 넘어 밖에서도 느낄 수 있는 활발하고 활력이 넘치는 열정적인 직장으로 탈바꿈시킬 수 있다.

23장에서는 훌륭한 지도자와 경영자가 자신들의 정원을 원예, 과학 및 교육이 번성하는 중심지로 바꾸기 위해 사용한 특별한 도구와 개념을 살펴보고 모든 공공정원이 직면한 근본적인 질문들을 답하는 데 도움이 되는 몇 가지 중요한 접근법을 검토

핵심 용어

리더십(Leadership): 조직의 이해 관계자들의 다양한 이해관계를 조정하고 조율하면서 조직의 비전을 수립하고 공유하며 그 실현을 보장하는 기술.

경영(Management): 조직의 업무를 구성하고 조정하는 일; 다른 사람들을 통해서 일을 처리하는 기술.

전략적 계획(Strategic planning): 조직을 위해 원하는 미래나 비전을 구상하고 그 비전에 도달하기 위해 목표, 목적, 자원 및 실행 단계를 개발하는 과정.

SWOT 분석(SWOT analysis): 조직의 강점, 약점, 기회 및 위협을 분석하여 조직 전략을 성장시키는 데 도움이 되는 분석 방법.

이해 관계자(Stakeholder): 조직에 이해관계가 있는 사람, 집단 또는 조직.

비전(Vision): 지역 사회 및/또는 세계에 긍정적인 영향을 미치고 이해 관계자들에게 동기를 부여하는 조직의 바람직한 미래에 대한 설명.

협의적 의사결정(Consultative decision making): 결정을 내리기 전에 지도자나 경영자가 부하, 동업자 또는 전문가로부터 조언과 의견을 묻는 의사결정 방식. 최종 결정에 대한 책임은 지도자나 경영자에게 있다.

한다. 즉, 무엇을 해야 하고 그것을 어떤 순서로 해야 하는지, 누가 그것을 해야 하는지, 그리고 적은 자원들(사람, 금전, 장비, 시간 등)로 그 일을 가장 효과적이고 효율적으로 수행할 방법은 무엇인지 밝히는 데 도움이 되는 접근방식을 검토한다.

리더십과 경영의 차이점

> 경영은 일을 올바르게 하는 것이다.
> 리더십은 올바른 일을 하는 것이다.
>
> -피터 드러커(Peter Drucker)

작은 도시의 머리 아픈 기반 시설, 대학의 교육 목표, 박물관의 수집 및 큐레이터 문제, 놀이 공원의 보건 및 안전 문제, 그리고 농장의 경영에 대한 우려를 하는 공공정원과 같은 복잡한 기관을 경영하는 일은 매우 긴밀한 리더십과 경영 기술의 통합관리가 요구된다. 이런 통합은 너무 다각적이어서 실제 상황에서는 리더십과 경영을 분리하기 매우 어렵다. 그리고 대개의 공공정원 지도자는 두 영역에서 심층적 기술을 가지고 있다. 하지만 리더십과 경영이 개념적으로 어떻게 다른지 고려해야 한다. 프로젝트나 계획이 잘못되기 시작할 때 이 광범위한 이해를 하고 있으면 지도자는 시스템의 어떤 부분이 잘못되었는지 신속하게 파악하고 정확한 기술을 가진 사람들을 동원하여 신속하게 교정할 수 있다.

| 리더십

지도자들은 미래에 대응한다. 지도자는 공공정원, 정원 내의 부서, 심지어 자원봉사 팀의 전반적인 방향을 설정할 책임을 갖는다. 정원 외부의 세상과 긴밀하게 대응하는 최고의 지도자는 방문객과 후원자들의 목소리에 귀를 기울이고 과학과 사회에서 일어나는 변화를 예리하게 인식하며 정원이 이런 문제를 해결하는 데 있어 어떤 새로운 역할을 가지는지 생각해야 한다. 그리고 무엇보다도 기관을 흥하게 하거나 망하게 할 새로운 기회와 실질적인 위험을 모두 주의 깊게 깨달아야 한다. 지도자는 공동체 전체를 통합시켜야 하고, 새롭게 대두되는 비전이 정원의 진정한 강점과 역사를 바탕으로 세워지도록 해야 하며, 충분히 믿을 만하고 달성 가능하며, 과학 및 사회의 중요한 문제를 해결함으로써 중요한 영향력을 행사할 수 있는 잠재력을 지니도록 해야 한다. 마지막으로, 정원을 위한 전반적인 비전이 확고하게 수립되면, 지도자는 사람들에게 영감을 불어 넣어 명확한 목표와 목적을 가진 수행 성과가 높은 파트너십과 팀으로 정비해야 한다. 지도자는 먼 지평선을 지속해서 지켜보고 미래를 주시하면서 중요한 계획을 진전시키기 위해서 전략적으로 제일 중요한 작업이 수행될 수 있도록 해야 한다. 그러면서도 변화하는 현실에 대응하여 단기 및 장기 계획을 동시에 수립해야 한다.

그러므로, 리더십은 비전을 세우고 그 비전을 달성하기 위한 전략을 개발하는 것이며 그 비전을 실행하기 위해 사람들을 파트너십, 팀 및 연합체로 정비하는 것이다. 위대한 지도자는 변화에 영감을 불어 넣는다. 큰 틀의 계획을 중심으로 공감대를 형성하고 비전을 달성 가능한 목표, 명확한 목적 및 초점을 갖는 계획으로 전환한다. 간단히 말해서 지도자는 해야 할 일을 결정하고 어떤 목표를 달성하기 위해 어떤 순서로 어떤 중요한 단계를 밟아야 하는지를 결정해야 한다.

| 경영

경영자는 현재에 집중한다. 실용적이고 직접적이며 성취 지향적인 훌륭한 경영자는 공공정원이 지역적으로나 세계적으로 큰 영향을 미치는 주요 사업을 수행할 수 있도록 프로젝트를 진행할 책임이 있다. 공공정원의 일상 업무를 맡는 경영자는 여러 팀을 감독하고 예산 및 일정을 모니터링하며 현실에 존재하는 문제들을 해결하고, 정원의 미션을 가장 빨리 진전시킬 수 있는 사람들과 프로젝트에 자원을 지원하는 재능을 발휘한다. 경영자는 명확한 목적, 시간표 및 세부 프로세스를 제공하고, 그다음에 권한과 책임을 개인과 팀에 위임한다. 변화를 이끌고 외부 세력에 적응할 책임이 있는 지도자와는 달리 경영자는 직원이 예산에 맞게 일하고 중요한 목표를 달성하는 데 도움이 되는 체계를 갖추어 공공정원이 질서 있고 예측 가능한 방식으로 기능할 수 있도록 해야 한다. 경영자는 지도자와 협력하여 수행해야 할 작업을 파악한 다음, 주요 인력(누가)과 프로세스(어떻게)를 구성해서 주요 계획들이 시간과 예산에 맞게 완료되도록 한다. 따라서, 경영 기술은 지도자가 장기 목표를 달성하고 공공정원의 비전과 미션을 완수하는 데 필요한 모든 계획과 작업을 수행하는 데 도움을 준다.

전략적 리더십을 위한 도구: 공유 비전부터 계획까지

지도자는 오직 하나의 도구로 변화를 격려하고 주도한다. 그 도구는 특정 공공정원에 대한 가능하고 현실적이며 멋진 미래와 같은 그 정원이 현재 처한 어렵고 차가운 현실 사이의 차이에 초점을 맞추는 것이다. 그 격차, 바로 지금의 현실과 더 영감을 주지만 아직 실현되지 않은 미래는 사람들에게 위대한 일을 성취하게 하는 동력이다. 지역 사회가 이 새로운 비전을 상상하고 설계하는 일에 동참했다면, 사람들은 그 비전을 실현하기 위해 열심히 일할 준비가 되어 있을 것이고 의욕도 있을 것이다. 진정으로 영감을 주는 공유 비전이나 미션을 둘러싼 여러 사람의 합의 보다 더 강력한 것은 없다. 1990년대 후반부터, 뉴욕의 플러싱(Flushing)에 있는 퀸스 식물원(Queens Botanical Garden)은 공동체 지향적인 종합계획 수립에 착수했다. 직원들이 이 다소 골치 아프고 개방적이지만 깊이 마음을 움직이는 대화에 참여하게 됨에 따라, 정원에 대한 흥미진진한 비전과 함께 새롭게 활력을 띤 직원 팀과 후원자 팀이 모습을 드러냈다. 2001년에 채택된 마스터플랜은 보편적인 물이라는 주제를 중심으로 개발되었고 환경적 책임과 문화적 표현을 우선시하는 구체적인 개발을 위한 틀을 만들어 냈다. 그 후 수년 동안, 새로운 보조금, 교육 프로그램 및 건설 프로젝트와 같은 많은 활동이 이 큰 목표에 맞추어졌다. 오늘날, 퀸스 식물원은 여러 공공정원이 참여하는 네트워크에서 지속가능성 측면으로 전국 선두주자로 인정받고 있다.

지역 공동체나 국가적으로 또는 세계적으로 가장 긍정적인 영향을 미치는 공공정원은 성공한 공공정원이라고 할 수 있다. 이런 정원은 자신들이 무슨 일을 하는지 그리고 그 일을 왜 하는지에 대해 명확한 이유가 있다. 이런 정원의 지도자는 직원과 자원봉사자가 명확한 목표를 달성할 수 있게 자원을 지속해서 정비하고 조정한다. 이런 공공정원의 지도자는 사람이나 팀의 우선순위를 정하는 방법과 같은 가장 작은 일상의 결정부터 세간의 이목을 끄는 공공 계획 실천에 이르기까지 여러 가지 결정을 내리게 되며, 몇 년 안에 중대한 영향을 줄 수 있는 집중적인 노력을 통해 정원을 이끌어 가는 행동을 보여 준다.

헨리 핍스(Henry W. Phipps)가 피츠버그의 산업적 역량이 최고조에 달했던 1893년에 원예의 우수성을 보존하는 저장소로 지은 핍스 온실식물원(Phipps Conservatory and Botanical Gardens)은 북미 지역의 약 700개 공공정원 가운데 유명한 생태 환경의 선두주자로 떠올랐다. 새로운 천 년에 들어가기 전에 핍스가 여러 해에 걸쳐 세 단계 확장 계획을 구상하던 당시에는 녹색 건물(친환경 건축물)에 대한 원칙과 업무가 아직 대중적인 인식을 얻지 못했다. 다른 많은 정원과 마찬가지로 핍스는 100년이 넘은 기관에서 방문자 경험과 지원시설을 갱신하는 데 주력했다. 세계에서 가장 에너지 효율적이고 지속 가능한 온실 중 하나를 만들자는 영감은 식물원 내부에서 비롯되었다. 핍스의 지도부가 녹색 건물에 대해 이해하게 되자, 해당 조직은 가장 친환경적인 방법으로 확장 프로젝트를 마치기로 했다. 설계가 진행됨에 따라 핍스 직원은 '이렇게 하면 어떨까?'하는 질문을 끊임없이 던지면서 디자이너들에게 과제를 내주곤 했다. 즉, 모든 것에 의문을 가지면서 각각의 도전을 새로운 방식으로 일하는 기회로 본 것이다. 디자인을 시작할 때 의도했던 것은 아니지만, 프로젝트가 완료될 즈음에 핍스 정원 측은 자신들이 빅토리아풍

의 온실을 세계에서 가장 친환경적인 정원 중 하나로 변형시켰다는 것을 깨달았다. 첨단 친환경 건축의 실천, 지속 가능한 개발 및 환경에 대한 인식의 선구적 본보기가 된 핍스 온실식물원은 그 결과 14개의 권위 있는 상을 받았다. 아울러 버락 오바마 대통령에 의해 2009년 피츠버그 G20 정상 회담에서 세계 지도자들을 위한 환영과 만찬의 장소로 선택되었다.

이런 방식으로 정원을 발전시키는 일은 공유 비전으로 하나가 되어 매진하는 지도자, 경영자, 직원, 투자자, 지지자(후원자, 이용자)들의 공동체로 구성된 풍부한 자원을 온전히 활용하는 것에 달려 있다. 다음은 이렇게 동참하는 공동체를 만들고 육성하려는 공공정원을 위한 지침이다.

분명한 비전 개발

성공적인 공공정원은 정원 내부와 외부 모든 영역에 있는 공동체의 적극적인 참여와 연대에 의존한다. 정원의 강점과 역사를 바탕으로 수립된 분명한 비전이라면 업무를 이끌어 가고 사람들에게 업무에 전념하게 할 것이다. 이런 분명한 비전은 내부적으로 조직의 효율성을 한층 더 고취하여 조직의 모든 직위에 영향을 미칠 수 있다. 이런 공유 비전은 진실하고, 영감을 주며 많은 이해 관계자들의 도움으로 만들어졌을 때 가장 성공한다.

| 이해 관계자 참여

정원의 직원, 자원봉사자, 이사들뿐만 아니라 잠재적 외부 기증자나 파트너도 처음부터 대화와 공감대 형성의 일부가 되어야 한다. 지도자 또는 이사회가 독점적으로 만든 비전은 높은 위험성과 관심을 가질 수는 있지만, 절대 이해되지 않는다. 미래를 위한 모든 강력한 비전은 경청에서 비롯한다. 실질적인 경험은 다른 목소리와 관점이 미래의 가능성과 대안을 깊이 이해하기 때문에 의미가 깊다. 진정으로 중요한 것이 무엇인지에 대한 새로운 계획은 경청에서 비롯된다. 생각을 공유하기 위해 초대된 사람들은 가능한 일에 열정을 갖게 되고 더 좋은 미래를 상상하게 된다. 그리고 자신이 개인적으로 새로운 방향으로 기관을 이끌어가는 데 어떻게 일조할 수 있는지를 종종 제안한다.

| 진정성

공공정원 지도자의 주요 임무 중 하나는 정원에게 꼭 맞는 역할이 무엇이지 찾도록 돕는 일이다. 즉, 그 조직이 이 세상에서 어떤 일을 제일 잘 할 수 있는지 발견하는 것이다. 그 일을 발견하게 되면 많은 에너지와 열정이 생기고 새로운 인력과 자원, 밀접하게 연결된 새로운 프로젝트, 프로그램과 파트너들이 곳곳에

서 나타난다. 많은 정원사는 아름다운 조경이나 공공장소의 마력이 무엇인지 직관적으로 바라봐야 한다. 알렉산더 포프(Alexander Pope)가 말한 '장소의 천재성'을 어떻게든 담아내는 것을 말한다. 최고의 공공정원들은 이런 천재성을 기반으로 하여 다른 곳에서 만들어 낼 가능성이 없는 독특한 비전을 개발한다. 이런 진정한 비전은 그 장소의 역사, 정원이 직면한 제약들, 그 지역의 특수한 상황들, 그리고 정원의 지도자, 이사회와 주요 직원의 강점에서 비롯된다. 하버드 대학교의 아널드 수목원(Arnold Arboretum)의 식물 표본은 고무적인 사례이다. 1만 5천 수가 넘는 식물을 보유한 수목원의 식물 표본은 세계에서 가장 철저하게 기록된 온대성 목본 식물 수집품 중 하나로 꼽힌다. 중국, 일본, 한국 및 북미의 식물상을 전문으로 하는 식물 탐험가와 과학자 직원들의 풍부한 유산을 기반으로 아널드 수목원은 북미 공공정원에서 꼭 맞는 특별한 위치를 점하고 있는데, 과학 연구를 위한 살아있는 식물 표본 활용의 국제적인 본보기는 물론이고 전시 기획과 식물 표본 업무의 우수한 본보기를 제시하는 역할이다.

영감 부여

영감을 주는 비전은 정원의 강점과 잠재력에 기초해야 하지만

사례 연구: 미주리 식물원(MISSOURI BOTANICAL GARDEN)의 고무적인 비전 수립

2007년 미주리 식물원은 조직의 이사회와 뉴욕 AEA 컨설팅사의 안내에 따라 8개월간의 계획 과정을 가졌다. 이 계획 과정에는 외부의 어려운 현실과 중대한 문제점에 대한 집중적인 검토를 위해 식물원의 다양한 이해 관계자들이 참여했다. 이 과정에서 식물원의 지도부는 이사회 임원, 세인트루이스와 세계 여러 곳의 동료 기관들, 세인트루이스의 여론 주도층, 투자자, 자원봉사자, 직원 등을 포함한 80명이 넘는 사람들과 상의하고 직원들과 집중적인 토론을 했다. 계획 팀은 조직의 최근 성과와 부진한 부분을 검토하고 식물원의 비전과 핵심 가치를 명확히 정리했다. 또한, 정원의 강점과 약점을 평가하고 미래의 활력에 가장 중요한 장애가 되는 요소들을 확인했다. 그들은 서식지 파괴, 생물 다양성의 상실 및 소비에 대한 문화적 압력에 직면하여 지구가 처한 중대한 문제에 맞섰다. 핵심 이해 관계자들은 식물원의 지도부와 긴밀히 협력하여 식물원이 이런 문제를 해결하면서 어떤 부분에서 가장 큰 영향을 줄 수 있을지 숙고했다.

지역적 측면에서 보면 미주리 식물원의 방문자 사이트는 방문자에게 영감, 정보 및 깨달음을 주는 방식으로 방문자들이 식물과 그들의 환경이 연관되게 한다. 전국적 측면에서 보면 미주리 식물원은 보존과 식물 과학을 지원하면서 웹 기반 기술을 오랫동안 사용한 선두주자였다. 국제적 측면에서, 미주리 식물원이 식물 과학 및 보존에 미친 세계적으로 중요한 공헌의 품질과 범위는 세계 몇몇 기관을 제외한 여타 기관과 차별된다. 미주리 식물원의 계획 팀은 자신들의 정원이 지속 가능한 미래를 위한 새로운 모델을 창출하면서 국가적 및 국제적 지도력을 제공하는 데 독보적으로 적합하다는 것을 빨리 파악했다.

영원히 사라질 위험에 처한 일부 종들을 포함하는 깨지기 쉬운 지구상 생명체의 균형은 어쩌면 앞으로 수십 년 동안 공공정원이 기울이는 노력에 달려 있다. 미주리 식물원 측은 과학적 지도력, 광범위한 세계적인 파트너십, 기술적 우수성의 역사, 그리고 식물 보존에서 세계적 영향력을 보유한 역사 등 식물원의 핵심 강점들을 염두에 두고 자신들이 자연 자원의 지속 가능성과 보존을 촉진할 새로운 국가적이며 국제적인 계획을 추진하기에 유리한 위치에 있다는 것을 알았다. 세계의 주요 식물 기관들과 기타 핵심 파트너들과 협력하는 것은 이 목표를 이루는 데 필수적이고, 미주리 식물원은 주요 국제적 파트너십을 이미

구축한 상태였다. 식물과 생태계를 보호하여 인간과 모든 생명체의 삶을 향상하기 위해 미주리 식물원은 지속가능성을 모든 업무의 핵심 원칙으로 올려세웠다. 지속가능성은 연구와 보존, 원예, 교육 프로그램들과 진행 중인 운영 프로그램은 물론이고 지속 가능성과의 관련성을 물리적인 시설물과 웹을 통해서 방문자들에게 분명히 알리는 일에 전념할 식물원의 새로운 전략적 계획에서 핵심 원칙이라고 할 수 있다.

세인트루이스 및 전 세계에 있는 사람들과 다른 생물체를 위한 건강한 환경을 유지하려면 무한한 미래로 확장되어야 할 비범한 노력이 필요하다. 이 계획에 따라 미주리 식물원은 파트너들과 함께 2014년까지 다음과 같은 성과를 거두기로 했다.

- 세계 모든 식물 종에 대한 데이터베이스인 '세계 식물 체크리스트'를 만들어서 전 세계 사용자에게 높은 접근성으로 기본적인 정보를 제공한다.

- '생명 백과사전'의 하나로 35만 가지의 전 세계 식물 종에 대한 웹 페이지를 제작한다.

- '북미의 식물상(The Flora of North America), 중국의 식물상(Flora of China), 메조 아메리카의 식물상(Flora Mesoamericana), 코스타리카 식물 매뉴얼(Manual de Plantas de Costa Rica), 미주리의 식물상(Flora of Missouri), 마다가스카르 식물 카탈로그(Catalog of the Plants of Madagascar), 및 중국의 이끼 식물군상(Moss Flora of China)'을 출판한다.(다른 정원 과학 출판물과 합해서 세계 식물상의 40%를 다룬다.)

- 주요 지역들의 중요한 국제 보존 목표를 지원하는 실용적인 방법을 개발한다.

- 이 지역들의 식물 연구, 보존 및 지속가능성 활동에 종사하는 잘 훈련되고 헌신적인 국제 생물학자와 자연 과학자를 양성한다.

- 연구와 진열 및 전시, 해설 및 교육 프로그램, 대중 매체 메시지 및 운영을 연결하는 상상력이 풍부하고 효과적인 방법으로 국내뿐만 아니라 국외에서도 인정받는 보존 및 지속가능성에 대한 대중 교육의 세계적인 지도자가 된다.

자세한 내용은 미주리 식물원 2008~2014 전략 계획을 참조한다.

아울러 성공을 향한 믿음의 도약, 헌신 그리고 집중을 요구하기에 충분한 깊은 의미도 있어야 한다. 거대한 목표는 사람들에게 영감을 주어 그들을 변하게 하고, 한 걸음 더 나아가고, 조직에서 변화의 길을 거스르는 영역 싸움과 보수주의를 제외하기도 한다. 샌디에이고 야생동물공원(San Diego Zoo and Wild Animal Park)은 대담한 비전을 수립하여 전통적인 동물원을 세계적인 야생 동물 보존의 군건한 기관으로 탈바꿈시킨 공공 기관의 좋은 선례를 보여준다. 수십 년 동안 이 동물원의 직원들은 전 세계의 과학자와 현장 생물학자들과 함께 야생 생물 종을 멸종 위기에서 구했다. 동물원에서 진행한 획기적인 식물 수집에 관한 연구는 적절한 식물과 서식지가 억류된 동물 개체군의 성공적인 번식에 얼마나 중요한지 사람들이 이해할 수 있도록 하였다.

작업 계획

비전은 실행 가능한 계획과 연결되어 있을 때 가장 강력하다. 전략적 계획수립은 공공정원이 미래로 향하는 길을 개척하고 자신들이 원하는 비전과 목표를 적절한 자원, 전략 및 행동으로 정비하는 과정이다. 성공적인 전략적 계획수립의 노력은 다양한 이해 관계자들을 동참시켜 가장 작은 업무부터 가장 규모가 큰 계획에 이르기까지 정원의 모든 작업을 효과적으로 정비한다. 전략 계획에 맞는 적절한 일정을 선택하는 것은 중요한 첫 번째 단계이다. 초년기의 정원들은 중대한 계획을 착수하고 지지 집단을 구성하고 자금 조달을 안정시키기까지 10년에서 15년이 소요될 수 있다. 반면 직원이 많고 기부금이 잘 수립되어 있으며 정치적인 지원과 왕성한 수집품 및 프로그램을 갖춘 성숙한 정원들은 직원과 지역 사회의 관심을 3~5년 주기로 집중시켜 긴박감을 불러일으킬 수도 있다.

여기서 알아야 할 중요한 점은 모든 전략 계획이 공공정원의 비전과 미션을 재설계하기 위해 수행되는 것은 아니라는 것이다. 그러나 모든 성공적인 전략 계획에서 지도자는 정원 대문 너머의 세상을 자세히 살펴보는 결연한 노력을 기울여야 한다. 지도자들은 오늘날 과학과 사회의 가장 중요한 관심사가 무엇인지, 그리고 정원이 어떻게 이바지할 수 있는지 질문해야 한다. 직원, 정원 구성원, 영향력 있는 지역 사회 구성원 그리고 일반 대중과 체계적인 토론을 마치고 외부 현실에 대한 분석이 완료되면 지도부는 집중된 계획을 수립해야 한다. 즉, 명확한 목표, 프로젝트 및 기한이 정해진 과제와 연결된 장기 목표를 수립한다. 지도자가 전략 계획의 준비에 들어갈 때 도움이 될 훌륭한 도구들이 개발되어 있다. 그러나 가장 좋은 시작 방법의 하나는 다른 규모를 갖고 있고 서로 다른 목적을 반영하는 공공정원 사례들을 살펴보는 것이다. 널리 사용되는 두 가지 전략적 계획수립의 접근방식은 스왓(SWOT) 분석과 자체 평가이다.

| SWOT 분석: 강점, 약점, 기회, 위협

의사결정을 위한 중요한 정보를 신속하게 수집하는 효과적인 방법은 SWOT 분석인데, 이것은 프로젝트나 기관이든 그것의 강점, 약점, 기회 및 위협을 평가하는 전략적인 계획수립 방법이다. 사업체에서 널리 사용되는 방법이며 공공정원 지도자도 이 SWOT 분석을 사용하여 이해 관계자들을 전략적 계획의 개발에 관한 토론에 참여하게 할 수 있다. 이 분석은 가장 정확한 기관 현황의 이해에 기초하고, 정원의 역사적 감정과 현재 강점을 기반으로 하며 위협과 약점에서 정원을 안전하게 지킬 수 있는 전략적 계획이 가능하다.

| 자체 평가와 장기 계획

영감을 주는 비전을 개발하고, 장기 계획을 중심으로 공감대를 형성하며, 공공정원을 변화시키는 일은 달성하기 어려운 목표로 남을 수 있다. 이런 이유로 많은 공공정원은 장기 및 종합 계획 수립을 외부 전문가에 의존한다. 좋은 자문 위원들은 공공정원에 특별한 시각을 제공할 수 있다. 자문 위원들은 외부인이기 때문에 사람들은 동료에게 말하기 어려운 걱정거리도 공유하면서 자문 위원들과 좀 더 자유롭게 이야기할 수 있다. 또한, 자문위원은 직원과 후원자들이 놓치고 보지 못하는 자연스러운 연관성 또는 시너지 효과를 간파할 수도 있다.

그러나 일부 공공정원은 독립적으로 계획 작업을 수행하는데, 전문가들이 개발한 도구나 접근 방법을 활용하거나, 관련 도서, 워크숍 그리고 교육기관의 지원을 받아 진행한다. 예를 들어, 드러커 재단 자체평가도구(Drucker Foundation Self-Assessment Tool)에 자세히 소개된 "가장 중요한 5가지 질문"과 단계별 접근 방법은 저렴하지만, 변화를 가져올 수 있는 6~12개월간의 훈련을 통해, 장기 계획, 예산, 일정표, 그리고 열성을 가진 공동체 참여로 이어지는 공공정원 계획을 수립할 수 있도록 안내할 수 있다.

지속적인 계획의 검토 및 수정

공공정원은 살아있는 기록의 역할을 하는 전략적이며 장기적인 계획을 수립하기 위해 노력한다. 이 계획들은 변하는 상황을 반영하도록 필요한 경우 조정할 수 있는 고도로 집중적이면서도 유연한 계획들이다. 전략적 결과들이 결정되면 직원들은 정원 지도부와 협력하여 이런 목표를 달성하는 데 도움이 되는 단기

2001~2002년 UC 데이비스 수목원의 원장 캐서린 스콜로브스키(Kathleen Socolofsky)는 스턴 인터내셔널(Stern International)의 전략 자문가 그레이 스턴(Gary Stern)의 안내에 따라 65년이 된 공공정원에 장기 계획 훈련인 드러커 재단 자체 평가 과정을 적용했다. 이 과정은 새로운 비전을 실현하는 데 필요한 새롭고 흥미로운 공유 비전과 중요하고 명확하며 실용적인 작업 계획을 개발하는 데 도움이 되었다.

대학 공동체가 초대되어 지도부와 함께 고도로 체계화된 일련의 행사와 홍보 활동에 참여했는데 여기에는 공청회, 포커스 집단, 인터뷰 및 이메일 설문 조사가 포함되었다. 수목원에 대한 공동체의 열정에 직원들은 놀라지 않을 수 없었다. 4,000명이 넘는 사람들이 응답했고 그중에는 교직원이 400명 이상, 학생이 1,800명 이상 포함되었고 수많은 대학 직원, 수목원 회원, 자원봉사자와 기증자도 포함되어 있었다. 캠퍼스와 지역 사회 지도자들은 모두 수목원이 학교 캠퍼스와 공동체에서 갖게 될 새로운 역할의 가능성과 잠재력에 관한 대화에 동참했다.

이 과정을 통해 더욱 넓은 지역 사회가 중대한 차이, 즉 많은 개선이 필요한 중요한 영역을 파악함으로써 수목원의 장기 계획의 주요 목표를 결정하는 데 도움을 주었다. 예를 들어 교육용 표식 체계를 둘러싸고 UC 데이비스 수목원의 직원과 회원들 간에 내부적인 갈등이 오래전부터 있었다. 일부 사람들은 표지판과 식물 라벨이 아름다운 정원의 순수한 경험을 손상한다고 느꼈지만 다른 사람들은 교육적인 표식이 대학 식물원에서는 매우 중요하다고 생각했다. 그러나 고객의 목소리는 만장일치로 한쪽의 의견을 지지했으며, 모든 그룹에서 교육적인 표지판과 식물 라벨이 방문자 경험을 한층 더 향상할 것으로 생각했다.

그 결과로 도출된 10년 계획은 중요한 목표에 매우 집중하고, 목표의 수를 분명하게 제한했다. 4가지 프로그램 목표("무엇을 제공하는가")와 두 가지 자원 목표 즉 자금과 인력("어떻게 조달하는가")에 관한 목표만이 허용되었다. 목표의 수를 제한한 것은 UC 데이비스의 직원과 파트너들이 중요한 목표들을 빨리 정하고 이를 달성하기 위한 제도적 우선순위를 수립하는 방법에 대한 집중적인 토론으로 진행하는 데 도움이 되었다. 10년 계획에 대해 논의하면서 주요 프로젝트의 우선순위를 신속히 정했고, 상세한 3년 계획을 도출했다. 드러커 과정을 따라가면서 지도부 팀은 3년 계획 내에서 중요한 다음 단계들을 확인했으며 올해의 세부 업무 계획, 즉 1년 계획이 순식간에 완성되었다.

직원, 회원, 대학 지도부 및 지역 사회에 걸쳐서 거의 만장일치에 가까운 승인을 얻게 되자 조직 내의 사람들은 이런 흥미진진한 새로운 도전을 매우 시작하고 싶어 했다. 스콜로브스키 원장은 목표를 중심으로 새로운 교차학문 팀을 구성하고 모든 운영 분야의 직원이 가장 중요하게 생각하는 목표를 위해 함께 일하도록 했다. 예를 들어, 수목원의 레드우드 그로브(Redwood Grove)의 수리는 6개의 목표에 걸쳐진 작업이었고 원예사와 기부자, 대학의 봉사클럽과 기숙사 거주 학생들, 교육 전문가와 조경사 등이 모두 함께 협력했다. 작업과 프로젝트를 신중하게 조정하여 계획 실행에 탄력이 붙었고 사람들은 여러 목표를 동시에 달성하는 멋진 경험을 했다. 새로운 수집품이 구축되고 학예 실천이 개선되었으며 수입과 직접 기부에서 모두 자금 조달이 늘었고, 신나는 새로운 교육 프로그램이 시작되었다. 또한, 기부자들과 지역 사회와의 새로운 파트너십도 수립되었다.

드러커 과정은 새롭고 세밀한 구조를 갖춘 경영 도구를 제공했다. 수목원의 장기 계획은 진행 상황을 추적하는 일련의 직원회의와 분기별 회의를 통해서 정기적으로 검토 및 조정된다. 이런 회의들을 통해서 원장과 팀장들은 진척 상황을 평가 및 조정할 수 있고 새로운 기회를 만나면서 내부 및 외부적 변화를 토대로 우선순위를 다시 잡는 기회를 얻을 수 있다. 문제점들을 신속하게 확인하고 해결할 수 있으며, 예기치 못한 복잡한 문제로 인해 교착 상태에 빠진 프로젝트에 투입된 자원을 주요 목표를 향해 진척될 가능성이 큰 새로운 최우선 순위의 프로젝트로 옮길 수 있다.

무엇보다도 드러커 자체 평가 과정 덕분에 수목원에 열중하는 직원, 학생, 교수진, 자원봉사자, 기부자, 지역 사회 구성원 및 캠퍼스 지도부로 이뤄진 공동체가 형성되었고 이들은 새로운 유형의 대학교 식물원을 만들기 위해 모두 함께 협력했다. 과학, 예술, 인문학 및 원예학 분야에서 UC 데이비스의 뛰어남은 수목원의 새로운 장소, 프로그램 및 파트너십을 통해 대중과 공유된다. 단언컨대, 이 과정을 통해서 정원을 바라보는 대학, 도시 및 지역의 관점이 달라지고 직원과 가까운 파트너가 이 대학 정원의 새로운 가능성을 이해하는 방식도 달라졌다.

운영 계획, 즉 업무, 활동 및 자원을 명확히 하는 상세 계획을 개발한다. 그다음 프로젝트와 업무는 개인 또는 팀에게 위임되어 실행된다. 다음의 실천 사항들은 전략 계획이 궤도에 머물러 관련성을 유지하고 정원이 계획을 실행하는 데 필요한 자금을 조달할 수 있게 해준다.

| 역동적인 검토 과정 채택

공유한 단기 목표의 진행 상황을 끊임없이 정기적으로 감시하는 일은 공공정원 전반에 전략 계획을 정비하기 위한 중요한 단계이다. 전략적 계획은 직원회의나 팀별 회의에서 자주 검토하는 것이 가장 좋은데 이런 회의에서 언급되는 효과적인 작업과 그렇지 못한 작업에 대한 의견은 지도부와 경영자들이 계획을 수정하고 개선하는 데 도움이 된다. 어떤 작업이 효과를 내고 있고 왜 그런지 밝히는 일은 직원들이 한 영역에서 성공을 거둔 전략을 다른 프로젝트와 계획에 적용할 수 있는 새로운 방법을 모색하는 데 도움을 준다.

| 우선순위 조정

계획과 우선순위는 시간이 지남에 따라 자연스럽게 바뀐다. 불가피하게도 새로운 기회들이 생기고 일부 프로젝트는 복잡한 문제로 인해 예기치 않게 좌초된다. 프로젝트 계획과 과제를 논의하고 변경하는 일은 중요한 결과의 신속한 획득을 보장한다. 시간이 조직의 가장 큰 자원 중의 하나이지만 이 지원을 어떻게 효과적으로 사용할 것인지에 대해서 논의하는 경우는 거의 없다. 그런데, 공공정원은 가장 긴급한 과제를 자동으로 이행하는 대신에 가장 전략적인 과제에 업무 시간을 집중함으로써 중요한 계획들을 빨리 진행할 수 있다. 직원의 우선순위를 신속하게 조정하기 위한 정기적인 절차는 전략적 영향력을 가장 많이 가지고 있는 프로젝트에 시간, 관심 및 자원의 투입을 보장한다.

영감을 주는 비전의 힘에 의지하여 앞으로 나가는 공공정원은 큰 격변에 직면하더라도 장기 계획의 약속들을 성공적으로 이행하는 정원들이다. 예를 들어, 경제적 여건이 좋을 때 수립되었다가 경기 침체기에 실행되는 전략 계획은 원래의 계획이 재고될 때에만 성공할 수 있다. 직원, 후원자, 기증자 및 외부 파트너가 계획을 개발하는 데 모두 참여한 경우라면, 그 공동체는 그 계획이 성공하는 것을 여전히 보고 싶어 할 것이다. 특정 프로젝트의 일정이나 전체 범위를 새로운 현실에 맞게 조정해야 한다고 해도 말이다. 주요 계획을 진척시키면서 어려움을 함께 직면한다면 공동체 전체가 고무되어 공유 목표를 달성하는 방법에 대해 창의적으로 생각할 수 있을 것이다.

전략적 경영을 위한 도구: 계획에서 현실로

사람은 공공정원의 가장 큰 자원이다. 진정으로 의미 있는 공유 목표로 인해 의욕이 넘치는 훌륭한 직원의 기운은 다른 훌륭한 사람들을 끌어모아 지역 사회 전체에 참여를 권장한다. 큰 계획은 공공정원의 직원, 자원봉사자 및 핵심 파트너들이 자원을 정비하기 위해 협력하고 시간과 노력의 경쟁적인 수요에 직면하더라도 일을 성사시킬 때 비로소 새로운 현실이 된다.

명확한 경계 내에서 자유롭게 계획을 조정하는 분명한 전략적 목적 감각을 갖춘 자립적인 팀이나 직원은 계획을 아이디어에서 현실로 전환하는 데 큰 자산이 될 수 있다. 공공정원의 경영자는 계획을 성공적으로 수행하는 데 중요한 두 가지 특별한 책임을 지는데, 계획에서 확인된 특정 프로젝트를 수행할 최적의 사람을 결정하는 일과 이들이 가장 효율적으로 일할 수 있도록 이들을 훈련하고 조직하며 관리하는 방법을 결정하는 일이다.

높은 성과를 발휘하는 팀 구축

직원을 관리하는 전통적인 접근법은 융통성 없는 직무 기술, 연례 평가 및 가끔 있는 전문 훈련 등의 비효율적인 경영 관행에 단단히 묶여 있는 경우가 많다. 가장 성공적인 기업과 비영리 단체에서 이루어진 수십 년간의 연구와 실천에서 입증된 바에 따르면, 최고의 경영자는 높은 성과를 발휘하는 유연한 프로젝트 기반 팀을 구성함으로써 신속한 결과를 제공하고 우수성을 장려할 수 있다. 작고, 일시적이며, 급속히 생겨났다가 해체되는 작은 조직의 팀은 각 인력을 적시 적소에 적절한 파트너와 함께 배치하여 작업이 완결되도록 한다. 성공적인 경영자는 사람들이 강점을 발휘하며 일하는 팀을 구축함으로써 자신과 일하는 사람들에게 높은 수준의 몰입을 장려한다. 개개인과 팀들이 자신들에게 기대되는 바가 무엇인지 알게 하고, 문제점이나 예상하지 않은 사건이 일어나는 경우, 중대한 목표를 향한 선로에서 벗어나지 않고 전진하기 위해 계획을 조정하거나 팀 구성원을 재조정한다.

훌륭한 경영자는 자신을 위해 일하는 사람들의 강점을 발휘해 일할 수 있도록 한다. 각자 어떤 일을 높은 수준의 탁월함과 쉽게 성공할 수 있는지 알고 있다. 효과적인 경영자는 개별 직원의 약점을 훈련으로 없애거나 지원하기보다, 그런 직원들과 보완적인 강점을 지닌 다른 사람들이 짝을 이루도록 팀을 구성한 후, 저마다 자신이 제일 잘하는 것을 하도록 권장한다. 예를 들어, 어떤 사람들은 계획하는 일을 즐기고 집중적인 협업 회의에서 실력을 발휘한다. 다른 사람들은 홀로 세부 정보를 정리하고 추적하는 일에서 만족감을 느낀다. 또 다른 사람들은 회의나 상세한 보고서는 어렵지만, 일단 프로젝트가 현실에서 착수되어 예상치 못한 문제들을 해결할 수 있는 행동 지향적인 지도자를 필요로 할 때 자신의 탁월함을 드러낸다.

강점 기반 직장을 개발하는 데 관심이 있는 경영자들을 위해 갤럽은(Gallup Organization) 170 만회의 인터뷰와 수십 년간의 연구를 기반으로 새로운 실용 전략 및 도구를 개발한 바 있다. 강점에 주력하는 것은 직장에서 성과를 향상하는 가장 창조적이고 보람 있는 방법의 하나다. 갤럽이 집중적인 검사를 거쳐 권장하는 사항들은 효과적이며 혁신적인 경영 접근방식을 시도하려는 공공정원 경영자들에게 길잡이가 될 수 있다.

전략적인 사고와 의사소통

그 어떤 계획도 적과의 접촉 후 온전히 살아남지 못한다. 여기서 적이란 작업 계획을 파괴하는 예상치 못한 사건들이다. 공유 목표를 향한 빠른 진행은 다음 단계에서 무엇을 해야 하는지 정확하게 결정하는 일상적인 과제에 직면했을 때 전략적 의사결정을 실천하는 모든 계층에 있는 직원들에게 달려 있다. 어떤 주요 과제가 가장 중요한 전략적 성과를 가져올 가능성이 있는지에 대해 자주 논의하는 일은 팀이 전략적 성과에 노력을 집중시키는 습관을 갖게 하는 데 도움이 된다. 마찬가지로 업무 목록상의 여러 작업에서 중요성과 긴급성을 신속하게 구분하여 판단할 수 있도록 직원을 훈련하는 신속한 평가 도구는 즉각적인 의사결정을 향상하고 기관 전체를 위해서 가장 큰 영향을 지속해서 제공하는 프로젝트에 업무가 집중되도록 한다. 공공정원 공동체의 모든 일원의 핵심 과제는 정원의 미션을 외부인과 잠재적인 신규 후원자들에게 알리는 일이다. 정원 지도자는 직원과 가까운 파트너들을 격려하여 정원의 미션을 알리는 기회를 모색하도록 해야 한다. 구체적으로는 보조금 신청, 신문 기사, 기부자와의 만남, 내부 직원회의, 발표, 자원봉사자 훈련 및 자연스러운 대화를 통해서 그런 기회를 모색해야 한다.

명확한 조직 공정

공공정원이 새로운 팀 기반의 조직 구조를 실험함에 따라 권력과 의사결정은 가장 수행력 있는 사람에게 점차 이동한다. 다만, 그 사람이 중요한 지도력 및 경영 훈련을 완료한 경우에만 그렇다. 분산 의사결정(distributed decision making)이 성공하려면 다음 요소를 포함하는 신중한 준비가 필요하다.

| 실험과 평가를 통해서 혁신의 분위기 조성

문제 해결은 실험과 새로운 방향의 사고를 필요로 한다. 따라서 지도부 직책을 향해 성장하고 있는 직원들에게는 실험이 권장되어야 한다. 하지만 실험은 본질에서 위험하고 모든 실험이 성공하는 것은 아니므로 실험의 실패가 기관에 심각한 문제를 일으키지 않을 영역에서만 실험을 허용해야 한다. 혁신 문화를 구축하고자 하는 공공정원은 직원들에게 용기를 북돋아 기정사실에 의문을 제기하고, 해결 방안을 내고, 최고의 방안을 시험하는 방법을 제안한 후, 이런 일련의 과정에서 무엇을 배웠으며 다음에는 어느 지점에서 시작해야 할지를 생각하게 한다. 실패와 성공을 평가하고 새로운 이해에 비추어 전략 계획을 조정하는 일은 공공정원이 장기 목표를 달성하는 데 도움이 될 수 있다. 그러나 이것은 예기치 않은 실패에서 무엇이 잘못되었는지, 왜 그리고 어떻게 잘못되었는지 검토할 기회로 보는 경우에만 가능하다.

| 협의 의사결정을 위한 건전한 절차 채택

구조화된 접근방식은 성공적인 분산 의사결정에 일조할 수 있다. 일반적으로 팀 체제에서 대부분의 결정은 협의적 접근방식이 있어야 하는데 이 방식은 의사결정을 위임 받은 작은 팀이 조언자의 역할을 하는 핵심 인원과 반드시 협의하는 과정이다. 협의적 의사결정(consultative decision making)은 종종 합의(consensus)보다 효과적이다. 후자는 팀으로 일하려고 노력한 많은 근면한 사람들을 좌절시켰던 '모 아니면 도(all-or-nothing)' 방식이다.

가장 성공적인 접근법 중의 하나는 팀장 및 팀원과 작업하도록 과제를 위임하는 지도자 또는 경영자가 핵심 문제와 목표를 명확히 하고 의사결정을 위한 변수를 설정하는 것이다. 예를 들어, 공공정원에서 방문자의 경험을 향상하기 위해 팀에게 프로그램을 개발하라고 요청할 수 있을 것이다. 정원의 원장 또는 경영자는 우선 팀과 협력하여 주요한 문제를 명확히 짚어볼 것이다. 방문자가 정원에 도착했을 때 어디로 가야 하는지 혼란스럽다는 것이 주요 문제로 밝혀졌다면, 의사결정을 위한 목표와 변수를 작성하기 위해 그룹과 함께 의논할 것이고 다음과 같은 절차를 포함할 수 있을 것이다. (1) 방문자가 도착할 때 어디로 가고 무엇을 해야 할지 확신을 줄 수 있는 경험을 제공한다. (2) 정원의 미션을 반영하는 좋은 경험을 위한 장을 마련하고 방문자에게 정원의 미션을 알린다. (3) 방문자들이 환영받는 느낌을 들게 하여, 다시 오고 싶은 마음이 강하게 들도록 한다. (4) 접근성을 제공한다. (5) 기대를 뛰어넘도록 한다. 의사결정에 영향을 주는 예산 및 일정 관련 제약의 목록을 작성하는 것도 중요하다. 시간, 돈 및 기타 핵심 요소의 제약은 사람들이 실행할 수 있는 해결책을 찾기 위해 머리를 맞대고 의논하는 경우 엄청난 창의력과 혁신을 끌어내는 경우가 많다. 제약은 공공정원 팀들이 큰 통찰의 도약을 하는 데 여러 차례 도움을 주었다. 이런 도약은 예상치 않았던 모두에게 유익한 해결책과 공유 목표 달성을 위한 새로운 파트너 간의 협력 방법을 가져왔다.

팀이 의사결정을 위한 목표와 변수를 이해하고 적절한 자원 담당자와 상의했다면 이제 일련의 옵션을 만들어 낼 준비가 된 것이다. 고민과 토론이 끝나고 최상의 옵션들만 남아 있다면 이제 정보 수집 단계에 들어간다. 이 단계에서 팀원은 대안들을 조사하고 조사 결과를 정리하여 각 옵션에 대한 장단점과 잠재적 위험 및 보상을 평가할 수 있다. 마지막으로, 지도자가 의사결정권을 위임한 팀장 또는 팀 관리자에게 제안사항이 전달된다.

공공정원의 모든 업무가 팀 체제에서만 이루어지는 것은 물론 아니다. 일부 중요한 결정(예를 들어, 비상사태 또는 주요 예산 위기를 처리하는 방법)은 그 영역에 대한 책임을 지는 지도자의 즉각적이고 분명한 결정을 요구한다. 신뢰할 수 있고 경험이 많은 지도자가 내리는 사소한 결정은 전체 의사결정 과정을 요구하지 않는다. 그러나 문제가 복잡하고 통합적인 해결책이 필요한 경우, 좀 더 공식적인 의사결정 절차로 돌아가는 것이 유용할 수 있는데 그 이유는 이런 절차를 통해 문제를 명확히 하고 목표와 변수를 설정하며 협의 파트너를 식별하고 제안된 옵션의 장단점을 조사할 수 있기 때문이다.

요약

혁신적인 공공정원의 지도자는 정원의 자원을 신중하게 정비하고 활용하는 것이 큰 영향을 줄 수 있는 높은 성과를 가진 조직에 미치는 이득을 빨리 알아본다. 탁월함을 성취하는 데 주력하는 지도자는 지도력과 경영 분야를 연구하고, 견실한 연구와 광범위한 검사와 개선이 뒷받침되는 접근방식을 선택한 다음, 조직 내에서 이러한 새로운 발상을 실험한다. 반가운 소식은 공공정원 중 가장 작은 곳도 참여할 수 있다는 것이다. 큰 규모의 신규 자금보다 집중된 시간이 성공적인 지도력과 경영의 가장 중요한 요소이다.

공공정원 지도자는 지도력과 경영 기술을 연마하고, 복잡한 시스템에 대한 더 깊이 이해할수록 주요 프로젝트가 빠른 속도로 진행되고, 직원과 자원봉사자가 변하는 현실에 더 신속하게 적응하고 대응하는 것을 보게 된다. 또한, 기증자들이 약정 금액을 높이려는 것을 보게 될 것이며 정원의 미션을 완수하기 위해서 스스로 조직을 구성하는 사람들의 네트워크를 정비함으로써 돈이 절약되는 것을 보게 될 것이다. 무엇보다도 정원에 대한 열정을 공유하는 일에 모든 사람이 초대될수록, 공공정원 일터는 현실 세계뿐만 아니라 혼자서 이룰 수 없는 더 크고 거대한 일을 위해 함께 일함으로써 변화를 가져오는 사람들에게 커다란 영향을 미치는 역동적이고 창조적인 장소가 될 것이다.

참고문헌

American Association of Museums, Center for the Future of Museums (www.futureofmuseums.org/about). AAM's Center for the Future of Museums (CFM) helps museums explore the cultural, political, and economic challenges facing society and devise strategies to shape a better tomorrow.

Buckingham, M., and C. Coffman. 1999. *First, break all the rules: What the world's greatest managers do differently*. New York: Simon and Schuster. Learn how the best managers do things differently to create successful organizations.

Buckingham, M., and D. O. Clifton. 2001. *Now, discover your strengths*. New York: Free Press. The best managers play to their employees' strengths. This book teaches you how to identify key talents, suggests ways these talents can be developed into strengths, and gives managers new tools to help manage employees in strength-based teams.

Cary, D., and K. Socolofsky. 2003. Long-range planning for real results: Start with self-assessment and audience research. *The Public Garden* 18 (4): 10–13. A summary of the planning work completed at the UC Davis Arboretum and its impact on the garden and the campus community.

Crutchfield, L., and H. M. Grant. 2007. *Forces for good: The six practices of high-impact nonprofits*. San Francisco: Jossey-Bass. Through extensive surveys and interviews, the authors identify six practices shared by high-performance nonprofit organizations.

Drucker, P. 2001. *The essential Drucker: The best of sixty years of Peter Drucker's essential writings on management*. New York: Harper Business. This classic text includes a wonderful selection of the best of Peter Drucker's writing during his long and illustrious career.

Drucker, P., and G. Stern. 1998. *The Drucker Foundation self-assessment tool set* (includes the revised Process Guide and Participant Workbook). Drucker Foundation Series. San Francisco: Jossey-Bass. A set of books that can help any organization, with or without an expert consultant, lead a self-assessment process that results in a strategic or long range plan for their organization. The Process Guide is for the small team that will lead the entire process; the Participant Workbook will be used by all stakeholders who participate in the public planning process.

Kotter, J. P. 1996. *Leading change*. Cambridge: Harvard Business School Press. This book is a practical and realistic assessment of what it really takes to transform an organization. This book is informed by much experience and a deep understanding of what works and what fails. If you are attempting to change an institution, this sober book will save you many missteps and position your organization for success.

Mind Tools. 2009. *SWOT analysis: Discover new opportunities. Manage and eliminate threats*. www.mindtools.com/pages/article/newTMC_05.htm, September 21. This article introduces key questions as a helpful framework for quickly leading a project team or organization through a SWOT analysis.

CHAPTER 24

Associations and Partnerships

협회 및 파트너십

CLAIRE SAWYERS 클레어 소여스

서론

공공정원은 많은 사업과 운영 부분에서 다른 기관과 상호 협력하거나 다른 단체와 파트너십을 통해 정원의 미션을 효율적이고 효과적으로 완수할 수 있다. 이 장에서는 파트너십 사례를 살펴보고 성공 사례를 통해 파트너십 형성의 장단점을 확인해 보고자 한다.

프로그램은 공식적인 파트너십보다 구속력이 약한 형태이다. 살아있는 수집품 및 박물관과 연관된 여러 전문 기관이나 협회들이 프로그램을 제안한 바 있다. 따라서 이들 기관과 프로그램들도 살펴보고자 한다.

미국내에 기반을 둔 전문 협회

미국 박물관협회

1906년에 설립된 미국 박물관협회(American Museum Association, AAM)는 비영리기관이며 회원들의 후원을 기반으로 하고 있다. 미국 전역에 걸쳐 모든 종류의 박물관에 대한 지식을 수집하고 공유하면서 박물관 공동체의 우수성을 높이고 모범 사례를 발굴하는 데 노력을 기울이고 있다. AAM은 박물관의 직원, 임원, 자원봉사자가 자신의 임무를 더욱 잘 수행하고 대중을 위해 봉사할 수 있도록, 전문가표준 및 성과를 달성하는 데 도움이 되는 자료를 제공하고, 옹호 활동(advocacy), 전문 교육, 인증 프로그램을 수행한다. 또한, 광범위한 박물관 전문 분야를 대표하며, 15,000명 이상의 개인 회원, 3,000개의 기관 회원 및 300개의 기업 회원을 보유하고 있다.

핵심 용어

파트너십(Partnership): 둘 또는 그 이상의 개인(또는 단체)이 체결한 계약으로 각 당사자가 사업을 위해 자본 및 노동력 일부를 제공하는 데 동의한다. 각 당사자는 이 계약을 통해서 이익, 손실, 혜택 및 위험을 일정 비율로 나눈다.

공공정원과 연관된 AAM 상임위원회에는 관람객 연구 및 평가위원회, 교육위원회, 박물관 전문교육위원회, 홍보 및 마케팅위원회, 개발 및 회원위원회가 있다.

AMM의 대표 간행물인 '뮤지엄'(Museum)은 격월로 발간되며 박물관 전문가를 위한 핵심 자료로서, AAM 웹사이트에서도 이용할 수 있다. 또한, 2008년에 출판한 '미국 박물관을 위한 우수 사례'(Best Practices for US Museums)를 포함해 박물관 관련 서적도 여러 권 출판하고, 자체적으로 운영하는 서점을 통해 광범위한 참고 자료를 제공한다. 많은 교육 프로그램 가운데 가장 규모가 큰 연례 회의에는 6,000명 이상 참여한다. 공공정원에 관련해 특히 중요한 2개의 AAM 프로그램으로 인증 프로그램(Accreditation Program)과 박물관 평가 프로그램(Museum Assessment Program)이 있다.

| AAM 인증 프로그램

1967년 Lyndon B. Johnson 대통령이 미국 연방 예술 및 인문 의회(U.S. Federal Council on the Arts and Humanities)에 미국 박물관의 현황을 연구하고 강화할 방안을 마련할 것을

요청함에 따라 AAM이 인증 절차를 수립했다. 1970년, 박물관 인증: 업계 보고서(Museum Accreditation: A Report to the Profession)가 발표되고 몇 달 뒤, 여러 박물관이 새롭게 마련된 인증 절차를 신청했다. 1971년, 16곳의 박물관이 처음으로 인증을 받았다.

인증 과정은 업계를 후원하고 업계의 표준과 모범 사례를 강화하는 방향으로 지속해서 개선되고 있으며 윤리, 투명성, 지역사회 참여, 다양성, 기술 활용과 같은 다양한 측면을 측정한다. 현재 AAM 프로그램의 인증을 받은 박물관 수는 750개가 넘지만 그중에서 공공정원은 2%에 불과하다.

다른 전문 분야와 달리, 'museum' 또는 'public garden'과 같은 명칭을 사용하는 것을 감독하는 허가 기관이나 규제 기관이 없다. 누구나 간판을 걸고 자신의 뒤뜰을 수목원이라고 자칭할 수 있다. 인증 절차는 '공공정원'이라고 자칭하는 다양한 기관을 전문적 기준으로 입증하는 하나의 방법이다.

인증 프로그램이 박물관에 어떻게 이바지했는지 알아보기 위해 AAM이 박물관 전문가를 대상으로 조사를 하였다. 여기에는 국가적 수준의 인식, 더욱 분명한 목적 의식, 임무 완수의 검증, 모금 활동 및 마케팅 능력 강화, 타 기관이나 잠재적 파트너, 직원, 기부자 사이의 신뢰성 향상, 기관과 사업에 대한 임직원의 이해도와 참여도 등 다양한 요인들을 밝혔다. 이와 더불어 프로그램 수립에 필요한 추동력 측면에서 정책과 절차를 강화한다는 사실은 가장 중요한 결과라 할 수 있다. AAM은 인증을 통해서 박물관 분야는 물론 모든 박물관이 혜택을 볼 수 있는 자율적인 규제 절차를 발전시킬 수 있었다.

| 박물관 평가 프로그램

연방기관인 박물관도서관 서비스연구소(Institute of Museum and Library Services)는 AAM과 함께 박물관 평가 프로그램(Museum Assessment Program: MAP)을 운영하기로 협력 계약을 맺고 있다. MAP은 자체 평가 및 동료 평가 등 작업을 기밀로 하면서 공공정원을 비롯한 박물관들이 모범 사례에 견주어 검토하고, 개선할 사항을 알려주고, 우선순위와 자원 배분에 관한 문제를 다루는 데 도움을 준다.

이 프로그램은 1981년에 만들어진 이래로 3,500개 이상의 기관에 5,000건 이상의 평가를 제공했다. 1,250명 이상의 동종 업계 평가자들이 매년 2만8천 시간을 봉사로 프로그램에 기부한다. 1년이 소요되는 이 작업은 자율학습 과정과 방문 동료 평가가 포함되며, 검토 팀의 보고서에 제안 사항이 담긴다. 이용할 수 있는 평가는 기관 평가, 수집품 관리 평가, 공공영역 평가, 관리 방식 평가 4가지이다.

미국 공공정원협회

1940년 미국 식물원수목원협회(Association of Botanical Gardens and Arboreta)로 설립된 미국 공공정원협회(American Public Gardens Association: APGA)는 지식 공유, 전문성 개발 및 연구를 통해 공공정원 분야의 전문성을 증진하고, 공공정원이 관람객에게 더 나은 서비스를 제공하고 임무를 완수할 수 있도록 그들의 업무를 지원하고 장려하는 데 노력하고 있다.

APGA의 주된 출판물인 '공공정원'(The Public Garden)은 발행할 때마다 공공정원 분야에서 중요한 특정 주제에 대하여 보도한다. APGA는 정기적으로 직무능력개발 심포지엄 및 웹세미나와 더불어, 연례 회의도 주최한다. 연례 회의 경우 많게는 700명 이상 전문가가 참석한다.

이 협회는 정기적으로 설문 조사를 실시하며, 공공정원 전문가 급여에 대한 조사와 예산 규모별 운영에 대한 벤치마킹 조사가 포함된다. APGA자료센터(APGA Resource Center)는 공공정원 자료 및 프로그램에 관한 전문 도서관 역할을 한다. 500개의 기관 회원은 북미 지역과 기타 6개국에 있는 정원을 대표한다.

APGA 전문가와 정원 부서 ▼

APGA 전문가와 정원 부서는 회원들의 관심사와 활동을 대표한다.

전문대학 및 대학 정원 부서

온실 및 지원시설 부서

설계 및 기획 부서

교육 부서

원내 관리 부서

역사적 경관 부서

정보 통신 기술 부서

사람–식물 상호 작용 부서

식물 수집 부서

식물 보전 부서

식물 명명 및 등록 부서

소정원 부서

자원봉사자 관리 부서

온대성 침엽수 큐레이팅(curational) 그룹

| 북미 식물수집컨소시엄

미국 농무부의 농업연구청(Agricultural Research Service)과 협력하는 APGA의 후원으로 운영되는 북미식물수집컨소시엄(North American Plant Collections Consortium: NAPCC)은 식물 유전자(germplasm)를 보존하고 식물수집물 관리를 높은 수준으로 끌어올리기 위해 전국적 차원에서 조직된 공공정원 네트워크이다. 참여 기관은 명시된 기준에 부합하는 식물수집물을 보유하고 개발하며 큐레이팅하고 보존하겠다는 장기 책무를 수행하는 데 동의한다. 이들 수집물은 식물 식별 및 품종 등록을 위한 참조 수집물로 사용된다. 참여 기관들에 의하면, NAPCC 수집물을 보유함으로써 수집물을 보강할 수 있고, 다른 기관과 협력 가능성이 증가하며, 보조금 지원사업을 할 기회가 생기는 이점이 있다고 한다.

| 식물수집

식물수집(PlantCollections)이라는 프로그램/파트너십은 APGA, 시카고식물원과 캔자스대학교(University of Kansas) 3개의 중점 파트너 간의 공동협력 프로그램이다. 전국 15개 공공정원이 프로젝트에 참여하기로 약속했다. 이 프로그램의 목표는 인터넷 문의에 대한 데이터베이스 시스템을 개발하는 것이다. 이는 식물 유전자를 보존하기 위한 전국적인 노력을 개발하는 첫 단계로서 다양한 서식의 식물기록시스템을 포괄적인 목록으로 통합하고 이용할 수 있게 하는 것이다.

정원 보전

정원 보전(Garden Conservancy) 기구는 정원 보존의 공동 목표를 위해 파트너십을 사용하는 실례이다. 유명한 원예사인 플랭크 캐봇(Frank Cabot)이 1989년에 설립하였으며 대중의 교육과 즐거움을 위해 미국의 뛰어난 정원을 살리고 보존하는 데 노력한다. 전국 회원제를 기반으로 광범위한 재정을 지원하여 사업을 추진한다. 정원 보전은 사설 정원에 기술적 지원과 지도력을 제공하여 공공 기관으로 전환할 수 있도록 도와주는데, 구체적으로 법률적 전략, 경영 구조 및 견고한 재정 및 조직 운영 수립을 지원한다. 미국의 주요 정원 90여 개가 '정원 보전'과 단기 또는 장기 파트너십으로 혜택을 보았다. 정원 보전 기구는 '정원을 대중에게'(Taking a Garden Public) 안내서와 같은 도구를 개발하여 정원을 오래도록 보존하고 유지하는 일에 수반되는 문제들과 전략을 간추려 소개하기도 했다.

또한 정원 보전 기구는 오픈 데이(Open Days) 프로그램을 통해 정원에 대한 대중의 인식을 높이는 데 일조하고, 연례 프로그램을 위한 기금을 마련하는데 전국적인 프로그램을 통해서 7만여 명의 참가자가 23개 주의 300여 사설 정원을 방문한다.

식물보전센터

1984년에 설립된 식물보전센터(Center for Plant Conservation: CPC)는 미국의 멸종 위기 자생식물의 멸종 방지에 전념하고 보존 작업에 전념하는 공공정원과 기관들의 네트워크로 구성되어 있다. 36개 기관이 국립멸종위기종수집(National Collection of Endangered Plants)에 참여하고 있으며, 이에 해당하는 식물의 합계는 700 분류군이 넘는다. 각 수집물은 멸종에 대비한 보호 장치의 역할을 하며 복원 작업 및 과학적 연구를 위한 자료를 제공한다.

CPC는 국립멸종위기 식물수집과 정원 네트워크를 관리, 조정하는 것뿐만 아니라 회원들에게 지원을 받는다. 또한 '식물 보전'(Plant Conservation)이라는 계간지 발행과 심포지엄 및 기타 교육 활동을 통해서 식물 보존을 위한 전략과 전술 강화의 필요성에 대한 대중의 인식을 넓히고 있다.

국제 협회

국제 식물원 보존기구

세계의 멸종 위기 식물을 구하기 위해 1987년에 설립된 국제식물원보존연맹(Botanic Gardens Conservation International: BGCI)는 공공정원에서 식물 보전에 노력하는 유일한 전 세계적 네트워크이다. BGCI 미션은 "식물원을 동원하고, 파트너들을 동참시켜 인류와 지구의 안녕을 위한 식물 다양성을 확보하는 것"이다. 현재 118개 국가의 700곳 이상 식물원이 BCGI에 가입한 상태이다. BGCI에서는 연 2회 BGjournal과 Roots를 출판하는데, Roots는 지속가능성을 위한 교육, 교사 연수, 해설 및 연구와 같은 주제를 담고 있다. 출판물 이외에도 전시회, 국제 모임, 교육 과정 및 직접 보존 프로그램을 통해 회원 단체들이 식물의 멸종 위협을 막을 수 있도록 지식을 향상하고, 역량을 강화하는 하는 데 주력한다. 본사는 런던의 큐 왕립식물원(Royal Botanic Gardens, Kew)에 있으며 케냐, 미국, 싱가포르와 중국에 지역 사무소가 있다. 미국 BGCI 사무소는 시카고식물원에 있으며 보존에 전념하는 80여 개의 파트너 정원 및 기관과 협력하고 있다.

83개국의 472개 식물원은 BCGI가 2000년에 작성하고 발표한 '보전을 위한 식물원 국제아젠다'(International Agenda for Botanic Gardens in Conservation)에 서명하면서 식물 보존

에 대한 자신들의 공약을 확인하였다.

파트너 제휴 맺기

공공정원은 다양한 목적으로 정식 파트너십을 체결한다. 관리 방식을 공유하기 위해, 미션의 영향을 후원하고 확대하기 위해, 교육 프로그램의 미치는 범위를 확대하기 위해, 수익을 창출하기 위한 경우가 있으며 혹은 정원의 미션과 직접적 관련은 없지만, 방문자 서비스 운영을 위해 파트너십을 체결하기도 한다.

관리 방식을 위해

많은 공공정원은 정부 기관, 대학 또는 정원 보전 기구(Garden Conservancy)와 같은 다른 조직과의 공유 관리 방식을 위해 협력 관계를 맺는다. 이런 형태의 관리 방식에 대한 설명은 제1장에서 다루었다.

| 쿠야마카대학의 수자원 보전 정원

수자원 보전 정원(Water Conservation Garden)의 조성은 공동의 관심사와 여러 기관의 파트너십이 가져온 결과였다.

장기간 가뭄을 겪은 후 캘리포니아주의 헬릭스(Helix) 및 오타이(Otay) 수자원 지구는 야외 수자원 보전 기술에 대한 대중 교육의 중요성을 인식했다. 두 수자원 지구는 수자원 보전 정원을 조성하는데 필요한 토지를 제공하기로 한 세 번째 파트너인 쿠야마카대학(Cuyamaca College)과 손을 잡았다.

수자원 보전정원기관 Conservation Garden Authority: WCGA)은 정원의 자금 조달, 개발 및 유지를 사업으로 하여 1992년에 법인 인가를 받았고, 해당 정원은 공공정원으로 1999년에 문을 열었다.

정원의 관리이사회는 각 후원 공공 기관과 추가 후원 단체의 대표자를 포함한다. 2007년에 스위트워터기관(Sweetwater Authority)이 WCGA에 합류했으며 같은 해에 수자원 보전 정원은 환경보호국(Environmental Protection Agency)의 워터센스(WaterSesnse) 파트너 프로그램에 가입했다.

미션의 공유와 증진을 위해서

직원과 예산이 제한적일 때 다른 기관과 파트너십을 맺음으로써 공공정원이 미션을 완수하도록 도움을 줄 수 있다. 같은 생각을 하는 조직들은 서로 연대하여 더 다양한 관람객에게 다가갈수 있다. 어떤 경우에는 서로 다른 전문 지식을 가진 조직들이 서로 협력하여 공동의 목표를 더 효과적으로 달성할 수 있다.

| 레이디버드존슨 야생화센터 협력 프로그램

텍사스주 오스틴에 있는 레이디버드존슨 야생화센터(Lady Bird Johnson Wildflower Center)는 사람들을 북돋아 자생식물 서식지 보전과 자생식물 군락 복원을 꾀하고, 북아메리카의 조경에 자생식물을 통합시키는 것을 목표로 삼는다. 이에 따라 전국적으로 목표를 달성하기 위한 협력 프로그램을 개발하여 야생화센터와 제휴 기관들의 기준과 혜택에 관해 규정하였다. 야생화센터의 이점은 센터의 미션과 비전을 보완할 더 넓은 홍보 활동, 센터 지지층의 지리적 확장을 포함하고, 야생화와 자생식물 보전을 위한 지역적 노력을 권장하고 있다. 제휴 기관들은 레이디버드존슨 야생화센터와의 공식적인 협력 관계를 맺고, 프로그램을 통해 센터와 협력하며, 센터에서 개발한 간행물 및 커뮤니케이션 채널에 대한 이용할 수 있는 혜택을 갖는다. 현재 이 프로그램은 3개국에 27개의 제휴 기관이 있고 미국 12개 이상 주가 가입되어 있다.

| 네브래스카 주립 수목원

네브래스카 주립수목원(Nebraska Statewide Arboretum: NSA)은 네브래스카주 식물에 대한 지식과 감상, 자연경관의 우수성을 촉진하기 위한 파트너십과 연계된 네트워크이다. 네브래스카주에 있는 조직이나 기관들은 두 가지 협력 프로그램을 통해 네트워크 참여할 수 있다. 하나는 유적지, 공원, 캠퍼스, 학교 운동장 또는 문화적 의미가 있는 자연경관을 포함하는 관리 현장(stewardship site)을 위한 프로그램이고 다른 하나는 공공정원과 수목원을 위한 프로그램이다. 제휴 조직은 NSA 간행물 및 웹사이트를 통한 주 전역의 홍보, NSA 로고, 식물 라벨, 간판 및 간행물의 이용, 연구 컨소시엄 참여, NSA 직원에게서 받는 기술적 지원, NSA 보조금 프로그램을 통한 재정적 지원이 포함되며 NSA의 비과세 자격을 통해 세금 공제 기부금을 받을 수 있다는 이점도 있다. 현재 25곳이 수목원 제휴 기관으로 참여하고 있고, 11개 역사 유적지와 50개 경관 관리 현장이 참여하고 있다.

교육 프로그램 개발의 향상을 위해

특정 교육 목표나 프로그램을 기반으로 하는 파트너십은 더 넓은 관람객층을 유치하고 교과과정 개발에 대한 전문 지식을 공유하고, 인증된 프로그램을 통해 학위를 수여할 수 있다.

| 다년생 식물 및 목본 식물 학회

1983년 필라델피아 지역에 있는 몇몇 공공 기관이 다년생 식물을 주제로 연례 학회를 계획하고 후원하기 위해 힘을 모았다.

원래 동참했던 기관들은 스와스모어 대학(Swarthmore College)의 스콧 수목원(Scott Arboretum), 롱우드가든(Longwood Gardens), 펜실베이니아 원예학회(Pennsylvania Horticultural Society), 내한성 식물학회/미드아틀란틱그룹(Hardy Plant Society / Mid-Atlantic Group)이었으나 나중에 찬티클리어(Chanticleer)가 이들에 합류했다. 각 조직의 대표로 구성된 위원회는 학회의 계획 및 평가를 관리하고 학회 정책을 수립한다. 학회 진행 책임은 공동 후원 기관들이 나누어 맡는데 스콧 수목원이 행사를 주최하고, 찬티클리어는 홍보 책임을 맡고, 롱우드가든은 등록을 처리하고, 펜실베이니아 원예학회는 연사를 섭외하고, 내한성 식물학회는 학회 자료와 프로그램 일부를 준비한다. 다년간 600명이 학회에 참석했다. 수익금은 비용을 정산한 후에 공동 후원 기관들이 나누어 가진다. 다년생 식물학회를 위한 협력의 성공에 뒤를 이어 비슷한 구조로 목본 식물을 주제로 연례 학회가 추가되었다.

| 롱우드 대학원 프로그램

롱우드가든(Longwood Gardens)은 1967년에 델라웨어대학(University of Delaware)과 파트너십을 맺어 롱우드 대학원 프로그램을 만들었다. 이 과정은 공공 원예 분야의 리더십 경력을 지닌 학생들을 양성하기 위해 고안된 초창기 대학원 학위 과정 중 하나이다. 이 과정은 학생들에게 연구장학금(fellowship)을 제공하며 델라웨어 대학의 교과과정 이외에 롱우드가든에서 여름에 진행되는 2회 활동 및 업무 경험을 포함한다. 졸업생에게는 공공 원예학 전공으로 이학석사가 수여된다. 롱우드가든은 이 프로그램을 통해 공공정원 분야의 리더십을 형성하는 데 일조할 뿐만 아니라 연구원들(fellows)이 수행한 연구 및 특별 정원 프로젝트 통해 혜택을 누린다.

| 살기 좋은 델라웨어를 위한 식물

'살기 좋은 델라웨어를 위한 식물'은 집을 소유한 사람들에게 침입식물의 문제점에 대해 교육하고 조경에 적합한 대안을 제시하기 위해 고안된 캠페인이다. 이 프로그램은 델라웨어 협동조합(Delaware Cooperative Extension), 델라웨어 원예센터(Delaware Center for Horticulture, 델라웨어 주 윌밍턴에 소재한 공공정원), 델라웨어 자연협회(Delaware Nature Society), 델라웨어 농무부(Delaware Agriculture Department) 및 델라웨어 자연경관협회(Delaware Nature and Landscape Association)가 협업하고 있다. 자금은 델라웨어 하구(Delaware Estuary)와 국립 도시 및 지역사회 산림관리

자문위원회 프로그램(National Urban and Community Forestry Advisory Council Program)의 보조금으로 충당했다.

수집물 보존을 위해

식물 보전과 관련된 목표를 보다 효과적으로 달성하기 위해 정원들은 CPC 나 BGCI와 같은 식물 보존 및 보전 기관과의 파트너십 이외에도 지역 및 국제 수준의 효과적인 파트너십을 형성했다.

| 조지아 식물 보전 연합

조지아 식물 보전 연합(Georgia Plant Conservation Alliance)은 조지아의 멸종 위기에 처한 식물을 보존하기 위해 협업하는 정부 기관, 환경 기관이 연계한 공공정원 네트워크이다. 이 연합체의 미션은 "다학제 연구, 교육 및 옹호 활동을 통해서 조지아의 식물을 연구하고 보존하는 일"이다. 1995년에 결성된 이 연합체는 자연 서식지와 생물 다양성을 보호하고 대중을 교육하기 위해 일한다. 이 파트너십의 전략은 식물원 직원, 토지 관리자, 주와 연방 소속 식물학자, 그리고 대학에 있는 과학자들과 팀을 이루어 모두 함께 일하는 것이다.

연합의 연구 결과는 자생식물 보전 활동에 직접 참여할 것을 권장하는 학교 프로그램을 통해 전파된다. 연합체 회장인 짐 아폴터(Jim Affolter)가 말했듯이 이 파트너십의 또 다른 이점은 "업무를 진행하는 과정에서 관료적 형식주의와 타성을 없애고 간다는 것"이다.

수집물, 작물 및 품종 개발을 위해

북미 식물수집 컨소시엄(North American Plant Collections Consortium)과 여러 식물학회의 파트너십이 보여주듯 다양한 종류의 파트너십은 수집물을 향상하는 데 효과적인 수단이 되어왔다. 미국 침엽수 학회(American Conifer Society), 미국 비비추 학회(American Hosta Society) 및 미국 호랑가시 학회(Holly Society of America)는 다양한 수준에서 파트너십을 발전시킨 식물학회의 실례들이다. 파트너십을 맺은 결과 공공정원은 더욱 강력한 식물수집품을 보유하게 되었고, 식물학회는 더 넓은 관람객층과 식물 수집 자원을 갖게 되었다. 시카고랜드 그로우즈(Chicagoland Grows)라고 불리는 협력체는 공공정원, 재배자 및 도매 종묘원들로 구성되어 있으며, 가치 있는 조경 식물을 개발하고 평가하며 소개한다.

| Holly Society of America

미국 호랑가시 학회(Holly Society of America)는 공식 호랑가시 수목원 또는 시험센터 프로그램을 운영하고 있다. 정원이나 현장에서는 연회비를 내고, 기록과 라벨 유지에 관한 학회 지침을 준수하며, 당해 목록을 토대로 호랑가시나무들의 상태를 담은 연례 보고서를 제출한다. 공식 호랑가시 수목원이 되려는 조직은 학회에 신청서를 제출해야 한다. 신청서는 학회의 이사회에서 검토하고 승인한다.

마케팅 향상을 위해

미국 여러 곳의 공공정원들은 정원과 지역 시장을 공동으로 개척하기 위해 파트너십을 발전시켜왔다.

| 대 필라델피아 정원(Greater Philadelphia Garden)

1989년 필라델피아 지역에 있는 몇몇 정원들은 모리스 수목원(Morris Arboretum)의 주도 아래 퓨 자산 신탁(Pew Charitable Trust)으로부터 기금을 받아 컨소시엄을 구성하여 상호 협력을 모색했다. 컨소시엄은 회원으로 가입된 정원을 시장에 더욱 알리고, 방문객 유치를 장려하였으며, 필라델피아를 정원이 넘치는 지역으로 홍보하기 위해 협력한다. 수년이 지난 후 외부 자금이 끊겼으나, 회원 자격, 약속된 업무 및 회원 연회비로 활동을 지속해 나갔다. 이들의 공동 작업은 공동 웹사이트, 조직적인 행사를 통해 계속 홍보와 마케팅에 주력하고 있다. 3개 주에 있는 약 30여 개의 정원이 참여하고 있으며, 모두 필라델피아에서 1시간 거리 안에 있다.

재정 지원을 위해

오늘날 비영리 박물관과 영리를 목적으로 하는 기업 사이의 파트너십이 일반적이다. 정원이 하고자 하는 것을 지원하고, 지역사회에서 법인의 사회공헌 목표를 수행하는 프로그램들은 보조금이나 금융자산을 이용할 수 있다. 예를 들어 브루클린식물원(Brooklyn Botanic Garden) 장미 정원 부지 토양을 새로 하는 비용을 화장품 회사가 부담하고, 시카고 식물원(Chicago Botanic Garden)에서 운영하는 가든 셰프(Garden Chefs) 시리즈를 이탈리아 식품 제조 회사가 지원한다. 다른 예로 공공정원의 회원제 프로그램 장려책으로 지역사회 사업체들이 제공하는 할인권을 활용할 수 있다.

정원과 기업이 모두 이익을 얻을 수 있지만, 대중의 신뢰와 공공정원의 윤리적 진실성이 지켜질 필요가 있다. 문제를 피할 수 있는 한 가지 방법은 미국 박물관협회(AAM)이 기업 후원에 관해 요약한 윤리 지침과 모범 사례 표준을 살펴보는 것이다.

국제 파트너십

공공정원은 연구, 식물 보존/보전 및 교육 프로그램을 증진하기 위해 다른 나라의 정원들과 파트너십을 형성해왔다.

| 조지아 주립 식물원

조지아 주립 식물원(State Botanical Garden of Georgia)은 라틴 아메리카에 있는 자매 정원들과 파트너십을 맺고 보전, 환경 교육, 새로운 작물 개발과 관련된 프로그램을 개발했다. 조지아 주립 식물원은 아르헨티나의 코르도바(Cordoba)주의 미겔 쿨라키아티 박사 식물원(Jardín Botánico Dr. Miguel J. Culaciati)과 제휴하여 직원 교류, 약용 식물 보전에 대한 협업 및 환경 교육 프로젝트를 여러 번 성사시켰다. 또한, 조지아 주립 식물원의 연구원은 코스타리카에 있는 대학과 협력 관계를 맺어 몬테베르데 클라우드 포레스트지대(Monteverde cloud forest region)의 조지아대학교 산 루이스 연구소(San Luis Research Station) 캠퍼스에 새로운 식물원을 만들고 있다. 몬테베르데 지역의 비영리 단체인 프로나티바(ProNativas)도 이 프로젝트에 동참하여 관상용 식물로 경제적 잠재력을 갖는 코스타리카의 자생종을 선별하고 증식하며 평가하는 일에 협력하고 있다.

요약

공공정원은 살아있는 수집물을 보유하는 박물관이다. 공공정원의 수집물 관리 및 전시기획, 교육 및 해설, 관람객 개발, 기금 조성, 자원봉사자 관리 및 기타 운영 활동의 모범 사례는 다른 박물관과 비슷하다. 박물관 활동과 기준에 대해 다루는 전문 단체는 정원과 정원 종사자에게 귀중한 자원이 될 수 있다. 정원 및 식물수집 개발과 관련 깊은 몇몇 전문 단체는 공공정원 전문가에게 귀중한 자원이 된다. 이런 협회들은 공공정원이 기관의 미션을 발전시키고 달성할 수 있게 하며, 프로그램을 확장하고, 기관을 홍보하는 데 도움이 된다. 24장에서 설명한 효과적인 파트너십의 실례들은 많은 공공정원이 필요에 맞게 조정할 수 있는 본보기가 되도록 제안하였다.

참고문헌

The American Association of Museums. 2008. *National standards and best practices for U.S. museums.* Ed. E. Merritt. Washington, D.C.: John Strand.

Andorka, C., L. Brockway, and W. Noble. 2001. *Taking a garden public.* 2 vols. Garden Conservancy Preservation Handbook Series. Cold Spring, N.Y.: Garden Conservancy.

Professional associations and related organizations

American Association for Museum Volunteers (www.aamv.org)

American Association of Museums (www.aam-us.org)

American Public Gardens Association (www.publicgardens.org

American Society for Horticultural Science (www.ashs.org)

Association of College and University Museums and Galleries (www.acumg.org)

Association of Zoological Horticulture, Inc. (www.azh.org)

Botanic Garden Conservation International (www.bgci.org)

Center for Plant Conservation (www.centerforplantconservation.org)

Council on Botanical and Horticultural Libraries (www.cbhl.net)

Garden Conservancy (www.gardenconservancy.org)

Institute of Museum and Library Services (IMLS) (www.imls.gov)

International Council of Museums (ICOM) (www.icom.museum)

International Plant Propagator's Society (www.ipps.org)

Museum Store Association (www.museumdistrict.com)

National Trust for Historic Preservation (www.preservationnation.org)

Nebraska Statewide Arboretum (www.arboretum.unl.edu)

New England Museum Association (NEMA) (www.nemanet.org)

North American Association for Environmental Education (www.naaee.org)

Lady Bird Johnson Wildflower Center (www.wildflower.org)

Travel Industry Association of America (www.ustravel.org)

Visitors Studies Association (www.visitorstudies.org)

Western Museums Association (WMA) (westmuse.wordpress.com)

CHAPTER 25

Facility Expansion
시설 확충

BRIAN HOLLEY 브라이온 홀리

서론

공공정원은 개발, 수집, 및 프로그램 관리에 많은 관심을 기울이지만, 대부분은 시설 부족으로 인해 추가 개발이 제한되는 상태에 이르게 된다. 시설을 확충하는 데는 여러 가지 형태와 기능이 요구되지만, 성공적인 공공정원 확충을 위해서는 몇 가지 핵심 요소를 파악해야 한다.

- 정원과 방문객의 요구사항을 맞춰야 한다.
- 지속 가능한 방식으로 건설되고 운영되어야 한다.
- 예산 한도 내에서 건설되어야 한다.
- 정시에 완공되어야 한다.
- 기능성이 있어야 한다.
- 미관상 아름다워야 한다.

이 장에서는 확충 과정에 대한 개요와 이를 위한 핵심 전략을

핵심 용어

AIA: 미국 건축가협회

APGA: 미국 공공정원협회

토목 엔지니어: 도로, 배수구, 경사와 같은 현장 개발을 위한 계획안을 작성

기본구상: 디자인의 첫 번째 단계로 시설 프로그램 요소를 체계화하고 주차 및 매표와 같은 요소의 특징을 제시함.

건설 행정: 건축가나 조경사가 건설 기간에 프로젝트를 총괄하는 서비스

시공문서(CD) 단계: 프로젝트의 상세한 도면을 준비하는 단계로 건설 과정에 사용됨.

건설 관리자(CM): 입찰 서류를 제작하고, 입찰 과정과 하도급업체의 작업을 관리함.

비용 컨설턴트: 프로젝트 비용을 상세히 산출하는 작업을 담당함.

디자인 개발(DD): 건축 재료와 마감재의 전반적인 외관이 결정되는 단계

전기 엔지니어: 전력 서비스 계획을 개발하며, 시청각 시스템, 조명 제어, 컴퓨터, 통신 시스템 등을 설계함.

FF&E: 가구, 고정물, 장비

일반 도급업체(GC): 전체 건설 프로젝트를 착수하기 위해 계약을 체결하며, 건설작업에 수행인력을 배치할 수 있음.

GMP: 최대 금액 보증

HVAC: 난방, 환기 및 에어컨

LEED: 에너지 환경 설계 리더십

기계 엔지니어: 배관, 난방, 환기 및 에어컨 계획 개발

OACs: 소유주/건축가/도급업자 회의

소유주 대리인: 건설 프로젝트 설계와 건설 기간에 소유주 대리

파트너 협력: 문제를 해결하기 위해 팀마다 책임을 분담하는 것을 강조하는 분쟁 회피 및 해결책 모색 체계

기본계획 단계: 시설의 스타일과 방 배치 및 크기 고려

구조 엔지니어: 건설 프로젝트의 구조와 구조적 요인 계획을 설계

하청업자: 일반 계약자나 건설 관리인과 체결한 계약 하에서 작업하는 하위 계약자

가치 공학(VE): 비용 대비 효율적인 방법으로 건설되도록 건설 프로젝트의 모든 항목을 점검하는 단계로 불필요한 요소를 제거함.

소개하고자 한다.

왜 시설을 확충하는가?

시설을 확충하는 이유에는 여러 가지가 있다. 과밀화된 사무실, 불충분한 휴식 시설, 새로운 프로그램을 위한 시설 부족, 부족한 수업 공간 등은 시설을 확충하게 되는 공통된 원인이다. 다른 경우에는 향상된 수익창출과 방문객 서비스 제공, 효율적인 조직운영을 위한 욕구로 시설 확장을 결정하게 된다.

간혹 한 지역의 문제를 해결하기 위하여 조직 전체의 요구사항 고려하고 훨씬 더 통합된 확충 프로그램으로 이어지는 경우가 많다. 예를 들어 어린이 공원이나 온실 같은 명소를 추가하려면 식품 서비스와 소매점 그리고 넓은 주차장과 화장실, 매표소, 사무실, 서비스 지원구역 그리고 교실과 같은 고품질의 방문객 전용 복지시설이 필요하다.

방문객의 경험

공공정원은 방문객의 시간, 흥미 및 때에 따라서는 수익을 얻기 위해 경쟁한다. 강력한 식물 중심의 경험을 방문객들에게 전달하기 위해 시설 확충 프로그램을 이용하면, 본연의 목표를 달성하기 위한 공공정원의 역량에 막대한 영향을 미친다. 핍스 온실식물원(Phipps Conservatory and Botanical Gardens), 뉴욕식물원(New York Botanical Garden), 애틀랜타 식물원(Atlanta Botanical Garden), 클리블랜드식물원(Cleveland Botanical Garden) 그리고 모튼수목원(Morton Arboretum)과 같은 최근 사례를 보면 명백히 알 수 있다. 많은 경우, 식물원을 찾는 방문객 수가 두 세배 이상 급증하고 있으며, 지역 사회의 인식도 바뀌고 있다. 일부 사례를 보자면 식물원은 수입 확충과 지역 사회에서 인식되는 식물원의 중요성이 변화함에 따라 교육, 지역 사회 프로그램 그리고 보전계획을 대폭 확대할 수 있게 되었다.

확충된 시설은 정원의 수집과 이에 대한 정보를 전달할 수 있는 능력을 향상하는데 작용할 수 있다. 애틀랜타식물원의 고산 정원이 대표적인 사례. 정원의 정교한 환경관리로 안데스산맥의 운무림(Cloud forest)에서 수집한 식물을 발전시키고, 방문객들이 경험할 수 있는 특별한 정원을 소개할 수 있게 되었다.

사례 연구: 모튼수목원(MORTON ARBORETUM)의 시설 확충

제라드 T. 도넬리 박사, 모튼수목원 회장과 최고경영자

모튼수목원은 시카고 서부에 있는 식재와 보전 업무를 담당하는 공공정원이다(www.mortonarb.org). 본 수목원은 1997년 개원 75주년을 기념하여 1,700에이커 규모의 대규모 마스터플랜을 수립했다. 이 계획 안에는 토지용도 구역, 사람들과 차량의 통행 개선, 주차, 건물 및 수력 발전 시설을 포함한다. 계획이 완공되면 매년 방문객 수를 최대 75만 명까지 늘리는 계획을 세웠다(1997년 28만 7천 명 대비).

이 마스터플랜은 식물 수집과 해설, 폭풍우 관리 그리고 공공시설 등의 추가 계획을 수립하는 토대가 되었다. 당사 식물원의 주요 구역인 정문과 방문객 센터, 정원 그리고 직원과 방문 시설을 위한 세부 현장 계획안이 1999년에 마련되었다.

2002년에 마스터플랜의 첫 번째 단계로 첫 삽을 떴다. 총 4,500만 달러의 규모로 관광객을 더 확보하기 위한 여러 가지 프로젝트 안이 포함되었다. 새로운 입구, 게이트하우스 배열, 차량 도착로와 더불어 다른 친환경적인 주차 혁신 모델에 대한 영감을 주기 위한 모델로 차량 500여 대를 수용할 수 있는 평지 주차장을 건설했다. 현재 방문객 센터는 크고(36,000제곱피트), 아름답고 에너지 효율적인 시설로 탈바꿈되었다. 4, 5에이커의 어린이 전용 정원이 개장되었고, 1에이커 크기의 잔디와 수목원 중심부에 원예 정원도 확충했다. 두 번째 단계는 관람객들이 식물원과 오솔길 그리고 우림을 둘러볼 수 있도록 순환도로를 건설하는 것이다. 수질 관리와 미관 및 환경적 가치를 위해 중앙 호수를 다시 공사했다. 확장된 식물생산 시설과 다른 지원 시설도 포함되었다. 3년 반에 걸쳐 임시 방문객 센터와 상점 그리고 식당 부대시설을 활용하여 단계적으로 공사를 마무리했다.

자본 개발 프로젝트는 방문객들이 생각하는 모튼수목원의 이미지를 개선하기 위해 마케팅과 공공 프로그램을 확대하는 것과 함께 진행되었다. 확실한 목표에 도달하여 2004년과 2005년에 새로운 시설이 완공되고 개장되자마자 방문객 수와 회원 수가 급증하여 현재까지도 오름세를 기록하고 있다. 마스터플랜 개발 첫 단계부터 2009년 방문객 수는 83만 명이고, 회원도 3만 4천 가구였다.

특히 어린이정원 방문객 수가 급증했고, 방문객들도 어린이와 가족들이 많아졌다. 신규 방문객은 예전보다 다문화 출신들이 많으며 수목원에 대한 인식이 커져, 이제 시카고 중심부를 넘어 사람들의 발길이 모이는 중심지가 되었다.

그 결과 수입이 급증하여 처음 시설을 개장했을 때보다 두 배 이상 증가한 850만 달러를 기록했지만 이 기간에 운영비도 증가하게 되어 자세한 예산 계획이 필요하다.

대부분 정원의 경우 확충된 시설은 어린이 전용 정원을 통해 가족들이 방문하도록 하고 몬트리올 식물원의 곤충관이나 집중 온실 체험 등 체험 활동을 할 수 있는 체험관을 조성하여 기존의 공공정원 영역을 넓히는 데 주력했다.

그림 25-1】 새롭게 단장한 나폴리 식물원(Naples Botanical Garden)의 브르-질 정원(Brazilian Garden)의 항공사진
Photo provided by Aero Photo

교육

교육 활동을 위한 추가 공간 조성이 계획될 경우, 확충된 공간이 다른 활동을 하는 용도로 사용할 수 있는 방법을 고려하는 것이 매우 중요하다. 계단식 강의실은 강의에 적합하지만, 정원 박람회나 결혼식과 같은 특별행사 대여공간으로는 부적합하다. 정원을 볼 수 있는 교실을 설치하면 공공 휴게실과 고품질의 시청각실(A/V), 무선인터넷 그리고 화상회의 등 대여 시설로 주목받게 될 것이다.

개수대와 긴 작업대를 교실에 설치하면 꽃꽂이와 식물증식뿐만 아니라 정원에서 점심 뷔페 장소 등 프로그램을 다용도로 활용할 수 있다. 다양한 꽃 박람회를 개최하기 좋은 정원에는 교실이나 근처에 바닥 개수대가 있으면 좋다.

교육 공간을 설계할 때 화면, 스피커, 프로젝터, 카메라 그리고 리모컨 조절장치의 크기와 위치를 결정하는 데 도움을 줄 수 있는 시청각 전문가도 명단에 넣어야 한다. 전문가들은 개별적으로 계약을 맺은 설계/건설회사 또는 기계엔지니어링 회사에

서 파견 나온 분들이다.

도서관

정보가 전자화되면서 정보의 양이 많아짐에 따라 도서관도 급변하고 있다. 도서관 확충은 크게 네 가지로 구분된다: 연구 역량 강화, 대중의 정보 접근성 향상, 공동체 프로그램을 위한 공간 마련 그리고 희귀 도서와 자료실 환경 개선이다. 이 네 가지는 도서관을 확충해야 하는 중요한 이유지만, 도서관은 책을 보관할 공간을 확충하기보다는 축소하는 목적으로 전자책과 정보를 디지털 형태로 전환하는 방법도 모색해야 한다.

도서관을 확충할 때 고려해야 하는 한 가지 측면은 희귀 도서와 아카이브 자료를 임시 보관하는 문제이다. 지역보존연맹(Regional Alliance for Preservation), 미국 박물관협회(American Association of Museums), 박물관 도서관 서비스위원회(Institute of Museum and Library Services), 보전 온라인(CoOl)과 같은 정보위원회와 컨설턴트는 이 작업을 계획하

는 데 도움을 줄 수 있다(부록 E 참조).

원예, 보전, 연구 및 수집

대부분 공공정원은 다양한 원예식물을 수집하고 식물 생물 다양성, 보전 또는 기초적인 생물학과 관련된 연구 프로그램을 수행하는 목적이 있다. 공공정원이 이러한 임무를 수행하는 데는 이용 가능한 시설의 품질이나 크기에 제약이 따른다.

식물 수집을 늘리기 위해서는 정원 시설을 확장하기 이전에 박물관 평가 프로그램의 수집 평가를 진행하기 위한 박물관과 도서관 위원회를 통해 보조금 신청을 해보는 것을 권장한다. 경험이 많은 공공정원 전문가들이 생물 또는 무생물적을 대상으로 평가를 진행하여 수집한 대상을 보호하고 생육에 도움이 되는 계획을 마련하는 데 유용한 보고서를 제작할 수 있다. 연구를 통해 식물 수집을 개발하는 데 가장 적합한 시설을 최우선으로 건설할 수 있는 청사진이 마련될 수 있다. 이러한 정보는 설계를 진행하기 위해 담당기관의 승인을 받아야 할 때 대단히 중요하다.

연구 프로그램을 지원하는 데 일반적으로 가장 필요한 증식 시설로 식물 생육실부터 온실 그리고 저차원적 기술의 비닐하우스 등의 형태가 다양하다. 생육실은 주로 통제된 실내 실험을 진행하는 곳으로 다량의 에너지사용 및 폐열을 발생시킨다. 따라서 공조(HVAC)시스템으로 환기를 시키거나 냉각시키도록 설계되는 것이 중요하다. 정교한 냉각 설비도 장기적인 종자 저장실이나 식물 조직 표본을 저장하는 데 필요하다.

식물증식이나 수집 용도로 온실을 건설할 때 고려해야 할 사항이 많다. 일차적으로 초기 비용, 시설의 유용성, 운영비, 운영의 용이성 그리고 기후 등이다. 만약 온실의 목적이 계절별 화단용 화초를 생산하는 것이라면, 막대한 자본과 운영비 그리고 인력을 들여 현장 시설을 통제하는 것보다 맞춤형으로 식물을 성장시킬 수 있는지를 지역 재배자와 상의해보는 것이 좋다.

작업용 온실을 개발할 때 인테리어나 건설 업체를 동원하는 것이 일반적이다. 이 업체는 온실 프로그램을 운영하고 정확한 기준에 따라 온실을 설계하고 건설하는 일을 한다. 온실이 일반적인 용도라면 과정은 수월할 수 있다. 반면 운무림의 식물과 같이 특수 기후조건이 필요한 식물이거나 온도, 습도, 빛 그리고 대기 흐름을 정확하게 조절해야 한다면 더 복잡할 것이다. 앞으로 장단기적으로 시설을 어떤 용도로 쓸 것인가에 대해 깊이 생각해볼 필요가 있다. 유연한 시스템은 처음에 비싸지만, 장기적으로 볼 때는 좋은 투자라고 볼 수 있다.

정원의 위치는 재료를 선정하고 온실 난방과 냉방 시스템에 있어서 중요하게 작용한다. 일반적으로 정원이 보다 북쪽에 자리 잡고 있으면 단열 효과가 높은 유리 재료를 사용해야 하며, 야간에 열을 차단할 수 있는 절연 담요에 투자해야 한다. 북쪽의 온실은 겨울철 낮을 길게 하려고 보조 전등을 켤 수 있다. 건조한 기후의 온실은 증발 시스템을 사용하여 효율적으로 냉방을 할 수 있다.

마스터플랜을 수립하기 전

연구가 잘 된 마스터플랜은 전체적인 시설 확충 프로그램에서 있어서 중요하다. 공공정원은 프로젝트를 진행하기 위해 공공정원 마스터플랜을 전문으로 하는 조경업체나 건축업체와 협력한다. 계획을 세우기 전에 정원의 방향에 대해 구성원 간의 합의를 하는 것이 좋다. 그렇지 않으면 직원이나 위원회에서 서로 원하는 프로젝트를 만들어 실행하기 어려울 수 있다. 일부 정원은 어떤 건물도 짓지 않고 수천억 원이 들어간 여러 가지 종합계획을 진행했다.

구체적인 합의를 이루려면 기초적인 계획을 착수하고 마스터플랜 회사를 선정하는 데 도움을 주는 업체를 참여시키는 것이 좋다.

다른 방법은 과정 초반부터 소유주의 대리자가 참여하도록 하는 것이다. 특히 시설 확장 경험이 있는 별도의 정원이라면 도움이 된다. 대리자의 역할은 소유주를 보호하고, 과정을 진행하며, 올바른 결정을 하도록 유도하는 것이다. 대리자는 프로젝트 발전 과정에서 종합계획과 일반 도급업체나 건설 관리자 관리까지 전 부문에 경험이 있어야 한다. 비용이 비싸지만, 심각한 오류가 발생하는 것을 방지하여 비용을 절약할 수 있다. 대부분 대학과 정부 기관은 프로젝트 관리 경험이 풍부한 시설부서가 있으므로 소유주 대리자가 필요하지 않다.

나폴리 식물원 담당 직원들은 다른 마스터플랜 전략을 활용하여 열대 식물원을 전문으로 하는 유능한 네 명의 조경사와 지속 가능한 디자인 경험이 풍부한 창의적인 건축가 한 명을 모집했다. 이들은 몇 달간 종합계획을 수립하기 위해 설계 워크숍을 함께 진행했다. 각 조경사는 종합계획 내에서 특정 정원을 설계하는 일을 담당했고, 건축가는 이를 토대로 건물을 설계했다.

마스터플랜 위원회

정원의 마스터플랜 위원회는 시설 확충에 가장 영향을 받는 프로그램을 담당하는 직원과 프로젝트를 지원하는 특정 기술을 보유한 위원회 소속 위원들과 건축회사 대표 그리고 정원이 대학교나 시의회와 같은 상위 기관 소속일 경우 그 단체 대표를 포함해 소규모(6-10명)로 구성되어야 한다. 최고경영자와 이사회 위원장 모두 위원회에 소속되어야 한다. 다양한 후보를 선정할 때 우선하여 집단 규모를 규정에 맞춰야 할 필요가 있다. 이사회 위원들에게 요구되는 기술로는 건설 관리, 재정 관리, 법률 지식, 자금 모집, 소매, 식품 서비스 그리고 마케팅 경험 등이 있다. 이들은 계획과정에서 격주 또는 매월 정기적으로 회의를 열고, 정원 위원회에 개발 단계의 핵심사항을 보고해야 한다.

최근에 정원은 설계팀의 핵심에 건축가가 아닌 소유주 대리자와 팀을 구성하기 시작했다. 항상 건축가는 계약서상에 기계와 구조 공학자가 포함되었지만, 대부분의 다른 컨설턴트는 소유주와 직접 계약하고, 소유주 대리자와 업무를 진행한다. 이러한 구조로 인해 모든 참여자가 균등한 일을 분담하며, 소유주는 자신이 가장 중요하다고 생각하는 곳에 인재를 배치하고 최고의 인재를 선발할 수 있게 한다. 이 장에서는 제한된 자원을 갖고 복잡한 프로젝트를 진행하기 위한 설계팀 구성 과정을 살펴볼 것이다.

한때, 이동비용 때문에 국내 또는 국제적인 팀을 구성하는 데 막대한 비용이 들었다. 요즘에는 많은 회사가 화상회의를 열어 도면을 올리고, 설계팀 직원들이 온라인에서 만나 도면을 수정할 수 있는 프로그램을 진행할 수 있는 회의실을 갖추고 있다. 이러한 기술 덕분에, 해당 지역 밖의 인재를 찾아 활용하는 것이 재정적으로 가능한 상황이 되었다.

인력 투입

종합계획을 개발하는 데 착수한 정원은 초기에 모든 직원이 아이디어와 피드백을 할 수 있도록 해야 한다. 다양한 방식으로 진행할 수 있지만, 가장 효과적인 방법은 서로 분야가 다른 사람들끼리 팀을 이루어 정원의 다양한 측면을 연구하고 앞으로 개발하는 데 필요한 점을 지적하도록 하는 것이 있다. 시설, 원예학, 교육, 재무 그리고 자원봉사 관리 등 다양한 부서 출신의 사람들끼리 팀을 이루면 계획에 다양한 관점을 취합할 수 있다. 결과로 나온 보고서는 종합계획 위원회와 설계팀이 내용을 파악할 수 있는 기초자료가 될 수 있다.

마스터플랜 개발

시설 마스터플랜의 개발은 여러 단계를 거쳐야 하는 반복적인 과정이다. 단계마다 실행성과 승인을 점검해야 한다. 6장에서는 마스터플래닝 과정의 각 단계에 대해 자세히 설명했다. 종합계획의 개념 단계가 마무리되면 위원회는 프로젝트 비용이 얼마이며, 기금을 사용할 수 있는지, 시설 운영비와 시설에서 나오는 예상 운영수익 그리고 계약서에 대한 상세정보를 결정해야 한다.

그림 25-2】 나폴리 식물원 마스터 디자인 설계 팀원들이 모여 개념 설계도를 검토하고 있다. 좌측부터 브라이언 홀리 조경사 엘린 고에츠, 레이먼 정글스, 메이드 위아와, 로버트 트루스코프스키

전체 프로젝트 비용은?

원가추정은 설계 초기 단계에서 프로젝트 비용을 예측할 때 비용을 상당히 정확하게 산정할 수 있다. 건설 관리자나 전문 산출가(비용 컨설턴트)가 한 팀을 이루어 건설 계약을 체결하는 일을 담당한다. 어려운 프로젝트의 경우 소유주가 경쟁력 있는 가격으로 입찰할 수 있는 가격을 산정하는 일을 담당하는 비용 컨설턴트와 건설 관리자를 두는 것이 좋다. 이 단계에서 상세한 비용 산정은 프로젝트에서 어떤 부분에 돈이 더 들어갈지 파악하는 데 유용하다. 그 결과 예산 한도에서 예산을 유지하도록 프로젝트를 변경하는 가치 공학의 첫 번째 과정으로 이어진다. 시설 확충이 복잡하고 비용이 많이 든다는 것을 인식하는 것이 중요하다. 세계 최고 수준의 어린이정원 설계사 중 한 명인 허브 샬에 따르면, 어린이정원을 확장하는 데 1에이커당 2백만 달러가 든다고 한다. 린다 로즈 프로젝트 관리업체 로즈달 공동창립자에 따르면 체험학습이 가능한 온실을 건설하는 비용은 1㎡당 1천 달러 정도가 든다고 말하고 있다.

어느 정도 프로젝트 기금을 모금할 수 있는가?

만약 계획을 실행하는 데 모금이 필요하다면 정원의 지원단체가 프로젝트에 집중하고 핵심 방문객들이 건설 프로젝트가 중요하다고 보는지를 파악할 수도 있다. 이를 자본금 캠페인 실행력 연구라고 부르며, 정원 기부자와 핵심 위원들을 대상으로 면접을 볼 모금 자문위원이 진행할 수 있다.

몇 해 전에 클리블랜드 식물원(Cleveland Botanical Garden)에서는 초기에 작성한 종합계획을 토대로 자본금 캠페인 추진 연구를 진행했다. 그 결과 기부자들은 계획의 목적에 전부 동의하지 않았는데, 대신 6백에서 8백만 달러를 모금할 수 있는 목표액으로 정했다. 더욱이 기부자들은 더 흥미로운 계획안을 원했다. 결국, 기획자들은 도면 위원회로 가서 국가에서 저명한 건축가가 이끄는 새로운 팀을 꾸렸고, 관람객이 많이 참여할 방안을 마련하여 기금 5천만 달러를 모금할 수 있었다.

전체 운영비는?

다른 주요 연구로는 추가 인력, 시설, 보험 및 유지와 같은 미래의 운영비를 산정하는 것이 있다. 기존의 시설의 1㎡의 비용을 구하고 확장된 시설의 1㎡를 곱하여 회사 내에서도 대략적인 초기 비용을 구할 수 있다. 또한, 생각하고 있는 시설과 비슷한 시설을 갖춘 기관에서 운영비를 얻는 것도 좋다. 마지막으로 미국 공공정원 협회(American Public Gardens Association)는 인건비를 산정하는 데 매우 유용한 연봉 연구결과를 발표하고 있다.

얼마나 많은 운영수입을 기대할 수 있는가?

만약 입장료를 바탕으로 지원금이 필요한 시설을 정원에 짓고 있다면 신규 시설이 예상 방문객 인원과 제안된 입장료를 산정하기 위한 시장 조사에 착수해야 한다. 또한, 시장 조사를 하면 이전에도 고려했던 방문객의 복지시설뿐 아니라 방문객과 회원인 방문객의 계절별 분포도와 비율을 확인할 수 있다.

시장 조사업체는 많지만, 핵심 기업과 같은 전통적인 정보 수집 방식이 방문객의 경험에 대한 시장 반응을 정확하게 예측하는 대규모 온라인 설문조사로 급격하게 바뀌고 있다.

예상 방문객 수가 정해지면 월별, 일별, 심지어는 일일 시간대별 방문객 수로 환산될 수 있다. 매표, 식품 서비스, 화장실 규모를 정하고, 방문객 서비스를 위한 직원 계획서를 작성하는 데도 유용하다.

다른 형태의 수익원은 소매, 주차, 특별행사, 시설 대여, 식품 서비스가 있다. 소매와 식품은 여러 가지 방식으로 수익을 환산하는데, 가장 일반적으로 총매출, 1제곱 피트당 판매액 그리고 방문객 한 명 당 판매액(1인당으로도 부름)이 있다. 2008년에 예산이 250만 달러를 초과한 상태에서 방문객 한 사람당 평균 판매액은 2.04달러였다(Directors of Large Gardens, 2007).

정원은 식품 서비스, 소매 그리고 시설 대여와 같은 것도 일반적으로 계약을 체결한다. 이익이 적더라도 위험성이 낮고 착수 비용이 적다. 그러나 이러한 서비스를 계약하는 데 따른 문제점은 지속성과 기타 환경 문제와 같은 소매와 식품 서비스를 통해 정원의 제어(통제) 권한이 일부 상실된다는 것이다.

많은 정원에서는 꽃 박람회, 콘서트 또는 조각 전시회와 같은 대규모 특별행사를 개최하고 있다. 이렇게 하려면 막대한 제반 시설과 늘어난 직원들의 근무시간, 적절한 무대 설비가 필요하다. 무대 행사나 대규모 전시행사를 기획하는 정원에서는 다른 정원에 문의하여 특별행사를 개최할 경우 경제성을 따져보아야 한다. 다시 말해서 결정하기 전에 시장 조사하는 것이 현명한 방법이다.

계약 시 고려할 사항

팀이 꾸려지면 제안요청서를 제작하고 계약을 진행해야 한다. 제안요청서에는 건설 프로젝트 범위와 결과, 상품, 그리고 LEED 인증과 같은 구체적인 특징을 기재하며, 정원을 소개하고, 제안요청서는 제출일 이내에 제출하도록 모든 사항을 표시한다. 잘 작성된 제안요청서는 팀이 각 입찰자를 쉽게 비교하고

그림 25-3】 미국 플로리다 주의 나폴리 식물원에 있는 최근에 완공된 스미스 어린이정원
Photo provided by Aero Photo

면접을 볼 회사 목록을 만드는 데 도움이 된다.

경험이 많은 전문 변호인이 모든 계약서를 검토해야 한다. 대부분의 설계 및 건설 계약서는 미국 건축가협회(AIA)가 제작한 양식을 기준으로 삼으며, 이 분야의 계약에 정통하고 정원 측에 유리한 수정 계약서를 작성할 수 있는 변호사를 선임해야 한다.

시설을 확충하는 계약서를 성실히 체결하는 것은 중요하다. 어떤 정원에서는 법률 조언을 받지 않고 건축가인 위원회 위원이 계약을 체결할 때 매우 곤란했던 사례가 있다.

건축가는 정원에서 받아들일 수 없는 건물을 설계했고, 이를 다시 새롭게 설계하면서 추가 설계비용을 부과하고자 했다. 이해충돌로 인해 위원회 간에 반목이 생겨 가장 많은 기부금을 낸 사람이 화를 내고, 결국 법정 소송으로 이어졌다. 다행히 정원에서 법률 자문위원을 선임해 상황을 개선하여, 시설을 원활하게 확장할 수 있었다.

정원은 엄선된 과정을 거친 후에 계약을 체결해야 한다. 경쟁력 있는 과정을 통해 직원이나 위원 간에 이해충돌이 없으며, 적당한 가격을 보증해야 한다.

확충 공사의 유형과 규모에 따라 마스터플랜 위원회는 비용 컨설턴트와 소매 컨설턴트 식품 서비스 컨설턴트, 그래픽 디자이너, LEED 컨설턴트, 해석 기획가, 정보기술 컨설턴트, 전시 디자이너 또는 시청각 디자이너가 참여하는 실행 위원회로 바뀔 수 있다. 비용을 산정하고, 가치 공학 그리고 프로젝트 건립 가능성을 파악하고자 예전의 일반 도급업자에게 건설 프로젝트 의뢰를 하게 된다. 다시 말해서 위원회는 통제하기 어려워져 필요한 전문 기술을 보유한 사람들을 고용해야 한다.

기존에 모든 컨설턴트는 건축가의 계약과 비용에 포함되었지만, 예외적인 건설 프로젝트의 경우 이러한 구조가 맞아떨어지지 않을 때도 있다. 예를 들어 건축가가 작업을 위해 전시 디자이너와 계약을 체결할 때 소유주가 요구하는 것보다 시간을 촉박하게 주어 결과적으로 작업에 몰입하지 않게 된다. 또한, 전시 디자이너가 건축가를 통해 경과를 보고하게 되면 전시보다 건축이 우선하여 적용될 수 있다.

예산

프로젝트 예산이 초과하거나 프로젝트 예산에 중요 요소가 포함되지 않아서 마무리할 수 없다는 것을 들었을 때 불쾌한 느낌일 것이다. 프로젝트 예산을 마련하는 데 다섯 가지 핵심 요소로 개원 준비 비용, 연성비용, 경성비용, 경성비용 예비비, 도급업체 예비비를 든다.

개원 준비비용

개원 준비 비용은 전체 예산의 약 20%이지만, 건물 규모와 구조 그리고 건설 프로젝트의 범위에 따라 달라질 수 있다. 이는 자본 모금을 위한 캠페인, 마케팅 비용 그리고 사내 건설 관리자나 통역가와 같은 건설 프로젝트에 필요한 특별 지원 그리고 새로운 시설을 개원하기 전에 대여 판매를 시작해야 하는 시설 대여 담당자와 같은 직원을 채용하는 비용이 있다. 그리고 이 비용에는 정원이 건설 기간에 문을 닫으면 입게 되는 손실도 포함된다.

연성비용

일반적으로 연성비용은 전체 프로젝트 예산의 20%를 차지하며, 여기에는 설계비용과 소송 비용, 허가증, 이동, 계획서 그리고 설계와 허가와 관련된 기타 비용이 포함된다. 어려운 프로젝트와 보수공사는 연성비용이 많이 든다. 연성비용 예비비(설계 예비비)는 예산에 포함되며, 일반적으로 연성예산의 약 10%를 차지한다. 설계가 끝나면 잔액은 경성비용 예비비로 이체된다.

경성비용

경성비용은 건설 프로젝트 비용의 약 60%를 차지하며, 일반적인 도급업체나 건설 관리자 및 하도급업체와 관련된 일이 포함된다. 경성비용에는 건설에 필요한 소유주가 직접 계약을 체결하는 것도 포함되어야 한다. 예를 들어, 정원은 조경업체에 직원이나 소유주 대리인이 감독하도록 할 수 있다.

예산 한도를 지키는 핵심은 배정된 건설비용을 꼼꼼히 확인하는 것이다. 세부사항이 미완성 상태이거나 소유주가 구매할 공장과 같은 요소가 있으면, 도급업체가 소유할 것이다. 종종 가격이 요소 비용보다 훨씬 낮을 수 있다. 경성비용에는 가구, 고정물, 비용 등 사야 하는 신규 장비에 대한 기금도 포함되지만, 현행 계약서에는 없다. 경성비용에는 받침대가 없는 가구, 전화기, 매표 소프트웨어와 하드웨어, 청소 장비가 포함된다. FF&E에는 신규 시설을 운영하는 데 필요한 장비가 포함되며, 공공정원에는 트럭, 트랙 로더, 리프트 및 특수 트레일러가 포함된다.

긴급 경성비용

일반적으로 경성비용의 약 10%는 건설 예비비로 지정된다. 건설 업체에 예비비 규모를 알리는 것은 좋지 않은데, 그 이유는 예비비는 비밀이기 때문이다. 가능하면 예측하지 않고 예비비를 손대지 않는 것이 좋다. 예비비의 상당수는 프로젝트 말에 생긴다. 만약 예산 내에서 건설이 완공되면 정원은 좋은 평가를 받게 되며 유지비를 확보하게 된다.

도급업체 예비비

예산의 약 3%를 차지하는 예비비(대책기금)는 두 가지로 쓰인다. 하나는 특정 하도급업체나 설계의 원인이 아닌 예상하지 못한 문제를 해결하거나 둘째, 공사 기간 중 직원들을 위한 점심, 티셔츠, 축하행사에 자금을 대는 등, 프로젝트와 정원에 대해 긍정적인 인식을 심어줄 수 있도록 하는 경우다. 도급업체의 예비비는 바뀐 주문을 줄이거나 비용 초과 그리고 공사 일정을 잘 지킨 것에 대한 보상에 따른 성과보수로 사용할 수 있다. 도급업체의 계약서에는 프로젝트가 끝날 때쯤에 도급업체가 50-50으로 예비비를 나눠 갖거나 건설 일정 준수에 대한 인센티브 제공에 관한 내용이 포함될 수 있다.

설계 과정

마스터플랜이 완공되면 건물, 정원 그리고 주차장과 같은 개별 요소를 설계해야 한다. 이 과정에는 여러 가지 단계가 있는데, 건물 도면이 제작될 때까지 세부사항이 늘어난다.

일반적으로 건축가는 개념, 도식(계획), 설계개발, 건설 도면, 최종 건설 집행 등의 단계를 포함한 설계 과정을 갖고 있다. 일반적으로 건축가가 받는 비용은 기본계획(10%), 설계개발(20%), 시공문서(40%), 입찰(5%), 건설 투입(25%) 등 단계별로 나뉘어 있다. 인테리어 회사는 건설 행정에 드는 시간을 축소한다.

조경사의 설계 과정이 명확하지 않으며, 특히 공공정원이나 정부 프로젝트를 진행해본 경험이 부족한 영세 인테리어 업체의 경우 단계마다 결과물을 예상하기 어렵다. 한 번에 설계도에서부터 시공문서를 설계하는 것이 일반적이며, 가끔 소유주 팀에서 몇 단계를 끝내기도 한다. 아주 소수의 조경사가 배수 관련 제조업체와 도급업체에 설계를 의뢰하여 배수 관련 시스템을 실제로 설계하는 때도 있다. 입찰에서 떨어지지 않기 위한 저가 입찰자가 이익을 남기기 위해 절차를 무시하는 경우 문제가 발생할 수 있다. 나폴리 식물원에서 도급업체는 수영장과 같이 수련

의 고사에 원인을 제공할 수 있는 염소가 함유된 물을 사용하는 수련 연못 시스템을 설계했다. 다행히 건설되기 전에 변경되지만 모든 설계자가 일정과 건설 품질, 소유주가 자원을 투입할 기회 그리고 예산에 맞게 설계하는 조건을 얼마나 잘 지키는지 확인하기 위해 자료를 살펴보는 것이 중요하다.

기본구상

일반적으로 정원과 시설의 개념 단계는 마스터플랜 과정에서 나온다. 정보를 수집하기 전인 이 단계는 건물, 시설 그리고 현장 도면의 일반적인 기록에 반영되어 있다. 또한, 프로젝트에 통합되어야 하는 지속성에 목표를 두는 것도 중요하다. 골드 및 플래티넘과 같은 높은 수준의 LEED 인증을 받아 조경부터 건물 방향에 이르기까지 여러 요소를 설계할 수 있게 한다.

기본계획

계획 설계는 건물이 형태를 갖추기 시작하는 시점이다. 건축 양식과 도로 및 인도와의 관계, 휴지통과 적재장과 같은 요소의 위치, 내부 공간과 크기와 관계 그리고 일차적인 유형의 건축 등을 고려하고 확인한다. 또한 제한선(거리나 인접 재산에서 어느 정도 떨어져 있어야 하는 규정)과 화재 접근로와 같은 주요 사항도 고려해야 한다.

| 정원이 보고받아야 하는 내용

정원 관계자는 내부 배치, 횡단면, 그리고 외관 도면(외부 입면도)을 보여주는 계획 도면을 받아야 한다. 예비비도 보통 제외된다. 건축가와 조경사가 현시점에서 연구 모델을 개발하기도 한다.

| 정원의 책임

계획 단계에서는 주요 의사결정을 내려야 한다. 만약 도면이 수정해야 하는 건물 위치나 주요 특징을 나타낸다면 이 단계에서 결정을 내려야 한다. 만약 계획 설계가 승인되고 주요 요소를 바꾸고자 한다면 추가 설계비용이 발생하여 작업이 지연되게 된다. 위원회의 승인을 받고 직원, 회원 그리고 기부자와 같은 주주들에게 계획안을 전달하기 위해 설계자들이 직접 계획을 하는 중요한 시기다. 또한, 두 번째 비용을 산정하는 시기이기도 하다.

설계개발

설계개발 단계에서 건설 프로젝트는 구체적인 자재와 구조 및 기계 시스템(난방, 환기, 냉각, 배관 및 전기)의 형태를 갖춘다. 설계개발 도면을 초기 검토받기 위해 지역 건축과에 제출할 수 있다.

| 정원이 보고받아야 하는 내용

평면도, 건물의 중요한 부분의 단면도 및 외부 입면도에 관한 세부도면을 받아야 한다.

정원의 책임

"세부사항에 악마가 있다"라는 표현을 적절히 활용할 수 있다면 그것은 바로 설계개발 검토가 완료되었다! 설계자와 관련 담당자가 요소별로 꼼꼼히 도면을 점검할 시간을 충분히 확보해야 한다. 이들은 조명제어장치, 창문, 문 열림 닫힘, 난방 및 냉방기구 위치, 온도 조절 장비의 위치, 전화와 컴퓨터 잭, 배수구, 호스용 수전, 외벽 색깔, 자재와 실내 마감재 등을 검토한다. 시설 관리 담당 직원은 온수, 펌프 및 공조(HVAC)시스템과 같은 기계 시스템을 더 중시할 수 있다. 또한, 냉장고와 같은 계약서에 없는 장비가 정상적으로 설치되었는지 확인해야 한다. 다음 단계를 시작하기에 앞서 비용 견적을 내고 변동사항을 확인하기 위한 가치 공학(value engineering)을 확인하기에 중요한 시기다.

건설 도면

건설 도면(CD)은 프로젝트를 입찰하고 건설할 때 사용하는 작업 도면이다.

정원이 보고받아야 하는 내용

공공정원은 세부 계획서를 바탕으로 제작된 건설 서류를 받는다. 복잡한 건설 계획의 경우 정원 행정직원은 50%, 75%, 90% 그리고 100%를 받는다. 이 단계에서는 마무리 및 손질을 할지 결정할 추가 비용 견적을 제시해야 한다.

정원의 책임

이 단계에서 최종 색과 마감 작업이 결정된다. 절단 패널 위치와 화장실과 부엌 그리고 조명과 배관시설의 정확한 위치와 같은 세부계획을 검토해야 한다. 그리고 서류와 계획서 전자서류를 안전한 곳에 보관해야 한다.

입찰

이 시점에서 일차적으로 건설 시행 위원회에서 건설회사로 책

그림 25-5】 건설공사에 들어간 지 3개월 후 나폴리 식물원 항공사진
Photo provided by Aero Photo

임이 전가된다. 건설 관리자는 건설 프로젝트의 다양한 작업을 진행하기 위해 적합한 도급업자 목록을 제작한다. 입찰 패키지를 돌려서 제출될 모든 입찰 명세서를 결정할 시간을 확보한다. 일반적으로 건설 담당자가 입찰할 사람들이 질문할 수 있는 회의를 한 차례 이상 연다.

어떤 경우에 가장 부적격한 입찰자가 선정되어야 할 때도 있지만, 대부분은 정원 위원회에서 두 명에서 세 명의 입찰자를 대상으로 면접해서 원하는 최종 회사를 고른다. 이는 일반 및/또는 조경 도급업체를 선정하는 데 특히 중요하지만, 유지관리 담당자는 공조(HVAC) 도급업체와 면접을 보고자 한다.

건설

우선 건설에 착수하면 소유주가 아닌 건설 담당자(CM)가 현장 접근을 통제한다는 걸 알아야 한다. 건설 담당자는 안전 장비와 신발, 그리고 통제 구역에 대한 접근 요건을 세운다. 정원 위원회는 현장에 어떤 직원이 출입할 수 있는지 결정해야 하며, 이들에게 안전모와 필수 안전복을 지급해야 한다. 정원 담당자들이 현장에 기부자와 같은 손님을 모시고 올 때 현장 감독관의 승인을 받아야 하며, 손님은 건설 관리자가 제시한 책임 보증서에 서명해야 한다. 일반적으로 건설 관리자는 공사가 끝난 늦은 오후나 주말에 현장을 방문하는 것을 선호한다. 이 시간에 방문객은 항상 조심하고 공사를 방해해서는 안 된다.

프로젝트 위원회

설계가 완성되면 마스터플랜 위원회의 역할은 끝난다. 담당기관은 건설 프로젝트 예산과 계약을 승인하여 직원들이 프로젝트를 계속 감독할 수 있게 된다. 건설 기간에 정원 위원회는 건설 일정과 예산 그리고 프로젝트와 관련되어 발생할 수 있는 소송이나 변동사항을 계속 살펴보아야 한다. 이를 위해서 위원회는 회계담당자, 위원장, 최고위원, 자금관리 이사 그리고 법이나 건설 분야 경력이 많은 전문가로 구성되어야 한다. 이들이 정기적으로 만나(가능하면 매월) 진행 상태를 검토하고 위원회에 보고해야 한다.

또한, 건설 프로젝트나 정원에 영향을 줄 수 있는 주요 문제가 발생하면 소집해야 한다. 예를 들어, 나폴리 식물원의 경우 지질 기술 컨설턴트가 모자암(매우 단단한 석회암)층이 공사 현장 일대에서 불규칙적으로 발견되어 지하 공사조건에 대해 전반적인 검사를 진행했다. 그러나 시험을 한 결과 시험 천공에서 거대한 모자암층을 발견하지 못했다. 결국, 모자암층을 폭발시켜 예산

과 잠재적 소송 그리고 인근 지역과의 갈등이 발생하게 되었다. 팀이 이러한 상황을 알고 있었다면 프로젝트 위원회에 이 사실을 알려 정기적으로 소식을 알려야 한다. 결국, 모자암층 구역은 1에이커도 안 되었으며, 긴급 예산비로 폭발비용을 처리했다. 그 결과 정원 공사는 차질 없이 진행되었다.

소유주, 건축가와 도급업자 간 회합

일반적으로 매주 또는 2주마다 소유주, 건축가와 도급업자가 모인다. 여기서 소유자/건축가/ 도급업자 회의(OAC)를 하는 데 작업 진행 과정을 점검하고, 문제점 그리고 작업 일정표 업데이트 등을 한다.

특정팀이 작업을 잘하면 법정 소송으로 가기 전에 문제가 해결된다. 큰 갈등을 막는 제일 좋은 방법은 공사를 시작하기 전에 협력 프로그램으로 시작하는 것이다. 협력의 골자는 모든 당사자의 절대적 권한을 없애고 침착하게 논의하여 해결책을 도출하는 것이다. 이로써 법정 소송에서 막대한 비용을 내지 않아도 되는 효과적인 방법이다.

공사 기간 중 정원 관리

건물이 세워지고 현장에 큰 흙더미가 보이지 않기 전에(*본격적인 건설 단계 전에) 시간이 매우 오래 걸릴 것으로 보인다. 지하 작업은 굉장히 넓어서 시멘트를 실은 트럭 행렬이 이어진다. 현장의 중장비에 대해 세 가지 유념해야 할 사항이 있다. 진흙으로 덮인 현장을 이동하는 트럭이 너무 많아서 일대가 혼잡해질 수 있다는 것이고, 건설 담당자는 주변 정리를 담당해야 하며, 진흙이 말라서 먼지가 되어 인근 시설과 주민들에게 피해를 줄 수 있다는 것이다. 그리고 현장의 건설 중인 도로로 인해서 흙이 많이 쌓여서 건물을 세우기 전에 배수가 안 되는 사태가 발생하지 않도록 주의해야 한다.

인근에 주민들이 산다면 정원 사무소에서는 현재 작업 중이라는 내용과 공사 중에 어떤 일이 일어날 수 있는지, 궁금한 점이 문제가 발생하면 누구에게 연락해야 하는지를 충분히 설명해야 한다. 지역 단체에 정기적으로 공사 진행 상황을 알리면 주민들도 공사의 일원이라는 생각이 들고, 불필요한 갈등을 예방할 수 있다.

휴원하거나 휴원하지 않거나

공사를 진행하면 기존의 시설에서 떨어진 곳에 있다고 하더라도 정원 운영에 불가피하게 피해를 준다. 항상 안전이 최우선이지만, 비용, 불편, 관광객의 불편한 경험, 공사 인부들이 주차할

그림 25-6】 나폴리 식물원 건설현장 장면. 호수 발굴 작업에서 밖으로 파헤쳐진 흙이 말라 붙어 있다. 뿌리덮개는 공사 현장에 아주 많은 생태계 교란 식물인 melaleuca(도금양과 식물)을 잘게 절단하였다. 정원 당국은 모든 유기재료를 잘라 뿌리덮개로 만들고 흙으로 만들기 위해 현장에 그대로 둔다. 왼쪽 아래에 굴착되어 나온 재료들이 산재한 부서진 바위들이 있다.
© Donna E. Meneley

물류시설 등이 공원이 잠정 휴원할 것인가에 영향을 미친다. 만약 공사 기간에 정원을 정상 운영하면 다음의 전략 중 최소 하나 이상을 이용할 수 있다. 공사를 진행하는 동안 입장객 수를 줄이거나, 수업이나 워크숍과 같은 무료 행사를 제공하거나 관광객들을 끌어모을 수 있는 특별 전시회를 개최하는 방식이다.

만약 정원이 휴원하기로 한다면 휴원 결정을 내린 이유에 대해 시민과 언론사에 명확하게 안내해야 한다(가령 "공사 기간에 정원을 잠정 휴원하게 되어 내년에 좀 더 흥미롭고 다양한 정원으로 탈바꿈하게 돌아오겠습니다"). 만약 임시로 정원을 다른 곳으로 이전해야 하면 GPS 프로그램에도 알려야 한다. 어떤 경우든 관광 홍보 사이트와 관광사무실도 장소 변경을 알고 있어야 한다. 만약 전화번호가 바뀌는 경우 새로운 번호는 정원 공식 홈페이지와 신문에 적시해야 한다.

정원이 잠정 문을 닫든 열든 공사로 인해 식물 관리와 교육 프로그램 진행 그리고 직원의 작업에 어떤 영향을 미치는지에 대한 계획을 마련해야 한다.

요약

어떤 시점이 되면, 대부분 정원은 시설을 확충해야 한다. 이 과정은 정원을 다시 정의하고 직원과 위원회에 활기를 불어넣을 수 있지만, 도덕적으로 해이해지고 최고 담당자가 퇴임할 수 있다. 성공하는 방법은 계획과 전문가들이 개발할 수 있는 충분한 시간을 주는 것이다. 정원은 제시된 확충 계획으로 인해 어떤 임무를 더 할 수 있게 되고 전반적인 마스터플랜과 어떻게 연관되는지를 파악해야 한다.

프로젝트 비용과 앞으로의 수익 발생 가능성도 결정해야 한다. 프로젝트 구성원들은 건설과정의 개념 설계부터 완성 과정까지 모든 단계를 숙지해야 한다.

참고문헌

American Institute of Architects (www.aia.org/contractdocs/index.htm). AIA contract documents.

Associated General Contractors of America (www.agc.org/cs/industry_topics). Industry topics.

Construction Jargon (www.constructionjargon.com/Dictionary-A.html). Dictionary of construction terms.

Constructionplace.com Incorporated. (www.construction-place.com/glossary.asp) Glossary of construction terms.

Missouri Botanical Garden (www.mobot.org) and the New York Botanical Garden (www.nybg.org) provide excellent overviews of the diverse functions of a contemporary garden library. The Council on Botanical and Horticultural Libraries (www.CBHL.net) is another resource.

CHAPTER 26

The Shape of Gardens to Come
미래의 정원 모습

PAUL B. REDMAN 폴 B. 레드맨

서문

우리가 공공정원의 미래를 살펴보고자 할 때, 우리의 근원을 상기시켜주는 과거를 되돌아보아야 할 필요가 있다. 공공정원은 초기에 사람들이 식물에 관해 배우고 즐기기 위해 모였던 장소로부터, 생물의 다양성과 인간문화를 연구하고 기념하는 중심지로 발전해 왔다. 공공정원이 지속해서 발전함에 따라, 오늘날 공공정원의 주목적은 숨 가쁘게 변화하며 서로 연결된 지구촌 공동체와의 연관성을 유지하는 것이다.

초기 정원의 긴 세월 동안 증명된 영속적인 특징

위락

가장 널리 인정되고 잘 알려진 위락정원의 예는 유럽과 영국의 대장원(estates)의 일부로서 시작되었다. 위락정원이란 용어는 영국에서 처음 사용되었는데, 현재 사유정원으로 알려진 정원을 일컫는 말이다. 종종 특별 이벤트와 축하행사 시에 대중에게 공개되긴 했지만, 대부분 위락정원은 개인소유로, 흔히 지위

핵심 용어

위락정원 : 산책과 콘서트 같은 특별한 이벤트 둘 다를 위해 사용되어 온 전통적인 민간 소유 정원. 과거 이 많은 정원은 소유자의 부와 권력을 반영하듯, 꽤 호화스러웠다.

약용정원 : 수집식물이 약학(제약) 학생들의 훈련을 위해 사용된 정원. 이들 정원의 각 식물은 의학적으로 유효한 특성을 보이는 것으로 여겨져 왔다.

대형 정원 : 미국 공공정원협회(APGA)의 분류기준을 토대로, 연간 운영예산이 250만 달러를 초과하는 공공정원.

거점 사업 : 기존의 상태를 유지하거나 개선하는 데 도움이 되는 기존 시설 혹은 기반시설에 대한 신규공사 혹은 확장, 개보수 또는 대체하는 프로젝트.

친환경 건축물 인증(LEED certification) : 미국 녹색 건물협의회(USGBC)가 개발하여 국제적으로 인정되고 있는 녹색 건물 인증시스

템. 이 인증은 건물 혹은 지역사회가 에너지 절감, 물 효율성, CO2 배출감소, 실내 환경 질 개선, 자원관리 책무와 관련된 지속가능성에 가장 영향을 미치는 측정기준 전반에 걸쳐 수행성과를 개선하는 것을 목표로 한 전략을 사용하여 설계되고 건축되었다는 사실에 대한 제삼자 검증을 제공한다.

인구 통계적 특성 : 정부, 마케팅, 혹은 여론조사에서 사용되는 인구집단의 특성.

세컨드 라이프(Second Life) : 사용자가 음성과 문자채팅을 사용하여 교제, 연결, 창조 활동을 할 수 있는 무료 3-D 가상세계.

신 도시주의(New Urbanism) : 다양한 주택 및 일자리 형태를 포함하고 있는, 걸어 다닐 수 있는 근린단지를 장려하는 도시설계 운동. 이 운동은 1980년대 초 미국에서 일어나, 부동산 개발 및 도시계획의 많은 측면을 지속해서 개혁하고 있다.

와 부를 나타냈다. 모든 위락정원 중 가장 유명한 정원의 예는 유명 경관 디자이너인 앙드레 르 노트르(André Le Nôtre)가 1664년 5월에 완성한 베르사유 궁전의 공식 정원이었다. 베르사유 정원은 루이 14세의 대축제 중 하나였던 '마법에 걸린 섬에서의 즐거움(Plaisirs de l'Isle enchantée)'이 열렸던 장소인데, 이 축제는 퍼레이드, 공연, 음악, 불꽃놀이를 포함하여 3일간이나 계속되었다.

탐험의 열매

유럽과 북미의 초기 정원은 18, 19, 20세기 초의 학술 및 문화 발전을 반영했다. 초기의 온실은 탐험 여행에서 가져온 이국적이고 특이한 식물을 배양하고 전시하는 장소 역할을 했다. 그런 여행의 주목적은 과학과 식민지 개발을 촉진하는 것이었다. 농업, 원예, 경제, 혹은 의학적 가치를 지닌 식물이 관심을 끌었다. 이러한 관행은 20세기 중반까지 지속하였는데, 이 시기에 식물 보존 및 보전은 환경보호 운동의 시작으로 더욱 중요한 역할을 하였다.

특이한 것에 관한 호기심

초기 공공정원의 지위는 흔히 희귀하고 신기한 흥미로운 식물에 대한 소유권을 바탕으로 하고 있었다. 이들 정원의 한 가지 목적은 오직 그 정원에서만 연구되고, 볼 수 있는 적어도 하나 혹은 집단의 식물을 보유하는 것이었다. 스리랑카 페라데니야(Peradeniya)의 식민지 정원은 강렬하고 불쾌한 냄새를 풍기는 진한 자주색 두건 화포를 지닌 화려한 니카라과 토란(Dracontium gigas)으로 묘사된 식물을 보유했다. 트리니다드 식물원(Trinidad Botanic Garden)은 1890년에 줄기가 마치 둥근 포탄을 달고 있는 것처럼 보이는 캐논 볼 나무(Couroupita guianensis)를 보유했다.

1800년대 초에 가장 유명하고 인기 있던 식물은 난초류였는데, 그 다양한 형태와 에로틱한 꽃으로 인해 호기심을 자아냈다. 1819년, 글라스고 식물원(Glasgow Botanic Garden)은 그 당시 신기한 종으로 여겨졌던 카틀레야 라비아타(Cattleya labiata)를 성공적으로 꽃 피우게 한 최초의 공공정원이었다. 난초류는 큐 가든(Kew Gardens)이 인도와 호주산 난초류를 전시하기 위해 특별 온실을 지었을 정도로 공공정원의 인기와 지위의 상징이 되었다.

빅토리아시대의 호기심의 대상은 빅토리아 아마조니카(Victoria amazonica), 즉 빅토리아 수련이었다. 공공정원 간의 경쟁은 어느 정원이 제일 먼저 빅토리아 수련을 성공적으로

그림 26-1】 빅토리아 '롱우드 하이브리드'. 롱우드 정원의 수련은 빅토리아 여왕이 좋아했고, 그녀의 이름을 딴 유명한 빅토리아 아마조니카의 첫 교잡종의 특징을 보여준다.
© Longwood Gardens

꽃 피울 수 있느냐로 발전했다. 빅토리아 여왕은 크고 특이한 물쟁반(water platter)을 보기 위해 큐 가든을 몇 주일에 걸쳐 세 번이나 들렀다. 왕실의 호기심으로 인해, 대중의 흥분도 고조되었다. 큐 가든은 빅토리아 수련의 인기와 성공 덕택으로, 역사상 가장 저조했던 인기를 만회하여 정원의 재생과 높은 대중 인지도를 누리게 되었다. 1852년까지, 큐 가든은 하나의 전시관 전체를 수련 재배에 할애했으며, 다른 공공정원들도 곧바로 그 뒤를 따랐다.

과학과 농업의 발전

서양에서 가장 오래된 정원 중 하나로 인정받고 있는 파두어 식물원(Orto Botanico Padua, 1545년 설립)은 아직도 원래의 배치도를 반영하고 있다. 파두어 식물원은 과학 연구 및 교육 프로그램을 지원하기 위해 파두어 대학교 의학부에 의해 설립되었다. 파두어 식물원은 그 당시의 의술을 지원한 약용 혹은 약제사

정원의 시초였다. 이들 정원은 의약적 중요성과 용도를 지닌 식물을 재배하고 전시했다. 약용정원은 유럽 전역에 걸쳐 건립되었고, 마침내 그들의 역할은 비 의약적 식물도 포함하는 것으로 확대되었다. 유럽의 더욱 유명한 약제 정원 중 하나는 첼시 약용정원(Chelsea Physic Garden)으로, 이 정원은 당시 의사와 약사를 위한 훈련 장소로 활용하고 자연계에 대한 지식을 쌓기 위해 1673년에 설립되었다.

식민지 시기의 공공정원은 경제개발을 증진하기 위한 농식물 연구기지로서의 중요한 역할을 했다. 이들 정원은 식민지의 농작물이 실패할 경우, 씨앗이나 식물을 제공하여 신흥 식민지 구축을 도왔다. 또한, 그들은 대규모 일모작 생산 혹은 단일 재배에 대한 대안의 필요성을 인식하는 데 도움이 되었다. 1796년, 영국 식민지 식물원에 의하여 서인도에 사탕수수를 소개했다. 공공정원은 실크, 과일, 로그우드(logwood)를 위한 묘목 생산 및 분배를 통하여 임업 발전도 지원했다. 영국 및 네덜란드 식민지 식물원은 아시아, 특히 스리랑카와 인도 전역에 걸쳐 기나(cinchona)나무 농장 건립을 지원했다. 기나나무 껍질에서 말라리아에 대한 유일한 치료제로 알려진 성분이 제공되었다.

그림 26-2】 1941년 5월 18일, 롱우드 가든의 야외극장에서 유진 오르먼디 지휘로 연주하고 있는 필라델피아 오케스트라
© Longwood Gardens

다차원적 경험

19세기의 급속한 산업화와 전 세계에 걸친 도시 인구 증가는 녹색 공간과 레저를 위한 장소의 수요를 일으켰다. 레저 장소로서의 공공정원의 역할이 더욱 중요해진 시점이 바로 이 시기였다. 과학적 식물 및 원예에 대한 주의를 레크리에이션과 휴식을 위한 유원지 창출로 돌려야 하는 압박감을 느꼈던 전문 큐레이터들 간의 갈등이 없지는 않았다. 식민지 모리셔스 총독이 언급한 바와 같이, 식물원은 주로 대중의 놀이 장소였으며, 즐거움을 위한 장소로 계속 유지할 필요가 있었다. 트리니다드 식물원(Trinidad Botanical Garden)은 정원에서 잡은 동물과 뱀들을 박제하여 전시했다. 1900년, 시드니 식물원(Sydney Botanic Garden)은 700점이 넘는 전시물을 갖춘 박물관을 건립했다. 홍콩 식물원(Hong Kong Botanical Garden)은 1866년에 야외 연주 무대를 만들었다. 식민지 정원 관리자들은 밴드 같은 오락을 제공할 경우, 관람객의 수가 늘어남을 관찰했다. 1847년, 큐 가든은 부지 내에 세계 최초의 실용 식물학 박물관을 건립했다. 1857년과 1863년에는 열매껍질(seed vessel), 섬유, 종이, 오일, 추출물, 식물의 기타 조제품 같은 품목들을 전시하기 위한 새로운 건물을 추가했다.

공공정원은 살아 있는 이국적인 동물을 전시하는 최초 기관 중 하나였다. 큰 새장은 초기 많은 공공정원의 보편적인 설계요소였다. 파리 식물원(Jardin des Plantes in Paris)은 이국적인 조류와 동물들을 수집하고 있었다. 큐 가든은 한때 홍학, 펠리컨, 펭귄을 보유했다. 싱가포르 식물원(Singapore Botanical Garden)은 오랑우탄, 표범, 호랑이, 심지어는 악어 -악어 한 마리가 식물원 직원을 집어삼키기 전까지- 를 포함한 대형 동물들을 수집했다.

온실은 19세기에 도시 주민들의 새로운 모임의 장소로 자리 잡은 공공정원의 보편적인 건축 특징이 되었다. 유리를 아래에 있는 이들 정원의 초기 전시물은 과(科)별 린네식 분류법(Linnaean order)으로 공식적인 식물 전시를 했다. 20세기 초에 경관 건축가 옌스 옌센(Jens Jensen)은 린네식 전시 관행을 허물어, 온실 체험을 바꿔 놓았다. 옌센은 일리노이주 시카고의 가필드 파크 식물원(Garfield Park Conservatory)에 일련의 자연스러운 전시를 창안하여, 방문객들이 실제 정글이나 숲속처럼 보고 느끼는 온실 정원에 흠뻑 빠져들었다.

오늘날 공공정원이 직면한 문제들

여러 방면으로, 오늘날 공공정원이 직면한 문제들은 초기에 이들 정원이 마주쳤던 문제들과 유사하다. 현대의 큐레이팅•비큐레이팅 전문가들은 과학 영역 외의 프로그래밍 중요성과 연관성에 대해 여전히 논쟁하고 있지만, 이들 전문가는 가능하면 방문객에게 가장 긍정적이고 통합적이며, 교육적인 경험을 제공하기 위해 함께 일하고 있는 큐레이팅, 교육, 원예 직원의 중요성은 인정하고 있다. 초기 공공정원의 임무는 세계를 더 잘 이해하는 것뿐만 아니라, 과학을 발전시키기 위해 수집하고 공유하는 정보를 강조했다. 이러한 전통을 바탕으로, 이제 공공정원은 지구촌 정원의 적극적인 보전 및 보존을 위한 과학적 정보 수집을 강조하고 있다.

21세기 모든 공공정원의 두 가지 큰 문제는 연관성과 자원이다. 오늘날 공공정원의 지위는 생물 및 무생물 수집물의 수뿐만 아니라, 입장객과 공공 혹은 민간 자금 지원 같은 직접적인 측정을 통해 증명되는 지역사회와 연관성을 기초로 한다.

관람객의 기대는 21세기의 격변하는 세계에 의해서도 영향을 받는다. 과학기술의 발전에 따라, 정보 접근성은 더할 나위 없이 빠르고 쉬워졌다. 젊은 세대에게는 실제를 대체하는 가상세계를 통하여, 멀리 떨어진 정글, 정원, 식물 도서관을 경험할 수 있게 한다.

공공정원, 미술관, 동물원, 과학센터 같은 문화기관은 핵심 목적과 위치에 의해 결정된 경계를 이제는 명확하게 정의할 수 없게 되었다. 과학기술을 통한 거리의 해소와 유사한 프로그램의 겹침으로 혹자는 이를 임무 변화라고 일컫기도 한다. 이로 인하여 기관 간의 경계선이 희미해졌다. 예를 들면, 많은 동물원이 이제 그들의 이름에 식물원이라는 용어를 포함하고, 원예 프로그램을 제공한다. 미술관은 프로그램에 꽃꽂이 수업을 포함하고, 유명한 경관 건축가가 설계한 야외정원을 보여주고 있다. 같은 맥락으로, 공공정원은 수집품과 프로그래밍에 더욱 많은 미술품과 동물을 포함하고 있다. 물론, 모두가 21세기 소비자들의 환경 의식과 연결되는 특이하고 지구 친화적인 친환경 프로그램을 홍보하기 위해 경쟁하고 있다.

21세기 초의 공공정원은 그들의 목적을 전시, 교육, 혹은 연구로 기술하고 있다. 현대 공공정원의 강령에 공통으로 사용되는 문구에는 "식물과 사람의 연결", "영감의 장소", "성장하는 방법 배우기", "환경 개선", "지식 발견과 공유", "개인 삶을 축복", "모든 사람에 대한 봉사", "어린이 가르치기", "자선 봉사", "환경 보존에 대한 이해 증진", "즐거움"이 포함된다. 이러한 문구와 용어는 공공정원이 연관성을 유지하기 위해 충족시키려 애쓰고 있는 다양한 지역사회 요구사항을 반영한다.

경쟁

오늘날의 경쟁은 매우 어려우며, 가장 많은 분류군(taxa)의

수집품을 보유하거나, 특정 희귀 난초꽃을 먼저 보유하는 것을 넘어 그 이상의 것으로 가고 있다. 21세기의 공공정원은 소비자의 관심, 여가, 그들이 임의로 지출할 수 있는 돈, 그리고 정원 운영과 주요한 시도를 위한 공공•민간 자금조성을 위해 경쟁하고 있다.

공공정원이 직면하고 있는 경쟁 상대는 누구인가? 답은 간단하다. 모든 것이다. 그 위치가 어디든, 공공정원은 월드와이드 웹, 패스트푸드점, 동물원, 미술관, 어린이 과학센터, 놀이공원, 영화관, 유나이티드 웨이(United Way), 자동차 판매상, 다른 공공정원들과 경쟁하고 있다.

이 경쟁에서 중요한 요소는 방문객이 정보를 얻고 상품을 구매하는 방식이 그 사람이 공공정원을 방문하거나 지원할지를 결정하는 방식에 영향을 미친다는 것이다. 공공정원은 잠재적 고객이 마주하는 모든 압력과 마케팅 영향력을 넘어서서 정원에 주의를 돌릴 수 있는 동기를 부여하는 방식으로 자신을 나타내야 한다. 21세기의 시장에서 살아남을 수 있는 핵심은 특별한 기회를 창출하는 것이며, 잠재적 방문객들에게 기회가 사라지기 전에 정원을 방문해야 한다는 다급한 느낌을 불어넣는 것이다.

공공정원이 아름다운 방문 장소라는 대중적 인식은 잠재적 관람객에게 직접 왜곡된 생각을 하게 하며, 그들이 공공정원을 특이한 방문 장소라고 인식하는 것을 방해할 뿐만 아니라, 경제적•지역사회 발전에 중추적인 역할을 한다는 생각을 하지 못하게 한다.

대 필라델피아 문화연합(Greater Philadelphia Cultural Alliance)이 2008년에 수행한 연구에서 공연예술 기관이 마케팅에 방문객 1인 당 5.75달러를 지출한 데 비해, 문화기관(공공정원 포함)은 1.58달러, 서비스 기관은 15.81달러를 지출한 것으로 밝혀졌다.

공공정원은 마케팅과 홍보를 우선순위에 두지 않았기 때문에 지속해서 다른 산업에 뒤처지고 있다. 해법은 무엇인가? 공공정원은 정보가 넘치는 세상에서 적극적으로 경쟁하기 위해서는 풍부한 자금으로 정교한 여러 방면의 마케팅과 홍보 프로그램을 실행해야 한다.

관람객 프로필의 변화

미국 인구는 1900년의 7천6백만 명에서, 2000년에는 2억8천백만 명으로 3배로 늘어났다. 그 결과, 1제곱마일 당 약 80명으로 보다 조밀해졌고, 더욱 도시적인 국가가 되고 있다. 인구도 더 고령화되고 있다. 20세기 후반에 가장 현저하게 늘어난 인구 집단은 65세 이상 연령대이다. 또한, 더욱 다양성을 지닌 국가가

되고 있다. 이제 백인과 흑인 둘 다는 미국 인구집단에서 더욱 적은 부분을 차지한다. 20세기 말 20년 동안, 아시아계와 태평양 제도 인구집단이 세 배로 늘었고, 히스패닉계는 두 배로 증가했는데, 이제 히스패닉계 인구는 전체 인구의 12%가 넘는 비율을 차지하고 있다. 미국 인구조사 역사상 처음으로, 4개 주(텍사스, 캘리포니아, 뉴멕시코, 콜로라도)와 컬럼비아 특별구는 48% 이상이 소수민족인 인구집단을 구성하고 있다. 가구의 인구 통계적 특성도 변하여, 결혼 가구가 78%에서 52%로 감소했다.

미국은 세계에서 가장 인구가 많은 나라 중 하나이다. 그러나 전 세계 인구에서 차지하는 비율은 1950년 이래로 십 년마다 줄어들었다. 20세기 말경에는 선진국인 독일, 영국, 이탈리아는 더는 가장 인구가 많은 나라가 아니었다. 파키스탄, 나이지리아, 방글라데시 같은 저개발, 신흥국가들이 급격하게 인구가 늘어나, 중산층의 증가와 함께, 세계에서 가장 인구밀도가 높은 나라가 되고 있다. 중국은 자체만으로도 전 세계 인구의 20%를 차지하고 있다.

공공정원 인구통계 자료와 관련하여, 오늘날 전형적인 방문객은 여성, 백인, 35세부터 65세 사이의 사람들이다. 공공정원의 관람객은 이전과 비교하여 명백히 변하고 있는데, 이러한 변화는 프로그램 개발과 전달 방법에 영향을 미치고 있다. 프로그램에 대한 결정권을 지닌 전문 직원들의 다양성 결여로 인해, 공공정원은 다양한 고객들과 연결되는 프로그램과 전시회를 구축하는 데 어려움을 겪고 있다.

세계 인구의 급격한 증가로, 환경이 프로그래밍의 전면으로 나서게 되었다. 미국의 관람객들은 이제 대부분의 사업체, 특히 공공정원들이 퇴비 사용, 재활용, 기타 환경친화적인 업무수행을 기대하고 요구하고 있다.

재정적 취약성

경제적 불확실성은 21세기에 공공정원이 직면한 가장 큰 도전과제 중 하나인데, 이는 전례 없는 경제적 호황 후, 뒤이은 대공황 이래 가장 심각한 경제 파탄과 함께 시작되었다. 호황기에 공공정원은 주요 캠페인 비용 합계가 거의 10억 달러에 달한 사실이 증명하듯, 성장과 미래에 대한 계획에 빠져 있었다. 경제 불황 후, 많은 공공정원이 현저한 예산 삭감, 조직 간소화 운영, 주요 캠페인 목표 재조정을 진행하고 있었다.

공공정원은 안정적이고 지속할 가능한 자금이 부족하며, 의료 서비스 및 공공시설 같은 점차 늘어나고 통제할 수 없는 비용의 영향을 받기 때문에, 21세기 공공정원들은 재정적으로 취약하다. 미국의 예술 및 문화기관에 대한 정부 지원은 GDP 비율에 대비하여 감소했다. 대부분 기관은 매우 적은 기부금을 보유하고 있으며, 북미의 극소수 지역사회만이 세금조성 기금을 통한 문화기관 지원 대책을 마련하고 있다.

주가가 오르고 기업체 자선 예산이 증가했던 2008년 경기침체 이전에는 문화기관들이 기업체 기부에 의존했다. 대 필라델피아 문화연합이 문화기관에 대한 가장 포괄적이고 유효한 지역경제 연구 중 하나를 수행했다. 10년 동안의 연구 기간 중, 예술 및 문화기관들의 수입은 52% 증가하고, 비용은 49%가 늘었다.

수입 중 기부금이 가장 큰 구성요소로 나타났다. 기관의 가장 급속하게 늘어나는 비용은 시설비였다. 연구결과는 공공정원 같은 문화기관이 운영하고 살아남는 데 따른 여유분이 매우 적다는 사실을 드러내고 있다.

기후 변화

프로그램 및 경제적 영향 때문에, 공공정원이 직면하고 있는 심각한 전략적 압박 중 하나는 기후 변화이다. 개발도상 국가들의 신흥 중산계층의 수요를 뒷받침하기 위한 보다 많은 상품과 서비스 생산과 함께, 늘어나는 세계 인구는 산림 및 생물 서식지의 감소와 공해 증가를 일으키고 있다. 기후 변화는 일시적 유행을 뛰어넘어 공공정원의 새롭고, 분초를 다투는 역할을 정의하고 있다.

모든 공공정원의 통일된 핵심과 토대는 영감을 불러일으키고, 전시로 표현되는 식물 수집품이다. 정원의 기본 임무인 교육, 전시, 연구는 식물에 의하여 나온다. 절박한 기후 변화에 직면하여, 공공정원은 현재 보유하고 있는 식물 종들을 보호하기 위한 프로토콜을 확립하고, 더욱 따뜻한 기후에 적합한 새로운 식물

소재를 통합하기 위한 전략 개발을 시작해야 한다.

또한, 기후 변화는 공공정원이 운영시설 및 기반시설의 유지보수와 개발하는 방식에 영향을 미치고 있다. 이는 공공정원이 과거와 현재의 교차점에 걸려있기 때문에, 복잡한 사안이다. 대부분 정원이 1890년과 1990년 사이에 건립되었기 때문에, 기반시설이 낡고 환경적으로 민감하지 못하다. 이상적으로는 공공정원의 모든 새로운 시설이 재생 불가능한 에너지에 덜 의존하고 리드(LEED : 친환경 건축물 인증) 인증을 받은 것이어야 하지만, 많은 기관이 재생 에너지와 리드 인증 건물에 드는 막대한 자본비용으로 인해 엄두도 내지 못하고 있다.

과학기술

공공정원은 미션과 비전을 발전시키기 위한 과학기술 사용에 있어 다른 기관보다 많이 뒤처져 있다. 또한, 공공정원은 새로운 과학기술을 개발하는 데 도움이 되는 혁신에 앞장서지 못하고 있다. 이는 과학기술이 급변하는 세계에서 연관성을 유지하는 데 핵심요소가 되고 있어서 근본적인 문제이다.

그림 26-4】 롱우드 가든은 음식물을 포함한 모든 탄소 기반 유기 폐기물을 통합하는 진보적인 퇴비 프로그램을 구축했다. 식기, 물병, 컵을 퇴비가 될 수 있는 것으로 하여, 퇴비 프로그램에 통합한다. 롱우드 가든은 매년 평균 2,200 입방 야드가 넘는 유기퇴비를 생산하여, 자체 원예 운영과 토지관리 프로그램을 지원하고 있다.
© Longwood Gardens

미국의 규모가 큰 공공정원에 대한 2009년도 설문조사에서 다음과 같이 드러났다. "귀하의 정원이 프로그램을 지원하기 위해 활용하고 있는 과학기술의 구체적인 예"를 들어 달라고 요청했을 때, 응답자들은 "충분치 않다" 혹은 "한심할 정도로 드물다"라고 대답했다. 공공정원들이 현재 활용하고 있는 과학기술에는 다음과 같은 것들이 포함된다.

- 티켓 및 멤버십 판매를 위한 웹 기반 도구
- 투어 및 교육 등록을 위한 웹 기반 도구
- 휴대전화 투어(예: 휴대전화로 하는 가이드)
- 소셜 네트워킹 웹사이트 및 도구
- MP3 팟캐스트
- 아이폰 애플리케이션
- 개인 오디오 완드(wand)-휴대용 음성 해설기
- 식물 수집을 위한 데이터베이스 관리 소프트웨어
- 디지털 이미지 도서관
- 현장 지도제작을 위한 위성항법장치(GPS)
- 비디오 표지판
- 칠판
- 판매점 관리시스템(POS)
- 이메일

사람들은 이제 신속하게 그리고 간략한 이야기(sound bite)로 정보를 받기를 기대하고, 그러한 정보를 받았을 때 그것이 완전히 통제되기를 원한다. 공공정원 고객은 방문 여부와 시기를 판단하기 위해 과학기술을 이용한다. 또한, 그들은 공공정원에서의 특별한 경험을 명확히 하기 위해 과학기술을 사용한다. 공공정원에서 설명 도구로서의 휴대전화 가이드, 팟캐스트, 아이폰 애플리케이션이 존재한다는 것은 이미 과학기술이 방문객의 공공정원 경험에서 이룬 변화를 입증하는 것이다.

그것이 자리 잡은 건물에 고정된 다른 문화기관과는 달리, 많은 사람이 모든 감각을 동원하는 현장 몰입 체험이 필요하다고 생각하고 있는 공공정원은 그 지리적으로 정의된다. 그러나 과학기술은 멀고 가까움의 개념적·물리적 경계에 영향을 미친다. 또한, 과학기술은 공공정원이 방문객을 정의하는 방법도 바꾸고 있다. 전 세계의 대학, 미술관, 도서관, 공공정원의 수집품, 프로그램, 월드와이드웹을 통하여 접속하는 디지털 도서관, 수집물

그림 26-5】 롱우드 가든의 피어스 공원(Peirce's Park). 1906년 Pierre S. du Pont은 피어스 수목원으로 알려진 원래의 수목원을 매입했다.
© Longwood Gardens

데이터베이스, 가상 투어를 통해 접속할 수 있다. 과학기술은 사용자 클릭(click-through)으로 측정되고, 그 방문이 몇 시간이 아닌 몇 초 혹은 몇 분간만 지속하는 가상 공공정원 방문객인 새로운 계층을 정의했다. 다른 전문 직종들도 과학기술의 이점을 인식하고 있다. 대학은 수년 전에 온라인 학습관리 시스템을 통합했다. 대학생 4명 중 1명이 적어도 1개 온라인 과정을 수강하고 있으며, 그 수요는 점차 늘고 있다. 영리기업뿐만 아니라, 대

학들도 미팅과 프로그램 전달을 위한 용인된 일상적 관행으로 비디오콘퍼런스 과학기술을 사용하고 있다. 대학, 소셜 서비스 기관, 미술관들의 경향은 인터넷에 접속 가능한 세컨드 라이프(Second Life)의 가상 3차원 세계에서 그 존재를 확립하는 것이다. 이들 기관은 세컨드 라이프로 인해 강좌 등록, 기금조성, 현장 유료입장이 증가하고 있음을 발견하고 있다.

롱우드 가든은 미션 완수와 21세기 공공정원 방문객들을 유치하기 위해 공격적인 과학기술 활용 단계를 밟았다. 롱우드는 세계 모든 사람에게 교육 프로그램을 동시에 혼합적으로 전달하는 온라인 학습관리 시스템(Desire2Learn)을 시행했다. 또한, 롱우드는 고객 서비스 제공을 개선하기 위해 과학기술을 사용하고 있다. 새로운 판매점 관리 소프트웨어 시스템으로, 롱우드는 고객 충성도를 추적하고, 전화 혹은 현장에서 안내원 수준의 서비스를 즉시 제공할 수 있다.

공공정원은 새로운 첨단 과학기술을 정원 운영에 통합시킬 경우, 딜레마에 직면하게 된다. 과학기술로 인해 살아 있는 진짜 경험을 제공하는 공공정원의 핵심 산물의 가치가 낮아지는가? 마케팅과 마찬가지로, 공공정원은 과학기술을 받아들이고 적절한 투자를 하지 않는 한, 다른 기관에 뒤처질 것이다.

미래의 공공정원

앞에서 언급한 사안들은 미래를 정의하기 위한 기회로 삼아야 한다. 식물원이 세계의 문화와 경제발전에 영향을 미쳤던 19세기 초 이래로 아마도 지금이 공공정원이 이끌거나 관여하기에 가장 흥미진진한 시기일 것이다. 21세기는 정원이 보여주어야 할 세계와 연결하는 데 있어 보다 많은 이해를 제공할 기회를 공공정원에 부여하고 있다. 공공정원은 우리가 어떻게 이러한 지구촌 정원을 보살피고, 사람들에게 제공할 수 있을지 결정하는 방식을 도출할 기회를 잡고 있다. 21세기는 공공정원을 위한 시기로 잘 알려질 수 있다.

그들은 처음부터 올바르게 했다

미래의 길을 구축하기 위해 공공정원은 과거를 되돌아봐야 한다. 예전에도 그리고 현재도 많은 형태의 정원이 존재하지만, 그들의 근본적인 특성은 변하지 않았으며, 즐거움, 탐구, 특이한 것에 관한 호기심을 북돋우고, 과학 및 농업에 관한 학습 및 발전, 자연보전, 다차원적 경험을 하게 하는 역할을 포함해, 21세기 공공정원의 개발을 유도하는 것과 관련된 근본적인 길은 여전히 변함이 없다.

21세기의 공공정원도 19세기의 정원이 그랬던 것처럼, 계절에 따라 화려하고 환상적인 원예 전시와 정원의 미션에 부합하는 오락공연이 정원 방문에 긍정적인 영향을 미친다는 것을 발견했다. 한때 지역사회에서 가장 비밀스럽게 지켜져 왔고 방문이 제한되었으며, 학자들을 위한 격리된 안식처 역할을 했던 공공정원은 생존을 위해서뿐만 아니라, 더욱 광범위한 관람객들을

그림 26-6] 고객을 정원 및 식물 수집물과 연결하기 위한 롱우드 가든의 과학기술 이용.

© Longwood Gardens

그림 26-7] 남아프리카의 가장 아름다운 토착 야생화 중 하나로 간주하는 Disa uniflora(테이블 마운틴의 자랑: Pride of Table Mountain). 1967년, 롱우드 가든의 이사였던 Dr. Russell Seibert가 수집하여 소개했다.

© Longwood Gardens

정원의 미션에 참여시키기 위해 문을 활짝 열었다.

현재와 미래의 공공정원은 이제는 하나의 특정한 형태의 정원이 아닌, 이전에 개별 정원을 정의했던 모든 특성을 식물의 더욱 전체적이고 다차원적인 면을 보여주는 정원으로 통합될 것이다.

세계는 평평하다 : 협업과 동반관계가 필요하다.

그의 저서 세계는 평평하다(The World Is Flat)(2005) 에서 뉴욕타임스 칼럼니스트 토머스 프리드먼(Thomas Friedman) 은 과학기술이 세계의 경제적 경쟁의 장을 공평하게 혹은 평평하게 했다는 것을 주요한 전제로 삼고 있다. 평평한 세계에서 공공정원의 주된 도전과제는 정원 직종이 과학 기술적으로 발전하지 않을 뿐만 아니라, 정원의 발전을 뒷받침하는 새로운 과학기술 혁신에 적극적으로 참여하지도 않는다는 것이다. 공공정원이 새로운 평평함의 세계 질서에 간단히 함께 타기 위해서는 이러한 과학 기술적 결핍을 재정적•창의적으로 처리해야 한다.

21세기 초의 평평한 세계는 이전 역사에서보다 봉사 활동, 파트너십, 협업을 더욱 쉽게 만들었다. 대규모 공공정원을 대상으로 한 2009년도 설문조사에서 파트너십 상태를 이해할 수 있는 틀이 제공되었다. 응답한 정원 중 70%가 현지 및 지역 협력에 관여했지만, 전국 협력 관계에는 48%만, 세계 협력 관계에는 더욱 적은 37%만이 관여했다. 같은 설문조사에서 응답자들에게 향후 고려 중인 협업 혹은 협력 관계를 기술하라고 요청했다. 흥미롭게도, 42%만이 전국적인 협업을, 33%가 세계 협력 관계를 고려하고 있었다. 공공정원과 공공정원 직종의 협업 특성은 그들의 강한 현지 및 지역 협력 관계에서 분명했지만, 설문조사에서 나타나는 바와 같이, 공공정원은 21세기에 그들이 할 수 있는 만큼 최대한의 협업을 하고 있지는 않다.

이메일과 월드와이드웹이 모든 비영리기관이 잠재적인 새로운 파트너를 확인하고, 새로운 협업을 구축하기 위해 그들에게 접근할 수 있도록 만들었다. 이러한 협업은 다음과 같은 많은 이점을 제공한다.

• 비용 분담 혹은 불필요한 중복을 제거함으로써 비용 절감

• 합동 프로그래밍과 마케팅을 통한 수익 증대

• 지원 근거지 확대

• 새로운 관람객을 대상으로 한 소개

• 혁신적인 새로운 프로그램

• 미션 기반 프로그램에 대한 홍보 촉진

• 사회에 대한 가치 인식 고양

협력 관계는 창의성, 작업, 자원의 투입해야 하지만, 21세기에 공공정원으로 살아남기 위해서는 필수적이다. 과학기술은 우리가 모든 공공정원에 공통적인 것들을 확인할 수 있도록 했다. 전 세계 협력 관계를 통해, 공공정원은 전 세계 정원의 관리기술을 발전시킬 수 있는 자원의 통합을 위해 뭉칠 수 있다.

그림 26-8】 롱우드 가든은 대만의 중국 화훼예술재단과 파트너로 2006년에 성공적인 플라워 쇼를 열었다.
© Longwood Gardens

생존을 위한 기관의 융통성 및 적응성

정원사가 정원을 생산적으로 만들기 위해 본능적으로 사용하는 관리기술은 21세기 공공정원의 운영관리와도 관련이 있다. 성공적인 정원의 핵심은 계획에 있다는 사실은 모든 정원사가 다 안다. 그 계획은 비전으로부터 시작되어, 그 비전에 도달하기 위해 결정해야 하는 사항에 대한 기준을 확립하는 것이다. 정원사들은 대개 일들이 계획한 대로 일어나지 않으므로 계획은 마음속으로 양육, 평가, 융통성이 필요함을 이해하고 있다. 그렇더라도, 비전은 온전하게 그대로 유지된다. 계획, 융통성, 적응성 원리는 미래의 성공적인 공공정원의 필수사항이다.

현재 공공정원은 다음과 같은 사항을 실행함으로써 융통성과 적응성을 달성한다.

- 방문객을 대상으로 한 정기적인 설문조사 시행과 업계 및 문화 추세를 이해하기 위한 설문조사 벤치마킹(점차 이들을 전자적으로 수행함으로써, 많은 수의 참여자들을 기록할 수 있고, 그 결과를 여러 가지 방식으로 분석할 수 있다)
- 관람객 피드백을 토대로 적응할 수 있는 혁신적인 전시회 개발
- 기관의 미션과 일치하는 소득 베이스 확대
- 경쟁을 확인 및 평가하고, 협업 및 동반관계로 경쟁에 참여하는 끈질긴 노력

- 관료적 조직구조 탈피
- 위험을 무릅쓰는 실험적 문화의 배양
- 젊은 직원, 학생, 인턴을 참여시켜, 참신한 관점 획득
- 건설적 비판 수용
- 지역사회와의 연관성 확보를 위해 직원들의 관여를 독려
- 더 많은 과학기술 사용
- 지속적인 전략계획 평가

융통성이 없고 변화에 대해 준비를 하지 않은 공공정원은 운영이 취약하며, 실패하기 쉽다. 공공정원의 취약하기 쉬운 두 가지의 주요 운영 영역은 재정과 프로그램 부문이다.

다른 문화기관과 마찬가지로, 공공정원의 재정 모델은 대체로 튼튼하지 않다. 그 모델은 기부금 혹은 정부 보조금 같은 하나의 주된 수입 원천에 의존할 수도 있다. 또한, 운영 이익금은 흔히 너무 적으며, 그저 손익분기점만 달성하면 용인되는 사업으로 간주한다. 21세기의 공공정원은 불가피한 경제 변동성에서 살아남기 위해 다양한 수익 흐름을 지닌 재정적 융통성이 필요하다.

또한, 미래의 공공정원은 프로그램 개발 및 전달에 대한 혁신적이고 기업가적인 접근방식이 필요하다. 성공적인 공공정원이 되기 위해서는 근면, 소비자 경향에 대한 인식, 위험에 따른 헌

그림 26-9】 롱우드 가든은 관람객 베이스 확대를 위한 신속하고 시간 제한적인 페스티벌과 이벤트를 선사하는 전략계획의 이행으로, 2007년에 와인과 재즈 페스티벌을 개최했다.
© Longwood Gardens

신, 융통성이 요구된다.

사회변화를 주도하고, 영향을 미치기

공공정원 같은 문화기관은 그 지역사회에서 긍정적인 사회변화에 영향을 미치는 중요한 역할을 한다. 식물은 공공정원이 문화적 이해를 증진하고 사회변화에 영향을 미치는 데 매개 구실을 한다. 식물은 삶을 공평하게 느끼도록 해주는 멋진 그것 중 하나이다. 공기와 물에 더하여, 식물은 모든 살아 있는 것들을 연결해 주는 공동의 끈이다. 우리는 숨 쉬는 공기로, 먹는 음식으로, 치료제로 식물이 필요하다. 또한, 아름다운 예술 창조를 위한 영감을 제공한다. 우리 지구는 생존하기 위해 식물에 의존한다.

공공정원은 그 형태와 상관없이, 사람과 식물을 연결해주는 역할을 한다. 지구 온난화와 기타 환경적 위협으로 인해, 공공정원이 혁신적인 관리 업무를 개발하고 수행함으로써 변화를 이끌고 영향을 미쳐야 하는 역사적 역할이 공공정원에 부여되고 있다. 사람들은 우려하고 있으며, 진정한 해법을 원하고 있다.

롱우드 가든이 의뢰한 벤치마킹 연구에서, 지속가능성은 공공정원 부문에서 떠오르는 사업 업무임이 드러났다. 공공정원의 활동은 지속할 수 있는 개념을 개선하는 것보다는 그것을 이해하고 소통하는 것을 강조한다. 공공정원에 대하여 전 세계적으로 채택되는 우수사례는 거의 존재하지 않으며, 어떤 구성요소를 갖추어야만 우수한 공공정원이 되는지에 대한 명확한 설명도

없다. 오늘날까지 초점은 임시변통적인 환경 프로그램에 맞춰지고 있다.

미국조경가협회(ASLA), 미국식물원, 레이디 버드 존슨 야생화센터는 지속할 수 있는 토지설계, 건설, 유지보수 업무를 위한 자발적인 전국 지침 및 업적 기준을 만들기 위해 파트너십으로 연구했다. 핍스 온실 식물원(Phipps Conservatory and Botanical Garden)은 1893년에 설립된 역사적인 온실의 새로운 시설 및 개보수 공사에 녹색개념을 도입한 다면적인 프로젝트 방식을 주도하고 있다.

요약

미국 공공정원협회는 전화로 협회에 문의하는 대부분 사람이 "공공정원을 어떻게 시작하나요?"라고 묻는다고 이야기한다. 새로운 정원을 시작하기 위한 이러한 관심은 협회 회원의 75%가 소규모 신설 정원이라는 사실로 뒷받침된다. 이들 정원은 교육, 전시, 연구, 자연보전에 단단히 근거를 둔 미션으로 움직이는 공공정원의 새로운 길을 개척하기 위한 최고의 기회를 제공하는 동시에, 정원 체험이 다양한 세상과 접근 가능한 것이어야 한다는 사실을 명심하게 해 준다.

과학, 연구, 즐거움, 호기심, 학습, 농업 발전의 중심이 그 본래 위치라는 관점을 잃지 않고서, 공공정원은 연관성을 유지하

그림 26-10】 롱우드 가든은 토착 식물로 구성되고 토착 생태계를 육성할 수 있도록 설계되었으며, 미국 목초정원으로 불리는 정원을 정의하고, 그에 대한 보다 많은 이해를 증진하기 위해 노력하고 있다.
© Longwood Gardens

고 자신의 노력을 뒷받침할 자원을 찾아야 하는 현재의 도전과 제에 맞서야 한다. 그렇게 하려면, 정원은 운영과 프로그래밍에서 더욱 융통성을 발휘하고 협력적이어야 한다. 또한, 공공정원은 새로운 관람객의 주의를 끌기 위한 경쟁과 환경보전 촉진을 이끌기 위해, 기술적 도구와 마케팅 노력을 한층 높여야 한다.

미래의 공공정원은 세계가 하나의 정원이며, 모든 공공정원은 변화에 영향을 미치려는 귀중한 이유와 연결되어 있다는 철학을 공유하고 포용하여야 한다. 또, 서로 연결된 전 세계 공동체를 유지하고 발전시키는 경제발전의 중심지이며 자원이어야 한다. 공공정원은 영감을 주는 아름다움을 지닌 살아 있는 안식처이며, 사람들이 더욱 건강하고 책임감을 지닌 삶과 지구의 지속가능성을 증진할 방법을 찾는 모델이기도 하다.

Factors in the Development and Management of Canadian Public Gardens

캐나다 공공정원의 개발 및 관리 요소

MELANIE SIFTON & DAVID GALBRAITH
멜라니 시프톤 & 데이비드 갤브레이스

서론

캐나다의 공공정원은 그 기원과 관리, 운영, 그리고 자금 조성 모델 면에서 미국의 공공정원과 다르다. 대형 개인 사유지에 조성되었거나, 연방정부 또는 주 정부와 관련이 있는 정원들은 상대적으로 적지만, 대부분 공공정원이 대학교나 대학 부속으로 구성되어 있으며, 이들은 비슷한 규모로 지역 공원과 식물학회(botanical societies)로 나뉘어 있다. 지역 식물학회 또는 원예학회는 새로이 설립된 대부분의 캐나다 공공정원 조성에 중요한 역할을 하였다.

초기 캐나다 공공정원

최초 캐나다 식물원은 1861년 캐나다 식물학회 창립자인 조지 로슨(George Lawson)에 의해 온타리오주 킹스턴시에 소재한 퀸스대학(현재는 퀸스대학교) 내에 약용식물 이용에 대한 의사들의 교육 목적과 식물학 교육 교구재로 사용할 목적으로 조성되었다. 1863년에 로슨이 킹스턴(Kingston)을 떠나 노바스코샤(Nova Scotia)주 핼리팩스(Halifax)시에 있는 달하우지대학교(Dalhousie University)로 옮기자 그 관심은 줄어들게 되었고, 원래의 퀸스식물원(Queen's Botanical Garden)은 1860년대 말까지만 존속하게 되었다. 흥미롭게도, 퀸스대학교는 이 초기 정원 부지를 수목원으로 인식하고 있었다. 로슨이 노바스코샤로 옮겨온 것이 1867년에 조성된 정식 빅토리안 핼리팩스 공공정원의 발전에 영향을 미쳤는지는 명확하지 않지만, 그는 이 공공정원의 초기 조성 단계에 이 지역의 원예학에 많이 관여하였다. 현재 핼리팩스 공공정원은 지금까지 운영되고 있는 캐나다에서 가장 오래된 공공정원일 뿐만 아니라, 북미에 남아있는 유서 깊은 빅토리아 스타일 정원의 몇 안 되는 훌륭한 예의 하나로서 유명하다.

유서 깊은 연방 공공정원

캐나다에는 공식적인 국립식물원이나 수목원은 별로 없지만, 건국 초기에 연방정부가 관리하는 두 곳의 공공정원이 조성되었다. 공식적인 최초의 캐나다 수목원은 1889년에 오타와 자치령 수목원·관상정원(Ottawa's Dominion Arboretum and Ornamental Gardens)이라는 이름으로 정식 조성되었다. 이 자치령(Dominion)의 수집식물은 현재 캐나다 농업·농식품 중앙시범농장(Central Experimental Farm of Agriculture and Agri-Food Canada)의 일부로 운영되고 있고, 본래 내한성 테스트를 위해 식재된 3,000종 이상의 수목, 관목, 관상용 식물표본들로 구성되어 있다. 앨버타(Alberta)주에 소재한 모덴수목원(Morden Arboretum)은 1951년에 연방 농무부가 평야 농부들에게 적용 가능한 작물 및 수목을 연구하기 위한 연구 센터로서 조성하였다. 모덴수목원은 주로 농업연구에 초점을 맞추고 있지만, 지속해서 장미와 다른 전시용 원예작물을 실험하고, 조림지 내에 재배정원구역과 산책로를 유지하고 있다.

주 식물원

미국 관광과 우호 증진 운동의 추진은 캐나다에서 가장 오래된 공공정원, 특히 지방 정부 기금을 통해 운영되는 정원 중 일부의 개발에 주목할 만한 영향을 끼쳤다. 이러한 예로는 나이아가라강의 캐나다 쪽을 따라 자리한 4,250에이커에 이르는 나이아가라 공원 위원회(Niagara Parks Commission) 공공정원과 자연 구역이 있고, 매니토바(Manitoba)주와 노스다코타(North Dakota)주의 경계에 있는 2,339에이커의 국제 평화정원(International Peace Garden)이 있다.

나이아가라 공원식물원

북미 국립공원 운동이 시작된 1885년으로 거슬러 올라가, =나이아가라 공원위원회(Niagara Parks Commission)는 원래 나이아가라 폭포에 인접한 지역을 보호 및 개선하기 위해 계획되었다. 나이아가라 공원위원회는 주(州)에서 운영하는 단체지만, 자체적인 수익 활동을 통해 스스로 자금을 조달하고 있으며, 이 대부분은 관광사업을 중심으로 이루어지고 있다. 1936년에, 이 위원회는 큐(Kew) 왕립식물원(Royal Botanic Gardens) 교육 프로그램을 모델로 하여 엘리트 정원사 양성 학교를 설립하였다. 현재는 나이아가라 공원위원회 원예학교(Niagara Parks Commission School of Horticulture)라고 불리며, 이 학교는 학생들과 직원들의 노력을 통해 식물원과 수목원, 나비 온실 등으로 확장되었다. 또한, 수십 년 동안 이 학교는 캐나다 국내뿐만 아니라 국제적으로 공공 원예 분야에 영향을 준 많은 졸업생을 통해 공공정원 분야에 상당한 영향을 미쳤다.

국제 평화정원

국제평화정원(International Peace Garden, IPG)의 기원은 세계에서 가장 긴 경계를 하지 않는 국경을 공유하고 있는 양국 간의 국경을 넘어선 관광사업(cross-border tourism)과 서로 간의 화합(filial affection)에 확고한 뿌리를 두고 있다. 1932년에 문을 연 IPG는 매니토바(Manitoba)주 보이스베인(Boissevain)과 노스다코타(North Dakota)주 던시스(Dunseith) 근처의 캐나다와 미국의 국경지대에 자리 잡고 있으

며, 실제로 이 두 국가에 속해 있다. 이 정원은 미국 시민 보존단(U.S. Civilian Conservation Corps)과 매니토바(Manitoba)주 공공사업부의 자치정부 프로그램을 포함하여 국경 양쪽의 대공황 시절의 사업 프로그램의 결과물이다. 인기 있는 볼거리로는 평화와 분쟁 해결에 초점을 둔 다양한 대의명분에 헌정된 기념 장소뿐만 아니라, 화단 형태의 침상원(sunken garden: 지면보다 한층 낮은 정원)과 꽃시계, 해설 센터, 온실이 있다. 원생 초원식물과 초원에 적합한 내한성 식물이 IPG의 목본식물 수집식물(collection)의 대부분을 차지하고 있지만, 자연 지역에는 사시나무 대정원 숲과 100에이커가 넘는 모의 원생 초원(simulated native prairie)도 포함되어 있다. IPG의 주요 운영 재정은 독특하게도 매니토바주와 노스다코타(North Dakota)주가 나누어 부담하고 있다.

왕립식물원

왕립식물원(Royal Botanical Gardens, RBG)은 온타리오(Ontario)주 초대형 문화 명소 중의 하나로, 이 정원은 200에이커의 식물원과 약 2,000에이커에 이르는 광대한 도시 자연 지역으로 이루어져 있다. RBG는 1920년대에 정형 정원(formal garden: 보통 기하학적 도형과 선으로 이루어진 대칭 또는 비대칭형의 정원 스타일)을 이용해 해밀턴(Hamilton)시의 북서쪽 입구를 아름답게 꾸미기 위한 노력에서 유래했다. 당초에 시립공원의 한 부분이었던 첫 번째 정원이 1932년에 대중에게 문을 열었다. 1941년에 온타리오(Ontario)주 당국은 이 정원을 비영리단체로 설립했다. 현재 이 단체는 온타리오(Ontario)주와 해밀턴(Hamilton)시, 홀턴(Halton) 지방자치구의 지원을 받아 자치 자선단체로 운영되고 있다. 이 단체는 1947년부터 교육연구 기관으로 발전하게 된다. 생체 수집식물(Living collections)은 세계에서 가장 다양한 라일락 수집식물 중의 하나를 포함하여, 다섯 곳의 주요 정원 영역에 14,200종 이상의 전시 식물들을 포함한다. 다른 자원으로는 중요한 식물도서관과 기록보관소, 80,000개의 표본이 있는 식물 표본관이 있다. 연구 프로그램에는 식물분류학과 습지 생태학, 보전정책에 관한 것들이 있다. 자연 지역은 캐나다에서 가장 자연 발생적인 식물 다양성 지역(캐나다 식물상의 약 24%)의 본거지로 인식되고 있으며, 가장 중요한 5대호(Great Lakes) 연안의 잔존 습지 중의 일부가 포함되어 있다.

연구·교육에 중심을 둔 대학 및 대학교 정원

대학 및 대학교와 관련된 연구 위주의 공공정원은 캐나다 공공정원의 약 절반 정도를 차지한다. 식물 연구를 위한 기관인 브리티시 컬럼비아대학교 식물원 및 센터(University of British Columbia Botanical Garden and Center, UBCBGC)는 캐나다의 모든 대학교 정원의 표준을 설정한 캐나다에서 가장 오래 지속 운영되어 온 대학교 정원이다. 1916년에 이 주의 초대 식물학자인 존 데이비드슨(John Davidson)에 의해 시작된 UBC 식물원은 원래는 브리티시 컬럼비아(British Columbia)에 자생하는 식물을 연구하기 위해 설립되었으며, 현재 캐나다에서 가장 유명한 식물학 기관이다. 그 후 이 기관의 임무는 더욱 확대되어 현재는 전 세계 온대 식물의 보전과 연구, 교육 등을 포함한다. UBCBG는 저명한 아시아, 고산, 약용, 겨울, 식용, 자생식물의 전시 수집식물 등을 포함한 약 12,000종의 식물을 보유하고 있으며, 현지 외 보존(ex situ conservation)과 계통발생학, 식물 생물학, 생명공학 등을 포함한 학문적 연구를 위한 시설과 식물들을 보유하고 있다. 또한, UBCBG는 브리티시 컬럼비아(British Columbia)주의 육묘 업계와 협력하여, 신뢰성 높은 매력적인 조경 식물을 육성하기 위한 식물도입 계획(Plant Introduction Scheme)을 위해 과학적 육종 프로그램도 시행하고 있다.

식물 연구와 전시에 관여하고 있는 다른 중요한 대학교 정원들을 설립 순서에 따라 나열하면, 몬트리올에 있는 맥길(McGill)대학교의 모건수목원(Morgan Arboretum, 1945년 설립)과; 에드먼턴(Edmonton) 근처 앨버타(Alberta)대학교의 데보니언식물원(Devonian Botanical Garden, 1959년 설립); 온타리오(Ontario)주에 있는 겔프(Guelph)대학교의 수목원(1970년 설립); 세인트존스(St. John's)에 있는 뉴펀들랜드 메모리얼대학교(Memorial University of Newfoundland)의 식물원(1971년 설립); 퀘벡(Quebec)주 호첼라가(Hochelaga)에 있는 라발대학교(Université Laval)의 로게르-반-덴-헨데(Roger-Van den Hende) 식물원(1978년 설립); 온타리오(Ontario)주 서드베리(Sudbury)에 있는 로렌시아(Laurentian)대학교 수목원(1982년 설립); 노바스코샤(Nova Scotia)주 울프빌(Wolfville)에 있는 아카디아(Acadia)대학교의 해리엇 어빙(Harriet Irving)식물원(2002년 설립)이 있다. 또한, 이 정원들 각각은 식물 표본관을 포함한 다양한 다른 식물 연구시설을 갖추고 있거나, 그런 일을 하는 대학교 부서와 공동으로 연구를 하기도 한다.

캐나다의 일부 대학들은 원예업계와 조경업계의 학생들을 양성하기 위한 교육시설로써 공공정원을 운영하고 있다. 2007년에 온타리오(Ontario)주 스트래스로이(Strathroy)에 있는 케디 정원(Caddy Gardens)의 부지가 팬쇼(Fanshawe)대학에 기증된 이후, 정원은 실무 교육시설로서 이 대학의 원예 기술자 프로그램(Horticultural Technician Program)에 의해 운영되고 있다. 퀘벡주 세인트하이어신스(Saint-Hyacinthe)에 있는 농산물 가공 기술대학교(Institut de Technologie Agroalimentaire)의 다니엘 A. 세겡 정원(Jardin Daniel A. Seguin)과 험버(Humber)대학의 험버수목원(온타리오), 노바스코샤(Nova Scotia) 농업대학의 정원 등과 마찬가지로, 올즈(Olds) 대학 식물원(앨버타)은 대학의 원예 프로그램을 위한 살아있는 교실과 응용연구 장소로서 역할을 하고 있다.

시영 정원

캐나다 공공정원의 또 하나의 중요한 범주는 시 당국에 의해 운영되는 기관들로 구성되어 있다. 많은 시영 공공정원은 도시 안과 주변 경관의 개선 수단으로의 전시용 원예를 동반한 오랜 문화적 매력과 시 당국이나 자선 단체, 또는 기업체들이 그와 같은 전시를 만들거나 지원하기 위해 자원을 배정할 것이라는 대중들의 기대감으로부터 유래한다(Martin 2001). 두 정원이 서로 같은 캐나다의 시영 정원은 결코 없다고 말할 수 있지만, 오로지 시의 재정이나 관리에 의해서만 운영되는 시영 정원도 거의 없다는 점을 주목해야 한다. 공원 및 레크리에이션 부문과 밀접하게 연계하는 경우가 많은 시영 정원들은 흔히 교육 단체나 원예학회 또는 재단과 관리 및 재정 조달을 나누어서 담당하는 독특한 관리 구조 및 복합 자금제공 모델을 특색으로 하고 있다.

시영 정원과 교육 기관

몬트리올식물원(Jardin botanique de Montreal)은 예산과 수집식물, 방문객 수, 프로그램 면에서 캐나다에서 가장 큰 공공정원이다. 이 정원은 1920년에 마리-빅토랭 형제(Brother Marie-Victorin)에 의해 설립된 몬트리올대학교 식물연구소(Botanical Institute of the Universite de Montreal)에서 유래했으며, 차후 시영 정원이 될 계획이 있었는데, 이 계획은 1931년에 실현되었다. 오늘날, 식물 생물학 연구소(Institut de recherche en biologie vegetale)는 정식적으로 몬트리올시와 몬트리올대학교(Universite de Montreal) 간의 공동 사업체이며, 부지 내의 정원에 있다. 100명의 연구 직원이 있는 몬트리올

식물원(Jardin botanique de Montreal)은 도시 정원이자 대학교 정원이며, 세계에서 가장 성공적이라고 높이 평가받고 있는 공공정원 중의 하나이다. 일본, 중국, 고산, 자생, 장미, 열대 식물을 포함한 중요 수집식물은 10동의 전시 온실에 전시되어 있다. 몬트리올식물원(Jardin botanique de Montreal)에는 식물 표본관, 어린이정원, 원예양성학교, 생물학적 수집종의 보존 및 디지털화에 뛰어난 센터인 몬트리올 생물다양성센터(Montreal Biodiveristy Center)도 있다. 몬트리올 자연박물관(Museums Nature Montreal)의 일부로서, 이 정원은 그 도시의 곤충관(Insectarium), 바이오돔(Biodome), 천체관(Planetarium)과 연관이 되어 있다. 몬트리올식물원은 매우 성공적인 문화 프로그래밍과 교육적 해설로도 유명하다.

도시 자원과 정규 교육이 결합한 복합 형태의 시영 정원의 또 다른 예인 험버수목원(Humber Arboretum)은 험버대학에 위치하며, 조경, 원예, 수목재배, 교육 및 지속가능 프로그램을 위한 야외교실이자 교육시설로서 역할을 하고 있다. 1977년에 설립된 험버수목원은 토론토 및 지역 보전 당국(Toronto and Region Conservation Authority), 험버대학 간의 협력으로 운영되고 있다. 독특한 관리 구조를 갖지만, 이 수목원은 얼마나 많은 시영 공공정원들이 다른 보전, 교육, 자선 단체들과 복잡한 협력 관계를 잘 활용하고 있는지를 대변하고 있다. 이 수목원은 관상용 전시원과 험버(Humber)강 계곡지역 및 등산로로 둘러싸인 관리된 자연 지역이 혼합된 형태를 특징으로 하고 있다.

시영 정원과 식물 관련 비영리단체

원예 협회는 시영 공공정원의 관리나 운영, 또는 재정지원과 밀접한 관련이 있을 수 있으며, 기존의 시영 공공정원의 운영 및 개발을 인수하는 것으로 알려져 있다. 그 한 예는 4에이커의 토론토(Toronto) 식물원인데, 이 식물원은 최근 토론토시의 에드워즈 정원(Edwards Gardens)에 의해 합병되어, 현재 원예 협회, 마스터 가드너 협회, 자원봉사자들로 구성된 복합단체에 의해 원예 교육 센터로써 운영되고 있다. 온타리오(Ontario) 미시소가(Mississauga)의 리버우드 관리 위원회(Riverwood Conservancy)는 현재 자원봉사자 중심의 자선 단체와의 협력으로 운영되고 있는 또 하나의 시영 공공정원의 예이다.

때에 따라서, 시영 정원은 정식적으로 시와 비영리단체 간에 운영 업무가 나누어져 있다. 밴두슨 식물원(VanDusen Botanical Garden)은 이러한 운영상의 균형을 잘 보여주고 있는데, 이 정원의 원예 및 큐레이터 운영은 밴쿠버 공원 및 레크리에이션 이사회(Vancouveer Board of Parks and Recreation)가 맡고 있고, 밴쿠버 식물원 협회(Vancouver Botanical Garden Association)는 교육 프로그램과 같은 다른 측면을 제공하고 있다. 1970년대에 골프장을 개조한 부지에 있는 밴두슨 식물원은 멋진 경관과 주로 지리적 기원에 따라 배열된 7,000개 이상의 분류군으로 이루어진 수집식물로 유명한데, 여기에는 드문 엘리자베스 조(朝) 양식의 울타리 미로와 진달래속 식물, 철쭉, 목련, 벚나무 등이 포함되어 있다. 식물로 뒤덮인 건물로 설계된 새로 지어진 방문객 센터의 디자인으로 대표되는 밴두슨은 또한 식물 보전과 환경 관리, 지속 가능한 경관 등에 막대한 노력을 기울이고 있다.

시영 온실식물원

캐나다의 많은 대규모 도시에서는 공원이나 지역사회 서비스 부문의 일부로서 유리 온실과 일반 온실 식물원(glass house and conservatories)도 소유하여 운영하고 있다. 뮤타트 온실식물원(Muttart Conservatory)은 열대, 온대, 건조 지역의 원예식물을 앨버타(Alberta)주 에드먼턴(Edmonton)시가 운영하는 유리 피라미드 온실에 전시하고 있다. 토론토는 1850년대에 조성된 공원이자 1910년에 지어진 역사적인 종려나무 온실을 갖추고 있는 앨런 정원(Allan Gardens)에 여섯 동의 공공 유리 온실을 운영하고 있다. 밴쿠버(Vancouver)시의 공원 담당 부서는 퀸 엘리자베스 공원(Queen Elizabeth Park)에 블레델 온실식물원(Bloedel Conservatory)을 운영하고 있는데, 이 온실식물원은 열대 식물 전시원과 조류 사육장(collections)을 갖추고 있다.

사유지 정원(Estate Gardens)

캐나다 공공정원의 소수는 사유 정원으로 시작되었다. 하나의 유명한 예는 퀘벡주의 외딴 그랜드-메티스(Grand-Metis)에 소재하고 있는 메티스 정원 / 레포드 정원(Jardins de Metis/Reford Gardens)인데, 그것은 엘시 레포드(Elsie Reford)의 집념과 그녀의 유산에서 비롯되었다. 메티스 정원과 레포드 정원(Jardins de Metis & Reford Gardens)의 연례적인 현대적 조경 설치와 예술축제, 자생식물, 교육 프로그램 및 엘시 레포드가 전 세계의 식물들을 모아 미기후와 토양개량 기술을 잘 이용하면 가혹한 북부 지역에서도 성공적으로 잘 재배할 수 있다는 것을 증명한 훌륭한 역사적인 정원들이 주목할 만하다. 이 정원의 상징적인 식물은 세심한 주의가 필요한 히말라야 푸른 양귀비(Meconopsis betonicifolia)인데, 이것은 엘시가 레포드의 삼림 정원 전체에 도입한 식물이다. 퀘벡주는 1962년부터 1995년까지 이 정원을 대중들에게 개방했지만, 그 이후에 자선 단체인 르 아미 드 자든 드 메티스(Les Amis des Jardins de Metis)에 매각하였다.

다른 예로는 브리티시 컬럼비아(British Columbia)주의 전(前) 부총독인 랜돌프 블루스(Randolf Bruce)가 토지를 기부하여 조성된 브리티시 컬럼비아(British Columbia)주의 컬럼비아 밸리식물원(Columbia Valley Botanical Garden)이 있다. 사유지보다 더 역사적인 농장 부지인 앨버타(Alberta)주 중서부의 조지 페그식물원(George Pegg Botanic Garden)은 현재의 정원 명칭을 따온 유명한 식물학자이자 분류학자의 예전 저택 부지 내에 있다.

캐나다 공공정원 발달에 미친 큰 영향

캐나다는 비교적 많지 않은 인구가 지리적으로 널리 분포된 광대한 국가이다. 미국 공공정원협회나 국제식물원보존연맹(Botanic Gardens Conservation International, BGCI)과 같은 전문 기관의 기관 회원 수가 공공정원 위상의 지표라고 한다면, 아마도 15~20개의 캐나다 공공정원이 존재할 것이다. 전체 인구에 대한 공공정원의 비율을 비교해보면, 캐나다에는 미국 인구에 비례하여 인구 규모에 따라 예상되는 정원 수의 1/4 정도가 있다.

캐나다의 공공정원이 부족한 이유는 부분적으로는 어떤 수준에서든지 정부에 의해 마련된 공공정원에 대한 일반적으로 인정되는 모델이 없기 때문이다. 또한, 캐나다에는 부자들의 사유지가 공공정원으로 전환되는 전통이 없다. 대부분의 캐나다 공공정원들은 다른 관리 모델과 초기의 개인적 의도가 결합한 복합형태이다. 자금조달을 물색하는 것이 캐나다 공공정원의 특징인데, 이때 어떤 자금조달이 가장 지속 가능할 것으로 보이는지에 따라 흔히 관리와 운영이 변화한다.

보전 및 자연 지역

BGCI 웹사이트에 있는 참가자들의 현재 목록에 따르면, 1인당 공공정원 수가 상대적으로 적음에도 불구하고, 캐나다에는 보전식물원 국제아젠다(International Agenda for Botanic Gardens in Conservation)를 이용하는 기관이 23개소나 있다(미국 전체의 경우 28개소). 이는 미국 바로 다음으로 많은 숫자로서, 캐나다의 원예기관들이 식물 보전을 자신들의 임무에 포함하는 추세라는 것을 나타낸다. 공공정원 일부로 자연 지역을 포함하는 것은 캐나다 공공정원의 또 하나의 뚜렷한 특징이다.

2003년 조사에 따르면, 캐나다 정원의 거의 75%가 자연 지역을 소유 또는 관리하는 반면에, 미국의 경우에는 약 25% 정도만이 자연 지역을 소유하거나 관리한다. 캐나다의 주요 공공정원 중 일부는 대중들의 사용을 위해 자연 지역을 관리하고 있어서, 특히 조직의 정체성 및 대중 인식과 관련하여 공원과 식물원 사이의 경계가 종종 모호하다. 문제가 있기는 하지만, 이 상황은 다양한 맥락에서 식물에 대한 보다 폭넓은 인식을 촉진하고, 설계된 정원 단 하나에 의해 제시되는 것보다 광범위한 교육기회를 제공한다.

재단과 자선활동

미국 공공정원의 경우 기부금과 재단 기금에 초점을 맞추는 것과는 대조적으로, 캐나다의 정원은 이러한 재원 지원이 훨씬 적은데, 이러한 사실은 자선활동에 대한 문화적 태도와 공공 편의시설에 대한 정치적 태도 및 캐나다 세법과 관련이 있을지도 모른다.

예술, 문화, 과학, 교육, 환경과 관련된 활동에 대한 책임은 일차적으로 정부에게 있다는 일반적인 기대감이 캐나다 사회에 내재하고 있다. 세금은 어느 정도 이러한 기능들을 지원하는데, 이러한 기능은 캐나다 공공정원이 수행하고 있는 가장 긴요한 활동 중의 일부이다. 그 결과, 대부분의 캐나다 문화, 환경, 교육기관과 마찬가지로, 정원은 일반적으로 직접 또는 간접적으로 보조금을 통해, 정부의 재정지원에 상당히 많이 의존하고 있다.

자선단체에 기부하면 세금 영수증을 받을 수 있어서, 이것이 기부를 장려하기는 하지만, 대부분의 캐나다 공공정원들은 막대한 정부 지원을 받거나 정부기관에 지배를 받는 현실은 상황을 복잡하게 하는 문제일 뿐만 아니라 공공정원을 억제하는 역할을 하기도 한다. 캐나다의 많은 정부기관들은 특정 유형의 자선 기부를 받는 것이 허용되지 않으며, 정원들 또한 정부기관에 소속되어 있다는 이유로 어떤 기부도 받을 수 없다. 많은 공공정원은 정원이나 특별 프로젝트를 위한 세금이 공제되는 기부를 관리하기 위해 별도의 재단이나 기타의 비영리조직을 설립하여 이러한 규정들을 피해갈 수 있었다. 한 좋은 예는 밴두슨 식물원협회(VanDusen Botanical Gardens Association)인데, 이 조직은 밴쿠버시와 공동으로 자금을 제공하여 밴두슨식물원(VanDusen Botanical Gardens)을 운영하고 있다.

비록 캐나다인들은 미국인들보다 자선 기부에 덜 적극적이지만, 개인 기부금과 유산은 자금 부족을 메우는 데 도움이 될 수 있다. 자선 단체에 기부하는 납세자의 비율은 캐나다와 미국이 거의 같지만, 미국인들은 캐나다인들보다 2.5배나 더 많은 돈을

표 A-1] 캐나다의 공공정원

정원(식물원, 수목원)	모 기관	관리 기관
Alberta Crop Diversification Centre South	Agriculture and Agrifood Canada	Government, Federal
Annapolis Royal Historic Gardens	Annapolis Royal Historic Gardens Society	Not for Profit
Aurora Community Arboretum	Self	Not for Profit
Assiniboine Park	City of Winnipeg	Government, Municipal
Biodôme de Montréal	City of Montreal	Government, Municipal
Bloedel Conservatory	City of Vancouver Park Board	Government, Municipal
Calgary Zoo & Botanical Garden	Self	Not for Profit
Canadian Museum of Nature (no living collections)	Museums Canada	Government, Federal
Columbia Valley Botanical Gardens	Self	Not for Profit
Devonian Botanic Garden	University of Alberta	University Unit
Domaine Joly-De Lotbinière	Self	Not for Profit
Dominion Arboretum	Agriculture and Agrifood Canada	Government, Federal
Finnerty Gardens	University of Victoria	University Unit
George Pegg Botanic Garden	Self	Not for Profit
Halifax Public Gardens	Halifax Regional Municipality	Government, Municipal
Harriet Irving Botanical Gardens	Acadia University	University Unit
Humber Arboretum	Humber College, City of Toronto, TRCA	Government, Municipal; Conservation Authority; College Unit
Jardin botanique de Montréal	City of Montreal; Université de Montréal	Government, Municipal; University Unit
Jardin botanique du Nouveau-Brunswick	New Brunswick Botanical Garden Society	Not for Profit
Jardin botanique Roger-Van den Hende	Université Laval	University Unit
Le Parc Marie-Victorin	Municipality of Kingsey Falls	Government, Municipal
Lakehead University Arboretum	Lakehead Arboretum	University Unit
Les Jardins de Métis/Reford Gardens	Self	Not for Profit
Memorial University of Newfoundland Botanical Garden	Memorial University of Newfoundland	University Unit

소재지	웹사이트 주소
Brooks, AB	www1.agric.gov.ab.ca/$department/deptdocs.nsf/all/opp4386
Annapolis Royal, NS	www.historicgardens.com/
Aurora, ON	www.auroraarboretum.ca
Winnipeg, MB	www.winnipeg.ca/cms/ape/conservatory/
Montreal, QC	www2.ville.montreal.qc.ca/biodome/
Vancouver, BC	http://vancouver.ca/PARKS/PARKS/bloedel/index.htm
Calgary, AB	www.calgaryzoo.org/
Ottawa, ON	www.nature.ca
Invermere, BC	www.conservancy.bc.ca/CVBG/
Edmonton, AB	www.ales.ualberta.ca/devonian/
Sainte-Croix, QC	http://domainejoly.com
Ottawa, ON	www.agr.gc.ca/sci/arboretum/
Victoria, BC	http://external.uvic.ca/gardens/index.php
Glenevis, AB	www.pegggarden.org/
Halifax, NS	http://halifaxpublicgardens.ca
Wolfville, NS	http://botanicalgardens.acadiau.ca/
Toronto, ON	www.humberarboretum.on.ca/
Montreal, QC	www2.ville.montreal.qc.ca/jardin/jardin.htm
Saint-Jacques, NB	http://jardinbotaniquenb.com
Quebec, QC	www.jardin.ulaval.ca/
Kingsey Falls, QC	www.parmarievictorin.com
Thunder Bay, ON	laurentian.ca/Laurentian/Home/Departments/Biology/About_Biology/arb.htm
Grand-Métis, QC	www.jardinsmetis.com/
St. John's, NL	www.mun.ca/botgarden/

정원(식물원, 수목원)	모 기관	관리 기관
Milner Gardens and Woodland	Vancouver Island University	University Unit
Morden Research Station Arboretum	Agriculture and Agrifood Canada	Government, Federal
Morgan Arboretum	McGill University	University Unit
Musée de la Nature et des Sciences	Self	Not for Profit
Musée du Château Ramezay	Self	Not for Profit
Muttart Conservatory	City of Edmonton	Government, Municipal
Niagara Parks Botanical Gardens and School of Horti-culture	Niagara Parks Commission	Government, Provincial
Nikka Yuko Japanese Garden	Self	Not for Profit
Nova Scotia Agricultural College Gardens	Nova Scotia Agricultural College	College Unit
Olds College Botanic Garden	Olds College	College Unit
Oshawa Valley Botanical Gardens	City of Oshawa	Government, Municipal
PFRA Indian Head Tree Nursery	Agriculture and Agrifood Canada	Government, Federal
Riverwood Conservancy (formerly Mississauga Garden Council)	Self	Not for Profit
Royal Botanical Gardens	Self	Not for Profit (Provincial, Municipal partners)
Royal Roads University Botanical Garden	Royal Roads University	University Unit
Sherwood Fox Arboretum	University of Western Ontario	University Unit
Sunshine Coast Botanical Garden Society	Self	Not for Profit
The Arboretum	University of Guelph	University Unit
The Gardens of Fanshawe College	Fanshawe College	College Unit
Tofino Botanical Gardens	Self	Not for Profit
Toronto Botanical Garden	Self	Not for Profit
Toronto Zoo	City of Toronto	Government, Municipal
University of British Columbia Botanical Garden and Centre for Plant Research	University of British Columbia	University Unit
VanDusen Botanical Garden	City of Vancouver, Self	Joint Municipal Government/Not for Profit

소재지	웹사이트 주소
Qualicum Beach, BC	www.viu.ca/milnergardens/
Morden, NB	dir.gardenweb.com/directory/mrc/
Ste.-Anne-de-Bellevue, QC	www.morganarboretum.org/
Sherbrooke, QC	www.naturesciences.qc.ca/
Montreal, QC	www.chateauramezay.qc.ca/index2.htm
Edmonton, AB	www.muttartconservatcry.ca
Niagara Falls, ON	www.niagaraparks.com/garden-trail/botanical-gardens.html
Lethbridge, AB	www.nikkayuko.com/
Truro, NS	nsac.ca/envsci/gardengate/alumni.asp
Olds, AB	www.oldscollege.ca/botanicgarden/
Oshawa, ON	ovbgoshawa.ca/
Indian Head, SK	www4.agr.gc.ca/AAFC-AAC/display-afficher.do?id=1186517615847&lang=eng
Mississauga, ON	www.riverwoodconservancy.org
Hamilton, ON	www.rbg.ca
Victoria, BC	www.hatleypark.ca/
London, ON	www.uwo.ca/biology/arboretum/
Sechelt, BC	www.coastbotanicalgarden.org/
Guelph, ON	www.uoguelph.ca/arboretum/
London, ON	www.fanshawec.ca
Tofino, BC	www.tbgf.org/
Toronto, ON	www.torontobotanicalgarden.ca/
Toronto, ON	www.torontozoo.com/
Vancouver, BC	www.ubcbotanicalgarden.org/
Vancouver, BC	vancouver.ca/parks/parks/vandusen/website/index.htm

기부하는 경향이 있다(LeRoy, Veldhis, and Clemens 2002).

수잔 레이몬드(Susan Raymod)가 캐나다와 미국의 자선활동 동향을 비교한 결과, 캐나다에서는 세금 정책이 기부를 결정하는 중요한 요인인 것으로 보인다(Raymond 2001). 캐나다의 세제 시스템은 공공 프로그램을 지원하지만, 미국보다 더 높은 세율은 개인들이 더 적은 부를 축적하게 되고, 그 결과 개인적으로 자신들의 부를 자선 활동에 쏟을 수 있는 능력이 더 적어진다는 것을 의미한다. 2001년 캐나다 1인당 개인 가처분소득(PDI)은 미국의 70.4%였고(Sharpe 2002), 2005년 캐나다의 GDP 대비 세제 수입은 미국보다 평균 8.2% 높았다(Read 2007).

개인 재산은 미국에 필적할 만큼의 수준으로 축적되지 못하지만, 기업의 재산은 그렇게 제한적이지 않다. 캐나다의 기업들이 자선 단체에 기부하는 것에 대한 세제 혜택은 많지 않지만(Rotstein 2008), 캐나다의 공공정원들은 자주 기업의 재단과 기업의 사회적 책임 계획을 통해 자금을 지원받기를 원하며, 이것으로부터 상당한 현물 및 금전적 지원이 제공될 수 있다.

관리 방식

정원이 정원 관리에 관여된 자선재단이나 비영리단체를 가지고 있으면, 캐나다 연방과 주(州) 정부의 법률 규정에 따라 그 활동을 감독하기 위한 이사회가 있어야 한다. 그러나 캐나다의 많은 공공정원이 공립교육기관이나 다른 정부기관을 통해 운영되고 있는 현실은 관리 구조에 많은 영향을 미친다. 이러한 관계 때문에 독립 이사회는 캐나다 정원의 주요 관리에 덜 관여한다. 공공정원을 운영하는 교육 및 정부기관은 외부 이사회에 일차적인 의사결정 권한을 부여하기를 원치 않기 때문에, 경영진이 정원의 모(母)조직(parent organizations)을 통해 임명하거나, 대학이나 대학교의 평위원회를 통해 궁극적인 관리가 이루어지는 경우가 보통이다.

직원채용

캐나다에는 비교적 공공정원 수가 적고, 그 정원 간의 거리가 떨어져 있어 대부분의 정원 직원은 공공정원 밖의 지역에서 충원되고 있으며, 기관 간의 직원 이동은 거의 없다. 개별 기관은 공공정원이란 무엇이고 무엇을 해야 하는지에 대한 직원 교육에 지속해서 많은 투자를 해야 한다.

노동조합은 캐나다 사회에서 중요한 부분을 차지하고 있으며, 캐나다 노동법은 매우 강력하다(예를 들어, 추정적 해고(constructive dismissal: 표면적으로는 자발적 퇴직이지만 실상은 부당 해고의 일종으로 간주하는 퇴직)는 미국 노동법에는 존재하지 않지만, 캐나다에서는 매우 중요하다). 캐나다 공공정원의 약 절반은 대학교에 기반을 두고 있으며, 많은 다른 공공정원들은 시 또는 주(州) 정부와 연계되어 있어, 인사 규정이 정원 외부에서 결정된다. 고위 경영진은 생산성과 발전 면에 있어서 학계나 정부 환경의 과제에 직면해 있어, 공공 편의시설 및 연구센터로서 정원을 운영하는 것과 조화시키기 어려운 상황에 있다. 〈PAGE 360~363 표 참고〉

캐나다 공공정원은 자금이 부족한 경향이 있어서, 많은 정원은 직원이 부족한 것을 상쇄시키기 위해 자원봉사자 인력을 배양해야 한다. 토론토식물원(Toronto Botanical Garden)과 같은 일부 정원들은 자원봉사자협회를 통해 이제껏 꾸려왔다. 많은 공공정원의 직원채용 시스템 내 노동조합이 강력히 존재하기 때문에, 자원봉사자를 정원 인력의 많은 부분에 이용하는 데에는 흔히 제약이 있다. 이러한 요인은 노동조합에 기반을 둔 인력을 가지고 있는 경우, 시영 정원과 대학 및 대학교 정원에서 특히 문제가 될 수 있다.

국가 계획

1940년대에 캐나다의 전문가들은 미국 식물원·수목원협회(American Association of Botanical Gardens and Arboreta, 현 미국 공공정원 협회)의 설립에 관여하였다. 1970년대 초 캐나다 원예기관 간의 연계를 공식화하려는 노력은 캐나다 국립식물원 체계(National Botanical Gardens System for Canada)를 제안하기에 이르렀다. 왕립식물원(Royal Botanical Gardens)은 이 제안을 구체화하기 위한 회의를 주최하여, 이 제안서를 캐나다 정부에 제출하였지만 실행되지 못했다.

1992년 리우지구정상회의(Rio Earth Summit)와 1993년 생물 다양성 보전협약(Convention on Biological Diversity, CBD)은 보전 프로그램의 최전선에 식물원을 위치시키기 위한 노력을 부활시켰다. 1995년에 CBD에 대한 캐나다의 국가적 대응인 캐나다 생물 다양성 전략(Canadian Biodiversity Strategy)에서 식물원의 심각한 역할 부재에 대한 응답으로 왕립식물원(Royal Botanical Gardens)에 캐나다 식물보전네트워크(Canadian Botanical Conservation Network, CBCN)가 설립되었다. 캐나다는 생물 다양성 보전협약의 한 당사국이지만, 미국은 이 중요한 협약을 비준하지 않고 있다. 그 결과, 캐나다의 연방 환경부는 식물원 공동체를 조직하기 위한 노력을 지지하여 1990년대와 2000년대에 몇 가지 행동 계획과 전국 회의를 개최하였다.

1998년부터 수도 오타와에 식물원을 설립하여 그것을 국립

식물원으로 지정하기 위한 자원봉사자 단체인 오타와 식물원협회(Ottawa Botanical Garden Society)의 일관된 노력이 있었다. 캐나다에서 국립 정원에 대한 아이디어는 새로운 것이 아니다. 자치령 수목원(Dominion Arboretum)과 연방 중앙실험농장(Central Experimental Farm) 식물원의 설립까지 100여 년이 넘는 노력을 기울였지만, 아직 성취하지 못했다. 이것은 옳건 그르건 부분적으로 식물원은 관상용 원예와 강하게 관련이 있고 정부 부처 내에 일관된 옹호자가 없었다는 사실에 기인한다.

요약

캐나다의 공공정원 부문은 여전히 성장 중이며, 어떤 의미에서는 국가 정체성을 형성하기 위해 노력하고 있는 동안, 새로운 공공정원들이 전국에서 개발되고 있으며, 기존 기관들은 지속해서 자신들의 프로그램과 역량을 강화하고 있다. 이러한 정원들에 많은 영향을 미칠 가능성 큰 요인들에는 지속가능성 운동의 성장과 자생식물 보전 및 연구에 관한 관심의 증가, 캐나다 자선 사업 부문의 성숙이 포함된다. 또한, 캐나다 다문화주의와 세계화된 관광산업에 대한 보다 적극적이고 혁신적인 대응이 이루어질 가능성이 있다. 기원과 자금조달 모델, 관리 구조, 임무의 다양성으로 인해 전체적으로 캐나다 공공정원을 일반화하기는 어렵지만, 이 다양성으로 인해 이들 조직이 캐나다 사회의 변화하는 요구와 인구통계를 충족시킬 만큼 충분히 유연해질 가능성이 크다.

The Importance of Plant Exploration Today

오늘날 식물탐사의 중요성

PAUL W. MEYER 폴 W. 메이어

초기부터 식물원은 먼 지역에서 수집한 식물의 보고였다. 식용 또는 약용 식물들이나 기타 경제적으로 유용한 식물들이 특히 인기가 있었으며, 정원에 특별한 아름다움이나 진기함을 제공하는 식물들 또한 그랬다. 피사(Pisa, 1544)와 같은 초기의 약초 정원부터 16세기와 17세기의 탐험의 시기 동안 조성된 큐 왕립식물원(Royal Botanic Garden, Kew)과 같은 정원까지, 해외에서 수집한 식물의 재배와 전시, 그리고 연구가 그들의 주요 임무였다.

이러한 연구는 미주리식물원(Missouri Botanical Garden, 1859)과 아널드수목원(Arnold Arboretum, 1872)과 같은 미국 단체의 출현으로 형성 및 확장되었다. 이 시대에 유럽과 미국의 식물 탐사자들이 중국과 일본에 접근할 수 있게 되었으며, 석엽표본과 생체식물, 그리고 종자들이 꾸준히 식물단체에 유입되었다. 초기 식물 수집가 중에 가장 주목할 만하고 유명한 사람은 큐(Kew) 식물원과 관련이 있었고, 나중에 아널드 수목원과 제휴한 영국인 어네스트 핸리(Ernest Henry) "차이니스" 윌슨(Wilson)이었다. 그의 열정과 담대함과 더불어 윌슨은 그의 작업에 과학적 엄격함을 더했고, 생체식물 식물 표본과 식물에 관한 서술, 그리고 수집 장소에 대한 데이터 등을 신중하게 문서로 만들었다. 그 당시의 뛰어난 동료들과 함께, 그는 식물 탐사자들이 지속해서 준수해야 하는 새로운 표준을 설정했다. 그가 소개한 것들과 그 시대의 다른 것들은 미국의 원예에 지속해서 영향을 미치고 있으며, 그의 석엽 표본은 전 세계에 걸쳐 식물 표본 수집에 지대한 가치를 지니고 있다.

식물 탐사자들의 연구는 지속해서 현대 공공정원의 수집과 과학적 연구, 그리고 교육 프로그램의 중심이 되고 있다. 오늘날의

식물 탐사자들은 흔히 특정한 지리적 지역이나 특정 식물 그룹에 중점을 둔다. 그 목적은 석엽표본과 사진, 서면으로 된 설명 등을 문서화 하고, 씨앗이나 다른 생체식물 재료 등을 수집하는 것을 포함할 수도 있다. 전 세계에 걸쳐 자연 서식지의 손실을 가속하거나 석엽표본과 제대로 수집된 씨앗 및 생체식물, 그리고 과학적으로 문서로 만들어진 기원 등은 식물 보존에 있어서 중요하고도 일부 경우엔 긴박한 요소이다. 동일 종 내 유전적 변이(intraspecific genetic variation)는 특별한 의미를 지닐 수 있어서, 수집품에 하나의 종에 대한 수집 종(accessions: 다른 여러 지역에서 수집하여 놓은 품종)은 그 종의 자연 서식지의 많은 다른 부분들을 나타내는 것이기 때문에 매우 중요하다. 이러한 변화는 다른 원예 형태를 통해 명확히 드러났을 수 있다. 아니면, 고온이나 추위, 가뭄, 염수 분무 등과 같은 다양한 조건에 대한 개별 식물의 적응성에서만 관찰되는 감추어진 특성일 수도 있다.

오늘날, 식물 수집 탐사는 보통 몇몇 단체를 대표하는 다수의 과학자가 관여된 공동작업의 결과이다. 정원의 한 직원이 탐사에 완전히 몰입하는 경우는 드물다. 현대의 식물 탐사자들은 자신의 직장에서 수많은 다른 책무를 담당하고 있는 큐레이터나 식물학자, 또는 원예가들인 경향이 있다. 그래서 탐사의 계획과 실행, 그리고 후속 조치 등에 대한 책임을 공유하는 것이 중요하다. 또한, 현장에서는 표본을 수집하여 압축하기, 사진 촬영, 수집 관찰과 데이터 기록하기, 그리고 씨앗 수집하기 등을 포함하여, 많은 일이 이루어져야 한다. 수집된 씨앗이 개별 식물의 다양성을 대표하는 것이 이상적인데, 흔히 이것으로 인해 실제로 씨앗을 모으는 작업에 많은 시간이 소요된다.

식물 탐사자가 홀로 탐사하는 것도 가능하지만, 팀으로 접근하는 방법이 작업을 쉽게 한다. 다른 팀에서와 마찬가지로, 팀 구성원들은 다양한 분야의 전문지식을 갖추고 있다. 이상적인 팀은 분류학자와 원예가, 그리고 나이와 경험이 많은 수집가, 큰 나무를 올라갈 수 있는 젊고 튼튼한 수집가 등으로 구성될 수 있을 것이다. 공동 접근법은 탐사 여행 후 생체재료를 재배하며 평가할 때도 역시 매우 유용하다. 이러한 접근법은 관찰자들에게 다양한 조건 하와 다수의 장소에서 식물이 어떻게 자라는지 관찰할 기회를 제공하고, 해충이나 질병, 또는 가뭄 등에 의한 손실로부터 어린 수집 식물들을 보호하는 데 도움이 되는 보험 증권과 같은 역할을 한다. 이것은 오늘날과 같은 기후 변화의 시대에 특히 중요하다. 과거에 어느 한 장소에서 잘 자랐던 식물들이 조건이 변함에 따라 미래에는 반드시 계속 그렇게 자라지 않을 수도 있다. 마찬가지로, 도시화 역시 다양한 식물 적응성의 필요성을 강조하는 극적인 미소 기후 변화를 초래하고 있다.

침입성 식물 유입의 잠재성은 오늘날 특별한 우려를 낳고 있다. 대부분의 식물도입은 별문제 없이 경관에 긍정적인 영향을 미치지만, 서식지를 급속히 퍼져나가는 침입성 식물은 세심한 주의를 기울여 피해야 한다. 다시 한번 말하지만, 정원들 사이의 협력적 접근법은 다른 환경에서 식물을 재배 및 관찰할 수 있고 새로운 식물을 도입하기 전에 데이터를 교환할 수 있는 다수의 기회를 제공한다. 있을 수 있는 침입 잠재성에 대해 평가할 수 있을 때까지 식물을 도입하지 않는 것 또한 중요하다.

성공적인 식물탐사 협업의 한 예는, 더 큰 내동성(winter hardiness) 잠재성을 제공하는 북쪽의 개체군으로부터 동백나무(Camellia japonica)의 씨앗을 수집하기 위해 1984년에 이루어진 한국에서의 조사 수집이다. 미국 국립식물원의 배리 잉어(Barry Yinger)에 의해 조직된 이 팀에는 펜실베이니아 대학교의 모리스수목원(Morris Arboretum)과 롱우드가든(Longwood Gardens), 그리고 홀덴수목원(Holden Arboretum) 출신의 수집가들이 포함되었다. 씨앗 수집은 한국의 북서 해안에서 떨어져 있는 섬에 격리된 개체군으로부터 이루어졌다. 다수의 종의 채집이 이루어졌으며, 가능한 경우, 특정 장소의 다수의 개별 식물들은 하나의 수집 종에 포함했다. 살아 있는 수집 식물들 또한 말린 식물 표본으로 증거를 만들어서 나중에 북미와 한국 기관에 보관시켰다.

동백나무 씨앗은 발아가 잘되었으며, 그 후 2~3년 후에 모리스수목원과 미국 국립수목원, 롱우드가든, 그리고 홀덴수목원 등의 단체에서 시험하기 위해 묘목을 외부에 심었다. 예상했던 바와 같이, 동백나무는 북동부 오하이오의 겨울을 견뎌낼 만큼

의 내동성을 지니고 있지 않았지만, 많은 식물이 다른 단체에서는 성공적으로 자랐다. 25년 이상이 흐른 현재, 다수의 클론이 정원의 특성을 위해 뛰어난 내동성을 지녔기 때문에 도입되고 있다(Aiello, 2009).

북미-중국 식물탐사 컨소시엄(North American-China Plant Exploration Consortium, NACPEC)은 성공적인 식물 탐사 협업의 또 하나의 사례이다. 1991년에 7곳의 정원으로 구성된 이 그룹은 1991년과 2008년 사이에 9번의 중국 탐사를 후원한 중국의 동료들과 함께 활동하였다. 목적은 미국 북동부 지역과 비슷한 기후를 가진 지역의 중국 북부 온대성 식물군의 풍부함을 탐사하는 것이었다. 모두 합쳐서, 9개 단체의 6,000개 식물과 함께, NACPEC 수집 데이터베이스에는 1,348개의 수집 종이 목록에 올라왔다. 개별적인 식물들은 가능성 재배변종식물(cultivar: 재배 중 발생하는 변종)로서 시선을 끌고 있지만, 이러한 식물들의 원예적 가치 이외에도, 언젠가는 어떤 "미운 오리 새끼"가 아직 알려지지 않은 치명적인 질병이나 해충에 저항성을 지닌 유전자를 함유한 것으로 확인되거나 암 투병에 효과가 있는 화합물을 지니고 있을 수 있다. 의심할 여지 없이 이러한 수집 식물들의 가치는 앞으로 수십 년 동안 지속해서 나타날 것이다. 특별한 관심을 끄는 한 종은 중국 독미나리(Tsuga chinensis)인데, 이것은 현재 캐나다 토종 독미나리(Tsuga canadensis)를 괴롭히고 있는 독미나리 털북숭이 진디(hemlock wooly adelgid)(Adeges tsugae)에 저항성을 나타낸다. 중국산 독미나리는 이미 미국 국립수목원에서 토종 캐나다 독미나리의 특성에 중국 독미나리의 해충 저항성을 결합할 목적의 육종 프로그램에 사용되고 있다. 수집한 모든 식물이 중국과 미국 두 나라의 법 규정에 따라 이 나라로 들여왔다는 점을 유의해야 한다. 모든 씨앗과 유묘, 건조 식물 표본은 미국 입국 지점에서 신고 및 검사를 마쳤을 뿐 아니라, 메릴랜드주, 벨츠빌(Beltsville)의 식물도입 센터(Plant Introduction Center)에서 더욱 엄격한 검사를 마치고 들어왔다.

식물탐사는 반드시 멀리 떨어진 장소로 갈 필요는 없다. 특이하고, 유용하며, 잘 적응된 많은 식물이 지방의 도로변이나 집에서 가까운 목초지와 숲에서 발견될 수도 있다. 그러나 식물 탐색가들이 어디에서 수집하든, 신중한 관찰 및 문서화라는 원칙이 여전히 적용된다. 근처에서 수집했든 해외에서 수집했든, 야생에서 수집되어 문서로 만들어진 식물들은 잘 기획된 공공정원의 수집 식물 집단 식재지에서 많은 가치를 지니고 있다.

Herbaria
식물 표본실

BARBARA M. THIERS 바바라 M. 타이어스

지난 3세기 동안, 과학자들은 생체식물 일부를 수집하여 식물 표본실로 부르는 집단식재지에 보존함으로써 지구 식물의 다양성을 기록해왔다. 최초의 식물 표본실은 수도사들이 약초 약을 짓기 위한 건조 식물을 보관하던 중세 수도원의 방이었다. 식물들을 눌러서 종이에 붙이는 혁신적인 방법을 고안한 사람은 볼로냐대학교(University of Bologna)의 교수였던 루카 기니(Luca Ghini, 1500-1566)이다. 기니의 표본실에서 표본들의 낱개 장은 제본된 책으로 편찬되었다. 당연히 약효 성분을 지닌 종들이 기니 표본실의 중심이었지만, 그의 혁신적인 보관 방법은 그의 시대에 식물 표본실이 약초재배자의 작업실이라기보다는 학문적인 참고문헌 실로 간주하였다는 점을 시사하고 있다. 식물 명명을 위한 현재 체계를 고안한 칼 린네(Carl Linnaeus, 1707-1778)는 석엽 표본의 서적 형태를 포기하고, 그 대신에 캐비닛에 낱장들을 수평으로 층층이 쌓아서 보관하는 방법을 선택했다. 이러한 변화로 인해 린네가 식물을 분류하는 데보다 더 적극적으로 표본을 이용하는 것이 가능해졌는데, 묶여있지 않은 표본들은 비교하는데 쉬울 뿐만 아니라, 분류 체계를 개선했을 때 재배열하기가 쉬웠다.

오늘날 우리가 사용하고 있는 재료와 기법은 표본 수명이 오래가는 것을 보장하는 데 도움이 되지만, 표본의 준비 및 보관을 위한 기본적인 기법은 린네 시대 이후에도 놀라울 정도로 변하지 않았다. 현재 식물 표본 철은 특별히 설계된 내화 및 방수 성능을 갖춘 스틸 캐비닛에 보관되고, 표본 준비는 기록 보관용 고급 종이와 접착제를 사용하며, 냉동과 같은 정기적인 해충 방지 절차를 실행하여 표본을 갉아먹는 해충의 유입 및 확산을 방지하고 있다.

오늘날 전 세계에 약 3,400여 개소의 식물 표본실이 있다. 총괄하여, 그것들은 약 3억5천만 개의 표본을 가지고 있으며, 400년 동안의 지구 식물 역사가 기록되어 있다(Thiers 2010). 이렇게 풍족한 데이터 덕분에 과학자들이 식물 생물학에 대해 깊이 이해할 수 있지만, 세계 식물의 생물 다양성을 기록하기 위해 린네에 의해 시작된 작업의 완성은 아직도 요원하다. 우리는 아직도 지구 식물 종의 50% 미만에 대해서만 이름을 가지고 있으며, 식물 표본실에 저장된 이끼류 식물과 조류, 그리고 균류와 같이 덜 알려진 그룹에 대해서는 그것보다 훨씬 더 적은 숫자만이 이름을 가지고 있다.

미국에서 활동하고 있는 약 600여 개소의 식물 표본실 중에서, 대부분은 대학교와 관련이 있다(473개 식물 표본실, 또는 82%). 정부기관의 표본실은 전국 표본실의 약 9%이고(54개), 자연역사박물관의 표본실은 5%(29개)이며, 식물 표본실의 4%는 공공정원과 관련이 있다(24개 식물 표본실). 비록 상대적으로 적은 숫자이지만, 공공정원과 연관된 식물 표본실은 규모 면에서 더 큰 경향이 있다. 미국의 약 7천9백만 개 표본 중에서, 22% 또는 천6백만 개는 공공정원과 관계된 식물 표본실에서 보유하고 있다(Thiers 2010).

미국의 식물 표본실은 그것들이 부속된 단체의 유형에 상관없이, 경영과 이용 면에서 제법 일관성을 지니고 있다. 일반적으로, 대형 공공정원(예를 들어, 뉴욕식물원(New York Botanical Garden), 아널드수목원(Arnold Arboretum), 미주리식물원(Missouri Botanical Garden)과 연계된 식물 표본실들은 절충적인 취득 정책을 시행하고 있어서, 폭넓은 분류 및 지리적 범위에 걸쳐 표본을 수용하고, 정원의 지리적 위치보다는 관련 과학자들의 연구 관심을 강조하고 있다. 공공정원의 일부 식물 표본실은 재배된 식물(cultivated plants)을 강조하며(예를 들어, 아널드수목원), 그들 자신의 토지에서 재배한 식물들을 어느 정도까지는 모두 기록한다. 재배 식물의 진화 역사를 이해하는 것이 대우 복잡할 수 있어서, 특히 역사와 관련된 소장 식물 표본을 포함하여, 그와 같은 식물들의 식물 표본실 소장의 표본들은 그것들의 계통을 밝히고 미래의 육종 프로그램 과정을 결정하는데 매우 중요할 수 있을 것이다.

세계의 주요 식물 표본실의 대부분은 자신들의 표본에 대한 디지털화 프로그램을 착수했다. 표본의 라벨에 있는 정보(예를 들어, 식물의 이름이나 어디서 누구에 의해 수집되었는지에 대한 정보)를 데이터베이스로 옮기고, 때로는 표본의 디지털 이미지 역시 파일 화 한다. 공공정원과 연계된 식물 표본실은 온라인으로 식물 표본실 데이터를 공유하는 데 있어서 리더이자 혁신자이다. 미주리식물원은 자신들의 TROPICOS 온라인 시스템 (Missouri Botanical Garden 2010)을 통해 사용자들이 식물의 이름부터 출판물의 출처까지 추적할 수 있도록 했으며, 흔히 그 출판물의 스캔한 이미지를 링크하여 이용할 수 있도록 했다. 뉴욕식물원의 가상 식물 표본실(Virtual Herbarium)은 표본의 라벨 정보와 이미지 데이터베이스로서 활발히 성장하고 있으며, 선택한 식물 그룹이나 지리적 지역에 대해 온라인 식별 도구도 제공하고 있다(New York Botanical Garden 2010). 시카고 식물원과 모턴수목원(Morton Arboretum)은 V-Plants라고 부르는 혁신적인 프로그램을 공유하고 있는데, 이 프로그램은 시카고 지역에서 서식하고 있는 식물의 가상 식물 표본실로서, 주로 교육용 툴과 시민 과학자들을 위한 참고용으로 설계되었다(V-Plants Project 2010).

대부분의 식물 표본실은 자신들을 디지털화한 표본 데이터를 자신들의 웹사이트나 지역의 웹 포털, 또는 국제적인 세계생물다양성 정보기구(Global Biodiversity Information Facility, GBIF)를 통해 공유하고 있다. 식물 표본실 표본 기록물에 대한 세계에서 가장 큰 애그리게이터(aggregator: 여러 회사의 상품이나 서비스에 대한 정보를 모아 하나의 웹사이트에서 제공하는 인터넷 회사 또는 사이트)인 GBIF 데이터 포털은 현재 전 세계 식물 표본실에 있는 3천9백만 건 이상의 기록을 서비스하고 있다(Global Viodiversity Information Facility 2010). 그와 같은 데이터를 온라인으로 이용할 수 있도록 함으로써, 과학자들이 식물의 생물 다양성을 보다 효율적으로 기록할 수 있게 되었으며, 또한, 더욱 넓은 범위의 과학적 분석을 위한 식물 표본실의 문호를 개방하였다. 어떤 식물이 과거에는 어디에서 주로 자랐고, 현재에는 어디에 자라고 있는지에 관한 정보를 비교함으로써, 다른 종들이 좋아하는 조건의 개요에 대한 기반을 얻을 수 있다. 그런 다음, 과학자들은 그러한 식물들이 미래의 기후 변화에 대응하여 어떻게 살아갈지를 추론할 수 있다.

Public Garden Archives
공공정원의 기록보관소

SHEILA CONNOR 쉴라 코너

인류의 시간이 시작된 이래, 우리는 우리가 만든 정원을 통해 우리 자신을 표현해 왔다. 그것들은 좋든 나쁘든 우리의 개인적 신념과 공공의 가치관에 대한 기록으로서 존재하고 있다.

-Mark Francis and Randolph T. Hester Jr.

기록보관소는 공공정원이 지금껏 해왔던 노력이 기록되어 있는 지적 인프라이자 가치 있는 기록의 보고로서 매우 중요하며, 소장한 자료에 의해 이루어진 결정과 절차를 확인할 수 있다. 기록보관소 자료를 통해 단체 내 개인과 부서의 창의성, 사고를 저작물로 표현하며 조직문화에 대한 이해와 증언을 제공한다.

기록보관담당자는 독특한 자료의 수집과 기술, 보존, 보호, 처리, 그리고 정리 등을 담당하며 어떤 기록이 지속적인 가치를 지니고 있고 용도를 뒷받침하고 있는지를 결정한다. 이러한 자료에 접근함으로써, 정원의 전통과 장소에 대한 상식, 정원의 목적 등에 대한 더 많은 이해를 할 수 있으며, 연구자들이 찾기 힘든 인용문이나 사실을 찾고 있을 때, 단체의 기록 유산과 자원, 관행 등을 학습할 때, 연구자들이 참고할 수 있도록 지원해준다.

특별한 수집 식물 식재지 뿐만 아니라, 수목원과 식물원, 표본온실, 역사적 조경지, 그리고 자연정원, 전시정원, 놀이정원 등을 포함한 모든 공공정원은 조직 내 중요한 문서들을 작성하고 있다. 정원 웹사이트 내 상세한 연대표와 역사, 강령, 뛰어난 역사적 사진 등을 볼 수 있는데, 해당 자료는 정원 내 보유한 문서들을 기반으로 작성되었으며, 지금도 정원 프로그램의 직원과 각 부서 모두 정원의 현재 활동을 기록하여 새로운 문서로 작성되고 있다. 일반적으로 기록보관소를 만들어 문서들을 관리하기

는 쉽지 않은 일이다. 기록보관소를 설립하는 것은 관리 단체의 책무이며, 관련 지식을 갖춘 직원과 장비, 공간, 물품구매 등 유지 및 관리비가 소요된다.

그러므로 기록보관소는 단체를 잘 반영할 수 있는 부서 및 그룹으로 조직하고 이에 대한 목표 및 강령, 전략적 계획, 식물 수집 관련 정책 등을 수립할 필요가 있다. 교육 기관이나 기타 관리 단체와 연계된 관리는 모(母) 기관의 지시를 받을 수 있겠지만, 기록물의 보유 및 폐기에 대한 기준과 묻혀있는 기록들을 기록보관소로 이전하는 과정에 대한 프로토콜을 만들 필요가 있다.

기록보관소 내 자료들은 다양한 크기 및 형태, 포맷 등으로 저장된다. 수기 원고(수기 또는 타이핑된 서신) 프린트, 음화(陰畵), 슬라이드 등을 포함한 이미지, 지도, 계획서, 잡지, 일기, 영화, 녹화 및 녹음된 것(오늘날 전자적 요소들을 포함하고 있거나 전자 양식으로만 작성된 것), 상태가 좋거나 나쁜 인쇄물 그리고 기타 3차원으로 된 자료 등이다. 기록보관담당자는 이러한 종이와 잉크, 직물, 그리고 사진 등으로 저장된 자료의 보관법에 대해 전반적으로 이해하고 있어야 하며, 자료에 사용된 접착제에 대해서도 정통해야 한다. 이를 통해 기록물은 원본을 보호하고 많은 사람이 더욱 쉽게 접근할 수 있도록 다른 포맷으로 복사될 수도 있을 것이다.

따라서 기록보관소 내 자료들은 현장에서 평가하여 처리하며, 자료 수집과 같은 사소한 작업부터 자료제공까지(finding aid: 소장 기록을 검색할 수 있도록 해주는 도구로서 이용자가 원하는 기록을 찾아내고 기록을 잘 이해할 수 있도록 지원한다) 여러 단계를 거쳐 작성된다.

정원 내 매뉴얼 작성은 매우 중요하며, 단계별 작업 계획에는

기록보관소를 위한 강령과 목표, 전략적 계획의 예 ▼

미션

    정원의 설립과 발전, 조직, 운영, 그리고 실적과 연구에서 정원의 역할, 식물탐사, 조경 관리, 교육, 보존, 그리고 원예 등을 기록한 참조 문헌과 연구 자료를 습득, 관리, 보존하여 이용할 수 있도록 함.

목표

    본 정원의 종합적인 문서로 만들어진 역사를 제공하는 기록물을 직원과 학생, 학자들이 이용할 수 있도록 하기 위함.

전략적 계획

- 행정적 가치를 지니고 있거나 역사적 또는 과학적 가치를 지닌 정원의 기록물을 식별 및 습득하여 관리

- 적합한 기록물의 습득 및 관리를 보장하는 절차 및 정책을 관리하는 프로그램의 지원을 받아 개발 및 실행

- 적절한 매뉴얼에 따라 기록물을 정리 및 기술하여 전시하고 검색 도구와 목록, 기타 항목 등을 포함한 안내 책자(guide)를 만들어 자료 전달을 쉽게 하기

- 영구적인 보존 및 지속적인 이용을 위한 적절한 환경 관리와 기록보관소에 비치할 적합한 자료제공

- 기록보관소와 관련된 자료를 지속해서 접근할 수 있도록 보장하고, 자료를 이용하는 연구자들을 지원

다음과 같은 항목이 포함된다;

- **평가:** 수집품의 창작자/제작자와 주제, 표제 등과 그것이 포함하고 있는 자료의 유형을 결정한다.

- **수집품의 현재 상태:** 출처와 원래의 순서(original order), 크기, 제작 일, 생산 시기(date range: 기술된 기록 집합체 중 최초의 기록 건이 생산된 시점에서부터 가장 최근의 기록 건이 생산된 시점까지의 기간).

- **보존:** 취할 필요가 있을 수 있는 모든 보존 조치

- **정렬:** 각 시리즈에 대한 전반적인 기술과 함께, 정해진 수집품 및 시리즈와 결정된 기술 수준에 대해 제안된 정렬.

검색 도구(FINDING AID)의 기본적 요소 ▼

- 표제

- 설명적 요약
  보관소
  전화번호
  위치
  표제
  날짜
  제작자
  수량

- 개요(Abstract)

- 습득 정보
  출처

- 처리 정보
  처리됨

- 접근 조건(Terms of Access)

- 이용 조건

- 전기(傳記)/역사 관련 메모

- 영역 및 내용

- 정렬

- 보관함 리스트

    기록보관소의 기록물들은 온도와 상대습도, 그리고 햇빛 등을 포함하여 다양한 환경 조건에 의해 손상될 수 있으며, 균류와 곰팡이, 해충, 설치류 등이 수집품에 부정적인 영향을 미칠 수 있다. 환경 조건을 모니터하여 기록보관소를 오용 및 재해로부터 안정시켜야 하고, 이를 방지할 수 있는 계획과 정책을 펼 필요가 있다. 그러므로 관련 계획 및 대체재를 준비한다면 재해의 피해를 완화하는 데 도움이 될 것이다.

    마지막으로, 수집품에 대한 개요와 사용하기 위한 가이드라인을 방문객들이 이용할 수 있어야 하고, 정원의 웹페이지에 게시해야 하며, 연례 보고서를 작성해야 한다.

    짧고 간단하며 매우 현실적인 두 가지 뛰어난 읽기 쉬운 참조 문헌에는 엘리자베스 얀켈(Elizabeth Yakel)의 기록보관소 설립하기(Starting an Archives)와 David Carmicheal의 *보관기록물 체계화하기(Organizing Archival Records)*가 있다. 첫 번째 문헌은 한 단체 내의 기록 보관 프로그램을 수립하는 것에 관한 입문서이고, 두 번째 것은 작은 단체의 문서보관 담당자를 위한 수집품을 처리하는 방법에 관한 안내를 제공하고 있다. 또한, 기록보관소 유지하기(Keeping Archives)는 호주 문서보관담당자 협회(Australian Society of Archivists)가 출판한 문서보관소의 설립과 관리, 발전 등에 대한 종합적인 가이드의 제3판 제목이다.

The Library in a Public Garden
공공정원 도서관

RITA M. HASSERT 리타 M. 해서트

당신이 정원과 도서관을 가지고 있다면,
당신은 당신이 필요한 모든 것을 가지고 있다.

-Cicero

정원과 도서관의 교차점은 16세기의 초기 정원 이후로 서구 역사에 정식으로 기록되고 있다. 이탈리아 파두아(Padua)와 피사(Pisa)에 있는 식물원들은 다음과 같은 세 가지 핵심적인 정원 요소들을 고전적으로 배열한 것으로 기술되고 있다: 정원 내 식물생체와 식물 표본실의 석엽표본, 그리고 도서관의 장서(MacPhail 1989). 이 세 가지 요소들이 모두 결합하여 식물과 정원에 대한 우리의 지식과 이해를 문서로 만들 뿐만 아니라, 보존하며, 기록하고, 공유하며, 확장한다. 도서관 장서들은 이제는 서적에만 국한되지 않는 동시에, 이 필수적인 3요소 통합체는 오늘날 계속 확장하고 있다.

정원 내에 도서관을 포함함으로써, 정원 공동체 내의 식물에 대한 지식 및 정보에 대한 끊임없는 접근이 가능해진다. 정원 도서관은 식물 정보와 자원, 그리고 지식 등의 습득과 보존, 관리, 그리고 보급과 관련해서 그뿐만 아니라, 공공정원의 교육 및 지원 활동 노력(outreach efforts)의 중대한 이해관계 요소가 되었다.

도서관은 공공정원 공동체의 모든 구성원에게 정보와 자원, 그리고 서비스를 제공한다. 도서관은 정원 직원의 연구와 정원 교육 프로그램을 직접 지원할 뿐만 아니라, 흔히 정원의 자원봉사자와 구성원들이 필요한 정보를 제공하기도 한다. 도서관 장서들은 일반적으로 정원의 미션과 밀접하게 관계된 선택된 주제에 집중되어 있다. 이러한 주제 내 도서관 장서들은 흔히 전문가

수준부터 레저까지 다양하다. 이러한 장서의 자원들에는 최근에 발표된 침엽수에 대한 논문과 1893년의 묘목장 카탈로그, 나무에 관한 아동용 도서, 오디오 테이프로 된 퇴직 직원과의 인터뷰, 정원 관련 문헌에 관한 데이터베이스에의 접속, 초보 정원사를 위한 도서, 초기 조경 계획, 토종 식물에 관한 저널, 분류학자의 현장 노트북, 디지털 형태로 생성된 정원 이미지 모음집, 흰색 참나무를 펜과 잉크로만 그린 그림, 최근에 도입된 사탕단풍나무 개량품종에 대한 사진, 그리고 초기 단체에 관한 문서 등이 포함될 수 있다. 이러한 자원들을 선택하여 습득 및 체계화하여, 관리하고 보존하는 것과 그것들에 접근할 수 있도록 하는 것이 바로 공공정원 도서관원들의 목표이다.

정원의 임무와 프로그램, 그리고 장서에 대한 도서관원의 지식과 이해를 바탕으로, 다양한 매도인(vendors)과 출처로부터 자원을 선정 및 획득한다. 일단 자원이 획득되면, 그것들을 목록으로 작성하여 도서관의 온라인 일반인 접근 카탈로그(online public access catalog, OPAC)와 장서에 통합시킨다. 더욱이 차세대 OPACs는 비평과 표지 이미지, 개요서, 클라우드 태그(cloud tag), 코멘트, 그리고 추가적인 탐색 용량 등과 같은 풍부한 내용을 추가함으로써, 더욱더 사용자 중심의 환경을 만들고 있다. 자원을 관리하기 위해, OPAC는 후원자 기록과 트랙 순환을 유지하기 위한 모듈을 가지고 있다.

도서관 내의 장서를 디지털화하기 위한 노력은 정원 자체적으로 추진할 수도 있고, 외부의 서비스 공급자와 계약을 할 수도 있다. 독립형이든 연합형(consortial)이든 간에, 디지털 자산 관리 시스템은 정원 도서관 내의 다수를 디지털화한 자원과 디지털로 생성한 자원에 대한 전자식 접근을 제공한다. 참고문헌 서

비스와 지원 활동 노력(Outreach efforts)은 모든 포맷의 장서에 대한 접근을 장려 및 촉진한다. 도서관원은 도서관의 주제에 대한 관심도와 수집력(collection strengths), 그리고 다양한 정보 포털의 접속 등에 관한 지식을 이용하여 이러한 여러 자원을 처리한다. 또한, 도서관은 현재의 기술들을 수용하여 장서에의 접근과 이용자들과의 소통을 강화한다. 블로그와 위키(Wiki), 그리고 다른 도구를 이용하여 정원 공동체 내의 혁신적 서비스를 만들어낸다.

도서관은 자신의 자원과 프로그램을 통해 외부 공동체를 교육하고, 영감을 주며, 풍부하게 하려는 노력도 한다. 도서관 내의 투어와 강좌, 진열, 전시, 프로그램, 그리고 활동 등 이 모든 것들은 자신의 공동체에 대한 정원의 지원 활동 노력을 향상한다. 현지 공동체의 구성원들은 자주 정원 도서관을 보통 자신들의 공공 도서관이나 학교 도서관에서는 발견할 수 없는 자료들을 이용할 수 있게 하는 독특한 자원으로 평가한다. 정원의 교육 프로그램과 지원 활동 노력에 긴밀히 연계시킨다면, 도서관은 공동체 구성원들을 정원으로 끌어들일 수 있는 또 하나의 방법이 될 수 있을 것이다.

식물과 원예 관련 문헌에 관심 있는 조직 및 개인들을 위한 핵심적인 전문가 공동체 중의 하나는 식물 및 원예 도서관 자문위원회(Council on Botanical and Horticultural Libraries, CBHL)이다. 1969년에 설립된 CBHL은 "식물과 원예 관련 문헌을 소장한 도서관의 개발과 유지 및 사용에 관심이 있는 개인과 조직, 기관 등으로 이루어진 국제적 조직이다." CBHL은 회원 기관들 사이의 협력과 공동연구, 그리고 공동체 의식을 촉진하고 있다. CBHL의 성공을 기반으로, "유럽의 식물 및 원예 도서관과 문서보관소, 그리고 관련 기관들에서 근무하고 있는 사람들 사이의 협력과 소통을 고취 및 촉진하기 위해" 1990년대 초에 유럽 식물 및 원예 도서관 그룹(European Botanical and Horticultural Libraries Group, EBHL)이 설립되었다. 출판물과 회의, 그리고 기타 활동을 통해, CBHL과 EBHL 두 단체 모두 식물 및 원예 도서관과 공동체들 사이의 자원 공유 및 협업을 장려하기 위해 노력하고 있다.

CBHL과 EBHL에 의해 장려되고 있는 식물 및 원예 도서관들 사이의 자원 공유는 공동체와 직원들의 정보 접근을 상당히 강화하고 있다. 다양한 수단을 통한 자원 공유로 인해, 도서관들은 자신의 후원자와 공동체들이 풍부한 정보에 접근하는 것을 보장하는 것이 가능해졌다. 지방과 지역, 그리고 국제적인 제휴를 포함하여, 전통적인 도서관 상호 대출 방법으로 인해 특정 도서관이 소장하고 있지 않은 자원에 대한 접근이 가능해졌다. 점점 더 많은 디지털 자원과 저장소를 생물 다양성 유산 도서관(BioDiversity Heritage Library)과 같은 장소를 통해 이용할 수 있다. 이제는 현지 도서관의 장서 때문에 제한받지 않게 된 도서관 이용자들에게 다양한 자원과 도구들이 제공되고 있다. 이러한 방식을 통해 공공정원의 도서관은 다양한 자원에 접근할 수 있고 높은 수준의 서비스를 제공할 수 있는 벽이 없는 도서관이 되고 있다. 다른 도서관들과 풍부한 도서관 장서를 공유함으로써, 결과적으로 더 큰 공동체가 정원의 임무에 영향을 받게 된다.

도서관은 흔히 정원 내의 교육과 학습, 그리고 연구를 지원하기 위해 새로운 기술의 개발 및 실행에 관여하게 된다. 블로그와 위키, RSS 피드(feeds), 인스턴트 메신저, 그리고 기타의 사회적 소프트웨어 툴 등과 같은 라이브러리 2.2 기술로 인해, 정원 공동체의 집중적이고도 역동적인 참여가 가능해졌다. 이러한 기술에 집중함으로서, 정보의 제공 및 제시를 위한 새롭고 혁신적인 방법의 채택이 가능해진다. 이러한 모든 성공으로 인해, 도서관의 잠재적 영향력 및 봉사 활동 노력, 그리고 더 나아가서는 정원의 지식 자산의 보급이 증가하고 있다.

파두아와 피사의 초기 정원 조성은 정원과 식물의 신시대를 예고하는 것이었을 뿐만 아니라 도서관의 신시대 도래를 알렸다. 도서관은 살아 있는 식물 식재지와 식물 표본실에 보관된 식물 표본과 나란히 지속해서 성장하고 있다. 식물에 대한 우리의 지식은 공공정원 도서관의 리더십과 영역 아래에 모여서 보존 및 확산되고, 연구를 통해 무시되기도 하고 재발견되기도 하며, 검토되고, 조사된다. 도구와 자원은 변하지만, 도서관 정신은 지속해서 정원과 공동체에 영향을 미친다.

Horticultural Therapy and Public Gardens

원예요법과 공공정원

KAREN L. KENNEDY 카렌 L. 케네디

원예 요법(HT)은 "참여자의 특정한 치료 또는 재활 목표를 충족시키기 위해 원예 활동을 활용하는 전문적으로 수행되는 클라이언트 중심의 치료 형태이다. 이 요법이 중점을 두고 있는 것은 사회적, 인지적, 육체적 및/또는 심리적 기능을 최대화하는 것 및/또는 전반적인 건강과 건강관리를 향상하는 것이다."(Haller & Kramer 2006). 원예요법의 다른 것과 구별되는 특징은 참여자와 치료사, 그리고 식물 사이의 관계와 참여자의 목표다. 그와 같은 프로그램의 원하는 결과는 개인과 그들의 건강 및 건강관리의 개선에 초점이 맞추어져 있다. 대부분의 개인이 정원에서 일한 후에 정신적 및/또는 육체적 건강이 개선된 것을 느끼는 동안에, 한 프로그램을 원예요법으로써 구분해주는 것은 바로 원예치료사에 의해 촉진된 의도적 결과이다.

공공정원에서 이루어지는 원예요법의 역사

공공정원은 오랫동안 모든 연령의 방문객들에게 식물에 대한 지식과 영감을 제공하는 출처였다. 사람들은 회복되는 체험과 일상생활 스트레스의 경감을 제공하는 정원을 찾는다. 공공정원의 원예요법 프로그램은 이러한 요인들에 대해 증가하고 있는 관심과 공동체 사람들과 관계를 맺고자 하는 욕구, 그리고 장애인 권리에 대한 대중적 관심의 증가 등의 결과로서 발달했다. 특히 공적으로 자금이 제공되는 정원들의 경우, 장애인들은 공원이 서비스를 제공하는 고객층에 속한다는 것을 인정하면서 HT 프로그램의 발전이 촉진되었다.

1950년대 중반의 초기 프로그램은 오하이오주 클리블랜드

근처의 코닝 홀덴수목원(Corning of Holden Arboretum)의 루이스 립(Lewis Lipp)과 모드(Maude, Mrs. Warren H.)과 같은 선구자들의 연구 결과였다. 그와 같은 초기 프로그램들은 혜택을 받지 못하는 노인들과 장애 아동들, 그리고 물리 재활 프로그램의 성인들을 수목원에 데려와 식재 활동에 참여시켰다. 1973년에 현재는 미국 원예요법협회(American Horticultural Therapy Association)가 된, 원예를 통한 치료 및 재활을 위한 전국위원회(National Council for Therapy and Rehabilitation Through Horticulture)가 창립되어, 이 직종의 모습을 갖추기 시작했다. 동시에, 많은 프로그램이 노스캐롤라이나식물원, 시카고식물원, 클리블랜드식물원, 에니드 A. 하우프트정원(Enid A. Haupt Garden), 덴버식물원(Denver Botanic Gardens)과 같은 공공정원에서 특별 훈련을 받은 직원들을 갖추고 전국적으로 만들어졌다. 원예요법 교재의 저자들은 "이 프로그램들은 정원이 전통적으로 서비스를 제공하지 않았던 곳에까지 손을 뻗치도록 하였으며, 그들의 공동체와 도시에서 공공정원의 인지도를 고양했다."고 설명하고 있다(Simson & Straus 1998).

오늘날 공공정원에서의 원예요법 서비스

공공정원에서 이루어지고 있는 실천적 원예요법 프로그램과 치료사들과 다른 관련 의료종사자들을 위한 훈련 프로그램은 공동체에서 정원의 타당성을 증가시키는 데 도움이 되었다. 정원들은 식물이 풍부한 환경을 그들의 조직에 결합함으로써 얻는 건강관리 혜택을 강조하는 프로그램을 통해 건강 및 인적 서비

스 공동체를 위한 고귀한 자원이 되었다. 시카고식물원과 미주리식물원과 같은 일부 공공정원들 역시 이러한 같은 조직들에 치료 및 재활 정원 디자인 상담 서비스를 제공하고 있다.

HT 프로그램은 전통적으로 서비스를 받지 못하던 사람들과 정원에 접근하는 수단이나 기회를 얻고 있지 않을 수 있는 사람들의 삶을 풍족하게 하는 실천적 프로그램에 포함된 식물과 정원 가꾸기의 체험과 그것들에 관한 지식을 제공한다. 원예요법 치료사들은 프로그램 참가자들에게 직업적 목표나 건강 관련 목표를 위해 노력하도록 동기를 유발하기 위해 식물과 정원에 대한 자연 발생적인 관심을 이용한다. HT 직원은 참가자들의 목표를 충족시키기 위해 활동 시간을 특별하게 설계한다. 미주리 식물원의 꽃이 있는 방(Room with a Bloom) 프로그램은 독자적인 생활을 하는 가정이나 생활 지원 가정, 또는 전문요양 가정의 거주자들의 필요에 따라 매월 꽃을 배열하는 활동의 목표에 초점을 맞추고 있다.

모든 유형의 프로그램에서 정원과 도구, 그리고 식재 과정까지도 참가자들의 정신적 또는 육체적 능력에 맞도록 조정된다. 미네소타 조경수목원(Minnesota Landscape Arboretum, MLA)은 자신들의 프로그램 목표를 "개인의 삶의 질을 최대화하고, 자기 주도적 결정을 위해 필요한 기술을 개발하며, 정원의 단순한 즐거움을 통해 공동체 통합을 촉진하기 위하여"라고 진술하고 있다. 개인과 그룹들을 위한 현장 내 및 현장 밖 프로그램 기회는 의사결정과 일상생활 기술, 그리고 독립성을 촉진하도록 설계된다. MLA 감각정원(MLA Sensory Garden)과 노스캐롤라이나식물원의 원예요법 시연정원(Horticultural Therapy Demonstration Garden)은 전문가들과 대중들에게 정원 개조를 시연해 보일 그뿐만 아니라, 현장에서 HT 프로그램을 만드는 공간을 제공하기도 하는 곳들이다.

HT 프로그램은 지적 장애를 앓고 있는 사람들과 사고나 뇌졸중으로 인한 신체장애가 있는 사람들, 정신적 외상으로 인해 뇌 손상을 입을 사람들, 그리고 정신질환이 있는 사람들 등을 포함하여 성인과 아동들에게 효과가 있다. 시카고식물원(Chicago Botanic Garden)은 공동체 내의 시설에 실내 및 실외 서비스와 연중 서비스를 계약으로 제공하고 있으며, 치료나 직업, 또는 건강관리 이슈를 다루기 위해 프로그램을 조정한다. 프로그램 자료와 시간 계획서, 그리고 프로그램을 수행할 치료사 등 모든 것이 서비스에 포함된다.

HT 프로그램을 통해서, 공공정원들은 다양한 삶의 상황에 있는 사람들에게 도움을 줄 수 있다. HT는 암이나 만성질환을 앓고 있는 사람들이 개선된 대처 기술을 개발하는 것을 도와줄 수 있다.; HT는 타인들이 나이가 들어갈 때 건강을 유지하는 것을 도와줄 수 있으며, 약물 중독자와 범죄자들의 재활을 도울 수 있다.

공공정원의 HT 프로그램이 많은 공통점을 공유하고 있는 반면에, 프로그램에서 강조하는 것과 제공하는 서비스는 그것들이 서비스를 제공하고 있는 사람들만큼이나 다양하다. 프로그램은 독신생활을 풍요롭게 하는 세션부터 다수의 현장 또는 현장 밖 세션까지 다양하다. 다른 것들은 진행 중인 관계에 중점을 두고 있으며, HT 서비스를 인적 서비스 조직뿐만 아니라, 작업요법 또는 오락요법 의료 부서와 통합하고 있다. 현장 프로그램 학습은 흔히 정원 소유의 재활(enabling) 및/또는 감각 정원에서 제공된다. 서비스에 대한 요금은 연간 계약 또는 반년 계약을 기준으로 할 수 있으며, 또는 프로그램 기준으로 1년에 1회 또는 그 이상으로 하는 예도 있다.

전체 공동체에 대한 지원 활동과 관련하여, 많은 공공정원은 스트레스 관리와 정신 건강, 심혈관계 건강, 그리고 전반적인 건강관리를 위한 매우 인기 있는 HT 프로그램들을 제공하고 있는데, 이러한 프로그램들은 인간의 건강과 행복을 증진하는 데 있어서의 식물과 정원의 역할을 실증하고 있다.

공동체 파트너십

공동체 기반의 의료기관이나 인적 서비스 기관과의 제휴를 통해, 공공정원은 HT 서비스의 혜택을 받을 수 있는 개인들에게 다가갈 수 있을뿐더러, 동시에 자신들의 관람객을 확대할 수 있다. 파트너십은 두 기관 모두를 위해 새로운 마케팅과 추가적인 교육기회의 문을 열어주기도 한다.

원예요법 프로그램을 운영하는 일부 공공정원들은 녹지대를 자신들의 시설에 통합하여 행동 장애와 신체적 장애, 그리고 정신장애 등이 있는 개인들에게 적합한 정원을 조성하고자 하는 의료기관과 인적 서비스 기관들에 상담 서비스를 제공하기도 한다.

재활 정원과 테마 정원

많은 공공정원이 장애를 지닌 개인들에게 서비스를 제공하기 위해 정원들이 어떻게 조성될 수 있는지에 대한 살아 있는 증거로서 역할을 하는 재활 정원을 조성해왔다. 재활 정원(A garden that is enabling: 직역을 하면 "행동 따위를 가능하게 하는 정원")은 장애인들이 정원에 와서 일하는 것을 가능케 하는 디자인 특징을 지니고 있다. 돋음 묘상(raised bed)과 도르래 위에 놓인 걸개 바구니(hanging baskets), 수직 정원 벽, 돋음 호스 연결구 등과 같은 것들은 신체적 장애인들에게 편의를 제공하기 위해 개조한 것들의 예이다. 예를 들어, 시카고식물원은 이 식물원의 뷸러 재활정원(Buehler Enabling Garden)으로 유명한데, 이 재활정원은 신체적 장애와 지적 장애를 지닌 다양한 사람들에게 편의를 제공하기 위해 적절한 식물과 설계 요소를 결합하였다.

공공정원들은 특수 요구(special needs)를 가진 방문객들을 참여시켜서 정원과의 상호작용을 촉진하기 위해 다른 유형의 테마공원을 이용한다. 클리블랜드 식물원의 엘리자베스 & 노나 에반스 회복정원(Elizabeth and Nona Evans Restorative Garden)에는 다른 공공정원의 혼잡함에서 벗어나 앉아 있을 수 있는 고요한 장소와 목련나무가 특징인 반사 연못(reflecting pool), 그리고 천연석과 토종 식물로 이루어진 인상적인 암벽 등이 있으며, 만질 수 있도록 설계된 수경시설로 마무리된다. 통로는 편리하게 이용할 수 있으며, 잔디는 휠체어 이동을 배려한 특별한 종이다.

포틀랜드(Portland)시 공원 시스템 내의 포틀랜드 메모리 정원(Portland Memory Garden)은 치매가 있는 사람들의 독특한 특성 일부를 수용하도록 설계되었으면서 모든 방문객에게도 즐거움을 주는 또 하나의 테마공원의 좋은 예이다. 되돌아오는 환상형 오솔길과 에워싸여 있는 정원 전체를 시각적으로 훑어볼 기회, 그리고 의자가 설치된 많은 지역 등을 포함함으로써, 방문객들은 정원을 배회하며 탐색하고자 하는 동기가 유발된다. 이것은 모든 감각을 자극하고, 새로운 추억을 만들어주며, 어린 시절의 추억 또한 불러일으키기 위해 설치된다.

요약

많은 공공정원의 미션에는 방문객들과 지역공동체에 즐거움과 회복 경험을 제공하는 것뿐만 아니라 교육기회를 제공하는 것 또한 포함되어 있다. 그러한 점들을 연결하면 이 임무가 방문객들의 전반적인 건강과 행복에까지 연장되는 것이 실현되는 것은 당연하다. 풍부한 식물의 환경이 행동과 육체 및 정신 건강에 미치는 영향을 증명하는 많은 강력한 증거들이 있다. 원예요법 프로그램은 그것의 영역을 넘어 그들 공동체 개인들의 건강과 행복에 많은 영향을 미칠 수 있도록 정원의 범위와 능력을 확대함으로써 일보 더 전진한다.

References

참고자료

Chapter 2: The History and Significance of Public Gardens

Diamond, J. 2005. *Collapse: How societies choose to fail or succeed*. New York: Viking Press.

Evans, S. T. 2007. Precious beauty: The aesthetic and economic value of Aztec gardens. In *Botanical progress, horticultural innovations, and cultural changes*, edited by M. Conan and W. J. Kress, 81–101. Washington, D.C.: Dumbarton Oaks Research Library and Collection and Spacemaker Press.

Fallen, A. C. 2007. *A public garden for the nation*. Washington, D.C.: Government Printing Office.

Gothein, M.-L. 1928. *A history of garden art*. Vol. 2. London: J. M. Dent.

Hunt, J. D. 2000. *Greater perfections: The practice of garden theory*. Penn Studies in Landscape Architecture. Philadelphia: University of Pennsylvania Press.

Kellert, S. R., and E. O. Wilson, eds. 1993. *The biophilia hypothesis*. Washington, D.C.: Island Press.

Lawler, A. 2009. Beyond the Yellow River: How China became China. *Science* 325: 930–38.

Tudge, C. 1998. *Neanderthals, bandits and farmers: How agriculture really began*. Darwinism Today series. New Haven: Yale University Press.

Turner, T. 2005. *Garden history: Philosophy and design 2000 B.C.–2000 A.D.* New York: Spon Press.

UNFPA. 2007. *State of world population 2007: Unleashing the potential of urban growth.* United Nations Population Fund.

Wilson, E. O. 1984. *Biophilia: The human bond with other species*. Cambridge: Harvard University Press.

Chapter 3: Critical Issues in Starting a Public Garden

Gagliardi, J. 2009. An analysis of the initial planning process of new public horticulture institutions. MS thesis. University of Delaware.

Lyons, R. E. 1999. Arboreta and gardens: Teaching laboratories in the undergraduate curriculum—Introduction. *HortTechnology* 9: 548.

Rakow, D. 2006a. Starting a botanical garden or arboretum at a college or public institution, part I. Special report. *The Public Garden* 21(1): 33–37.

———. 2006b. Starting a botanical garden or arboretum at a college or public institution, part II. Moving from planning to reality. Special report. *The Public Garden* 21(2): 32–35.

Stephens, M., A. Steil, M. Gray, A. Hird, S. Lepper, E. Moydell, J. Paul, C. Prestowitz, C. Sharber, T. Sturman, and R. E. Lyons. 2006. Endowment strategies for the University of Delaware Botanic Garden through case study analysis. *HortTechnology* 16: 570–78.

Chapter 4: The Process of Organizing a New Public Garden

Boardsource. www.boardsource.org.

Brooklyn Botanic Garden. Mission and vision statements. www.bbg.org/abo/mission.html.

Cheekwood. Mission statement. www.cheekwood.org/About/History_of_Cheekwood.aspx.

Coastal Maine Botanical Gardens. 2009. *History of the Gardens.* Booth Bay, Maine: Coastal Maine Botanical Gardens. www.mainegardens.org/about/history.

Cornell Plantations. Mission statement. www.cornellplantations.org/about/mission.

Franklin Park Conservatory. Mission statement. www.fpconservatory.org/about.htm.

Garvan Woodland Gardens. Mission statement. www.garvangardens.org.

Internal Revenue Service. 2010. *Tax information for charities and other nonprofits.* Internal Revenue Service. www.irs.gov/charities.

Minnesota Council for Nonprofits. Info central: Governance. www.mncn.org/info_govern.htm.

Missouri Botanical Garden. Mission statement. www.mobot.org/mobot/research.

Powell Gardens. n.d. Historical archive. Powell Gardens.

Radtke, J. M. 1998. *Strategic communications for non-profit organizations: Seven steps to creating a successful plan*. New York: John Wiley and Sons.

San Diego Botanic Garden. Mission statement.

www.sdbgarden.org.

Chapter 8: Volunteer Recruitment and Management

Ellis, S. 1996. *From the top down: The executive role in volunteer program success*. Philadelphia: Energize.

Chapter 9: Budgeting and Financial Planning

Dropkin, M., and B. LaTouche. 1998. *The budget-building book for nonprofits: A step-by-step guide for managers and boards.* San Francisco: Jossey-Bass.

Drucker, P. F. 1990. *Managing the non-profit organization: Practices and principles.* New York: Harper Collins.

Epstein, M. J. 2008. *Making sustainability work: Best practices in managing and measuring corporate social, environmental, and economic impacts.* San Francisco: Berrett-Koehler.

Oster, S. M. 1995. *Strategic management for nonprofit organizations: Theory and cases.* New York: Oxford University Press.

Savitz, A. W., and K. Weber. 2006. *The triple bottom line: How today's best-run companies are achieving economic, social, and environmental success—and how you can too.* San Francisco: Jossey-Bass.

Western States Arts Federation and the Washington State Arts Commission. 2008. Perspectives on cultural tax districts. Proceedings from a seminar, February 11 and 12 in Seattle, Washington.

Chapter 10: Fund-raising and Membership Development

Greenfield, J. M. 1991. *Fund-raising: Evaluating and managing the fund development process.* New York: John Wiley and Sons.

Fund Raising School. 2002. *Principles and techniques of fund raising.* Indianapolis: Center on Philanthropy at Indiana University.

Havens, J. J., M. A. O'Herlihy, and P. G. Schervish. 2006. Charitable giving: How much, by whom, to what, and how? In *The nonprofit sector: A research handbook*, edited by W. W. Powell and R. Steinberg, 542–67. New Haven: Yale University Press.

Levy, B., and R. L. Cherry, eds. 1996–2003. The AFP fundraising dictionary. www.afpnet.org.

Rich, P., and D. Hines. 2002. *Membership development: An action plan for results*. Sudbury, Mass.: Jones and Bartlett Publishers.

Seiler, T. L. 2003. Plan to succeed. In *Hank Rosso's achieving excellence in fund raising,* edited by E. R. Tempel, 23–29. San Francisco: Jossey-Bass.

Chapter 11: Earned Income Opportunities

Daley, R. 2008. *Report to the directors of large gardens: Synopsis benchmarking study 2008*. St. Louis: EMD Consulting Group.

Merritt, E. E. 2006. *2006 museum financial information*. Washington, D.C.: American Association of Museums.

Museum Store Association. 2006. *2006 MSA retail industry report: Financial, operations, and salary data.* Denver: Museum Store Association.

Chapter 13: Grounds Management and Security

Barnett, D. 2010. *Sustainability initiatives at Mount Auburn Cemetery*. Cambridge, Mass.: Mount Auburn Cemetery.

Bauerle, T. 2009. Cornell University Department of Horticulture. Current projects on irrigation. http://hort.cals.cornell.edu/cals/hort/research/bauerle/current_projects.cfm.

Brede, D. 2000. *Turfgrass maintenance reduction handbook: Sports, lawns, and golf.* Chelsea, Mich.: Ann Arbor Press.

Brundtland Commission Report.1983. *Our common future*. Oxford: Oxford University Press.

Cave, J., ed. 2000. *The complete garden guide.* Charlottesville, Va.: Time-Life Books.

Center for Plant Conservation. 2002. Voluntary code of conduct for botanic gardens and arboreta. www.centerforplant conservation.org/invasives.

Center for Transportation Research and Transportation. 2006. The roadway. In *Local roads maintenance workers' manual.* www.ctre.iastate.edu/pubs/maint_worker/chap3.pdf.

Cornell Cooperative Extension Pest Management Guidelines. 2010. http://ipmguidelines.org/turfgrass/

Cornell University Sustainability Website. www.cornell.edu/sustainability.

Emergency Management Institute. 2010. http://training.fema.gov.

Grounds Maintenance. 2010. Irrigation systems. http://grounds-mag.com/irrigation.

Gussack, E., and F. S. Rossi. 2001. *Turfgrass problems: Picture clues and management options.* Ithaca, N.Y.: Natural Resource, Agriculture, and Engineering Service.

Iannotti, M. 2010. Xeriscape gardening—planning for a water wise garden. http://gardening.about.com/od/gardendesign/a/Xeriscaping_2.htm.

Jefferson, T. 1987. Letter from Jefferson to Charles Willson Peale, poplar forest, August 20, 1811. In *Thomas Jefferson: The Garden and Farm Books*, edited by R. C. Baron, 199. Golden, Colo.: Fulcrum Publishing.

Lanfranchi, M. *Contract vs. in-house security: Working with the experts for specialized services.* www.alliedbarton.com/about/InTheNewsPdfs/ContractSecurityVsInHouse-WorkingwithExpertsforSpecializedServices.pdf.

Lerner, J. M. 2001. Maintenance chart. In *Anyone can landscape*, 67. Batavia, Ill.: Ball Publishing.

Miller, M. M. F. 2010. All together now: Making play safe and accessible. *Recreation Management*, March, 18–25.

Penn State Agronomy Guide. http://agguide.agronomy.psu.edu/cm/sec2/sec23.cfm.

Planting Fields Arboretum State Historic Park. 2006. *Planting Fields Arboretum State Historic Park emergency action plan*. Report.

Rakow, D., and R. Weir. 1996. *Pruning: An illustrated guide to pruning ornamental trees and shrubs.* 3rd ed. Ithaca, NY: Cornell University Cooperative Extension Service.

Rose, M. A., and E. Smith. *Fertilizing landscape plants*. Ohio State University Fact Sheet, Horticulture and Crop Science. http://ohioline.osu.edu/hyg-fact/1000/1002.html.

Shakespear, G. 2003. Public safety on public grounds. *The Public Garden* 18(1): 12–15.

Simeone, V. A. 2005. *Great flowering landscape shrubs*. Batavia, Ill.: Ball Publishing.

Smith, C. 2009. Go "no-mow" lawns for a better planet. *Cornell Plantations Magazine* 64(1): 14–19.

Smith and Hawken. 1996. *The book of outdoor gardening*. New York: Workman Publishing Company.

Soil Foodweb. www.soilfoodweb.com.

Stevens, D. 2003. Designing naturalistic decorative water features: Criteria for water safety, water quality, and management. *The Public Garden* 18(1): 30–33.

Trautmann, N., and E. Olynciw. 1996. *Compost microorganisms* . http://compost.css.cornell.edu/microorg.html.

United States Access Board. www.access-board.gov.

University of Georgia Cooperative Extension. http://pubs.caes.uga.edu/caespubs/pubs/PDF/C802.pdf.

Vermont Agency of Natural Resources. www.anr.state.vt.us/env03/activities/Water%20Activity.pdf.

Walker, P. 2009. Composting at Mount Auburn's new and improved recycling yard. *E-ternally Green Newsletter* December.

Chapter 15: Formal Education for Students, Teachers, and Youth at Public Gardens

Anderson, D., M. Storksdieck, and M. Spock. 2007. Understanding the long-term impacts of museum experiences. In *In principle, in practice: Museums as learning institutions,* edited by J. H. Falk, L. D. Dierking, and S. Foutz, 197–215. Lanham, Md.: AltaMira Press.

Capra, F. 1999. Ecoliteracy: The challenge for education in the next century. Paper presented at the Liverpool Schumacher Lectures, March 20, 1999, in Liverpool, England.

Chawla, L. 1986. The ecology of environmental memory. *Children's Environments Quarterly* 3(4): 34–42.

Clayton, S., and G. Myers. 2009. *Conservation psychology: Understanding and promoting human care for nature*. Hoboken, N. J.: Wiley-Blackwell.

Cobb, E. 1959. The ecology of imagination in childhood. *Daedalus* 88(3): 538–48.

Cole, M. 1998. *Cultural psychology: A once and future discipline.* Cambridge: Harvard University Press, Belknap Press.

Conan, M. 2005. *Baroque garden cultures: Emulation, sublimation, subversion. Cambridge:* Harvard University Press.

Gilligan, C. 1982. *In a different voice: Psychological theory and women's development.* Cambridge: Harvard University Press.

Kohlberg, L., and E. Turiel. 1971. Moral development and moral education. In *Psychology and educational practice*, edited by G. Lesser. Glenview, Ill.: Scott Foresman.

Lorenzoni, I., and N. Pidgeon. 2006. Public views on climate change: European and USA perspectives. *Climactic Change* 77: 73–95.

Lowe, T., K. Brown, S. Dessai, M. de Franca Doria, K. Haynes, and K. Vincent. 2006. Does tomorrow ever come? Disaster narrative and public perceptions of climate change. *Public Understanding of Science* 15(4): 435–57.

Nucci, L. 1997. Moral development and character formation. In *Psychology and educational practice,* edited by H. J. Walberg and G. D. Haertel, 27–157. Richmond: McCutchan Publishing.

Orr, D. 2005. Foreword. In *Ecological literacy: Educating our children for a sustainable world,* edited by M. K. Stone and Z. Barlow, x–xi. San Francisco: Sierra Club Books.

Piaget, J. 1965. *The moral judgment of the child.* Translated by M. Gabain. New York: The Free Press.

Schwarz, J., K. Havens, and P. Vitt. 2008. Understanding climate change through citizen science. *Roots* 5(1): 18–22.

Wertsch, J. V. 1991. *Voices of the mind: A sociocultural approach to mediated action*. Cambridge: Harvard University Press.

Chapter 16: Continuing, Professional, and Higher Education

Anderson, N. 2004. A marketing driven continuing education program: Formula for success. *The Public Garden* 19(1): 36–39.

Cox, M., and I. Edwards. 1994. Changing places. *Roots* 1(9). www.bgci.org/education/article/0462.

Gooch, J. 1995. *Transplanting extension: A new look at the Wisconsin idea*. Madison: UW-Extension Printing Services.

Jones, L. 2002. To serve broadly: The mission of the School of the Chicago Botanic Garden. *The Public Garden* 17(3): 28–30.

McFarlan, J. 2005. The Morris Arboretum internship program: Training public garden managers for 26 years. *The Public Garden* 20(3): 32–34.

Skelly, S. M., and C. Hetzel. 2005. The role of academic institutions in developing future leaders. *The Public Garden* 20(3): 14–17.

Chapter 17: Interpreting Gardens to Visitors

Committee on Learning Science in Informal Environments, National Research Council. 2009. *Learning science in informal environments: People, places, and pursuits*, edited by P. Bell, B. Lewenstein, A. W. Shouse, and M. A. Feder. Washington, D.C.: National Academies Press.

Falk, J. H. 2006. An identity-centered approach to understanding museum learning. *Curator* 49: 151–66.

Packer, J. 2006. Learning for fun: The unique contribution of educational leisure experiences. *Curator* 49: 329–44.

Packer, J., and R. Ballantyne. 2002. Motivational factors and the visitor experience: A comparison of three sites. *Curator* 45: 183–98.

Roff, J. 2002. An interpretive revolution. *Roots* 24 (June 2002). www.bgci.org/resources/article/0308.

Serrell, B. 2006. *Judging exhibitions: Assessing excellence in exhibitions from a visitor-centered perspective*. Walnut Creek, Calif.: Left Coast Press.

Chapter 18: Evaluation of Garden Programming and Planning

Bennett, D.B. 1989. Four steps to evaluating environmental education learning experiences. *The Journal of Environmental Education* 20(2): 14–21

Borun, M. 2001. The exhibit as educator: Assessing the impact. *The Public Garden* 16(3): 10–12.

Butler, B. 2004. Evaluation. *The Public Garden* 19(2): 7.

Caffarella, R. S. 2002. *Planning programs for adult learners: A practical guide for educators*. San Francisco: Jossey-Bass.

Diamond, J. 1999. *Practical evaluation guide: Tools for museums and other informal educational settings*. Walnut Creek, Calif.: AltaMira Press.

Eberbach, C., and K. Crowley. 2004. Learning research in public gardens. *The Public Garden* 19(2): 14–16.

Fitzpatrick, J. L., J. R. Sanders, and B. R. Worthen. 2004. *Program evaluation: Alternative approaches and practical guidelines*. Boston: Pearson Education.

Friedman, A., ed. 2008. *Frameworks for evaluating impacts of informal science education projects*. http://caise.insci.org/uploads/docs/Eval_Framework.pdf.

Gibbons, E. 2001. *Sustaining our heritage: The IMLS achievement*. Washington, D.C.: Institute of Museum and Library Services. http://imls.gov/pdf/WholeBrochure.pdf.

Hein, G. E. 1995. Evaluating teaching and learning in museums. In *Museum, media, message*, edited by E. Hooper-Greenhill, 190–205. London: Routledge.

Hein, G. E. 1998. *Learning in the museum*. New York: Routledge.

Institute for Museum and Library Services. 2009a. *Webinar on reporting and evaluation for Museums for America grantees*. www.imls.gov/ppt/IMLS_Museums_for_America_Webinar.ppt.

Institute for Museum and Library Services. 2009b. *Outcomes based evaluation: Frequently asked questions*. www.imls.gov/applicants/faqs.shtm.

Institute for Museum and Library Services. 2010. *Museum and Library Services Act of 1996*: Public Law 104-208, Title II, 104th Congress. http://imls.gov/pdf/1996.pdf.

Kellogg Foundation. 2004. *Logic model development guide*. Battle Creek, Mich.: Kellogg Foundation.

Klemmer, C. D. 2004. An evaluation primer. *The Public Garden* 19(2): 8–10.

Korn, R. 2004. Nonprofits, foundations, and evaluators, or where's the Advil? *The Public Garden* 19(2): 17, 39–40.

Loomis, R. J. 1987. *Museum visitor evaluation*. Nashville: American Association for State and Local History.

Munley, M. E. 1987. Intentions and accomplishments: Principles of museum evaluation research. In *Past meets present: Essays about historic interpretation and public audiences,* edited by J. Blatti, 116–30. Washington, D.C.: Smithsonian Institution Press.

National Research Council. 2009. *Learning science in informal environments: People, places, and pursuits*. Washington, D.C.: National Academies Press.

Parsons, C. 2009. *Where does evaluation fit?* Table used with permission, personal correspondence, August 2009.

Posavac, E. J., and R. G. Carey. 2007. *Program evaluation: Methods and case studies*. Upper Saddle River, N.J.: Pearson Prentice Hall.

Roberts, L. C. 1997. *From knowledge to narrative: Educators and the changing museum*. Washington, D.C.: Smithsonian Institution Press.

Rudzinski, M., and L. Wilson. 2003. *Leveraging audience*

insight: Segmentation tools and applications for museums. Conference presentation conducted at the 11th Annual Conference of the Visitors Studies Association, Columbus, Ohio.

Soren, B. J. 2007 Audience-based measures of success: Evaluating museum learning. In *The manual of museum learning*, edited by B. Lord, 221–51. Lanham, Md.: AltaMira Press.

Trochim, W. M. 2006. *The research methods knowledge base*. 2nd ed. Ithaca, N.Y.: Trochim. www.socialresearch methods.net/kb/evaluation.php.

Visitor Studies Association. 2004. *Who we are*. Retrieved August 7, 2004 from visitorstudies.org/whatweare.htm.

Wagner, K. 1996. Acceptance or excuses?: The institutionalization of evaluation. *Visitor Behavior* 11: 11–13. www.historicalvoices.org/pbuilder/pbfiles/Project38/Scheme325/VSA-a0a1j8-a_5730.pdf.

Weil, S. E. 1999. From being about something to being for somebody: The ongoing transformation of the American museum. *Daedelus* 128: 229–58.

Weil, S.E. 2003. Beyond big and awesome: Outcome-based evaluation. *Museum News* 82(6): 40–45, 52–53

Weiss, C. 1998. *Evaluation*, 2nd ed. Upper Saddle River, N.J.: Prentice Hall.

Wells, M., and B. Butler. 2004. A visitor-centered evaluation hierarchy. *The Public Garden* 19(2): 11–13.

Chapter 19: Public Relations and Marketing Communications

American Marketing Association. 2010. www.marketing power.com.

Bradley, N. 2002. Marketing for nonprofits: 101. *The Public Garden* 17(2): 8–9, 39.

Conolly, N. B. 2010. Return on marketing investment: An investigation into how public garden organizations successfully evaluate and measure marketing performance. MPS thesis, Cornell University.

King, S., and M. Provaznik. 2009. A conversation about two small gardens' adventures in digital marketing. *The Public Garden* 24(3): 19–20.

Markgraf, S. 2002. Public relations can help botanic gardens draw new audiences. *The Public Garden* 17(3): 8–10.

Chapter 20: Collections Management

Alliance for Public Garden GIS, groups.google.com/group/apgg?hl=en.

American Association of Museums. www.aam-us.org.

American Public Garden Association. www.publicgardens.org.

American Public Garden Association Resource Center. www.publicgardens.org/custom/ResourceLibrary.

Angiosperm Phylogeny Website. www.mobot.org/MOBOT/research/APweb/welcome.html.

Barnett, D. P. 1996. Historic landscape preservation: Obstacle to change? *The Public Garden* 11(2): 21–23, 39.

BG-BASE. www.bg-base.com.

Botanic Gardens Conservation International. www.bgci.org.

Burke, M. T., and B. J. Morgan. 2009. Digital mapping: Beyond living collection curation. *The Public Garden* 24(3): 9–10.

Center for Plant Conservation—Voluntary Codes. www.centerforplantconservation.org/invasives/gardensN.html.

Convention on Biological Diversity. http://www.cbd.int.

Cuerrier, A., and S. Paré. 2006. The First Nations Garden: Where cultural diversity meets biodiversity. *The Public Garden* 21(4): 22–25.

Dosmann, M. S. 2006. Research in the garden: Averting the collection crisis. *Botanical Review* 72: 207–34.

e-floras. www.efloras.org.

Elsik, S. 1989. From each a voucher: Collecting in the living collections. *Arnoldia* 49(1): 21–27.

Folsom, J. P. 2000. The terms of beauty. *The Public Garden* 15(2): 3–6.

Galbraith, D. A. 1998. Biodiversity ethics: A challenge to botanical gardens for the next millennium. *The Public Garden* 13(3): 16–19.

Gates, G. 2006. Characteristics of an exemplary plant collection. *The Public Garden* 21(1): 28–31.

GRIN: Germplasm Resources Information System. www.ars-grin.gov.

Hohn, T. C. 2008. *Curatorial practices for botanical gardens*. Lanham, Md.: AltaMira Press.

Institute of Museum and Library Services. www.imls.gov.

International Cultivar Registration Authorities. www.ishs.org/sci/icra.htm.

International Plant Names Index. www.ipni.org.

Jefferson, L., K. Havens, and J. Ault. 2004. Implementing invasive screening procedures: The Chicago Botanic Garden model. *Weed Technology* 18: 1434–40.

Leadlay, E., and J. Greene, eds. 1998. *The Darwin technical manual for botanic gardens*. London: Botanic Gardens Conservation International.

Lowe, C. 1995. Managing the woodland garden. *The Public Garden* 10(3): 11–13.

Meinig, D. W. 1976. The beholding eye: Ten versions of the same scene. *Landscape Architecture* 66: 47–56.

Michener, D. 1989. To each a name: Verifying the living

collections. *Arnoldia* 49(1): 36–41.

Moore, G. 2006. Current state of botanical nomenclature. *The Public Garden* 21(3): 34–37.

National Park Service. Historic Preservation Guidelines. www.nps.gov/history/hps/hli/landscape_guidelines/index.htm.

National Trust for Historic Preservation. www.preservationnation.org.

North American Plant Collection Consortium. www.publicgardens.org/web/2006/06/napcc_home.aspx.

Otis, D. 2001. Maples in North America: Developing a network of NAPCC *Acer* collections. *The Public Garden* 16(1): 22–27.

Parsons, B. 1995. The role of woodlands at the Holden Arboretum. *The Public Garden* 10(3): 21–23.

Royal Horticultural Society. Registrations page. www.rhs.org.uk/Plants/Plant-science/Plant-registration.

Chapter 21: Research at Public Gardens

Affolter, J. 2003. Botanical gardens and the survival of traditional botany. *The Public Garden* 18(4): 17–19, 22.

Anderson, N. O., S. M. Galatowitsch, and N. Gomez. 2006. Selection strategies to reduce invasive potential in introduced plants. *Euphytica* 148: 203–16.

Anderson, N. O., N. Gomez, and S. M. Galatowitsch. 2006. A non-invasive crop ideotype to reduce invasive potential. *Euphytica* 148: 185–202.

Baskin, C. C., and J. M. Baskin. 1998. *Seeds: Ecology, biogeography, and evolution of dormancy and germination.* New York: Academic Press.

———. 2004. Determining dormancy-breaking and germination requirements from the fewest seeds. In Ex situ *plant conservation: Supporting species survival in the wild,* edited by E. O. Guerrant Jr., K. Havens, and M. Maunder, 162–79. Washington, D.C.: Island Press.

Blossey, B., L. C. Skinner, and J. Taylor. 2001. Impact and management of purple loosestrife (*Lythrum salicaria*) in North America. *Biodiversity and Conservation* 10: 1787–807.

Brown, N. A. C. 1993. Promotion of germination of fynbos seeds by plant-derived smoke. *New Phytologist* 123: 575–83.

Convention on Biological Diversity. 2002. *The global strategy for plant conservation*. Montreal: Secretariat of the Convention on Biological Diversity.

Donaldson, J. S. 2009. Botanic gardens science for conservation and global change. *Trends in Plant Science* 14: 608–13.

Dosmann, M. S. 2006. Research in the garden: Averting the collections crisis. *The Botanical Review* 72: 207–34.

Eshbaugh, W. H., and T. K. Wilson. 1969. Departments of botany, passé? *Bioscience* 19: 1072–74.

Guerrant, E. O., Jr. 1996. Designing populations: Demographic, genetic, and horticultural dimensions. In *Restoring diversity: Strategies for reintroduction of endangered species*, edited by D. A. Falk, C. I. Millar, and M. Olwell, 171–207. Washington, D.C.: Island Press.

Guerrant, E. O., Jr., and P. L Fiedler. 2004. Accounting for sample decline during *ex situ* storage and reintroduction. In Ex Situ *plant conservation: Supporting species survival in the wild,* edited by E. O. Guerrant Jr., K. Havens, and M. Maunder, 365–85. Washington. D.C.: Island Press.

Guerrant, E. O., Jr., and T. N. Kaye. 2007. Reintroduction of rare and endangered plants: Common factors, questions, and approaches. *Australian Journal of Botany* 55: 362–70.

Jefferson, L., K. Havens, and J. Ault. 2004. Implementing invasive screening procedures: The Chicago Botanic Garden model. *Weed Technology* 18: 1434–40.

Jefferson, L., M. Pennacchio, K. Havens, B. Forsberg, D. Sollenberger, and J. Ault. 2008. *Ex situ* germination responses of midwestern USA prairie species to plant-derived smoke. *American Midland Naturalist* 159: 251–56.

Kramer, A. T., and K. Havens. 2009. Plant conservation genetics in a changing world. *Trends in Plant Science* 14: 599–607.

Law, W. and J. Salick. 2005. Human induced dwarfing of Himalayan Snow Lotus (*Saussurea laniceps (Asteraceae)*). *PNAS* 102: 10218–20.

Leadlay, E., and J. Greene, eds. 1998. *The Darwin technical manual for botanic gardens.* London: Botanic Gardens Conservation International.

Li, D.-Z., and H. W. Pritchard. 2009. The science and economics of *ex situ* plant conservation. *Trends in Plant Science* 14: 614–21.

Li, Y., Z. Cheng, W. A. Smith, D. R. Ellis, Y. Chen, X. Zheng, Y. Pei, K. Luo, D. Zhao, Q. Yao, H. Duan, and Q. Li. 2004. Invasive ornamental plants: Problems, challenges, and molecular tools to neutralize their invasiveness. *Critical Reviews in Plant Sciences* 23: 381–89.

McKay, J. K., C. E. Christian, S. Harrison, and K. J. Rice. 2005. How local is local? A review of practical and conceptual issues in the genetics of restoration. *Restoration Ecology* 13: 432–40.

Pence, V. C. 2004. *Ex situ* conservation methods for bryophytes and pteridophytes. In Ex situ *plant conservation: Supporting species survival in the wild,* edited by E. O. Guerrant Jr., K. Havens, and M. Maunder, 206–28. Washington, D.C.: Island Press.

Peters, C. M. 1994. *Sustainable harvest of non-timber plant resources in tropical moist forest: An ecological primer*. Washington, D.C.: Biodiversity Support Program.

Prather, L. A., O. Alvarez-Fuentes, M. H. Mayfield, and C. J. Ferguson. 2004. The decline of plant collecting in the United States: A threat to the infrastructure of biodiversity studies. *Systematic Botany* 29: 15–28.

Primack, R. B., and A. J. Miller-Rushing. 2009. The role of botanical gardens in climate change research. *New Phytologist* 182: 303–13.

Pritchard, H. W. 2004. Classification of seed storage types for *ex situ* conservation in relation to temperature and moisture. In Ex situ *plant conservation: Supporting species survival in the wild,* edited by E. O. Guerrant Jr., K. Havens, and M. Maunder, 139–61. Washington, D.C.: Island Press.

Roberson, E. B. 2002. *Barriers to native plant conservation in the United States: Funding, staffing, law*. Sacramento: Native Plant Conservation Campaign, California Native Plant Society, and Tucson: Center for Biological Diversity.

Rokich, D. P., and K. W. Dixon. 2007. Recent advances in restoration ecology, with a focus on the *Banksia* woodland and the smoke germination tool. *Australian Journal of Botany* 55: 375–89.

Schatz, G. E. 2009. Plants on the IUCN Red List: Setting priorities to inform conservation. *Trends in Plant Science* 14: 638–42.

Smith, R. D., J. B. Dickie, S. H. Linington, H. W. Pritchard, and R. J. Probert, eds. 2003. *Seed conservation: Turning science into practice*. London: Royal Botanic Gardens, Kew.

Sundberg, M. D. 2004. Where is botany going? *Plant Science Bulletin* 50: 2–6.

Swarts, N. D., and K. W. Dixon. 2009. Perspectives on orchid conservation in botanic gardens. *Trends in Plant Science* 14: 590–98.

Vitt, P. 2001. *Effects of hand pollination on reproduction and survival of the eastern prairie fringed orchid*. Unpublished report to U.S. Fish and Wildlife Service.

Wagenius, S. 2006. Scale dependence of reproductive failure in fragmented *Echinacea* populations. *Ecology* 87: 931–41.

Walters, C. 2004. Principles for preserving germplasm in gene banks. In Ex situ *plant conservation: Supporting species survival in the wild,* edited by E. O. Guerrant Jr., K. Havens, and M. Maunder, 113–38. Washington, D.C.: Island Press.

Wyse Jackson, P. S., and L. A. Sutherland. 2000. *International agenda for botanic gardens in conservation*. London: Botanic Gardens Conservation International.

Chapter 22: Conservation Practices in Public Gardens

Byrne, M., and P. Olwell. 2008. Seeds of success: The National Native Seed Collection Program in the United States. *The Public Garden* 23(3): 24–25.

Dougherty, D., and S. Reichard. 2004. Factors affecting the control of *Cytisus scoparius* and restoration of invaded sites. *Plant Protection Quarterly* 19: 137–42.

Dunnett, N., and A. Clayden. 2007. *Rain gardens: Managing water sustainably in the garden and designed landscapes*. Portland, Ore.: Timber Press.

Eberhardt, M. 2007. The water conservation garden: A good idea that has become a necessity. *The Public Garden* 22(1): 30–31.

Galbraith, D. A. 2003. Natural areas at public gardens: Creative tensions and conservation opportunities. *The Public Garden* 18(3): 10–13.

Garcia-Dominguez, E., and K. Kennedy. 2003. Benefits of working with natural areas. *The Public Garden* 18(3): 8–9, 44.

Guerrant, E. O., Jr., K. Havens, and M. Maunder, eds. 2004. Ex situ *plant conservation: Supporting species survival in the wild*. Washington, D.C.: Island Press.

Havens, K. 2002. Developing an invasive plant policy: The Chicago Botanic Garden's experience. *The Public Garden* 17(4): 16–17.

Havens, K., P. Vitt, M. Maunder, E. O. Guerrant Jr., and K. Dixon. 2006. *Ex situ* plant conservation and beyond. *BioScience* 56: 525–31.

Hoversten, M. E., and S. B. Jones. 2002. The advocacy garden: An emerging model. *The Public Garden* 17(4): 34–37.

IPCC. 2007. *Climate change 2007: Synthesis report*. Geneva, Switzerland: IPCC.

Lenoir, J., J. C. Gégout, P. A. Marquet, P. de Ruffray, and H. Brisse. 2008. A significant upward shift in plant species optimum elevation during the 20th century. *Science* 320: 1768–71.

Mack, R. N., D. Simberloff, W. M. Lonsdale, H. Evans, M. Clout, and F. A. Bazzaz. 2000. Biotic invasions: Causes, epidemiology, global consequences, and control. *Ecological Applications* 10: 689–710.

Oldfield, S. 2007. Working together in plant conservation. *The Public Garden* 22(2): 8–9.

Pence, V. 2004. *Ex situ* conservation methods for bryophytes and pteridophytes. In Ex situ *plant conservation: Supporting species survival in the wild*, edited by E. O. Guerrant Jr., K. Havens, and M. Maunder, 206–28. Washington, D.C.: Island Press.

Pimentel, D., R. Zuniga, and D. Morrison. 2005. Update on

the environmental and economic costs associated with alien-invasive species in the United States. *Ecological Economics* 52: 273–88.

Pritchard, H. W. 2004. Classification of seed storage types for *ex situ* conservation in relation to temperature and moisture. In Ex situ *plant conservation: Supporting species survival in the wild*, edited by E. O. Guerrant Jr., K. Havens, and M. Maunder, 139–61. Washington, D.C.: Island Press.

Raven, P. H. 1999. Plants in peril: A call to action. *The Public Garden* 14(4): 28–31.

Reichard, S. 1997. Preventing the introduction of invasive plants. In *Assessment and management of plant invasions*, edited by J. Luken and J. Thieret, 215–27. New York: Springer-Verlag.

Sala, A., S. Smith, and D. Devitt. 1996. Water use by *Tamarix ramosissima* and associated phreatophytes in a Mojave Desert floodplain. *Ecological Applications* 6: 888–98.

Vitousek, P. M., and L. Walker. 1989. Biological invasion by *Myrica faya* in Hawai'i: Plant demography, nitrogen-fixation, ecosystem effects. *Ecological Monographs* 59: 247–65.

White, P. S. 1996. In search of the conservation garden. *The Public Garden* 11(2): 11–13, 40.

Chapter 23: A Strategic Approach to Leadership and Management

American Association of Museums. The Center for the Future of Museums. http://www.futureofmuseums.org/about.

Buckingham, M., and D. Clifton. 2001. *Now discover your strengths*. New York: Free Press.

Buckingham, M., and C. Coffman. 1999. *First break all the rules: What the world's greatest managers do differently*. New York: Simon and Schuster.

Cary, D., and K. Socolofsky. 2003. Long-range planning for real results: Start with self-assessment and audience research. *The Public Garden*: 18(4): 10–13.

Crutchfield, L., and H. McLeod Grant. 2007. *Forces for good: The six practices of high-impact nonprofits*. San Francisco: Jossey-Bass.

Drucker, P. 2001. *The essential Drucker: The best of sixty years of Peter Drucker's essential writings on management*. New York: Harper Business.

Drucker, P., and G. Stern. 1998. *The Drucker Foundation self-assessment tool set*. San Francisco: Jossey-Bass.

Kotter, J. 1996. *Leading change*. Boston: Harvard Business School Press.

Mind Tools. 2009. *SWOT analysis: Discover new opportunities. Manage and eliminate threats.* www.mindtools.com/pages/article/newTMC_05.htm.

Chapter 25: Facility Expansion

Brault, D., and R. Denis. 1995. Contracting for design and engineering services. *The Public Garden* 10(2): 28–29.

Directors of Large Gardens. 2007. *2007 Medium and small garden benchmarking study.* Wilmington, Del.: American Public Garden Association.

Dobbs, V. 2009. Paradise found: A new tropical garden, Naples Botanic Garden. *The Public Garden* 24(4): 28–29.

Holley, B. 2003. Cleveland Botanic Garden. *The Public Garden* 18(2): 8–11.

Rich, P. E. 1987. Planning for small public gardens. *The Public Garden* 2(2): 9–11.

———. 1999. Managing garden construction. Special report. *The Public Garden* 14(1): 37–38.

Chapter 26: The Shape of Gardens to Come

Anisko, T. 2006. *Plant exploration for Longwood Gardens*. Portland, Ore.: Timber Press.

Cunningham, A. S. 2000. *Crystal palaces: Garden conservatories of the United States*. Portland, Ore.: Timber Press.

Friedman, T. L. 2005. *The world is flat*. New York: Farrar, Straus and Giroux.

Greater Philadelphia Cultural Alliance. 2008. 2008 Portfolio. www.issuu.com/philaculture/docs/2008_portfolio_fullreport.

Hobby, F., and N. Stoops. 2002. *Demographic trends in the 20th century*. Census 2000 Special Reports. Washington, D. C.: U.S. Government Printing Office.

McCracken, D. P. 1997. *Gardens of empire: Botanical institutions of the Victorian British Empire*. London: Leicester University Press.

Minter, S. 2001. *The apothecaries' garden: A history of Chelsea Physic Garden*. Stroud, U.K.: Sutton Publishing.

Monem, N., ed. 2007 *Botanic gardens: A living history*. London: Black Dog Publishing.

Reinikka, M. A. 1995. *A history of the orchid*. Portland, Ore.: Timber Press.

Appendix A: Factors in the Development and Management of Canadian Public Gardens

Chan, A. P. 1972. A national botanical garden for Canada—a history of failures. In *Proceedings of the Symposium on a National Botanical Garden System for Canada*, edited by P. F. Rice, 22–27. Hamilton, Ont.: Royal Botanical Gardens.

Connor, J. T. H. 1986. To promote the cause of science: George

Lawson and the Botanical Society of Canada, 1860–1863. *Scientia Canadensis: Canadian Journal of the History of Science, Technology, and Medicine* 10(1): 3–33.

DesMarais, A. 1972. Report from the Ministry of State for Science and Technology. In *Proceedings of the Symposium on a National Botanical Garden System for Canada*, edited by P. F. Rice, 55–58. Hamilton, Ont.: Royal Botanical Gardens.

Dewing, M. 2008. Federal government policy on arts and culture. PRB-0841e. December 11. http://www2.parl.gc.ca/Content/LOP/ResearchPublications/prb0841-e.htm.

English, J., and R. Bélanger, eds. 2000. Lawson, George. In *Dictionary of Canadian biography online*. www.biographi.ca/009004-119.01-e.php?&id_nbr=6222.

Francis, J., and J. Clemens. 1999. Fraser Forum: Charitable donations and tax incentives. The Fraser Institute. http://oldfraser.lexi.net/publications/forum/1999/06/04_charitable_donations.html.

Klose, E., and D. Whitehouse. 2004. The Niagara Parks Commission School of Horticulture. In *Acta Horticulturae* (ISHS) 641: 145–46. http://www.actahort.org/books/641/641_19.htm.

Laking, L. 2006. *Love, sweat, and soil: A history of Royal Botanical Gardens from 1930 to 1981*. Hamilton, Ont.: Royal Botanical Gardens Auxiliary.

Lawson, G., and Nova Scotian Institute of Natural Science. 1883. *Notice of new and rare plants*. n.p. (Halifax, N.S.).

———. 1891. Notes for a flora of Nova Scotia. Part I. In *Proceedings and transactions of the Nova Scotian Institute of Science* 8(1): 84–110. http://dalspace.library.dal.ca/dspace/handle/10222/12374?show=full.

LeRoy, S., N. Veldhuis, and J. Clemens. 2002. The 2002 generosity index: Comparing charitable giving in Canada and the U.S. *The Fraser Forum*, December 2002, 13–18. http://www.fraserinstitute.org/commerce.web/product_files/FraserForum_December2002.pdf

———. 2004. How giving are Canadians? The 2004 Generosity Index. *The Fraser Forum*, December 2004, 9–14. www.fraserinstitute.org/commerce.web/product_files/FraserForum_December2004.pdf.

Martin, C. 2001. *Cultivating Canadian gardens: A history of gardening in Canada*. http://epe.lac-bac.gc.ca/100/200/301/nlc-bnc/cultivating_cdn_gardens-ef/2008/www.lac-bac.gc.ca/2/11/h11-2005-e.html.

Nova Scotian Institute of Science. 1895. *The proceedings and transactions of the Nova Scotian Institute of Science*, vol. 9. Halifax, N.S.: Nova Scotian Institute of Science.

Popadiouk, R. 2000. *Old trees in the Dominion Arboretum*. Ottawa Horticultural Society. www.ottawahort.org/yearbook2000-2.htm.

Raymond, S. 2001. North of the border: Canada-U.S. comparisons in philanthropy. www.onphilanthropy.com/site/News2?page=NewsArticle&id=5920.

Read, C. 2007. A comparison of tax rates in the OECD. March 20. http://www.craigread.com/displayArticle.aspx?contentID=548&subgroupID=5.

Rotstein, G. 2008. Cross border philanthropy: The more we are different, the more we are the same. May 15. www.onphilanthropy.com/site/News2?page=NewsArticle&id=7489.

Sharpe, A. 2002. Raising Canadian living standards: A framework for analysis. *International Productivity Monitor* 5 (Fall): 25–40. http://ideas.repec.org/a/sls/ipmsls/v5y20022.html

Speirs, R. 1999. Tax surprise: Most of us pay less than Americans. *Toronto Star*, November 6. www.canadiansocialresearch.net/taxes.htm.

Thomsen, C. 1996. A border vision: The International Peace Garden. *Manitoba History: The Journal of the Manitoba Historical Society* 31 (Spring). www.mhs.mb.ca/docs/mb_history/31/peacegarden.shtml.

United North America. 2010. Similarities and differences between Canada and United States. www.unitednorthamerica.org/simdiff.htm.

Vancouver Board of Parks and Recreation. 2003a. Bloedel Floral Conservatory. http://vancouver.ca/PARKS/PARKS/bloe del/index.htm.

———. 2003b. Queen Elizabeth Park—Bloedel Floral Conservatory. http://van couver.ca/PARKS/PARKS/queenelizabeth/index.htm.

Whysall, S. 2009. Fate of Bloedel Conservatory in the balance. *Vancouver Sun*, November 19. http://communities.canada.com/vancouversun/print.aspx?postid=566238.

Wolff, M., P. Rutten, A. Bayers III, and World Rank Research Team. 1992. *Where we stand: Can America make it in the global race for wealth, health, and happiness?* New York: Bantam Books.

Appendix B: The Importance of Plant Exploration Today

Aiello, A. S. 2005. Evaluating *Cornus kousa* cold hardiness. *American Nurseryman* 201: 32–39.

———. 2009. Seeking cold-hardy camellias. *Arnoldia* 67: 20–30.

Anisko, T. 2006. *Plant exploration for Longwood Gardens*. Portland, Ore.: Timber Press.

Meyer, P. W. 1985. Botanical riches from afar. *Morris Arboretum Newsletter* 14: 4–5.

————. 1994. Plant collecting expeditions: A modern perspective. *The Public Garden* 14(2): 3–7.

————. 1999. Plant collecting expeditions: A modern perspective. In *Plant exploration: Protocols for the present, concerns for the future: Symposium proceedings, March 18–19, 1999, Chicago Botanic Garden, Glencoe, Illinois*, edited by J. R. Ault. Glencoe, Ill.: Chicago Botanic Gardens.

Meyer, P. W., and S. Royer. 1993. The North American Plant Collections Consortium. *The Public Garden* 13(3): 20–23.

Yinger, B. 1989a. Plant trek: In pursuit of a hardy camellia. *Flower and Garden* 33:104–6.

————. 1989b. Plant trek: On site with hardy camellias, Sochong Island, Korea. *Flower and Garden* 33: 62–66.

Appendix C: Herbaria

Global Biodiversity Information Facility. 2010. Data portal. http://data.gbif.org/welcome.htm.

Missouri Botanical Garden. 2010. Tropicos.org. www.tropicos.org.

Thiers, B. 2010. Index herbariorum: A global directory of public herbaria and associated staff. http://sciweb.nybg.org/science2/IndexHerbariorum.asp. Continuously updated.

New York Botanical Garden. 2010. Virtual herbarium. http://sciweb.nybg.org/science2/VirtualHerbarium.asp.

vPlants Project. 2001–2009. vPlants: A virtual herbarium of the Chicago region. http://www.vplants.org.

Appendix E: The Library in a Public Garden

Biodiversity Heritage Library. www.biodiversitylibrary.org.

Council on Botanical and Horticultural Libraries, Inc. www.cbhl.net.

European Botanical and Horticultural Libraries Group. www.kew.org/ebhl/home.htm.

MacPhail, I. 1989. The garden and the book: Or how to run a culture. *The Public Garden* 4(3): 12–13, 26–27.

Appendix F: Horticultural Therapy and Public Gardens

American Horticultural Therapy Association. www.ahta.org.

Haller, R. L., and C. L. Kramer. 2006. *Horticultural therapy methods: Making connections in health care, human service, and community programs*. Binghamton, N.Y.: Haworth Press.

Simson, S. P., and M. C. Straus. 1998. *Horticulture as therapy: Principles and practice*. Binghamton, N.Y.: Haworth Press.

Contributors

기고자 소개

CHAPTER 1
Donald A. Rakow

도널드 A. 락코우 박사는 코넬 플랜테이션즈(Cornell Plantations)의 엘리자베스 뉴먼 와일드스(Elizabeth Newman Wilds) 이사이며, 코넬(Cornell)의 원예학과 부교수, 공공정원 리더십의 코넬 대학원 과정 이사이다. 그의 연구 관심 분야는 유럽과 북미 식물원의 역사와 공공정원 경영, 그리고 식물과 사람의 상호작용 등이다. 여러 원예협회와 많은 수준의 교육 계획에 적극적으로 관여하고 있는 락코우는 2009년에 미국 공공정원협회의 이사회와 협회의 많은 위원회 일원으로 헌신한 것으로 미국 공공정원협회(APGA) 서비스 상을 받았다. 코넬대학교의 원예학 박사학위를 소지하고 있다.

CHAPTER 2
Christine A. Flanagan

크리스틴 플래너건 박사는 미국 식물원(U.S Botanic Garden)의 공공 프로그램 매니저인데, 이곳에서 1996년부터 재직하고 있다. 전시와 교육 프로그램, 동반관계, 해설, 그리고 홍보 등을 담당한다. 정기간행물 "The Public Garden"에 기고하고 있으며, 미국 식물생물학자재단 협회(American Society of Plant Biologists Foundation) 이사회의 일원이다. 그녀는 최근에 미국 공공정원 협회로부터 2008년 올해의 전문가 상과 2009년에 생태학 교육의 탁월함으로 미국 생태학학회(Ecological Society of America)로부터 Eugene P. Odum 상을 받았다. 애리조나대학교(Arizona University)에서 생태학과 진화생물학 박사학위를 받았다.

CHAPTER 3
Robert Lyons

델라웨어 대학교의 프로그램 디렉터이자 교수로서, 로버트 라이언스 박사는 공공 원예의 롱우드대학원에서 학생들의 교사 연수를 관리하고 있다. 노스캐롤라이나 주립대학교 원예학과의 J. C. 롤스턴(J.C. Raulston) 석좌교수로 재직했으며, 수목원의 이사였다. 버지니아 테크(Virginia Tech)에 소재한 한 원예정원(Hahn Horticulture Garden)의 설립자 중 한 사람이자 최초의 이사였다. 라이언스는 HortTechnology의 공공 원예 부분에 대한 컨설팅 편집자이며, 미국 원예학학회의 회원이기도 하다. 미네소타 대학교의 원예학 박사학위를 소지하고 있다.

CHAPTER 4
Mary Pat Matheson

애틀랜타 식물원의 상근 이사인 메리 팻 매더슨은 방문객의 체험과 교육 프로그램, 접근성, 그리고 모델의 환경 지속가능성 등을 높이는 시설을 만드는 새로운 마스터플랜을 진행하고 있다. 그녀의 통찰력 있는 관점은 이 정원을 새로운 방향으로 이끌고 있으며, "정원의 니키(Niki in the Garden)"과 "정원의 치훌리(Chilhuly in the Garden)" 등과 같은 블록버스터를 통해 참석률 증가에 힘쓰고 있다. 그녀는 또한 새로 조성된 스미스갈 삼림정원(Smithgall Woodland Garden)의 이사이기도 하다. 레드뷰트(Red Butte) 정원과 수목원의 상근이사로 재직하고 있는 동안, 여덟 곳의 디스플레이 정원과 아동정원, 4마일의 자연 탐사 오솔길, 오렌지 나무 온실, 그리고 방문객 센터의 설계 및 건축을 감독하였다. 유타대학교(Utah University) 행정학 석사학위를 소지하고 있다.

CHAPTER 5
Maureen Heffernan

코스탈 메인식물원(Coastal Maine Botanical Garden)의 상임 이사인 모린 헤퍼넌은 2007년에 개장한 248에이커의 이 식물원의 발전을 이끌고 있다. 미국 원예협회의 교육담당 코디네이터로서 청소년 정원관리 심포지엄(Youth Gardening Symposium)을 시작하였다. 클리블랜드 정원의 공공 프로그램 담당 이사로서 허시 아동공원(Hershey Children's Garden)과 녹색단(Green Corps) 도시정원 가꾸기 프로그램의 개발을 도왔다. 또한 버피 씨앗 초보자(Burpee Seed Starter); 허시 아동정원: 재배 적지(Hershey Children's Garden: A Place to

Grow; 당신의 메인 정원을 위한 토종 식물들(Native Plants for Your Maine Garden); 메인 해변의 요정의 집(Fairy Houses of the Maine Coast) 등과 같은 저서를 집필하였다. 2004년에 미국 원예협회의 제인 L. 테일러(Jane L. Taylor) 상을 받았고, 2006년에는 미국 공공정원 협회의 전문가 표창을 받았다.

CHAPTER 6
Iain M. Robertson

ASLA인 이언 M. 로버트슨은 워싱턴대학교 조경학 부교수이며, 워싱턴대학교 식물원의 초빙 교수진의 회원이다. 그의 학문적 관심사는 설계 독창성과 설계 매체로서의 식물이며, 식물의 독특한 설계 특성에 관한 탐구 및 교육을 위한 새로운 방법을 개발했다. 공인 조경사로서, 주로 미국 서부의 식물원을 위한 다수의 입안 및 설계 프로젝트에 대한 상담 해왔다. 그는 공공정원(The Public Garden)과 태평양 원예(Pacific Horticulture)의 기고자이며, 에든버러대학교에서 건축학 학사학위를 받았으며, 펜실베이니아 대학교에서는 M.L.A를 받았다.

CHAPTER 7
Gerard T. Donnelly

제라드 T. 도넬리 박사는 시카고 근처의 모턴수목원(Morton Arboretum)의 회장이자 CEO이다. 이전에는 미시간 주립대학교에 있는 W. J. 빌 식물원(W. J. Beal Botanical Garden)의 큐레이터였으며, 미시간 주립대학교와 코 대학(Coe College)의 교수로도 재직했었다. 미시간 주립대학교에서 식물학과 식물 병리학의 박사학위를 받았고 미국 공공정원 협회에 많은 공로로 서비스 상을 받았다. 여러 대형 정원의 이사를 역임했고 델라웨어 대학교(Delaware University)의 공공 원예센터에서 근무했다. 수목원 네트워크인 ArbNet를 개발했고 세계 수목캠페인(Global Trees Campaign)의 참여를 홍보하는 국제 식물원 보존기구(Botanic Gardens Conservation International)와 제휴를 맺었다.

CHAPTER 7
Nancy L. Peske

PHR인 낸시 L. 페스케는 모튼수목원(Morton Arboretum)의 인사담당 이사로서, 330명의 직원과 950명의 자원봉사자의 관리 업무를 맡고 있다. 1999년부터 근무한 그녀는 드퍼대학교(DePauw University)의 학사학위를 소지하고 있으며, 인적자원관리협회로부터 인적자원 전문가로 인증받았다. 페스케는 일리노이주 경영협회(Management Association of Illinois)로부터 2010년 올해의 HR 전문가로 선정되었다.

CHAPTER 8
Arlene Ferris

알린 페리스는 24년 동안 페어차일드 열대식물원(Fairchild Tropical Botanic Garden)에서 자원봉사 서비스를 담당하는 이사로 재직해왔다. 그녀는 미국 공공정원협회의 자원봉사 활동위원회(Volunteerism Committee)의 일원으로 재직하고 있으며, 연례 APGA 회의와 공공정원의 자원봉사자 지도자들을 위한 2년에 한 번 열리는 회의인 자원봉사자 상호작용(Volunteer Interaction)에 자원봉사 활동에 관한 프로그램을 제출하고 있다.

CHAPTER 9
Richard V. Piacentini

리처드 피아텐티니는 핍스 온실식물원(Phipps Conservatory and Botanical Gardens)의 상근이사이다. 재임 기간에, 그는 핍스를 공공 비영리 경영으로부터 사설 비영리 경영으로 이끌었으며, 이 식물원의 100년 이상 역사에서 가장 야심 찬 자본 확충 프로젝트를 진행했다. 그는 녹색 건물과 지속 가능한 운영을 중심으로, 핍스의 "녹색" 전환을 책임지고 있다. 피아텐티니는 식물학 석사학위와 경영학 석사학위, 그리고 약제학 학사학위를 소지하고 있다. APGA의 전(前) 회장이자 회계담당자였으며, 그 단체의 전문가 표창 수상자이다.

CHAPTER 9
Lisa Macioce

리사 마시오쩨는 2006년부터 핍스 온실식물원(Phipps Conservatory and Botanical Gardens)의 자금관리 이사직을 수행하고 있다. 마시오쩨는 회계 보고서 작성과 자산 및 운영 예산편성, 프로그램 수익성 분석, 원가 배분, 정보통신 기술, 그리고 경영과정 재설계 등과 같은 분야를 포함하여, 비영리 부문에서 17년 이상의 경력을 지니고 있다. 마시오쩨는 피츠버그 대학교 캐츠(Katz) 경영대학원의 경영학 석사학위와 피츠버그에 소재한 로버트 모리스 대학교의 경영학 학사학위를 소지하고 있다.

CHAPTER 10
Patricia Rich

ACFRE인 팻 리치(Pat Rich)는 EMD 컨설팅 그룹의 사장이다. 기금조성과 기획, 멤버십, 그리고 비영리 경영문제 등에 관해 국내외에서 컨설팅을 해왔다. 미국의 기금조성 직종에서 가장 높은 자격인 기금모금 공인 고급행정가(Advanced Certified Fundraising Executives/ACFRE) 85명 중의 1인이다. 기금조성 콘퍼런스와 비영리 그룹 미팅에 연사로서 자주 초대되며, 미주리 세인트루이스대학교의 기금조성 강좌를 강의하고 있다. 전국 기금조성 전문가협회 이사회의 일원으로 활동해 왔으며, AFP 국립 연구회의(AFP National Research Council)의 회원이다. 저서인 멤버십 개발: *결과를 위한 액션 플랜*(Membership Development: *An Action Plan for Results*)는 멤버십 프로그램에 관한 가장 중요한 소스이다.

CHAPTER 11
Richard H. Daley

리차드 H. 데일리는 EMD 컨설팅 그룹의 공동 창업자인데, 이 그룹은 공공정원과 기타 NGO 단체에 기획과 수익창출, 그리고 조직 관련 이슈 등에 관한 전략적 조언을 제공하고 있다. 그는 미국과 해외의 크고 작은 정원에서 근무해 왔다. 애리조나-소노라 사막 박물관(Arizona-Sonora Desert Museum)과 덴버식물원(Denver Botanic Gardens), 매사추세츠 원예학회(Massachusetts Horticultural Society)에서 CEO로 재직했으며, 미주리 식물원(Missouri Botanical Garden)에서는 고위관리직으로 재직했었다. 그는 미국 공공정원 협회와 식물 보존센터(Center for Plant Conservation), 국제 식물원 보존기구-미국(Botanical Gardens Conservation International-U.S.), 그리고 공공토지 신탁(Trust for Public Land) 등의 이사회에서 활동했다. 그는 미국 박물관협회(American Association of Museums)에서 식물 관련 단체를 인가해주는 업무를 담당하고 있다.

CHAPTER 12
Eric Tschanz

포웰 정원(Powell Garden)의 사장이자 상근이사인 에릭 스찬츠는 이 정원의 마스터플랜 중에서 첫 번째 세 단계를 시행했는데, 여기에는 몇몇 테마공원과 새로운 방문객 센터, 명상 예배실, 그리고 하트랜드 하비스트 정원(Heartland Harvest Garden) 등의 개발이 포함되어 있었다. 이전에, 샌안토니오

(San Antonio) 식물원의 초대 이사였는데, 여기에서 텍사스 최초의 건식조경 정원의 완공과 토종 식물 디스플레이의 개선, 그리고 할셀 온실정원(Halsell Conservatory)의 개발 및 건설을 감독하였다. 그는 신설 정원을 빠른시기에 발전시키는 일에 관여해 왔다. 델라웨어 대학교에서 공공정원 행정 분야의 석사학위를 받았으며, 특별연구원으로 있었다.

CHAPTER 13
Vincent A. Simeone

빈센트 A. 시미온은 플랜팅 필즈수목원 주립 역사공원(Planting Fields Arboretum State Historic Park)의 이사로 18년 동안 재직해왔다. 뉴욕식물원에서 원예반을 교육하고 있으며, 전국의 전문적인 정원사와 취미 정원사들을 위한 강연을 하고 있다. *만개하는 조경 관목*(Great Flowering Landscape Shrubs)과 *만개하는 조경 수목*(Great Flowering Landscape Trees), *조경 상록수*(Great Landscape Evergreens), 그리고 *겨울 조경의 경이로움*(The Wonders of the Winter Landscape)뿐만 아니라, 롱아일랜드(Long Island) 기반의 출판물에 수많은 기사를 집필했다. 그녀는 SUNY 파밍데일(Farmingdale)에서 관상용 원예와 관련된 A.A.S 학위를 받았으며, 조지아 대학교에서 관상용 원예 학사학위를 받았다.

CHAPTER 14
Susan Lacerte

수산 라세트는 평생 식물을 사랑했다. 그녀의 어렸을 때 추억은 아버지와의 채원 가꾸기와 어머니가 계획한 캠핑 여행 동안 수목과의 교류를 즐겼던 기억들이다. 코네티컷 대학교에서 환경 원예 문학사 학위를 받았고, 뉴욕 대학교에서 행정학 석사학위를 받았다. 한때 브루클린 식물원에서 성인교육을 이끌었고, 미국 공공정원 협회와 메트로 호트그룹(Metro Hort Group), 그리고 그린 게릴라(Green Guerillas) 이사회의 일원이었던 래서트는 1994년부터 상근이사로 근무하면서 퀸스식물원(Queens Botanical Garden)의 변화를 주도했다. 파밍데일(Farmingdale)에 소재한 뉴욕주립대학교에서 공공정원 관리를 가르치고 있다.

CHAPTER 15
Patsy Benveniste

시카고 식물원(Chicago Botanic Garden)의 지역공동체 교육 프로그램의 부사장으로서, 팻시 벤베니스트는 정원의 교육학

습 센터와 공동체 정원 가꾸기 및 지원 활동 원예요법 서비스 프로그램, 외부 청소년 리더십 개발 프로그램, 지속 가능한 도시 농업 모델의 직무 훈련 계획, 그리고 원예요법 프로그래밍 및 전문가 훈련 등을 감독하고 있다. 밴베니스트는 정원의 식물학자 및 생태학자와 공식적인 진행 중의 교육 프로그램 사이의 강력하고도 실천적 관계를 구축하고 있다. 이전에는 링컨 공원 동물원(Lincoln Park Zoo)의 교육담당 이사로서 공식적 및 비공식적 교육 프로그램을 감독하였다.

CHAPTER 15
Jennifer A. Schwarz-Ballard

시카고식물원의 교육 및 학습센터 이사로서, 제니퍼 슈바르츠 발라드 박사는 이 식물원의 청소년 프로그램과 교사 서비스, 시민 참여 연구, 그리고 교육 연구계획 등을 감독하고 있다. 또한, 노스웨스턴대학교와 시카고식물원의 식물 보존 생물학 공동 프로그램의 초빙 교수로서 대학원생들을 감독하고 있다. 프로젝트 버드버스트(BudBurst)의 주요 과학 강사로서, 과학에의 대중 참여를 지원하고, 기후 변화가 환경에 미치는 영향에 대한 이해를 높이기 위해 노력하고 있다. 그녀는 상을 받은 여름 과학: 환경 과학을 통해 도시 청소년에게 다가가기(Summer Science: Reaching Urban Youth Through Environmental Science)의 저자이다. 노스웨스턴대학교의 교육 및 사회정책학교로부터 학습과학 분야의 박사학위를 받았다.

CHAPTER 16
Larry DeBuhr

2008년부터, 래리 드버어 박사는 하노버 대학 하천기구 (Rivers Institute)의 상임이사직을 맡고 있다. 이전에 시카고식물원(Chicago Botanic Garden)에서 처음엔 교육담당 부사장과 조셉 레겐스타인 주니어 스쿨(Joseph Regenstein Jr. School)의 이사직을 맡았고, 나중에 학사관리 부사장이 되었다. 그는 연간 7천 명 이상의 성인들에게 500개 이상의 강좌를 제공하는 지속적 교육 프로그램과, 수많은 인증 프로그램, 그리고 대학 및 대학교와의 동반관계 등의 개발을 이끌었다. 이전에 그는 미주리식물원 (Missouri Botanical Garden)의 교육담당 이사였다.

CHAPTER 17
Kitty Connolly

헌팅턴 도서관(Huntington Library)과 아트 컬렉션(Art Collections), 그리고 식물원의 교육담당 부책임자인 키티 코널

리는 교사 연수부터 디스커버리 카트(discovery carts)까지 다양한 프로그램을 지휘하고 있다. 업무의 주요 초점은 전시회를 통해 수집식물을 해설하는 것이다. 그녀는 "식물은 무엇인가에 의해 결정된다(Plants Are Up to Something)."의 주요 조사원 중의 한 사람이었으며, 미국 박물관협회(American Association of Museums) 2007의 전시회 우수자상의 수상자였고, 헌팅턴과 스미스소니언 협회에서 개최된 전시회의 공동 큐레이터이자 코디네이터였다. 그녀는 전임 APGA 무임소 이사이다. 환경 동물학 학사학위와 지리학 석사학위를 소지하고 있다.

CHAPTER 18
Julie Warsowe

하버드대학교 부속, 아널드수목원(Arnold Arboretum)에서 방문객 교육을 담당하는 매니저인 줄리 워소위는 종합적인 새로운 길 찾기 시스템용의 방문객 테스트 및 해설 콘텐츠를 개발했으며, 10년 이상 수목원에서 최초 방문객 연구를 하였고, 향후 5년에 걸쳐 조경지에서의 해설 및 비공식적 교육을 개발하기 위한 해설 마스터플랜을 출범시켰다. 아널드에 오기 전에, 워소위는 브루클린 그린브리지(Brooklyn GreenBridge)의 매니저였으며, 브루클린식물원의 성인교육 담당이사였다. 석사학위 논문에서 공공정원의 성인교육 프로그램에 대한 평가를 조사하였다. 공공정원 리더십에 관한 코넬 대학원 과정에서 석사학위를 받았다.

CHAPTER 19
Leeann Lavin

리안 래빈은 브루클린식물원의 커뮤니케이션 이사였는데, 이곳에서 특별 행사의 참석률을 높이는데 핵심적인 역할을 담당하였다. 이전에 뉴욕식물원에서 근무했었고 공공정원에서 근무하기 전에, 래빈은 소니 전자의 커뮤니케이션 이사였으며, 기술 전문으로 하는 뉴시티(New City)시의 홍보회사에서 근무했다. 래빈은 조경 디자이너 상을 받았으며, 현재 더치스 디자인, LLC(Duchess Designs, LLC)의 사장이다.

CHAPTER 19
Elizabeth Randolph

엘리자베스 랜돌프는 펜실베이니아에서 집필 작업과 농사를 병행하고 있다. 집필하고 있는 스토리와 재배하는 작물을 통해, 자연 세계에 집중하고 있다. 직원과 프리랜서로서, 롱우드가든(Longwood Gardens)에서 마케팅을 담당한 11년뿐만이 아니라, 미국 식물원 및 수목원협회와 챈터클리어(Chanticleer), 타

일러(Tyler) 수목원, 랭커스터(Lancaster) 농지신탁, 그리고 USDA의 농장 서비스국을 포함한 녹색기관(green institutions)에서 오랫동안 재직한 경험을 가지고 있다.

CHAPTER 20
David C. Michener

미시간대학교의 마태이식물원(Matthaei Botanical Garden)과 니콜스수목원(Nichols Arboretum)의 부(副) 큐레이터인 데이비드 미체너 박사는 모두 네 곳 부지에 대해, 수집품 개발과 혁신, 그리고 기관의 기록물에 대한 웹 기반의 특정 지역 접속의 현재 동향 등을 포함한 관련 정보 관리 등을 감독하고 있다. 그는 동 대학교 박물관연구 프로그램(Museum Studies Program)의 운영위원회의 일원으로 활동하고 있으며, 또한 환경 프로그램의 교수단 준회원(Faculty Associate)으로서도 활동하고 있다. 미체너는 미시간 수학&과학 학자 하계 프로그램에서 강의하고 있다. 그는 자금지원 기관을 위해 살아 있는 수집식물에 대해 10건이 넘게 현장 리뷰를 수행했다. 그는 클레어몬트 대학원(Claremont Graduate School)과 란초산타 아나(Rancho Santa Ana) 식물원의 식물학 박사학위를 가지고 있다.

CHAPTER 21
Kayri Havens

케리 해븐스 박사는 시카고식물원의 식물과학 및 수석 과학자 분과의 이사이다. 이전에 미주리식물원의 보존 담당 생물학자였다. 그녀의 연구 분야는 식물 종에 미치는 기후 변화 영향과 복원 유전학, 식물 희귀성의 생물학 그리고 침입성이다. 해븐스는 중서부 침입성 식물 네트워크(Midwest Invasive Plant Network)와 국제 식물원 보존기구(Botanic Gardens Conservation International) 이사회와 IUCN 종 보존 위원회(IUCN Species Survival Commission)의 식물 위원회(Plants Committee) 이사회의 일원으로 있다. 식물 보존: 야생종 보존 지원하기(Ex Situ Plant Conservation: Supporting Species Survival in the Wild)의 공동 편집자이다. 해븐스는 남부 일리노이주대학교의 식물학 학사이며, 인디애나 대학교의 생물학 박사이다.

CHAPTER 22
Sarah Reichard

워싱턴대학교의 교수인 사라 레이차드 박사는 워싱턴대학교 식물원을 설립했으며, 보존 프로그램을 지휘하고 있다. 연구 분야는 희귀종 및 침입성 종에 대한 생물학이다. 침입성 종 문제에 관한 연방정부의 고문으로 6년 동안 활동했으며, 양심적인 정원사: 정원 윤리 함양하기(The Conscientious Gardener: Cultivating a Garden Ethic)의 저자이며, 태평양 연안 북서부의 침입성 종들(Invasive Species in the Pacific Northwest)의 편집자이고, 수많은 학술지와 대중지에 기고하고 있다. 워싱턴대학교에서 식물학 학사학위뿐만 아니라, 삼림자원 분야의 이학 석사학위와 박사학위를 받았다.

CHAPTER 23
Mary Burke

UC 데이비스 수목원(UC Davis Arboretum)의 수집 및 계획 담당 이사인 메리 버크는 혁신과 리더십, 시스템 사고(systems thinking: 행동이나 의사결정을 1기업, 1업종의 입장만 아니라, 좀 더 넓은 관점에서 파악해서 시행하는 것), 기술 등이 어떻게 공공정원 관리를 개선할 수 있는지에 대해서 뿐만 아니라, 이것들이 어떻게 체험적 학습을 향상하고, 공동체 생활을 풍부하게 할 수 있는지에 관심을 기울이고 있는 식물학자이다. 그녀는 식물 생태학의 석사학위를 소지하고 있다.

CHAPTER 23
Kathleen Socolofsky

캘리포니아 대학교의 보조 부총장이자 UC 데이비스(UC Davis) 수목원의 이사인 캐서린 소콜로프스키는 캘리포니아 도시 원예센터의 공동 설립자이며, 롱우드가든(Longwood Garden) 방문 위원회의 일원으로 활동을 하고 있다. 공공 원예센터(Center for Public Horticulture)의 부의장이며, 미국 공공정원협회(American Public Gardens Association, APGA) 이사회의 전 회원이다. APGA 전문가 표창 수상자이며, UC 데이비스 수목원에서 재직하기 전에는 사막식물원(Desert Botanical Garden)의 교육담당 이사로 있었다. 교육 리더십 분야의 석사학위를 가지고 있다.

CHAPTER 24
Claire Sawyers

스워스모어 대학(Swarthmore College), 스콧수목원(Scott Arboretum)의 이사인 클레어 소여스는 정원 디자인(Garden Design)으로 부터 "미국에서 가장 아름다운 캠퍼스"라는 찬사를 받았고, 프린스턴 리뷰(The Princeton Review)의 아름다운 캠퍼스 상위 10위에 선정된 300에이커의 캠퍼스-수목원 개발을 감독하고 있다. 소여스는 미국 박물관 승인협회 프로그램을 위한 커미셔너와 정원 관리단 선정 위원회의 의장, 바트람 정원(Bartram's Garden)의 이사회 구성원으로서 활동했으며, 롱우드가든 방문 위원회의 일원으로 활동했었다. 그녀는 정통 정원: 장소의 감각을 함양하기 위한 다섯 가지 원칙(The authentic Garden: Five Principles for Cultivating a Sense of Place)의 저자이며, Brooklyn 식물원의 세 권의 핸드북에 대한 편집자이다. 퍼듀대학교(Purdue University)와 델라웨어대학교(Delaware University) 두 곳 모두에서 원예학 석사학위를 받았고 특별연구원(Longwood Fellow)이었다.

CHAPTER 25
Brian Holley

나폴리 식물원(Naples Botanical Garden)의 상근 이사인 브라이온 홀리는 그의 경력 과정 내내 많은 프로젝트에 관여해 왔다. 나폴리식물원에서 새로운 정원의 개발을 처음부터 끝까지 감독하고 있다. 클리블랜드 식물원의 상근이사였는데, 거기에서 이 정원의 시설 확장과 새로운 프로그램 계획 등이 포함된 장기적 전략 계획의 개발 및 실행을 이끌었다. 온타리오(Ontario)주 해밀턴(Hamilton)에 소재한 왕립식물원에서 근무했었을 때, 다양한 구조물과 정원을 건축하는 데 관여했다. 또한 국내외의 정원 및 인프라 프로젝트 개발에 관한 컨설팅도 해왔다.

CHAPTER 26
Paul B. Redman

폴 레드맨은 세계의 최고 원예 디스플레이 정원 중의 하나인 롱우드가든의 이사이자 중요한 식물 연구 및 식물탐사 여행의 후원자며, 초보 원예가들 교육 분야의 리더이다. 1,050에이커의 부지와 350명이 직원, 그리고 400명이 넘는 자원봉사자들, 그리고 5천만 달러의 연간 예산을 관리하고 있다. 이전에 프랭클린공원 온실식물원의 상근이사로 재직했었고 미국 공공정원협회와 필라델피아 문화연맹(Philadelphia Cultural Alliance) 이사회의 일원으로 활동하고 있다. 델라웨어 대학교 농업 및 자연자원 대학의 자문위원회의 회원이다. 18년 이상, 공공원예 분야에서 근무하며 연구를 해왔으며, 오클라호마 주립대학교에서 원예학 학사학위와 석사학위를 받았다.

부록 A
David Galbraith

왕립식물원(Royal Botanical Gardens)의 과학분야 책임자인 데이비드 캘브레이스 박사는 이 식물원의 연구 프로그램과 도서관, 기록보관실, 그리고 식물 표본실을 책임지고 있다. 캐나다 식물 보존 네트워크(Canadian Botanical Conservation Network)를 개발하여, 보존 및 생물 다양성 프로그램에서 식물원의 역할을 촉진했으며, 멸종 위기종 회복 및 서식지 보존 프로젝트에 관여하고 있다. 세계 식물 보존전략(Global Strategy for Plant Conservation)과 북미 식물을 위한 동반관계(North American Partnership for Plants), 그리고 국제식물원보존 기구의 국제자문위원회(International Advisory Council of Botanic Gardens Conservation International), 맥매스터대학교(McMaster University) 생물학과 비상근 외래교수이자 트렌트대학교(Trent University)의 환경 및 생명과학 대학원 과정의 공동 교수이다. 킹스턴(Kingston)에 소재한 퀸스대학교(Queen's University)에서 야생동물 생물학 박사학위를 받았다.

부록 A
Melanie Sifton

토론토의 험버(Humber) 수목원 및 도시 생태학센터의 이사인 멜라니 시프톤은 도시의 대중 원예에 열정적이며, 공공정원의 봉사활동 및 교육을 통해 조경의 지속가능성을 홍보하는데 전력을 다하고 있다. 레이디 버드 존슨 야생화센터(Lady Bird Johnson Wildflower Center)의 지속할 수 있는 현장 이니셔티브(Sustainable Sites Initiative) 팀의 구성원이며, 지속 가능한 조경을 위한 가이드 라인과 실적 기준을 수립하였다. 공공정원 리더십 관련 코넬 대학원 과정 수료자이며 공공정원의 지속 가능한 조경 설계 및 운영에 주력하였다. 배경으로는 나이아가라 공원(Niagara Parks)의 원예 위탁학교와 온타리오(Ontario) 원예가 수습 등이 있다. 맥길대학교(McGill University) 영어학과 미술사의 명예 학사학위를 소지하고 있다.

부록 B
Paul W. Meyer

펜실베이니아 대학교의 모리스수목원(Morris Arboretum)의 F. 오토 하스(Otto Haas) 이사인 폴 메이어는 후기 빅토리아 정원들의 복원에 주요 역할을 했다. 펜실베이니아 대학교에서 도시 원예학을 가르치고 있으며, 원예 출판물에 자주 기고하고 있고, 식물탐사와 평가 분야의 리더로서 아르메니아(Armenia)와 조지아공화국(Republic of Georgia) 탐사를 포함하여 중국과 한국에서 9회의 탐사를 완료했다. 그는 펜실베이니아 원예학회로부터 공로 메달과 미국 식물원 및 수목원 협회로부터 전문가 표창, 그리고 미국 원예학회의 위대한 미국인 원예 전문가 상을 받았다.

Barbara M. Thiers

바바라 타이어스 박사는 뉴욕식물원의 윌리엄 엔드 린다 스티어러(William and Lynda Steere) 식물표본실 이사이다. 이곳은 서반구에서 가장 큰 표본실로서, 약 7백3십만 개의 표본이 있다. 전 세계의 약 3,300여 공공 식물 표본실을 대상으로 하는 온라인 가이드인 Index Herbariorum의 편집자이기도 하다. 그녀는 이 식물 표본실에 있는 약 백십만여 개 표본의 데이터와 이미지에 대한 온라인 카탈로그인 뉴욕식물원의 가상 식물 표본실 개발에 대한 감독을 책임지고 있었다. 그녀는 매사추세츠 대학교로부터 식물학 박사학위를 받았다.

Sheila Connor

쉴라 코너는 1970년부터 아널드 수목원(Arnold Arboretum)의 원예 도서관의 원예연구 문서보관 담당자로 재직하고 있다. 국립 인문학재단, 도서관과 박물관 서비스기구, 그리고 하버드(Harvard)의 도서관 디지털화 계획 등과 같은 단체에서 제공하는 지원금에 대한 주요 조사원으로 활동하였다. 가장 최근에 아널드 수목원의 사진 기록물에 대한 디지털화 작업에 관여하고 있다. 이 수목원의 기록물 수집을 확립하였으며, Arnoldia와 The Public Garden에 실려 있는 다수의 글을 집필하였다. 그녀의 저서 새로운 영국 자생종들: 인간과 수목의 찬양(New England Natives: A Celebration of People and Trees, 하버드대학교 출판사(Harvard University Press)는 삼림지대에서의 인간 행위를 기록하고 있는 문화사(文化史)이다.

Rita M. Hassert

1986년부터 모턴수목원의 스털링 모턴(Sterling Morton) 도서관에서 도서관원으로 근무해온 리타 해서트는 일리노이주대학교에서 도서관 및 정보학 학사학위를 받았다. 정원사이자 연구원으로서, 그녀는 정원과 사람들, 정보, 지역공동체, 식물, 기술, 그리고 도서관 등의 교차점에 자신이 많은 관심이 있다는 것을 발견한다. 식물 및 원예 도서관 위원회(Council on Botanical and Horticultural Libraries, CBHL)의 적극적인 회원인 그녀는 이사회 구성원이자 의장으로서, 그리고 회의 주최자, 위원회 의장/구성원, CBHL 소식지의 기고자로서 CBHL에 재직해왔다.

Karen L. Kennedy

원예요법 치료사의 카렌 케네디는 원예요법과 건강관리 프로그래밍을 의료 및 사회복S지 기관들과 독립적으로 계약을 맺어 진행하는 자영 원예요법 치료사이다. 20년 이상, 그녀는 홀든(Holden) 수목원을 위해 원예요법과 건강관리 프로그램을 관리했다. 원예요법 협회(Horticultural Therapy Institute)에 몸담고 있으며, 현장 교재의 기고가이다. 미국 원예요법 협회(AHTA)의 이사회 일원으로 활동하고 있으며, AHTA 레아 맥캔들리스 전문가 서비스(AHTA Rhea McCandliss Professional Service)상과 미국 원예학회의 원예요법 상을 받았다. 캔자스 주립대학교의 원예요법 이학사 학위 소지자이다.

Sharon A. Lee

샤론 리는 공공정원을 위한 마케팅 커뮤니케이션을 전문으로 하는 기업인 Sharon Lee & Associates를 이끌고 있으며, 필라델피아 지역의 공공 원예단체들을 홍보하는 교육 투어 프로그램인 플랜트 러버스 디스커버리(Plant Lovers Discovery)의 창안자이자 코디네이터이다. 이전에 미국 공공정원협회의 부회장으로 있으며 협회의 출판물과 지원 활동 계획, 그리고 자원 센터를 관리했다. 미국 공공정원협회(APGA)의 계간지인 공공정원(The Public Garden)을 창간하였으며, 18년 동안 이 잡지의 편집자로 근무했다. 영문학 문학사 학위와 TV/라디오/영화학 이학사 학위를 소지하고 있다.

Web Resources

source: www.wiley.com

Chapter 1: What Is a Public Garden

Arizona-Sonora Desert Museum (www.desertmuseum.org)

Arnold Arboretum of Harvard University (www.arboretum.harvard.edu)

Bartram's Garden (www.bartramsgarden.org)

Bellagio (www.bellagio.com)

Brookgreen Gardens (www.brookgreen.org)

Brooklyn Botanic Garden (www.bbg.org)

Buffalo and Erie County Botanical Gardens (www.buffalogardens.org)

Callaway Gardens (www.callawaygardens.com)

Chanticleer (www.chanticleergarden.org)

Cheyenne Botanic Gardens (www.botanic.org)

Chicago Botanic Garden (www.chicagobotanic.org)

Conservatory of Flowers (www.conservatoryofflowers.org)

Denver Botanic Gardens (www.botanicgardens.org)

Desert Botanical Garden (www.dbg.org)

Fairchild Tropical Botanic Garden (www.fairchildgarden.org)

Garfield Park Conservatory (www.garfieldconservatory.org)

Hershey Gardens (www.hersheygardens.org)

JC Raulston Arboretum (www.ncsu.edu/jcraustonarboretum.org)

Longwood Gardens (www.longwoodgardens.org)

Los Angeles County Arboretum and Botanic Garden (www.arboretum.org)

Minnesota Landscape Arboretum (www.arbortem.umn.edu)

Missouri Botanical Garden (www.mobot.org)

Mitchell Park Horticultural Conservatory (http://county.milwaukee.gov/MitchellParkConserva)

Mohonk Mountain House (www.mohonk.com)

Montreal Botanical Garden (www2.ville.montreal.qc.ca/jardin)

Morris Arboretum of the University of Pennsylvania (www.morrisarboretum.org)

Morton Arboretum (www.mortonarb.org)

Nebraska Statewide Arboretum (www.arboretum.unl.edu)

New York Botanical Garden (www.nybg.org)

North Carolina Arboretum (www.ncarboretum.org)

Phipps Conservatory and Botanical Gardens (www.phippsconservatory.org)

Rancho Santa Ana Botanic Garden (www.rsabg.org)

Rio Grande Botanic Garden (www.cabq.gov/biopark/garden)

San Diego Zoo (www.sandiegozoo.org)

San Francisco Botanical Garden (www.sfbotanicalgarden.org)

Scott Arboretum of Swarthmore College (www.scottarboretum.org)

Sonnenberg Gardens (www.sonnenberg.org)

Stan Hywet Hall and Gardens (www.stanhywet.org)

Sunken Gardens (www.stpete.org/sunken)

The Fells (www.fells.org)

U.S. Botanic Garden (www.usbg.gov)

U.S. National Arboretum (www.usna.usda.gov)

UC Davis Arboretum (www.arboretum.ucdavis.edu)

University of California Botanical Garden (www.botanicalgarden.berkeley.edu)

University of Washington Botanical Gardens (www.uwbotanicgardens.org)

Walt Disney World (www.disneyworld.disney.go.com)

Wave Hill (www.wavehill.org)

Chapter 2: The History and Significance of Public Gardens

Arizona-Sonora Desert Museum (www.desertmuseum.org)

Bartram's Garden (www.bartramsgarden.org)

Biltmore (www.biltmore.com)

Bok Tower Gardens (www.boktower.org)

Brooklyn Botanic Garden (www.bbg.org)

Chanticleer (www.chanticleergarden.org)

Cheekwood (www.cheekwood.org)

Filoli (www.filoli.org)

Frederik Meijer Gardens and Sculpture Park (www.meijergardens.org)

JC Raulston Arboretum (www.ncsu.edu/jcraustonarboretum.org)

Gardens at Colonial Williamsburg
(www.history.org/history/CWLand/index.cfm)

Hillwood Estate, Museum, & Gardens
(www.hillwoodmuseum.org)

Huntington Botanical Gardens (www.huntington.org)

Lady Bird Johnson Wildflower Center (www.wildflower.org)

Longwood Gardens (www.longwoodgardens.org)

Luther Burbank Home and Gardens (www.lutherburbank)

Missouri Botanical Garden (www.mobot.org)

Morris Arboretum of the University of Pennsylvania
(www.morrisarboretum.org)

Mount Auburn Cemetery (www.mountauburn.org)

Mt. Cuba Center (www.mtcubacenter.org)

National Tropical Botanical Garden (www.ntbg.org)

New York Botanical Garden (www.nybg.org)

Paleaku Gardens Peace Sanctuary (www.paleaku.com)

Rancho Santa Ana Botanic Garden (www.rsabg.org)

Santa Barbara Botanic Garden (www.sbbg.org)

Sawtooth Botanical Garden (www.sbgarden.org)

State Arboretum of Virginia and Blandy Experimental Farm
(www.virginia.edu/blandy) Sustainable Sites Initiative
(www.sustainablesites.org)

Tohono Chul Park (www.tohonochulpark.org)

Tryon Palace (www.tryonpalace.org)

University of Wisconsin-Madison Arboretum
(www.uwarboretum.org)

University of Washington Botanical Gardens
(www.uwbotanicgardens.org)

U.S. National Arboretum (www.usna.usda.gov)

Winterthur Museum and Country Estate (www.winterthur.org)

Chapter 3: Critical Issues in Starting a Public Garden

American Association of Museums (www.aam-us.org) The
networking potential and possibilities across professional
lines can be extraordinary outlets for personal advice,
counsel, and future consultation.

American Public Gardens Association (www.publicgardens.org)
As the anchoring organization for public horticulture
professionals APGA is replete with resources to help those
starting new gardens. APGA also has a Small Public Gardens
Professional Section that encourages interaction among
newly formed public gardens.

American Society for Horticultural Science (www.ashs.org) The
ASHS Public Horticulture Working Group is composed
primarily of academics who have some responsibility for
campus-based gardens.

For information about public gardens featured in this chapter:

Ganna Walska Lotusland (www.lotusland.org)

Hahn Horticulture Garden at Virginia Tech
(www.hort.vt.edu/hhg)

JC Raulston Arboretum
(www.ncsu.edu/jcraustonarboretum.org)

Paul J. Ciener Botanical Garden (www.pjcbg.org)

University of Delaware Botanic Gardens
(http://ag.udel.edu/udbg)

Chapter 4: The Process of Organizing a New Garden

Boardsource (www.boardsource.org)
Provides information about governance, roles and
responsibilities of board, job descriptions and other pertinent
information.

Internal Revenue Service (www.irs.gov/charities)
Provides information about setting up a 501(c) (3) nonprofit
organization.

Minnesota Council for Nonprofits
(www.mncn.org/info_govern.htm)
Provides information about establishing governance, board
roles and responsibilities.

For information about public gardens featured in this chapter:

Brooklyn Botanic Garden (www.bbg.org)

Cheekwood (www.cheekwood.org)

Coastal Maine Botanical Gardens (www.mainegardens.org)

Cornell Plantations (www.plantations.cornell.edu)

Des Moines Botanical Center
(www.desmoinesbotanicalcenter.com)

Franklin Park Conservatory (www.fpconservatory.org)

Garvan Woodland Gardens (www.garvangardens.org)

Lauritzen Gardens (www.omahabotanicalgardens.org)

Missouri Botanical Garden (www.mobot.org)

Powell Gardens (www.powellgardens.org)

San Diego Botanic Garden (www.qbgardens.org)

Chapter 5: Land Acquisition

American Society for Landscapes Architects (asla.org)
Provides information on land assessment, master planning,
and environmental permitting information

Environmental Protection Agency (epa.gov)
Has extensive online information regarding guidelines for
new developments and permit processes

Institute of Civil Engineers (ice.org.uk)

Has information resources on site assessments, risk analysis of sites, and risk assessment of developments on damaged or contaminated land

American Planning Association (planning.org)
Has excellent information and training resources for learning more about community planning, urban planning, and planning more livable and sustainable cities and towns

For information about public gardens featured in this chapter:

Botanic Garden of Western Pennsylvania (www.pittsburghbotanicgarden.org)

Cape Fear Botanical Garden (www.capefearbg.org)

Coastal Maine Botanical Gardens (www.mainegardens.org)

Lauritzen Gardens (www.omahabotanicalgardens.org)

Chapter 6: Designing for People and Plants

Most landscape architecture firms include information about their work on their websites. The following landscape architecture firms are examples of those known for their work with public gardens:

Deneen Powell Atelier, Inc. (www.dpadesign.com)
Mesa Design Group (www.mesadesigngroup.com)
M-T-R Landscape Architects (www.mtrla.com)
Oasis Design Group (www.oasisdesigngroup.com)
The Portico Group (www.porticogroup.com)
Rodney Robinson Landscape Architects, Inc. (www.rrla.com)
Rundell Ernstberger Associates, LLC (www.reasite.com)
Terra Design Studios (www.terradesignstudios.us)

Americans With Disabilities Act (www.ada.gov/stdspdf.htm)
ADA standards for accessible design are listed on this site

American Society of Landscape Architects (www.asla.org)
Provides professional information about landscape architecture.

For information about public gardens and other institutions featured in this chapter:

Arboretum and Wildlife Conservation Center at Washington State University (www.arboretum.wsu.edu)

Buffalo and Erie County Botanical Gardens (www.buffalogardens.org)

Burden Center, Louisiana State University (www.lsuagcenter.com)

Descanso Gardens (www.descansogardens.org)

Hughson Botanical Garden (www.hughson.org)

Portland Japanese Garden (www.japanesegarden.com)

San Francisco Botanical Garden (www.sfbotanicalgarden.org)

Chapter 7: Staffing and Personnel Management

American Association of Museums Career Center (www.aam-us.org/aviso/index.cfm) Job postings in museums, including public gardens.

American Public Gardens Association Career Center (www.publicgardens.org)
Job postings in public gardens; click on Member Resources, then Career Center.

American Public Gardens Association Resource Center (www.publicgardens.org) Model job descriptions, personnel policies, and organizational charts from different public gardens; click on Member Resources, Resource Center, Human Resources.

Botanic Gardens Conservation International (www.bgci.org/resources/jobs)
Job postings in public gardens.

Center for Public Horticulture (www.publichorticulture.udel.edu/careers)
Video career profiles by public garden professionals.

MuseumProfessionals (www.museumprofessionals.org)
Job postings in museums, including public gardens

Society for Human Resource Management (www.shrm.org)
Comprehensive HR site and resources, including toolkits, sample forms, glossary, and regulatory matters.

United States Department of Labor (www.dol.gov)
Source of information on federal labor laws and employment practices.

For information about public gardens featured in this chapter:

Key West Botanical Garden (www.keywestbotanicalgarden.org)

Morton Arboretum (www.mortonarb.org)

Chapter 8: Volunteer Management

American Public Gardens Association (www.publicgardens.org)
Information on volunteer programs is available from the Resource Center and the Professional Section for Volunteer Managers

Energize (www.energizeinc.com)
Lists resources and provides links to information on recruiting, training and managing volunteers

Hands on Network (www.handsonnetwork.org)
Post volunteer opportunities online.

Independent Sector (www.independentsector.org)
Provides statistics on volunteers nationwide

Nonprofit Risk Management Center (www.nonprofitrisk.org)
Addresses current risk management issues

Points of Light Foundation (www.pointsoflight.org)
Links to hundreds of resources for volunteer managers

Stallings, B. (www.BettyStallings.com)
Links to numerous resources including the 12-part series Training Staff to Succeed with Volunteers, available electronically

University of Delaware Center for Public Horticulture (www.publichorticulture.udel.edu/resource-center)
Links to academic theses on volunteer management

Volunteer Match (www.volunteermatch.org)
List volunteer opportunities at your garden

Volunteer Today (www.VolunteerToday.com)
Users may submit questions on volunteer management issues

For information about public gardens featured in this chapter:

Atlanta Botanical Garden (www.atlantabotanicalgarden.org)

Cheyenne Botanic Gardens (www.botanic.org)

Desert Botanical Garden (www.dbg.org)

Fairchild Tropical Botanic Garden (www.fairchildgarden.org)

Missouri Botanical Garden (www.mobot.org)

New York Botanical Garden (www.nybg.org)

Olbrich Botanical Gardens (www.olbrich.org)

Chapter 10: Fund Raising and Membership Development

American Horticulture Society (www.ahs.org)
Offers a reciprocity program, which allows members of one garden to gain free or reduced admission and/or reduced prices in gift shops at other participating gardens

Association of Fundraising Professionals (www.afpnet.org)
The largest membership organization of fundraisers with local chapters offering fundraising education. The website has a bookstore and up-to-date information on fundraising and the nonprofit sector.

Institute of Museum and Library Services (www.imls.gov)
A grant-making federal agency supporting museums and libraries of all types

Foundation Center (www.foundationcenter.org)
To identify potential funders and their specific requirements for grants, organizations conduct prospect research using the Internet and tools created by the Foundation Center, a national organization that provides a directory of private philanthropic and grant making foundations.

National Science Foundation (www.nsf.gov)
An independent U.S. government agency responsible for promoting science and engineering through research programs and education

U.S. federal government website (www.grants.gov)
Lists all of the federal agencies with granting programs. Many states and large municipalities have similar websites

For information about public gardens featured in this chapter:

Bloedel Reserve (www.bloedelreserve.org)

Brooklyn Botanic Garden (www.bbg.org)

Chicago Botanic Garden (www.chicagobotanic.org)

Denver Botanic Gardens (www.denverbotanicgardens.org)

Harry P. Leu Gardens (www.leugardens.org)

Longwood Gardens (www.longwoodgardens.org)

Missouri Botanical Garden (www.mobot.org)

New York Botanical arden (www.nybg.org)

Powell Gardens (www.powellgardens.org)

Queens Botanical Garden (www.queensbotanical.org)

Red Butte Garden and Arboretum (www.redbuttegarden.org)

Chapter 11: Earned Income Opportunities

American Association of Museums (www.aam-us.org) is a resource for information about many aspects of museum management.

American Public Gardens Association (www.publicgardens.org) collects and distributes a wide range of materials on public gardens, including information on admissions, memberships, and programs.

Museum Store Association (www.museumdistrict.com) is the primary resource for all kinds of museum stores.

U. S. Internal Revenue Service (www.irs.gov) provides information about the Unrelated Business Income Tax.

For information about public gardens featured in this chapter:

Arizona-Sonora Desert Museum (www.desertmuseum.org)

Atlanta Botanical Garden (www.atlantabotanicalgarden.org)

Brooklyn Botanic Garden (www.bbg.org)

Cape Fear Botanical Garden (www.capefearbg.org)

Chicago Botanic Garden (www.chicagobotanic.org)

Cleveland Botanical Garden (www.cbgarden.org)

Dallas Arboretum and Botanical Garden (www.dallasarboretum.org)

Denver Botanic Gardens (www.denverbotanicgardens.org)

Desert Botanical Garden (www.dbg.org)

Harry P. Leu Gardens (www.leugardens.org)

Longwood Gardens (www.longwoodgardens.org)

Los Angeles County Arboretum and Botanic Garden (www.arboretum.org)

Missouri Botanical Garden (www.mobot.org)

Morton Arboretum (www.mortonarb.org)

New York Botanical Garden (www.nybg.org)

North Carolina Arboretum (www.ncarboretum.org)

Powell Gardens (www.powellgardens.org)

Red Butte Garden and Arboretum (www.redbuttegarden.org)

University of British Columbia Botanical Garden (www.ubcbotanicalgarden.org)

Chapter 12: Facilities and Infrastructure

Americans With Disabilities Act (www.ada.gov/stdspdf.htm) ADA standards for accessible design are listed on this site

The Green Building Initiative (www.gbi.org) Promotes green building approaches and Green Globe Certification

U.S. Green Building Council (www.usbgc.org/LEED) Lists complete information on LEED certification program

Sustainable Sites Initiative (www.sustainablesites.org) Website describing mission and activities of this group

U.S. Department of the Interior, U.S. Geologic Survey (http://topomaps.usgs.gov) Information on U.S. topographic maps

For information about public gardens featured in this chapter:

Atlanta Botanical Garden (www.atlantabotanicalgarden.org)

Chicago Botanic Garden (www.chicagobotanic.org)

Daniel Stowe Botanical Gardens (www.dsbg.org)

Phipps Conservatory and Botanical Gardens (www.phippsconservatory.org)

Powell Gardens (www.powellgardens.org)

Chapter 13: Grounds Management and Security

American with Disabilities Act (www.ada.gov/stdspdf.htm) ADA standards are listed on this site.

Emergency Management Institute (http://training.fema.gov/IS/) EMI offers self-paced courses designed for the general public and for people who have emergency management responsibilities. All are free-of-charge to those who qualify for enrollment.

Compost microorganisms. Trautmann, N. and E. Olynciw. (http://compost.css.cornell.edu/microorg.html) Basic biological information on the composting process

Grounds Maintenance Website (http://www.grounds-mag.com) An exceptionally informative website with detailed articles and information on irrigation, equipment, turf, and general grounds maintenance practices.

Lawn and Landscape Magazine

(http://www.lawnandlandscape.com/Magazine/Maintenance.aspx)

Landscape Management Magazine (http://www.landscapemanagement.net/)

International Society of Arboriculture (www.isa-arbor.com)

Professional Grounds Management Society (www.pgms.org)

Turfgrass Producers International (www.turgrassod.org)

Professional Landcare Network (www.landcarenetwork.org)

Tree Care Industry Association (www.treecareindustry.org)

United States Access Board Website (www.access-board.gov) Guidelines for historic sites and modern construction on how to provide full accessibility and to be in compliance with the Americans with Disabilities Act

For information about public gardens featured in the chapter

Cornell Plantations (www.cornellplantations.org)

Mount Auburn Cemetery (www.mountauburn.org)

Smithsonian Institution (www.si.edu)

Chapter 14: Public Gardens and Their Communities_The Value of Outreach

American Association of Museums (www.aam-us.org) has many resources, including a Museum Marketplace page for finding visitor survey consultants and a Committee on Audience Research and Evaluation.

American Community Gardening Association (www.communitygarden.org)

American Horticultural Therapy Association (www.ahta.org)

American Public Gardens Association (www.publicgardens.org) The Public Garden, its journal, is an excellent source for information on gardens, programs, services, and outreach activities.

Association of Performing Arts Presenters (www.artspresenters.org) has a listing of state arts agencies on its website.

National Endowment for the Arts (www.nea.gov) National and regional governmental arts agencies as well as state and local arts organizations are often helpful in making connections with artists or arts presenters. Regional arts organizations and foundations include:
The Southern Arts Federation (www.southarts.org)
Arts Midwest (www.artsmidwest.org)
Western Arts Alliance (www.westarts.org)
New England Foundation for the Arts (www.nefa.org)
Mid Atlantic Arts Foundation (www.midatlanticarts.org)

United States Department of Agriculture Cooperative Extension System (www.csrees.usda.gov/Extension,www.ahs.org/master_gardeners)

Each state and territory has an office at its land grant university as well as a network of local offices. The Master Gardener Program, conducted throughout the United States and Canada, trains avid gardeners to become leaders in sharing information within the community.

For information about public gardens and other horticultural organizations featured in this chapter:

Arizona-Sonora Desert Museum (www.desertmuseum.org)

Brooklyn Botanic Garden (www.bbg.org)

Cheyenne Botanic Gardens (www.botanic.org)

Chicago Botanic Garden (www.chicagobotanic.org)

Enid A. Haupt Glass Garden (www.med.nyu.edu/glassgardens)

Garfield Park Conservatory (www.garfield-conservatory.org)

Horticultural Society of New York (www.hsny.org)

Minnesota Landscape Arboretum (www.arboretum.umn.edu)

Missouri Botanical Garden (www.mobot.org)

Montreal Botanical Garden
(www2.ville.montreal.qc.ca/jardin)

Morton Arboretum (www.mortonarb.org)

Queens Botanical Garden (www.queensbotanical.org)

Pennsylvania Horticultural Society
(www.pennsylvaniahorticulturalsociety.org)

Phipps Conservatory and Botanical Gardens
(www.phippsconservatory.org)

Staten Island Botanical Garden
(www.statenislandusa.com/pages/botanical_garden.html)

Tucson Botanical Gardens (www.tucsonbotanical.org)

Urban Harvest (www.urbanharvest.org)

Water Conservation Garden (www.thegarden.org)

Chapter 15: Formal Education for Students, Teachers, and Youth at Public Gardens

Botanic Gardens Conservation International (www.bgci.org) Links to garden education programs around the world, as well as a library of resources and curriculum materials

For research, best practice, and program development guides:

Center for Ecoliteracy
(www.ecoliteracy.org/strategies/place-based-learning)
Web-based guides to place-based and project-based learning.

Lewis, S. P. 2005. Uses of active plant-based learning in K-12 educational settings
A white paper prepared for the Partnership for Plant-Based Learning (www.ahs.org/youth_gardening/plant_based_education.htm)

No Child Left Inside Consortium
(www.cbf.org/Page.aspx?pid=687)

North American Association for Environmental Education (www.naaee.org/programs-and-initiatives/guidelines-for-excellence)

School Garden Wizard (www.schoolgardenwizard.org). Website created by the U. S. Botanic Garden and Chicago Botanic Garden.

Schwarz-Ballard, J. Summer science: Reaching urban youth through environmental science. Chicago: Chicago Botanic Garden. www.chicagobotanic.org/ctl/publications.

Sobel, D. 2005. Place-based education: Connecting classrooms and communities. Great Barrington, Mass.: Orion Society. www.orionmagazine.org/cart/index.php?crn=207&rn=517&action=show_detail

White, H. 2008. Connecting today's kids with nature: A policy action plan. Reston, Va.: National Wildlife Federation. (www.nwf.org/News-and-Magazines/Media-Center/Reports/Archive/2008/Connecting-Todays-Kids-With-Nature.aspx)

Willison, J. 1994. Environmental education in botanic gardens: Guidelines for developing individual strategies. Richmond, U.K.: Botanic Gardens Conservation International. (www.bgci.org/files/Worldwide/Education/EE_guidelines/ee_guidelines_english.pdf.)

For information about curricula:

Activities Integrating Math and Science (www.aimsedu.org)

Garden Mosaics (www.gardenmosaics.cornell.edu)

Great Explorations in Math and Science (www.lhsgems.org)

Growing in the Garden. Iowa State University 4-H Youth Development (www.extension.iastate.edu/growinginthegarden). Multidisciplinary curriculum with garden applications.

For information about professional development for education staff:

American Public Gardens Association (www.publicgardens.org) and its conferences and interest groups comprise a major professional resource for public garden educators.

Many national organizations offer curricula, information sharing, and opportunities for peer and cause related communication that can greatly enrich an educator's experience and knowledge including:
--National Science Teachers Association (www.nsta.org)
--North American Association for Environmental Education (www.naaee.org/programs-and-initiatives/guidelines-for-excellence)
--Botanical Society of America (www.botany.org)
--American Association for the Advancement of Science (www.aaas.org)
--American Association of Museums (www.aam-us.org)

For information about funding from federal agencies or departments :

Institute of Museum and Library Services (www.imls.gov)

National Aeronautics and Space Administration (www.nasa.gov)

National Science Foundation (www.nsf.gov)

United States Department of Agriculture (www.usda.gov)

United States Department of Education (www.ed.gov)

United States Department of Health and Human Services (www.hhs.gov)

United States Department of Labor (www.dol.gov)

For information about public gardens featured in this chapter:

Bernheim Arboretum and Research Forest (www.bernheim.org)

Brooklyn Botanic Garden (www.bbg.org)

Chicago Botanic Garden (www.chicagobotanic.org)

Cornell Plantations (www.plantations.cornell.edu)

Desert Botanical Garden (www.dbg.org)

Fairchild Tropical Botanic Garden (www.fairchildgarden.org)

Huntington Botanical Gardens (www.huntington.org)

Missouri Botanical Garden (www.mobot.org)

Morris Arboretum of the University of Pennsylvania (www.morrisarboretum.org)

Morton Arboretum (www.mortonarb.org)

New York Botanical Garden (www.nybg.org)

Santa Barbara Botanic Garden (www.sbbg.org)

University of California Botanical Garden at Berkeley (www.botanicalgarden.berkeley.edu)

University of Wisconsin-Madison Arboretum (www.uwarboretum.org)

Chapter 16: Continuing Education, Professional and Higher Education

Accrediting Council for Continuing Education and Training (www.accet.org)

American Public Gardens Association (www.publicgardens.org)

International Association for Continuing Education and Training (www.iacet.org)

For information about public gardens featured in this chapter:

Arnold Arboretum of Harvard University (www.arboretum.harvard.edu)

Chicago Botanic Garden (www.chicagobotanic.org)

Cornell Plantations (www.plantations.cornell.edu)

Denver Botanic Gardens (www.botanicgardens.org)

Desert Botanical Garden (www.dbg.org)

Fairchild Tropical Botanic Garden (www.fairchildgarden.org)

Fort Worth Botanic Garden (www.fwbg.org)

Frederik Meijer Gardens and Sculpture Park (www.meijergardens.org)

Kirstenbosch National Botanic Garden (www.sanbi.org)

Longwood Gardens (www.longwoodgardens.org)

Marie Selby Botanical Gardens (www.selby.org)

Missouri Botanical Garden (www.mobot.org)

Morris Arboretum of the University of Pennsylvania (www.morrisarboretum.org)

Morton Arboretum (www.mortonarb.org)

New York Botanical Garden (www.nybg.org)

North Carolina Botanical Garden (www.ncbg.unc.edu)

Phipps Conservatory and Botanical Gardens (www.phippsconservatory.org)

Rancho Santa Ana Botanic Garden (www.rsabg.org)

Royal Botanic Gardens, Kew (www.kew.org)

Santa Barbara Botanic Garden (www.sbbg.org)

State Botanical Garden of Georgia (www.uga.edu/botgarden)

University of California Botanical Garden at Berkeley (www.botanicalgarden.berkeley.edu)

University of Maryland Arboretum and Botanical Garden (www.arboretum.umd.edu)

University of Wisconsin-Madison Arboretum (www.uwarboretum.org)

Chapter 17: Interpreting Gardens to Visitors

Useful Professional Resources

American Association of Museums (www.aam-us.org)
AAM is the authority on standards and best practices and a central source for information and networking.

National Association of Interpretation (www.interpnet.com)
Provides national and international meetings, training, certification, and online resources

Association of Science–Technology Centers (www.astc.org)
International organization promoting public understanding of science through professional development and publications

InformalScience.org (www.informalscience.org)
A searchable database of research and evaluation studies that is a valuable resource for those wishing to learn from other projects

ExhibitFiles.org (www.exhibitfiles.org)
International, online community of museum professionals who share case studies and reviews of exhibitions

Center for the Advancement of Informal Science Education (caise.insci.org)

Advances informal science education through documenting and promoting its impact, encouraging improved practice, and alerting practitioners of funding opportunities

For information about public gardens featured in this chapter:

Alice Springs Desert Park (www.alicespringsdesertpark.com.au)

Desert Botanical Garden (www.dbg.org)

Eden Project (www.edenproject.com)

Garfield Park Conservatory (www.garfieldconservatory.org)

Huntington Botanical Gardens (www.huntington.org)

KwaZulu-Natal National Botanical Garden (www.sanbi.org)

Missouri Botanical Garden (www.mobot.org)

New York Botanical Garden (www.nybg.org)

Royal Botanic Gardens, Kew (www.kew.org)

University of Copenhagen Botanical Garden and Museum (http://botanik.snm.ku.dk/english)

Chapter 18: Evaluation of Garden Programming and Planning

Association of Science and Technology Centers (www.astc.org)
Public gardens have a lot in common with science centers.

Bond, S. L., S. E. Boyd, and K. A. Rapp. 1997. Taking stock: A practical guide to evaluating your own programs. Chapel Hill: Horizon Research. (www.horizon-research.com/reports/1997/stock.pdf)
Great overview that assumes no prior knowledge of evaluation theory or techniques

Committee on Audience Research and Evaluation (www.care-aam.org)
A committee of the American Association of Museums, CARE posts a biannual list of evaluators and pdfs of conference presentations.

Informal Science (www.informalscience.org)
Evaluation section features a database of evaluation projects and evaluators, numerous links to other sites offering how-to guides, and other online evaluation resources.

Innovation Network (www.innonet.org)
Lots of free resources and tools are available to those who register.

Mahoney, C. 1997. Common qualitative methods. In User-friendly handbook for mixed method evaluations, ed. J. Frechtling and L. Sharp. Washington, D.C.: National Science Foundation, Division of Research, Evaluation and Communication. www.nsf.gov/pubs/1997/nsf97153/chap_3.htm.
Summary of the pros and cons of observation as a formal method of data collection and what information can be gathered through observation

My Environmental Education Evaluation Resource Assistant

(www.meera.snre.umich.edu)
Online tutorial intended for environmental education programs

Shaping Outcomes (www.shapingoutcomes.org)
On-line tutorial in outcomes-based evaluation

Research Methods Knowledge Base (www.socialresearchmethods.net/kb).
Online undergraduate course in social research methods

Visitor Studies Association (www.visitorstudies.org)
VSA Members include researchers, educators, exhibit designers, and administrators from organizations that serve visitors.

For information about public gardens featured in this chapter:

Arnold Arboretum of Harvard University (www.arboretum.harvard.edu)

Atlanta Botanical Garden (www.atlantabotanicalgarden.org)

Huntington Botanical Gardens (www.huntington.org)

Chapter 19: Public Relations and Marketing Communications

American Marketing Association (www.marketingpower.com).
A useful source of information about marketing terms, trends and current issues

Convince and Convert (www.convinceandconvert.com/jason-baer).
Social media strategy consultant Jay Baer provides social media consulting and training to leading companies and writes the Convince & Convert blog.

Getting Attention: Helping nonprofits succeed through marketing (www.gettingattention.org)
The focus of this e-newsletter is assisting nonprofits to develop marketing tools and strategies that will enable them to thrive.

International Association of Business Communicators (www.iabc.com)
Provides a professional network of over 15,500 business communication professionals in over 80 countries

Pew Research Center (http://people-press.org)
A nonpartisan "fact tank" that provides information on the issues, attitudes and trends shaping America and the world. Current survey results are made available free of charge on its website.

For information about public gardens featured in this chapter:

Atlanta Botanical Garden (www.atlantabotanicalgarden.org)

Botanical Garden of the Ozarks (www.bgozarks.org)

Brooklyn Botanic Garden (www.bbg.org)

Chicago Botanic Garden (www.chicagobotanic.org)

Desert Botanical Garden (www.dbg.org)

Fairchild Tropical Botanic Garden (www.fairchildgarden.org)

Gardens of Spring Creek (www.fcgov.com)

Longwood Gardens (www.longwoodgardens.org)

Minnesota Landscape Arboretum (www.arbortem.umn.edu)

Morton Arboretum (www.mortonarb.org)

Scott Arboretum of Swarthmore College (www.scottarboretum.org)

Tyler Arboretum (www.tylerarboretum.org)

Chapter 20: Collections Management

For plant identification and nomenclature

Tropicos (www.tropicos.org) Publicly accessible botanical database organizing millions of plant specimens, images, and bibliographic references, from the Bioinformatics Department at the Missouri Botanical Garden.

eFloras (www.efloras.org) Collection of online floras, including the Flora of China, Flora of North America, Flora of Missouri, Flora of Pakistan, and Trees and Shrubs of the Andes.

USDA Plants Database (http://plants.usda.gov)

Germplasm Resources Information Network (GRIN) Provides germplasm information about plants, animals, microbes and invertebrates. GRIN is within the U.S. Department of Agriculture's Agricultural Research Service. (www.ars-grin.gov)

Angiosperm Phylogeny Website (www.mobot.org/mobot/research/apweb) Phylogenetic trees, technical descriptions of all orders and families, references, and links

Botanicus (http://www.botanicus.org/)

Botanicus is a freely accessible portal to historic botanical literature from the Missouri Botanical Garden Library.

Other useful sources

Botanic Gardens Conservation International (www.bgci.org)

National Trust for Historic Preservation s(www.preservationnation.org)

North American Plant Collections Consortium (NAPCC) http://www.publicgardens.org/content/what-napcc

NAPCC is a network of botanical gardens and arboreta working to coordinate a continent-wide approach to plant germplasm preservation and to promote high standards of plant collections management. NAPCC Collections may serve as reference collections for plant identification and cultivar registration.

Wikipedia (http://en.wikipedia.org/wiki/Collections_policy)

Provides a working definition of collections policies

For uncommon species and cultivars

Royal Horticultural Society Horticultural Database

(http://apps.rhs.org.uk/horticulturaldatabase)

International Cultivar Registration Authorities (www.ishs.org/sci/icra.htm)

For information about public gardens featured in this chapter

Arizona-Sonora Desert Museum (www.desertmuseum.org)

Arnold Arboretum of Harvard University (www.arboretum.harvard.edu)

Bloedel Reserve (www.bloedelreserve.org)

Chicago Botanic Garden (www.chicagobotanic.org)

Chanticleer (www.chanticleergarden.org)

Cornell Plantations (www.cornellplantations.org)

Crosby Arboretum (www.crosbyarboretum.msstate.edu)

Denver Botanic Gardens (www.botanicgardens.org)

Descanso Gardens (www.descansogardens.org)

Filoli (www.filoli.org)

Ganna Walska Lotusland (www.lotusland.org)

New England Wild Flower Society/Garden in the Woods (www.newfs.org)

Longwood Gardens (www.longwoodgardens.org)

Harold L. Lyon Arboretum (www.hawaii.edu/lyonarboretum)

Matthaei Botanical Gardens and Nichols Arboretum (www.mbgna.umich.edu)

Missouri Botanical Garden (www.mobot.org)

Monticello (www.monticello.org)

Montreal Botanical Garden (www2.ville.montreal.qc.ca/jardin)

Mount Auburn Cemetery (www.mountauburn.org)

Naumkeag (www.thetrustees.org)

New York Botanical Garden (www.nybg.org)

North Carolina Arboretum (www.ncarboretum.org)

Planting Fields Arboretum (www.plantingfields.org)

Royal Botanic Gardens, Kew (www.kew.org)

Royal Botanical Gardens (www.rbg.ca)

San Diego Botanic Garden (www.qbgardens.org)

Seacrest Arboretum (www. secrest.osu.edu)

UC Davis Arboretum (www.arboretum.ucdavis.edu)

U.S. Botanic Garden (www.usbg.gov)

Winterthur Museum and Country Estate (www.winterthur.org)

Chapter 21: Research at Public Gardens

Botanic Gardens Conservation International (www.bgci.org) and the Center for Plant Conservation (www.centerforplantconservation.org) help coordinate research activities between gardens.

Cornell Ornithology Laboratory (http://www.birds.cornell.edu/citscitoolkit)

Numerous online resources about developing or participating in citizen science projects

NatureServe (www.natureserve.org/consIssues/endangeredSpecies.jsp) The official list of species regulated in international commerce in North America

Plantlife International (www.plantlife.org.uk) Organization that designates Important Plant Areas (IPAs) in Europe

Project Budburst (www.budburst.org) A national plant phenology monitoring program

World Conservation Union (IUCN) Red List of Threatened Species (www.iucnredlist.org) The IUCN Red List is the world's most comprehensive inventory of the global conservation status of plant and animal species.

For information about public gardens featured in this chapter:

Arnold Arboretum of Harvard University (www.arboretum.harvard.edu)

Chicago Botanic Garden (www.chicagobotanic.org)

Fairchild Tropical Botanic Garden (www.fairchildgarden.org)

Harold L. Lyon Arboretum (www.hawaii.edu/lyonarboretum)

Holden Arboretum (www.holdenarb.org)

Kings Park and Botanic Garden (www.bgpa.wa.gov.au/)

Missouri Botanical Garden (www.mobot.org)

Morton Arboretum (www.mortonarb.org)

New England Wild Flower Society/Garden in the Woods (www.newfs.org)

New York Botanical Garden (www.nybg.org)

North Carolina Botanical Garden (www.ncbg.unc.edu)

Royal Botanic Gardens, Kew (www.kew.org)

State Botanical Garden of Georgia (www.uga.edu/botgarden)

University of British Columbia Botanical Garden (www.ubcbotanicalgarden.org)

Chapter 22: Conservation Practices at Public Gardens

Botanical Gardens Conservation International (www.bgci.org) Links to several important publications and to networks of gardens doing conservation work throughout the world

Center for Plant Conservation (www.centerforplantconservation.org) Information about plant conservation in the U.S., invasive species and the St. Louis Declaration and links to public gardens doing conservation and plant conservation professionals

Conventional on the International Trade in Endangered Species (CITES) (www.cites.org)

An international agreement between countries to prevent trade from creating a loss of biological diversity does not replace national law, but gives a framework for each nation to develop its own. In general, permits are needed for the legitimate movement of listed species.

Convention on Biological Diversity (CBD) www.cbd.int

Although not by the U. S., the CBD was ratified by most countries and became effective in 1993. Its goals are the conservation and sustainable use of biodiversity and the equitable sharing of resources.

Global Strategy for Plant Conservation (GSPC) www.cbd.int/gspc

Developed to manage plants under the CBD and agreed to by 180 countries in 2002

Leadership in Energy and Environmental Design (www.usgbc.org/DisplayPage.aspx?CategoryID=19) Information about green building

National Center for Genetic Resources Preservation (www.ars.usda.gov/main/site_main.htm?modecode=54-02-05-00)

Its mission is to acquire, evaluate, preserve, and provide a national collection of genetic resources to secure the biological diversity that underpins a sustainable U.S. agricultural economy.

Royal Botanic Gardens, Kew Millennium Seed Bank www.kew.org/science-conservation/conservation-climate-change/millennium-seed-bank/index.htm

Kew's Millennium Seed Bank partnership is the largest ex situ plant conservation project in the world with a focus on global plant life threatened with extinction and plants of most use for the future. The seeds are conserved outside their native habitat.

Seeds of Success (www.nps.gov/plants/sos)

Established in 2001 by the Bureau of Land Management (www.blm.gov) in partnership with the Royal Botanic Gardens, Kew Millennium Seed Bank to collect, conserve, and develop native plant materials for stabilizing, rehabilitating and restoring lands in the United States. The initial partnership between BLM and MSB quickly grew to include many additional partners including public gardens.

Sustainable Sites Initiative (www.sustainablesites.org) Information about extending green building strategies to the landscape

The Plant List (www.theplantlist.org) The result of a partnership between the Royal Botanic Garden, Kew and the Missouri Botanical Garden, the Plant List is an international working list of all land plant species, fundamental to understanding and documenting plant diversity and effective conservation of plants.

U. S. Fish and Wildlife Service (www.fws.gov)

Leads planning for species formally listed as endangered

For information about public gardens featured in this chapter:

Arizona-Sonora Desert Museum (www.desertmuseum.org)

Bartram's Garden (www.bartramsgarden.org)

Bernheim Arboretum and Research Forest (www.bernheim.org)

Betty Ford Alpine Gardens (www.bettyfordalpinegardens.org)

Delaware Center for Horticulture (www.thedch.org)

Eden Project (www.edenproject.com)

Fairchild Tropical Botanic Garden (www.fairchildgarden.org)

Lady Bird Johnson Wildflower Center (www.wildflower.org)

Missouri Botanical Garden (www.mobot.org)

New England Wild Flower Society/Garden in the Woods (www.newfs.org)

North Carolina Botanical Garden (www.ncbg.unc.edu)

University of Washington Botanical Gardens (www.uwbotanicgardens.org)

Chapter 23: A Strategic Approach to Leadership and Management

American Association of Museums: The Center for the Future of Museums (www.futureofmuseums.org/about)
Helps museums explore the cultural, political and economic challenges facing society and devise strategies to shape a better tomorrow.

Mind Tools. 2009. SWOT analysis: Discover new opportunities. Manage and eliminate threats. www.mindtools.com/pages/article/newTMC_05.htm
Introduction to key questions and a helpful framework for quickly leading a project team or organization through a SWOT analysis.

For information about public gardens featured in this chapter:

Arnold Arboretum of Harvard University (www.arboretum.harvard.edu)

Missouri Botanical Garden (www.mobot.org)

Phipps Conservatory and Botanical Gardens (www.phippsconservatory.org)

Queens Botanical Garden (www.queensbotanical.org)

San Diego Zoo (www.sandiegozoo.org)

UC Davis Arboretum (www.arboretum.ucdavis.edu)

Chapter 24: Associations and Partnerships

American Association for Museum Volunteers (www.aamv.org)

American Association of Museums (www.aam-us.org)

American Society for Horticultural Science (www.ashs.org)

American Public Gardens Association (www.publicgardens.org)

Association of College & University Museums & Galleries (www.acumg.org)

Association of Zoological Horticulture, Inc. (www.azh.org)

Botanic Garden Conservation International (www.bgci.org)

Center for Plant Conservation (www.centerforplantconservation.org)

Chicagoland Grows (www.chicagolandgrows.org)

Council on Botanical and Horticultural Libraries (www.cbhl.net)

Garden Conservancy (www.gardenconservancy.org)

Georgia Plant Conservation Alliance (www.uga.edu/gpca)

Greater Philadelphia Gardens (www.greaterphiladelphiagardens.org)

Institute of Museum and Library Services (www.imls.gov)

International Council of Museums (www.icom.museum)

International Plant Propagator's Society (www.ipps.org)

Lady Bird Johnson Wildflower Center (www.wildflower.org)

Museum Store Association (www.museumdistrict.com)

National Trust for Historic Preservation (www.preservationnation.org)

Nebraska Statewide Arboretum (www.arboretum.unl.edu)

New England Museum Association (www.nemanet.org)

North American Association for Environmental Education (www.naaee.org)

Travel Industry Association of America (www.ustravel.org)

Visitors Studies Association (www.visitorstudies.org)

Water Conservation Garden (www.thegarden.org)

Western Museums Association blog (westmuse.wordpress.com)

Chapter 25: Facility Expansion

American Association of Museums (www.aam-us.org)

The American Institute of Architects (www.aia.org/contractdocs/index.htm)
AIA Contract Documents

Americans With Disabilities Act (www.ada.gov/stdspdf.htm)
ADA standards for accessible design are listed on this site

The Associated General Contractors of America (www.agc.org/cs/industry_topics).

Constructionplace.com Incorporated.

(www.constructionplace.com/glossary.asp) Glossary of construction terms

Construction Jargon (www.constructionjargon.com/Dictionary-A.html) Dictionary of construction terms

CoOl (Conservation Online) (cool.conservation-us.org) Full text library of conservation information of interest to those involved with the conservation of library, archives and museum materials

Council on Botanical and Horticultural Libraries (www.CBHL.net)

Institute of Museum and Library Services (www.imls.gov)

Regional Alliance for Preservation (www.rap-arcc.org) Information and resources on preservation and conservation for cultural institutions

U.S. Green Building Council (www.usbgc.org/LEED) Lists complete information on LEED certification program

For information about public gardens featured in this chapter:

Atlanta Botanical Garden (www.atlantabotanicalgarden.org)

Cleveland Botanical Garden (www.cbgarden.org)

Missouri Botanical Garden (www.mobot.org) a

Morton Arboretum (www.mortonarb.org)

Naples Botanical Garden (www.naplesgarden.org)

New York Botanical Garden (www.nybg.org)

Phipps Conservatory and Botanical Gardens (www.phippsconservatory.org)

번역·감수

국립수목원	신현탁/이철호/배준규
	윤미정/윤정원/안종빈
	박기쁨/박진선/김상준
	이아영/송진헌/윤호근
산림청	강신구
천리포수목원	최광율/최창호/김건호
국립백두대간수목원	김기송/허태임/강대봉/성정원
제이드가든	노회은
녹색이엔씨	남정곤

Public Garden Management
공공정원 운영관리

초판 1쇄 펴냄 2019년 5월 20일

지은이	도널드 A. 락코우 / 샤론 A. 리
펴낸이	김웅택
펴낸곳	도서출판 애드밴
출판등록	2009. 4. 20. (제301-2009-086호)
주소	서울시 중구 삼일대로2길 80, 4층 (04627)
연락처	TEL (02) 2264-8494 FAX (02) 6280-9092
	kim@advan.co.kr

가격 60,000원
한국어 판 © 도서출판 애드밴, 2019.
Printed in Seoul, Korea

ISBN 978-89-965813-6-9